반도체
기초 전자회로

Fundamentals of Semiconductor
Electronic Circuits

반도체
기초 전자회로

인　쇄 : 2025년 8월 20일 초판 1쇄
발　행 : 2025년 8월 30일 초판 1쇄

저　자 : 윤광섭 · 안재우 · 이종환
발행인 : 송 준
발행처 : 도서출판 홍릉
주　소 : 01093 서울시 강북구 인수봉로 50길 10
등　록 : 1976년 10월 21일 제5-66호

전　화 : 02-999-2274~5, 903-7037
팩　스 : 02-905-6729
e-mail : hongpub@hongpub.co.kr
http://www.hongpub.co.kr
ISBN : 979-11-5600-222-2(93560)

정　가 : 35,000원

반도체 기초 전자회로

윤광섭 · 안재우 · 이종환 공저

Fundamentals of Semiconductor Electronic Circuits

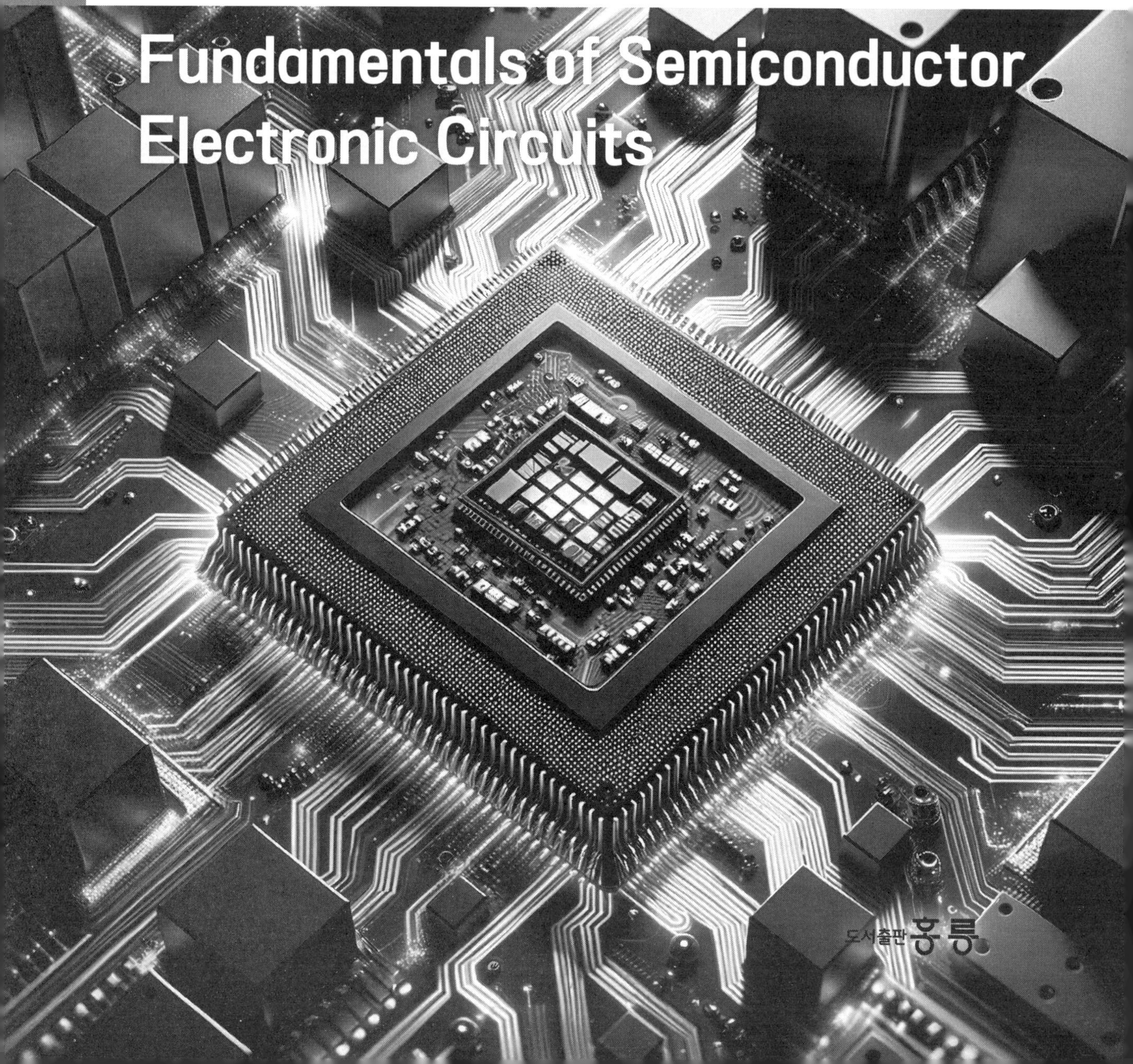

도서출판 홍릉

저자소개

윤광섭 인하대학교 명예교수

인하대학교 전자공학과 학사
미국 Georgia Institute of Technology 전기컴퓨터공학부 석사
미국 Georgia Institute of Technology 전기컴퓨터공학부 박사
미국 실리콘시스템스사 선임설계연구원 역임
인하대학교 전자공학과 교수 역임

안재우 경기과학기술대학교 전자공학과 전임교수

서울대학교 전자공학과 학사
서울대학교 전기컴퓨터공학부 석사
서울대학교 전기컴퓨터공학부 박사
서울대학교 BK21 정보기술사업단 산학기술연구원 역임
(주) 클립컴 기술연구소장 역임
(현) 경기과학기술대학교 전자공학과 전임교수

이종환 상명대학교 시스템반도체공학과 전임교수

인하대학교 전자공학과 학사
인하대학교 전자공학과 석사
미국 University of Florida 전기컴퓨터공학부 박사
LG전자 주임연구원 역임
삼성전자 수석연구원 역임
삼성디스플레이 수석연구원 역임
(현) 상명대학교 시스템반도체공학과 전임교수

PREFACE

전자회로 서적은 수없이 발간되어 왔으며, 지금도 발간되고 있다. 그 이유는 1900년대 진공관 시대를 거쳐서 1940년 말에는 진공관을 대체하는 바이폴라 트랜지스터가 발명되면서 반도체 시대가 열렸고, 반도체 응용 분야가 지속적으로 발전하고 있기 때문이다. 1950년~1960년대 바이폴라 트랜지스터 회로 설계 기술(예: uA 741 연산증폭기)이 집적회로 기술 발명과 함께 발전으로 이어져갔다. 1970년대 전계효과 트랜지스터 및 무어의 법칙에 따라서 집적회로 기술 발전이 확대되면서 마이크로프로세서(예: 인텔 4040) 및 메모리 회로가 컴퓨터 시대를 활짝 열었다. 지속적 CMOS 집적회로 공정 기술 발전으로 1980년대 8비트 마이크로프로세서 출현을 시작으로 1990년대~2020년대에는 16/32/64 비트 마이크로프로세서 및 1Mb/1Gb/1Tb 메모리 회로 발전이 우리 생활에 영향을 직간접적으로 미치게 되었다. 1980년대 말 인터넷의 시작과 1990년대 휴대폰과 같은 무선 통신기기 출현으로 인하여 유무선 통신 분야에 전자회로 응용 속도가 가속되었고, 전자회로 설계 기술 발전을 촉진시켰다. 특히, 2010년대 마이크로프로세서 및 메모리 성능이 더욱 향상되면서 휴대폰에 응용 소프트웨어 앱(app)을 탑재하므로 스마트 폰 시대가 열렸고, 2020년대 인공지능 (AI) 소프트웨어가 가세하면서 전자회로가 탑재된 모든 전자 시스템 장치(예: 스마트 폰, 스마트 와치, 전기 자동차, 드론, 노트북/데스크톱 컴퓨터, 지능형 로봇 등)에 영향을 미쳤다. 이러한 반도체 기술 발전은 앞으로도 지속적으로 이어져 나갈 것으로 예상한다.

필자는 반도체 설계 회사에서 근무한 경험과 30년 이상 대학 및 기업체에서 전자회로 해석, 설계 강의 그리고 혼성신호 회로설계 연구 경험을 기반으로 본 책을 집필하게 되었다. 본 책을 집필하게 된 주된 동기는 반도체 전자회로 설계 입문 과정에 필요한 지식을 한 권의 책에 모아서 전자회로를 설계하는 입문자에게 조금이나마 도움이 되고자 한다. 즉, 반도체 전자회로 설계 입문 과정에 필요한 기초 지식은 (1) 반도체 물성 (2) 집적회로 공정 기술 (3) 반도체 레이아웃 기술 (4) 성능 및 응용을 고려한 아날로그 회로 및 디지털 회로 설계 기술 등 인데, 이러한 지식을 한 권 책에 집약시킨 국내외 서적은 많지 않다. 따라서 본 교재에서 설계 입문에 필요한 기초적 정보들을 모아서 집필하게 되었다.

본 책에서는 1장에서 진공관 시대를 거쳐 반도체 시대를 포함한 전자공학 시대를 설명하였고, 2장에서 반도체 물성을 최소한 범위 내에서 다루었다. 3장에서 반도체 회로 설계자 입장에서 기본적으로 알아야 할 집적회로 공정 기술을 기술하였다. 또한, 기업체에서는 경우에 따라서는 반도체 회로 설계자가 레이아웃을 직접 수행하는 경우도 있으므로 기초적 레이아웃 기술을 반도체 소자의 구조와 함께 수평적, 수직적 그림과 함께 소개하였다. 전자 시스템의 응용 및 성능을 고려한 기초적 아날로그 회로(주로 바이어스 회로 및 증폭기 회로) 및 디지털 회로

PREFACE

(주로 기본적 논리 회로 및 플립플롭 회로) 설계 기술을 4장~7장에 소개하였다. 4장에서 반도체 집적회로 공정 및 레이아웃으로 만들어진 반도체 소자의 수직 및 수평 구조에 따른 소자 물성을 수학적으로 모델링하는 모델을 반도체 수동소자(저항, 커패시터, 인덕터) 및 능동소자(다이오드, 전계효과 트랜지스터, 바이폴라 접합 트랜지스터)에 적용시켰다. 이러한 소자 모델링은 회로를 설계할 때 회로 성능 검증을 위해서 SPICE와 같은 회로 모의실험 소프트웨어 사용 시 필요하다. 5장에서 pn 접합 다이오드의 물성과 응용회로(논리회로, 정류 회로, 리미터, 온도 보상 회로, 배 전압 회로)를 다루었고, SPICE 모의실험을 통해서 회로 성능 검증하는 예제를 포함하였다. 6장에서 CMOS 공정기술을 기반으로 한 전계효과 트랜지스터의 물성과 응용회로(바이어스 회로, 기본 증폭기 회로, 기본 논리회로와 플립플롭 회로, 래치 회로)를 다루었고, SPICE 모의실험을 통해서 회로 성능 검증하는 예제를 포함하였다. 7장에서 바이폴라 접합 트랜지스터의 물성과 기초 논리회로, 바이어스 회로, 기본 증폭기를 다루었는데, 7장 내용을 6장처럼 깊게 취급하지 않은 이유는 시장에서 바이폴라 접합 트랜지스터의 사용 범위가 CMOS 전계효과 트랜지스터보다 작기 때문이다. 반도체 기초 전자 회로를 해석하고 설계하기 위해서 필요한 기초 지식인 기본적 회로이론(오움 법칙, 키르히호프 전압/전류 법칙, 테브닌/노턴 정리, 중첩 원리 등)을 부록 A에 포함하였고, 회로 성능 검증을 위한 SPICE 소프트웨어 사용법 및 다양한 넷리스트 예제를 부록 B에 포함하였다. 부록 C는 반도체 전자회로 설계 때 자주 사용하는 상수들을 포함하였다.

필자가 본 책을 집필하면서 많은 한계성을 느꼈다. 우선 필자 자신이 반도체 설계의 모든 제품 설계기술을 접한 설계자가 아니며, 반도체 공정 및 레이아웃, 반도체 장비의 구석구석을 경험하지 못한 상태에서 책을 집필하였기 때문이다. 그러나 반도체 기초 전자회로 설계 입문자에게 필요한 필수적 기초 지식을 포함하려고 노력했기 때문에, 본 책을 숙지한다면 기본적 전자회로 설계 및 레이아웃 작업에 도움이 될 것으로 기대한다. 본 책을 구상하고 집필 기획 및 활동을 할 때, 꾸준히 독려해주신 도서출판 홍릉의 김기용 상무님과 원고의 질을 향상시키기 위해서 지속적으로 조언을 해주신 박찬혁 실장님에 감사드린다. 끝으로 책 집필을 완성할 수 있도록 내조해준 아내(이영숙), 딸(윤은혜) 그리고 하늘나라에서 지켜보고 계신 부모님(윤근수, 조옥희)께 책을 바친다.

인천시 미추홀 구 인하대학교 전자공학과 연구실에서

CONTENTS

CONTENTS

CONTENTS

CONTENTS

01

반도체 역사 및 전자 시스템

1.1 전자 신호

1.2 진공관 시대

1.3 반도체 시대

1.4 반도체 센서 기반 전자 시스템

반도체 역사 및 전자 시스템

1.1 전자 신호

본 장에서는 전자공학의 기초가 되는 전자 신호를 1.1절에서 다룬 후 전자공학 발전 역사를 돌아본다. 1.2절에서는 전자공학의 시작인 진공관 시대를 돌아보면서 진공관의 역할인 스위치 및 증폭기 작용을 살펴본다. 1.3절에서는 진공관 시대에 이어서 반도체 시대를 여는 PN 접합 다이오드 및 바이폴라 트랜지스터의 발명, 그리고 전계효과 트랜지스터의 발명 역사를 다룬다. 또한 바이폴라 및 MOS 집적회로 공정 발전으로 인한 연산증폭기, 기억장치 및 4-비트 중앙 연산 처리 장치 개발로 컴퓨터 시대가 열린 역사를 돌아본다. 1.4절에서는 컴퓨터 시대를 기반으로 한 4차 산업 혁명시대의 핵심인 데이터를 수집하는 반도체 센서 그리고 데이터를 저장하고 처리하는 반도체 기반 전자 시스템에 대해서 살펴본다.

무어의 법칙(Moore's law)에 따라서 집적회로 공정 발전으로 CMOS 소자의 초집적화 및 시스템 반도체의 발전이 현재까지 도달했다. 시스템 반도체가 현실화되고, 시스템 반도체를 사용하는 센서 시스템 개발이 활발해지면서 데이터 획득, 저장 및 처리하는 스마트 센서 시스템 개발은 사물 인터넷(Internet of Thing), 스마트 폰(smart phone), 스마트 팜(smart farm), 스마트 팩토리(smart factory), 자율 주행 자동차(Autonomous vehicle), 무인 드론(Unmanned drone), 스마트 로봇, 탐사 로봇(robot), 의료 로봇 등에 적용 가능하게 되었다. 또한, 반도체 집적회로 공정의 지속적 발전은 인공지능(Artificial Intelligence) 소프트웨어를 탑재한 컴퓨터 사용을 가능하게 하였으며, 앞으로도 이런 추세는 지속가능할 것으로 예측된다.

전자공학은 전자신호를 처리하는 공학이며, 전자 신호는 시간에 따라서 연속적으로 변하는 아날로그 신호와 불연속적으로 변하는 디지털 신호로 구분된다. 아날로그 및 디지털 전자 신호는 3개 정보인 신호의 크기, 주파수, 위상 정보를 지니고 있으며, 시간 공간과 주파수 공간에서 표시할 수 있다. 그림 1.1 및 그림 1.2는 각각 시간 공간에서 표시된 아날로그 신호와 디지털 신호를 나타낸다.

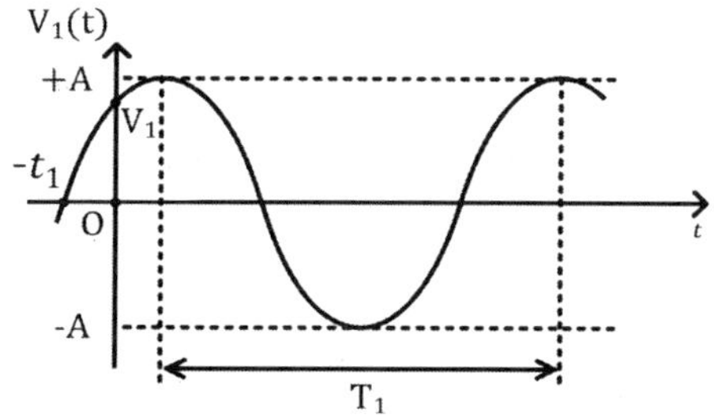

| 그림 1.1 | 아날로그 신호

그림 1.1의 아날로그 신호 $V_1(t)$는 (식 1.1)과 같이 나타낼 수 있다. 여기서 A는 신호의 크기(V) 이며, ω_1은 각 주파수($rad/\sec$) 이며, t_1은 지연 시간으로서 위상을 표시한다.

$$V_1(t) = A\sin[\omega_1(t+t_1)] \qquad \text{(식 1.1)}$$

특히 각 주파수는 (식 1.2)와 같이 주파수(f_1) 및 주기(T_1)로 표시할 수 있다.

$$\omega_1 = 2\pi f_1 = \frac{2\pi}{T_1} \qquad \text{(식 1.2)}$$

시간 $t=0$일 때 신호 크기는 V_1(V) 이며, 신호 위상($\omega_1 t_1$)과 관계는 (식 1.3)과 같다.

$$V_1 = \sin(\omega_1 t_1) \qquad \text{(식 1.3)}$$

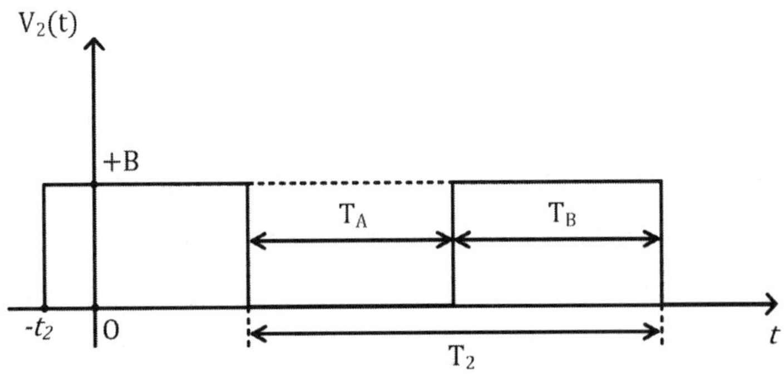

| 그림 1.2 | 디지털 신호

그림 1.2와 같이 시간 공간에서 표시된 디지털 신호 $V_2(t)$는 구형파(square wave) 이며, 신호의 최대 크기는 B(V) 이며, 최소 크기는 0V이다. 디지털 신호는 2진법으로 표시할 수 있으며, 신호의 최대크기는 2진법 논리상태 '1', 신호의 최소크기는 2진법 논리상태 '0'으로 간주한다. 디지털 신호의 주기(T_2)는 (식 1.4)와 같으며, 시간 $-t_2$는 디지털 신호의 위상이다.

$$T_2 = \frac{1}{f_2} = T_A + T_B \qquad \text{(식 1.4)}$$

여기서 f_2는 주파수, T_A, T_B 는 각각 '0' 상태의 시간, '1' 상태의 시간을 나타내며, 듀티 비율(duty ratio) D는 디지털 신호에서 '1' 상태가 유지하는 시간(T_B)과 주기(T_2)의 비율로서 (식 1.5)와 같다.

$$D = \frac{T_B}{T_2} X100 = \frac{T_B}{T_A + T_B} X100(\%) \qquad \text{(식 1.5)}$$

대부분 디지털 시스템에서 사용되는 디지털 클록 신호(digital clock signal)의 듀티 비율은 50% 이며, 디지털 데이터에 따라서 클록 신호의 듀티 비율을 변화시키는 펄스 폭 변조(Pulse Width Modulation) 통신에 사용되기도 한다. 그러므로 아날로그 신호와 디지털 신호는 모두 신호의 크기, 주파수, 위상 정보를 지니고 있으며, 아날로그 및 디지털 신호의 3가지 정보를 처리하기 위해서 다양한 전자소자의 발명 및 발전을 1.2절 및 1.3절의 전자공학 발전 역사를 통해서 볼 수 있다.

1.2 진공관 시대

전자공학의 발전은 전자 신호를 처리하는 전자소자의 발전으로부터 시작되었다. 1883년에 토머스 에디슨(Thomas Edison)이 전기를 이용해서 빛을 내는 조명기구인 실용적 전구를 만들었다. 전구의 구조는 진공상태로 만든 유리관 내부에 두 개의 전극(플레이트와 필라멘트)으로 구성되어 있으며, + 극성 전기를 플레이트(Plate) 또는 애노드(Anode) 단자, − 극성 전기를 필라멘트(Filament) 또는 캐소드(Cathode)에 가하면, 전류가 흐르면서 캐소드 단자에서 열전자가 방출되면서 빛을 내는데, 전기가 빛으로 전환되는 비율은 10%이며, 나머지 90%는 열로 소모된다. 반대로 − 극성 전기를 캐소드 단자, + 극성 전기를 애노드 단자에 가하면, 전류가 흐르지 않는 스위치 작용을 한다. 전구의 원리에서 시작된 전자소자는 진공관의 2극관으로서 마치 다이오드의 정류 작용을 하는 전자소자로서 영국의 물리학자 플레밍(Flemming)이 1904년도에 그림 1.3의 2극관을 발명하였다. 3년 후인 1907년도에는 증폭 기능을 하는 3극관, 4극관, 5극관이 이어서 발명되면서 진공관 전자소자 시대가 열렸다. 3극관은 주로 오디오 신호 증폭기(Audio amplifier)에 사용되었고, 5극관은 고주파 신호 증폭(RF amplifier), 발진기(oscillator), 믹서(mixer)에 사용되었다. 그림 1.3, 1.4, 1.5는 각각 2극관, 3극관, 5극관의 소자 표기법을 나타낸다. 2극관은 애노드, 캐소드 단자로 구성되지만, 3극관 및 5극관은 그리드 단자가 추가 포함되어서 그리드 단자에 인가된 전압에 따라서 진공관 소자에 흐르는 전류 양을 조절하므로 증폭작용을 할 수 있다.

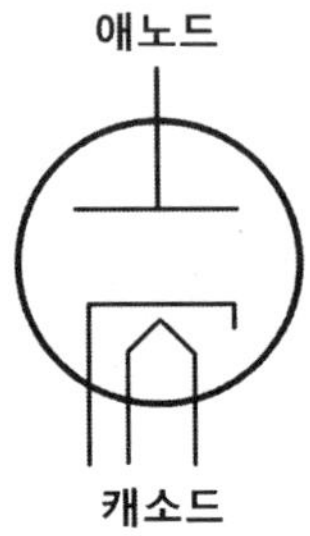

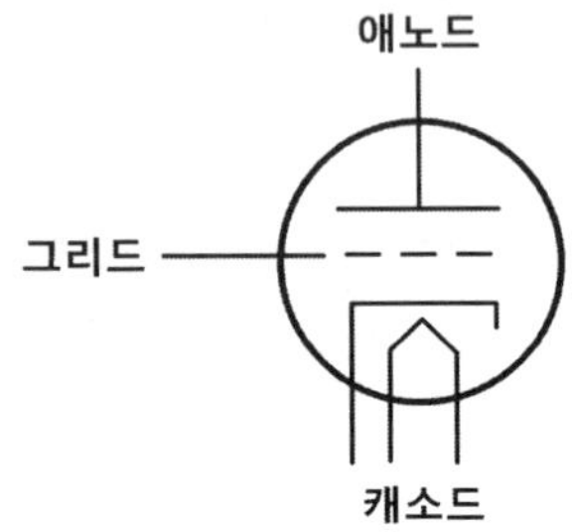

| 그림 1.3 | 플래밍의 2극관 사진 | 그림 1.4 | 2극관의 소자 표기 | 그림 1.5 | 3극관의 소자 표기

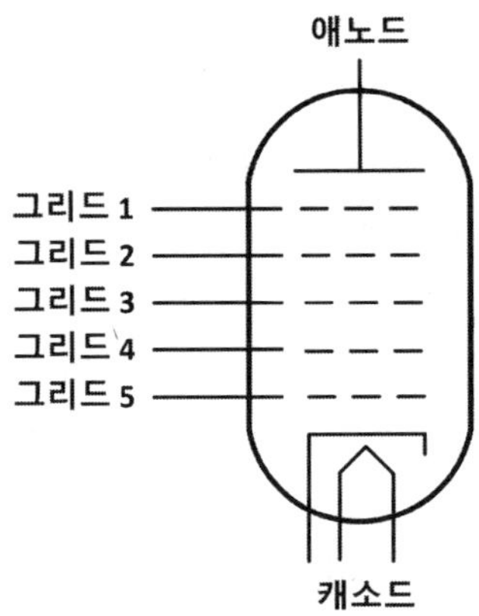

| 그림 1.6 | 5극관의 소자 표기

2극관의 전류-전압 전달 특성 곡선은 그림 1.7과 같이 다이오드의 전류-전압 전달 특성 곡선과 비슷하여서 스위치 및 정류 기능을 할 수 있다. 즉, 역방향 전압이 인가되면 2극관에는 전류가 흐르지 않아서 스위치의 차단 상태가 되며, 순방향 전압이 인가되면 2극관에 흐르는 전류가 지수 함수적으로 증가하면서 스위치의 도통 상태가 된다. 그림 1.8은 3극관의 전류-전압 전달 특성 곡선으로서 트랜지스터의 특성 곡선과 매우 비슷하므로 스위치 기능 및 증폭 기능을 동작 영역에 따라서 응용할 수 있다. 즉, 수평축의 플레이트 전압을 증가시키면 처음에는 진공관 전류가 1차 함수와 같이 증가하여서 스위치의 도통 상태로 사용할 수 있다. 그런데 플레이트 전압을 더 증가 시키면 포화되어서, 내부 저항이 증가하므로, 이렇게 전류가 포화되는 영역에서는 증폭기로 활용할 수 있다.

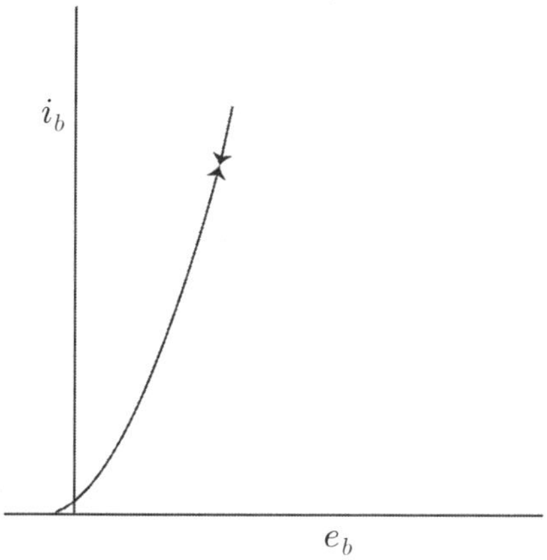

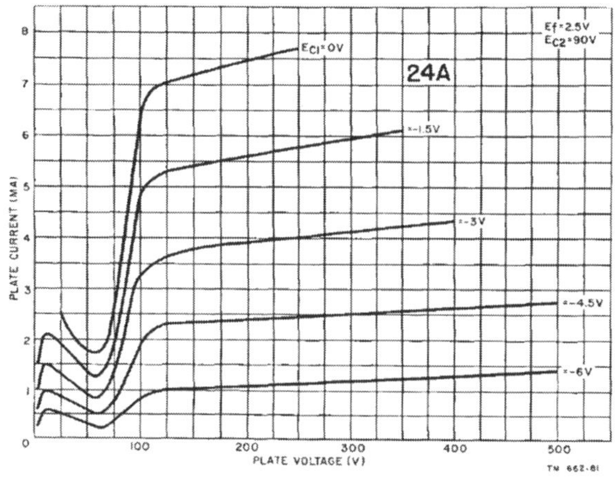

| 그림 1.7 | 2극관의 전류-전압 전달 특성 곡선 **| 그림 1.8 |** 3극관의 전류-전압 전달 특성 곡선

그러므로 진공관은 인류 최초의 전자소자로서 정류기, 증폭기, 스위치로 활용되었다. 1945년도에는 18,000개의 진공관을 사용해서 만들어진 세계 최초의 디지털 컴퓨터인 애니액(ENIAC) 컴퓨터가 사용되었다. 애니액 컴퓨터의 전력소모는 150KW, 동작주파수는 5KHz(5,000 cycle per second)로서 가산, 감산, 곱셈, 나눗셈 등 연산을 통해서 당시 육군 대포에서 발사된 탄알 궤도를 계산하는데 10년간 사용하였다. 애니액 컴퓨터는 그림 1.9와 같이 펜실베니아 대학교(University of Pennsylvania)에 보관되어 있다.

| 그림 1.9 | 펜실베니아 대학에 보관된 애니액 디지털 컴퓨터 사진

진공관은 신호 대 잡음 비(signal to noise ratio)가 우수하므로 오디오 신호 증폭시 음질이 뛰어난 장점이 있다. 반면에 부피가 크고, 전력소모가 크고, 주위 환경온도에 민감하며, 제

조 단가가 비싸고, 진공관 자체 발열로 인하여 소자 수명 기간이 짧고, 충격에 약한 단점 때문에 1947년 바이폴라 트랜지스터가 출현된 이후 점차 시장 점유율이 감소하게 되었다. 그러나 2024년 현재 진공관은 가정용 마이크로 오븐(micro-oven)에서 사용되고 있으며, 병원에서 의료용 엑스레이(x-ray) 촬영기, 오디오 증폭기에 진공관이 사용되고 있다. 또한 플라즈마(plasma)를 가속시켜서 미래 에너지 발전에 활용될 핵융합에서 사용되는 클라이스톤(Klystron)은 대표적 진공관으로서 진공관의 역할은 계속되고 있다.

1.3 반도체 시대

반도체 시대의 근본적 동기 부여는 그림 1.10과 같이 부피 및 전력소모가 큰 진공관 기반 전자시스템을 부피 및 전력소모가 작은 반도체 기반 전자시스템으로 변환시키기 위해서 시작되었다. 여기서 시스템 온 칩(SoC: System on Chip)과 시스템 인 패키지(SiP: System in Package)는 반도체 기반 전자시스템에서 사용되는 기술이다.

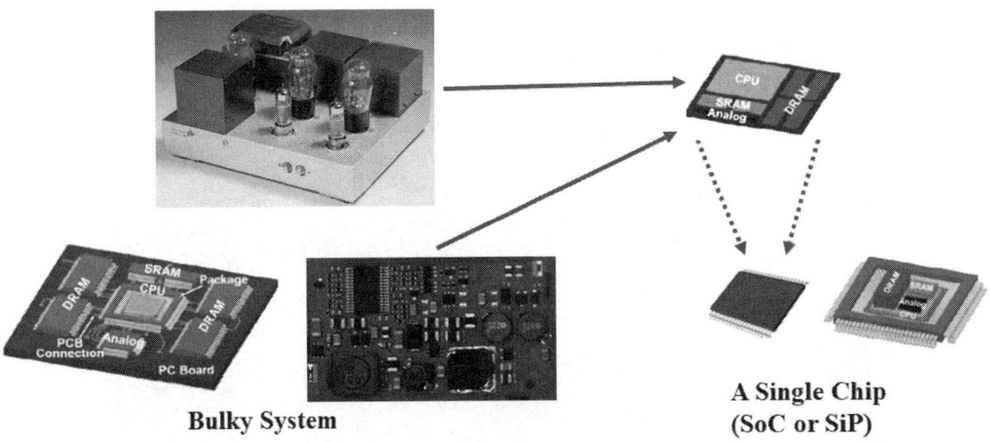

| 그림 1.10 | 진공관 기반 전자시스템에서 반도체 기반 전자시스템의 변환

진공관 시대가 지속되면서 반도체 시대는 pn 접합 다이오드(pn junction diode)의 발명으로부터 시작되었다. AT & T 벨 연구소(Bell Laboratory)에서 연구했던 물리학자 올(Ohl)과 스카프(Scaff)는 순수한 실리콘(Si, silicon) 반도체에 불순물을 섞어서 n형 불순물 반도체와 p형 불순물 반도체를 만들어서 접합시켰다. pn 접합면에 빛을 비추었을 때 한 쪽 방향으로만 전류가 흐르는 광전효과를 가진 광다이오드(Photo diode) 또는 광센서(Photo sensor)를 1939년에 발명하였다. 물리학자 올은 1941년도에 그림 1.10과 같이 빛에 민감한 전기 소자

(Light-sensitive electric device)로서 실리콘 pn 접합 다이오드를 특허 신청하였다.

FIG. 2

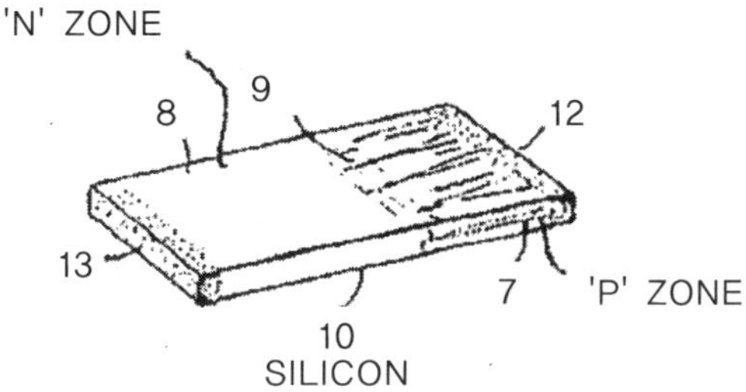

| 그림 1.11 | 최초 실리콘 pn 접합 다이오드 특허도면

1948년 벨 연구소에서 윌리엄 쇼클리(William Shockley) 물리학자 아래에서 일했던 존 바딘(John Bardeen)과 월터 브래튼(Walter Brattain) 물리학자가 그림 1.11과 같은 세계 최초 게르마늄(Germanium) NPN 바이폴라 접합 트랜지스터를 발명하였다, 당시 벨 연구소에서 세계 최초 게르마늄 NPN 바이폴라 접합 트랜지스터를 발명한 공을 인정받아서 이들은 1956년에 노벨 물리학상을 받았다.

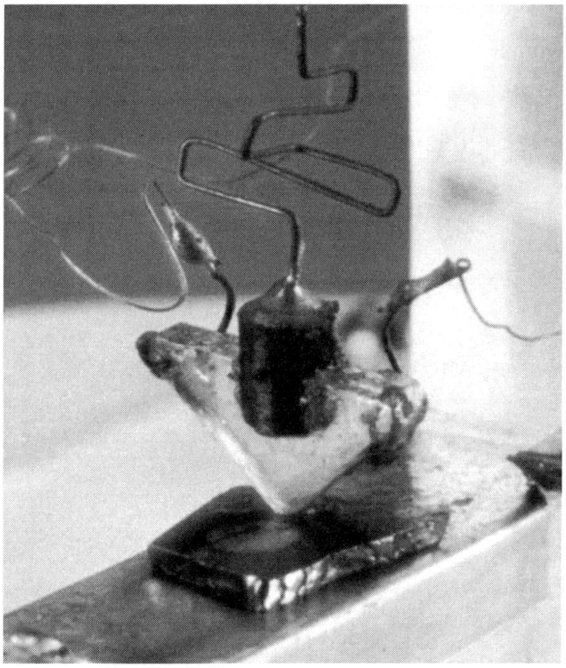

| 그림 1.12 | 세계 최초 게르마늄 NPN 바이폴라 접합 트랜지스터 사진

| 그림 1.13 | NPN BJT를 발명한 3명의 물리학자(왼쪽부터 존 바딘, 월터 브래튼, 윌리엄 쇼클리)

그림 1.13은 NPN BJT를 발명한 벨 연구소 3명의 물리학자 사진을 나타내는데, 왼쪽은 존 바딘, 중앙은 월터 브래튼, 오른쪽은 윌리엄 쇼클리 모습이다. 이후 접합 전계효과 트랜지스터(Junction Field Effect Transistor)가 1953년에 발명되었고, 1959년에 물리학자 아탈라(Atalla)와 강대원(Dawon Kahng) 박사가 금속-부도체-반도체로 구성된 전계효과 트랜지스터(MOSFET)를 발명하였다. 당시 MOSFET의 칩 레이아웃은 그림 1.14와 같아서 소스(source), 게이트(gate), 드레인(drain) 단자를 본딩 패드(bonding pad)에 연결되어 있는 것을 볼 수 있다.

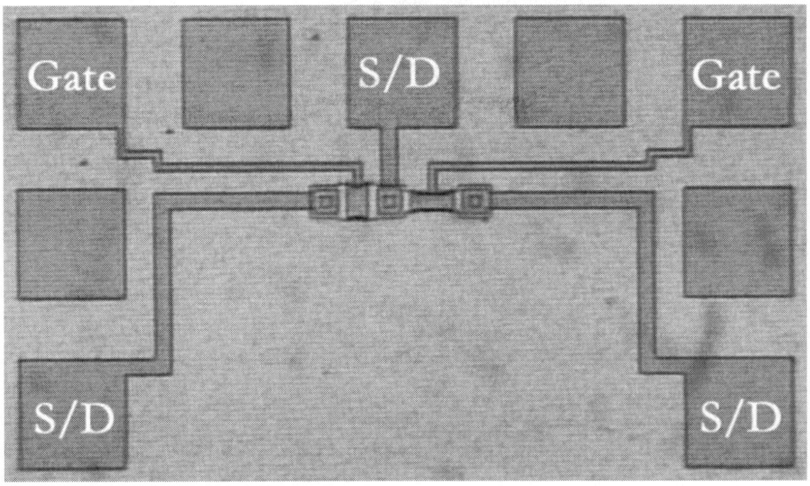

| 그림 1.14 | 1959년도 당시 MOSFET의 레이아웃 사진

1967년에 강대원 박사가 사이몬 시(Simon Sze)의 지도아래 현재 상용되는 플래시 메모리(Flash Memory)의 원조인 플로팅 게이트 MOS 전계 효과 트랜지스터(Floating Gate MOSFET)를 발명하였다. 1963년에 상보 MOS 전계효과 트랜지스터(CMOS: Complementary MOSFET), 1989년에 FinFET(Fin Field Effect Transistor) 트랜지스터가 발명되어서 오늘날 시스템 반도체의 근간을 이루게 되었다.

1959년에 TI(Texas Instrument)에서 회로 설계 엔지니어로 일했던 잭 킬비(Jack Kilby)는 게르마늄 트랜지스터, 저항, 커패시터를 집적화 시킨 집적회로를 사용해서 발진기를 개발하였다. 잭 킬비는 전자소자들을 조그만 공간에 축소시켜서 회로를 구현한 집적회로 개념을 만들었기 때문에 2000년도에 노벨 물리학상을 수여 받았다. 그림 1.15는 당시 잭 킬비가 개발한 게르마늄 발진기 집적회로 사진이다.

| 그림 1.15 | 잭 킬비가 개발한 게르마늄 발진기 집적회로 사진

1969년에는 패어차일드(Fairchild) 사의 위들러(Widlar)는 바이폴라 공정기술을 사용해서 세계 최초 μA 741 연산증폭기를 개발하였으며, 현재 사용하는 모든 연산증폭기의 시초가 되었다. μA 741 연산증폭기의 칩 사진은 그림 1.16과 같다.

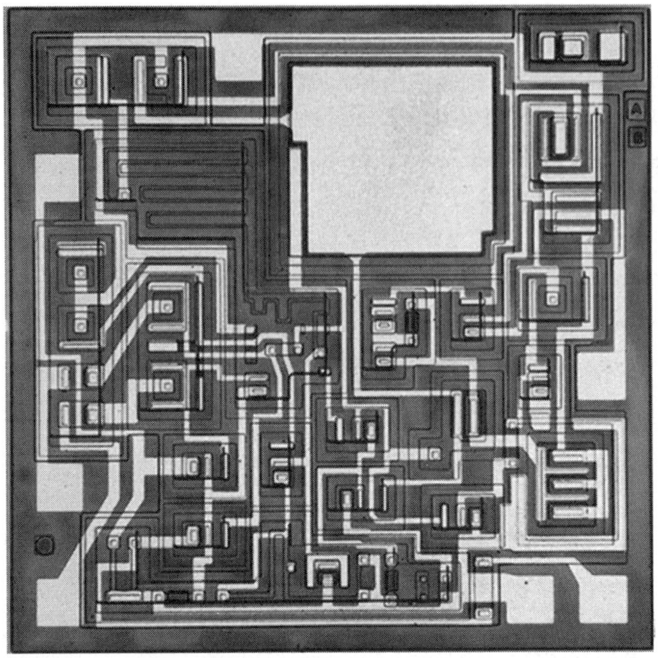

| 그림 1.16 | 위들러가 개발한 세계 최초 μA 741 연산증폭기 칩 사진

μA 741 연산증폭기는 많은 반도체 회사에서 아직도 양산하고 있는 칩이며, 그림 1.17은 ST Microelectronics 사에서 양산하는 칩 사진으로서 그림 1.16의 레이아웃과 매우 유사하다.

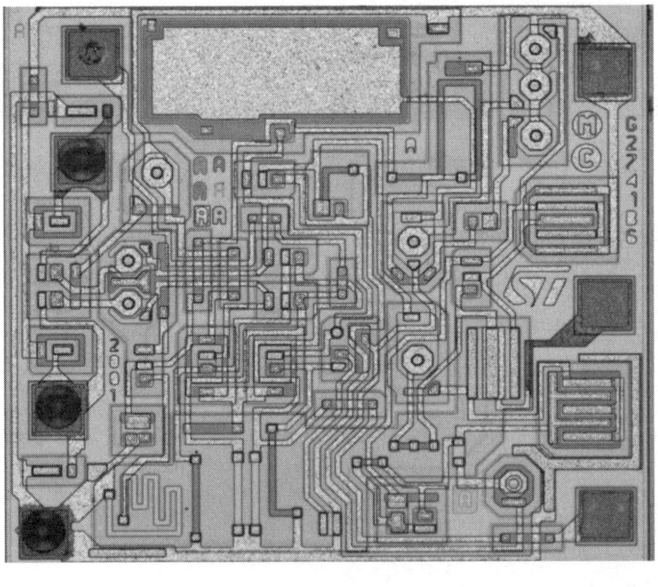

| 그림 1.17 | ST Microelectronics 사에서 양산하는 μA 741 연산증폭기 칩 사진

잭 킬비와 함께 TI에서 일했던 로버트 노이스(Robert Noyce)는 1959년에 현대 공정의 원

조격인 반도체 공정을 사용해서 실리콘 집적회로를 개발하였으며, 노이스는 고든 무어(Gordon Moor)와 함께 인텔(Intel) 회사를 창업하였다, 인텔사에서 1971년에 패드리코 패긴(Federico Faggin)은 컴퓨터의 원조인 4-비트 마이크로프로세서(Intel 4004)를 클럭주파수는 1MHz, 10μm PMOS 공정기술을 이용해서 개발하였는데, 인텔 4004 칩 내부에는 2,300개 트랜지스터가 집적화 되었으며, 인텔 4004 칩의 주된 응용시스템은 상용계산기였다. 인텔 4004 마이크로프로세서 칩 사진, 메탈 마스크 사진, 16핀 DIP(Dual Inline Package) 패키지 사진은 각각 그림 1.18, 1.19, 1.20과 같다.

| 그림 1.18 | 인텔 4004 마이크로프로세서 칩 사진

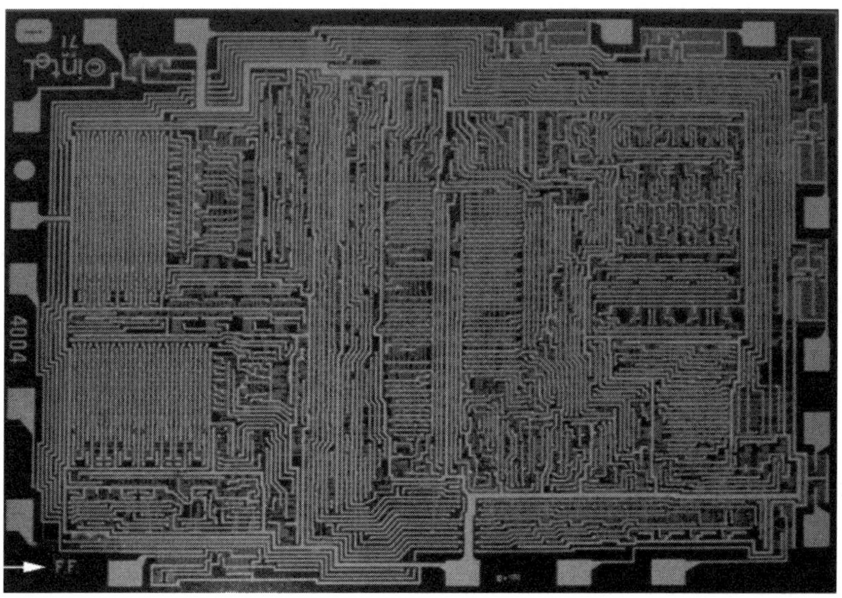

| 그림 1.19 | 인텔 4004 마이크로프로세서 메탈 마스크 칩 사진

| 그림 1.20 | 인텔 4004 마이크로프로세서의 16핀 DIP 패키지 사진

인텔사의 초대회장인 무어(Moore)는 집적회로 공정기술 발전 추세는 매 1년 6개월마다 집적밀도가 2배씩 증가한다는 무어의 법칙(Moore's law)을 제안하였으며, 현재까지도 (식 1.6)과 같은 무어의 법칙에 따라서 CMOS 집적회로 공정기술이 발전하고 있다.

$$집적밀도 \propto 2^{\frac{x}{1.5}} \tag{식 1.6}$$

여기서 x는 연(year)을 나타낸다.

예제 1.1 반도체 개발 기간이 9년 지나면 반도체 집적밀도는 몇 배로 증가하는가?

풀이

(식 1.6)에 $x = 9$를 대입하면 다음과 같다.

집적밀도 $= 2^{\frac{9}{1.5}} = 2^6 = 64$배로 증가한다.

1960년도에는 8μm PMOS 공정기술을 이용하여 1-K bit DRAM(Dynamic Random Access Memory)이 개발되었으며, 1993년에는 삼성전자가 16-Mbit SDRAM 저장장치를 개발하였다. 1974년, 1978년, 1985년, 1989년에는 인텔에서 8비트, 16비트, 32비트, 64비트 마이크로프로세서를 개발하면서 메모리 장치 개발과 함께 컴퓨터 시대를 열었다. 32비트 RISC 마이크로프로세서 칩 사진은 그림 1.21과 같다. 2021년에는 인텔사가 10nm CMOS 공정기술을 이용하여 개발한 64비트 마이크로프로세서를 개발한 칩 사진은 그림 1.22와 같다.

| 그림 1.21 | 인텔 32비트 RISC 마이크로프로세서 칩 사진

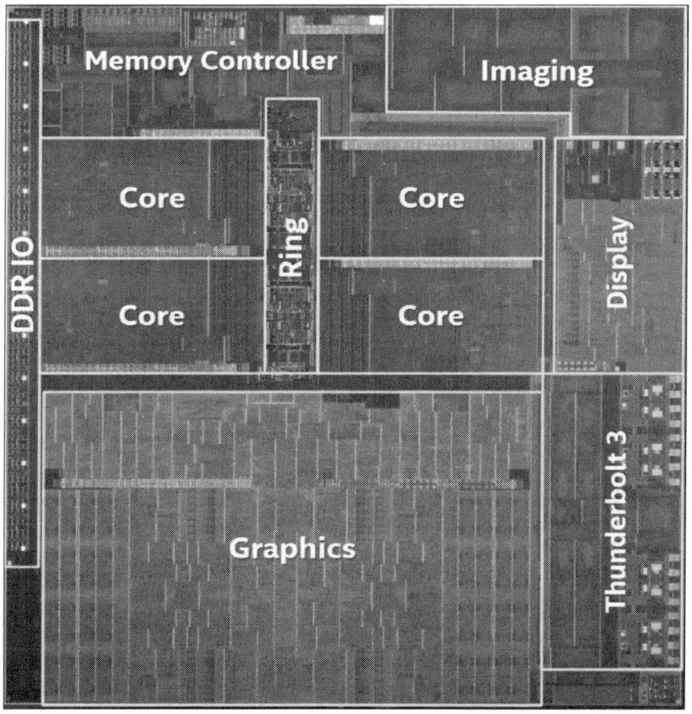

| 그림 1.22 | 10nm CMOS 공정기술을 이용한 인텔 64비트 마이크로프로세서 칩 사진

2000년에는 플래시 메모리, USB 메모리, 2007년에는 플래시 메모리 기반 SSD(Solid State Drive)가 개발되면서 하드 디스크 드라이브(Hard Disk Drive)를 교체하는 컴퓨터 시대가 도래했다. 그림 1.23은 웨스턴 디지털 사의 하드 디스크 드라이브 사진이며, 그림 1.24는 삼성전자의 512 GB SSD 사진이다. 하드 디스크 드라이브는 마그네틱 저장장치 및 모터 기반 기계장치로 구성되어 있어서 컴퓨터 부팅(Booting) 시간이 2-3분 소요되는데 비해 SSD는 기계장치가 없는 전자장치로서 컴퓨터 부팅 시간이 하드 디스크 드라이브에 비해서 빠르다.

| 그림 1.23 | 웨스턴 디지털 사의 하드 디스크 드라이브

| 그림 1.24 | 삼성전자의 512 GB SSD

1970년 2,300개 트랜지스터를 집적한 회로부터 2020년에 300억 개 (3×10^{10}) 트랜지스터를 집적한 회로까지 포함한 트랜지스터 숫자 대비 연도를 그림 1.25에 나타내고 있는데, 이 그래프는 무어의 법칙과 대략적으로 일치한다. 이런 추세가 계속되면 2030년에는 1개 집적 회로에 포함되는 트랜지스터의 숫자는 6,000억 개(6×10^{11})로 추산된다.

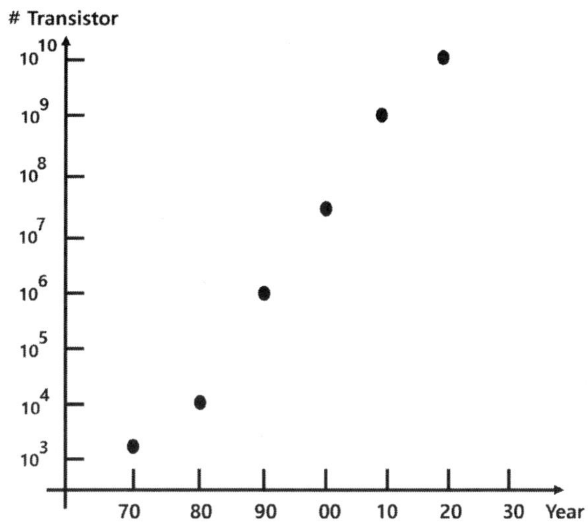

| 그림 1.25 | 집적회로에 포함된 트랜지스터 숫자 대비 개발 연도

지난 100년 동안 진공관회로부터 전계효과 트랜지스터 회로까지 발전사를 그림 1.26에서 볼 수 있다. 1900년대 초반에서 1940년대 말까지 진공관 회로, 1940년대 말부터 1970년대 말까지 30년 동안은 바이폴라 트랜지스터 회로, 1960년대 초 부터 2020년대 까지 60년 동안은 전계효과 트랜지스터 회로가 시장을 장악하였다. 바이폴라 집적회로 공정은 60년도에서 80년대, CMOS 집적회로 공정은 70년대에서 현재까지, BiCMOS 집적회로 공정은 90년대에서 현재까지 사용되고 있는 것을 그림 1.26에서 보는 바와 같이 알 수 있다. 또한 90년대 초부터 현재까지 FinFET 트랜지스터 회로가 가지고 있는 여러 가지 장점 때문에 시장 점유율을 차츰 늘려가고 있다.

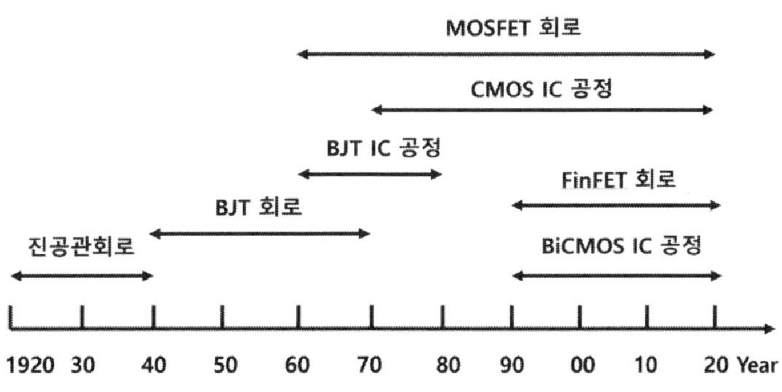

| 그림 1.26 | 지난 100년 동안 진공관 회로 및 반도체 회로 발전사

특히 최근 15년간(2007년 ~ 2022년) 발전한 전계효과 트랜지스터 구조들을 살펴보면 그림 1.27과 같다.

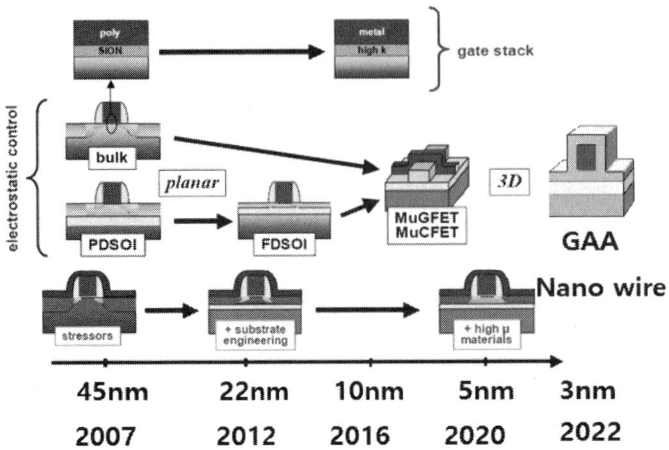

| 그림 1.27 | 2007～2022년 동안에 발전한 전계효과 트랜지스터 구조

2007년까지 기존 전계효과 트랜지스터 구조를 유지하다가 채널길이가 22nm 이하로 작아지면서 그림 1.28과 같이 전계효과 트랜지스터 구조는 게이트가 여러 개의 FinFET 및 GAA(Gate All Around) 또는 나노 와이어(Nano wire)로 발전되어가고 있다. 게이트가 2개인 FinFET 트랜지스터의 3차원적 구조는 그림 1.28과 같다. 이러한 FinFET는 게이트가 2개(front gate와 back gate) 이므로 채널 내 증가된 3차원적 전계효과 때문에 채널 내 이동하는 캐리어들이 채널 밖으로 빠져나가는 발생하는 누설전류를 감소시키는 장점을 가지고 있다.

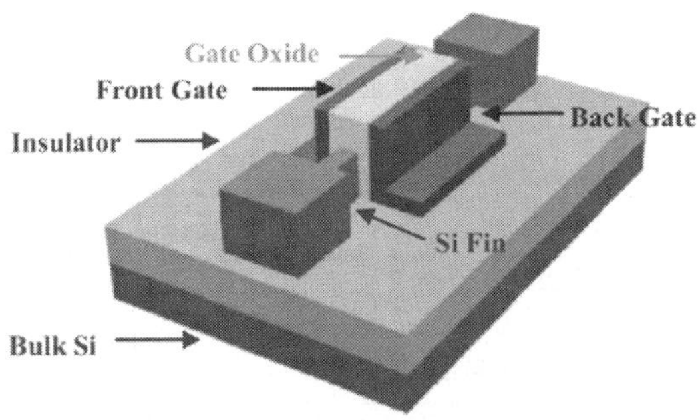

Double-gate FinFET device structure.

| 그림 1.28 | 2개 게이트 FinFET 트랜지스터 구조

진공관 회로부터 전계효과 트랜지스터 회로 발전 역사는 표 1.1에서 볼 수 있다.

| 표 1.1 | 진공관 회로부터 전계효과 트랜지스터 회로 발전 역사

연도	전자소자 및 회로 발전 내용
1907	2극 진공관 출현
1939	실리콘 pn 접합 다이오드 발명
1949	PNP 바이폴라 트랜지스터 발명
1957	하드 디스크 드라이브(HDD) 저장장치 개발
1959	게르마늄 바이폴라 트랜지스터를 사용한 RC 발진기 집적회로 개발
1960	전계효과 트랜지스터 발명
1965	PMOS SRAM 개발
1967	플로팅 게이트 전계효과 트랜지스터 발명
1969	μA 741 연산증폭기 개발
1970	8μm 1-K bit DRAM 개발
1971	PMOS 인텔 4004-4비트 중앙연산장치 10μm PMOS 공정기술) 개발
1971	플로피 디스크 저장장치 개발
1974	인텔 8008-8비트 중앙연산처리 장치 개발
1978	인텔 8086-16비트 , 모토롤라 68000-16/32비트 중앙연산처리장치 개발
1985	인텔 32-비트 RISC 중앙연산처리장치 개발
1988	CD-ROM 디스크 저장장치 개발
1989	인텔 I-860 64비트(0.8μm CMOS 공정기술) 중앙연산처리장치 개발
1993	16-Mbit SDRAM 저장장치 개발
1997	DVD 디스크 저장장치 개발
1998	64-Mbit SDRAM 저장장치 개발
2000	USB 및 SSD 저장장치 개발

1.4 반도체 센서 기반 전자 시스템

1, 2, 3차 산업혁명과 달리 4차 산업혁명 시대의 핵심 기술은 사물 인터넷(Internet of Thing), 인공지능(Artificial Intelligence), 자율 주행 자동차(Autonomous automobile), 가상/증강현실(Virtual/Augmented Reality), 스마트 폰(smart phone), 스마트 팜(smart farm), 스마트 팩토리(smart factory), 드론(Drone), 지능 로봇(Intelligent robot) 등 이며, 이렇게 주목받는 기술의 핵심은 데이터이다. 핵심 기술의 중심에는 데이터가 있으며, 이러한 데이터를 획득하는 첨단소자 중 하나는 센서(sensor 또는 transducer)이다. 대부분 센서는 전자 시스

템의 구조인 그림 1.29에서 전 처리 블록(pre-processor) 내부 앞단(front-end) 입력 부분에 배치된다.

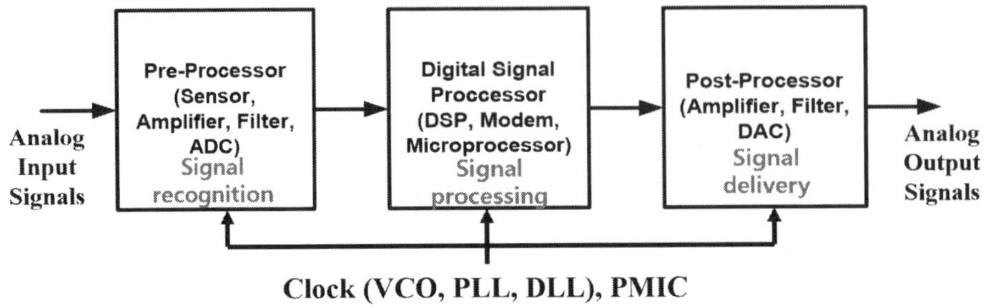

| 그림 1.29 | 전자 시스템의 구조

비 전기적(non-electric) 아날로그 입력신호(전파, 빛, 소리, 온도, 습도, 속도/가속도, 압력, 가스, 산/알칼리 농도 등)가 센서에 들어오면 센서는 비 전기적 신호를 전기 신호(전압, 전류, 전하)로 변환시킨다. 변환된 전기 신호는 전자 시스템 전단부에 속하는 증폭기, 필터, 아날로그-디지털 변환기를 통해서 2진법 데이터로 바뀌며, 마이크로프로세서에 의해서 디지털 연산 처리 후 디지털-아날로그 변환기, 필터, 증폭기를 통해서 아날로그 출력신호가 발생된다. 전자 시스템 전단부 맨 앞 쪽에 위치한 센서는 안테나, 광센서, 음향 센서, 온도 센서, 압전 센서, 속도/가속 센서, 가스 센서 등이 이에 속하며, 특히 반도체 센서는 데이터 획득 및 처리가 전자 시스템과 매칭이 쉽기 때문에 주목할 필요가 있다. 반도체 센서 기반 전자 시스템은 클록 신호에 동기되어서 동작하는데, 클록 신호는 전압 제어 발진기인 VCO(Voltage Controlled Oscillator)를 사용한 위상 동기 회로인 PLL(Phase Locked Loop)에서 발생한 신호이다. 또한, 시스템을 동작시키기 위해서는 적절한 전압, 전류의 전력이 필요한데, 이러한 전력을 공급하고 관리하는 회로가 전력 관리 회로인 PMIC(Power Management Integrated Circuit)이며, 전력 관리 회로에는 전력 전달효율에 따라서 LDO (Low Drop Out) 회로와 SMPS(Switching Mode Power Supply) 회로가 있어서 전자 시스템의 전력 관리를 한다.

광센서는 그림 1.30과 같이 CIS(CMOS Image Sensor) 센서를 주로 사용하는데, 빛 신호를 전류 신호로 변환시키고, 변환된 전류신호는 2진 데이터로 변환되어서 영상 이미지를 추출할 수 있다. 추출된 영상 이미지 데이터를 기반으로 영상 인식, 영상 합성, 가상/증강 현실 등 많은 정보로 활용할 수 있어서 인공지능의 의료 영상 판독을 통해서 질병 진단 및 예방 등 의료 활동에 사용되고 있다.

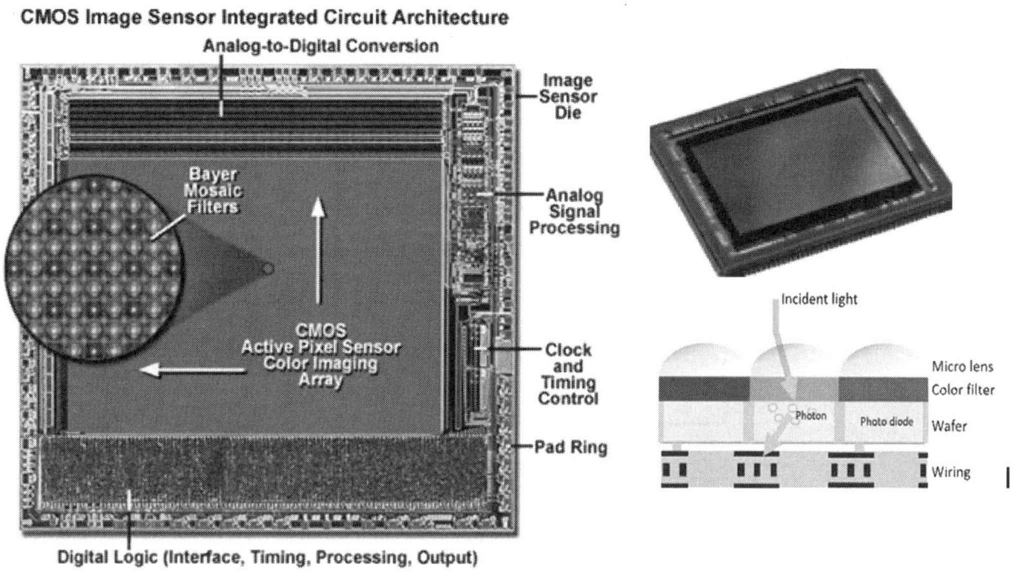

| 그림 1.30 | CIS 센서 시스템 블록 다이어그램 및 반도체 칩

CIS는 PN 접합 다이오드의 집합체로서 PN 접합 다이오드 접합면에 빛을 조사하면, 빛의 입자인 광자에너지가 전자로 변환되어서 광전류가 흐르고, 광전류를 전압으로 변환시키면 2진법 데이터가 발생한다. 이러한 광센서가 수천만 개 모여서 디지털 카메라의 눈 역할을 할 수 있으며, 자율 주행 자동차에서 CIS 광센서는 장애물 영상 인식을 하는데 주요한 역할을 한다. 그림 1.31의 자율 주행 자동차에서 장애물과 거리를 측정하기 위해서 사용되는 LiDAR(Light Detection And Ranging) 장치는 반도체 레이저와 반도체 CIS(디지털 카메라)가 결합된 장치로서 피사체로부터 반사된 시간을 사용해서 피사체와의 거리를 계산한다.

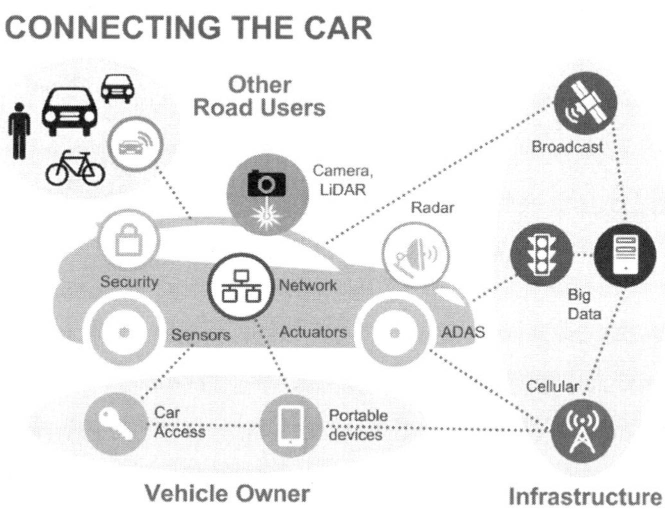

| 그림 1.31 | 센서 기반 자율 주행 자동차

PN 접합 다이오드는 온도에 민감한 반도체 소자로서 온도에 정비례해서 전압 또는 전류가 발생하며, 이러한 원리를 이용해서 그림 1.32와 같은 디지털 온도계를 만들 수 있다.

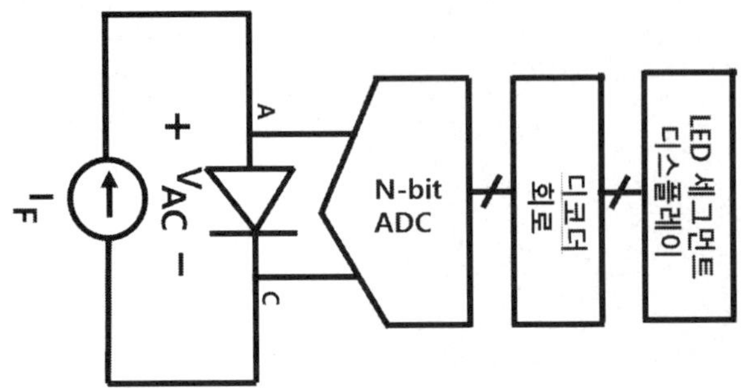

| 그림 1.32 | 반도체 센서(PN 접합 다이오드) 기반 디지털 온도계 구조

물체의 움직임 및 압력에 따라서 반도체 막(membrane)이 진동하고, 반도체 막의 기계적 진동 크기 및 횟수에 따라서 커패시터 용량 및 전압 변동을 감지하여서 물체의 속도 및 가속도, 압력을 측정하는 그림 1.33의 MEMS(Micro Electro-Mechanical Systems) 센서는 자율주행 자동차, 로봇, 마이크로 폰, 스마트 폰, 압력 센서 등에 많이 사용된다.

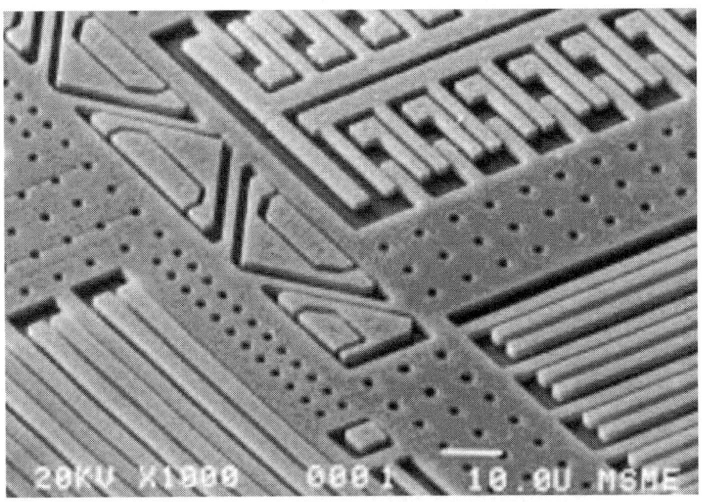

| 그림 1.33 | 반도체 MEMS 센서 사진

전파 신호를 감지해서 전기신호로 변환시키는 안테나 센서는 그림 1.34와 같은 수퍼 헤테로다인(super heterodyne) 통신시스템의 아날로그 전단 부(analog front end)에서 사용된다. 아날로그 전단 부 구조를 살펴보면 수신 단과 송신 단으로 구성되며, 수신 단은 저잡음 증폭기(LNA: Low Noise Amplifier), 필터(Filter), 무선주파수 믹서(RF Mixer), 중간 주파수 증폭기(IF VGA), 중간주파수 믹서(IF Mixer), 아날로그-디지털 변환기(ADC), 마이크로프

로세서(MPU)로 구성된다. 반면에 송신 단은 디지털-아날로그 변환기(DAC), 중간주파수 믹서(IF Mixer), 필터, 중간주파수 증폭기, 무선주파수 믹서, 드라이버 증폭기, 전력증폭기로 구성된다.

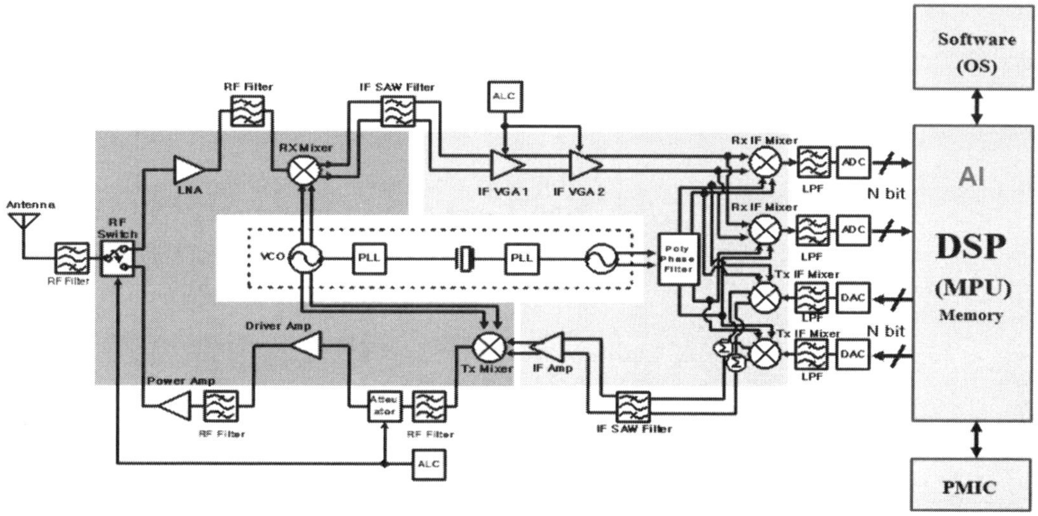

| 그림 1.34 | 스마트 폰 내 아날로그 전단부 블록 다이어그램

건강관리 전자시스템 중 심장 맥박을 조절해주는 심장 맥박 조절기(pacemaker) 전자 시스템의 블록 다이어그램은 그림 1.35와 같다.

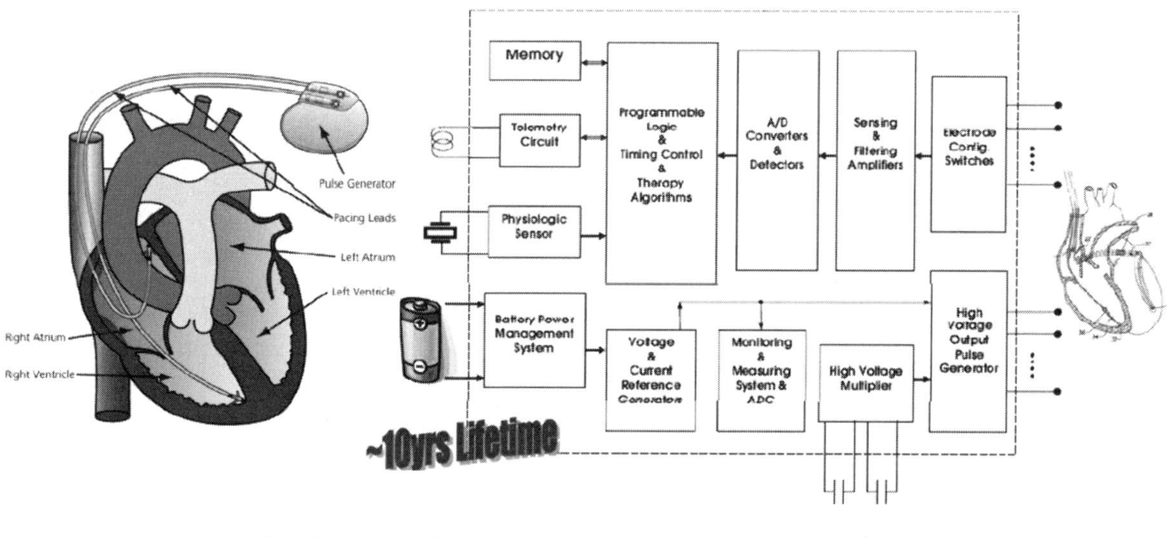

| 그림 1.35 | 심장 맥박 조절기 전자 시스템의 블록 다이어그램

심장 맥박 조절기 전자 시스템은 심장 맥박 수를 감지하는 센서, 감지된 맥박 신호를 증폭 및 필터링 한 후 디지털 데이터로 변환시키는 아날로그-디지털 변환기, 디지털 데이터를 해

석하고 계산하는 마이크로프로세서로 구성된다. 감지된 맥박 신호 세기에 따라서 심장에 고전압 전기신호를 가해주는 고전압 체배 회로(high voltage multiplier) 및 펄스 발생기로 구성된다. 또한, 심장 맥박 조절기 전자 시스템은 심장 수술을 통해서 심장 옆에 삽입시켜서 동작하기 때문에 전력관리 회로에 의해서 10년 동안 전자 시스템의 전력이 관리된다.

체지방을 측정해서 건강관리에 사용되는 체지방 측정 전자시스템의 블록 다이어그램은 그림 1.36과 같다.

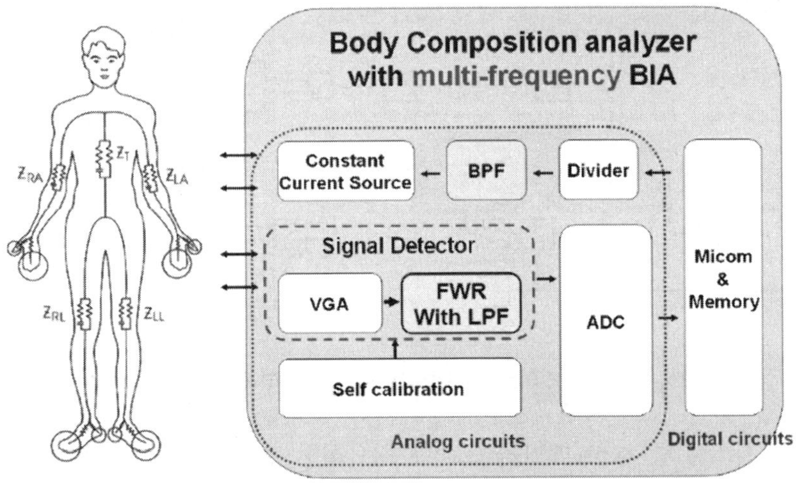

| 그림 1.36 | 체지방 측정 전자시스템의 블록 다이어그램

인체 내 체지방을 측정하기 위해서 전류를 흘려보내면 인체 내부 생체 저항 때문에 발생한 전압을 감지한다. 감지된 전압을 증폭, 필터링해서 아날로그 전압신호를 아날로그-디지털 변환기를 통해서 디지털 데이터로 변환시킨 후 마이크로프로세서를 통해서 체지방을 계산하게 된다. 체지방 측정 전자시스템의 구조를 살펴보면 아날로그 회로(증폭기, 필터, 전류원, 아날로그-디지털 변환기, 전력관리 회로)와 디지털 회로(마이크로프로세서 및 기억장치)로 구성된 것을 알 수 있다.

요 약

1.1절에서는 전자공학의 기초가 되는 전자 신호를 다루었는데, 전자 신호는 시간에 따라서 연속적으로 변하는 아날로그 신호와 불연속적으로 변하는 디지털 신호로 구분되며, 아날로그 및 디지털 신호는 모두 크기, 주파수, 위상 정보를 포함한다. 3가지 정보를 처리하기 위한 전자소자 측면에서 전자공학 발전 역사를 1.2절과 1.3절에서 살펴보았다.

1.2절에서는 전자공학의 시작인 진공관 시대를 돌아보면서 2, 3, 5극 진공관의 역할을 다루었다. 2극 진공관으로부터 시작해서 전자 시대가 열렸으며, 3극, 5극 진공관의 발전으로 인하여 오디오/RF 증폭기 및 믹서 회로 개발이 되었고, 유무선 통신 시대도 동시에 열렸다. 또한 18,000개 진공관을 사용해서 8-비트 애니악 컴퓨터 개발은 디지털 컴퓨터 시대 시작을 알리기도 했다.

1.3절에서는 진공관 시대에 이어서 반도체 시대를 여는 PN 접합 다이오드 및 바이폴라 트랜지스터의 발명, 그리고 전계효과 트랜지스터의 발명 역사를 다루었다. 또한 바이폴라 트랜지스터 집적회로 공정 및 전계효과 트랜지스터 집적회로 공정이 개발되면서 무어의 법칙에 따라서 집적회로 내부 트랜지스터 숫자가 1년 6개월마다 2배씩 증가하였다. 이에 따라서 741 연산증폭기, 4/8/16/32/64 비트 마이크로프로세서 및 메모리 반도체의 개발로 컴퓨터의 성능이 급격하게 증가하였다.

1.4절에서는 컴퓨터 시대를 기반으로 한 4차 산업 혁명시대의 핵심인 데이터를 수집하는 반도체 센서 그리고 데이터를 저장하고 처리하는 전자 시스템에 대해서 살펴보았다. 전자 시스템은 전 처리 부, 중앙 처리부, 후 처리 부로 구성되며, 전 처리부는 반도체 센서, 증폭기, 필터, 아날로그-디지털 변환기로 구성된다. 반도체 센서에는 CIS 광센서, 온도 센서, MEMS 센서, 터치 센서 등이 있으며, 반도체 센서에서 발생된 아날로그 신호가 전 처리 부를 거쳐서 2진 디지털 데이터로 변환되면 중앙 처리부에서 연산을 수행한 다음 후 처리부인 디지털-아날로그 변환기, 필터, 증폭기를 통해서 출력 아날로그 신호를 발생시킨다. 대표적 반도체 센서 기반 전자 시스템에는 CIS 영상처리 시스템, 반도체 센서기반 자율주행 자동차, 반도체 PN 접합다이오드 센서 기반 디지털 온도계, 심장 맥박 조절기 전자 시스템, 체지방 측정 전자 시스템 등이 포함된다. 시스템 반도체가 현실화되면서 반도체 센서를 기반으로 데이터 획득, 저장 및 처리하는 스마트 전자 시스템 개발은 사물 인터넷, 자율 주행 자동차, 무인 드론, 건강관리, 전자기기, 스마트 로봇, 탐사 로봇, 의료 로봇 등에 적용할 수 있게 되었다. 앞으로도 반도체 센서 기반 스마트 전자 시스템 발전 추세는 지속가능할 것으로 예측된다.

참고문헌

[1.1] K. R. Thrower, British Radio Valves The Classic Years: 1926-1946, Reading, UK, Speedwell, pp. 3, 2009.

[1.2] D. P. Geppert, Basic Electron Tubes, New York, McGraw-Hill, pp. 46-52. 1951.

[1.3] Rose and Allen, "Lightning Strikes Mathematics," Popular Science, pp. 83-86. April 1946.

[1.4] M. Riordan and L. Hoddeson "The origins of the pn junction," IEEE Spectrum, pp. 46-51, June 1997.

[1.5] http://semiconductormuseum.com/PhotoGallery/PhotoGallery_M1752.htm

[1.6] Intel 4004 datasheet 1987.

[1.7] 인텔 박물관
https://www.intel.com/content/www/us/en/company-overview/intel-museum.html

[1.8] C. Hu, Modern Semiconductor Devices for Integrated Circuits, Pearson, 2010.

연습문제

1.1 집적회로의 밀도가 1,000배로 증가하는데 소요되는 기간을 구하라.

1.2 전자소자로서 진공관의 역할을 설명하라.

1.3 전자소자로서 진공관의 장점과 단점을 설명하라.

1.4 바이폴라 접합 트랜지스터의 발명으로 인해서 노벨 물리학상을 수상한 인물은?

1.5 집적회로 개념을 발진기 회로 구현으로 증명해서 노벨 물리학상을 수상한 인물은?

1.6 MOSFET 및 플로팅 게이트 MOSFET을 발명한 인물은?

1.7 무어의 법칙에 대해서 설명하라.

1.8 패어차일드 사 연구원 위들러가 개발한 세계 최초 증폭기의 이름은?

1.9 인텔사의 패드리코 패긴 연구원이 개발한 세계 최초 회로의 이름은?

1.10 기존 MOSFET의 단점을 극복하기 위해서 발명된 트랜지스터는?

1.11 인류 최초 디지털 컴퓨터의 이름과 성능에 대해서 설명하라.

1.12 진공관 2극관 및 3극관에 해당하는 실리콘 소자는 어떤 소자들인가?

1.13 HDD 저장장치와 SDD 저장장치를 비교 설명하라.

1.14 블루투스 이어폰 전자시스템을 블록 다이어그램으로 제시하고 동작원리를 설명하라.

연습문제 정답

1.1 무어의 법칙에 따라서 (식 1.6)을 사용하면 다음과 같다.

$1{,}000 = 2^{\frac{x}{1.5}}$ 에서 x를 구하면 15년이 된다. 따라서 집적회로 밀도가 1,000배로 증가하는데 소요되는 기간은 15년이다.

1.2 전자소자로서 진공관은 두 가지 역할을 한다. 즉, 스위치 및 증폭기 역할을 할 수 있다. 예로서 애니액 8-비트 컴퓨터는 진공관을 스위치로 활용한 실례이며, 오디오 증폭기 및 RF 증폭기는 진공관을 증폭기로 활용한 사례이다.

1.3 진공관의 장점은 잡음이 작고, 큰 전류를 구동시킬 수 있으므로 대전력 증폭기로 활용할 수 있다. 단점은 전력소모가 크고, 부피가 크며, 충격에 약하고, 발열 때문에 진공관 수명시간이 짧고, 제조 가격이 비싸다.

1.4 존 바딘, 월터 브래튼, 윌리엄 쇼클리

1.5 잭 킬비

1.6 강대원 박사

1.7 집적회로 밀도는 1년 6개월마다 2배씩 증가한다.

1.8 $\mu A\,741$ 연산증폭기

1.9 4-비트 인텔 4004 마이크로프로세서

1.10 기존 MOSFET의 단점인 전기장 세기를 강화하기 위해서 다수 게이트를 구조에 추가시키므로 누설전류를 감소시킬 수 있는 소자가 FinFET 트랜지스터이다.

1.11 인류 최초 디지털 컴퓨터의 이름은 애니악(ENIAC) 이며 18,000개의 진공관을 사용하였다. 애니악 컴퓨터의 해상도는 8-비트, 전력소모는 150KW, 동작주파수는 5KHz(5,000 cycle per second)로서 가산, 감산, 곱셈, 나눗셈 등 연산을 통해서 육군 대포에서 발사된 탄알 궤도를 계산하는데 10년간 사용하였다.

1.12 진공관 2극관에 해당하는 실리콘 소자는 pn 접합 다이오드이며, 진공관 3극관에 해당하는 실리콘 소자는 바이폴라 트랜지스터와 전계효과 트랜지스터이다.

1.13 HDD 저장장치는 자기 저장장치 및 모터 기반 기계장치로 구성되어 있어서 대용량 데이터 저장이 가능하지만 컴퓨터 부팅 시간이 오래 필요하다. SDD 저장장치는 낸드 플래시 메모리 저장장치로서 HDD에 비해서 저장 용량이 작으나 컴퓨터 부팅 시간이 빠른 장점이 있으며, 전력소모도 작다. 집적회로 공정이 무어의 법칙에 따라서 지속적으로 발전하므로 SDD 저장장치의 저장 용량은 가까운 미래 HDD 저장용량을 능가할 것으로 예측한다.

1.14 블루투스(Bluetooth) 이어폰은 스마트폰과 같은 무선기기의 신호를 수신해서 스피커에 신호를 발생시키는 전자시스템으로서 무선주파수 신호를 수신하는 안테나 센서, 저잡음 증폭기, 고주파 필터, 무선주파수 신호를 기저대역 주파수 신호로 바꾸는 믹서 회로, 기저대역 증폭기, 기저대역 필터, 아날로그-디지털 변환기, 마이크로프로세서, 디지털 신호를 아날로그 신호로 변환시키는 디지털-아날로그 변환기, 저역통과 필터, 오디오 증폭기, 스피커로 구성된다. 이러한 구성은 그림 1.37 블록 다이어그램과 같다. 다만 전력관리 회로가 포함되어 있지 않으나, 전력관리 회로는 모든 블록 도에 관여되어 있다.

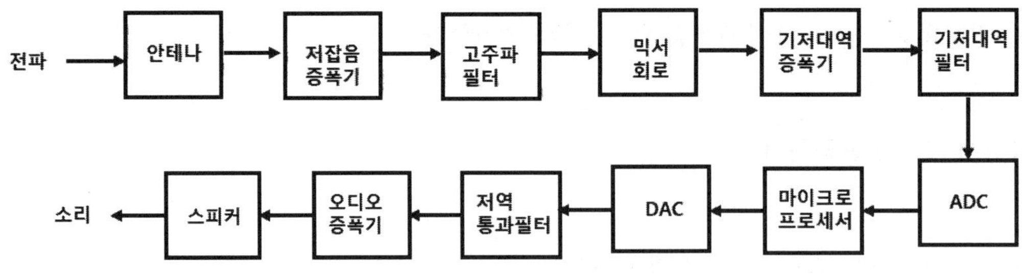

| 그림 1.37 | 블루투스 이어폰 전자시스템의 블록 다이어그램

02

반도체 물성

반도체 물성

모든 물질은 원자의 집합체이며, 원자는 핵과 전자로 구성된다. 핵 주변에 전자가 궤도를 중심으로 회전하는데, 원자가 끌어당기는 에너지 때문에 원자의 핵 주변에 묶여서 궤도를 회전하는 전자를 가전자라고 한다. 가전자가 많은 물질은 전도율(conductivity)이 낮으며, 저항(resistance) 값이 크다고 할 수 있다. 가전자가 적고, 원자에 묶여있지 않고 자유롭게 움직일 수 있는 자유전자(free electron)가 많은 물질은 전도율이 높으며, 저항 값이 작으므로 도체로 구분할 수 있다. 전도율 또는 저항 값에 따라서 도체(conductor), 부도체(insulator), 반도체(semiconductor)로 구분할 수 있다. 반도체는 진성반도체와 불순물반도체로 구분되며, 전기적 특성에 대해서 설명한다. 절대온도 0K에서 진성 반도체는 공유결합(covalent bond)에서 자유로운 자유전자가 없기 때문에 부도체로 간주할 수 있다. 암석, 나무, 고무, 플라스틱과 같은 부도체에는 부도체 물질의 전도대(conduction band)에 있는 자유전자의 숫자가 매우 희박하기 때문에, 이동하는 자유전자가 희박하므로 전류가 거의 흐르지 않으며, 저항 값이 매우 크다고 할 수 있다. 철, 구리, 알루미늄, 금, 은과 같은 도체에는 도체 물질의 전도대에 자유전자의 숫자가 풍부하기 때문에 이동하는 자유전자의 숫자가 매우 많아서 전류가 잘 흐르며, 저항 값이 매우 작다고 할 수 있다.

2.1 진성 반도체

화학주기율표에서 13족, 14족, 15족 원소에 해당하는 원자들 중 일부분 원자(Si, Ge, P, B, In, Ga, As, Sb 등)가 반도체 물질이다. 특히 순수한 게르마늄(Ge)과 실리콘(Si)을 진성 반도체(intrinsic semiconductor)라고 하며, 진성 반도체의 캐리어(carrier) 농도는 $1.5\times10^{10}/cm^3$ (n_i)이다. 진성 반도체의 원자는 가전자(원자가 잡아 다니는 에너지에 의해서 속박된 전자)가 4개이며, 실리콘 원자의 가전자 4개는 그림 2.1과 같이 주위 실리콘 원자의 가전자 4개와 연결된 공유결합(covalent bond)으로 구성된다.

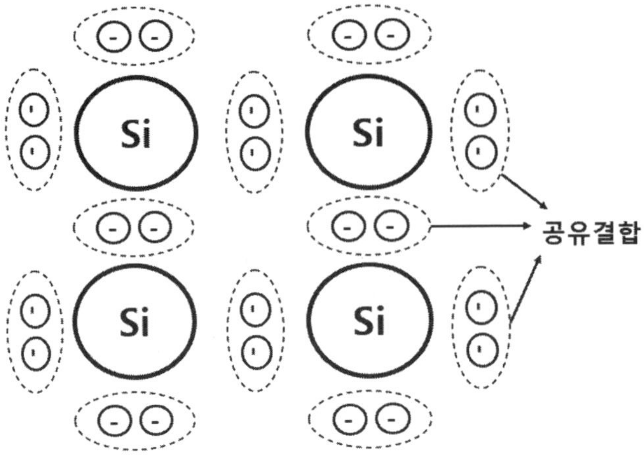

| 그림 2.1 | 실리콘 원자의 공유 결합

주위 환경온도가 증가하면 원자에 묶여있던 가전자가 증가된 환경온도로부터 열에너지를 얻고, 가전자가 흡수한 열에너지가 원자의 끄는 에너지보다 크면 가전자가 그림 2.2와 같이 원자로부터 이탈하여서 원자로부터 자유로운 자유전자가 되며, 가전자가 이탈해서 생긴 빈자리(vacancy)를 자유정공(free hole)이라고 한다. 자유전자는 (−) 전하를 띠고, 자유전자가 떠나서 생긴 빈자리인 자유정공은 (+) 전하를 띠는데, 자유전자 및 자유정공 1개가 띠는 전하량은 1.6×10^{-19} 쿨롬(coulomb) 이다.

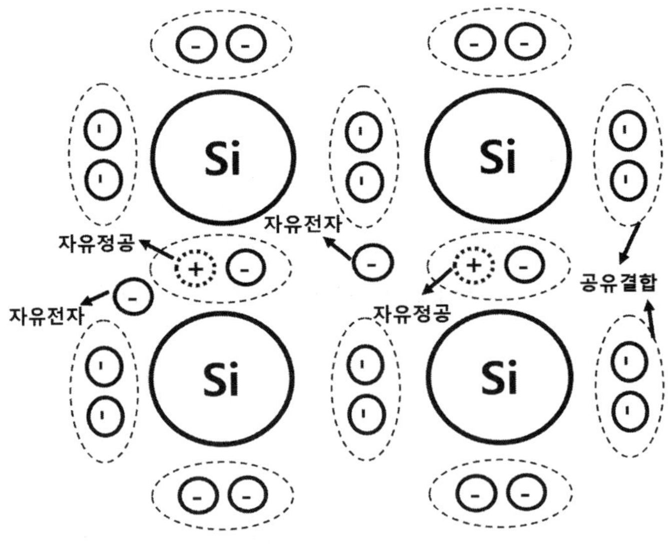

| 그림 2.2 | 실리콘 원자의 공유 결합에서 열에너지를 받아서 이탈한 자유전자와 자유정공

즉, 주위 환경온도가 증가할수록 열에너지를 흡수한 가전자가 진성 반도체내 실리콘 원자로부터 이탈하는 숫자가 많아지게 되는데, 이렇게 자유전자의 숫자가 증가하면서 저항율

(resistivity)이 감소하게 된다. 따라서 진성 반도체는 온도에 민감한 물질이므로 반도체 물질은 온도에 민감하다고 할 수 있으며, 반도체로 만든 소자, 회로 및 시스템은 온도 변화에 민감한 전기적 특성을 지닌다. 진성 반도체에서는 자유전자의 숫자(n)와 자유정공의 숫자(p)가 동일하며, (식 2.1)과 같다.

$$n_i = n = p = 1.5 \times 10^{10} / cm^3 \qquad \text{(식 2.1)}$$

2.2 불순물 반도체

진성 반도체인 실리콘에 가전자가 3개인 3족 원소(붕소(B), 갈륨(Ga), 인디움(In))을 넣으면, p형 불순물 반도체(p-type extrinsic semiconductor)가 된다. 예를 들어서 실리콘에 붕소를 섞으면 실리콘 가전자 3개와 붕소 가전자 3개는 공유결합을 이루며, 공유결합 한 자리가 비게 되므로 빈자리는 (+) 전하를 띤 자유정공이 생겨서 그림 2.3과 같다. 따라서 p형 불순물 반도체는 (+) 전하를 띤 자유정공이 풍부하다.

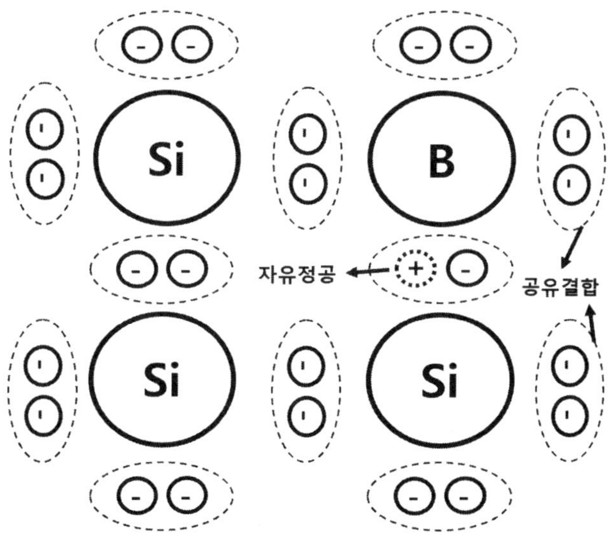

| 그림 2.3 | p형 불순물 반도체의 공유결합 내 (+) 전하를 띤 자유정공

진성 반도체인 실리콘에 가전자가 5개인 인(p), 비소(As), 안티몬(Sb)를 넣으면 n형 불순물 반도체(n-type extrinsic semiconductor)가 된다. 예를 들어서 실리콘에 인을 섞으면 실리콘의 가전자 4개와 인의 가전자 4개는 공유결합을 이루며, 인의 가전자 1개가 남게 되어서 (−) 전하를 띤 자유전자가 생겨서 그림 2.4와 같다. 따라서 n형 불순물 반도체는 (−) 전하

를 띤 자유전자가 풍부하다.

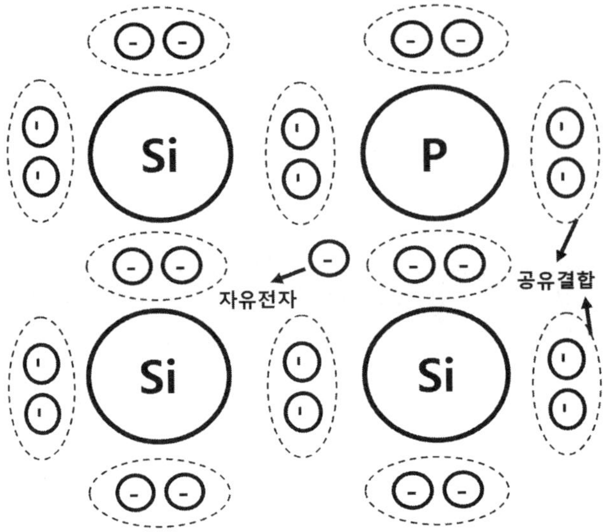

| 그림 2.4 | n형 불순물 반도체의 공유결합 내 (–) 전하를 띤 자유전자

일반적으로 전기적 특성 측면에서 살펴보면 진성 반도체는 부도체에 가깝고, 불순물 반도체인 n형 반도체나 p형 반도체는 불순물 농도에 따라서 도체 특성을 지니게 된다. 불순물 반도체내 자유전자와 자유정공의 농도는 (식 2.2)와 같이 질량 작용 법칙(Mass action law)에 의해서 결정되어서 자유전자의 농도가 높으면 상대적으로 자유정공의 농도는 낮아지며, 반대로 자유정공의 농도가 높으면 상대적으로 자유전자의 농도가 낮아진다.

$$np = n_i^2 \qquad \text{(식 2.2)}$$

따라서 n형 불순물 반도체에는 (−) 전하를 띤 자유전자를 기부하는 도너(Donor)의 불순물 농도 N_D에 의해서 자유전자의 농도가 결정되며, 도너 불순물 농도에 의해서 결정된 자유전자의 농도가 높으므로 (−) 전하를 띤 자유전자가 다수 캐리어(majority carrier)가 되어서 (−) 전하를 띤 자유전자가 이동하면 전류는 자유전자의 이동 방향과 반대로 흐르게 된다. 이때 (+) 전하를 띤 자유정공은 소수 캐리어(minority carrier)가 되어서 자유정공의 운동 방향과 전류의 흐름 방향은 일치하게 된다. 따라서 n형 불순물 반도체에서 다수 캐리어인 자유전자의 농도 (n_n)와 소수 캐리어인 자유정공의 농도 (p_n)은 (식 2.3) 및 (식 2.4)와 같다.

$$n_n = N_D \qquad \text{(식 2.3)}$$

$$p_n = \frac{n_i^2}{n_n} = \frac{n_i^2}{N_D} \qquad \text{(식 2.4)}$$

p형 불순물 반도체에는 (−) 전하를 띤 자유전자를 받아드리는 억셉터(Acceptor)의 불순물 농도, N_A에 의해서 자유정공의 농도가 결정되며, 억셉터 불순물 농도에 의해서 결정된 자유정공의 농도가 높으므로 (+) 전하를 띤 자유정공이 다수 캐리어가 되어서 (+) 전하를 띤 자유정공이 이동하면 전류는 자유정공의 이동 방향과 동일하게 흐르게 된다. 이때 (−) 전하를 띤 자유전자는 소수 캐리어가 되어서 자유전자의 운동 방향과 전류의 흐름 방향은 반대가 된다. 따라서 p형 불순물 반도체에서 다수 캐리어인 자유정공의 농도(p_p)와 소수 캐리어인 자유정공의 농도(n_p)은 (식 2.5) 및 (식 2.6)과 같다.

CHAPTER 01 **02** 03 04 05 06 07 부록

$$p_p = N_A \qquad \text{(식 2.5)}$$

$$n_p = \frac{n_i^2}{p_p} = \frac{n_i^2}{N_A} \qquad \text{(식 2.6)}$$

예제 2.1 진성 반도체 실리콘에 붕소(B) 불순물을 $10^{15}/cm^3$ 주입시켜서 p형 불순물 반도체를 만들었을 때, p형 불순물 반도체 내 자유전자 및 자유정공의 농도를 계산하라.

풀이

p형 불순물 반도체에서 다수 캐리어인 자유정공의 농도(p_p)와 소수 캐리어인 자유전자의 농도(n_p)는 각각 (식 2.5)와 (식 2.6)에 의해서 다음과 같이 결정된다.

$$p_p = N_A = 10^{15}/cm^3$$

$$n_p = \frac{n_i^2}{p_p} = \frac{n_i^2}{N_A} = \frac{2.25\,(10^{20})}{10^{15}} = 2.25\,(10^5)/cm^3$$

따라서 p형 불순물 반도체에는 다수 캐리어인 (+)전하를 띤 자유정공의 농도가 소수 캐리어인 (−)전하를 띤 자유전자의 농도보다 10^{10}배 차이가 날 정도로 높게 된다.

예제 2.2 진성 반도체 실리콘에 비소(As) 불순물을 $10^{13}/cm^3$ 주입시켜서 n형 불순물 반도체를 만들었을 때, n형 불순물 반도체 내 자유전자 및 자유정공의 농도를 계산하라.

풀이

n형 불순물 반도체에서 다수 캐리어인 자유전자의 농도(n_n)와 소수 캐리어인 자유정공

의 농도(p_n)는 각각 (식 2.3)과 (식 2.4)에 의해서 다음과 같이 결정된다.

$$n_n = N_D = 10^{13}/cm^3$$

$$p_n = \frac{n_i^2}{n_n} = \frac{n_i^2}{N_D} = \frac{2.25\,(10^{20})}{10^{13}} = 2.25\,(10^7)/cm^3$$

따라서 n형 불순물 반도체에는 다수 캐리어인 (−)전하를 띤 자유전자의 농도가 소수 캐리어인 (+)전하를 띤 자유정공의 농도보다 10^6배 차이가 날 정도로 높게 된다.

n형 불순물 반도체 및 p형 불순물 반도체내 자유전자와 자유정공의 이동으로 인한 전류 밀도 (A/m^2)는 외부 환경에서 가해지는 전기장 세기와 불순물 농도 차이에 의해서 결정된다. 전기장 세기에 의해서 움직이는 자유전자와 자유정공 숫자는 드리프트 원리(drift mechanism)에 따르며, 불순물 농도 차이에 의해서 움직이는 자유전자와 자유정공 숫자는 확산 원리(diffusion mechanism)에 따른다. 따라서 드리프트 원리와 확산 원리에 의해서 움직이는 자유전자에 의한 전류밀도 J_n(free electron current density)과 자유정공에 의한 전류밀도 J_p(free hole current density)는 각각 (식 2.7), (식 2.8)로 각각 표시할 수 있다.

$$J_n = nq\mu_n E + qD_n \frac{dn}{dx} = \sigma_n E + qD_n \frac{dn}{dx} \qquad \text{(식 2.7)}$$

$$J_p = pq\mu_p E - qD_p \frac{dp}{dx} = \sigma_p E - qD_p \frac{dp}{dx} \qquad \text{(식 2.8)}$$

여기서 n, p는 자유전자 및 자유정공의 농도($1/cm^3$) 이며, μ_n, μ_p는 자유전자 이동도 및 자유정공 이동도($cm^2/(V-\sec)$)이며, σ_n, σ_p는 자유전자 전도율 및 자유정공 전도율 (A/(V-m))이며, D_n, D_p는 자유전자 확산계수 및 자유정공 확산계수($cm^2/\sec$)이다. 또한 이동도, 확산계수, 열전압(V_T) 사이에는 아인슈타인(Einstein) 관계식이 (식 2.9)와 같이 성립한다.

$$\frac{D_p}{\mu_p} = \frac{D_n}{\mu_n} = V_T = \frac{K_B T}{q} \qquad \text{(식 2.9)}$$

여기서 K_B는 볼츠만 상수이며, T는 절대온도로서 절대온도 300K에서 열전압은 약 26mV 이다.

불순물 반도체내에서 흐르는 전체 전류 밀도(J_t, A/cm^2)는 자유전자 및 자유정공에 의한 전류 밀도의 합이 되므로 (식 2.10)이 된다.

pn 접합 다이오드(pn junction diode) 및 바이폴라 접합 트랜지스터(bipolar junction transistor)에서는 확산 원리에 의해서 다수 캐리어 및 소수 캐리어가 이동하므로 (식 2.10)에서 전기장에 의한 전류밀도 성분이 없어지고, 농도 차이에 의한 전류밀도 성분만 남게 되므로 (식 2.11)과 같이 다수 캐리어 및 소수 캐리어에 의해서 전류가 흐르게 된다.

$$J_{t,\,Diffusion} = J_n + J_p = q\left(D_n \frac{dn}{dx} - D_p \frac{dp}{dx}\right) \qquad \text{(식 2.11)}$$

반면에 전계효과 트랜지스터(field effect transistor)에서는 전기장에 의한 드리프트 원리에 의해서 캐리어가 이동하므로 (식 2.11)에서 농도 차이에 의한 전류밀도 성분이 사라지고, 전기장에 의한 전류 밀도 성분만 남게 되므로 (식 2.12)와 같이 된다.

$$J_{t,\,Drift} = J_n + J_p = q(n\mu_n + p\,\mu_p)E \qquad \text{(식 2.12)}$$

요약

2장에서는 물질을 저항 크기(또는 전도율)에 따라서 부도체, 반도체, 도체로 분류하였으며, 자유전자 숫자가 희박해서 전류가 작게 흐르는 물질을 부도체, 자유전자 숫자가 풍부해서 전류가 잘 흐르는 물질을 도체, 외부 에너지에 따라서 부도체 및 도체의 전기적 특성을 지니는 물질을 반도체로 구분하였다. 특히 반도체에는 진성반도체와 불순물 반도체가 있는데, 진성반도체는 4족 원소 중 공유결합으로 이루어진 게르마늄과 실리콘이 있으며, 온도에 따라서 상대적으로 누설전류가 작은 실리콘을 주로 사용한다. 불순물 반도체에는 p형 불순물 반도체와 n형 불순물 반도체가 있다. 실리콘 진성 반도체에 붕소와 같은 3족 원소를 주입하면 (+) 전하를 띤 자유정공이 풍부한 p형 불순물 반도체가 되며, p형 불순물 반도체 내 다수 캐리어는 자유정공, 소수 캐리어는 자유전자이다. 실리콘 진성 반도체에 인과 같은 5족 원소를 주입하면 (−) 전하를 띤 자유전자가 풍부한 n형 불순물 반도체가 되며, n형 불순물 반도체 내 다수 캐리어는 자유전자, 소수 캐리어는 자유정공이다. 불순물 반도체내 다수캐리어와 소수캐리어 농도는 질량 작용의 법칙에 의해서 결정된다. 불순물 반도체에 외부에서 전기장을 가하면 드리프트 원리에 의해서 전하를 가진 캐리어(자유전자 또는 자유정공)가 이동하면서 전류가 흐르게 되는데, 이러한 드리프트 원리를 이용한 반도체 소자가 전계효과 트랜지스터이다. 3장에서는 집적회로 공정기술과 레이아웃 기법을 살펴본다. 집적회로 공정기술과 레이아웃 기법에 의해서 만들어진 n형 불순물 반도체와 p형 불순물 반도체를 접합시킨 pn 접합 다이오드의 구조 및 전기적 특성, 바이폴라 트랜지스터의 구조 및 전기적 특성, MOSFET의 구조 및 전기적 특성을 살펴본다.

참고문헌

[2.1] C. Hu, Modern Semiconductor Devices for Integrated Circuits, Pearson, 2010.

[2.2] R. Pierret, Semiconductor Fundamental, Addison-Wesley, 1989

[2.3] R. Muller and T. Kamins, Device electronics for Integrated Circuits, Addison-Wesley, 1989

[2.4] S. Sze, Y. Li, K. Ng, Physics of Semiconductor Devices, 4th Edition, John-Wiley and Sons, 2021.

[2.5] C. Kittel, Introduction to Solid State Physics, 8th Edition, Wiley, 2018.

연습문제

2.1 진성 반도체 실리콘에 인(P) 불순물을 $10^{14}/cm^3$ 주입시켜서 n형 불순물 반도체를 만들었을 때, n형 불순물 반도체 내 자유전자 및 자유정공의 농도를 계산하라.

2.2 진성 반도체 실리콘에 갈륨(Ga) 불순물을 $10^{16}/cm^3$ 주입시켜서 p형 불순물 반도체를 만들었을 때, p형 불순물 반도체 내 자유전자 및 자유정공의 농도를 계산하라.

2.3 주위 환경온도가 섭씨 $-20°$ 에서 $+40°$ 로 변할 때, 열 전압의 변화량을 계산하고, 섭씨 $1°$ 에 따라서 변화하는 전압 변화량을 구하라.

2.1 n형 불순물 반도체에서 다수 캐리어인 자유전자의 농도(n_n)와 소수 캐리어인 자유정공의 농도(p_n)는 각각 (식 2.3)과 (식 2.4)에 의해서 다음과 같이 결정된다.

$$n_n = N_D = 10^{14}/cm^3$$

$$p_n = \frac{n_i^2}{n_n} = \frac{n_i^2}{N_D} = \frac{2.25\,(10^{20})}{10^{14}} = 2.25\,(10^6)/cm^3$$

따라서 n형 불순물 반도체에는 다수 캐리어인 (−)전하를 띤 자유전자의 농도가 소수 캐리어인 (+)전하를 띤 자유정공의 농도보다 10^8배 차이가 날 정도로 높게 된다.

2.2 p형 불순물 반도체에서 다수 캐리어인 자유정공의 농도(p_p)와 소수 캐리어인 자유정공의 농도(p_n)는 각각 (식 2.5)와 (식 2.6)에 의해서 다음과 같이 결정된다.

$$p_p = N_A = 10^{16}/cm^3$$

$$n_p = \frac{n_i^2}{p_p} = \frac{n_i^2}{N_A} = \frac{2.25\,(10^{20})}{10^{16}} = 2.25\,(10^4)/cm^3$$

따라서 p형 불순물 반도체에는 다수 캐리어인 (+)전하를 띤 자유정공의 농도가 소수 캐리어인 (−)전하를 띤 자유전자의 농도보다 10^{12}배 차이가 날 정도로 높게 된다.

2.3 열 전압은 $V_T = \frac{K_B T}{q}$ 이므로 섭씨 −20° 및 +40° 에서 열전압 값을 구하면 다음과 같다.

$$V_T(-20℃) = \frac{1.38\,X10^{-23}\,X(273-20)}{1.6\,X10^{-19}} = 21.8\,mV$$

$$V_T(40℃) = \frac{1.38\,X10^{-23}\,X(273+40)}{1.6\,X10^{-19}} = 26.9\,mV$$

또한, 섭씨 1° 에 따라서 변화하는 전압 변화량은 다음과 같다.

$$\frac{\Delta V_T}{\Delta T} = \frac{K_B}{q} = 86\mu V/℃$$

03

반도체 공정과 레이아웃

본 장에서는 반도체 공정 기술과 레이아웃 기법에 대해서 살펴보기로 한다. 집적회로 및 시스템을 구현하기 위해서는 회로 및 시스템 내 구성요소인 반도체 소자를 먼저 구현해야 하는데, 반도체 소자를 구현하는 방법은 반도체 공정을 기반으로 한 레이아웃 기법을 적용하는 것이다. 따라서 반도체 소자를 구현할 수 있는 반도체 공정 기술을 3.1절에서 다루고, 3.2절은 반도체 공정 기술을 기반으로 한 레이아웃 기법을 살펴본다. 3.2.1절에서는 수동소자 및 능동소자의 소자 단면도 및 레이아웃 기법을 다룬다. 3.2.2절에서는 저항 및 커패시터의 특성 분포를 다루고, 3.2.3절에서 레이아웃 시 세 가지 주의사항을 학습한다. 3.2.4절 및 3.2.5절에서 NOT 게이트 및 공통 소스 증폭기의 레이아웃 기법을 다루기로 한다. 3.2.6 절에서는 레이아웃 설계 규칙을 살펴본다.

3.1 반도체 공정 기술

반도체 공정에는 대표적으로 8대 기술이 있다. 즉, 8대 기술은 웨이퍼(wafer) 제조, 산화(oxidation), 확산(diffusion), 이온주입(ion-implantation), 식각(etching), 노광(photo-lithography), 증착(Chemical Vapor Deposition) 및 후공정(post-process)에 속하는 테스트(test) 및 패키징(packaging) 기술 이지만 이외에도 다양한 공정 기술이 있다. 본 절에서는 회로 설계자 입장에서 필요한 8대 기술 중 전공정(pre-process)에 해당되는 웨이퍼 제조, 산화박막, 확산, 이온주입, 식각, 노광, 증착 및 패시베이션(passivation) 공정기술을 간략히 살펴보기로 한다.

3.1.1 웨이퍼 제조 기술

그림 3.1에서 보는 바와 같이 실리콘 결정을 용광로에 넣고 실리콘의 용융점(melting point)인 1414℃ 온도 이상으로 증가시키면 실리콘이 액체 상태가 된다. 순도가 매우 높은 실리콘 액체를 용광로에 담고 용광로를 회전시키고, 실리콘 시드(silicon seed)를 그와 반대 방향으로 회전시키면서 끌어당기면 원통형 실리콘 기둥이 성장되는데 이렇게 성장된 원통형 실리콘 기둥을 잉곳(ingot) 이라고 하고, 이러한 실리콘 잉곳 성장 기술을 초크랄스키(Czochralski) 기법이라고 한다.

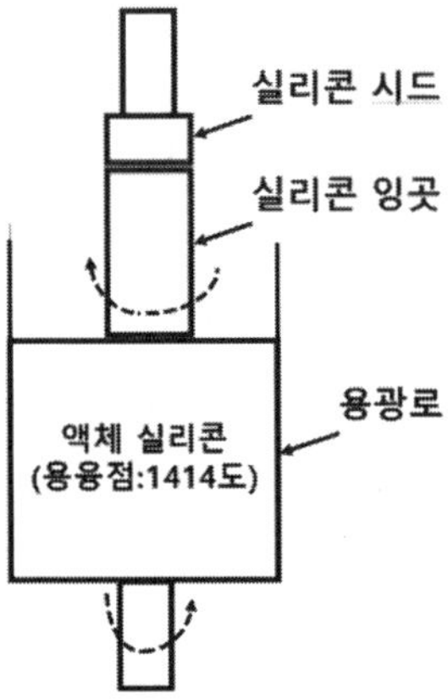

| 그림 3.1 | 초크랄스키 기법을 사용한 실리콘 잉곳 성장 장치

(a)

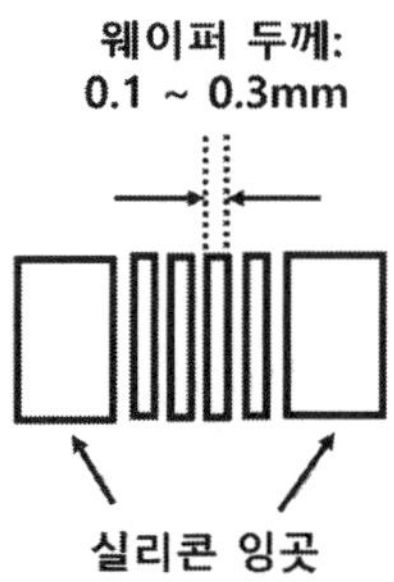

(b)

| 그림 3.2 | (a) 12인치 실리콘 잉곳 실물 사진 (b) 실리콘 잉곳을 절단해서 만든 웨이퍼

초크랄스키 기법을 이용해서 그림 3.2 (a)와 같은 원통 기둥의 실리콘 잉곳을 성장시킨 후 성장된 실리콘 원통 기둥을 두께가 0.1 ~ 0.3mm로 절단하면 그림 3.2 (b)와 같은 웨이퍼가 된다. 웨이퍼의 직경은 실리콘 잉곳의 직경에 의해서 결정되며, 최근 많이 생산되는 웨이퍼 직경은 8인치(20cm)와 12인치(30cm) 이다. 이렇게 만들어진 웨이퍼를 블랭크 웨이퍼(blank wafer)라 하는데, 블랭크 웨이퍼는 실리콘 결정격자 방향을 표시하는 밀러지수(Miller index)가 [100]이며, 블랭크 웨이퍼는 부가 가치가 없다. 블랭크 웨이퍼의 한쪽 표면을 연마(polishing)해서 매끄럽게 하고, 매끄러워진 웨이퍼 표면에 반도체 공정 기술을 적용하면 반

도체 회로 및 시스템이 구현되어서 부가 가치가 높은 웨이퍼가 되는데, 그림 3.3은 반도체 공정 기술을 통해서 최종 제조된 웨이퍼 앞면 사진이다.

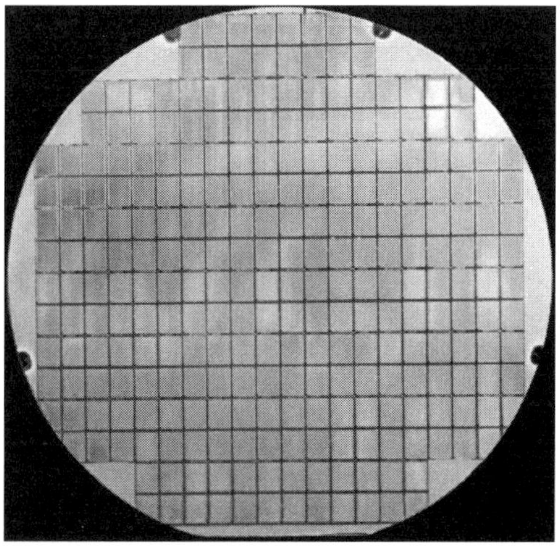

| 그림 3.3 | 반도체 공정기술을 적용시킨 실리콘 웨이퍼 앞면 사진

반도체 제조업체에서 실리콘 웨이퍼 직경(D)을 지속적으로 증가시키려는 이유는 직경이 증가하면 웨이퍼 면적(A)이 증가하게 되고, 직경과 면적 사이 관계식은 (식 3.1)과 같다.

$$A = \pi\left(\frac{D}{2}\right)^2 \qquad \text{(식 3.1)}$$

웨이퍼 직경(D)을 증가시키면 웨이퍼 면적이 증가하고, 웨이퍼 면적이 증가하면 웨이퍼 1장당 만들 수 있는 반도체 칩 숫자가 증가하게 되므로 매출액이 증가할 수 있기 때문이다.

예제 3.1 설계한 반도체 칩의 면적이 $2mm \times 2mm$이라면 12인치 웨이퍼를 사용했을 때, 12인치 웨이퍼에서 나올 수 있는 최대 반도체 칩 숫자를 구하라.

풀이

웨이퍼의 직경이 12인치이므로 웨이퍼의 면적은 (식 3.1)에 의해서 다음과 같다.

$$A = \pi\left(\frac{D}{2}\right)^2 = \pi\left(\frac{30cm}{2}\right)^2 = 706.5\,cm^2$$

칩 1개당 면적(C)은 $4mm^2$이므로 최대 반도체 칩 숫자(N)는 웨이퍼 면적을 칩 1개당 면적으로 나눈 것이므로 다음과 같다.

$$N = \frac{A}{C} = \frac{706.5\,cm^2}{4\,mm^2} = \frac{706.5}{4}\left(\frac{10mm}{1mm}\right)^2 = 17,662$$

최대 반도체 칩 숫자는 17,662개 이지만, 실제로 사용할 수 있는 칩은 이 숫자의 80%~90% 이다. 왜냐하면 웨이퍼의 가장자리 부분과 칩과 칩을 구분하기 위한 스크립 선(scribe line)은 사용가능한 칩 면적에서 제외시켜야 하기 때문이며, 웨이퍼 테스트에서 불량 칩(bad die)이 나오면 이 불량 칩의 숫자도 제외시켜야 하기 때문이다. 또한, 웨이퍼 테스트에서 불량 칩 위에 잉크를 떨어뜨려서 불량 칩과 정품 칩을 구분하면서 수율(yield)을 구할 수 있는데, 수율은 전체 칩 숫자(N)에서 불량 칩 숫자(B)를 제외한 칩 숫자(N-B)를 전체 칩 숫자로 나눈 값으로 (식 3.2)와 같다.

$$Y = \frac{N-B}{N} \times 100\,(\%) \qquad \text{(식 3.2)}$$

불량 칩 숫자가 작을수록 수율은 높으며, 불량 칩 숫자가 많을수록 수율은 낮아진다. 수율이 높을수록 정품 칩 숫자가 많아져서 부가가치를 높일 수 있다.

예제 3.2 8인치 웨이퍼에서 최대 사용 가능한 칩 숫자가 7,500개일 때, 1개 칩의 면적을 구하라.

풀이

칩 1개의 면적은 웨이퍼 전체 면적에서 칩 숫자를 나누면 다음과 같이 구할 수 있다.

$$C = \frac{A}{N} = \frac{\pi\left(\frac{20cm}{2}\right)^2}{7,500} = = \frac{\pi(10cm)^2}{7,500}\left(\frac{10mm}{1mm}\right)^2 = 4.19mm^2$$

따라서 칩 1개 당 면적은 대략 $2mm \times 2mm$이다.

예제 3.3 12인치 웨이퍼에서 1개 칩의 면적이 $2mm \times 2mm$이며, 불량 칩이 1,500개가 나왔다면 웨이퍼의 수율을 구하라.

풀이

12인치 웨이퍼의 직경은 30cm(12inch × 2.5cm/inch = 30cm)이므로 반경은 15cm이다. 12

인치 웨이퍼에서 나올 수 있는 전체 칩의 숫자는 (예제 3.1)에서 계산한 것과 같이 17,662개이며, 불량 칩이 1,500개이므로 수율 공식인 (식 3.2)에 대입하면 수율을 다음과 같이 구할 수 있다.

$$Y = \frac{N-B}{N} \times 100\,(\%) = \frac{17,662 - 1,500}{17,662} \times 100 = 91.5\,\%$$

따라서 수율은 91.5%이다.

CHAPTER
01
02
03
04
05
06
07
부록

3.1.2 산화 기술

실리콘 웨이퍼를 고온 환경에서 산소나 수증기에 노출시키면 실리콘 웨이퍼 표면에서 실리콘과 산소나 수증기가 화학반응을 일으켜 산화 박막이 형성된다. 산화 박막층 전체 두께 (X)의 44%는 그림 3.4와 같이 실리콘 웨이퍼 깊이(X2 = 0.44X)로 산화되어서 파고 들어가고, 56% (X1 = 0.56X)는 실리콘 웨이퍼 표면 위에 쌓이게 된다. 점선은 산화되기 전 실리콘 웨이퍼 기판 표면을 표시한다.

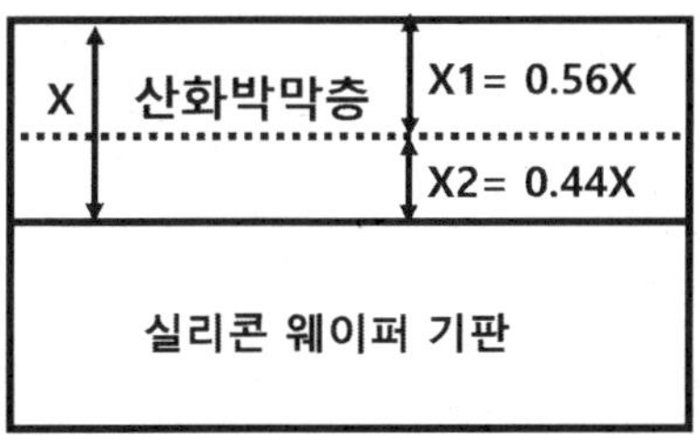

| 그림 3.4 | 실리콘 웨이퍼 기판 위에 성장한 산화박막층의 두께

산화박막층을 성장시킬 때, 습식 산화박막 성장 기법과 건식 산화박막 성장 기법을 사용한다. 습식 산화박막 성장 기법의 화학 방정식은 (식 3.3)과 같으며 이 기법을 사용하면 두꺼운 산화박막층(1,000 옹스트롱 이상)을 빠르게 성장시킬 수 있으므로 필드 산화박막층 (FOX: Field OXide)을 만들 수 있으며, 습식 산화박막 성장 기법은 박막 두께의 정확도가 떨어진다. 필드 산화박막층은 주로 반도체 소자와 반도체 소자를 전기적으로 절연시키는데 사용한다.

$$Si + 2H_2O \rightarrow Si\,O_2 + 2H_2 \qquad \text{(식 3.3)}$$

건식 산화박막 성장 기법의 화학 방정식은 (식 3.4)와 같으며 이 기법을 사용하면 얇은 산화박막층(1,000 옹스트롱 이하)을 느리게 성장시킬 수 있으므로 MOSFET의 게이트 단자 아래 성장시킨다. 건식 산화박막 성장 기법은 박막 두께의 정확도가 높다.

$$Si + O_2 \rightarrow SiO_2 \qquad \text{(식 3.4)}$$

3.1.3 확산 기술

2장에서 다룬 바와 같이 불순물 반도체를 만들기 위해서는 실리콘과 같은 진성반도체에 불순물 원소를 주입시켜서 p형 불순물 반도체(13족 원소인 붕소, 갈륨, 인듐 등) 및 n형 불순물 반도체(15족 원소인 인, 비소, 안티몬 등)를 만들 수 있다. p형 및 n형 불순물 반도체를 만들기 위해서 불순물 반도체의 농도차이를 기반으로 확산(diffusion) 원리를 이용하며, p형 불순물 반도체와 n형 불순물 반도체를 접합해서 pn 접합 다이오드를 만들 수 있는 기술이다. 확산 용광로 사진은 그림 3.5와 같아서 용광로 안에 웨이퍼 여러 장을 1개조(LOT)로 태운 보트(boat)를 넣고 확산 기술을 처리하게 된다.

| 그림 3.5 | 확산 용광로 사진

불순물 반도체 이온을 가스와 함께 혼합시켜서 웨이퍼 위로 통과시키게 하면 웨이퍼 표면에 떨어진 불순물 반도체는 불순물 반도체의 농도와 웨이퍼 표면의 농도 차이로 인해서 확산 현상이 수평 및 수직적으로 일어나며, 웨이퍼 표면에 확산된 불순물 반도체 분포는 웨이퍼 깊이(x)에 따라서 가우시안 함수 ($e^{-\alpha X^2}$)에 따른다. 확산 현상에 의해서 이루어진 pn 접합면에서 불순물 반도체 농도가 결정되면 불순물 반도체 농도(N_A, N_D)에 의해서 pn 접합면의 공핍층 두께, 공핍 커패시턴스, 다이오드 도통 전압, 항복전압 등 다이오드의 전기적 특성이 결정된다.

3.1.4 이온 주입 기술

이온 주입 기술(ion implantation)은 MOSFET의 문턱 전압 조절, 저항체의 면저항 조절, 필드 주입(field implant)을 통해서 기생 MOSFET의 문턱 전압을 증가시켜서 오동작 방지 등에 활용되는 기술이다. 그림 3.6과 같이 이온 가속기(ion accelerator)로 불순물 반도체 이온을 가속시킨 후 웨이퍼 표면에 가속된 불순물 반도체 이온 빔(ion beam)을 쏘면, 가속 에너지를 지닌 불순물 반도체 이온이 웨이퍼 표면을 뚫고 웨이퍼 깊숙이 주입된다.

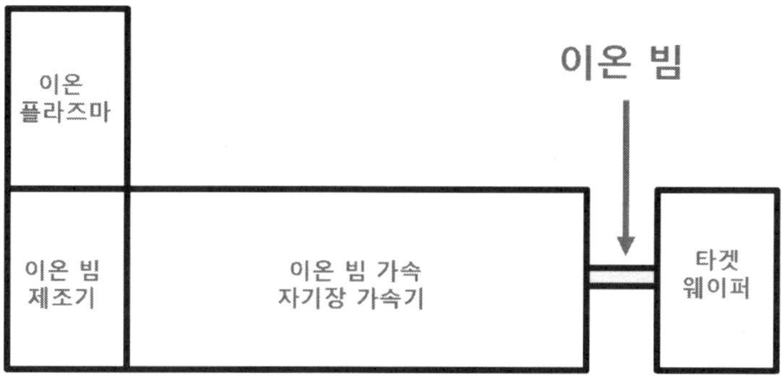

| 그림 3.6 | 이온 가속기 블록도

이때 불순물 반도체 이온이 주입되는 깊이는 가속 에너지에 의해서 결정되며, 불순물 반도체 이온이 웨이퍼 깊숙이 주입되는 과정에서 웨이퍼 내 실리콘 원자들과 충돌하게 되므로 가속 에너지 때문에 실리콘 원자들이 원래 평형 위치에서 벗어나게 된다. 따라서 이온 주입기술에 의해서 손상된 웨이퍼를 원상대로 회복시키기 위해서 어닐링(Annealing) 공정 과정을 거쳐야 한다. 어닐링 공정 이전 및 이후 불순물 반도체 농도 분포는 그림 3.7과 같다. 즉, 불순물 반도체 농도 분포를 웨이퍼 깊이의 함수로 살펴보면, 이온 주입 후 농도는 불순물 반도체 농도 변화가 웨이퍼 깊이에 따라서 심하다. 어닐링 공정 이후에는 주입된 불순물 반도체가 확산현상에 의해서 확산되고, 어느 정도 웨이퍼 깊이까지 불순물 반도체 농도(기판 농도)가 일정하게 유지되어서 pn 접합 다이오드의 전기적 특성을 조정할 수 있다.

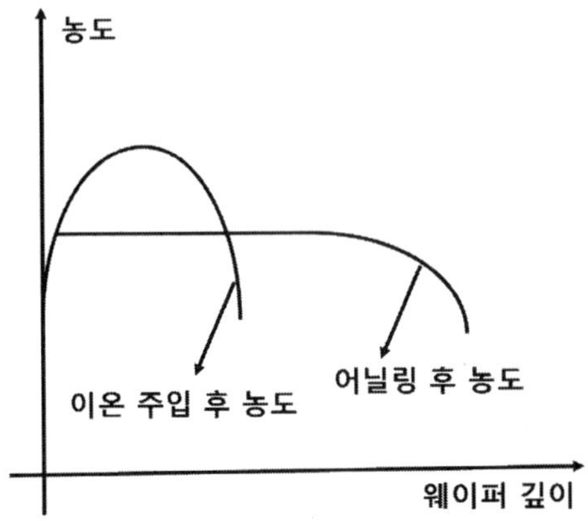

| 그림 3.7 | 어닐링 이전 및 어닐링 이후 불순물 반도체 농도 분포

3.1.5 노광 기술

노광 기술(photo-lithography)은 노광기(stepper)를 이용하여서 광 마스크 위의 레이아웃 도형을 웨이퍼 위에 옮기는 광학기술로서 CMOS 공정기술의 소자 스케일링(device scaling)을 가능하게 한 기술이다. 광 마스크 위의 레이아웃 도형을 웨이퍼 위에 옮기기 위해서는 자외선에 민감하게 반응하는 고분자 물질(polymer)로 구성한 포토레지스트(photoresist)를 사용해야 한다. 포토레지스트는 양성 및 음성 포토레지스트가 있으며, 3 마이크론(micron) 이하 정교 공정 기술에는 양성 포토레지스트(positive photoresist)를 사용한다. 양성 포토레지스트가 자외선에 노출되면 포토레지스트 분자 상태가 느슨해져서 식각 공정을 통해서 쉽게 제거할 수 있다. 그림 3.8은 금속선 레이아웃 도면이며, 금속선 레이아웃 도면을 웨이퍼 위에 옮기는 과정을 그림 3.9에서 나타낸다. 첫째, 웨이퍼 표면에 증착 기술(CVD: Chemical Vapor Deposition)을 이용해서 금속층을 웨이퍼 표면에 고르게 입힌다. 둘째, 웨이퍼 표면 위에 증착된 금속 막 위에 양성 포토레지스트를 입힌다. 셋째, 양성 포토레지스트 위에 금속선 레이아웃이 있는 광 마스크(photo mask)를 배치시키고 자외선(ultraviolet ray light)을 수~수십 msec 동안 비춘다. 넷째, 광 마스크 위 금속선 레이아웃에서 투명한 부분(① ② ③ ④)은 자외선이 통과해서 양성 포토레지스트에 도달하고, 자외선에 노출된 양성 포토레지스트는 고분자 상태가 느슨해져서 식각 공정을 통해서 포토레지스트 및 금속선 증착막이 함께 제거된다. 다섯째, 자외선에 노출되지 않은 포토레지스트 및 금속선 증착 막 부분 (⑤ ⑥ ⑦)은 식각 과정에 노출되지 않고 웨이퍼 표면 위에 그대로 보존되고, 광 마스크 및 포토레지스트를 걷어내면 광 마스크 위 금속선 레이아웃 도형이 웨이퍼 위에 옮겨지게 된다.

| 그림 3.8 | 광 마스크 위에 있는 금속선 레이아웃 도면

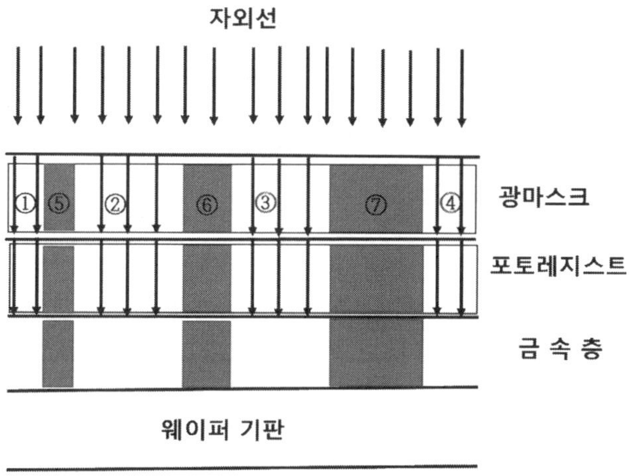

| 그림 3.9 | 광 마스크 위 금속선 레이아웃 도면을 웨이퍼 위에 옮기는 노광 과정

이와 같이 자외선과 광학 렌즈를 사용해서 광 마스크 위에 있는 다양한 레이아웃 도면을 웨이퍼 위에 옮기는 기구를 노광기 또는 스태퍼(stepper)라고 하며, 그림 3.10은 네덜란드 ASML 회사의 노광기 사진이다.

| 그림 3.10 | ASML 회사의 노광기 사진

3.1.6 식각 기술

노광 기술 과정에서 발생한 필요하지 않은 부분을 제거하는 기술이 식각(etching) 공정 기술이다. 식각 공정 기술은 습식 식각(wet etching) 및 건식 식각(dry etching) 공정 기술로 구분된다. 습식 식각 공정은 불화수소(HF, Hydrofluoric acid) 또는 인산(H_3PO_4, Phosphoric acid)을 사용하여서 불필요한 물질인 실리콘, 산화박막 층, 질화규소(Si_3N_4) 층, 금속 층, 폴리실리콘 층 등을 제거하는 기술로서 식각 과정이 진행될 때 등방성(isotropic characteristic)이 있어서 그림 3.11 (b)와 같이 수직 방향 및 수평 방향으로 진행되며, 식각 정확도가 정교하지 않아서 $3\mu m$ 정확도까지 사용할 수 있다.

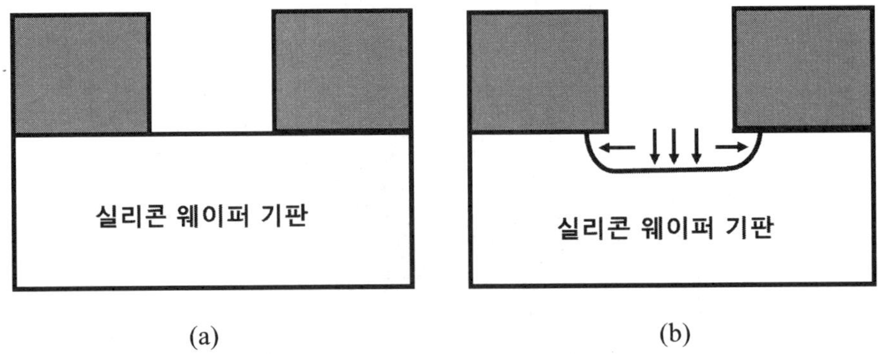

| 그림 3.11 | 습식 식각 (a) 이전 단면도 (b) 습식 식각 이후 등방성 특성이 나타난 단면도

건식 식각 공정은 웨이퍼가 들어있는 진공용기(vacuum chamber)에 가스를 주입시키고 용기 외부에 RF 코일을 통해서 자기장을 가하면 주입된 가스가 이온화된 플라즈마 상태로 된다.

이온화된 플라즈마 가스가 웨이퍼 표면의 불필요한 물질을 제거하는 기술로서 식각 속도가 느리며, 정확도가 높아서 서브-마이크론 기술에 적용한다. 건식 식각 공정은 습식 식각 공정과 달리 비등방성 특성(anisotropic characteristic)을 가지고 있어서 그림 3.12와 같이 수직 방향으로만 식각이 진행된다.

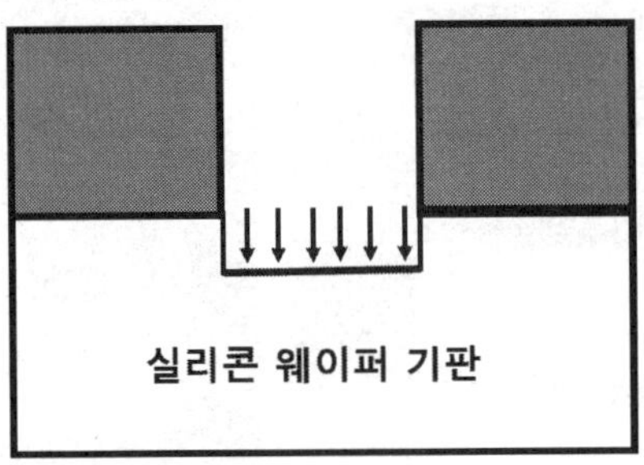

| 그림 3.12 | 건식 식각 공정의 비등방성 특성

3.1.7 증착 기술

웨이퍼 위에 금속, 폴리실리콘, 질화규소 층 등을 증착시키는 기술이 증착(CVD : Chemical Vapor Deposition) 기술이다. 증착 기술은 물리적 증착 기술과 화학적 증착 기술로 구분된다. 물리적 증착 기술은 모두 진공 용기에서 이루어지며, 열 증착(Thermal evaporation CVD), 전자 빔 증착(E-beam CVD), 스퍼터링(sputtering) 증착으로 나뉘어진다. 열 증착 기술은 진공 용기내 액체 상태의 금속 물질을 증발시켜 웨이퍼 기판 위에 증착시키는 기술이다. 전자빔 증착 기술은 진공 용기내 증착 물질을 전자빔으로 가열시켜서 증발시킨 후 웨이퍼 기판 위에 증착시키는 기술이다. 스퍼터링 증착 기술은 저압 아르곤(Argon) 가스를 플라즈마 상태로 웨이퍼와 함께 진공 용기에 넣고 증착시키려는 금속 및 폴리실리콘 물질과 웨이퍼를 근거리(10 ~ 20cm)를 두고 고전압(4KV ~ 5KV)을 가해서 증착시키는 기술이다. 화학적 증착 기술은 화학 반응을 통해서 웨이퍼 위에 질화규소와 같은 물질을 증착시키는 기술이다.

3.1.8 패시베이션 공정 기술

패시베이션(passivation) 기술은 공정은 질화규소 층을 웨이퍼 위에 증착기술을 사용해서 증착시켜서 웨이퍼를 공기 중 산소와 화학반응을 일으켜서 산화되는 것을 방지하는 공정 기술이다. 즉, 반도체 칩이 녹스는 것으로부터 보호하는 공정 기술이다.

앞에서 설명한 반도체 공정기술들을 조합하면 반도체 칩을 제작할 수 있다. 반도체 공정 기술 수행 순서는 다음과 같다. 첫째, 반도체 웨이퍼 표면 위에 산화 공정기술을 사용해서 산화박막을 입힌다. 다음에 포토레지스트를 도포한 후 N-well 광 마스크를 이용해서 N-well 패턴을 웨이퍼 위에 옮긴 후, n-불순물 반도체를 웨이퍼에 이온 주입한다. 둘째, N-well 내의 P 채널 트랜지스터와 N-well 밖의 N-채널 트랜지스터를 전기적으로 분리시키기 위해서 N-well 모서리에 필드 임프랜트를 쳐서 기생 트랜지스터의 문턱 전압을 시킨다. 셋째, 필드 임프랜트 위에 필드 산화층(Field Oxide)을 성장시킨다. 넷째, N/P 채널 트랜지스터의 게이트 산화박막층을 성장시킨다. 다섯째, N/P 채널 트랜지스터의 문턱전압 조정을 위해서 이온을 주입시킨다. 여섯째, CVD 기술을 이용해서 폴리실리콘 게이트를 증착시킨다. 일곱째, N/P 채널 트랜지스터의 소스/드레인 단자를 만들기 위해서 N+/P+ 불순물 반도체를 이온 주입시킨다. 여덟째, N/P 채널 트랜지스터의 소스/게이트/드레인 단자의 저항을 감소시키기 위해서 실리사이드(Silicide) 공정을 실행한다. 아홉째, N/P 채널 트랜지스터의 소스/게이트/드레인 단자의 콘택은 식각공정을 이용해서 만든다. 열 번째, N/P 채널 트랜지스터의 소스/게이트/드레인 단자의 콘택 연결을 위해서 메탈 1,2, ..층을 증착기술을 사용하여서 증착시킨다. 열한 번째, 각 메탈층을 비아(via) 층을 이용해서 연결한다. 열두 번째, 증착기술을 이용해서 패시베이션 층을 칩 위에 증착시키면 칩 제작이 완성된다. 이러한 공정

기술 순서는 다수 참고문헌에서 학습할 수 있기 때문에 더 자세히 다루지 않는다.

3.2 반도체 레이아웃 기술

레이아웃(Layout)은 설계된 전자회로 도면(circuit schematic)을 레이아웃 설계 규칙(layout design rule)에 따라서 레이아웃 도구(Layout Editor, 예: Cadence Virtuoso, Magic 등)를 사용해서 다각형체 모양의 그림으로 표현하는 기술이다. 레이아웃 설계 규칙은 여러 가지 반도체 광 마스크 위에 그려진 다각형체 사이의 최소 간격 또는 최소 두께를 표시하며, 반도체 공정 엔지니어(process engineer)가 주어진 반도체 공정에서 제조 공정의 한계성을 고려해서 설계 규칙을 결정한다. 첫 번째 예를 들면, 반도체 레이아웃의 대부분은 pn 접합면으로 구성되므로, pn 접합 다이오드에 인가되는 역방향 전압에 의해서 공핍층이 만들어지고, 공핍층의 두께를 고려해서 레이아웃 설계 규칙이 설정된다. 두 번째 예를 들면 MOSFET의 게이트 단자를 확산 마스크에 교차되게 배치를 할 때 게이트 오버행(overhang) 규칙대로 그려야 한다. 왜냐하면 마스크 배열의 한계성 때문에 오버행 규칙이 없으면 게이트 단자에 의해서 채널 영역이 형성되지 않을 수 있기 때문이다. 이와 같이 반도체 제조 공정의 한계성을 고려해서 레이아웃 설계 규칙을 공정 엔지니어가 결정하게 된다.

레이아웃 기법은 표준 셀 기반(standard cell) 레이아웃과 풀 커스텀(full custom) 레이아웃으로 구분된다. 표준 셀 기반 레이아웃은 주로 디지털 회로 레이아웃 시 사용되는 기법으로서 기본 게이트(primitive gate)의 레이아웃 모듈(module)을 라이브러리(library)에 미리 저장해두었다가 필요시 꺼내 쓰는 방식이며, 설계 자동화 도구(Computer Aided Design Program)로 수행하는 경우가 일반화되어 있다. 풀 커스텀 레이아웃은 일반적으로 아날로그 회로 및 혼성신호 회로(Mixed-signal circuit) 레이아웃 시 사용하는 기법이다. 본 장에서는 CMOS n-well 공정을 기준으로 레이아웃 엔지니어가 설계 자동화 도구를 사용하지 않고 직접 수행하는 풀 커스텀 레이아웃에 필요한 기법들을 소개하기로 한다. 3.2.1절에서는 기본 반도체 소자(저항, 커패시터, 인덕터, 다이오드, MOSFET, BJT)의 레이아웃 평면도와 단면도를 소개하면서 기본적 풀 커스텀 레이아웃을 수행하는데 필요한 기법들을 설명하고자 한다. 3.2.2절에서는 저항 값 분포를 설명하고, 3.2.3절에서는 레이아웃 시 주의사항을 설명한다. 3.2.4절에서는 NOT 게이트 회로의 레이아웃을 설명하며, 3.2.5절에서는 설계된 공통소스 증폭기의 레이아웃을 설명한다. 3.2.6절에서는 공정 엔지니어가 결정한 레이아웃 설계규칙을 다룬다.

3.2.1 반도체 기본 소자의 레이아웃

반도체 기본 소자의 레이아웃은 다양한 광 마스크의 다각형체 도형으로 구성되므로 레이아웃에 사용되는 광 마스크 종류를 CMOS n-well, 2층 금속(메탈), 2층 폴리실리콘 공정을 예를 들어서 먼저 소개한다. CMOS n-well 공정의 경우 광 마스크에는 N-well 마스크, N+ 마스크, P+ 마스크, 폴리실리콘 1 (POLY1) 마스크, 메탈 1 (M1) 마스크, 메탈 2 (M2) 마스크, 비아 1 (Via1) 마스크, 콘택(Contact) 마스크, 패시베이션(Passivation) 마스크를 사용해서 레이아웃을 수행할 것인데, 이 외에도, 폴리실리콘 2 (P2) 마스크, 이온 주입(Ion implantation) 마스크, 필드 주입(Field implant) 마스크 등 여러 마스크들이 있다. 레이아웃 시 각 마스크 층을 구분하기 위해서 각 마스크 층 색깔을 그림 3.13과 같이 정의하도록 한다.

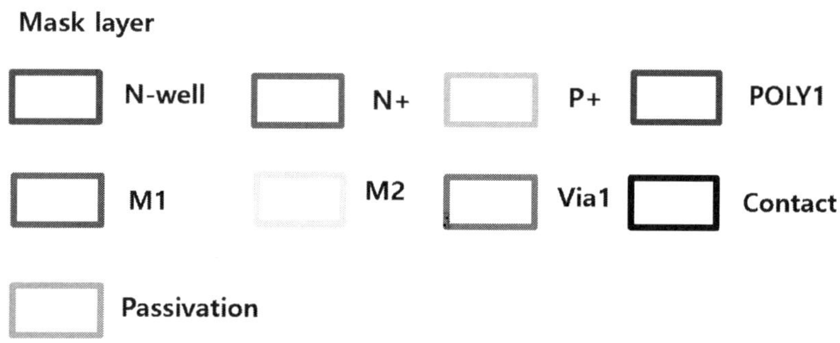

| 그림 3.13 | 레이아웃 마스크 층 색깔

본 절에서는 반도체 기본 소자인 저항(N+ 확산 저항, P+ 확산 저항, 폴리실리콘 저항, N-well 저항), MIM(M1-Insulator-M2) 커패시터, 인덕터 (Inductor), pn 접합 다이오드, MOSFET (N-채널 MOSFET 및 P-채널 MOSFET), 바이폴라 접합 트랜지스터(PNP BJT), 인덕터의 레이아웃 평면도 및 단면도를 소개한다. 레이아웃 평면도와 대응하는 단면도를 이해하면 레이아웃 시 필연적으로 발생하는 기생소자(저항 및 커패시터)에 의한 부작용을 이해할 수 있으며, 기생소자에 의한 부작용을 이해하면 레이아웃을 통해서 최소한의 기생소자가 발생하도록 레이아웃을 수행할 수 있다. 또한 반도체 칩 오동작을 사전에 발생할 수 있는 장점이 있으며, 반도체 칩 오동작을 분석하는데 도움이 될 수 있다. 레이아웃을 수행 시 레이아웃 설계 규칙(layout design rule)에 따라서 수행해야 하는데, 레이아웃 설계 규칙은 공정 엔지니어(process engineer)가 반도체 물성을 기준으로 만든다. 레이아웃 설계 규칙은 마스크와 마스크 사이 최소 간격, 마스크의 최소 가로, 세로 길이에 관한 규칙이다. 공정 엔지니어가 만든 레이아웃 설계 규칙을 데이터베이스화한 레이아웃 설계 규칙 검증기(Design Rule Checker) 및 LVS(Layout versus Schematic capture) 프로그램을 사용하여서 레이아웃을 검증하게 되며, 레이아웃 규칙 위반이 전혀 없는 레이아웃을 공정 엔지니어가 받아서 반도체 칩 제조 과정을 거쳐서 칩 제작을 하게 된다. 레이아웃 설계 규칙의 예시 일부를 3.2.6절에서 소개한다.

저항의 레이아웃과 저항값(R)의 관계는 (식 3.5)와 같다.

$$R = R_S \frac{L}{W} + 2R_C \qquad \text{(식 3.5)}$$

여기서 R_S는 면저항($\Omega/\square$), L은 저항 몸체 길이, W는 저항 몸체 폭, R_C는 접촉저항(Ω)이다. 그림 3.14는 N+ 확산저항의 레이아웃 평면도와 단면도를 나타낸다. 저항 레이아웃 평면도에서 A-A'의 단면도를 살펴보면 P- 웨이퍼 기판 위에 N+ 확산 층 몸체가 놓여 있고, N+ 확산 층 몸체의 왼쪽 끝과 오른쪽 끝 위로 접촉 창문(contact window)이 열려 있고, 접촉 창문 속에는 메탈 1층(M1)이 채워져서 저항의 두 단자를 구성한다. N+ 확산 층의 면저항 값은 대략 수십~100 $\Omega/\square$ 이며, N+ 확산 층에 주입된 불순물 반도체 농도에 따라서 면저항 값은 달라진다. 즉, 주입된 불순물 반도체 농도가 증가하면 면저항 값이 감소하며, 주입된 불순물 반도체 농도가 감소하면 면저항 값이 증가한다. 따라서 주입된 불순물 반도체 농도와 면저항 값은 반비례 관계이다.

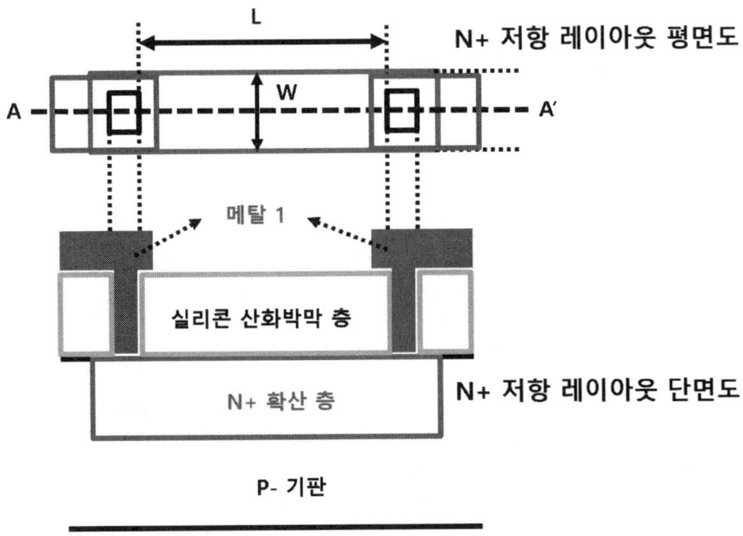

| 그림 3.14 | N+ 확산저항의 레이아웃 평면도와 단면도

그림 3.14는 N+ 확산저항의 레이아웃 평면도와 단면도를 나타낸다. N+ 저항 레이아웃 평면도에서 A-A'의 단면도를 살펴보면 P- 웨이퍼 기판 위에 N+ 확산 층 몸체가 놓여 있고, N+ 확산 층 몸체의 왼쪽 끝과 오른쪽 끝 위로 접촉 창문(contact window)이 열려 있고, 접촉 창문 속에는 메탈 1층(M1)이 채워져서 저항의 두 단자를 구성한다. N+ 확산 층의 면저항 값은 대략 수십~수백 $\Omega/\square$ 이며, N+ 확산 층에 이온 주입된 불순물 반도체 농도에 따라

서 면저항 값은 달라진다. N+ 확산저항의 단면도에서 알 수 있듯이 N+/P- pn 접합 다이오드가 기생소자로 연결되어 있으며, pn 접합 다이오드의 공핍 커패시터가 저항과 연결되어 있기 때문에 시정수 값이 증가하게 된다. 따라서 고속 신호처리 시스템의 경우 지연시간 증가를 고려해서 설계 및 레이아웃 해야 할 필요가 있다. 또한 N+/P- pn 접합 기생 다이오드에는 반드시 역방향 바이어스를 걸어서 다이오드를 통해서 전류가 흐르는 것을 방지해야 한다.

예제 3.4 N+ 확산저항 레이아웃의 $L=100\mu m$, $W=5\mu m$ 이며, N+ 확산 면저항은 $100\Omega/\square$, 접촉저항은 5Ω 일 때 전체 저항 값을 구하라. 단위면적당 공핍 커패시터 용량이 $10fF/\mu m^2$ 일 때, N+/P- pn 접합 다이오드에 의한 공핍 커패시터 용량을 구하고, 확산저항에 의한 시정수값도 구하라.

풀이

주어진 N+ 확산저항 레이아웃 정보($L=100\mu m$, $W=5\mu m$, $R_S=100\Omega/\square$, $R_C=5\Omega$)를 (식 3.5)에 대입하면 다음과 같다.

$$R= R_S\frac{L}{W}+2R_C=(100\Omega/\square)\times(20)+2\times 5\Omega=2.01K\Omega$$

N+ 확산저항 레이아웃의 $L=100\mu m$, $W=5\mu m$ 이므로 몸체 면적은 $WL=500\mu m^2$ 이다. N+/P- pn 접합 다이오드에 의한 공핍 커패시터 용량(C_T)는 단위면적당 공핍 커패시터 용량과 몸체 면적의 곱이므로 다음과 같다.

$$C_T=(10fF/\mu m^2)(500\mu m^2)=5pF$$

따라서 N+ 확산저항에 의한 시정수(T) 값은 커패시터 용량과 확산저항의 곱이므로 다음과 같이 10.05 나노 초가 된다.

$$T=RC_T=(2.01K\Omega)(5pF)=10.05n\sec$$

그림 3.15는 P+ 확산저항의 레이아웃 평면도와 단면도를 나타낸다. P+ 확산저항 레이아웃 평면도에서 A-A'의 단면도를 살펴보면 P- 웨이퍼 기판 위에 N-well 확산 층이 있고, N-well 확산 층 내 P+ 확산 층 몸체가 놓여 있다. P+ 확산 층 몸체의 왼쪽 끝과 오른쪽 끝 위로 접촉 창문(contact window)이 열려 있고, 접촉 창문 속에는 메탈 1층(M1)이 채워져서 저항의 두 단자를 구성한다. P+ 확산 층의 면저항 값은 대략 수십~수백 $\Omega/\square$ 이며, P+ 확산 층에 이온 주입된 불순물 반도체 농도에 따라서 면저항 값은 달라진다. P+ 확산저항의 단면도에서 알 수 있듯이 P+/N-well pn 접합 다이오드가 기생소자로 연결되어 있으며, pn 접합 다이오드의 공핍 커패시터가 저항과 연결되어 있기 때문에 시정수 값이 증가하게

된다. 따라서 고속 신호처리 시스템의 경우 지연시간 증가를 고려해서 설계 및 레이아웃 해야 할 필요가 있다. P+/N-well 및 N-well/P-기판 pn 접합 기생 다이오드는 반드시 역방향 바이어스 걸리도록 전압을 인가해야 한다.

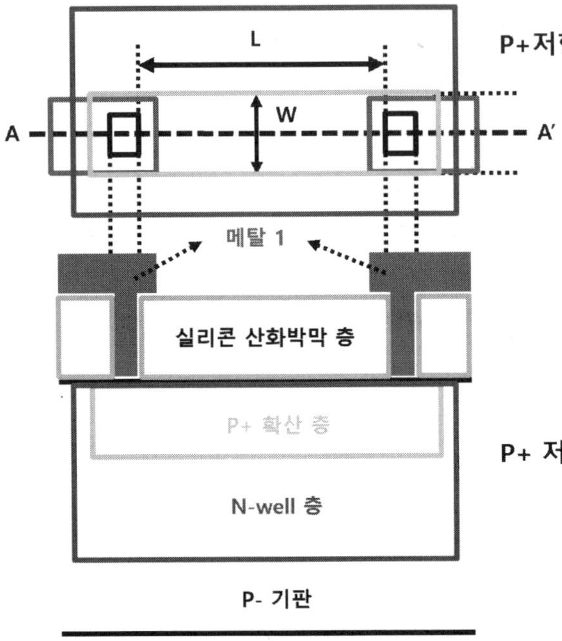

| 그림 3.15 | P+ 확산저항의 레이아웃 평면도와 단면도

> **예제 3.5** P+ 확산저항 레이아웃의 $L = 50\mu m$, $W = 2\mu m$이며, P+ 확산 면저항은 $200\Omega/\square$, 접촉저항은 5Ω일 때 전체 저항 값을 구하라. 단위면적당 공핍 커패시터 용량이 $5fF/\mu m^2$ 일 때, P+/N-well pn 접합 다이오드에 의한 공핍 커패시터 용량을 구하고, 확산저항에 의한 시정수값도 구하라.

풀이

주어진 P+ 확산저항 레이아웃 정보($L = 50\mu m$, $W = 2\mu m$, R_S=$200\Omega/\square$, $R_C = 5\Omega$)를 (식 3.5)에 대입하면 다음과 같다.

$$R = R_S \frac{L}{W} + 2R_C = (200\Omega/\square \times (25) + 2 \times 5\Omega = 5.01K\Omega$$

P+ 확산저항 레이아웃의 $L = 50\mu m$, $W = 2\mu m$이므로 몸체 면적은 $WL = 100\mu m^2$ 이다. P+/N-well pn 접합 다이오드에 의한 공핍 커패시터 용량(C_T)는 단위면적당 공핍 커패

시터 용량과 몸체 면적의 곱이므로 다음과 같다.

$$C_T = (5fF/\mu m^2)(100\mu m^2) = 0.5pF$$

따라서 P+ 확산저항에 의한 시정수(T) 값은 P+/N-well 커패시터 용량과 확산저항의 곱이므로 다음과 같이 2.5 나노 초가 된다.

$$T = RC_T = (5.01K\Omega)(0.5pF) = 2.5n\sec$$

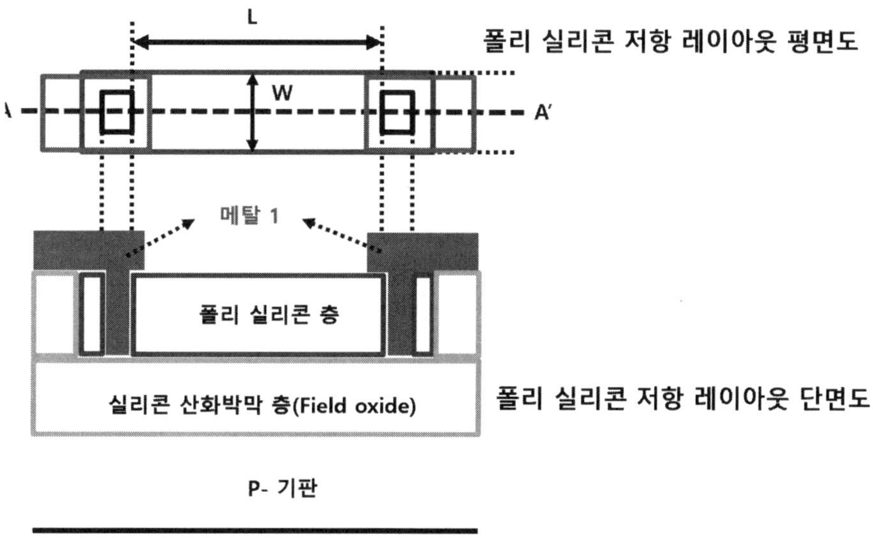

| 그림 3.16 | 폴리실리콘 저항의 레이아웃 평면도와 단면도

그림 3.16은 폴리실리콘 저항의 레이아웃 평면도와 단면도를 나타낸다. 폴리실리콘 저항 레이아웃 평면도에서 A-A'의 단면도를 살펴보면 P- 웨이퍼 기판 위에 실리콘 산화박막 층(Field oxide)이 있고, 두께가 $1\mu m$의 실리콘 산화박막 층에 폴리 실리콘 층 몸체가 놓여 있다. 폴리 실리콘 층 몸체의 왼쪽 끝과 오른쪽 끝 위로 접촉 창문이 열려 있고, 접촉 창문 속에는 메탈 1층(M1)이 채워져서 폴리 실리콘 저항의 두 단자를 구성한다. 폴리 실리콘 층의 면저항 값은 대략 수 $\Omega/\square$ ~ 수 K$\Omega/\square$ 이며, 폴리 실리콘 층에 이온 주입된 불순물 반도체 농도에 따라서 면저항 값은 달라진다. 폴리실리콘 저항은 실리콘 박막층 위에 놓여 있기 때문에 실리콘 박막층의 두께가 두꺼워서(~$1\mu m$) 기생 커패시터 용량이 확산저항의 공핍 커패시터에 비해서 작은 편($10^{-2}fF/\mu m^2$)이다.

예제 3.6 폴리실리콘 저항 레이아웃의 $L=40\mu m$, $W=1\mu m$이며, P+ 확산 면저항은 $20\Omega/\square$, 접촉저항은 5Ω일 때 전체 저항 값을 구하라. 단위면적당 실리콘 박막층 커패시터 용량이 $/0.05fF/\mu m^2$일 때, 폴리실리콘 저항 의한 기생 커패시터 용량과 시정수 값을 구하라.

풀이

주어진 폴리실리콘 저항 레이아웃 정보($L=40\mu m$, $W=1\mu m$, $R_S=20\Omega/\square$, $R_C=5\Omega$)를 (식 3.5)에 대입하면 다음과 같다.

$$R=R_S\frac{L}{W}+2R_C=(20\Omega/\square)\times(40)+2\times5\Omega=0.81K\Omega$$

폴리실리콘 저항 레이아웃의 $L=40\mu m, W=1\mu m$이므로 몸체 면적은 $WL=40\mu m^2$이다. 실리콘 박막층 커패시터에 의한 기생 커패시터 용량 (C_T) 는 단위면적당 실리콘 박막층 커패시터 용량과 몸체 면적의 곱이므로 다음과 같다.

$$C_T=(0.05fF/\mu m^2)(40\mu m^2)=2fF$$

따라서 폴리실리콘 저항에 의한 시정수(T) 값은 커패시터 용량과 폴리실리콘 저항의 곱이므로 다음과 같이 1.62 피코(pico) 초가 된다. 따라서 폴리실리콘 저항에 의한 시정수는 확산저항에 의한 시정수보다 작다.

$$T=RC_T=(0.81K\Omega)(2fF)=1.62p\sec$$

그림 3.17은 N-well 저항의 레이아웃 평면도와 단면도를 나타낸다. N-well 저항 레이아웃 평면도에서 A-A'의 단면도를 살펴보면 P- 웨이퍼 기판 위에 N-well 확산 층 몸체가 놓여 있고, N-well 확산 층 몸체의 왼쪽과 오른쪽에 N+ 헤드(head) 확산 층을 접촉 창문과 겹치게 놓여 있다. N+ 헤드 확산 층을 N-well 확산 층위에 놓으면 저항 접촉(Ohmic contact)이 이루어져서 전류가 잘 흐르게 된다. 만약 N+ 헤드 확산 층을 N-well 확산 층위에 놓지 않으면, N-well 확산 층의 면저항 값이 수 $K\Omega/\square$으로 크기 때문에, 전류가 접촉 창문을 통해서 잘 흐르지 않아서 저항 역할을 제대로 할 수 없다. 따라서 N-well 저항에는 N+ 헤드를 이용해서 저항 접촉을 만들어야 한다. N+ 헤드 접촉 창문 속에는 메탈 1층 (M1)이 채워져서 N-well 저항의 두 단자를 구성한다. N-well의 면저항 값은 대략 수백 $\Omega/\square$ ~ 수 $K\Omega/\square$ 이며, N-well 확산 층에 이온 주입된 불순물 반도체 농도에 따라서 면저항 값은 달라진다. N-well 저항에 의한 기생소자는 N-well/P- pn 접합 다이오드에 의한 공핍 커패시터인데, N-well 층과 P- 기판의 불순물 반도체 농도가 낮으므로 공핍층의 두께가 두껍고, 공핍층의 두께가 두꺼우면 공핍 커패시터 용량이 작게 되므로 이에 의한 시정수는 작다고

할 수 있다. N-well/P-기판 pn 접합 기생 다이오드는 반드시 역방향 바이어스 걸리도록 전압을 인가해야 한다.

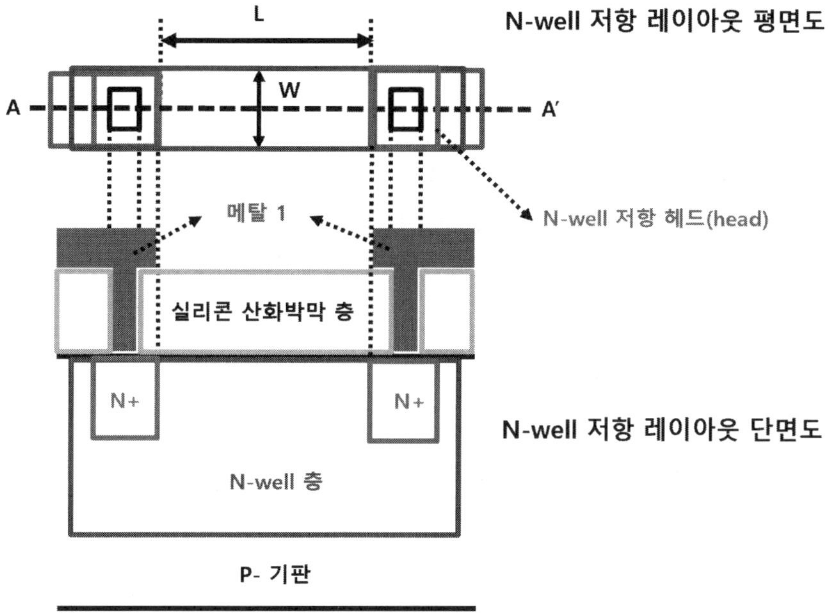

| 그림 3.17 | N–well 저항의 레이아웃 평면도와 단면도

> **예제 3.7** N-well 확산저항 레이아웃의 $L=100\mu m$, $W=5\mu m$이며, N-well 확산 면저항은 $100\Omega/\square$, 접촉저항은 5Ω일 때 전체 저항 값을 구하라. 단위면적당 공핍 커패시터 용량이 $0.5fF/\mu m^2$일 때, N-well/P- pn 접합 다이오드에 의한 공핍 커패시터 용량을 구하고, 확산저항에 의한 시정수 값도 구하라.

풀이

주어진 N-well 확산저항 레이아웃 정보($L=100\mu m$, $W=2\mu m$, $R_S=2K\Omega/\square$, $R_C=5\Omega$)를 (식 3.5)에 대입하면 다음과 같다.

$$R=R_S\frac{L}{W}+2R_C=(2K/\square)\times(50)+2\times5\Omega=100.01K\Omega$$

N-well 확산저항 레이아웃의 $L=100\mu m, W=2\mu m$이므로 몸체 면적은 $WL=200\mu m^2$ 이다. N-well/P- pn 접합 다이오드에 의한 공핍 커패시터 용량(C_T)는 단위면적당 공핍 커패시터 용량과 몸체 면적의 곱이므로 다음과 같다.

$$C_T = (0.5fF/\mu m^2)(200\mu m^2) = 100fF$$

따라서 N-well 확산저항에 의한 시정수(T) 값은 커패시터 용량과 확산저항의 곱이므로 다음과 같이 10.01 나노 초가 되어서 다른 확산저항의 시정수와 유사하다.

$$T = RC_T = (100.01K\Omega)(0.1pF) = 10.01n\sec$$

그림 3.18은 M-I-M(Metal 1- Insulator-Metal 2) 커패시터 레이아웃 평면도와 단면도를 나타낸다. 레이아웃의 단면도(A-A')를 살펴보면 메탈 1층(Metal 1)과 메탈 2층(Metal 2) 사이에 두께가 T_{OX}인 절연체(Insulator)가 끼여 있어서 커패시터를 형성하고 있다. M-I-M 커패시터의 용량(C)은 (식 3.6)과 같다.

$$C = \frac{\epsilon_{ro}\epsilon_o}{T_{OX}}(WL) \qquad \text{(식 3.6)}$$

여기서 ϵ_{ro}, ϵ_o, T_{OX}, W, L은 각각 상대 유전상수, 자유공간 유전상수, 절연체 두께, 메탈 2층의 폭과 길이이다.

예제 3.8 M-I-M 커패시터 레이아웃에서 M2의 도면 레이아웃이 $L = 100\mu m$, $W = 10\mu m$일 때, 커패시터 용량을 구하라.

단, $\epsilon_{ro} = 3.9$, $\epsilon_o = 8.85X10^{-12}F/m$, $T_{OX} = 1000\,\text{Å}$ 이다.

풀이

주어진 M-I-M 커패시터 레이아웃($L = 100\mu m$, $W = 10\mu m$) 정보를 (식 3.6)에 대입하면 다음과 같다.

$$C = \frac{\epsilon_{ro}\epsilon_o}{T_{OX}}(WL) = \frac{(3.9)(8.85\times 10^{-12}F/m)}{1000\times 10^{-10}m}(10^3\mu m^2) = 0.345pF$$

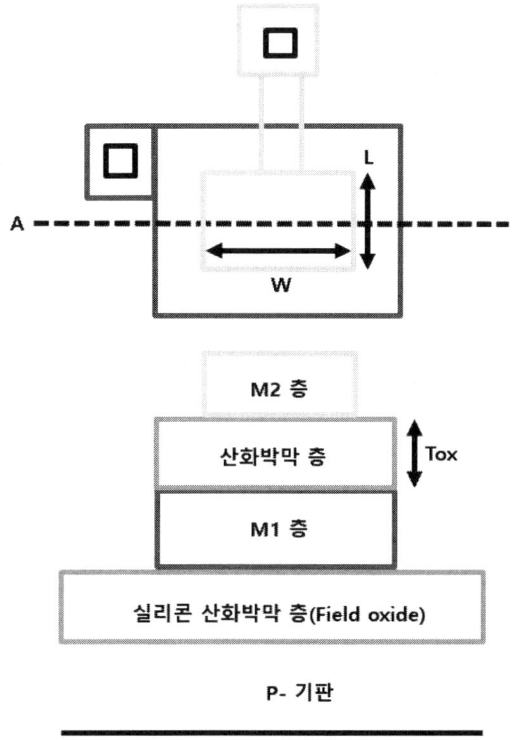

| 그림 3.18 | M–I–M 커패시터의 레이아웃 평면도와 단면도

그림 3.18은 MOS 커패시터(C_{MOS})의 레이아웃 도면이다. MOSFET의 소스 및 드레인 단자를 연결해서 B 단자로 사용하고, 게이트 단자를 T 단자로 사용하며 MOS 커패시터의 단면도는 MOSFET의 단면도와 동일하다. MOS 커패시터 용량은 게이트 전압에 따라서 비선형성을 나타내므로 정교한 커패시터 용량을 요구하는 회로에서는 사용하기 어려우며, 바이패스 커패시터 또는 커플링 커패시터와 같이 정교한 커패시터 용량을 요구하지 않는 경우에 사용할 수 있다. MOS 커패시터 용량은 (식 3.6)에 의해서 결정되지만, MIM 커패시터 산화박막층의 두께(T_{OX})와 달라서 10 ~ 100 Å 이다.

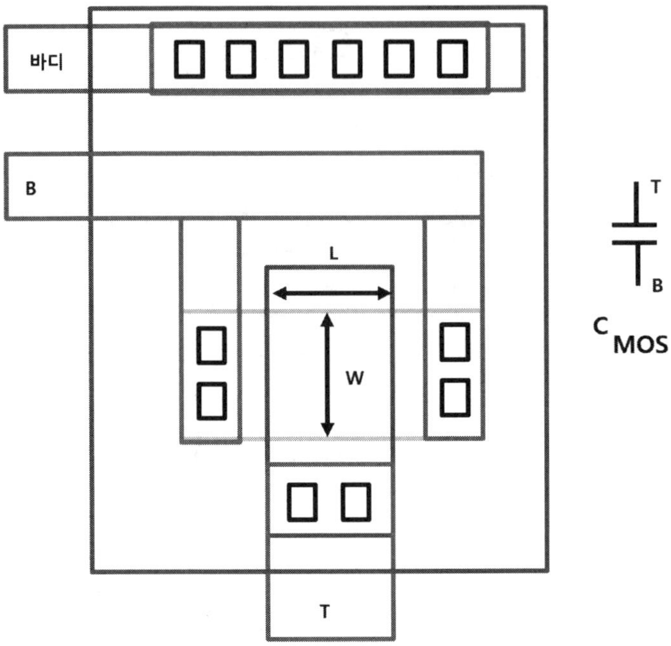

| 그림 3.19 | MOS 커패시터(C_{MOS})의 레이아웃 도면

예제 3.9 MOS 커패시터 레이아웃에서 $L = 100\mu m$, $W = 100\mu m$일 때, 커패시터 용량을 구하라. 단, $\epsilon_{ro} = 3.9$, $\epsilon_o = 8.85X10^{-12}F/m$, $T_{OX} = 100\,\text{Å}$ 이며, 게이트 바이어스 전압의 영향이 없다고 가정한다.

풀이

주어진 M-I-M 커패시터 레이아웃($L = 100\mu m$, $W = 100\mu m$) 정보를 (식 3.6)에 대입하면 다음과 같다.

$$C = \frac{\epsilon_{ro}\epsilon_o}{T_{OX}}(WL) = \frac{(3.9)(8.85\times 10^{-12}F/m)}{100\times 10^{-10}m}(10^4\mu m^2) = 34.5pF$$

일반 다이오드(N+/P- Avalanche diode)의 레이아웃 평면도와 단면도는 그림 3.20과 같다. 특히 캐소드(Cathode) 단자의 레이아웃 면적은 폭(W)과 길이(L)의 곱이다.

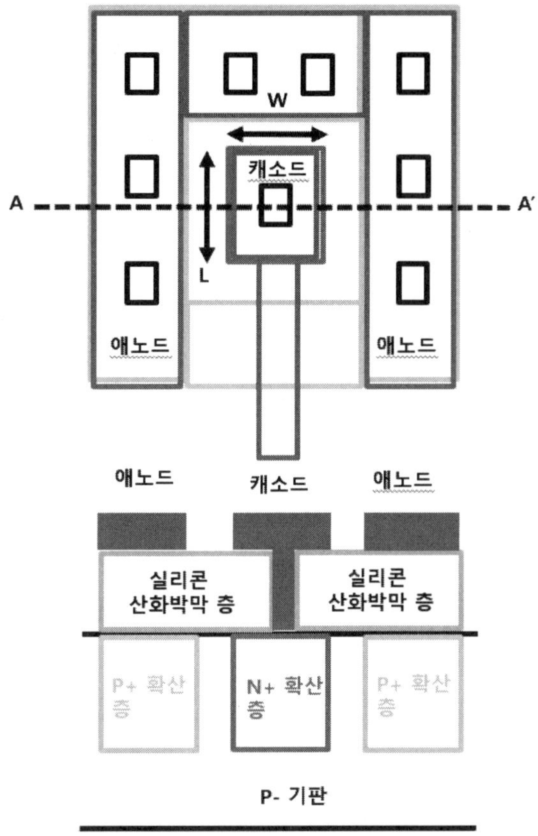

| 그림 3.20 | 에버랜치 다이오드의 레이아웃 평면도와 단면도

다이오드의 포화전류(saturation current) 값은 N+ 마스크 층의 면적(WL)과 정비례하여서 다이오드 전류 용량을 결정한다. 다이오드의 전류-전압 방정식은 (식 3.7)과 같다.

$$I_D = I_S \left(e^{\frac{V_D}{n V_T}} - 1 \right) \qquad (식\ 3.7)$$

여기서 I_S, n, V_D, V_T는 각각 포화전류, 발산계수(emission coefficient), 다이오드 전압, 열전압(thermal voltage) 이다. 반도체 칩 다이오드의 발산계수는 1이며, 절대온도 300K에서 열전압은 약 26mV이다.

에버랜치 다이오드의 소자 표기법은 그림 3.21과 같다. 애너드(Anode) 단자는 다이오드의 P+ 확산 층, 캐소드 단자는 다이오드의 N+ 확산 층에 연결된다.

| 그림 3.21 | 에버랜치 다이오드의 소자 표기법

예제 3.10 에버랜치 다이오드 레이아웃에서 N+ 도면 레이아웃이 $L=10\mu m$, $W=10\mu m$ 이고, 상온에서 다이오드 양단 순방향 전압(V_D)을 0.7V 인가했을 때, 다이오드에 흐르는 전류 값을 구하라. 단, 단위면적당 포화전류(I_S)는 $0.01 fA/\mu m^2$로 가정한다.

풀이

단위면적당 포화전류는 $0.01 fA/\mu m^2$이며, 주어진 다이오드 N+ 도면 레이아웃 면적이 $100\mu m^2$이므로 포화전류는 $1fA$가 된다. 따라서 (식 3.7)을 이용하면 다음과 같이 다이오드 순방향 전류값을 구할 수 있다.

$$I_D = I_S\left(e^{\frac{V_D}{nV_T}} - 1\right) = (1fA)e^{\frac{700mV}{25mV}} = 1.44mA$$

$$I_D = I_S\left(e^{\frac{V_D}{nV_T}} - 1\right) = (1fA)e^{\frac{700mV}{26mV}} = 0.49mA$$

N-채널 MOSFET의 레이아웃 평면도와 단면도는 그림 3.22와 같다. N-채널 MOSFET는 소스(source), 게이트(gate), 드레인(drain), 바디(body) 단자로 구성되며, 레이아웃의 N+ 마스크 층의 폭이 채널 폭(W) 이며, 폴리실리콘의 폭은 채널 길이(L) 이다. 바디 단자를 만들기 위해서 P- 기판 위에 P+ 확산 층을 배치하고 콘택을 위에 배치한다. 실리콘 산화박막 층은 폴리실리콘 게이트 층과 P- 기판 사이에 끼여 있는 절연체로서 수직 단면도를 살펴보면 커패시터의 구조를 갖고 있으며 단위 면적당 게이트 커패시터 용량(C_{OX})은 (식 3.8)과 같다.

$$C_{OX} = \frac{\epsilon_{ro}\epsilon_o}{T_{OX}} \qquad \text{(식 3.8)}$$

여기서 ϵ_{ro}, ϵ_o, T_{OX}는 각각 산화박막 상대 유전상수 (3.9), 자유공간 유전상수 ($8.85\times 10^{-12}F/m$) 및 산화막 두께이다. ΔL은 폴리실리콘 층 아래 채널영역에서 소스/드레인 N+ 확산 층이 수평 확산하므로 발생한 길이로서 유효채널 길이 L_{eff}는 (식 3.9)가 된다.

$$L_{eff} = L - 2\Delta L \qquad \text{(식 3.9)}$$

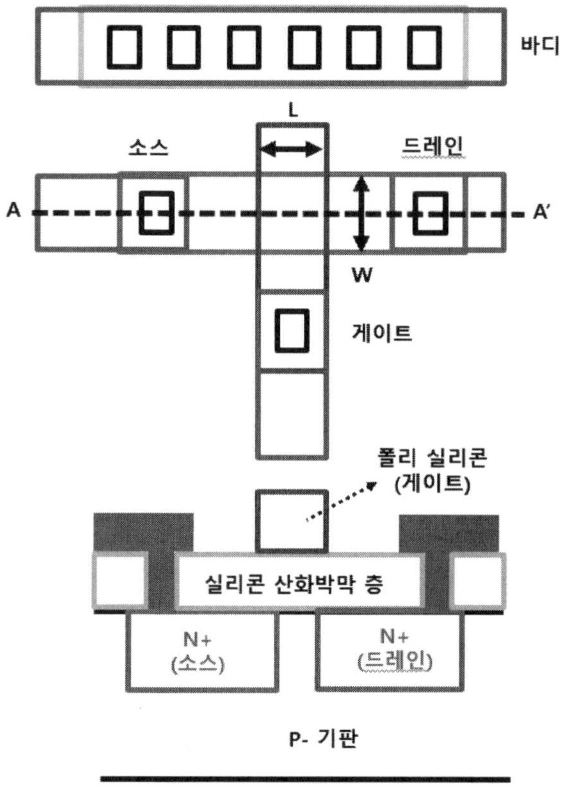

| 그림 3.22 | N-채널 MOSFET의 레이아웃 평면도와 단면도

그림 3.22의 수평 단면도를 보면 N+/P-/N+의 NPN 바이폴라 트랜지스터 구조를 갖는다. 또한 소스 단자와 P- 기판 및 드레인 단자와 P- 기판에 의한 N+/P- 접합 다이오드가 기생 소자로 연결되어 있어서 트랜지스터의 동작속도에 영향을 미칠 수 있다. N-채널 MOSFET의 소자 표기법은 그림 3.23과 같다. 바디 단자와 소스 단자의 전위가 같으면, 바디 단자를 생략하고, 소스 단자에 화살표를 표시한다. 바디 단자와 소스 단자의 전위가 다르면, 바디 단자에 화살표를 소자 내부로 향하게 표시한다.

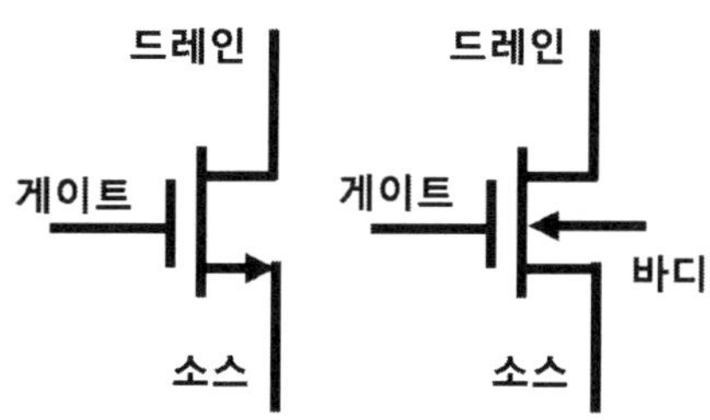

| 그림 3.23 | N-채널 MOSFET의 소자 표기법

예제 3.11 N-채널 MOSFET 레이아웃에서 $L = 1\mu m$, $W = 10\mu m$일 때, 게이트 커패시터 용량 및 유효채널길이를 구하라. 단, $\epsilon_{ro} = 3.9$, $\epsilon_o = 8.85 \times 10^{-12} F/m$, $T_{OX} = 100\,\text{Å}$, $\Delta L = 0.1\mu m$이다.

풀이

주어진 N-채널 MOSFET 레이아웃($L = 1\mu m$, $W = 10\mu m$) 정보를 (식 3.8)및 (식 3.9)에 대입하면 다음과 같다.

$$C = \frac{\epsilon_{ro}\epsilon_o}{T_{OX}}(WL) = \frac{(3.9)(8.85 \times 10^{-12} F/m)}{100 \times 10^{-10} m}(10\mu m^2) = 34.5\,fF$$

$$L_{eff} = L - 2\Delta L = 1\mu m - 0.2\mu m = 0.8\mu m$$

■

P-채널 MOSFET의 레이아웃 평면도와 단면도는 그림 3.24와 같다. N-well 마스크 층 내에 P+ 마스크 층의 폭이 채널 폭(W) 이며, 폴리실리콘의 폭은 채널 길이(L) 이다. 바디 단자는 N-well 층에 저항 접촉을 만들기 위해서 N+ 층을 배치한다. 실리콘 산화박막 층은 폴리실리콘 게이트 층과 P- 기판 사이에 끼여 있는 절연체로서 수직 단면도를 살펴보면 커패시터의 구조를 갖고 있다. 수평 단면도를 보면 P+/N-/P+의 PNP 바이폴라 트랜지스터 구조를 갖는다. P-채널 MOSFET의 소자 표기법은 그림 3.25와 같다. 바디 단자와 소스 단자의 전위가 같으면, 바디 단자를 생략하고, 소스 단자에 화살표를 표시한다. 바디 단자와 소스 단자의 전위가 다르면, 바디 단자에 화살표를 소자 외부로 향하게 표시한다. 또한 소스/드레인의 P+ 층과 N-well 층에 의한 P+/N- pn 접합 다이오드가 기생소자로 연결되어 있어서 P-채널 트랜지스터의 동작속도에 영향을 미칠 수 있다.

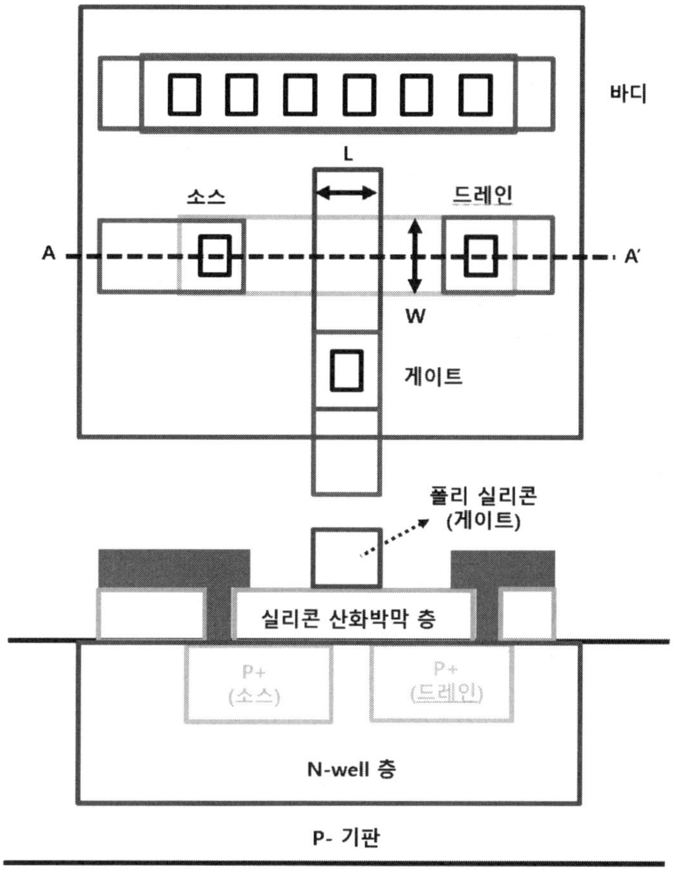

| 그림 3.24 | P-채널 MOSFET의 레이아웃 평면도와 단면도

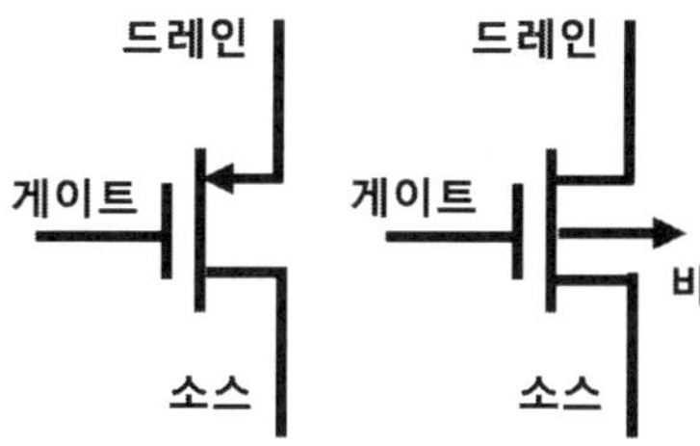

| 그림 3.25 | P-채널 MOSFET의 소자 표기법

본 절에서는 CMOS n-well 공정에서 만들 수 있는 수직형 PNP 바이폴라 접합 트랜지스터의 평면 레이아웃과 단면도를 그림 3.26에서 나타낸다.

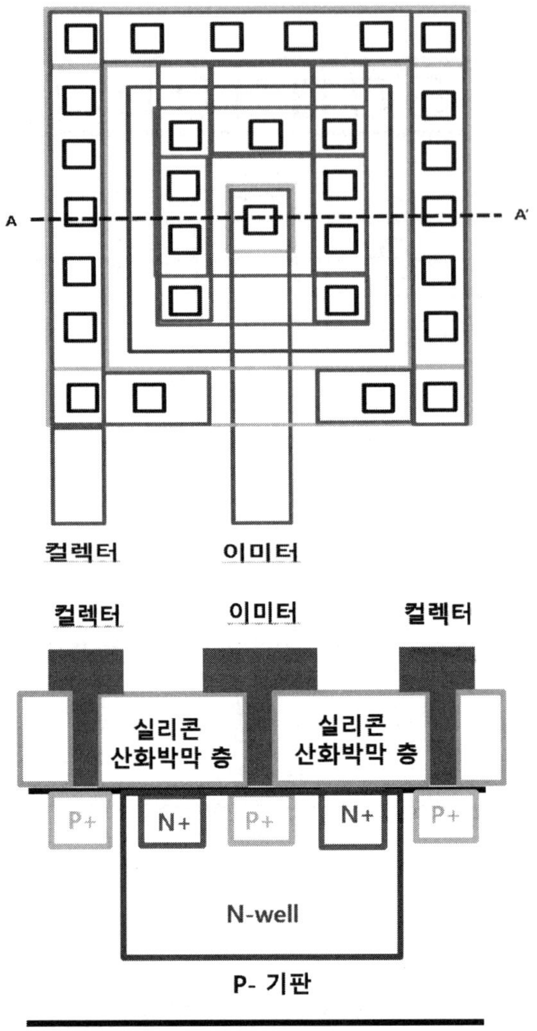

| 그림 3.26 | PNP BJT의 레이아웃 평면도와 단면도

베이스(base) 단자와 컬렉터(collector) 단자는 서로 연결되도록 레이아웃 하는데 베이스 단자와 컬렉터 단자에 역방향 바이어스를 가해야 하기 때문이다. 수직형 PNP 바이폴라 접합 트랜지스터의 포화전류 값은 P+ 이미터 면적에 의해서 결정되며, 트랜지스터의 베이스 폭인 N-well의 두께가 두꺼우므로(0.1μm) 공통 이미터 전류이득($\beta_F = \dfrac{I_C}{I_B}$)이 작다는 단점 (0.1 ~ 10)을 가진다. 또한 N-well/P- 기판으로 이루어진 pn 접합 기생 커패시터가 연결되어 있음을 알 수 있다. 그림 3.26에 해당되는 PNP BJT의 소자 표기법은 그림 3.27과 같다.

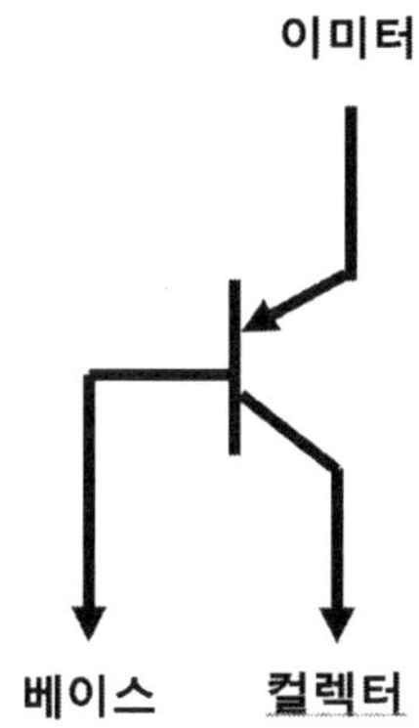

| 그림 3.27 | PNP BJT 레이아웃(그림 3.26)에 해당하는 PNP BJT 소자 표기법

인덕터(Inductor)의 레이아웃과 소자 표기법은 각각 그림 3.28 및 3.29와 같으며, 메탈 1층 마스크를 사용해서 3회 사각형 모양으로 감은 레이아웃이다.

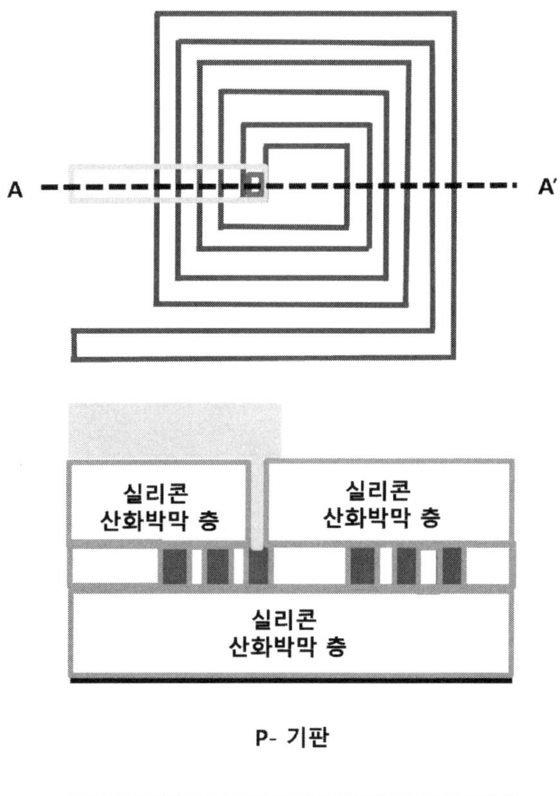

| 그림 3.28 | 인덕터의 레이아웃 평면도 및 단면도

| 그림 3.29 | 인덕터 소자 표기법

이상적인 인덕터를 구현하기 위해서는 레이아웃 형태가 원형(circular) 모양이어야 하므로, 일반적으로 사용하는 레이아웃 형태는 4각형, 8각형, 16각형 모양이며, 16각형이 4각형 모

양에 비해서 원형에 가까우므로 이상적 특성에 가깝다. 메탈의 감긴 횟수를 증가시키면 인덕터 용량은 증가하지만, 메탈 내부 저항이 증가하므로 인덕터의 Q(Quality factor) 값이 감소하기 때문에, 집적회로 나선형 인덕터(spiral inductor)의 경우 최대 감긴 횟수는 3회이다.

3.2.2 저항 및 커패시터의 특성 분포

3.2.1 절에서 다룬 저항(N+ 확산 저항, P+ 확산저항, N-well 확산저항, 폴리실리콘 저항)의 면저항 및 온도계수, 소자 정합 특성 분포를 표 3.1에서 나타낸다. 일반적으로 면저항 값이 작을 수록 온도계수가 작아지며, 소자 정합 특성이 증가한다. 저항 온도계수(Temperature Coefficient, TC)는 온도 변화에 따른 저항 값의 변화 양을 표시하는 계수로서 (식 3.10)과 같이 나타낸다. 일반적으로 저항 몸체 폭이 증가하면 증가할수록 저항 정합 정확성이 증가한다. 따라서 정합 정확성을 증가시킬 필요가 있을 때는 저항 몸체 폭을 증가시켜서 레이아웃하면 된다.

$$R(T) = R(T_0)\left[1 + TC(T - T_0)\right] \qquad \text{(식 3.10)}$$

| 표 3.1 | 저항의 면저항, 온도계수 및 저항 정합계수 분포 표

저항 종류 및 변수	N+ 확산저항	P+ 확산저항	N-well 확산저항	폴리실리콘 저항
면저항($\Omega/\square$)	10 ~ 100	50 ~ 500	0.5K ~ 10K	1 ~ 50
온도계수(ppm/℃)	100 ~ 500	500 ~ 2,000	5,000 ~ 10,000	100 ~ 500
저항 정합 계수(%)	±10	±10	±50	±5

예제 3.12 상온 20°에서 N+ 확산저항의 면저항은 $100\Omega/\square$ 이며, 몸체 길이 및 폭이 각각 $100\mu m$, $10\mu m$(접촉저항은 무시)이고, 온도계수는 100ppm /℃ 일 때, 주위 환경온도가 −100° 및 +100°인 경우 저항값을 각각 구하라.

풀이

우선 상온 20° 에서 N+ 확산 저항값을 구하면 다음과 같다.

$$R = R_S \frac{L}{W} + 2R_C = (100\Omega/\square) \times (10) = 1K\Omega$$

주위 환경온도가 및 +100° 인 경우 저항 값을 구하면 각각 다음과 같다.

$$R(T=-100) = 1K\Omega\left[1 + 100ppm/℃(-100-20)\right] = 0.988K\Omega$$

$$R(T=+100)=1K\Omega\,[1+100ppm/℃\,(100-20)]=1.008K\Omega$$

상온 20° 에 비해 −100° 인 경우 저항값이 1.2% 감소하였고, +100° 인 경우 저항값이 0.8% 증가하였다.

커패시터(MIM 커패시터, MOS 커패시터, poly 1-poly 2 커패시터)의 단위 면적 당 커패시터 용량 및 온도계수, 소자 정합 특성 분포는 표 3.2에서 나타낸다. MIM 커패시터(M1-M2, M2-M3, ...)의 단위 면적당 커패시터 용량은 산화막 층 두께가 두껍기 때문에 0.01 ~ 0.05 $fF/\mu m^2$이며, MOS 및 poly 1-poly 2 커패시터는 얇은 산화막 두께를 지니고 있으므로 단위 면적당 커패시터 용량이 1 ~ 5$fF/\mu m^2$ 이다. 온도계수는 3종류 커패시터가 유사하게 10 ~ 100ppm/℃ 으로 작다. 정합 정확도는 MIM이 1~5%로 큰 편이며, MOS, Poly 1-poly 2 커패시터가 0.01 ~ 0.1%로 작은 편이다. 그러나 일반적으로 커패시터의 가로 세로 길이를 증가시키면 증가시킬수록 커패시터 정합 정확도가 증가한다.

| 표 3.2 | 커패시터의 단위 면적 당 커패시터 용량, 온도계수 및 정합 정확도 분포 표

커패시터 종류 및 변수	MIM 커패시터	MOS 커패시터	Poly I–II 커패시터
단위 면적 당 커패시터 용량($fF/\mu m^2$)	0.01 ~ 0.05	1 ~ 5	1 ~ 5
온도계수(ppm/℃)	10 ~ 100	10 ~ 100	10 ~ 100
정합 정확도 (%)	1 ~ 5	0.01 ~ 0.1	0.01 ~ 0.1

3.2.3 레이아웃 수행 시 고려해야 할 세 가지 기법

본 절에서는 레이아웃을 수행 시 고려해야 할 세 가지 기법을 중심으로 설명한다. 첫째는 소자와 소자를 분리시키기 위해서 pn 접합에 역방향 바이어스를 가하기 위한 레이아웃 기법이다. 둘째는 아날로그 회로에서 소자 정합을 위한 레이아웃 기법이다. 셋째는 아날로그 회로와 디지털 회로의 레이아웃을 분리하는 레이아웃 기법이다. 이러한 세 가지 레이아웃 기법을 순차적으로 살펴보기로 한다.

첫째, 소자와 소자를 전기적으로 분리시키는 방법에는 두 가지가 있다. 소자와 소자 사이에 실리콘 산화막(SiO_2)과 같은 절연체를 삽입시키는 방법과 pn 접합면에 역방향 바이어스를 가해서 공핍층인 절연체를 만들어서 분리하는 방법이다. 3.2절에서 보여준 저항, 다이오드 및 트랜지스터 소자의 레이아웃 평면도 및 단면도를 살펴보면, 대부분 p형 반도체와 n형 반도체 접합으로 구성되어 있다. 따라서 인접된 소자들을 전기적으로 분리시킬 수 있는 방법은 공정에서 STI(Shallow Trench Isolation) 공정과 같이 실리콘 산화막이 제공되지 않는

다면 소자와 소자 사이에 존재하는 p형 반도체와 n형 반도체 접합에 역방향 바이어스를 가하여서 공핍층 두께를 증가시키므로서 전기적 절연을 형성하는 것이다. 예를 들어서 그림 3.43의 NOT 게이트 회로 레이아웃 평면도에서 N-well 마스크 내에 N+ 마스크를 띠 모양으로 배치되어 있고, 양(+) 전압이 가해지는 VDD 본딩 패드에 연결되어 있다. p- 기판에는 P+ 마스크가 배치되어 있고, 접지 또는 음(−) 전압이 가해지는 GND 본딩 패드에 연결되어 있다. 즉, N-well 층과 p- 층으로 만들어진 p-/N-well 다이오드 접합면(p- 층은 애노드 단자, N-well 층은 캐소드 단자에 해당한다.)에 역방향 바이어스를 가하면, 접합면에 공핍층이 형성되므로 전기적 절연 기능을 하게 되는 것이다. 그러므로 그림 3.30과 같은 단면도에서 N-well 마스크 내에 있는 소자들(P-채널 MOSFET)과 N-well 마스크 외부에 있는 소자들(N-채널 MOSFET)을 전기적으로 고립시키는 효과가 있다. 역방향 전압에 의해서 N-well 층 주변으로 형성된 공핍층 두께(d)가 두꺼우면 두꺼울수록 전기 절연성이 증가하지만, p-/N-well 다이오드의 항복전압보다 작게 역방향 전압을 가해야 한다. 공핍층 두께는 p-와 N-well 반도체 불순물 농도에 반비례에 하는데 자세한 내용은 4장에서 다루기로 한다.

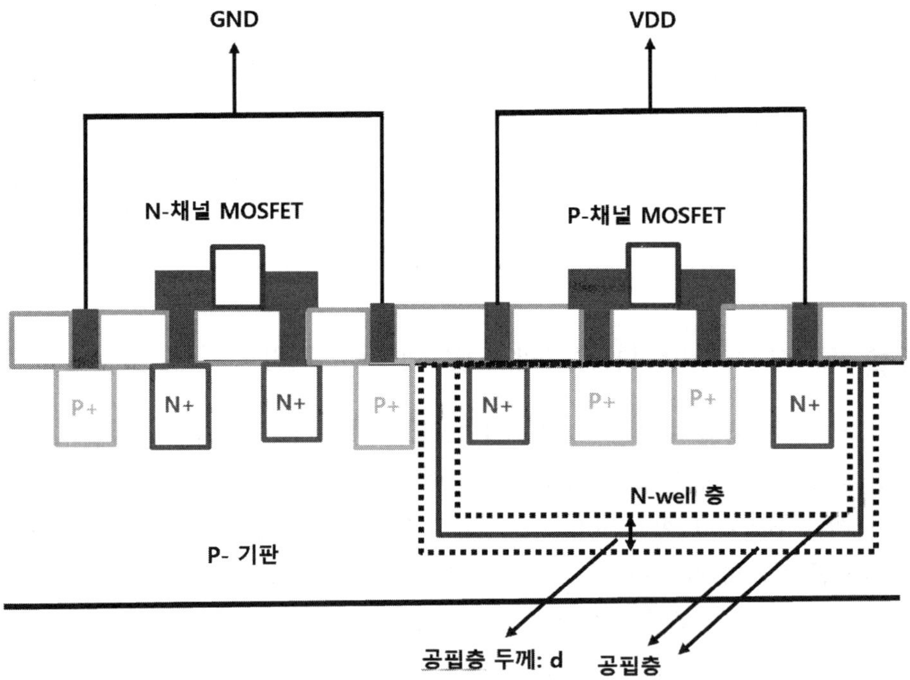

|그림 3.30| 전기적 절연을 위한 역방향 바이어스 단면도

그림 3.30 단면도의 등가회로를 살펴보면 그림 3.31과 같아서 수직형 PNP 트랜지스터 Q_2와 수평형 NPN 트랜지스터 Q_1이 저항들(R_1, R_2, R_3, R_4)에 의해서 포지스티 피드백(positive feedback) 회로를 형성하고 있다. 즉, V_{DD} 공급전압이 증가하게 되면 Q_2의 이미

터-베이스 전압이 증가하게 되며, Q_2의 이미터-베이스 전압이 증가하게 되면 Q_2의 컬렉터 전류가 증가하게 된다. Q_2의 컬렉터 전류가 증가하게 되면, 저항 R_4에 의한 Q_1의 이미터-베이스 전압이 증가해서 Q_1의 컬렉터 전류가 증가한다. Q_1의 컬렉터 전류가 증가하면, 저항 R_1에 의한 Q_1의 이미터-베이스 전압이 증가해서 Q_1의 컬렉터 전류가 증가한다. 이러한 과정이 반복되면 Q_1, Q_2의 컬렉터 전류가 무한대로 증가하게 되며, 전류 증가로 Q_1, Q_2 소자의 p/n 접합면 온도가 증가해서 소자가 전기적으로 손상을 입게 된다. 또한, 컬렉터 전류가 지속적으로 증가하면 소자를 연결한 메탈에도 전류가 흐르면서 메탈의 온도를 증가시켜서 메탈이 움직이게 되는 EM 문제(Electro-Migration problem)가 발생한다. EM 문제로 메탈이 움직이면서 회로 단자가 개방되거나 단락되어서 회로의 오동작을 일으키는데 이러한 현상을 래치업(latch-up) 이라고 한다. 래치업 문제점을 방지하기 위해서 N 채널 트랜지스터와 P-채널 트랜지스터의 물리적 간격을 증가시키고, p/n 접합면에 역방향 전압을 가해서 공핍층 두께가 증가하도록 레이아웃을 수행한다.

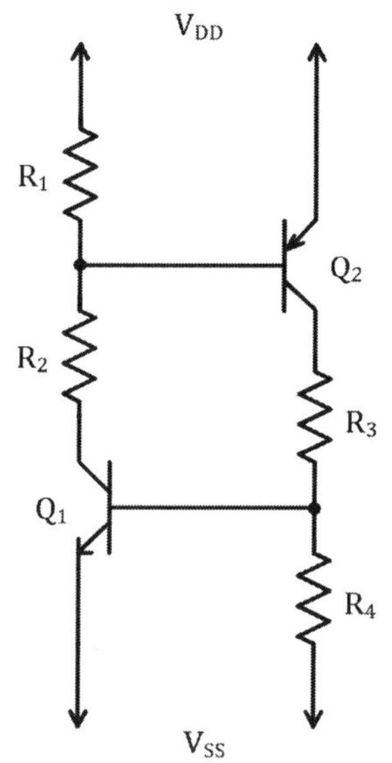

| 그림 3.31 | 래치업 등가회로도

둘째, 아날로그 회로 또는 혼성신호 회로 레이아웃을 수행할 때, 회로 내 존재하는 다수 저항 소자, 커패시터 소자, 트랜지스터 소자를 배치할 때 소자의 정합(matching) 특성을 고려해야 한다. 왜냐하면 반도체 웨이퍼 표면 위에 배치된 소자들이 반도체 8대 공정을 통해서 제작될 때, 반도체 불순물 농도의 불균형 분포, 산(acid), 가스(gas) 농도, 온도의 불균형 분포 및 반도체 공정장비의 한계성에 의해서 영향을 받게 된다. 예를 들면, 산화 박막 공정을 통해서 그림 3.18과 같은 M-I-M 커패시터 소자를 제작한다고 가정하자. 메탈 층 사이에 존재하는 산화 박막층을 성장시킬 때, 박막층 두께가 웨이퍼 표면위에 고르게 성장되는 것이

아니라 웨이퍼 표면 위에 배치된 커패시터 소자 위치에 따라서 산화 박막층 두께가 그림 3.32와 같이 다르게 성장될 수 있다. 즉, 웨이퍼 지점 A, B의 박막층 두께가 각각 TA, TB 이면, TA와 TB가 다르다.

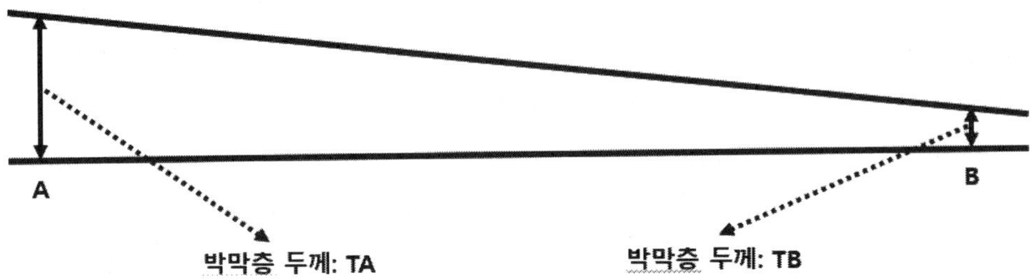

| 그림 3.32 | 산화 박막공정에 의해서 웨이퍼 위치에 따른 박막층 두께의 불균등

그렇게 되면, 소자 위치에 따라서 단위면적당 커패시터 용량($\frac{\epsilon}{TA}$, $\frac{\epsilon}{TB}$)이 달라지므로 커패시터 용량에 영향을 미칠 수 있게 된다. 또 다른 예로서 확산 공정을 사용해서 그림 3.14와 같은 N+ 확산 저항을 제작한다고 가정하자. N+ 확산 공정을 통해서 N+ 불순물 확산층을 배치할 때, 웨이퍼 표면 위에 배치된 N+ 확산 저항 위치에 따라서 불순물 농도가 달라질 수 있으며, 불순물 농도가 달라지면 N+ 확산 면저항 값에 영향을 미칠 수 있다. 그러므로 N+ 저항 값에 영향을 미치게 된다. 소자 정합을 고려한 커패시터 레이아웃 기법을 먼저 살펴보기로 한다. 그림 3.33은 두 개 커패시터(C_1, C_2)와 연산증폭기를 사용한 반전 증폭기 회로도이며(V_{com}은 연산증폭기가 정상적으로 동작시키기 위한 공통모드 전압이다.), 반전 증폭기의 전압이득($A_V = \frac{V_o}{V_i} = -\frac{C_2}{C_1}$)은 두 개 커패시터 용량 비율에 의해서 결정된다. 따라서 증폭기의 전압이득 정확도는 커패시터의 정합 특성에 의해서 결정된다. 그림 3.34는 연산증폭기를 제외하고 두 개 커패시터의 정합 특성을 고려한 커패시터 배치 레이아웃 예시이다. 증폭기의 전압이득이 -8이라면, 두 커패시터의 비율이 1:8 이므로 $C_2 = 8C_1$이 되며, C_1 커패시터를 단위 커패시터(unit capacitor)로 사용하되, 레이아웃 중심에 배치하고, C_2(8개 C_1)을 C_1 주위에 배치하다. 레이아웃 중앙에 위치한 C_1(① 번) 주위에 동일한 8개 C_1(② 번) 으로 배치하고, 8개 C_1(② 번) 주변에 더미(dummy) C_1(③ 번)으로 둘러싸이게 배치하면 두 커패시터의 정합 특성을 고려한 레이아웃이 된다. C_1과 C_2, 연산증폭기의 입력(Vi) 및 출력 단자(Vo) 까지 고려한 레이아웃은 그림 3.35와 같다. 정합 특성을 고려한 레이아웃의 장점은 두 소자의 비율을 정확하게 조정할 수 있지만, 단점은 더미 소자를 주변에 배치함으로서 반도체 칩 면적이 증가하게 된다. C_1, C_2의 공통단자는 VR(가상접지)에 연결되어 있으며, C_1은 입력단자(Vi), C_2는 출력단자(Vo)에 연결된

다. 더미 소자를 배치하는 이유는 정사각형 형태의 단위 커패시터(C_1)가 공정처리 될 때, 좌우상하 면에서 식각이 이루어지는 조건을 도형적으로 같게 하기 위해서이다. 즉, 단위 커패시터를 동일한 간격으로 배치하면 좌우상하 면에서 식각이 이루어질 때, 동일한 식각 조건이 성립해서 모든 단위 커패시터 용량이 동일하게 되는 원리를 이용하는 것이다. 따라서 커패시터 정합을 위해서 16개 더미 소자를 주변에 배치해야 한다.

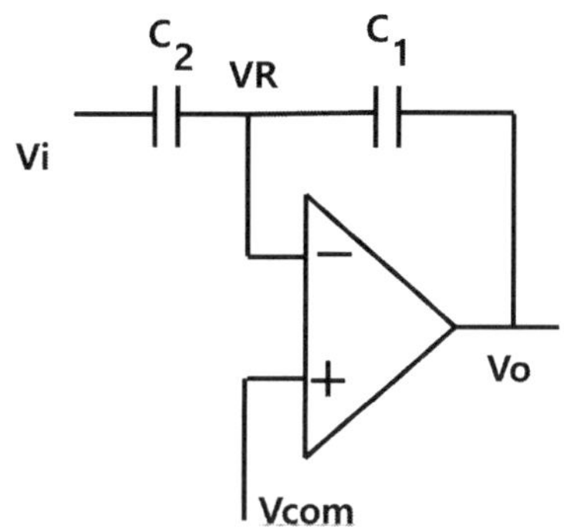

| 그림 3.33 | 커패시터(C_1, C_2)를 사용한 반전 증폭기 회로도

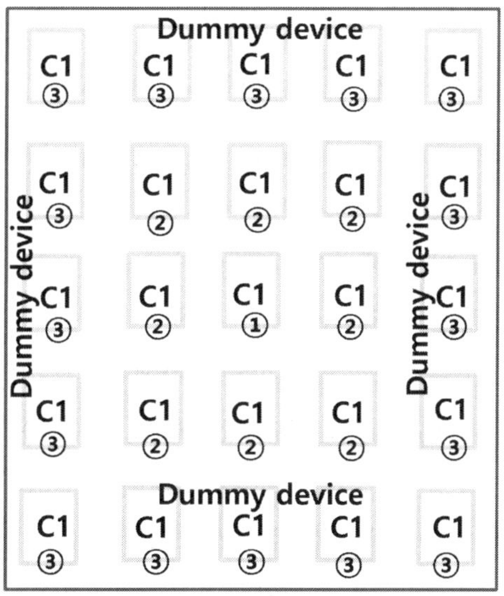

| 그림 3.34 | 커패시터 정합 특성을 고려한 $\frac{C_2}{C_1} = \frac{8}{1}$ 및 더미 소자 배치 레이아웃 평면도

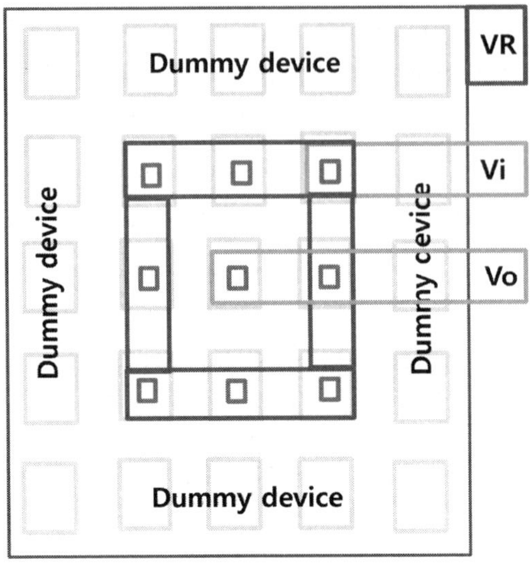

| 그림 3.35 | 커패시터 정합 특성을 고려한 $\frac{C_2}{C_1} = \frac{8}{1}$ 레이아웃 평면도

그림 3.36은 두 개 저항(R_1, R_2)과 연산증폭기를 사용한 반전 증폭기 회로도이며(V_{com})은 연산증폭기가 정상적으로 동작시키기 위한 공통모드 전압이다.), 반전 증폭기의 전압이득 ($A_V = \frac{V_o}{V_i} = -\frac{R_2}{R_1}$)은 두 개 저항 비율에 의해서 결정된다. 따라서 증폭기의 전압이득 정확도는 저항의 정합 특성에 의해서 결정된다. 그림 3.37은 연산증폭기를 제외하고 두 개 저항의 정합 특성을 고려한 레이아웃 예시이다. 증폭기의 전압이득이 −4이면, 두 저항의 비율이 1:4 이므로 $R_2 = 4R_1$이 되며, R_1 저항을 단위 저항(unit resistor)으로 사용하되, 레이아웃 중심에 배치하고, R_2(4개 R_1)를 R_1의 왼쪽과 오른쪽에 각각 2개씩 배치한다. 즉, 레이아웃 중앙에 위치한 R_1(① 번)의 왼쪽과 오른쪽에 동일한 2개 R_1(② 번)을 배치하고, R_2(② 번) 주변에 더미(dummy) R_1(③ 번)으로 둘러서 쌓게 배치하면 두 저항의 정합 특성을 고려한 레이아웃이 된다. 저항 정합 특성을 고려한 레이아웃의 장점은 커패시터 레이아웃과 마찬가지로 두 저항의 비율을 정확하게 조정할 수 있지만, 단점은 더미 소자를 주변에 배치함으로서 반도체 칩 면적이 증가하게 된다. R_1, R_2은 공통단자인 VR(가상접지)에 연결되어 있고, R_1은 입력단자 V_i, R_2는 출력단자 V_o에 연결되어 있다.

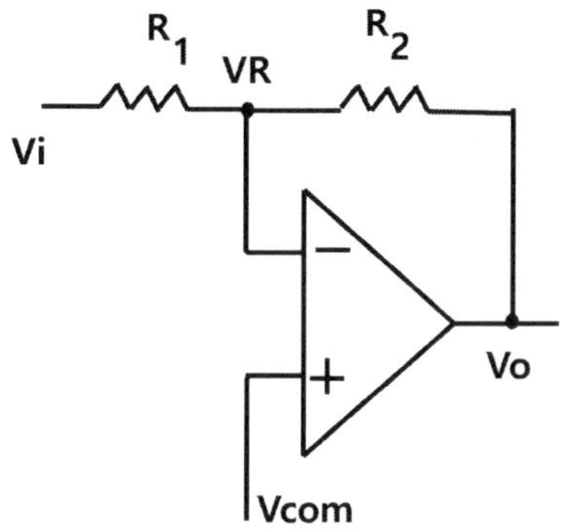

| 그림 3.36 | 저항(R_1, R_2)을 사용한 반전 연산증폭기 회로도

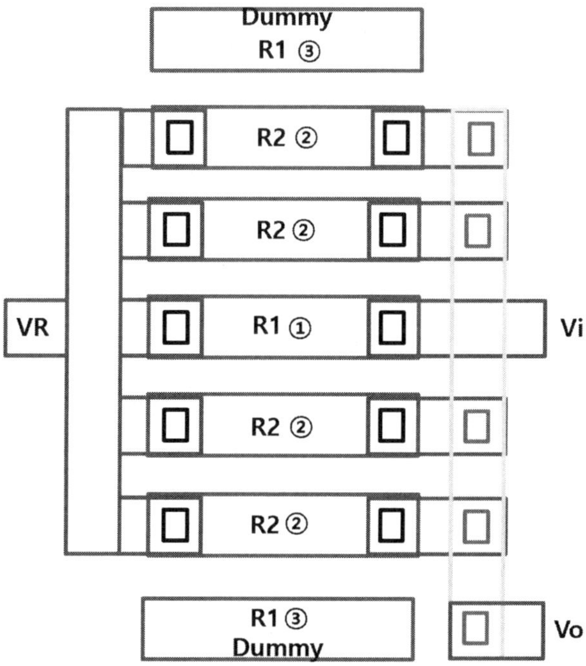

| 그림 3.37 | 저항(R_1, R_2) 정합 특성을 고려한 레이아웃 평면도

그림 3.38 및 3.39는 각각 N-채널 MOSFET(M1, M2)을 사용한 전류미러 회로 및 레이아웃이다. 트랜지스터 정합을 고려해서 M1 트랜지스터를 단위 트랜지스터($\frac{W}{L} = \frac{10\mu m}{1\mu m}$)로 레이아웃하고, M2 트랜지스터는 M1 트랜지스터 4개로 구성하게 하며, 그림 3.39와 같이 중앙의 M1 트랜지스터(① 번)를 중심으로 M2 트랜지스터(② 번)를 M1 트랜지스터 2개씩 왼쪽과 오른쪽으로 배치한다. 따라서 중앙의 M1 트랜지스터(① 번) 중심으로 레이아웃이 왼쪽과 오른쪽이 대칭으로 배치되므로 트랜지스터 정합을 고려한 레이아웃이 될 수 있다. M1, M2의 소스 단자와 바디 단자가 접지 단자(GND)에 연결되어 있다.

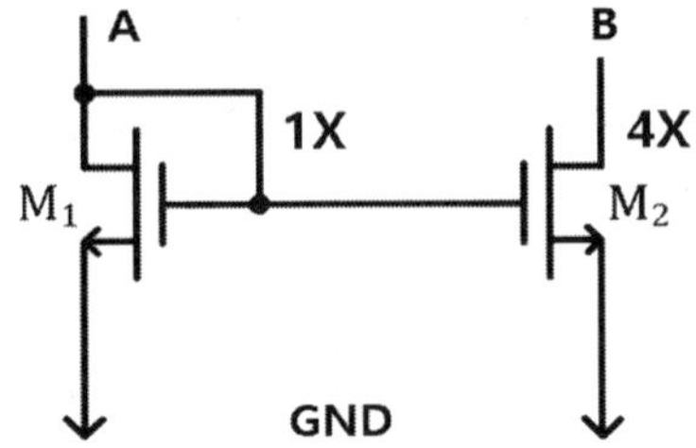

| 그림 3.38 | MOSFET 트랜지스터 정합을 고려한 전류 미러 회로도

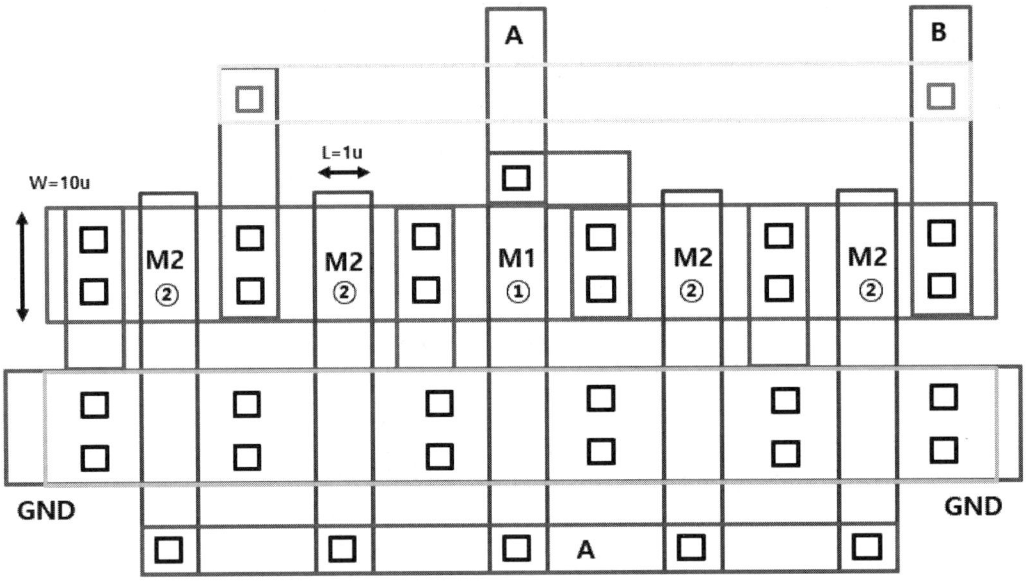

| 그림 3.39 | MOSFET 트랜지스터 정합을 고려한 전류 미러 회로 레이아웃 평면도

그림 3.40은 PNP 바이폴라 트랜지스터(Q1, Q2) 및 연산증폭기를 사용한 밴드갭 레퍼런스(Band Gap Reference) 회로도이다. Q2는 Q1의 8개 트랜지스터로 구성되며, MN1', MP1', MP2'는 스타트 업(startup) 회로이며, 연산증폭기에 네거티브 피드백(Negative feedback)이 가해져서 가상접지 현상이 유도되고, 온도계수가 음수인 CTAT(Complementary to absolute temperature) 전류와 온도계수가 양수인 PTAT(Proportional to absolute temperature) 전류로 인해서 온도 보상된 전압(V_{ref})을 발생시키는 회로이다.

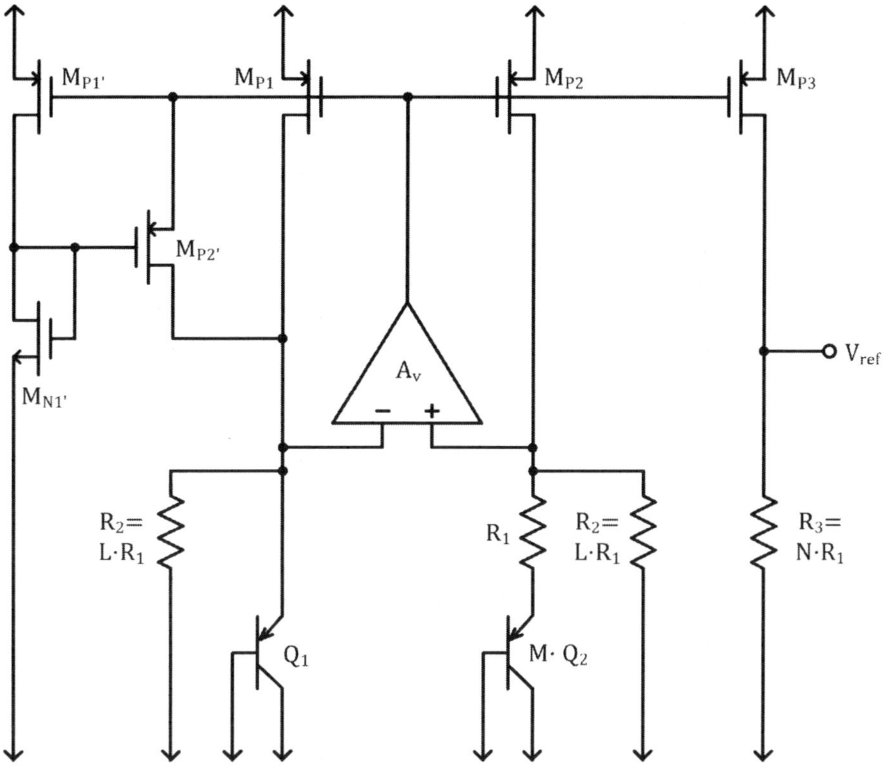

| 그림 3.40 | 밴드갭 레퍼런스 회로도

바이폴라 트랜지스터 정합을 고려해서 Q1 트랜지스터를 단위 트랜지스터로 레이아웃하고, Q2 트랜지스터는 Q1 트랜지스터 8개로 구성하게 하며, 그림 3.41과 같이 중앙의 Q1 바이폴라 트랜지스터(① 번)를 중심으로 Q2 트랜지스터(② 번)를 Q1 트랜지스터 위, 아래, 왼쪽, 오른쪽에 배치한다. 따라서 중앙의 Q1트랜지스터(① 번)를 중심으로 레이아웃이 위, 아래, 왼쪽, 오른쪽 대칭으로 배치되므로 바이폴라 트랜지스터 정합을 고려한 레이아웃이 될 수 있다.

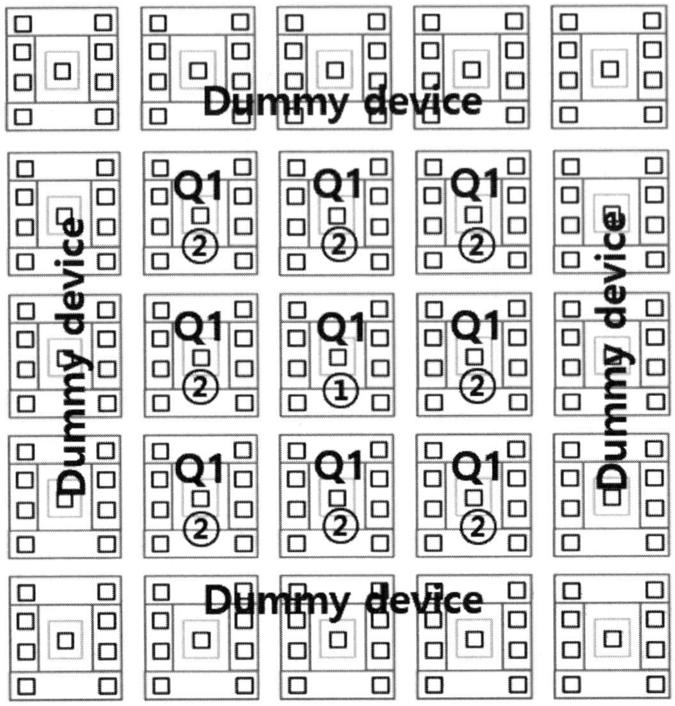

| 그림 3.41 | BJT 트랜지스터 정합을 고려한 레이아웃 평면도

셋째는 아날로그 회로와 디지털 회로의 레이아웃을 분리시키는 레이아웃 기법이다. 아날로그 회로 입장에서 디지털 회로의 스위칭 신호는 잡음으로 간주할 수 있다. 따라서 아날로그 회로와 디지털 회로를 함께 배치하여서 레이아웃하기 보다는 아날로그 회로와 디지털 회로를 분리 배치하는 것이 바람직하다. 또한, 아날로그 회로 주변과 디지털 회로 주변에 가드링(guard-ring)을 배치하면 아날로그 회로와 디지털 회로를 전기적으로 분리하는 효과를 더욱 증가시킬 수 있다.

그림 3.42는 CMOS 180nm 공정을 사용해서 설계 구현한 12-비트 축차형(SAR: Successive Approximation Register) 아날로그-디지털 변환기의 칩 레이아웃 사진이다. 레이아웃의 아래 부분은 디지털 논리회로가 배치되어 있으며, 윗부분은 아날로그 회로(C-DAC, Pre-amp, comparator 등)가 배치되어 있어서 아날로그 회로와 디지털 회로(control logic, reset generator, shift register, SAR logic, output register) 분리 배치를 확인할 수 있다.

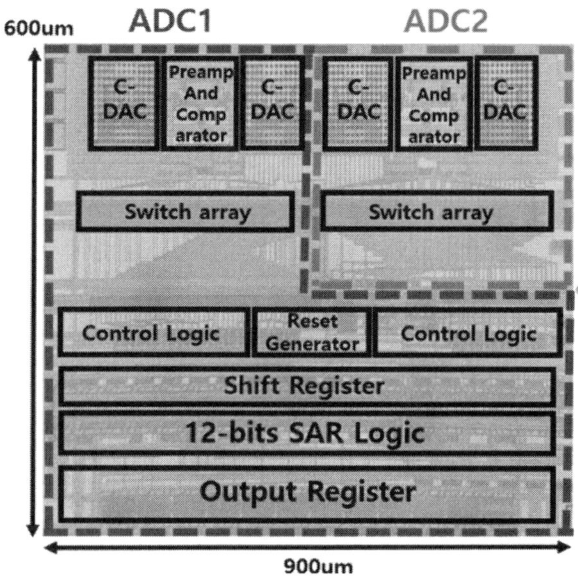

| 그림 3.42 | 12-비트 축차형(SAR) 아날로그-디지털 변환기의 칩 레이아웃 사진

3.2.4절 및 3.2.5절에서는 디지털 논리 회로의 가장 기본 셀인 NOT 게이트 회로와 아날로그 회로의 공통소스 증폭기 레이아웃을 다루고자 한다.

3.2.4 NOT 게이트 회로 레이아웃

NOT 게이트 회로도는 그림 3.43과 같다. 입력 단자 및 출력 단자는 V_{in}과 V_{out}이며, 공급 전원 단자는 V_{DD}와 GND 이다. 본딩 패드(bonding pad)를 포함한 NOT 게이트 회로도의 레이아웃 완성도면은 그림 3.44와 같다.

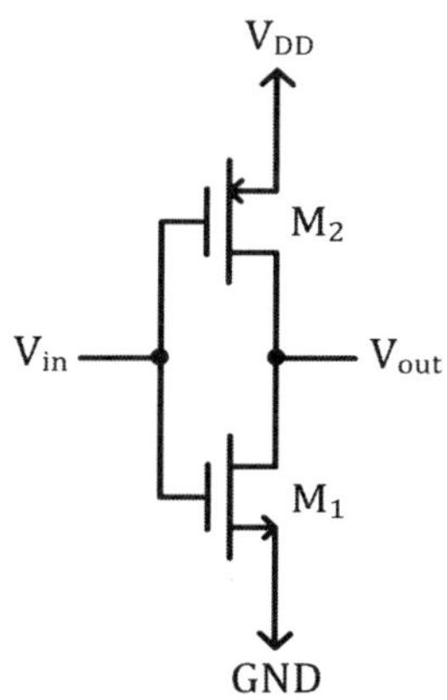

| 그림 3.43 | NOT 게이트 회로도

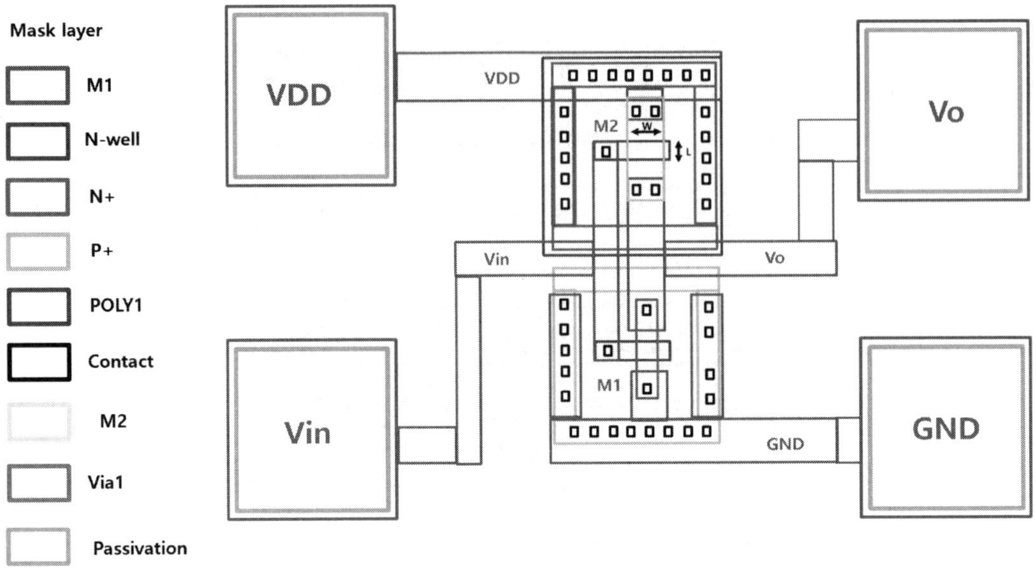

| 그림 3.44 | NOT 게이트 회로의 레이아웃 완성 도면

NOT 게이트 회로의 레이아웃 완성 도면을 구현하는 순서는 다양하며, 다양한 순서 중에 한 가지 예시를 들기로 한다. 그림 3.45와 같이 N-well 레이아웃을 먼저 배치한다.

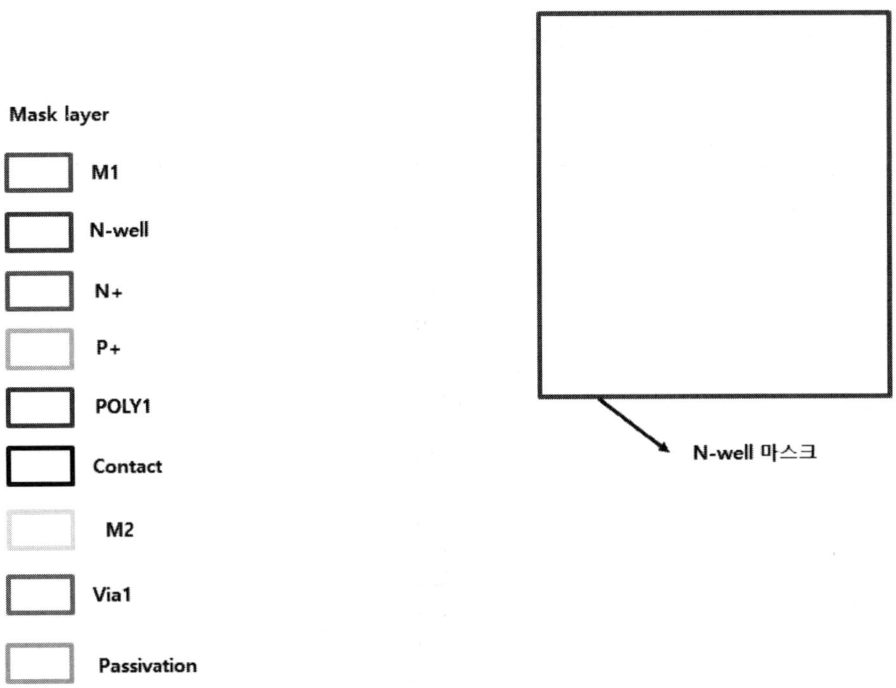

| 그림 3.45 | N-well 레이아웃 배치

N-well 레이아웃 배치를 한 후 N+ 및 P+ 마스크 레이아웃을 배치하면서 저항 접촉, N/P 채널 트랜지스터의 소스/드레인 단자를 그림 3.46과 같이 수행한다.

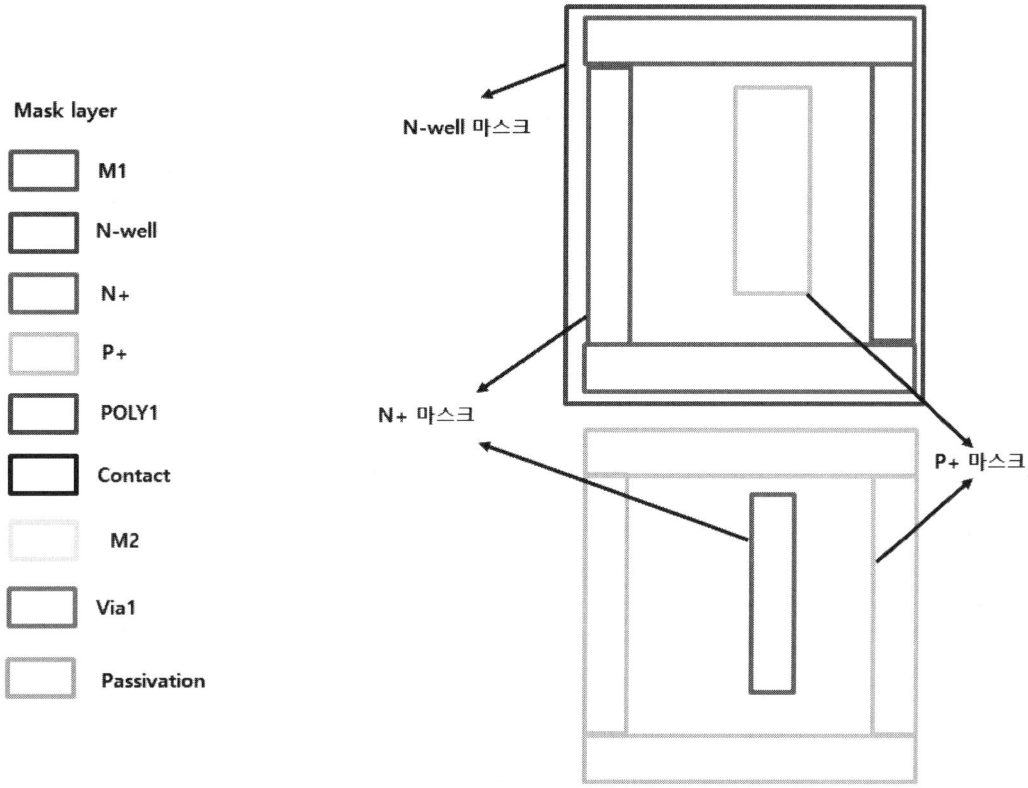

| 그림 3.46 | N+ 및 P+ 마스크 레이아웃 배치

N+ 및 P+ 마스크 레이아웃 배치 후 폴리실리콘 마스크(POLY1)를 배치하여서 게이트 단자를 그림 3.47과 같이 레이아웃 한다.

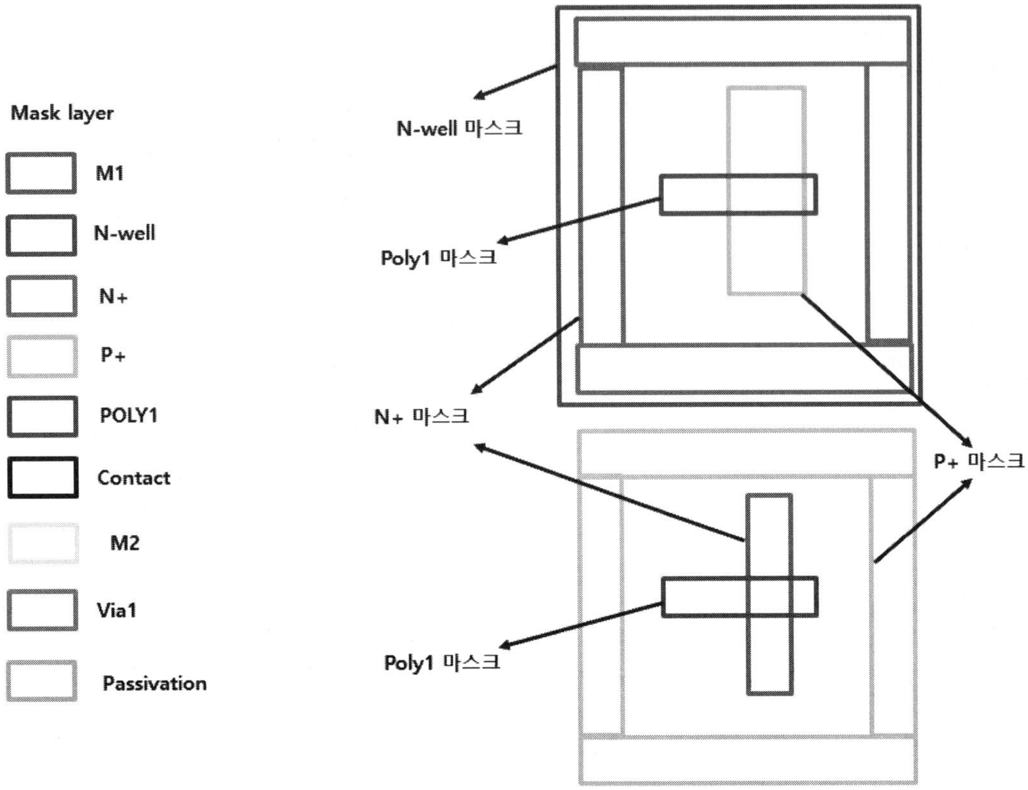

| 그림 3.47 | 폴리실리콘 마스크 레이아웃 배치

폴리실리콘 마스크 레이아웃 배치 수행 후, 단자들을 연결하기 위해서 그림 3.48과 같이 콘택을 배치한다.

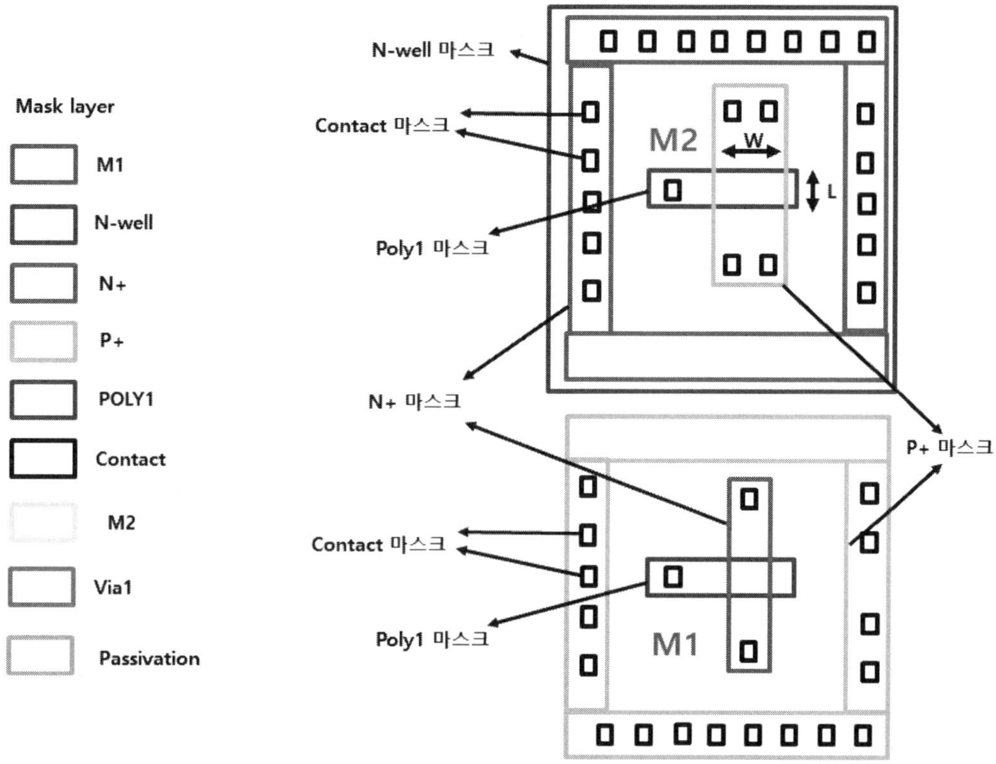

| 그림 3.48 | 콘택 마스크 레이아웃 배치

콘택 마스크 레이아웃 배치를 수행한 후, 콘택 마스크 위에 메탈 1(M1) 마스크를 배치하면서 그림 3.49와 같이 입력 단자(V_{in}), 출력 단자(V_{out}), 공급전원 단자(V_{DD}와 GND)를 만든다.

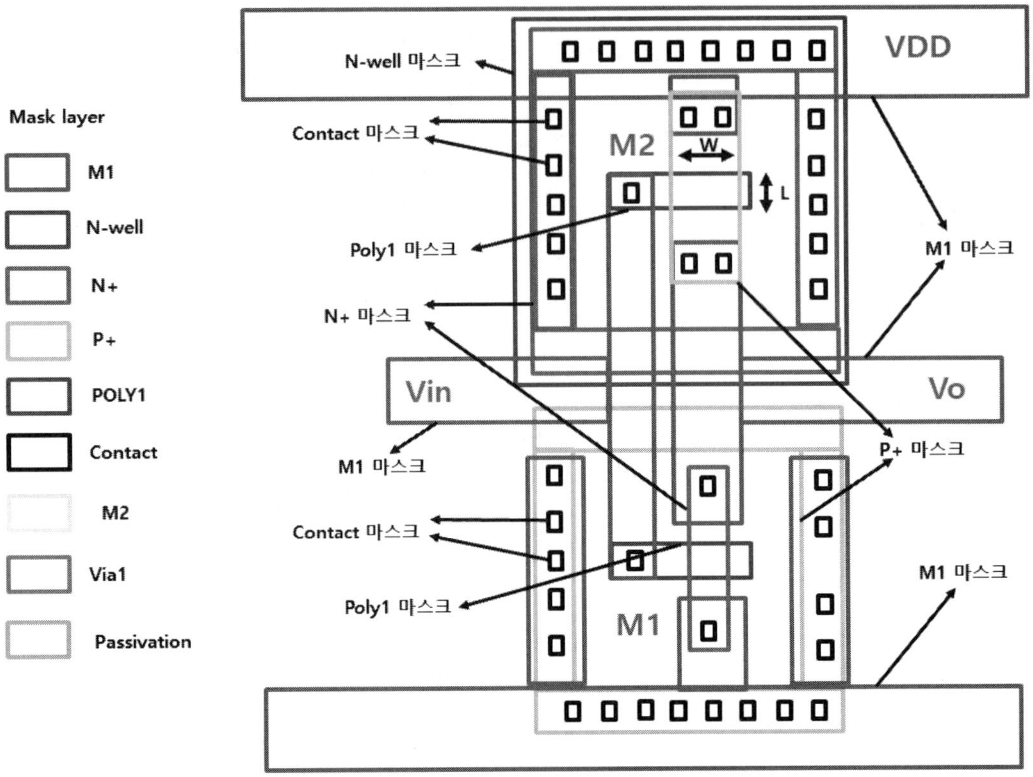

| 그림 3.49 | 메탈 1(M1) 마스크 레이아웃 배치

메탈 1(M1) 마스크 레이아웃 배치 후, 패시베이션 층과 본딩 패드를 배치하고 메탈 1 마스크를 사용해서 4개 단자들을 본딩 패드에 그림 3.50과 같이 연결한다.

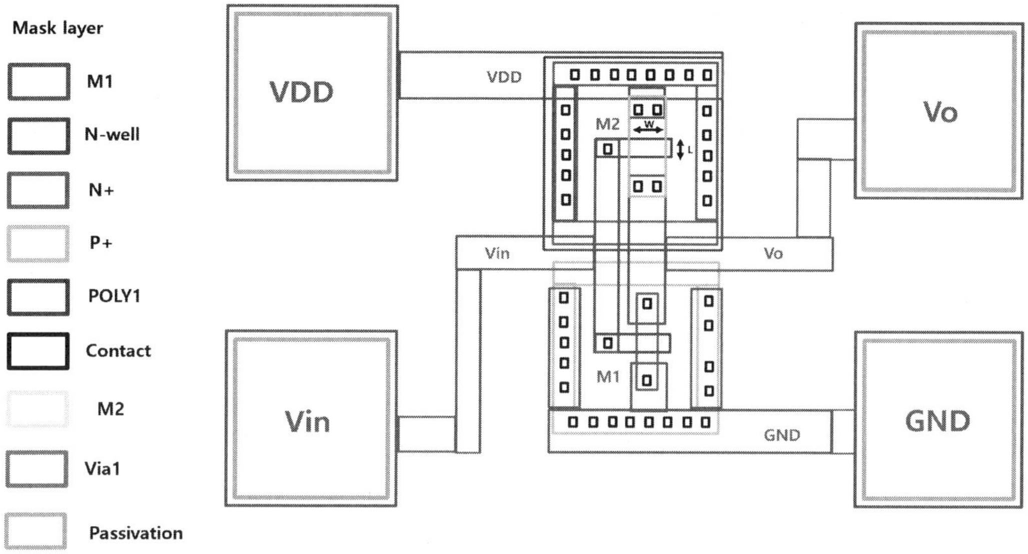

| 그림 3.50 | 본딩 패드를 포함한 NOT 게이트 회로 레이아웃 도면

3.2.5 공통 소스 증폭기 레이아웃

그림 3.51에 주어진 회로도는 공통 소스 증폭기(common source amplifier)이다. 증폭기 내에 M1은 드라이버 트랜지스터이며, M2와 M3는 전류미러 회로에 속한 트랜지스터이며, 저항 RB와 Co는 각각 바이어스 저항과 부하 커패시터이다. VIN, VDD, GND, VO 단자는 각각 입력, 공급전원, 접지, 출력 단자를 나타낸다. 증폭기내 소자 이름, 소자 크기 및 레이아웃 크기는 표 3.3과 같다.

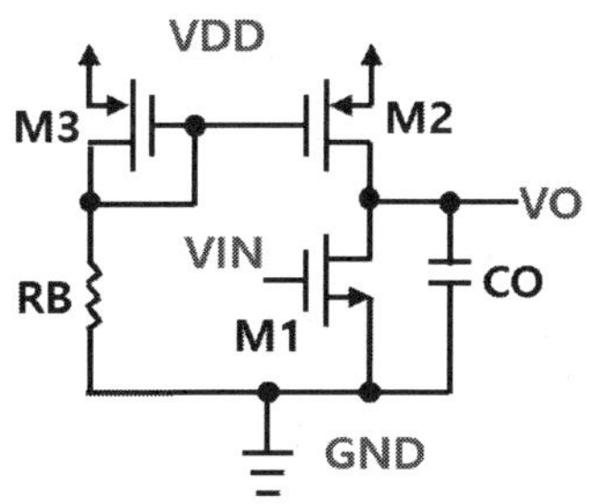

| 그림 3.51 | 공통 소스 증폭기 회로도

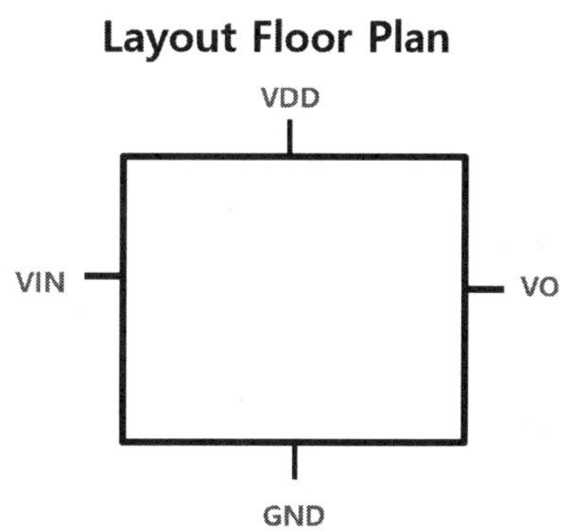

| 그림 3.52 | 공통 소스 증폭기 회로의 플로플랜

| 표 3.3 | 공통 소스 증폭기 회로내 소자 설계값

소자 이름	소자 크기	레이아웃 크기
M1	W/L = 10	$W=10\mu m, L=1\mu m$
M2	W/L = 25	$W=25\mu m, L=1\mu m$
M3	W/L = 50	$W=50\mu m, L=1\mu m$
RB	1KΩ	$W=1\mu m, L=10\mu m$
Co	1pF	$W=100\mu m, L=100\mu m$

그림 3.51의 회로도면을 레이아웃 도면으로 옮기기 위해서는 그림 3.52와 같은 레이아웃 플로 플랜(floor plan)을 통해서 소자들의 배치(placement) 및 연결(routing)을 고려하여서 레이아웃 본딩 패드 단자(VDD, VIN, GND, VO)의 위치를 결정한다. 본딩 패드의 위치는 외부 패키징(packaging) 핀(pin) 연결을 고려해서 결정한다.

플로 플랜이 결정되면 그림 3.51 회로도에 있는 각 반도체 소자(M1, M2, M3, RB, Co)를 레이아웃으로 옮긴다. 레이아웃으로 옮길 때, 표 3.3의 레이아웃 크기를 사용하면 된다.

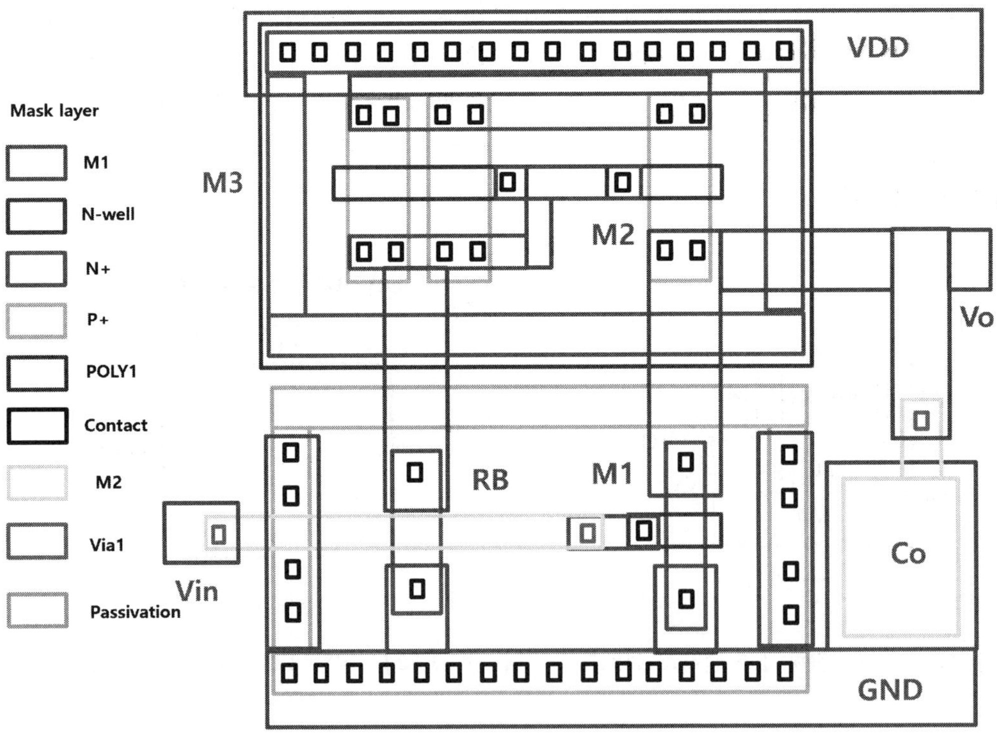

| 그림 3.53 | 공통소스 증폭기의 레이아웃 도면

그림 3.53의 왼쪽에는 9개 광 마스크(M1, N-well, N+, P+, Poly 1, Contact, M2, Via1, Passivation) 층이 표시되어 있다. 각 마스크 층을 사용하여서 그림 3.51의 M1, M2, M3, RB, Co 반도체 소자를 그림 3.53과 같이 핀이 나오도록 배치한다. 배치된 반도체 소자들의 연결을 위해서 금속 층 M1, M2를 사용하여서 그림 3.53과 같이 레이아웃을 할 수 있다. 패키징을 고려해서 본딩 패드까지 포함한 레이아웃은 그림 3.54와 같다.

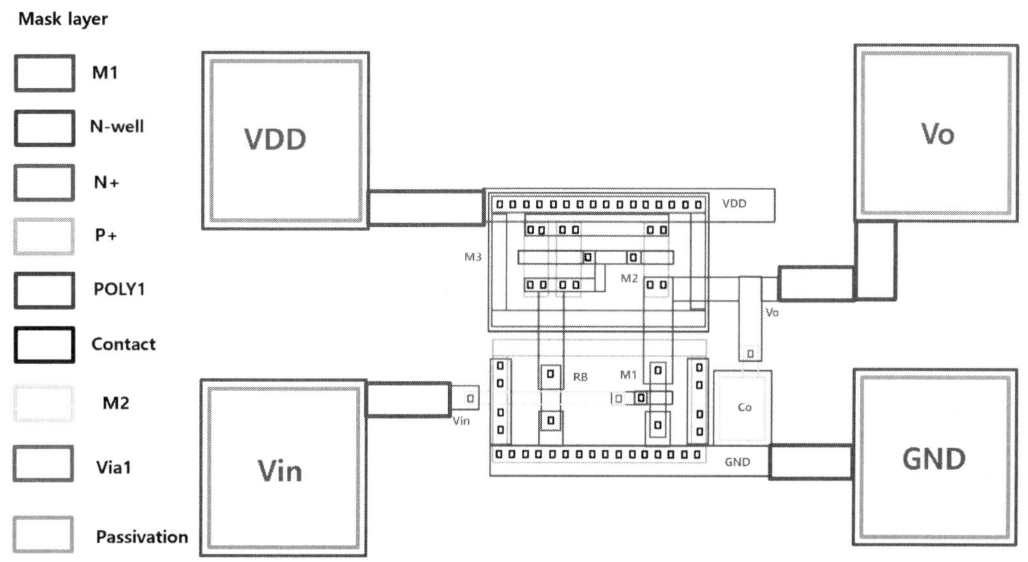

| 그림 3.54 | 본딩 패드를 포함한 공통소스 증폭기의 레이아웃 평면도

NOT 게이트 회로 레이아웃과 마찬가지로 공통 소스 증폭기 회로의 레이아웃 순서도를 예시로 제시한다. 첫 번째, 그림 3.55와 같이 N-well 레이아웃을 배치한다.

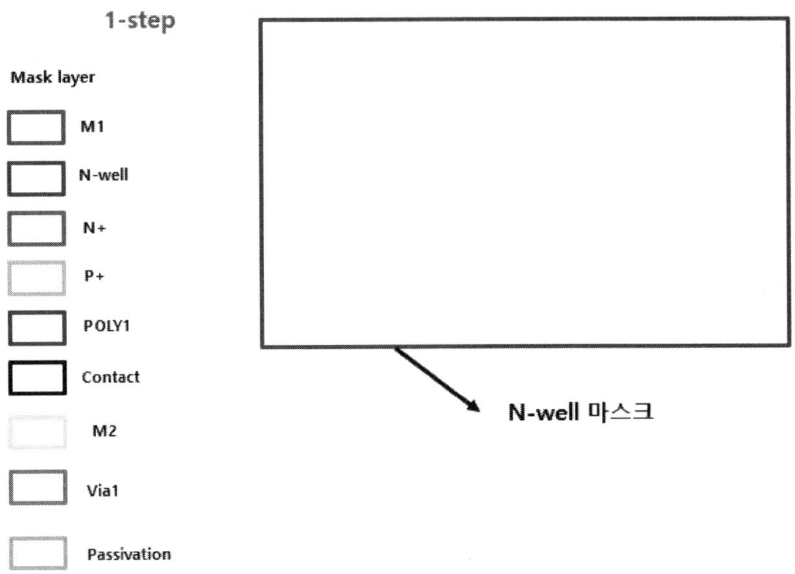

| 그림 3.55 | N–well 레이아웃 배치

N-well 레이아웃을 배치한 후, 그림 3.56과 같이 N-well 레이아웃내 저항 접촉을 위해서 N+ 확산 레이아웃과 콘택을 배치한다.

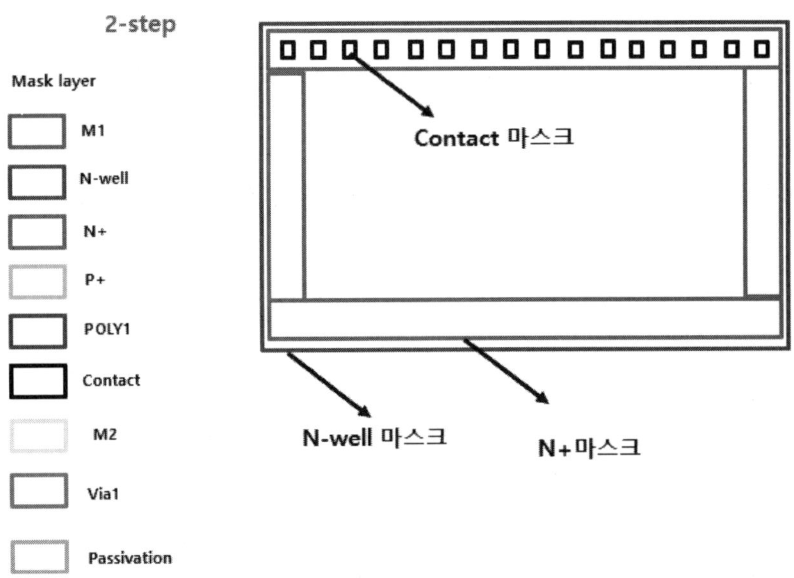

| 그림 3.56 | N–well 레이아웃내 저항 접촉을 위한 N+ 확산 레이아웃과 콘택 배치

N-well 레이아웃내 저항 접촉을 위한 N+ 확산 레이아웃과 콘택 배치 후, p- 기판 위에 저항 접촉을 위해서 P+ 확산 레이아웃과 콘택을 그림 3.57과 같이 배치한다.

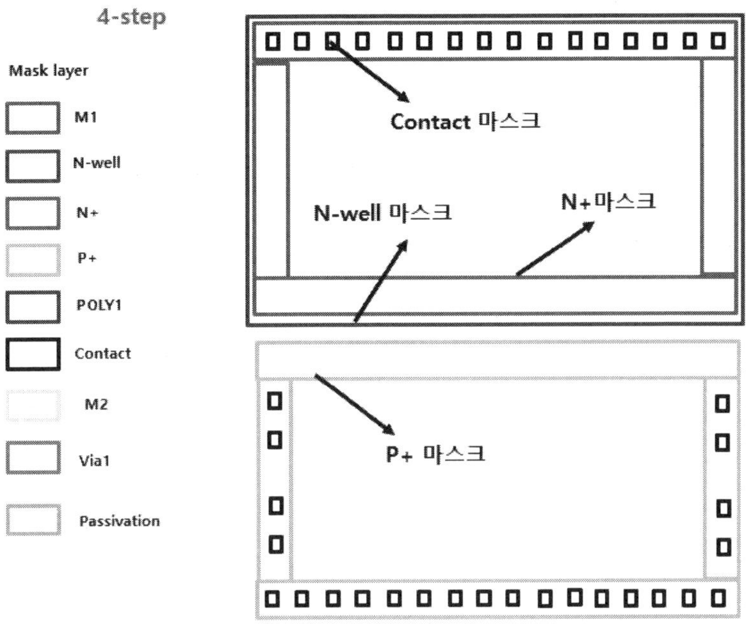

| 그림 3.57 | P– 기판 위 저항 접촉을 위한 P+ 확산 레이아웃과 콘택 배치

p- 기판 위 저항 접촉을 위한 P+ 확산 레이아웃과 콘택 배치한 후, 트랜지스터(M1, M2, M3), 저항, 커패시터를 배치하는 레이아웃을 그림 3.58과 같이 수행한다.

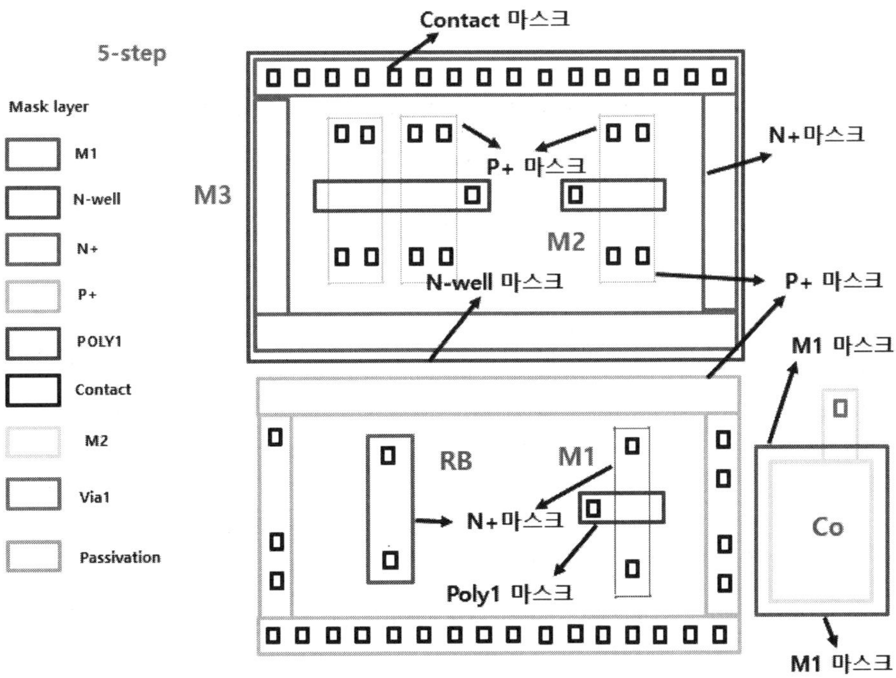

| 그림 3.58 | 트랜지스터(M1, M2, M3), 저항, 커패시터를 배치하는 레이아웃

트랜지스터(M1, M2, M3), 저항, 커패시터를 배치한 후, M1, M2, M3 소자 연결을 그림 3.59와 같이 레이아웃한다.

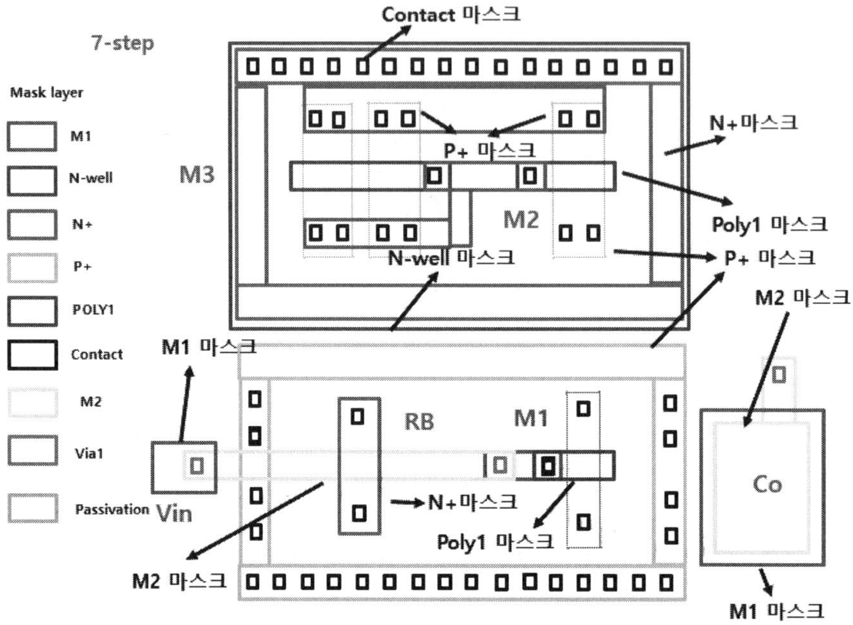

| 그림 3.59 | M1, M2, M3 소자 연결 레이아웃

M1, M2, M3 소자 연결 레이아웃을 한 후, 소자와 소자 간 연결 레이아웃을 그림 3.60과 같이 수행한다.

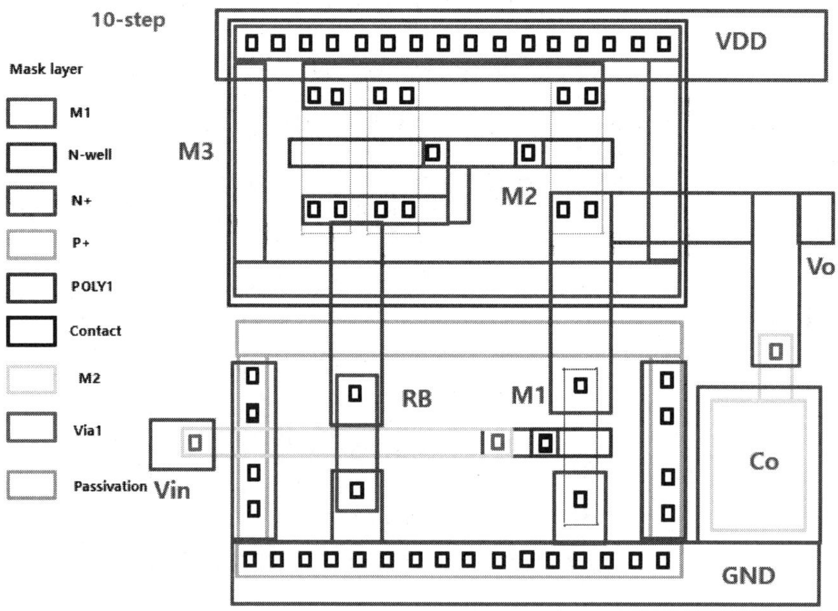

| 그림 3.60 | 소자와 소자 간 연결 레이아웃

다음에는 입력단자, 출력단자, 전원 단자를 본딩 패드에 연결해서 레이아웃을 그림 3.61과 같이 마무리하면 된다.

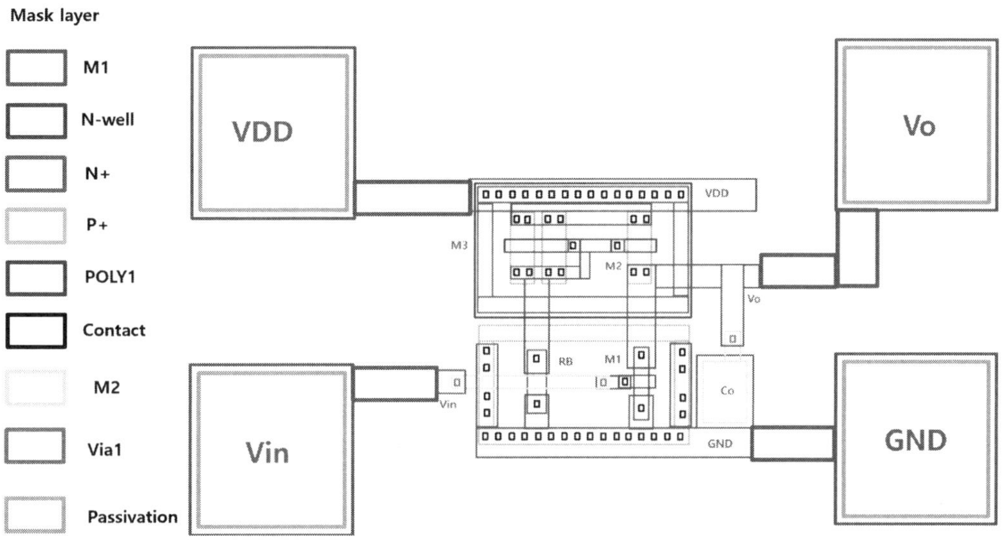

| 그림 3.61 | 본딩 패드를 포함한 공통 소스 증폭기의 레이아웃

3.2.6 레이아웃 설계 규칙

레이아웃 설계 규칙은 공정 엔지니어가 반도체 물성, 노광 기술을 포함한 각종 공정 기술의 한계성을 고려해서 만든 레이아웃 규칙이다. 표 3.4의 레이아웃 설계 규칙 표는 기호, 광 마스크 종류, 최소 길이 및 최소 폭을 마이크론 단위로 표시한 예이며, 설계 규칙에 대응한 레이아웃 그림은 그림 3.62에 제시되어 있다. 예를 들면, 표 3.4의 W1(1번)에 해당하는 규칙은 N-well 마스크의 최소 폭으로서 $10\mu m$이며, 그림 3.62에서 W1 기호로 표시되어 있다. 표 34의 PC(12번)에 해당하는 규칙은 폴리실리콘이 확산 마스크 위로 나온 오버행(overhang) 규칙으로서 $2\mu m$이며, 그림 3.62에서 PC 기호로 표시되어 있다. 이와 같은 방법으로 레이아웃 설계 규칙 표와 레이아웃 설계 규칙 그림을 참고해서 모든 규칙들을 이해할 수 있다. 회로설계 엔지니어와 레이아웃 엔지니어는 회로 레이아웃을 수행할 때, 반드시 레이아웃 설계 규칙에 따라서 레이아웃을 해야 한다. 레이아웃의 결과물은 GDS와 같은 데이터베이스(data base) 파일로 만들어지며, 레이아웃 결과물은 레이아웃 설계 규칙 검증기(DRC: Design Rule Checker) 프로그램을 레이아웃 규칙 위반 없이 통과해야 한다. DRC 및 LVS(Layout versus Schematic capture) 프로그램을 통과한 레이아웃 데이터베이스 파일은 칩 제작 가능한 상태로 파운드리 업체로 넘겨서 칩을 제작할 수 있다.

| 표 3.4 | 레이아웃 설계 규칙 표

번호	기호	광 마스크	최소 길이	규칙 숫자(μm)
1	W1	N-WELL	폭	10
2	W2	N-WELL	간격	6
3	N1	N+ 확산	폭	5
4	N2	N+ 확산	간격	4
5	P1	P+ 확산	폭	5
6	P2	P+ 확산	간격	4
7	NP	N+, P+ 확산	간격	2
8	NW	N-WELL, N+	간격	2
9	PW	N-WELL, P+	간격	4
10	PA	POLY1	폭	2
11	PB	POLY1	간격	2
12	PC	POLY1	OVERHANG	2
13	C1	CONTACT	폭	2
14	C2	CONTACT	간격	2
15	M1A	METAL 1	폭	2
16	M1B	METAL 1	간격	2
17	M2A	METAL 2	폭	2
18	M2B	METAL 2	간격	2
19	CM	CONTACT, M1	간격	2
20	CN+	CONTACT, N+	간격	2
21	CP+	CONTACT, P+	간격	2
22	V1	VIA1	폭	2
23	V2	VIA1	간격	2
24	PAS1	PASSIVATION	폭	60
25	PAS2	PASSIVATION	간격	60

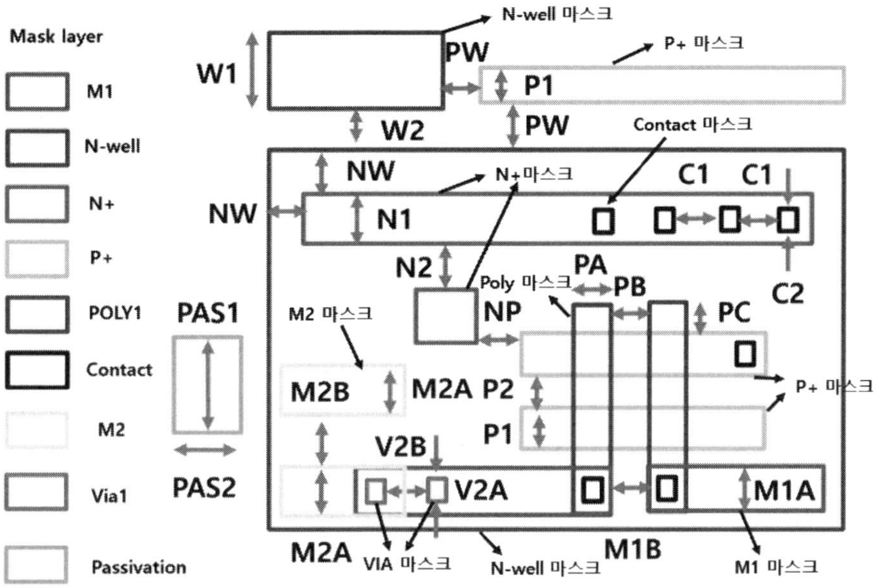

| 그림 3.62 | 레이아웃 설계 규칙 도면 예시

요 약

3장에서는 3.1절 반도체 공정 기술과 3.2절 레이아웃 기법에 대해서 살펴보았다.

3.1절에서 다룬 8대 반도체 공정 기술에는 웨이퍼 준비 기술, 산화 기술, 식각 기술, 노광 기술, 증착 기술, 확산 및 이온주입 기술, 테스팅 기술 및 패키징 기술이 포함된다. 초크랄스키 기법은 잉곳을 통해서 웨이퍼를 만드는 기술이며, 산화 기술은 소자와 소자를 전기적으로 분리시키는 공정 기술이 있다. 식각 기술은 불필요한 부분을 제거하는 공정 기술이며, 레이아웃 패턴을 웨이퍼 표면에 옮기는 노광기술은 나노 공정기술을 통해서 고집적도 시스템 반도체를 만들 수 있는 핵심 기술이다. 증착기술(CVD)은 금속체 및 질화규소를 웨이퍼 표면에 입히는 공정 기술이며, 확산 기술은 p/n 불순물 반도체를 웨이퍼에 주입시켜서 p/n 접합면을 만드는 공정기술이다. 이온주입 기술은 불순물 반도체를 이온 상태로 웨이퍼에 주입시켜서 p/n 접합의 불순물 반도체 농도를 정확히 조절할 수 있으며, MOSFET의 문턱 전압을 조정하는데 사용되는 공정 기술이다. 또한 필드 산화막(field oxide)으로 인해서 동작할 수 있는 기생 MOSFET의 문턱전압을 증가시켜서 동작을 방지하는데 사용하기도 한다. 완성된 반도체 칩의 성능을 검증하기 위한 테스팅 기술, 반도체 칩을 외장 완성품으로 만들기 위한 패키징 후 공정기술이 있다.

3.2절에서는 반도체 공정기술을 기반으로 한 수동소자(저항, 커패시터, 인덕터) 및 능동소자 (다이오드, MOSFET, 바이폴라 접합 트랜지스터)의 소자 단면도 및 레이아웃 기법, 그리고 레이아웃 설계 규칙을 소개하였다. 저항 레이아웃의 경우 면저항, 몸체 길이 및 폭에 의해서 저항 값이 결정되며, 커패시터 레이아웃의 경우 단위면적당 커패시터 용량, 커패시터 레이아웃의 면적에 의해서 커패시터 용량이 결정된다. 인덕터 레이아웃의 경우 메탈 턴 수는 2-3회로 인덕터 용량이 결정된다. 다이오드 레이아웃에서 p/n 접합 면적 (또는 애노드 레이아웃 면적)이 다이오드 포화전류 값을 결정하며, MOSFET 레이아웃에서는 폴리실리콘 폭은 채널 길이, 확산 층의 폭은 채널 폭을 결정하며, 채널 길이와 채널 폭의 비율에 의해서 MOSFET의 전류 용량이 결정된다. CMOS n-well 공정기술에서 사용할 수 있는 PNP 바이폴라 접합 트랜지스터의 베이스 단자와 컬렉터 단자를 함께 연결해서 다이오드로 사용할 수 있고, 밴드 갭 레퍼런스 회로에 적용할 수 있다. PNP 바이폴라 트랜지스터와 NPN 바이폴라 트랜지스터가 포지티브 피드백 회로로 연결되어서 발생할 수 있는 래치업 문제에 대해서 다루었다. 래치업 문제를 완화하기 위해서 p- 기판과 n-well에 각각 가드링을 배치하고 역방향 바이어스를 가해서 p- 기판과 n-well의 pn 접합면에 공핍층 두께를 증가시키는 레이아웃 기법을 살펴보았다. 아날로그 회로 레이아웃시 저항 및 커패시터 소자 정합

특성을 고려한 기법을 다루었다. 아날로그 회로 및 디지털 회로가 동시에 존재하는 경우 아날로그 회로와 디지털 회로를 분리해서 배치하고 레이아웃을 수행하는 기법을 소개하였다. 공정 엔지니어가 반도체 공정기술의 한계성을 고려해서 만든 각 마스크 간의 최소 간격, 마스크의 최소 폭에 관한 레이아웃 설계 규칙을 다루었다. 회로 설계 엔지니어 및 레이아웃 엔지니어는 레이아웃 수행 시 반드시 레이아웃 설계 규칙에 따라서 레이아웃을 수행해야 하며, 레이아웃 데이터베이스 파일은 설계규칙 검증기(Design Rule Checker) 및 LVS(Layout versus Schematic capture) 프로그램을 사용해서 검증해야 한다. 검증된 레이아웃 데이터베이스 파일은 칩 제작 가능한 상태로 파운드리 업체로 넘겨서 칩 제작할 수 있다.

참고문헌

[3.1] P. Allen and D. Holberg, CMOS Analog Circuit Design, Oxford press, 2011

[3.2] B. Razavi, Design of Analog CMOS Integrated Circuit, McGraw-Hill, 2017,

[3.3] B. Razavi, Fundamentals of Microelectronics, John Wiley & Sons, 2014.

[3.4] J. Uyemura, Physical Design of CMOS Integrated Circuits Using L-Edit, CL-Engineering, 1994.

[3.5] R. Geiger, P. Allen, and N. Strader, VLSI-Design Techniques for Analog and Digital Circuits, McGraw-Hill, 1990.

[3.6] R. Baker, H. Li, and D. Boyce, CMOS Circuit Design, Layout, and Simulation, IEEE Press, 1997.

[3.7] S. Kang and Y. Leblebici, CMOS Digital Integrated Circuits-Analysis and Design, McGraw-Hill, 1996.

[3.8] S. Sze, VLSI Technology, McGraw-Hill, 1987.

[3.9] G. May and S. Sze, Fundamentals of Semiconductor Fabrication, John Wiley and Sons, 2004.

[3.10] P. Gray and R. Meyer, Analysis and Design of Analog Integrated Circuits,6th Edition, John Wiley and Sons, 2024.

[3.11] https://www.cadence.com/en_US/home/support/software-downloads.html

[3.12] J. Schoot, "The Moor's Law Machine," IEEE Spectrum, pp. 44-48, Sept. 2023.

[3.13] 김학동, 반도체 공정, 홍릉과학출판사, 2008.

[3.14] 김학동, 이선우, 이세현, 반도체 공정과 장비의 기초, 홍릉과학출판사, 2012.

연습문제

3.1 노광기술에는 왜 포토 레지스트 물질이 필요한지 설명하라.

3.2 필드 임플랜트(field implant)를 왜 수행해야 하는지 설명하라.

3.3 실리콘 막대기인 잉곳(ingot)을 만드는 기술은 누가 제안하였는가?

3.4 웨이퍼의 불필요한 부분을 제거하는 공정기술 중에 비등방성 특징을 가지고 있는 기술은 무엇인가?

3.5 반도체 소자와 소자를 서로 연결시키기 위해서 행해지는 공정 기술은 무엇인가?

3.6 pn 접합면을 만들기 위한 반도체 공정기술은 무엇인가?

3.7 어닐링 공정기술은 왜 필요한지 설명하라.

3.8 실리콘 웨이퍼 표면에 산화박막을 만들 때, 박막층의 두께 중 몇 %가 웨이퍼 표면위로 형성되는가?

3.9 반도체 칩이 공기 중 산소 또는 습도와 만나서 화학반응을 일으켜서 녹이 스는 것을 방지하기 위한 공정기술은 무엇인가?

3.10 반도체 후 공정에 속하는 기술은 무엇인가?

3.11 CMOS 공정기술에서 사용 가능한 바이폴라 트랜지스터는 무엇인가?

3.12 레이아웃을 수행시 왜 아날로그 회로와 디지털 회로를 서로 분리시켜서 배치해야 하는가?

3.13 그림 p 3.13의 NAND 게이트와 NOT 게이트로 구성된 AND 게이트 회로의 레이아웃 도면을 제시하라. 단, N 채널 트랜지스터의 소자비율은 모두 $\frac{10\mu m}{1\mu m}$ 이고, P 채널 트랜지스터의 소자비율은 모두 $\frac{25\mu m}{1\mu m}$ 으로 가정하며, 본딩패드는 레이아웃에서 제외한다.

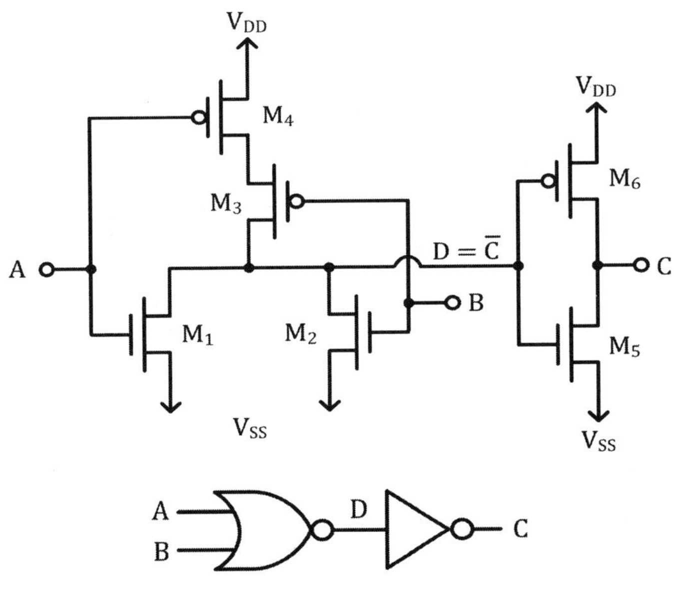

| 그림 p 3.13 |

3.14 그림 p 3.14의 NOR 게이트와 NOT 게이트로 구성된 OR 게이트 회로의 레이아웃 도면을 제시하라. 단, N 채널 트랜지스터의 소자비율은 모두 $\frac{10\mu m}{1\mu m}$ 이고, P 채널 트랜지스터의 소자비율은 모두 $\frac{25\mu m}{1\mu m}$ 으로 가정하며, 본딩패드는 레이아웃에서 제외한다.

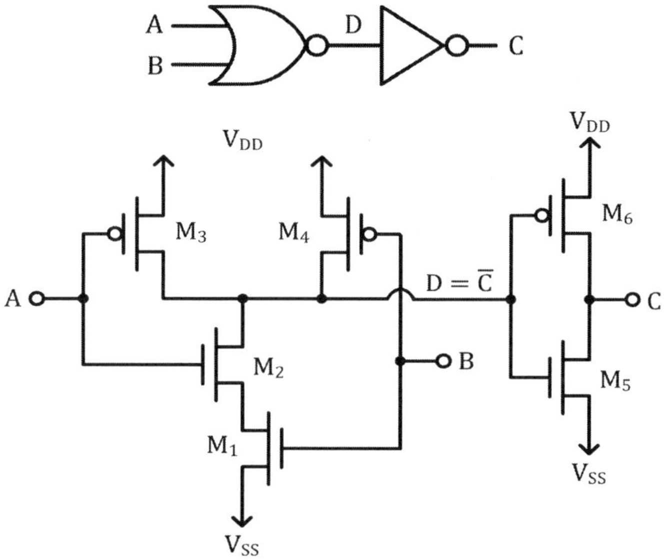

| 그림 p 3.14 |

3.15 N-/P+ 애버랜치 다이오드의 레이아웃을 제시하라.

3.16 $L = 50\mu m$, $W = 1\mu m$ 인 N+ 확산저항 레이아웃을 10개 직렬연결 하였을 때, 전체 저항 값을 구하라. 단, N+ 확산 면저항은 $50\Omega/\square$, 접촉저항은 1Ω이다.

3.17 $L = 50\mu m$, $W = 2\mu m$ 인 P+ 확산저항 레이아웃을 2개 병렬연결 하였을 때, 전체 저항 값을 구하라. 단, P+ 확산 면저항은 $200\Omega/\square$, 접촉저항은 1Ω이다.

3.18 MIM(Metal 1-Insulator-Metal 2) 커패시터에서 메탈 2의 가로 및 세로 길이는 각각 $50\mu m$, $50\mu m$ 이며, 단위면적당 커패시터 용량이 $0.5\text{fF}/\mu m^2$ 일 때, 커패시터 용량을 구하라.

3.19 레이아웃 면적이 $10^4\mu m^2$인 MIM 커패시터의 용량을 측정하였더니 5pF 이라면, 단위면적당 커패시터 용량을 구하고, 부도체의 두께를 구하라.

3.20 단위면적당 $0.1fA/\mu m^2$ 포화전류의 애버랜치 다이오드의 P/N 접합 면적이 $10\mu m^2$이고, 다이오드 양단에 가해진 전압이 0.6V일 때, 다이오드에 흐르는 전류를 구하라. 단, 발산계수는 1이고, 열전압은 25mV 이다.

3.21 N-well 저항의 온도계수가 1500ppm/℃ 이고, 상온 20℃에서 저항값이 $5K\Omega$ 일 때, −50℃ 와 +100℃에서 저항값을 구하라.

3.22 CMOS N-well 공정에서 래치업이 일어나는 원인을 등가회로를 사용해서 설명하라.

3.23 레이아웃 설계 규칙은 왜 필요하며, 누가 어떻게 만드는지 설명하라.

3.24 회로 설계 엔지니어 또는 레이아웃 엔지니어가 만든 레이아웃 검증은 어떻게 이루어지는지 설명하라.

연습문제 정답

3.1 광 마스크의 레이아웃 도면을 반도체 웨이퍼에 옮기기 위해서 사용되는 고분자 물질로서 자외선에 노출되면 고분자 물질내 분자 배열이 달라져서 레이아웃 도면을 반도체 웨이퍼 위에 옮길 수 있게 해준다.

3.2 기생 MOSFET의 문턱 전압을 증가시켜서 동작시키지 않도록 하기 위해서 필드 임플랜트 공정을 수행한다.

3.3 초크랄스키

3.4 건식 식각 기술

3.5 증착 기술

3.6 확산 기술, 이온 주입 기술

3.7 이온 주입 기술 시행후 웨이퍼 내 실리콘 결정 격자가 손상되므로 원래 평형상태로 회복시키기 위해서 수행하는 기술이다.

3.8 실리콘 웨이퍼 표면 위에 산화박막층이 형성될 때, 표면 위로 형성되는 산화박막층의 두께는 전체 두께의 56%이며, 웨이퍼 안으로 침투하는 두께는 44%이다.

3.9 질화규소(실리콘 나이트라이드)는 실리콘의 산화를 방지하는 물질로서 반도체 칩 위에 질화규소를 증착시키는 패시베이션(passivation) 기술을 수행한다.

3.10 반도체 후공정에 속하는 기술은 테스팅 기술과 패키징 기술이다.

3.11 수직형 PNP 바이폴라 접합 트랜지스터

3.12 디지털 회로의 스위칭 동작은 아날로그 회로 입장에서는 잡음으로 작용하기 때문에 아날로그 회로 성능에 비선형 특성을 증가시킨다. 따라서 디지털 회로와 아날로그 회로의 배치는 분리시켜야 한다.

3.13 NAND 게이트(M1, M2, M3, M4)와 NOT 게이트(M5, M6)가 연결되어 있으며, 입력단자는 A, B, 출력단자는 C, 전원단자는 VDD, VSS로 레이아웃을 할 수 있다.

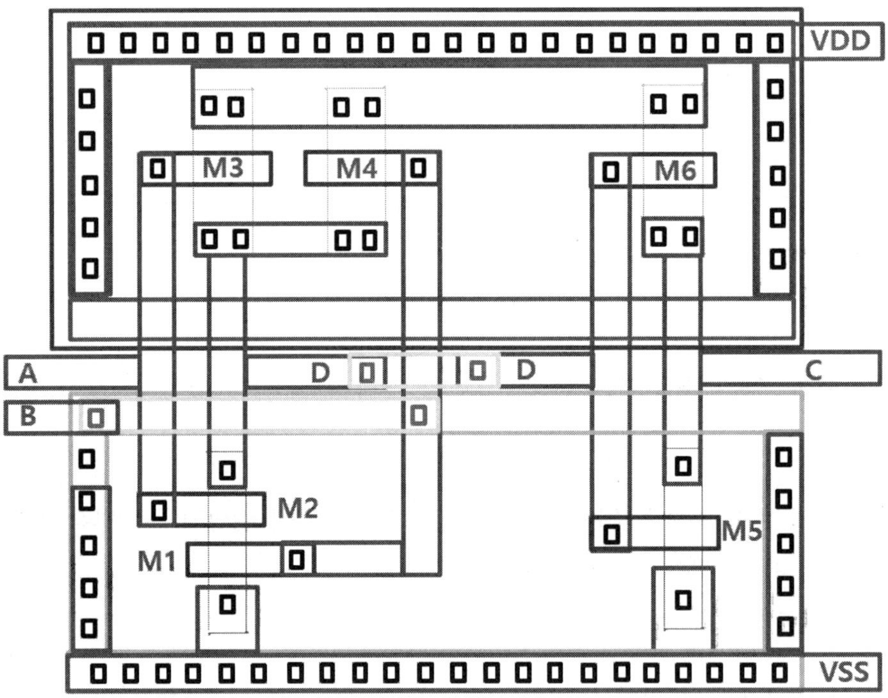

3.14 NOR 게이트(M1, M2, M3, M4)와 NOT 게이트(M5, M6)가 연결되어 있으며, 입력단자는 A, B, 출력단자는 C, 전원단자는 VDD, VSS로 레이아웃을 할 수 있다.

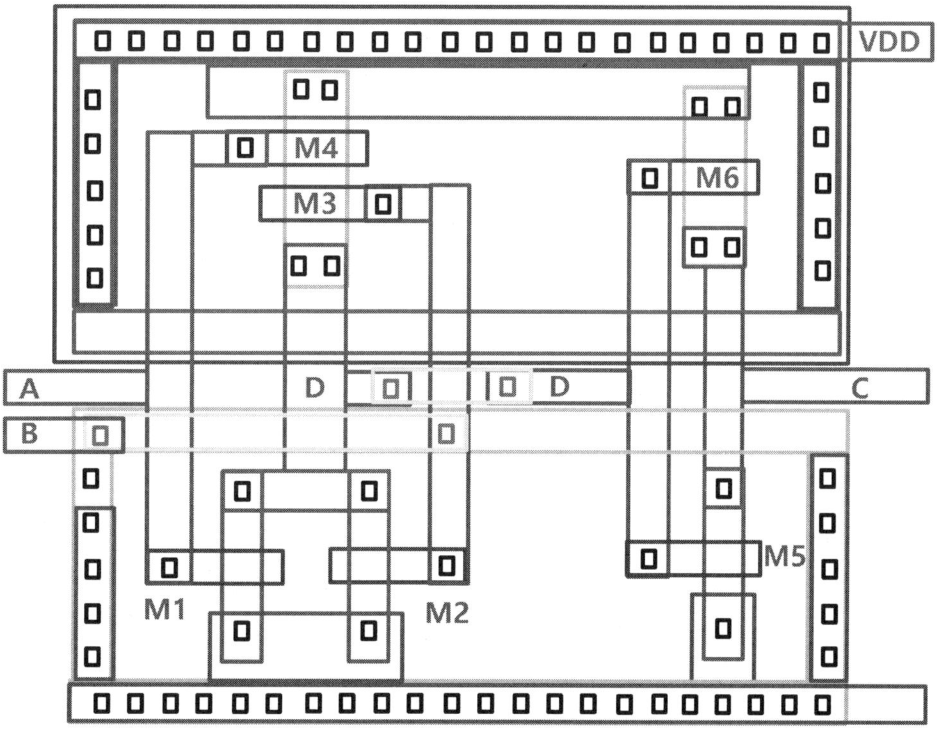

3.15 N-/P+ 애버랜치 다이오드의 레이아웃을 수행하기 위해서는 N-well과 P+ 접합면을 고려해야 하므로 다음과 같이 레이아웃을 할 수 있다.

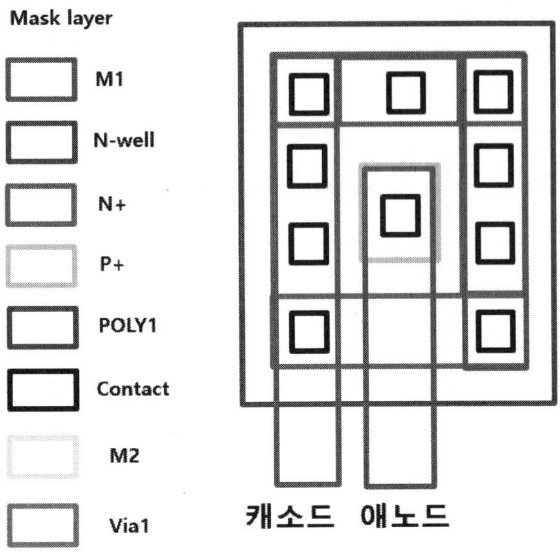

3.16 $L=50\mu m$, $W=1\mu m$인 N+ 확산저항 레이아웃을 10개 직렬연결, N+ 확산 면저항은 $50\Omega/\Box$, 접촉저항은 1Ω으로 주어졌으므로 (식 3.5)에 대입해서 저항 1개 값(R)을 구한 후, 10개 직렬연결 저항값 (R_t)을 구할 수 있다.

$$R = R_S \frac{L}{W} + 2R_C = (50\Omega/\Box) \times (50) + 2 \times 1\Omega = 2.5K\Omega$$

$$R_t = 10R = 25K\Omega$$

이다.

3.17 $L=50\mu m$, $W=2\mu m$인 P+ 확산저항 레이아웃을 2개 병렬연결, P+ 확산 면저항은 $200\Omega/\Box$, 접촉저항은 1Ω으로 주어졌으므로 (식 3.5)에 대입해서 저항 1개 값 (R)을 구한 후, 10개 병렬연결 저항값 (R_t)을 구할 수 있다.

$$R = R_S \frac{L}{W} + 2R_C = (200\Omega/\Box) \times (25) + 2 \times 1\Omega = 5K\Omega$$

$$R_t = \frac{R}{2} = 2.5K\Omega$$

이다.

3.18 MIM(Metal 1-Insulator-Metal 2) 커패시터에서 메탈 2의 가로 및 세로 길이는 각각

$50\mu m$, $50\mu m$이며, 단위면적당 커패시터 용량이 0.5fF/μm^2이므로 커패시터 용량 (C)은 단위 면적당 커패시터 용량과 면적을 곱하여 다음과 같이 구할 수 있다.

$$C = (50\mu m)^2 \times 0.5fF/\mu m^2 = 1.25pF$$

3.19 레이아웃 면적이 $10^4\mu m^2$인 MIM 커패시터의 용량이 5pF이므로 단위면적당 커패시터 용량 (C_u)은 다음과 같다.

$$C_u = \frac{5pF}{10^4\mu m^2} = 0.5fF/\mu m^2$$

단위면적당 커패시터 용량과 부도체의 두께와의 관계를 통해서 부도체의 두께를 구하면 다음과 같다.

$$C_u = \frac{\epsilon_{ro}\epsilon_o}{T_o} \quad \text{또는} \quad T_o = \frac{\epsilon_{ro}\epsilon_o}{C_u} = \frac{34.5\times 10^{-18}F/\mu m}{0.5fF/\mu m^2} = 690\,\text{Å}$$

3.20 단위면적당 $0.1fA/\mu m^2$ 포화전류의 애버랜치 다이오드의 P/N 접합 면적이 $10\mu m^2$이므로 다이오드의 포화전류는 1fA 이다. 다이오드 양단에 가해진 전압인 0.6V, 발산계수는 1, 열전압은 25mV을 사용하면 다이오드 전류는 다음과 같다.

$$I_D = (1fA)(e^{\frac{600mV}{25mV}}) = 26.5\mu A$$

3.21 N-well 저항의 온도계수가 1500ppm/℃ 이고, 상온 20℃에서 저항값이 $5K\Omega$ 이므로 −50℃ 와 +100℃에서 저항값을 구하면 다음과 같다.

$$R(T) = 5K\Omega\,[1 + TC(T-20)]$$

$$R(T=-50) = 5K\Omega\,[1 + 1500ppm\,(-50-20)] = 4.475K\Omega$$

$$R(T=+100) = 5K\Omega\,[1 + 1500ppm\,(100+20)] = 5.6K\Omega$$

3.22 CMOS N-well 공정에서 래치업이 일어나는 원인을 살펴보기 위해서 CMOS N-well 공정 단면도의 등가회로를 살펴보면 그림 3.31과 같다. 즉, 수직형 PNP 트랜지스터 Q_2와 수평형 NPN 트랜지스터 Q_1이 저항들(R_1, R_2, R_3, R_4)에 의해서 포지스티 피드백(positive feedback) 회로를 형성하고 있다. 즉, VDD 공급전압이 증가하게 되면 Q_2의 이미터-베이스

전압이 증가하게 되며, Q_2의 이미터-베이스 전압이 증가하게 되면 Q_2의 컬렉터 전류가 증가하게 된다. Q_2의 컬렉터 전류가 증가하게 되면, 저항 R_4에 의한 Q_1의 이미터-베이스 전압이 증가해서 Q_1의 컬렉터 전류가 증가한다. Q_1의 컬렉터 전류가 증가하면, 저항 R_1에 의한 Q_1의 이미터-베이스 전압이 증가해서 Q_1의 컬렉터 전류가 증가한다. 이러한 과정이 반복되면 Q_1, Q_2의 컬렉터 전류가 무한대로 증가하게 되며, 전류 증가로 소자의 접합면적 온도가 증가해서 소자가 전기적으로 손상을 입게 된다. 이러한 현상을 래치업(latch-up) 이라고 하고, 래치업을 방지하기 위한 레이아웃을 수행하는 방법 중의 하나는 N-well 주위에 N+ 가드링을 치고, 가드링을 통해서 역방향 바이어스를 인가하면 공핍층 두께가 두꺼워져서 래치업 문제를 예방할 수 있다.

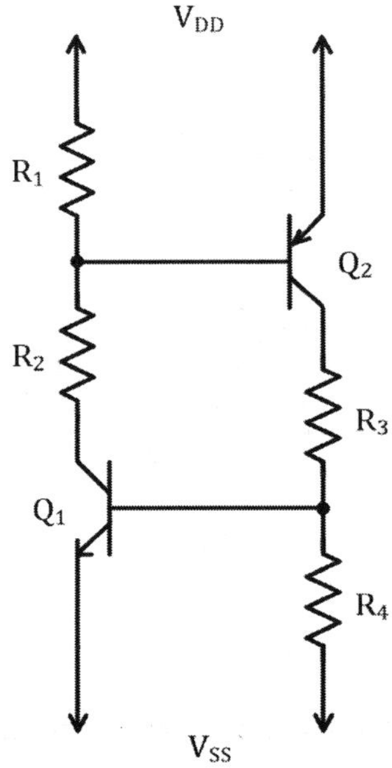

| 그림 3.31 | 래치업 등가회로도

3.23 레이아웃 설계 규칙은 반도체 공정을 이용하여 반도체 소자를 물리적으로 구현하기 위해서 필요한 규칙이다. 공정 엔지니어가 노광기술을 포함한 모든 반도체 공정 기술의 한계성을 이해하고, 한계성 내 마스크 층의 최소 폭 및 최소 간격에 대한 규칙을 만든다.

3.24 회로 설계 엔지니어 및 레이아웃 엔지니어는 레이아웃 수행 시 반드시 레이아웃 설계 규칙에 따라서 레이아웃을 수행해야 하며, 레이아웃 데이터베이스 파일은 설계규칙 검

증기(Design Rule Checker) 및 LVS(Layout versus Schematic capture) 프로그램을 사용해서 검증해야 한다. 검증된 레이아웃 데이터베이스 파일은 칩 제작 가능한 상태로 파운드리 업체로 넘겨서 칩 제작할 수 있다.

04

반도체 소자 물성 및 모델링

본 장에서는 수동소자(저항, 커패시터, 인덕터)를 제외하고 pn 접합 다이오드, MOSFET 트랜지스터, BJT 트랜지스터 소자 물성 및 모델링을 다루기로 한다. 특히 소자 물성에서는 반도체 밴드 다이어그램을 기반으로 하는 소자 물성에 대한 설명은 제외한다. 반도체 에너지 밴드 다이어그램(energy band diagram)을 기반으로 하는 반도체 소자 물성에 대한 설명은 참고문헌 [4.1 – 4.11]을 참고하기 바란다.

4.1 pn 접합 다이오드 모델링

다이오드의 동작 영역은 역방향 영역과 순방향 영역으로 구분된다. 각 동작 영역을 전기 물성적으로 설명하고 다이오드 전류 대비 전압, 커패시터 용량 대비 전압을 방정식으로 나타내고, 회로 해석 및 설계에서 사용하고자 한다. 특히 애버랜치(avalanche) pn 접합 다이오드 및 제너(zener) pn 접합 다이오드의 전류 대비 전압 특성, 온도특성 및 모델링에 대해서 살펴보기로 한다.

4.1.1 애버랜치 pn 접합 다이오드

그림 4.1은 애버랜치 pn 접합 다이오드의 소자 표기법 (a) 및 구조 (b)를 나타낸다. P형 불순물 반도체와 N형 불순물 반도체를 접합시키면 접합면을 기준으로 불순물 농도차이로 인하여서 확산 현상이 발생한다. 애버랜치 pn 접합 다이오드의 P형 불순물 반도체와 N형 불순물 반도체의 불순물 농도를 살펴보면, 일반적으로 n+/p- 또는 n-/p+로 구성한다. n+/p+는 불순물 농도가 높으며, n-/p- 불순물 농도는 낮다. P형 불순물 반도체에 (+) 전하를 지닌 풍부한 자유 정공(다수 캐리어, majority carrier)이 P형 반도체에서 N형 반도체로 이동하고, N형 불순물 반도체에 (–) 전하를 지닌 풍부한 자유 전자가 N형 반도체에서 P형 반도체로 이동한다. 접합면을 기준으로 N형 반도체에서 P형 반도체로 이동한 자유전자는 P형 반도체내에서 소수 캐리어(minority carrier)가 되며, P형 반도체내에서의 다수 캐리어인 자유 정공과 재결합해서 (–) 전하를 띤 공간전하(space charge 또는 고정 전하)가 생긴다. P형 반도체에서 N형 반도체로 이동한 자유정공이 N형 반도체내에서는 소수 캐리어가 되며, N형 반도체내에서의 다수 캐리어인 자유 전자와 재결합해서 (+) 전하를 띤 공간전하가 생긴다. P형 반도체내 (–) 공간전하와 N형 반도체내 (+) 공간전하가 대전되므로 전기장이 형성되고, 전기장에 의해서 전위 장벽(potential barrier) 또는 다이오드 도통전압(diode turn on voltage)이 생기는데, 다이오드 도통전압은 (식 4.1)과 같다.

$$V_{on} = V_T \ln \frac{N_A N_D}{n_i^2} \qquad (식\ 4.1)$$

여기서 $V_T (= \frac{K_B T}{q}, K_B$: 볼츠만상수, T: 절대온도), n_i, N_A, N_D는 각각 열 전압(Thermal voltage), 순수 반도체 농도, P형 불순물 반도체 농도 및 N형 불순물 반도체 농도이며, 절대온도 300K에서 열 전압과 순수 반도체 농도 값은 각각 26mV, $1.5 \times 10^{10}/cm^3$이다. 예를 들면, $N_A = 10^{15}/cm^3$, $N_D = 10^{16}/cm^3$인 다이오드의 도통전압은 (식 4.1)에 의해서 약 637mV가 된다. P형 반도체 및 N형 반도체내 대전된 (−) 공간전하와 (+) 공간전하가 존재하는 영역을 "공핍영역(depletion region)"이라고 하며, 공핍영역내에는 자유전자 및 자유정공이 없기 때문에 부도체 또는 절연체로 간주할 수 있다. 따라서 P형 및 N형 불순물 반도체 사이에 부도체인 공핍영역이 끼여 있으므로 pn 접합 다이오드는 커패시터로 볼 수 있다. 따라서 pn 접합 다이오드가 동작하지 않는 경우 공핍 커패시터(depletion capacitor)로 간주할 수 있고, 공핍 커패시터 용량(C_J)을 구해보도록 한다.

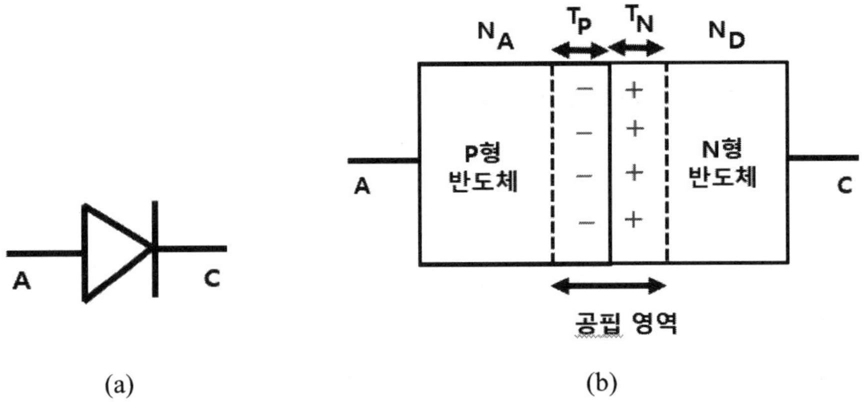

| 그림 4.1 | 애버랜치 다이오드의 (a) 소자 표기법 (b) 소자 구조

공핍영역내부에 형성된 공간전하량은 전하보전 법칙에 의해서 (−) 공간전하량과 (+) 공간전하량이 같아야 하므로 (식 4.2)가 성립한다. 여기서 T_P, T_N은 각각 P형 및 N형내 공핍영역의 두께이며, q는 전자의 전하량 (1.6×10^{-19}coulomb), A_D는 pn 접합 다이오드의 접합 면적이다.

$$q N_A T_P A_D = q N_D T_N A_D \qquad (식\ 4.2)$$

(식 4.2)를 다시 쓰면 (식 4.3)과 같으며, 공핍 영역의 두께는 불순물 반도체 농도에 반비례한다. 즉, 불순물 반도체 농도를 증가시키면 공핍 영역 두께는 감소한다.

$$\frac{T_N}{T_P} = \frac{N_A}{N_D} \qquad \text{(식 4.3)}$$

(식 4.3)과 포이송 방정식(Poisson's equation)을 사용해서 공핍 영역 두께(T)를 표시하면 (식 4.4)와 같다.

$$T = T_P + T_N = \sqrt{\left(\frac{2\epsilon_s}{q}\right)\left(\frac{1}{N_A} + \frac{1}{N_D}\right)(V_{on} + |V_R|)} \qquad \text{(식 4.4)}$$

여기서 ϵ_s는 실리콘의 유전상수 ($\epsilon_s = 11.7\epsilon_o$, $\epsilon_o = 8.854 \times 10^{-12} F/m$)이며, V_R은 역방향 전압이다. 이 식으로부터, 다이오드 양 단자 사이의 역방향 전압이 커지면 공핍 영역의 두께가 증가함을 알 수 있다.

따라서 공핍 커패시터 용량은 (식 4.5)와 같다.

$$C_J = \frac{\epsilon_s A_D}{T} = \frac{\epsilon_s A_D}{T_P + T_N} = \frac{\epsilon_s A_D}{\sqrt{\left(\frac{2\epsilon_s}{q}\right)\left(\frac{1}{N_A} + \frac{1}{N_D}\right)(V_{on} + |V_R|)}} \qquad \text{(식 4.5)}$$

$$= A_D \sqrt{\frac{q\epsilon_s}{2(V_{on} + |V_R|)} \frac{N_A N_D}{N_A + N_D}}$$

예제 4.1

애버랜치 pn 접합 다이오드의 접합 면적(A_D)이 $100\mu m^2$, 불순물 반도체 농도 (N_A, N_D)는 $N_A = 10^{15}/cm^3$, $N_D = 10^{16}/cm^3$이며, 역방향 전압을 0V, −0.5V, −1V, −1.5V, −2V, −2.5V, −3V를 가했을 때, 공핍 커패시터 용량 (C_J)을 계산하라.

풀이

주어진 다이오드의 도통 전압을 구하면 다음과 같다.

$$V_{on} = V_T \ln \frac{N_A N_D}{n_i^2} = (26mV) \times \ln \frac{(1 \times 10^{15}) \times (1 \times 10^{16})}{(1.5 \times 10^{10})^2} \approx 637mV \qquad \text{(식 4.6)}$$

$A_D, N_A, N_D, \epsilon_s$를 (식 4.5)에 대입하면 (식 4.7)이 된다.

$$C_J = \frac{1}{\sqrt{V_{on} + |V_R|}} (8.68 \times 10^{-15}) = \frac{8.68}{\sqrt{V_{on} + |V_R|}} (fF) \qquad \text{(식 4.7)}$$

(식 4.7)에 가변된 V_R 값을 대입해서 공핍 커패시터 용량을 계산하면 표 4.1과 같다.

| 표 4.1 | 역방향 전압(V_R)에 따른 공핍 커패시터 용량(C_J)

(V_R)	0	−0.5	−1.0	−1.5	−2.0	−2.5	−3.0
C_J (fF)	10.9	8.1	6.8	5.9	5.3	4.9	4.6

다이오드의 애노드(A) 단자와 캐소드(C) 단자에 가해지는 DC 전압 방향에 따라서 순방향 전압(forward bias) 영역과 역방향 전압(reverse bias) 영역으로 구분된다. 그림 4.2 (a)와 같이 다이오드 애노드(A) 단자에 (−) 전압, 캐소드(C) 단자에 (+) 전압을 가하면 다이오드는 역방향 영역에서 동작한다. 역방향 전압을 증가시키면, 공핍 영역(부도체) 두께가 증가하며, 공핍 커패시터 용량이 감소하고, 다이오드에는 포화 전류(saturation current)가 캐소드 단자에서 애노드 단자로 흐르며, 포화전류(I_s)의 크기는 (식 4.8)과 같이 다이오드 접합면적에 정비례한다. 따라서 다이오드의 부피가 크면 클수록 다이오드의 전류 용량은 증가한다. 포화전류 값은 일반적으로 1pA ~ 1fA 이다.

$$I_s \propto A_D \qquad \text{(식 4.8)}$$

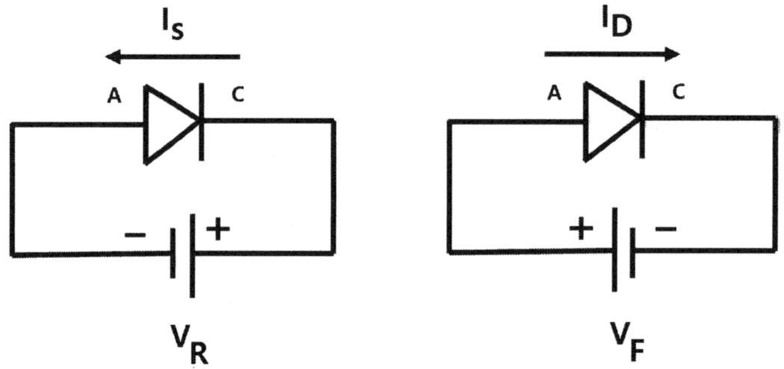

(a) (b)

| 그림 4.2 | (a) 역방향 영역 및 (b) 순방향 영역에서 동작하는 다이오드 회로도

그림 4.2 (b)와 같이 순방향 전압인 다이오드 애노드(A) 단자에 (+) 전압, 캐소드(C) 단자에 (−) 전압을 가하면 P형 반도체내 다수 캐리어인 자유정공이 전위장벽(V_{on})을 넘어서 N형 반도체로 확산현상에 의해서 이동하면서 소수 캐리어가 되며 확산전류(I_p)가 된다. 또한 N형 반도체내 다수 캐리어인 자유전자가 전위장벽(V_{on})을 넘어서 P형 반도체로 확산현상에 의해서 이동하면서 소수 캐리어가 되며 확산전류(I_n)가 된다. 두 개 소수 캐리어에 의한 확산전류의 합($I_p + I_n$)이 다이오드 전류(I_D)가 되며, 다이오드 전류는 (식 4.9)와 같다.

$$I_D = I_p + I_n = I_s\left(e^{\frac{V_F}{nV_T}} - 1\right) \qquad \text{(식 4.9)}$$

여기서 n은 발산계수(emission coefficient) 인데 IC(Integrated Circuit, 집적회로) 칩 다이오드의 발산계수는 1이며, IC 칩 다이오드가 아닌 일반 다이오드의 발산계수는 2이다. 즉, 동일한 접합면적을 갖는 다이오드의 경우, IC 칩 다이오드의 전류값이 일반 다이오드에 비해서 크다.

(식 4.9)에 의하면 다이오드 전류는 역방향 전압($V_F < 0\,V$)에서는 역방향 전류인 포화전류($-I_s$)가 흐르고, 역방향 전압이 항복전압(V_{BD})보다 크게 가해지면, 다이오드에 항복현상이 발생해서 역방향으로 전류가 급속히 증가하는데, 일반적으로 애버랜치 다이오드의 항복전압은 10V ~ 1,000V 이다. 일반적으로 다이오드 항복전압의 크기는 불순물 반도체 농도에 반비례한다. 순방향 전압($V_F > 0\,V$)에서는 다이오드 전류(I_D)가 지수 함수적으로 증가하는 것을 알 수 있다. (식 4.9)를 다이오드 전류 대비 전압 곡선을 표현하면 그림 4.3과 같으며, 다이오드 도통전압(V_{on}) 이상 순방향 전압에서 다이오드 전류가 지수 함수적으로 급속히 증가한다.

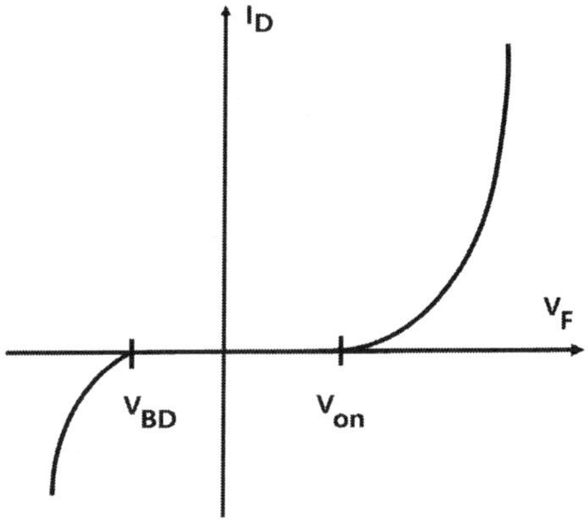

| 그림 4.3 | 다이오드 전류(I_D) 대비 전압 곡선

그림 4.3에서 IC 칩 다이오드($n = 1$)의 순방향 다이오드 전류 곡선을 로그함수로 표시하면 그림 4.4와 같다. (식 4.9)를 사용해서 수직축은 로그 함수($\log(I_D)$), 수평축은 선형 함수(V_F)로 표시된 다이오드 전류는 크게 세 가지 영역 (①, ②, ③)으로 다시 구분할 수 있다. ① 영역은 누설전류가 우세한 영역으로 주로 (1pA) 이하 다이오드 전류값을 나타내며 순방향 전압 범위는 0V ~ 0.2V이다($V_{F1} = 0.2\,V$). ② 영역에서 순방향 전류 범위는 10pA ~ 1mA 이며, 순방향 전압 범위는 0.2V ~ 0.7V($V_{F2} = 0.7\,V$)이다. V_{F1}, V_{F2} 전압값은 제조 공정 조건에 따라서 달라진다. ③ 영역에서 순방향 전류 범위는 1mA 이상 이며, 순방향 전

압 범위는 0.7V ~ 1.0V 이다. ③ 영역에서 다이오드 전류 증가 추세가 감소하는 것은 다이오드내 캐리어 숫자가 증가하여서 캐리어 사이에 충돌이 발생하기 때문인데, 더 자세한 내용은 반도체 물리 참고문헌을 참고하기 바란다 [4.2]. 특히 ② 영역에서 순방향 다이오드 전류 방정식 (식 4.9)를 로그 함수로 다시 쓰고 이것을 이용하여 순방향 전압의 변화량과 전류의 변화량의 관계식을 쓰면 (식 4.10)과 같다($V_T \approx 26mV$ 라고 가정).

$$\triangle V_F = V_{Fb} - V_{Fa} \approx 60n(\log I_{Db} - \log I_{Da})mV = 60n\log(\frac{I_{Db}}{I_{Da}})mV \qquad \text{(식 4.10)}$$

즉, IC 칩 다이오드($n = 1$)에서 순방향 전류가 10배 증가하면($\frac{I_{Db}}{I_{Da}} = 10$) 순방향 전압은 60mV가 증가하며($\triangle V_F = V_{Fb} - V_{Fa}$), 일반 다이오드($n = 2$)에서 순방향 전류가 10배 증가하면, 순방향 전압은 120mV 증가한다.

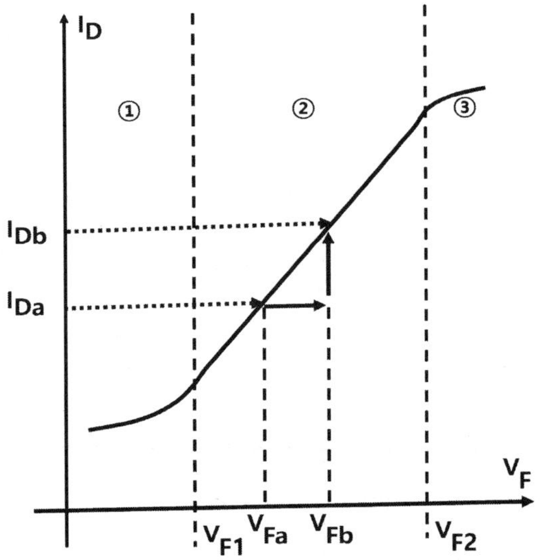

| 그림 4.4 | 로그 스케일로 표시한 순방향 다이오드 전류 대비 전압 곡선

예제 4.2

IC 칩 애버랜치 pn 접합 다이오드의 접합 면적(A_D)이 $100\mu m^2$, 불순물 반도체 농도 (N_A, N_D)는 $N_A = 10^{15}/cm^3$, $N_D = 10^{16}/cm^3$ 이다. 다이오드 순방향 전류가 $1\mu A$ 일 때, 순방향 전압이 0.5V 이면, 순방향 전류를 $10\mu A$, $100\mu A$, $500\mu A$로 증가시켰을 때, 다이오드 순방향 전압을 각각 구하라. (단, $V_T \approx 26mV$라고 가정한다.)

풀이

IC 칩 애버랜치 pn 접합 다이오드는 $n=1$ 이므로 (식 4.10)을 사용해서 다이오드 순방향 전압을 구하면 된다. (식 4.10)을 다시 쓰면 (식 4.11)이 된다.

$$V_{Fb} \approx V_{Fa} + 60\log\left(\frac{I_{Db}}{I_{Da}}\right)(mV) \qquad \text{(식 4.11)}$$

$V_{Fa} = 0.5V$ 이며, $\frac{I_{Db}}{I_{Da}} = \frac{10\mu A}{1\mu A} = 10$, $\frac{I_{Db}}{I_{Da}} = \frac{100\mu A}{1\mu A} = 100$, $\frac{I_{Db}}{I_{Da}} = \frac{500\mu A}{1\mu A} = 500$ 이므로 (식 4.11)에 대입하면 각각의 경우 V_{Fb1}, V_{Fb2}, V_{Fb3} 를 구하면 다음과 같다.

$$V_{Fb1} = 0.5V + 60\log(10)(mV) = 0.560V$$

$$V_{Fb2} = 0.5V + 60\log(100)(mV) = 0.620V$$

$$V_{Fb3} = 0.5V + 60\log(500)(mV) \approx 0.662V$$

애버랜치 pn 접합 다이오드에 그림 4.5(a)와 같이 순방향 영역으로 일정한 다이오드 전류(I_F)를 가했을 때, 주위 환경온도를 섭씨 1° 씩 증가시키면 그림 4.5(b)와 같이 다이오드 양단자의 전압차이 ($V_{AC} = V_A - V_C$)는 1.5mV ~ 2.0mV 씩 감소하는 온도 특성을 지닌다. 이러한 온도 특성을 표시하는 변수를 온도계수(TC: Temperature coefficient) 라고 하며, 온도계수는 (식 4.12)와 같이 나타낸다. 반도체 소자의 온도계수는 회로 해석 및 설계 시 매우 중요한 변수이다.

$$\text{온도계수}(TC) = \frac{\Delta V_{AC}}{\Delta T} = \frac{V_{F2} - V_{F1}}{T_2 - T_1} \qquad \text{(식 4.12)}$$

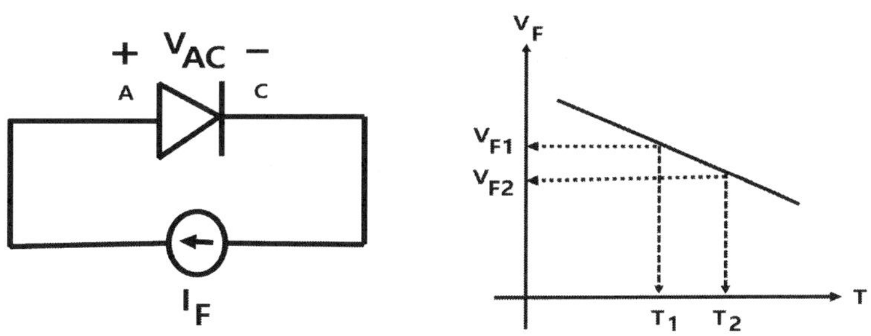

(a) (b)

| 그림 4.5 | 순방향 전류 (I_F)로 동작하는 (a) 다이오드 회로도와 (b) 다이오드의 온도 특성

예제 4.3 IC 칩 애버랜치 pn 접합 다이오드의 접합 면적(A_D)이 $100\mu m^2$, 불순물 반도체 농도 (N_A, N_D)는 $N_A = 10^{15}/cm^3$, $N_D = 10^{16}/cm^3$ 이며, 온도계수는 −1.5mV/℃이다. 상온(20℃)에서 다이오드 순방향 전류(I_F)가 $100\mu A$ 일 때, 순방향 전압이 0.6V이면, 환경온도가 −60℃, −40℃, −20℃, 0℃, +40℃, +60℃, +80℃, +100℃, +120℃ 일 때, 다이오드 순방향 전압을 각각 구하라.

풀이

다이오드의 온도계수가 −1.5mV/℃이므로 (식 4.12)를 사용해서 다이오드 전압을 구할 수 있다. (식 4.12)를 다시 쓰면 (식 4.13)이 된다.

$$V_{F2} = V_{F1} + TC(T_2 - T_1) = 0.6\,V + (-1.5m\,V/℃)(T_2 - 20) \qquad (식\ 4.13)$$

주위 환경온도(T_2)가 변화하므로, 환경온도(T_2)를 (식 4.13)에 대입해서 V_{F2}를 구하면 표 4.2와 같다. 즉, 환경온도 변화가 20℃일 때, 다이오드 전압 변화는 30mV 이다.

| 표 4.2 | 온도변화에 따른 다이오드 전압 변화 표

T_2(℃)	−60	−40	−20	0	+20	+40	+60	+80	+100	+120
V_{F2}(V)	0.72	0.69	0.66	0.63	0.60	0.57	0.54	0.51	0.48	0.45

애버랜치 pn 접합 다이오드의 온도계수가 일정한 특성을 이용해서 다이오드를 온도센서(temperature sensor)로 사용할 수 있다. 그림 4.6은 디지털 온도계의 블록 다이어그램이다. 다이오드를 순방향 영역에서 동작시키고, 다이오드 양단의 아날로그(analog) 전압을 N-비트(bit) 아날로그-디지털 변환기(Analog to Digital Converter)를 사용해서 디지털 이진 코드(digital binary code)로 변환시키고, 변환된 이진 코드를 디코더 회로(Decoder circuit)를 통해서 7-세그먼트(7-segment) LED(Light Emitting Diode) 디스플레이에 숫자를 표시하면 디지털 온도계가 된다. 아날로그-디지털 변환기의 해상도는 8~10비트이면 충분하다.

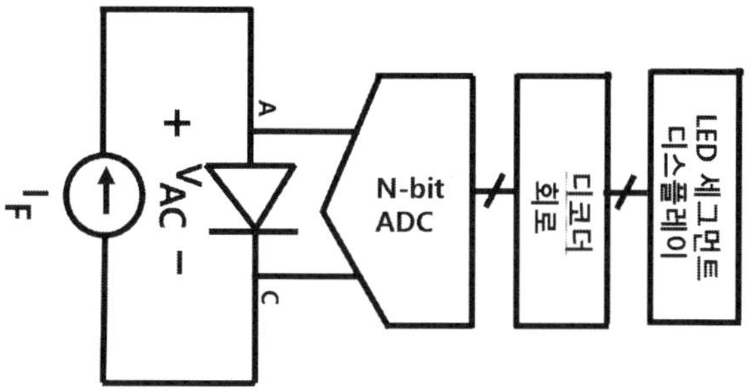

| 그림 4.6 | 다이오드 온도 센서를 이용한 디지털 온도계의 블록 다이어그램

다이오드가 순방향 영역에서 동작할 때, 소수 캐리어 숫자가 확산현상으로 P형, N형 반도체내 이동하면서 확산 커패시터(C_D)가 증가하게 되며, (식 4.14)와 같다.

$$C_D = \frac{\triangle I_D}{\triangle V_D} \triangle T = \frac{\partial I_D}{\partial V_D} \triangle T = \frac{I_D}{n V_T} \triangle T \qquad \text{(식 4.14)}$$

여기서 $\triangle T$는 캐리어의 이동시간으로 수~수십 nsec 이다. 확산 커패시터 용량은 다이오드 전류에 정비례하므로 순방향 전압이 증가하면 확산 커패시터 용량은 지수 함수적으로 증가한다. 예를 들면, 상온에서 IC 칩 애버랜치 다이오드 순방향 전류가 100μA, 캐리어 이동시간 ($\triangle T$)이 10nsec 이면, 다이오드 확산 커패시터는 40pF으로서 공핍 커패시터보다 ~100배 이상 크다. 다이오드의 커패시터를 다이오드 전압의 함수로 표시하면 역방향 영역에서는 (식 4.5)의 공핍 커패시터(C_J), 순방향 영역에서는 (식 4.14)의 확산 커패시터(C_D)로 나타내며, 그림 4.7과 같다.

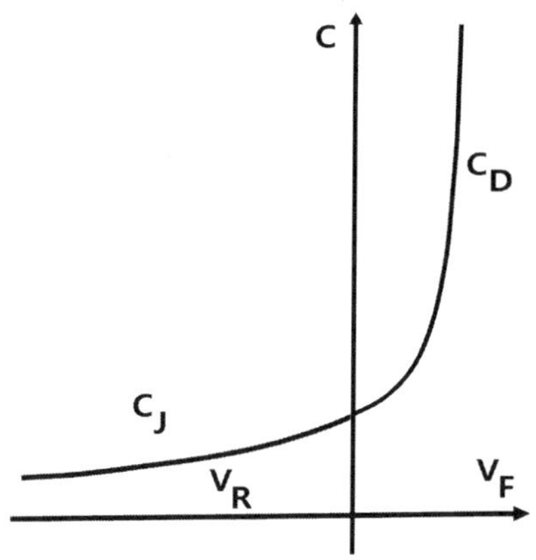

| 그림 4.7 | 역방향 및 순방향 영역에서 다이오드 커패시터 곡선

다이오드 회로를 해석할 때, 다이오드의 모델을 사용한다. 다이오드가 역방향 영역에서는 전류가 흐르지 않고, 순방향 영역에서는 전류가 잘 흐르는 현상으로 모델링(modeling) 한다면,

2가지 모델을 고려할 수 있다. 첫 번째 다이오드 모델은 그림 4.8과 같다.

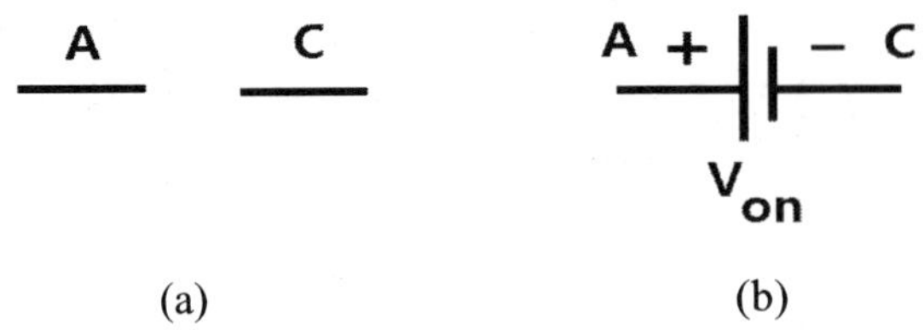

| 그림 4.8 | 다이오드 제 1 모델의 (a) 역방향 모델 (b) 순방향 모델(V_{on})

다이오드가 역방향 영역에서 동작할 때, 전류가 흐르지 않으므로 애노드 단자(A)와 캐소드 단자(C)를 개방 상태로 간주할 수 있으며, 순방향 영역에서 동작할 때, 애노드 단자(A)와 캐소드 단자(C) 사이에 도통 전압(V_{on})으로 대치하며, 도통전압은 0.7V로 가정한다.

두 번째 다이오드 모델은 그림 4.9와 같이 역방향 모델은 동일하며, 순방향 모델에서 도통 전압과 내부 저항을 직렬 연결시키는 것이다. 내부 저항(R_d)는 (식 4.15)와 같다.

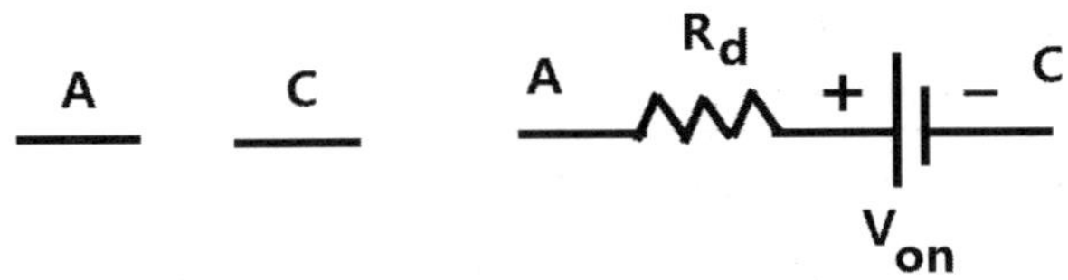

| 그림 4.9 | 다이오드 제 2 모델의 (a) 역방향 모델 (b) 순방향 모델(R_d, V_{on})

$$R_d = \frac{\partial V_D}{\partial I_D} = \frac{1}{\dfrac{\partial I_D}{\partial V_D}} = \frac{n V_T}{I_D} \qquad \text{(식 4.15)}$$

상온에서 IC 칩 다이오드가 순방향 영역에서 동작하며, 순방향 전류(I_D)가 1mA 일 때, 내부 저항(R_d)은 (식 4.15)에 의해서 25Ω 이다. 두 번째 모델에서 내부 저항 25Ω을 무시하면 첫 번째 모델이 된다.

SPICE [12] 다이오드 모델은 표 4.3과 같다.

| 표 4.3 | SPICE 다이오드 모델 변수

모델 변수	기능	예시 변수 값
IS	순방향 포화 전류	1fA
VJ	도통전압	0.6V
BV	항복전압	100V
CJ	공핍 커패시터	1pF
TT	캐리어 전이시간	1ns
RS	내부저항	1Ω
N	발산계수	1
IBV	역방향 항복 전류	10fA

4.1.2 제너 pn 접합 다이오드

제너 pn 접합 다이오드의 구조는 n+/p+로 구성되며, N형 및 P형 불순물 반도체 농도가 모두 높다는 측면에서 애버랜치 pn 접합 다이오드와 다르므로 소자 표기법에 차이가 나서 그림 4.10과 같다. n+/p+ 구조를 지닌 제너 다이오드의 순방향 영역 특성은 애버랜치 다이오드와 동일하나 역방향 영역 특성에서 항복전압이 낮은 면이 다르다. 애버랜치 다이오드의 항복전압은 10 ~ 1,000V 이나, 제너 다이오드의 항복전압은 5 ~ 10V 이다. 또한 제너 다이오드의 온도 특성을 나타내는 온도계수는 애버랜치 다이오드와 달라서 (+) 1.5 ~ 2.0mV/℃ 온도계수를 지닌다. 따라서 애버랜치 다이오드의 (−) 온도계수와 제너 다이오드의 (+) 온도계수를 고려해서 온도계수가 "0"에 가까운 온도 보상회로(temperature compensation circuit)를 설계할 수 있는데, 5장 다이오드 회로 해석 및 설계에서 다루기로 한다.

| 그림 4.10 | 제너 다이오드 소자 표시법

제너 다이오드의 순방향 영역 특성은 애버랜치 다이오드와 동일하여서 제너 다이오드의 도통전압은 (식 4.1)에 의해서 결정되므로 0.5V ~ 0.7V 이다. 그러나 제너 다이오드의 항복전압은 애버랜치 다이오드에 비해서 작으며, 항복 영역에서 동작할 때, 제너 다이오드의 전류는 캐소드 단자에서 애노드 단자로 흐르게 되는데, 그림 4.11은 제너 다이오드의 항복 영역 동작을 포함한 전류대비 전압 특성 곡선을 나타낸다.

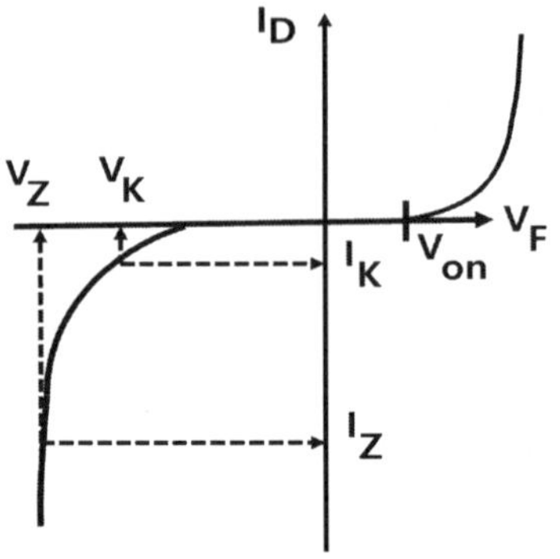

| 그림 4.11 | 제너 다이오드의 전류 대비 전압 특성 곡선

V_K, I_K는 각각 무릎 전압(knee voltage) 및 무릎 전류(knee current)를 나타내며, 제너 다이오드의 항복 영역에 들어가는 경계 전압 및 경계 전류를 의미한다. 항복 영역에서 전류의 기울기는 제너 다이오드의 내부 저항과 동일하므로 (식 4.16)과 같으며, 제너 다이오드의 항복 전압과 내부 저항을 고려한 등가회로는 그림 4.12와 같고 내부 저항은 $1 \sim 10\Omega$ 이며, (식 4.17)과 같다.

$$R_Z = \frac{\Delta V_Z}{\Delta I_Z} = \frac{1}{\frac{\Delta I_Z}{\Delta V_Z}} \qquad \text{(식 4.16)}$$

$$V_Z = V_A - V_C = R_Z I_Z + V_K \qquad \text{(식 4.17)}$$

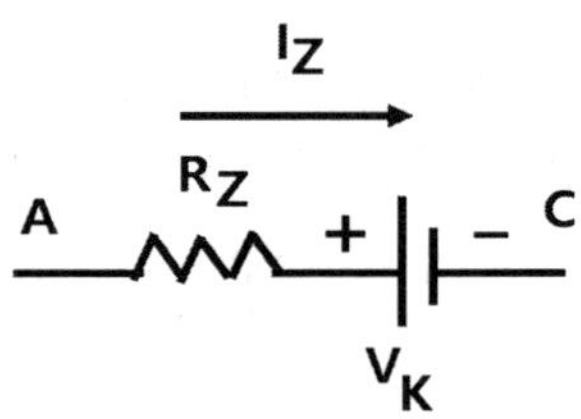

| 그림 4.12 | 제너 다이오드 등가회로

제너 다이오드를 이용한 응용회로는 정전압 회로(voltage regulator) 및 제핑 회로(zapping circuit)가 있으며, 5장에서 자세히 다루기로 한다.

4.1.3 특수 다이오드 모델링

애버랜치 다이오드 및 제너 다이오드 이외에 특수 다이오드는 광 다이오드(photo diode), 발광 다이오드(Light Emitting Diode), 터널 다이오드(Tunnel diode), 쇼트키 다이오드(Schottky diode)가 있다.

광 다이오드는 광센서(photo sensor) 라고도 하는데, pn 접합면에 빛을 비추면, 빛 에너지를 가진 광자(photon)가 pn 접합면의 공핍영역에 조사되고, pn 접합면에 들어온 광자가 새로운 자유전자와 자유정공을 만들고, 광자에 의해서 만들어진 자유전자와 자유정공은 공핍영역내 전기장에 의해서 이동하면서 광전류가 흐르게 된다. 즉, 광 다이오드는 빛 에너지를 전기 에너지로 변환시키는 다이오드로서 광전류 세기는 빛의 세기에 비례하므로 광 다이오드 모델은 전류원으로 모델링할 수 있다. 광 다이오드의 대표적 응용분야는 빛 탐지(photo detector), 광 커플러(opto-coupler), 및 영상 신호처리(image signal processing) 등이다. 광 다이오드의 소자 표기법 및 모델은 그림 4.13과 같다.

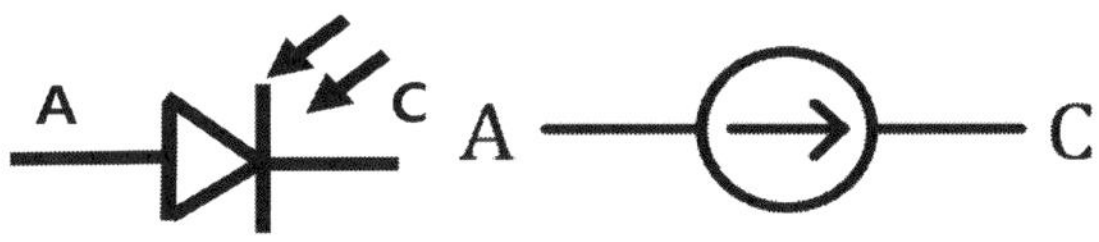

| 그림 4.13 | 광 다이오드 소자 표기법과 소자 모델링

발광 다이오드는 pn 접합으로 되어있으며, p/n 불순물 반도체는 화학주기율표에서 13족 원소와 15족 원소에서 선택하며, 대표적인 접합으로 P형 불순물 반도체는 갈륨(Ga), N형 불순물 반도체는 비소(As) 또는 질소(N)와 같은 에너지 갭(energy gap)이 큰 반도체로 구성된다. 발광 다이오드에 순방향 전압을 가하면, 전도대에 있는 자유전자가 가전자대에 있는 정공과 재결합하면서 광자가 나오고, 광자에 의해서 빛이 발생한다. 즉, 전도대와 가전자대의 에너지 차이인 에너지 갭의 크기에 따라서 (식 4.18)과 같이 발생하는 빛의 파장이 결정되며, 빛의 파장에 따라서 가시광선의 경우, 가시광선 색깔이 결정된다.

$$E_{gap} = h\nu = h\frac{c}{\lambda} \quad \text{(식 4.18)}$$

여기서 h, ν, c, λ는 각각 플랑크 상수(4.1×10^{-15} eV · Hz), 빛의 주파수, 빛의 속도 (3×10^{7}m/sec), 및 파장(m)이다.

발광 다이오드의 도통전압은 3V 이상이며, 애버랜치 다이오드의 도통전압(0.5 ~ 0.7V)보다 크며, 발광 다이오드의 빛 세기는 순방향 전류 크기에 정비례한다. 발광 다이오드 소자 표기법은 그림 4.14와 같고 소자 모델은 그림 4.9와 동일한데 단지 도통전압이 3V 이상으로 다르다. 발광 다이오드의 응용분야는 실내외 조명기구, 디스플레이, 교통신호등을 포함한 각종 신호등, 자동차용 헤드/백라이트 및 조명 등 다양하다. 발광 다이오드를 조명기구로 사용할 때 장점은 수명시간이 35,000 ~ 50,000시간으로 형광등 수명시간보다 길고, 전력소모가 작고, 전류 크기에 따라서 빛의 세기를 자유롭게 조정가능하다는 것이다. 더 자세한 발광 다이오드의 소자 물성 및 특성은 참고문헌 [4.9 ~ 4.10]을 참조하기 바란다.

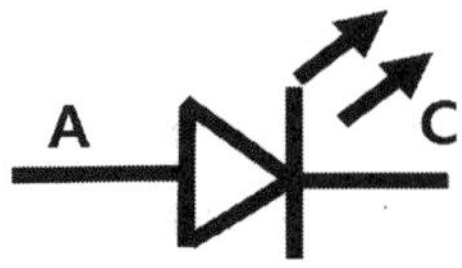

| 그림 4.14 | 발광 다이오드 소자 표기법

터널 다이오드(Tunnel diode 또는 Esaki diode)는 높은 불순물 농도를 갖는 P, N형 반도체를 접합시켜서 만들며, 소자 표기법은 그림 4.15와 같다. 터널 다이오드를 순방향 영역에서 동작시키면서 전압을 증가시키면 다이오드 전류가 감소하는 부저항(negative resistance) 특성을 갖는 영역이 있다. 이러한 부저항 특성을 사용해서 초고주파수(microwave) 발진에 사용되며, 더 자세한 소자 물성 및 응용은 참고문헌 [4.4]를 참조하기 바란다.

| 그림 4.15 | 터널 다이오드 소자 표기법

쇼트키 다이오드는 금속과 불순물 반도체 (n-)를 직접 접촉시켜서 만들 수 있으며, 쇼트키 다이오드의 도통전압은 0.1 ~ 0.3V로 낮으며 소자 모델은 그림 4.9와 동일한데 단지 도통전압이 0.1 ~ 0.3V로 다르다. 쇼트키 다이오드는 바이폴라 접합 트랜지스터의 베이스(base) 컬렉터(collector) 단자에 쇼트키 다이오드를 순방향으로 연결하여서 소자 스위칭 시간을 단축하는데 응용된다. 쇼트키 다이오드의 소자 표기법은 그림 4.16과 같으며, 더 자세한 물성과 응용분야는 참고문헌을 참조하기 바란다 [4.9].

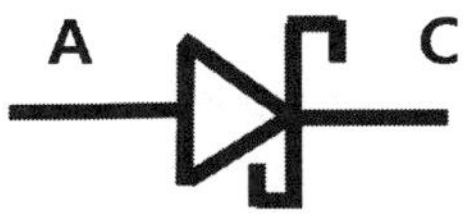

| 그림 4.16 | 쇼트키 다이오드 소자 표기법

4.2 MOSFET 모델링

MOSFET(Metal Oxide Semiconductor Field Effect Transistor)은 수직 전기장(vertical electric field)과 수평 전기장(lateral electric field)에 의해서 동작하며, 이상적인 스위치 기능을 하기 때문에 디지털 신호를 처리하는 디지털 논리회로 및 시스템 설계에 사용된다.

또한 아날로그 신호를 처리할 수 있는 증폭기능을 지니고 있기 때문에 아날로그 증폭기 및 신호처리 시스템 설계에 사용된다.

MOSFET에는 N 채널 MOSFET(이하 N 채널 트랜지스터로 명명함)와 P 채널 MOSFET(이하 P 채널 트랜지스터로 명명함)가 있고, N 채널 트랜지스터의 소자 표기법은 그림 4.17과 같다.

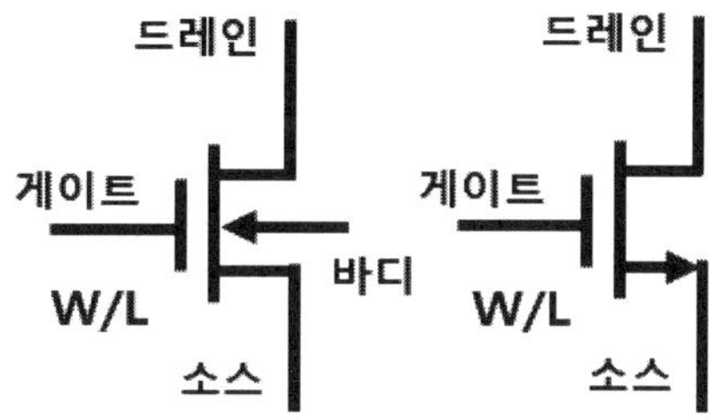

| 그림 4.17 | N 채널 트랜지스터(W/L)의 소자 표기법

N 채널 트랜지스터는 드레인(drain), 게이트(gate), 소스(source), 바디(body) 단자를 지닌 소자이며, 바디 단자의 화살표 방향은 소자 안으로 향하고 있다. 소스 단자와 바디 단자를 연결하면 3 단자 소자가 되며, 소스 단자의 화살표 방향은 소자 밖으로 향하고 있는데 소스에서 드레인으로 전하 캐리어(자유전자)가 이동할 때 전류의 흐름 방향을 의미한다. N 채널 트랜지스터의 채널 폭(W)과 채널 길이(L)의 비율(W/L)은 트랜지스터 전류 용량 및 저항값을 결정하는 역할을 한다. 그림 4.18은 P- 기판 위의 N 채널 트랜지스터 레이아웃과 단면도(cross section)를 나타낸다. 레이아웃을 살펴보면 게이트를 중심으로 드레인 단자와 소스 단자가 대칭이다. 따라서 처음부터 드레인 단자와 소스 단자의 위치가 결정되는 것은 아니며, 대칭되는 한 개 단자 전압이 다른 단자 전압보다 높을 때, 높은 전압의 단자가 드레인 단자가 되며, 낮은 전압의 단자가 소스 단자가 된다.

소자 단면도에서 CMOS 공정기술의 게이트 자기 정렬(self-alignment) 공정기술에 의해서 채널 길이(L) 안쪽으로 N+ 확산층이 확산되어서 △L(lateral channel length) 만큼 들어오기 때문에 유효채널길이는 식 (4.19)와 같다.

$$L_{eff} = L - 2\Delta L \qquad \text{(식 4.19)}$$

일반적으로 △L/L은 0.01 ~ 0.2 이다.

N-채널 트랜지스터 단면도의 수직구조를 살펴보면, p- 불순물 반도체, 부도체인 실리콘 산화박막층(SiO_2), 금속체인 폴리실리콘(poly-silicon)으로 커패시터 구조를 갖는다. 산화박막층 두께(T_{OX})는 공정에 따라서 수 옹스트롱(Å)에서 수백 옹스트롱으로 다양하며, 수직 커패시터의 단위 면적당 커패시터 용량(C_{OX})은 (식 4.20)과 같다.

$$C_{OX}=\frac{\epsilon_s}{T_{OX}} \tag{식 4.20}$$

여기서 ϵ_s는 실리콘의 유전상수로서 $11.7\times 8.85\times 10^{-12}$(F/m) 이다. 예를 들어서 산화박막 층 두께가 100 옹스트롱인 경우 수직 커패시터의 단위 면적당 용량은 (식 4.21)과 같다.

$$C_{OX}=\frac{\epsilon_s}{T_{OX}}=\frac{11.7\times 8.854\times 10^{-12}}{100\times 10^{-10}}=10.36\times 10^{-3}\ (F/m^2)=10.36\ (fF/\mu m^2) \tag{식 4.21}$$

그림 4.18에서 트랜지스터의 수평구조를 보면 소스(N+ 반도체), 채널(P- 반도체), 드레인(N+ 반도체) 층으로 구성된 수평형 NPN 바이폴라 접합 트랜지스터(Lateral NPN Bipolar Junction Transistor)와 유사함을 알 수 있다.

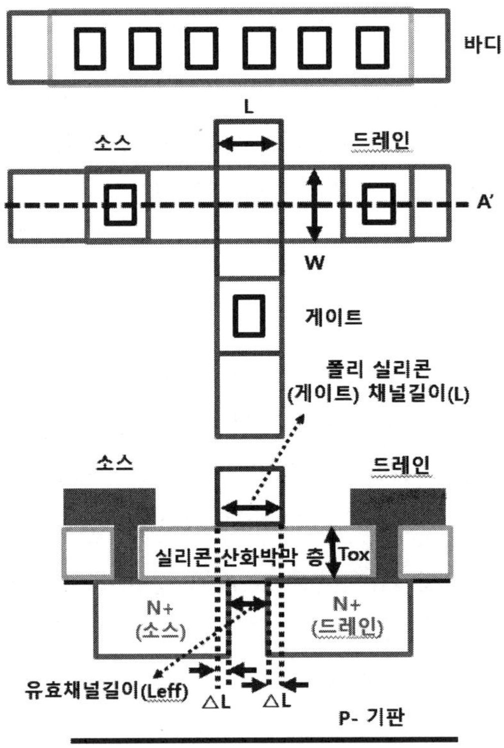

| 그림 4.18 | N-채널 트랜지스터의 레이아웃과 단면도

N-채널 트랜지스터의 동작영역 및 동작원리를 살펴보기로 한다. N-채널 트랜지스터의 동작영역은 차단영역(cutoff region) 또는 약반전 영역(weak inversion region), 선형영역(linear region), 포화영역(saturation region)으로 구분된다. 3개 동작영역을 구분하기 위해서 문턱전압(threshold voltage, V_{TH})와 포화전압(saturation voltage, V_{DSAT})을 먼저 정의한다. 그림

4.19와 같이 소스 전압(V_S)와 드레인 전압(V_D)은 접지점(GND)에 연결하고, N-채널 트랜지스터 게이트 단자에 (+) 전압을 가한다. 가해진 게이트 전압(V_G)에 의해서 수직 전기장 ($\varepsilon_V = \dfrac{V_G}{T_{OX}}$)이 생기며, 수직 전기장에 의해서 소스 단자와 드레인 단자 사이 채널영역에서 (−) 전하가 유도된다. 유도된 (−) 전하를 띤 반전층(inversion layer)에 의해서 소스 단자와 드레인 단자 사이의 채널이 전기적으로 연결되기 시작하는 게이트 전압을 N-채널 트랜지스터 문턱전압(V_{THn})이라고 한다. 일반적으로 N-채널 트랜지스터 문턱전압(V_{THn})은 0.1V ~ 0.7V 이며, 공정에 따라 다른 값을 갖는다. 최첨단(leading edge or state of art) CMOS 공정일수록 V_{THn}이 작다. V_{THn}보다 큰 게이트 전압에 의한 수직전기장 세기가 클수록 반전층의 두께가 두꺼워져서 채널 저항이 작아지며, 채널의 전도성이 증가하므로 전류가 잘 흐르게 된다.

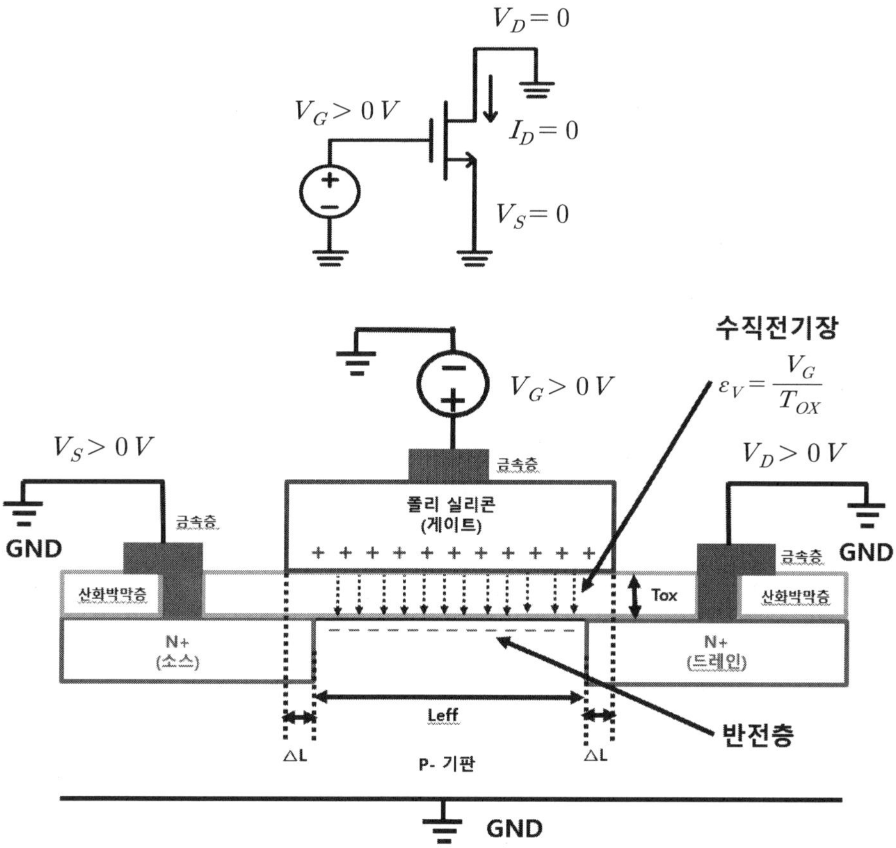

| 그림 4.19 | N–채널 트랜지스터 수직전기장에 의해서 반전층이 생기는 원리

수직 전기장의 세기는 (식 4.22)와 같다.

$$\varepsilon_V = \frac{V_G}{T_{OX}} \quad \text{(식 4.22)}$$

여기서 V_G, T_{OX}는 각각 게이트 전압 및 산화박막층 두께이다. 예를 들어서 $V_G = 1\,V$, $T_{OX} = 10^{-8}m$(100 옹스트롱) 이면, 수직 전기장의 세기는 10^8V/m 이다. 그림 4.19에서 비록 게이트 전압이 V_{THn}보다 커서 채널영역에 반전층이 생겼으나, 소스 단자 및 드레인 단자가 접지단자(0V)에 연결되어 있기 때문에 수평방향으로는 전압차이가 없어서 채널 영역내에서 자유전자 캐리어의 수평 이동이 없고, 자유전자의 이동이 없으므로 소스 단자와 드레인 단자 사이의 전류 값은 0 이다.

만약, 게이트 전압이 V_{THn}보다 작으면 반전층이 생기지 않으며(또는 약반전층이 생기며), 소스 단자와 드레인 단자가 전기적으로 연결되지 않으므로 전류가 매우 미세하게 흐르는데 (pA ~ nA), 이런 동작영역을 차단 영역 또는 약반전(weak inversion 또는 subthreshold) 영역이라고 한다. 트랜지스터가 차단 영역에서 동작할 때, 트랜지스터를 스위치 차단(cut off) 상태로 회로에 사용할 수 있다. 차단 영역에서 트랜지스터에 흐르는 드레인 전류(I_D)는 pn 접합 다이오드에서 흐르는 확산전류로서 (식 4.23)과 같다. 드레인 전류는 게이트 전압의 지수함수에 비례한다.

$$I_D = I_{Do}\, e^{\frac{V_{GS}}{n V_T}} \quad \text{(식 4.23)}$$

여기서 I_{Do}, n, V_T는 각각 포화전류, 발산계수, 열전압이다. 초저전력 회로를 설계할 때, 약반전 영역에서 트랜지스터를 동작시킬 수 있다.

그림 4.20과 같이 게이트 전압은 문턱전압(V_{THn})보다 크게 가한 상태에서 드레인 전압(V_{DS})을 포화전압($V_{DSATn} = V_{GS} - V_{THn}$)보다 작게 가하면, 드레인 단자와 소스 단자 사이 채널영역에 수평 전기장이 생기며, 소스 단자 수직전기장(ε_{VS})과 드레인 단자 수직전기(ε_{VD})의 세기에 차이가 생기는데, 소스 단자 및 드레인 단자 수직전기장은 (식 4.24) 및 (식 4.25)와 같다. 소스 단자 수직 전기장 세기가 드레인 단자 수직 전기장 세기보다 크기 때문에 소스 단자 쪽 반전층의 두께가 드레인 단자 쪽 반전층 두께보다 두꺼워지게 되므로 반전층 두께가 채널 영역내에서 고르지 않게 형성된다.

$$\varepsilon_{VS} = \frac{V_{GS}}{T_{OX}} = \frac{V_G - V_S}{T_{OX}} = \frac{V_G}{T_{OX}} \quad \text{(식 4.24)}$$

$$\varepsilon_{VD} = \frac{V_{GD}}{T_{OX}} = \frac{V_G - V_D}{T_{OX}} < \frac{V_G}{T_{OX}} = \varepsilon_{VS} \quad \text{(식 4.25)}$$

$$\varepsilon_L = \frac{V_{DS}}{L - 2L_D} = \frac{V_{DS}}{L_{eff}} \quad \text{(식 4.26)}$$

(식 4.26)에서 표시된 수평 전기장(ε_L)에 의해서 소스 단자에 있는 (−) 전하를 띤 자유전자가 드레인 단자로 이동하므로 드레인 전류(I_D)는 자유전자의 이동방향과 반대인 드레인 단자에서 소스 단자로 흐르게 된다. 이런 동작영역을 선형영역(linear region) 또는 비포화 영역(non-saturation region)이라고 하며, 트랜지스터가 선형영역에서 동작할 때, 전압-전류 방정식은 (식 4.27)과 같다.

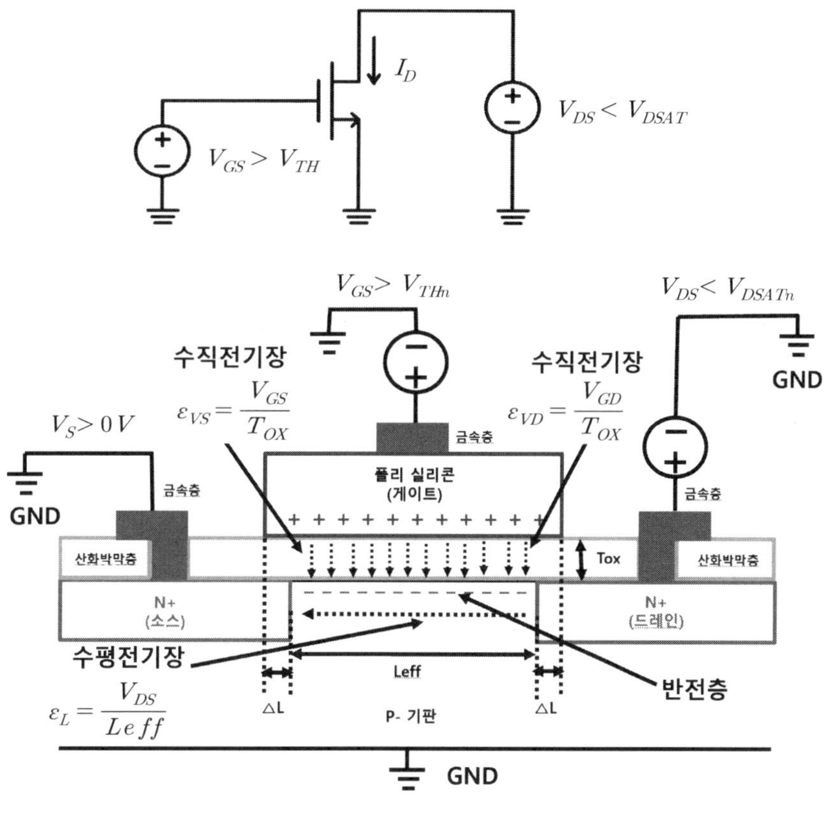

| 그림 4.20 | 선형영역에서 동작하는 N-채널 트랜지스터

$$I_D = \frac{1}{2} K_n \frac{W}{L} \left[2(V_{GS} - V_{THn}) V_{DS} - V_{DS}^2 \right] \quad \text{(식 4.28)}$$

여기서 I_D는 드레인 전류(A), $K_n (= \mu_n C_{OX})$은 N형 반도체 상호컨덕턴스 변수(N channel trans-conductance parameter, A/V^2), W는 채널 폭(m), L은 채널 길이(m), μ_n은 자유전자 이동도($m^2/V\sec$)이다.

트랜지스터가 선형영역에서 동작할 때, 드레인이 상대적으로 작은 값을 가지는 경우 (식

4.28)에서 V_{DS}^2 항을 무시할 수 있으므로 (식 4.29)와 같이 근사화할 수 있다.

$$I_D \cong \frac{1}{2} K_n \frac{W}{L} [2(V_{GS} - V_{THn}) V_{DS}] = K_n \frac{W}{L} (V_{GS} - V_{THn}) V_{DS} \qquad \text{(식 4.29)}$$

(식 4.29)에 의하면 드레인 전류(I_D)는 드레인 전압(V_{DS})에 정비례하므로 선형영역이라고 할 수 있다. MOSFET이 선형영역에서 동작할 때 드레인-소스 단자 사이의 전압과 전류 관계는 (식 4.30)과 같이 내부저항 r_o로 모델링할 수 있다. 또, 게이트 전압의 변화가 드레인-소스 전류에 미치는 영향은 (식 4.31)과 같이 상호 컨덕턴스 (trans-conductance) g_m으로 모델링된다.

$$r_o = \frac{\partial V_{DS}}{\partial I_D} = \frac{1}{\frac{\partial I_D}{\partial V_{DS}}} = \frac{1}{K_n \frac{W}{L} (V_{GS} - V_{THn})} \qquad \text{(식 4.30)}$$

$$g_m = \frac{\partial I_D}{\partial V_{GS}} = K_n \frac{W}{L} V_{DS} \qquad \text{(식 4.31)}$$

트랜지스터를 선형영역에서 동작시키면 스위치 도통(turn on) 상태로 사용할 수 있는데, 스위치 도통 상태에서 스위치 내부 저항 값은 작을수록 좋다. 왜냐하면 스위치에 의한 전압 강하를 최소화할수록 신호 손실을 최소화할 수 있기 때문이다. 스위치 내부 저항을 최소화하기 위해서는 트랜지스터의 소자 비율(W/L)을 증가시키면 된다.

예제 4.4 N-채널 트랜지스터의 $W = 10\mu m$, $L = 1\mu m$, $V_{THn} = 0.5\,V$, $K_n = 100\mu A/V^2$이고, $V_G = 1\,V, V_D = 0.1\,V$, $V_S = 0\,V$ 일 때 트랜지스터에 흐르는 드레인 전류(I_D), 내부저항(R_o) 및 상호 컨덕턴스(g_m)를 구하고 SPICE 모의실험을 통해서 결과값을 비교하라.

풀이

N 채널 트랜지스터의 동작 영역을 판단하기 위해서 (식 4.32)와 같이 게이트 전압(V_{GS})과 문턱전압(V_{THn})을 비교하고, (식 4.33)과 같이 드레인 전압(V_{DS})과 포화전압 (V_{DSATn})을 비교한다.

$$V_{GS} = V_G - V_S = 1\,V - 0\,V = 1\,V > V_{THn} = 0.5\,V \qquad \text{(식 4.32)}$$

$$V_{DS} = V_D - V_S = 0.1\,V - 0\,V = 0.1\,V < V_{DSATn} = V_{GS} - V_{THn} = 0.5\,V \qquad \text{(식 4.33)}$$

(식 4.32), (식 4.33)에 따라서 N 채널 트랜지스터는 선형영역에서 동작하게 된다. 그러므로

(식 4.29), (식 4.30), (식 4.31)에 주어진 값을 대입해서 드레인 전류(I_D), 내부저항(R_{on}), 상호 컨덕턴스를 (식 4.34), (식 4.35), (식 4.36)과 같이 구할 수 있다.

$$I_D = K_n \frac{W}{L}(V_{GS} - V_{THn})V_{DS} = (100\mu A/V^2)(\frac{10\mu m}{1\mu m})(1V - 0.5V)(0.1V) = 50\mu A$$

(식 4.34)

$$r_o = \frac{1}{K_n \frac{W}{L}(V_{GS} - V_{THn})} = \frac{1}{100\mu A/V^2\left(\frac{10\mu m}{1\mu m}\right)(1V - 0.5V)} = 2K\Omega \quad \text{(식 4.35)}$$

$$g_m = K_n \frac{W}{L} V_{DS} = (100\mu A/V^2)(\frac{10\mu m}{1\mu m})(0.1V) = 100\mu/\Omega \quad \text{(식 4.36)}$$

SPICE 모의실험을 위해서 아래와 같이 넷리스트를 작성한다.

```
NCH ID VS VGS
VGS G 0 DC 1
VDS D 0 DC 0.1
M1 D G 0 0 NCH W=10U L=1U
.MODEL NCH NMOS(LEVEL=1 VTO=0.5 KP=100U LAMBDA=0 GAMMA=0.5)
.OP
.PROBE
.END
```

위 넷리스트에 대한 SPICE 모의실험 결과(일부 발췌)는 다음과 같다.

```
***************************************************************************
SMALL     SIGNAL BIAS SOLUTION      TEMPERATURE=27.000 DEG C
***************************************************************************
NODE   VOLTAGE     NODE   VOLTAGE
(    D)     .10        (    G)    1.0000
   VOLTAGE SOURCE CURRENTS
   NAME          CURRENT
   VGS           0.000E+00
   VDS           -4.505E-05
   TOTAL POWER DISSIPATION   4.50E-06  WATTS
***************************************************************************
OPERATING      POINT INFORMATION      TEMPERATURE=27.000 DEG C
***************************************************************************
```

MOSFET	
NAME	M1
MODEL	NCH
ID	4.50E-05
VGS	1.00E+00
VDS	1.00E-01
VBS	0.00E+00
VTH	5.00E-01
VDSAT	5.00E-01
GM	1.00E-04
GDS	4.00E-04

계산식에 의한 결과와 SPICE 모의실험 결과를 표 4.4에서 비교하였다. 관련한 계산식 적용 시 (식 4.28)의 V_{DS}^2항을 무시했기 때문에 드레인 전류값 I_D와 내부저항 값 r_o의 계산 결과와 SPICE 모의실험결과가 각각 10% 및 25% 차이가 나는 것을 알 수 있다.

| 표 4.4 | (예제 4.4) 회로의 계산결과 및 SPICE 모의실험 결과 비교 표

변수	계산 결과	SPICE 모의실험	오차 (%)
$I_D(\mu A)$	50	45	10
$r_o(K\Omega)$(*)	2	2.5	25
$g_m(\mu/\Omega)$	100	100	0

* SPICE 모의실험 결 과에서, r_o의 값은 1/GDS 이다.

그림 4.17과 같이 게이트 전압(V_{GS})은 문턱전압(V_{THn})보다 크게 가하고, 드레인 전압(V_{DS})을 포화전압($V_{DSATn}= V_{GS}- V_{THn}$) 보다 크게 가하면, 트랜지스터는 포화영역에서 동작하게 된다. 포화영역에서 동작하는 MOSFET은 전압으로 조절되는 종속전류원으로 모델링되어 증폭기로 사용할 수 있다. 포화영역에서는 소스 단자 수직전기장(ε_{VS})와 드레인 단자 수직전기장(ε_{VD})의 세기 차이가 선형영역에서보다 크게 생긴다. 특히 게이트 전압과 드레인 전압의 차이가 문턱전압보다 작아지기 시작하면 드레인 단자 쪽 반전층의 두께가 0이 되는 핀치오프점(pinch-off point)이 생긴다. 드레인 전압을 증가시킬수록 핀치오프점은 드레인 단자에서 소스 단자쪽으로 이동하게 되므로, 유효채널 길이(L_{eff})는 (식 4.37)과 같이 마스크 채널길이(L)에서 핀치오프점까지의 거리($\Delta L(V_{DS})$)만큼 줄어들게 된다.

$$L_{eff} = L - \Delta L(V_{DS}) \qquad \text{(식 4.37)}$$

드레인 전압을 증가시키면 수평 전기장 세기가 증가하고, 수평 전기장 세기가 증가하면 채널에서 단위시간당 이동하는 자유전자의 숫자가 증가하여 드레인 전류가 증가하는데, 이러한 현상은 (식 4.38)로 표시할 수 있다.

$$I_D = \frac{1}{2} K_n \frac{W}{L_{eff}} (V_{GS} - V_{THn})^2 = \frac{1}{2} K_n \frac{W}{L} (V_{GS} - V_{THn})^2 (1 + \lambda_n V_{DS}) \qquad \text{(식 4.38)}$$

여기서 λ_n는 N-채널길이 변조효과 변수(1/V)로서, 채널길이에 반비례한다. 즉, 채널길이가 감소하면, 채널길이 변조효과가 증가하므로 λ_n는 증가해서 드레인 전압이 증가할수록 드레인 전류가 증가하는 현상을 모델링할 수 있다.

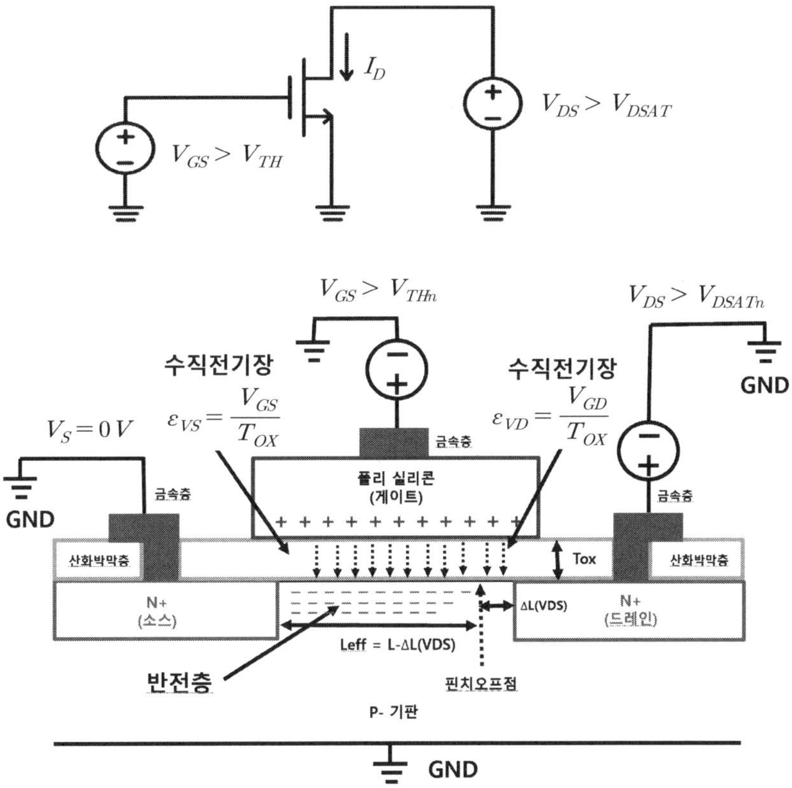

| 그림 4.21 | 포화영역에서 동작하는 N 채널 트랜지스터

N-채널 트랜지스터가 포화영역에서 동작할 때, 드레인-소스 단자 사이의 전압과 전류 관계를 나타내는 내부 저항 r_o는 (식 4.39)와 같다.

$$r_o = \frac{\partial V_{DS}}{\partial I_D} = \frac{1}{\dfrac{\partial I_D}{\partial V_{DS}}} \approx \frac{1}{\lambda_n I_D} \qquad \text{(식 4.39)}$$

채널 변조효과를 무시하는 경우, 포화영역에서 동작하는 N-채널 트랜지스터의 상호 컨덕턴스는 (식 4.40)과 같다.

$$g_m = \frac{\partial I_D}{\partial V_{GS}} = K_n \frac{W}{L}(V_{GS} - V_{THn}) = \sqrt{2K_n \frac{W}{L} I_D} \qquad \text{(식 4.40)}$$

예제 4.5

N-채널 트랜지스터의 $W = 10\mu m,\ L = 1\mu m,\ V_{THn} = 0.5\,V,\ K_n = 100\mu A/V^2,\ \lambda_n = 0.01/V$이고 $V_G = 1\,V,\ V_D = 1\,V,\ V_S = 0\,V$일때 트랜지스터에 흐르는 드레인 전류($I_D$), 내부저항($r_o$), 상호 컨덕턴스($g_m$)를 구하고 SPICE 모의실험을 통해서 결과값을 비교하라. 또한 $V_{DS} = 3\,V$로 고정시키고, V_{GS}값을 0V ~ 3V로 가변시켰을 때, I_D, g_m의 모의실험 값을 그래프로 표시하라.

풀이

N 채널 트랜지스터의 동작 영역을 판단하기 위해서 (식 4.41)과 같이 게이트 전압(V_{GS})과 문턱전압(V_{THn})을 비교하고, (식 4.42)와 같이 드레인 전압(V_{DS})과 포화전압(V_{DSATn})을 비교한다.

$$V_{GS} = V_G - V_S = 1\,V - 0\,V = 1\,V > V_{THn} = 0.5\,V \qquad \text{(식 4.41)}$$

$$V_{DS} = V_D - V_S = 1\,V - 0\,V = 1\,V > V_{DSATn} = V_{GS} - V_{THn} = 0.5\,V \qquad \text{(식 4.42)}$$

(식 4.41), (식 4.42)에 따라서 N 채널 트랜지스터는 포화영역에서 동작하게 된다. 그러므로 (식 4.38), (식 4.39), (식 4.40)에 주어진 값을 대입해서 드레인 전류(I_D), 내부저항(r_o), 상호 컨덕턴스(g_m)를 (식 4.43), (식 4.44), (식 4.45)와 같이 구할 수 있다. 단, (식 4.43)은 $\lambda_n V_{DS} = 0.01 \ll 1$이므로 채널 변조효과를 무시한 것임에 주의한다.

$$I_D = \frac{K_n}{2}\frac{W}{L}(V_{GS} - V_{THn})^2 = \frac{100\mu A/V^2}{2}\left(\frac{10\mu m}{1\mu m}\right)(1\,V - 0.5\,V)^2 = 125\mu A \qquad \text{(식 4.43)}$$

$$r_o = \frac{1}{\lambda_n I_D} = \frac{1}{(0.01/V)(125\mu A)} = 800K\Omega \qquad \text{(식 4.44)}$$

$$g_m = \frac{\partial I_D}{\partial V_{GS}} = \sqrt{2K_n \frac{W}{L} I_D} = \sqrt{2(100\mu A/V^2)(10)(125\mu A)} = 500\mu/\Omega \qquad \text{(식 4.45)}$$

SPICE 모의실험을 위해서 아래와 같이 넷리스트를 작성한다.

```
NCH ID VS VGS
VGS G 0 DC 1
VDS D 0 DC 1
M1 D G 0 0 NCH W=10U L=1U
.MODEL NCH NMOS(LEVEL=1 VTO=0.5 KP=100U LAMBDA=0.01 GAMMA=0.5)
.OP
.PROBE
.END
```

위 넷리스트에 대한 SPICE 모의실험 결과(일부 발췌)는 다음과 같다.

```
*****************************************************************************
****     SMALL SIGNAL BIAS SOLUTION      TEMPERATURE=27.000 DEG C
*****************************************************************************
NODE   VOLTAGE      NODE   VOLTAGE
(    D)    1.0000       (    G)    1.0000
         VOLTAGE SOURCE CURRENTS
         NAME           CURRENT
         VGS            0.000E+00
         VDS            -1.263E-04
         TOTAL POWER DISSIPATION 1.26E-04  WATTS
*****************************************************************************
****     OPERATING POINT INFORMATION     TEMPERATURE= 27.000 DEG C
*****************************************************************************
MOSFET
NAME          M1
MODEL         NCH
ID            1.26E-04
VGS           1.00E+00
VDS           1.00E+00
VBS           0.00E+00
VTH           5.00E-01
VDSAT         5.00E-01
GM            5.05E-04
GDS           1.25E-06
```

계산식에 의한 결과와 SPICE 모의실험 결과를 표 4.5에 비교하였다. 드레인 전류값 I_D의 계산을 위해 사용한 (식 4.43)은 채널길이변조효과를 반영하는 $\lambda_n V_{DS}$값이 포함된 (식 4.38)의 근사식이므로 계산 결과와 SPICE 모의실험결과 사이에 0.8%의 오차가 발생하였음을 알 수 있다.

| 표 4.5 | (예제 4.5) 회로의 계산결과 및 SPICE 모의실험 결과 비교 표

변수	계산 결과	SPICE 모의실험	오차 (%)
$I_D(\mu A)$	125	126	0.8
$r_o(K\Omega)$	800	800	0
$g_m(\mu/\Omega)$	500	500	0

* SPICE 모의실험 결과에서, r_o의 값은 1/GDS 이다.

$V_{DS}=3\,V$로 고정시키고, V_{GS}값을 0V ~ 3V 가변시켰을 때, I_D, g_m의 모의실험 그래프는 다음과 같다. I_D는 $(V_{GS}-V_{THn})^2$에 비례하고, g_m은 $V_{GS}-V_{THn}$에 비례함을 확인할 수 있다.

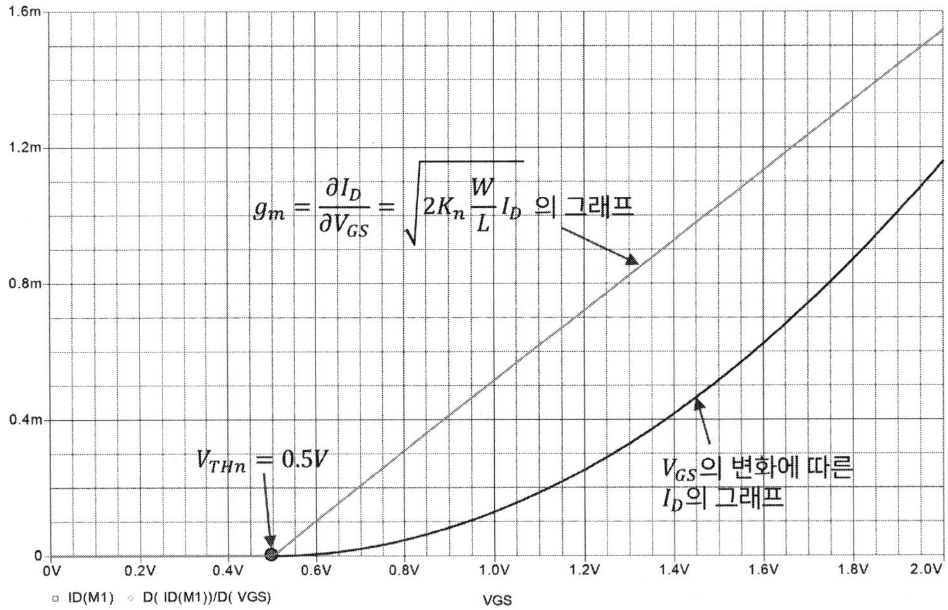

N-채널 트랜지스터의 3가지 동작영역 특성을 요약하면 표 4.6과 같다.

| 표 4.6 | N-채널 트랜지스터의 3가지 동작영역 특성 요약 표

동작영역	동작 조건	드레인 전류 (I_D)	내부저항 (r_o)	상호컨덕턴스(g_m)
차단영역	$V_{GS} < V_{THn}$	0	∞	0
선형영역	$V_{GS} > V_{THn}$ $V_{DS} < V_{DSATn}$	$K_n \frac{W}{L}(V_{GS} - V_{THn})V_{DS}$	$\frac{1}{K_n \frac{W}{L}(V_{GS} - V_{THn})}$	$g_m = K_n \frac{W}{L} V_{DS}$
포화영역	$V_{GS} > V_{THn}$ $V_{DS} > V_{DSATn}$	$\frac{1}{2}K_n \frac{W}{L}(V_{GS} - V_{THn})^2$ $(1 + \lambda_n V_{DS})$	$\frac{1}{\lambda_n I_D}$	$g_m = \sqrt{2K_n \frac{W}{L} I_D}$

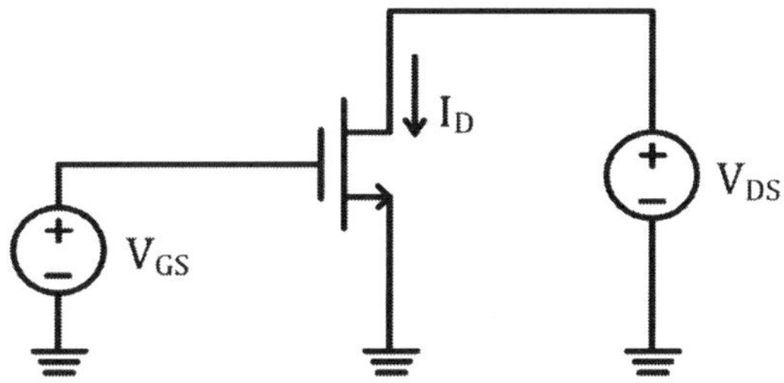

| 그림 4.22 | N-채널 트랜지스터의 바이어스 회로도

그림 4.22와 같이 N-채널 트랜지스터 게이트 전압(V_{GS}), 드레인 전압(V_{DS})을 가해서 변화시키면 I_D 대 V_{GS} 특성곡선(V_{DS} 고정) 및 I_D 대 V_{DS} 특성곡선(V_{GS} 고정)을 볼 수 있다.

그림 4.23은 $V_{DS} > V_{DSATn}$가 되도록 고정시키고, V_{GS} 전압을 증가시키면, 트랜지스터가 포화영역에서 동작하므로, 드레인 전류(I_D)는 게이트 전압(V_{GS})의 2차함수가 됨을 보여준다.

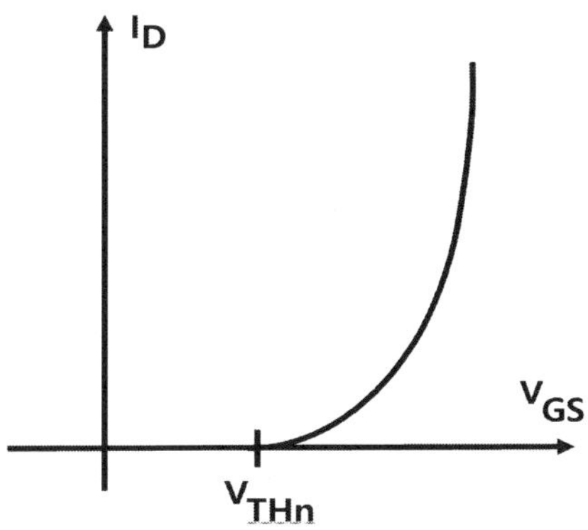

| 그림 4.23 | I_D 대 V_{GS} 특성곡선(V_{DS} 고정, $V_{DS} > V_{DSATn}$)

그림 4.22 회로도에서 V_{GS} 전압을 문턱전압보다 높게 고정하고($V_{GS} > V_{THn}$), V_{DS} 전압을 증가시키면, 그림 4.24와 같이 트랜지스터가 선형영역에서 시작해서 포화영역으로 동작하는 드레인 전류(I_D) 곡선을 볼 수 있다.

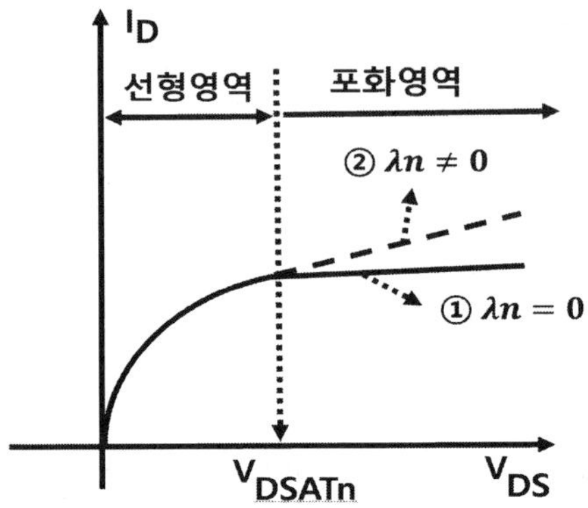

| 그림 4.24 | I_D 대 V_{DS} 특성곡선(V_{GS} 고정, $V_{GS} > V_{THn}$)

드레인 전류는 포화영역에서 2가지 곡선으로 구분되는데, 채널길이 변조 상수 $\lambda_n = 0$인 경우와 $\lambda_n \neq 0$인 경우이다. 첫째 $\lambda_n = 0$인 경우는 드레인 전류가 드레인 전압에 따라서 증가하지 않는 ① 곡선에 해당하므로 내부저항은 무한대가 되어 이 구간에서 이상적인 전류원으로 동작한다. 둘째 $\lambda_n \neq 0$ 인 경우, 드레인 전류가 드레인 전압에 따라서 증가하는 ② 곡선에 해당하며, 내부저항은 $\dfrac{1}{\lambda_n I_D}$ 이다. 채널길이가 짧아질수록 채널길이 변조 효과가 증가해서 λ_n이 증가하며, λ_n이 증가하면 드레인 전류가 증가하고, 드레인 전류가 증가하면 내부저항은 감소하게 된다. 내부저항이 감소하면 증폭기의 증폭도를 증가시키는 설계가 매우 어려워지는 문제점을 5장에서 살펴보기로 한다.

P-채널 트랜지스터도 N-채널 트랜지스터와 마찬가지로 드레인(drain), 게이트(gate), 소스(source), 바디(body) 단자를 지닌 소자이며, 바디 단자의 화살표 방향은 소자 밖으로 향하고 있다. 소스 단자와 바디 단자를 연결하면 3 단자 소자가 되며, 소스 단자의 화살표 방향은 소자 안으로 향하고 있는데 소스에서 드레인으로 전하 캐리어(자유정공)가 이동할 때 전류의 흐름 방향을 의미한다. P-채널 트랜지스터의 채널 폭(W) 과 채널 길이(L)의 비율(W/L)은 트랜지스터 전류용량과 저항 값을 결정하는 역할을 한다. 그림 4.25는 P- 기판 위 N-well 내부 P-채널 트랜지스터 레이아웃과 단면도(cross section)를 나타낸다. 레이아웃을 살펴보면 게이트를 중심으로 드레인 단자와 소스 단자가 대칭이다. 따라서 처음부터 드레인 단자와 소스 단자의 위치가 결정되는 것은 아니며, 대칭되는 한개 단자 전압이 다른 단자 전압보다 높을 때, 낮은 전압의 단자가 드레인 단자가 되며, 높은 전압의 단자가 소스

단자가 된다. 즉, P-채널 트랜지스터의 소스 및 드레인 단자의 상대적인 전위는 N-채널 트랜지스터의 소스 및 드레인 단자와 정 반대가 됨에 유의한다.

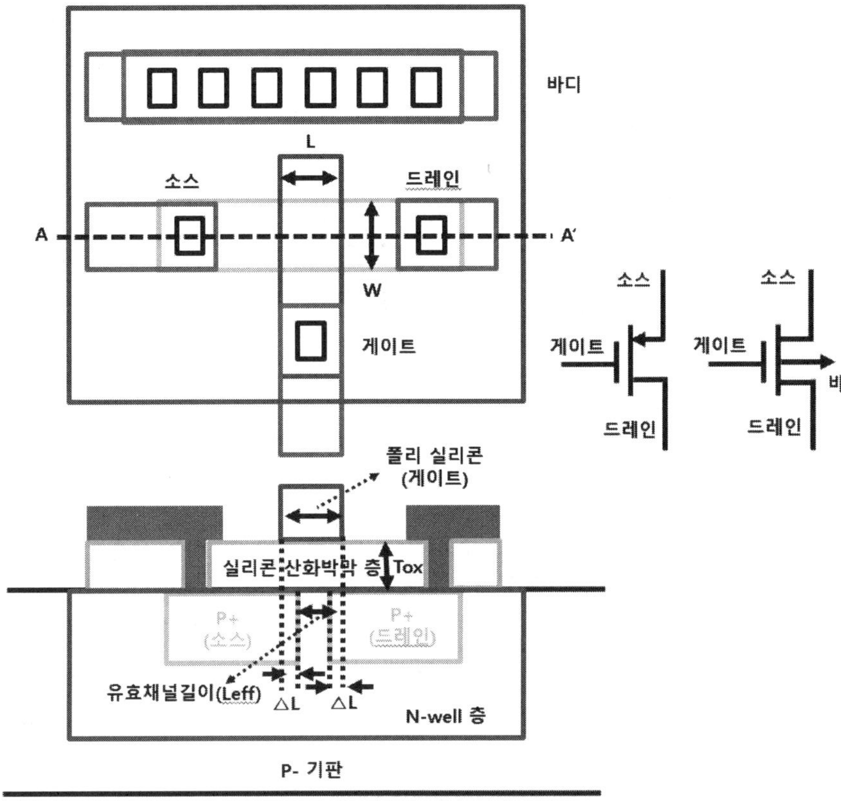

| 그림 4.25 | P-채널 MOSFET 트랜지스터의 레이아웃과 단면도

그림 4.25 소자 단면도에서 CMOS 공정기술의 게이트 자기 정렬(self-alignment) 공정기술에 의해서 채널 길이(L) 안쪽으로 P+ 층이 확산되어서 △L(lateral channel length) 만큼 들어오기 때문에 유효채널길이(Leff)는 N-채널 트랜지스터의 (식 4.19)와 동일하게 표현된다.

P-채널 트랜지스터 단면도의 수직구조를 살펴보면, N-well 불순물 반도체, 부도체인 실리콘 산화박막층(SiO_2), 금속체인 폴리실리콘(poly-silicon)으로 커패시터 구조를 갖는다. P-채널 트랜지스터의 수직 커패시터 단위 면적당 커패시터 용량(C_{OX})은 N-채널 트랜지스터의 단위 면적당 커패시터 용량을 나타내는 (식 4.20)과 같다.

P-채널 트랜지스터의 수평구조를 보면 소스 (P+ 반도체), 채널 (N-well 반도체), 드레인 (P+ 반도체) 층으로 구성된 수평형 PNP 바이폴라 접합 트랜지스터(Lateral PNP Bipolar Junction Transistor)와 유사함을 알 수 있다.

P-채널 트랜지스터의 동작영역 및 동작원리는 앞에서 설명한 N-채널 트랜지스터와 같다. N-채널 트랜지스터와 다른 점은 소스와 드레인, 반전층의 극성이 N- 채널 트랜지스터와 반대이므로 게이트와 드레인의 전위가 소스보다 낮아야 한다는 것이다. 따라서, P-채널 트랜지스터에 대해서는 $V_{SG} = V_S - V_G > 0$, $V_{SD} = V_S - V_D > 0$ 임에 주의한다. 또, 앞으로의 설명에서 드레인 전류 I_D는 그림 26에서와 같이 소스에서 드레인으로 흐르는 방향을 양(+)으로 삼기로 한다.

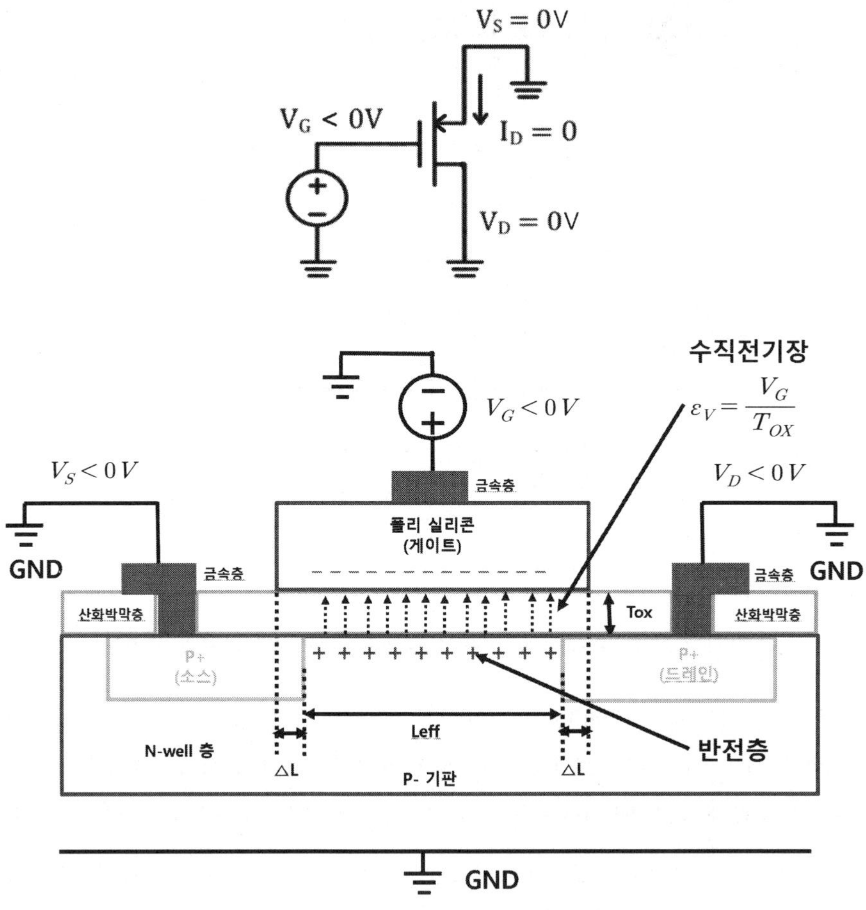

| 그림 4.26 | P-채널 트랜지스터에서 수직전기장에 의해서 반전층이 생기는 원리

P-채널 트랜지스터의 동작영역도 N-채널 트랜지스터와 마찬가지로 차단영역(cutoff region), 선형영역(linear region), 포화영역(saturation region)으로 구분된다. 3개 동작영역을 구분하기 위해서 N-채널 트랜지스터와 동일하게 문턱전압과 포화전압을 사용하며, 같게 정의한다. 그림 4.26과 같이 소스 전압(V_S)와 드레인 전압(V_D)은 접지점(GND)에 연결하고, P-채널 트랜지스터 게이트 단자에 (−) 전압을 가한다. 가해진 게이트 전압(V_G)에 의해서 수직

전기장($\varepsilon_V = \dfrac{V_G}{T_{OX}} < 0$)이 생기며, 수직 전기장에 의해서 소스 단자와 드레인 단자 사이 채널영역에서 (+) 전하가 유도된다. 유도된 (+) 전하를 띤 반전층(inversion layer)에 의해서 소스 단자와 드레인 단자 사이의 채널이 전기적으로 연결되기 시작하는 게이트 전압을 P-채널 트랜지스터 문턱전압 ($V_{THp} < 0$)이라고 한다. 일반적으로 P-채널 트랜지스터 문턱전압(V_{THp})은 −0.1V ~ −0.7V이며, 공정에 따라 다른 값을 갖는다. 최첨단 CMOS 공정일수록 문턱전압(V_{THp})의 절대값이 작다. V_{THp}보다 작은 (절대값이 큰) 게이트 전압에 의한 수직전기장 세기가 클수록 반전층의 두께가 두꺼워져서 채널 저항이 작아지며, 채널의 전도성이 증가하므로 전류가 잘 흐르게 된다.

P-채널 트랜지스터 수직 전기장의 세기는 (식 4.22)와 같으며, V_G, T_{OX}는 각각 게이트 전압 및 산화박막층 두께이다. 예를 들어서 $V_G = -1\,V$, $T_{OX} = 10^{-8}m$(100 옹스트롱) 이면, 수직 전기장의 세기는 -10^8V/m 이다. 그림 4.26에서 비록 게이트 전압이 문턱전압(V_{THp})보다 작아서 채널영역에 (+) 전하 반전층이 생겼으나, 소스 단자 및 드레인 단자가 접지단자(0V)에 연결되어 있기 때문에 수평방향으로는 전압차이가 없어서 채널 영역내에서 자유정공의 수평 이동이 없고, 자유정공의 이동이 없으므로 소스 단자와 드레인 단자 사이의 전류 값은 0 이다.

게이트 전압이 V_{THp}보다 크면 ($V_{GS} > V_{THp}$ 또는 $V_{SG} < |V_{THp}|$) 반전층이 생기지 않으며, 소스 단자와 드레인 단자가 전기적으로 연결되지 않으므로 전류가 매우 미세하게 흐르는데, 이런 동작영역을 차단 영역 또는 약반전 영역이라고 한다. 트랜지스터가 차단 영역에서 동작할 때, 트랜지스터를 스위치 차단(cut off)상태로 회로에 사용할 수 있다. 약반전 영역에서 동작하는 트랜지스터에 흐르는 전류는 pn 접합 다이오드에 흐르는 확산전류로서 (식 4.23)과 같다.

그림 4.27과 같이 게이트 전압($V_{GS} < 0$)을 문턱전압 ($V_{THp} < 0$)보다 작게 가한 상태에서 드레인 전압($V_{DS} < 0$)을 포화전압($V_{DSATp} = V_{GS} - V_{THp} < 0$)보다 크게 가하면, 드레인 단자와 소스 단자 사이 채널영역에 수평 전기장이 생기며, 소스 단자 쪽 수직 전기장(ε_{VS})과 드레인 단자 쪽 수직 전기장(ε_{VD})의 세기에 차이가 생기는데, 소스 단자 및 드레인 단자 수직전기장은 (식 4.46) 및 (식 4.47)과 같다. 소스 단자 수직 전기장 세기가 드레인 단자 수직 전기장 세기보다 크기 때문에 소스 단자 쪽 반전층의 두께가 드레인 단자 쪽 반전층 두께보다 두꺼워지게 되므로 반전층 두께가 채널 영역내에서 고르지 않게 형성되는 현상은 N-채널 트랜지스터와 같다.

그림 4.27과 같이 게이트 전압($V_{GS} < 0$)을 문턱전압 ($V_{THp} < 0$)보다 작게 가하고, 가한

상태에서 드레인 전압($V_{DS}<0$)을 포화전압($V_{DSATp}=V_{GS}-V_{THp}<0$)보다 작게 크게 가하면, 드레인 단자와 소스 단자 사이 채널영역에 수평 전기장이 생기며, 소스 단자 쪽 수직 전기장(ε_{VS})과 드레인 단자 쪽 수직 전기장(ε_{VD})의 세기에 차이가 생기는데, 소스 단자 및 드레인 단자 수직전기장은 (식 4.46) 및 (식 4.47)과 같다. 소스 단자 수직 전기장 세기가 드레인 단자 수직 전기장 세기보다 크기 때문에 소스 단자 쪽 반전층의 두께가 드레인 단자 쪽 반전층 두께보다 두꺼워지게 되므로 반전층 두께가 채널 영역내에서 고르지 않게 형성되는 현상은 N-채널 트랜지스터와 같다.

$$|\varepsilon_{VS}|=\frac{V_{SG}}{T_{OX}}=\frac{V_S-V_G}{T_{OX}}=-\frac{V_G}{T_{OX}} \qquad \text{(식 4.46)}$$

$$|\varepsilon_{VD}|=\frac{V_{DG}}{T_{OX}}=\frac{V_D-V_G}{T_{OX}}<|\varepsilon_{VS}|\ (\because\ V_D<0) \qquad \text{(식 4.47)}$$

$$\varepsilon_L=\frac{V_{SD}}{L-2L_D}=\frac{V_{SD}}{L_{eff}} \qquad \text{(식 4.48)}$$

(식 4.48)에서 표시된 수평 전기장(ε_L)에 의해서 소스 단자에 있는 (+) 전하를 띤 자유정공이 드레인 단자로 이동하므로 드레인 전류(I_D)는 자유정공의 이동방향과 동일하게 소스 단자에서 드레인 단자로 흐르게 된다. 이런 동작영역을 선형영역(linear region) 또는 비포화영역(non-saturation region)이라고 하며, P-채널 트랜지스터가 선형영역에서 동작할 때, 전압-전류 방정식은 (식 4.49)와 같다.

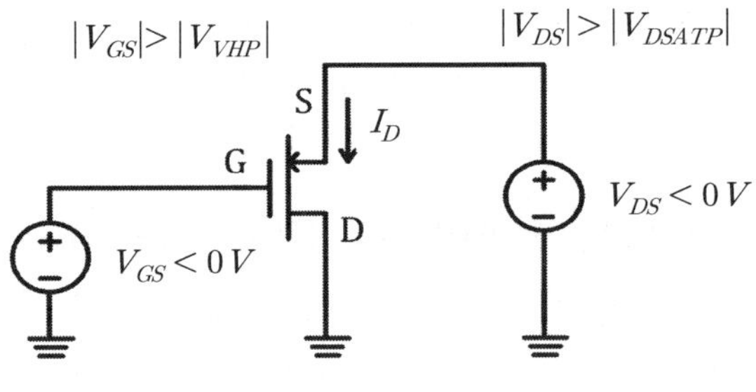

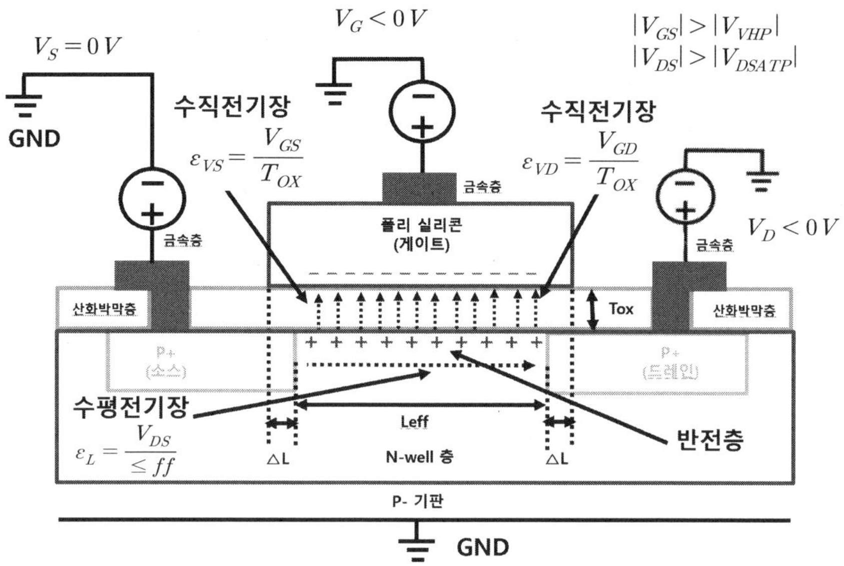

| 그림 4.27 | 선형영역에서 동작하는 P-채널 트랜지스터

$$I_D = \frac{1}{2} K_p \frac{W}{L} \left[2(V_{GS} - V_{THp}) V_{DS} - V_{DS}^2 \right] \quad \text{(식 4.49)}$$

여기서 I_D는 소스에서 드레인으로 흐르는 전류(A), $K_p(=\mu_p C_{OX})$은 P형 반도체 상호컨덕턴스 변수(P channel trans-conductance parameter, A/V^2), W는 채널 폭(m), L은 채널 길이(m), μ_p는 자유정공의 이동도($m^2/V\mathrm{sec}$)이다.

P-채널 트랜지스터가 선형영역에서 동작하면, $|V_{DS}|$값이 작으므로 (식 4.49)에서 V_{DS}^2 항을 무시할 수 있다. 그러면 (식 4.49)는 (식 4.50)과 같이 근사화할 수 있다.

$$I_D \cong \frac{1}{2} K_p \frac{W}{L} \left[2(V_{GS} - V_{THp}) V_{DS} \right] = K_p \frac{W}{L} (V_{GS} - V_{THp}) V_{DS} \quad \text{(식 4.50)}$$

(식 4.50)에 의하면 드레인 전류(I_D)는 소스와 드레인 사이의 전위차(V_{SD})에 정비례하므로 선형영역이라고 할 수 있다. 선형영역에서 트랜지스터가 동작할 때 내부 저항 및 상호 컨덕턴스를 구하면 (식 4.51), (식 4.52)와 같다.

$$r_o = \frac{\partial V_{SD}}{\partial I_D} = \frac{1}{\frac{\partial I_D}{\partial V_{SD}}} = \frac{1}{K_p \frac{W}{L} (V_{SG} - |V_{THp}|)} \quad \text{(식 4.51)}$$

$$g_m = \frac{\partial I_D}{\partial V_{SG}} = K_p \frac{W}{L} V_{SD} \quad \text{(식 4.52)}$$

P-채널 트랜지스터를 선형영역에서 동작시키면 스위치 도통(turn on) 상태로 사용할 수 있는데, 스위치 도통 상태에서 스위치 내부 저항 값은 작을수록 좋다. 왜냐하면 스위치에 의한 전압강하를 최소화할수록 신호 손실을 최소화할 수 있기 때문이다. 스위치 내부 저항을 최소화하기 위해서는 트랜지스터의 소자 비율(W/L)을 증가시키면 된다.

P-채널 트랜지스터의 (식 4.50), (식 4.51), (식 4.52)는 N-채널 트랜지스터의 (식 4.29), (식 4.30), (식 4.31)과 1:1 대응이 된다. P-채널 트랜지스터의 전류, 내부저항 및 상호 컨덕턴스 계산식을 단자 전압의 부호를 무시하고(또는 절대값을 취하고) 표현하면 N-채널 트랜지스터의 전류, 내부저항, 상호 컨덕턴스 계산식과 같게 된다. 따라서 (식 4.50), (식 4.51) 및 (식 4.52)를 (식 4.53), (식 4.54) 및 (식 4.55)로 표현하면 부호의 혼란을 피할 수 있어 편리하다. (단, N-채널과 P-채널 트랜지스터에서 I_D의 기준 방향은 서로 반대임에 유의한다.)

$$I_D \cong K_p \frac{W}{L}(|V_{GS}| - |V_{THp}|)|V_{DS}| \qquad (식\ 4.53)$$

$$r_o = \left|\frac{\partial V_{DS}}{\partial I_D}\right| = \frac{1}{\left|\frac{\partial V_{DS}}{\partial I_D}\right|} = \frac{1}{K_p \frac{W}{L}(|V_{GS}| - |V_{THp}|)} \qquad (식\ 4.54)$$

$$g_m = \left|\frac{\partial I_D}{\partial V_{GS}}\right| = K_p \frac{W}{L}|V_{DS}| \qquad (식\ 4.55)$$

예제 4.6 P-채널 트랜지스터의 $W = 10\mu m$, $L = 1\mu m$, $V_{THp} = -0.5\,V$, $K_p = 40\mu A/V^2$이고 $V_G = -1\,V$, $V_D = 0\,V$, $V_S = 0.1\,V$일때 트랜지스터에 흐르는 드레인 전류(I_D), 내부저항(r_o), 상호컨덕턴스(g_m)를 구하고 SPICE 모의실험을 통해서 결과값을 비교하라.

풀이

P-채널 트랜지스터의 동작 영역을 판단하기 위해서 게이트 전압(V_{GS})과 문턱전압(V_{THp})을 비교하고, 드레인 전압(V_{DS})과 포화전압(V_{DSATp})과 비교한다.

$$V_{GS} = V_G - V_S = -1\,V - 0.1\,V = -1.1\,V < V_{THp} = -0.5\,V \qquad (식\ 4.56)$$

$$V_{DS} = V_D - V_S = 0\,V - 0.1\,V = -0.1\,V > V_{DSATp} = V_{GS} - V_{THp} = -0.6\,V \qquad (식\ 4.57)$$

(식 4.56), (식 4.57)에 따라서 P 채널 트랜지스터는 선형영역에서 동작하게 된다. 그러므로 (식 4.53), (식 4.54), (식 4.55)에 주어진 값을 대입해서 드레인 전류(I_D), 내부저항(r_o),

상호 컨덕턴스(g_m)를 (식 4.58), (식 4.59), (식 4.60)과 같이 구할 수 있다.

$$I_D = K_p \frac{W}{L}(|V_{GS}| - |V_{THp}|)|V_{DS}| = (40\mu A/V^2)(\frac{10\mu m}{1\mu m})(1.1V - 0.5V)(0.1V) = 24\mu A$$

(식 4.58)

$$r_o = \frac{1}{K_p \frac{W}{L}(|V_{GS}| - |V_{THp}|)} = \frac{1}{40\mu A/V^2\left(\frac{10\mu m}{1\mu m}\right)(1.1V - 0.5V)} = 4.17K\Omega$$

(식 4.59)

$$g_m = K_p \frac{W}{L}|V_{DS}| = (40\mu A/V^2)(10)(0.1V) = 40\mu/\Omega \quad \text{(식 4.60)}$$

SPICE 모의실험을 위해서 아래와 같이 넷리스트를 작성한다.

```
PCH ID VS VGS
VG G 0 DC -1
VD D 0 DC  0
VS S 0 DC 0.1
M1 D G S 0 PCH W=10U L=1U
.MODEL PCH PMOS(LEVEL=1 VTO=-0.5 KP=40U LAMBDA=0 GAMMA=0.5)
.OP
.PROBE
.END
```

위 넷리스트에 대한 SPICE 모의실험 결과(일부 발췌)는 다음과 같다.

```
***************************************************************************
SMALL   SIGNAL BIAS SOLUTION        TEMPERATURE=27.000 DEG C
***************************************************************************
NODE   VOLTAGE     NODE   VOLTAGE    NODE   VOLTAGE
(   D)   0.0000      (   G)  -1.0000    (   S)    .1000
      VG        0.000E+00
      VD        2.329E-05
      VS        -2.329E-05

   TOTAL POWER DISSIPATION   2.33E-06   WATTS
***************************************************************************
OPERATING   POINT INFORMATION      TEMPERATURE=27.000 DEG C
***************************************************************************
```

```
MOSFET
NAME          M1
MODEL         NCH
ID            -2.33E-05
VGS           -1.10E+00
VDS           -1.00E-01
VBS           -1.00E-01
VTH           -4.68E-01
VDSAT         -6.32E-01
GM            4.00E-05
GDS           2.13E-04
```

계산식에 의한 결과와 SPICE 모의실험 결과를 표 4.6에 비교하였다. 관련한 계산식 적용 시 (식 4.49)의 V_{DS}^2항을 무시했기 때문에 드레인 전류값 I_D와 내부저항 값 r_o의 계산 결과와 SPICE 모의실험결과가 각각 2.9% 및 12% 차이가 나는 것을 알 수 있다.

| 표 4.6 | (예제 4.6) 회로의 계산결과 및 SPICE 모의실험 결과 비교 표

변수	계산 결과	SPICE 모의실험	오차 (%)
$I_D(\mu A)$	24	23.3	2.9
$r_o(K\Omega)$	4.17	4.7	12
$g_m(\mu/\Omega)$	40	40	0

* SPICE 모의실험 결과에서, r_o의 값은 1/GDS 이다.

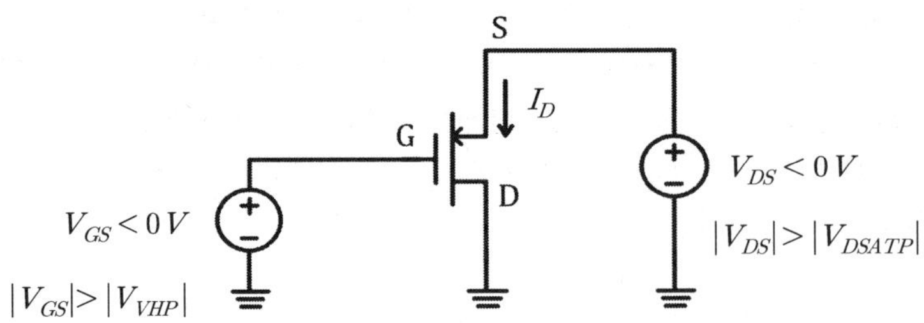

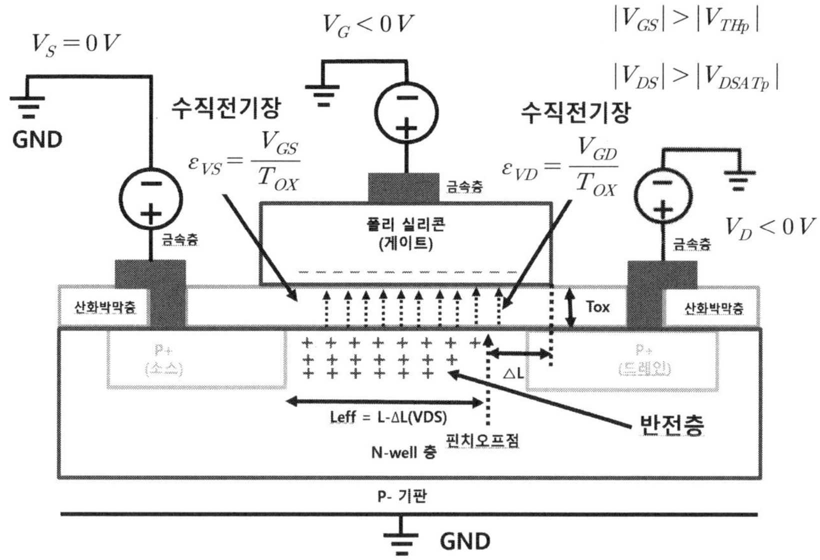

| 그림 4.28 | 포화영역에서 동작하는 P-채널 트랜지스터

그림 4.28과 같이 게이트 전압($V_{GS} < 0$)은 문턱전압($V_{THp} < 0$)보다 작게 가하고, 드레인 전압(V_{DS})을 포화전압($V_{DSATp} = V_{GS} - V_{THp} < 0$)보다 작게 가하면, P-채널 트랜지스터는 포화영역에서 동작하게 된다. 포화영역에서 동작하는 MOSFET은 전압으로 조절되는 종속전류원으로 모델링되어 증폭기로 사용할 수 있다. 포화영역에서는 소스 단자 수직전기장(ε_{VS})와 드레인 단자 수직전기장(ε_{VD})의 세기 차이가 선형영역에서보다 크게 생긴다. 특히 게이트 전압과 드레인 전압 차이의 절대값이 문턱전압 절대값보다 작아지기 시작하면 드레인 단자 쪽 반전층의 두께가 0이 되는 핀치오프점(pinch-off point)이 생긴다. $V_{DS}(< 0)$을 감소시킬수록(또는 V_{SD}를 증가시키면) 핀치오프점은 드레인 단자에서 소스 단자쪽으로 이동하게 되므로, 유효채널 길이(L_{eff})는 (식 4.61)과 같이 마스크 채널길이(L)에서 핀치오프점까지의 거리($\Delta L(V_{DS})$)만큼 줄어들게 된다.

$$L_{eff} = L - \Delta L(V_{DS}) \qquad \text{(식 4.61)}$$

$V_{DS}(< 0)$를 감소시키면 수평 전기장 세기가 증가하고, 수평 전기장 세기가 증가하면 채널에서 단위시간당 이동하는 자유정공의 숫자가 증가하여 드레인 전류가 증가하는데, 이러한 현상은 (식 4.62)로 표시할 수 있다.

$$I_D = \frac{1}{2} K_p \frac{W}{L_{eff}} (|V_{GS}| - |V_{THp}|)^2 = \frac{1}{2} K_p \frac{W}{L} (|V_{GS}| - |V_{THp}|)^2 (1 + \lambda_p |V_{DS}|) \qquad \text{(식4.62)}$$

여기서 λ_p는 P-채널 트랜지스터의 채널길이 변조효과 변수(1/V)로서, 채널길이에 반비례한다. 즉, 채널길이가 감소하면, 채널길이 변조효과가 증가하므로 λ_p는 증가해서 드레인 전압의 절대값이 증가할수록 드레인 전류가 증가한다.하는 현상을 모델링할 수 있다. P-채널 트랜지스터가 포화영역에서 동작할 때, 드레인-소스 단자 사이의 전압과 전류 관계를 나타내는 내부 저항 r_o는 (식 4.63)과 같다.

$$r_o = \left|\frac{\partial V_{DS}}{\partial I_D}\right| = \frac{1}{\left|\frac{\partial I_D}{\partial V_{DS}}\right|} = \frac{1}{\lambda_p I_D} \quad \text{(식 4.63)}$$

채널 변조효과를 무시하는 경우, 포화영역에서 동작하는 P-채널 트랜지스터의 상호 컨덕턴스는 (식 4.64)와 같다.

$$g_m = \left|\frac{\partial I_D}{\partial V_{GS}}\right| = \sqrt{2K_p \frac{W}{L} I_D} \quad \text{(식 4.64)}$$

예제 4.7 P-채널 트랜지스터의 $W = 10\mu m$, $L = 1\mu m$, $V_{THp} = -0.5\,V$, $K_p = 40\mu A/V^2$, $\lambda_p = 0.01/V$이고 $V_D = -1\,V$, $V_S = 0\,V$ 일때 트랜지스터에 흐르는 드레인 전류(I_D), 내부저항(r_o), 상호 컨덕턴스(g_m)를 구하고 SPICE 모의실험을 통해서 결과값을 비교하라. 또한 $V_{DS} = -3\,V$로 고정시키고, V_{GS} 값을 0V ~ -3V로 가변시켰을 때, I_D, g_m의 모의실험 값을 그래프로 표시하라.

풀이

P-채널 트랜지스터의 동작 영역을 판단하기 위해서 (식 4.65)와 같이 게이트 전압(V_{GS})과 문턱전압(V_{THp})을 비교하고, (식 4.66)과 같이 드레인 전압(V_{DS})과 포화전압(V_{DSATp})을 비교한다.

$$V_{GS} = V_G - V_S = -1\,V < V_{THp} = -0.5\,V \quad \text{(식 4.65)}$$

$$V_{DS} = V_D - V_S = -1\,V < V_{DSATp} = V_{GS} - V_{THp} = -0.5\,V \quad \text{(식 4.66)}$$

(식 4.65), (식 4.66)에 따라서 P-채널 트랜지스터는 포화영역에서 동작하게 된다. 그러므로 (식 4.62), (식 4.63), (식 4.64)에 주어진 값을 대입해서 드레인 전류(I_D), 내부저항(r_o), 상호 컨덕턴스(g_m)를 (식 4.67), (식 4.68), (식 4.69)와 같이 구할 수 있다. 단, (식 4.67)은 $|\lambda_p V_{DS}| = 0.01 \ll 1$이므로 채널 변조효과를 무시한 것임에 주의한다.

$$I_D = \frac{K_p}{2}\frac{W}{L}(|V_{GS}| - |V_{THp}|)^2 = \frac{40\mu A/V^2}{2}\left(\frac{10\mu m}{1\mu m}\right)(1\,V - 0.5\,V)^2 = 50\mu A \quad \text{(식 4.67)}$$

$$r_o = \frac{1}{\lambda_p I_D} = \frac{1}{(0.01/V)(50\mu A)} = 2M\Omega \qquad \text{(식 4.68)}$$

$$g_m \equiv \sqrt{2K_p \frac{W}{L} I_D} = \sqrt{2(40\mu A/V^2)(10)(50\mu A)} = 200\mu/\Omega \qquad \text{(식 4.69)}$$

SPICE 모의실험을 위해서 아래와 같이 넷리스트를 작성한다.

```
PCH ID VS VGS
VGS  G 0 DC -1
VDS D 0 DC -3
M1 D G 0 0 PCH W=10U L=1U
.MODEL PCH PMOS(LEVEL=1 VTO=-0.5 KP=40U LAMBDA=0.01 GAMMA=0.5)
.OP
.PROBE
.END
```

위 넷리스트에 대한 SPICE 모의실험 결과(일부 발췌)는 다음과 같다.

```
*****************************************************************************
SMALL     SIGNAL BIAS SOLUTION        TEMPERATURE=27.000 DEG C
*****************************************************************************
NODE   VOLTAGE      NODE   VOLTAGE
(    D)   -3.0000        (     G)   -1.0000
       VOLTAGE SOURCE CURRENTS
       NAME          CURRENT
       VGS           0.000E+00
       VDS           5.150E-05
    TOTAL POWER DISSIPATION   1.55E-04  WATTS
*************************************************************************
OPERATING    POINT INFORMATION        TEMPERATURE=27.000 DEG C
*************************************************************************
MOSFET
NAME              M1
MODEL             NCH
ID            -5.15E-05
VGS           -1.00E+00
VDS           -3.00E+00
VTH           -5.00E-01
```

```
VDSAT      -5.00E-01
GM         2.06E-04
GDS        5.00E-07
```

계산식에 의한 결과와 SPICE 모의실험 결과를 표 4.7에 비교하였다. 드레인 전류값 I_D의 계산을 위해 사용한 (식 4.67)은 채널길이변조효과를 반영하는 $\lambda_p|V_{DS}|$값이 포함된 (식 4.62)의 근사식이므로 계산 결과와 SPICE 모의실험결과 사이에 3%의 오차가 발생하였음을 알 수 있다.

| 표 4.7 | (예제 4.7) 회로의 계산결과 및 SPICE 모의실험 결과 비교 표

변수	계산 결과	SPICE 모의실험	오차 (%)
$I_D(\mu A)$	50	51.5	3
$r_o(M\Omega)$	2	2	0
$g_m(\mu/\Omega)$	200	206	3

$V_{DS}=-3\,V$로 고정시키고, V_{GS} 값을 0V ~ 3V 가변시켰을 때, I_D, g_m의 모의실험 그래프는 다음과 같다. I_D는 $(V_{GS}-V_{THp})^2$에 비례하고, g_m은 $V_{GS}-V_{THp}$에 비례함을 확인할 수 있다.

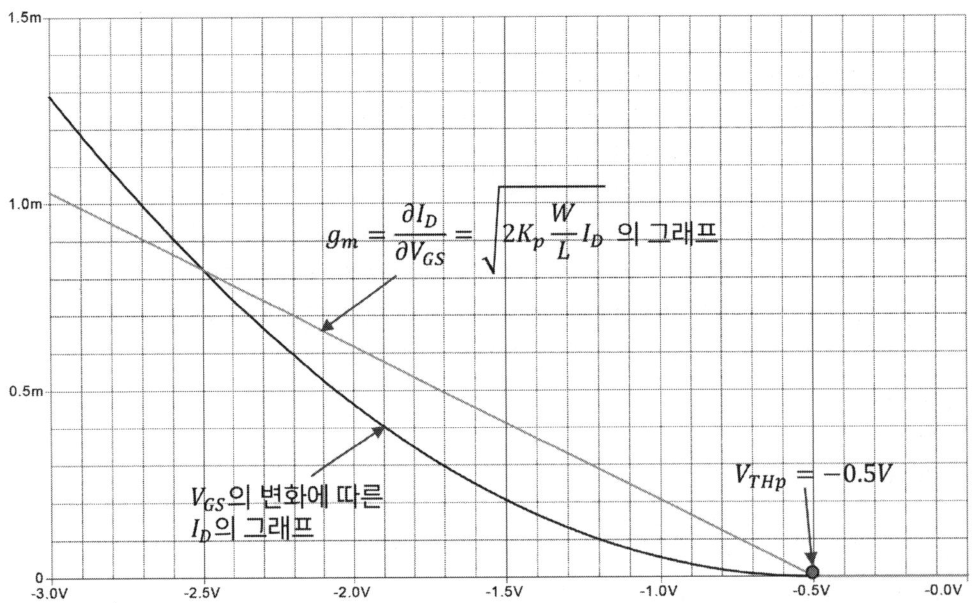

P-채널 트랜지스터의 3가지 동작영역 특성을 요약하면 표 4.8과 같다.

| 표 4.8 | P-채널 트랜지스터의 3가지 동작영역 특성 요약 표

동작영역	동작 조건	드레인 전류 (I_D)	내부저항(r_o)	상호 컨덕턴스(g_m)
차단영역	$\|V_{GS}\| < \|V_{THp}\|$	0	∞	0
선형영역	$\|V_{GS}\| > \|V_{THp}\|$, $\|V_{DS}\| < \|V_{DSATp}\|$	$K_p\dfrac{W}{L}(\|V_{GS}\| - \|V_{THp}\|)\|V_{DS}\|$	$\dfrac{1}{K_p\dfrac{W}{L}(\|V_{GS}\| - \|V_{THp}\|)}$	$K_p\dfrac{W}{L}\|V_{DS}\|$
포화영역	$\|V_{GS}\| > \|V_{THp}\|$, $\|V_{DS}\| > \|V_{DSATp}\|$	$\dfrac{1}{2}K_p\dfrac{W}{L}(\|V_{GS}\| - \|V_{THp}\|)^2$ $(1+\lambda_p\|V_{DS}\|)$	$\dfrac{1}{\lambda_p I_D}$	$\sqrt{2K_p\dfrac{W}{L}I_D}$

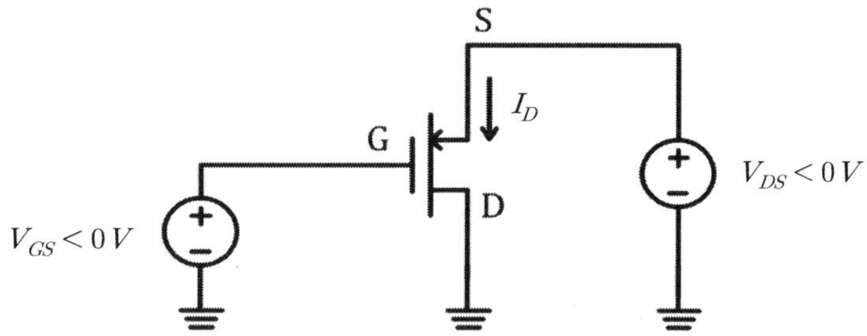

| 그림 4.29 | P-채널 트랜지스터의 바이어스 회로도

그림 4.29와 같이 P-채널 트랜지스터 게이트 전압(V_{GS}), 드레인 전압(V_{DS})을 가해서 변화시키면 I_D 대 V_{GS} 특성곡선(V_{DS} 고정) 및 I_D 대 V_{DS} 특성곡선(V_{GS} 고정)을 볼 수 있다.

그림 4.30은 $|V_{DS}| > |V_{DSATp}|$가 되도록 고정하고, $|V_{GS}|$ 전압을 증가하면, 트랜지스터가 포화영역에서 동작하므로, 드레인 전류(I_D)는 게이트 전압($|V_{GS}|$)의 2차함수가 됨을 보여준다.

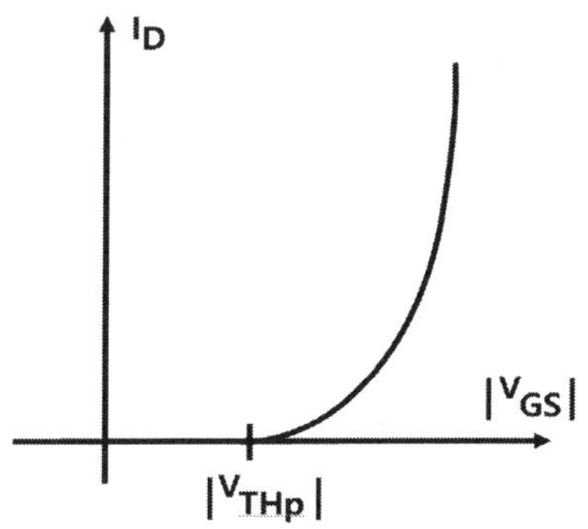

| 그림 4.30 | I_D 대 $|V_{GS}|$ 특성곡선($|V_{DS}|$ 고정, $|V_{DS}| > |V_{DSATp}|$)

그림 4.29 회로에서 $|V_{GS}|$전압을 문턱전압보다 높게 고정시키고($|V_{GS}| > |V_{THp}|$), $|V_{DS}|$ 전압을 증가시키면, 그림 4.31과 같이 트랜지스터가 선형영역에서 시작해서 포화영역으로 동작하는 드레인 전류(I_D) 곡선을 볼 수 있다.

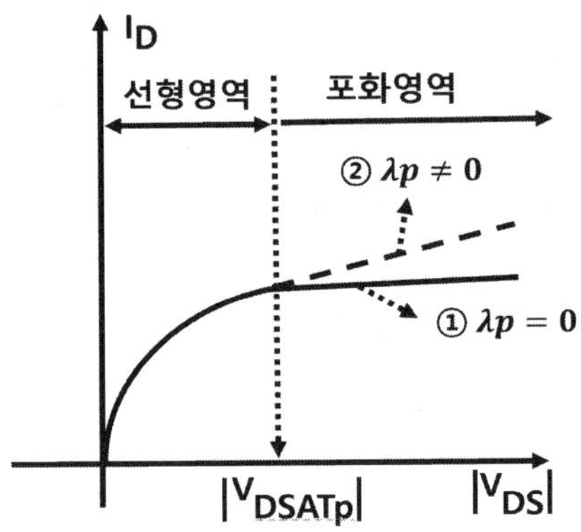

| 그림 4.31 | I_D 대 $|V_{DS}|$ 특성곡선($|V_{GS}|$ 고정, $|V_{GS}| > |V_{THp}|$)

드레인 전류는 포화영역에서 2가지 곡선으로 구분되는데, 채널길이 변조 상수 $\lambda_p = 0$인 경우와 $\lambda_p \neq 0$인 경우이다. 첫째 $\lambda_p = 0$인 경우는 드레인 전류가 드레인 전압에 따라서 증가하지 않는 ① 곡선에 해당하므로 내부저항은 무한대가 되어 이 구간에서 이상적인 전류원으로 동작한다. 둘째 $\lambda_p \neq 0$인 경우, 드레인 전류가 드레인 전압에 따라서 증가하는 ② 곡선에 해당하며, 내부저항은 $\frac{1}{\lambda_p I_D}$이다. 채널길이가 짧아질수록 채널길이 변조 효과가 증가해서 λ_p가 증가하며, λ_p가 증가하면 드레인 전류가 증가하고, 내부저항은 감소하게 된다. 내부저항이 감소하면 증폭기의 전압이득이 감소해서 증폭기 설계가 어려워지는 문제점을 5장에서 살펴보기로 한다.

MOSFET 트랜지스터에 신호의 크기가 작으며, 주파수 성분이 있는 교류신호를 입력시키면 트랜지스터의 특성에 영향을 주므로, 특성을 해석하기 위해서 소신호 모델을 사용한다. MOSFET 트랜지스터의 소신호 모델은 소자 구조에서 존재하는 기생소자를 고려해야 한다. 따라서 기생소자를 고려할 소자 구조는 그림 4.32와 같다.

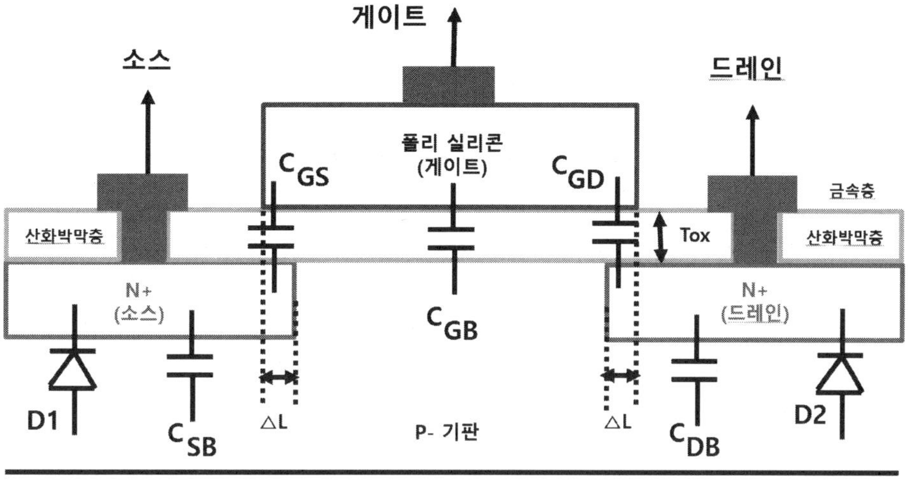

| 그림 4.32 | N-채널 트랜지스터 단면도에 존재하는 기생 커패시터

기생소자에는 5개 기생 커패시터가 포함된다. ΔL에 의한 C_{GS}, C_{GD}, 게이트 단자와 P- 기판에 의한 C_{GB}, 소스 N+ 반도체와 P- 반도체 기판로 구성된 pn 접합 다이오드(D1)에 의한 공핍 커패시터 C_{SB}, 소스 N+ 반도체와 P- 반도체 기판로 구성된 pn 접합 다이오드(D2)에 의한 공핍 커패시터 C_{DB}로 구성된다. 기생 커패시터 용량은 산화박막층의 두께 및 불순물 반도체 농도값에 의해서 결정되는데 0.1fF ~ 100fF 범위에 해당된다.

MOSFET 트랜지스터가 고주파 입력신호를 받아서 포화영역에서 동작할 때, 트랜지스터의 고주파 모델은 그림 4.33과 같다. 입력 신호의 주파수가 낮은 경우, 커패시터의 임피던스(impedance) 값이 증가하므로 개방회로로 간주할 수 있고, 이런 경우 그림 4.33의 커패시터를 개방회로로 대체하면 그림 4.34와 같은 하이브리드-파이(Hybrid-π) 저주파 모델을 얻을 수 있다.

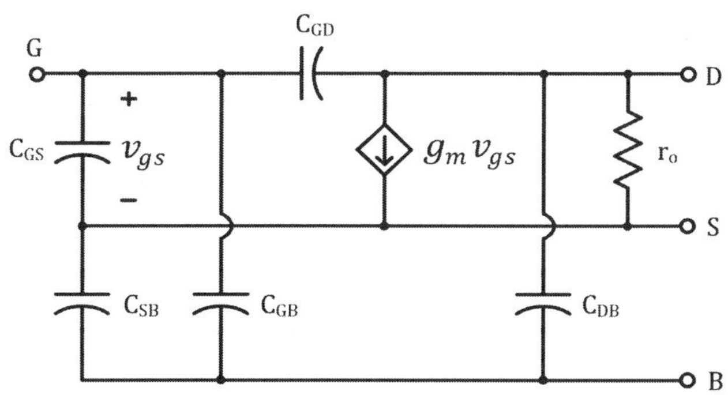

| 그림 4.33 | MOSFET 트랜지스터의 고주파 모델

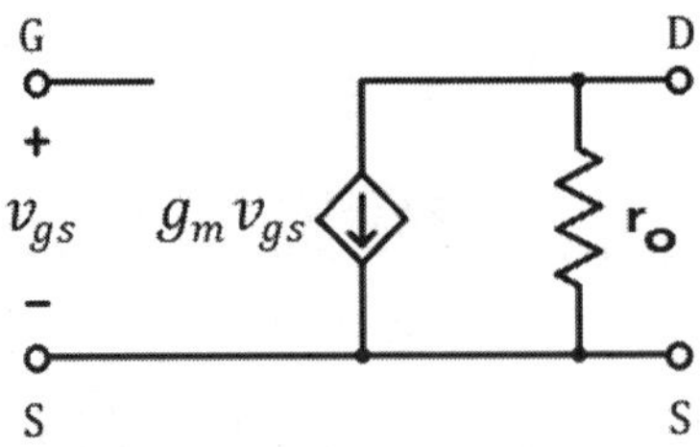

| 그림 4.34 | MOSFET 트랜지스터의 하이드리드-파이 저주파 모델

MOSFET 트랜지스터의 고주파 및 저주파 모델은 N-채널 및 P-채널 트랜지스터에 같게 적용된다. 그림 4.34의 하이브리드-파이 저주파 모델은 그림 4.35의 T-모델로 대치할 수 있다.

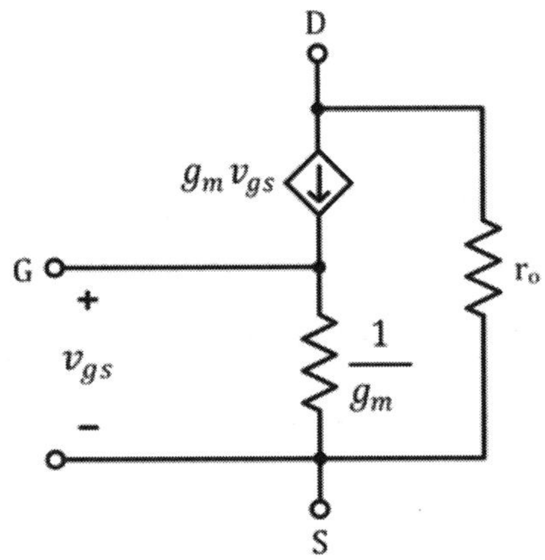

| 그림 4.35 | MOSFET 트랜지스터의 T-모델

하이브리드-파이 모델에서 T-모델로 바꾸는 과정을 살펴보기로 한다. 우선 그림 4.34에서 종속전류원($g_m v_{gs}$)을 직렬 연결시켜서 키르히호프 전류 법칙이 성립하도록 한다. 그리고 게이트 단자로 전류가 흐를 수 없기 때문에 게이트 단자를 연결하면 그림 4.36과 같이 된다.

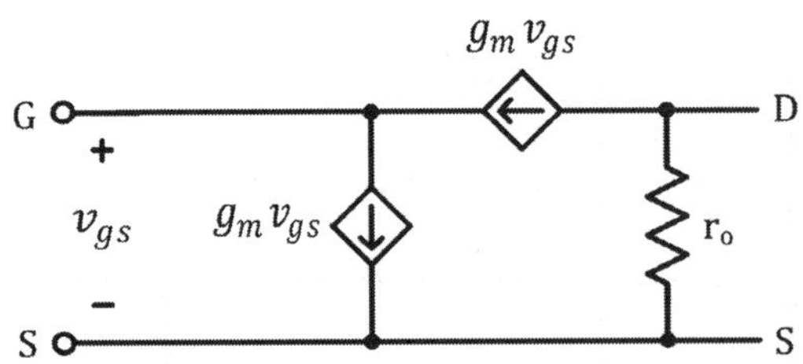

| 그림 4.36 | 하이브리드-파이 모델을 변형한 저주파 등가회로

종속전류원($g_m v_{gs}$)의 양 단자에 걸리는 전압이 v_{gs} 이므로 종속전류원을 오움법칙에 의해서

$\frac{1}{g_m}(=\frac{v_{gs}}{g_m v_{gs}})$ 저항으로 대체할 수 있다. 따라서 종속전류원 $(g_m v_{gs})$을 $\frac{1}{g_m}$ 저항으로 대체하면 그림 4.36 모델로부터 그림 4.35의 T-모델을 얻을 수 있다.

공정 변동에 의한 한계성 때문에 소자의 특성에도 영향을 미치게 된다. 공정 변동에 의한 소자 특성 변동을 고려한 모델이 코너(corner) 모델이다. 코너 모델은 최상위(best), 중간(nominal), 최하위(worst) 3가지 모델이 있으며, 트랜지스터의 전류 값을 기준으로 모델 변수들이 정해진다. 예를 들어서 N-채널 트랜지스터의 3가지 코너 모델을 문턱전압(V_{THn}, VTO), 상호 컨덕턴스 변수($K_n = \mu_n C_{OX}$, KP), 채널길이 변조 상수(λ_n, LAMBDA), 바디 효과 변수(γ_n, GAMMA) 모델 변수 기준으로 표 4.9와 같이 볼 수 있다. P-채널 트랜지스터의 3가지 코너 모델 변수는 표 4.10과 같다.

| 표 4.9 | N-채널 트랜지스터의 3가지 코너 모델 변수

모델 변수	최상위 (Best)	중간 (Nominal)	최하위 (Worst)	분포율
VTO	0.4	0.5	0.6	20%
KP	110U	100U	90U	10%
LAMBDA	0.02	0.01	0.005	50%
GAMMA	0.2	0.3	0.4	30%

| 표 4.10 | P-채널 트랜지스터의 3가지 코너 모델 변수

모델 변수	최상위 (Best)	중간 (Nominal)	최하위 (Worst)	분포율
VTO	−0.4	−0.5	−0.6	20%
KP	50U	40U	30U	25%
LAMBDA	0.02	0.01	0.005	50%
GAMMA	0.2	0.3	0.4	30%

예제 4.8 그림 4.22회로도에서 N-채널 트랜지스터의 드레인 전류 대비 게이트 전압/드레인 전압/온도 변화에 대한 코너 모의실험을 수행하되 표 4.9모델 변수를 사용하라. 단, N-채널 트랜지스터의 $W = 10\mu m$, $L = 1\mu m$를 가정한다. 전압 변화는 0 ~ 3V, 온도 변화는 $-80° \sim +120°$로 한다.

풀이

N-채널 트랜지스터의 드레인 전류 대비 게이트 전압/드레인 전압에 대한 코너 모의실험을 수행하기 위해서 다음과 같이 SPICE 넷 리스트를 작성하고 모의실험 한다.

(1) 드레인 전류 대비 게이트 전압 코너 모의실험

```
NCH ID VS VGS
VGS G 0 DC 1
VDS D 0 DC 3
M1 D G 0 0 NB W=10U L=1U
M2 D G 0 0 NN W=10U L=1U
M3 D G 0 0 NW W=10U L=1U
.MODEL NB NMOS(LEVEL=1 VTO=0.4 KP=110U LAMBDA=0.02 GAMMA=0.1)
.MODEL NN NMOS(LEVEL=1 VTO=0.5 KP=100U LAMBDA=0.01 GAMMA=0.2)
.MODEL NW NMOS(LEVEL=1 VTO=0.6 KP=90U LAMBDA=0.005 GAMMA=0.3)
.DC VGS 0 3 0.01
.PROBE
.END
```

모의실험 결과 3가지 코너 모델의 의한 드레인 전류 대비 게이트 전압 모의실험 결과 분포는 약 25%로서 모델 변수들의 조합이다.

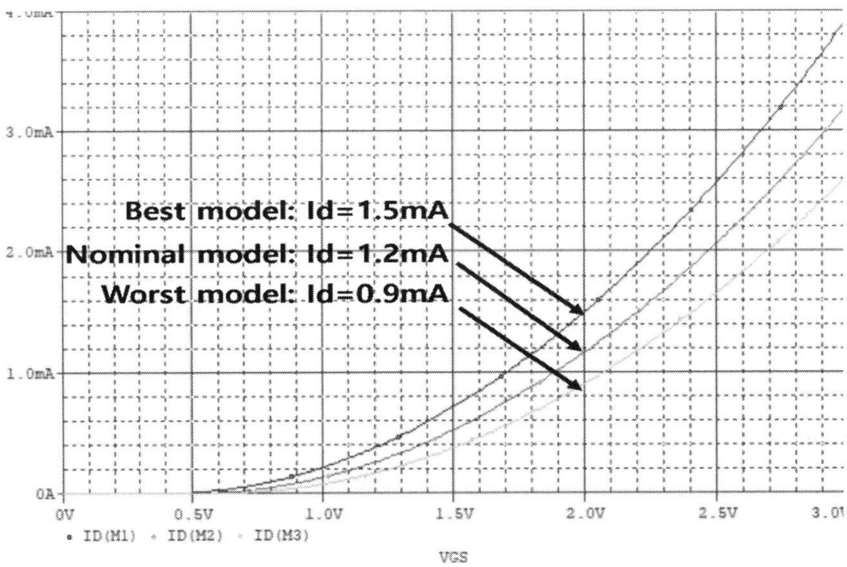

(2) 드레인 전류 대비 드레인 전압 코너 모의실험

```
NCH ID VS VDS
VGS G 0 DC 2
M1 D G 0 0 NB W=10U L=1U
M2 D G 0 0 NN W=10U L=1U
M3 D G 0 0 NW W=10U L=1U
.MODEL NB NMOS(LEVEL=1 VTO=0.4 KP=110U LAMBDA=0.02 GAMMA=0.1)
.MODEL NN NMOS(LEVEL=1 VTO=0.5 KP=100U LAMBDA=0.01 GAMMA=0.2)
.MODEL NW NMOS(LEVEL=1 VTO=0.6 KP=90U LAMBDA=0.005 GAMMA=0.3)
.DC VDS 0 3 0.01
.PROBE
.END
```

모의실험 결과 3가지 코너 모델의 의한 드레인 전류 대비 드레인 전압 모의실험 결과 분포는 약 25%로서 모델 변수들의 조합이다.

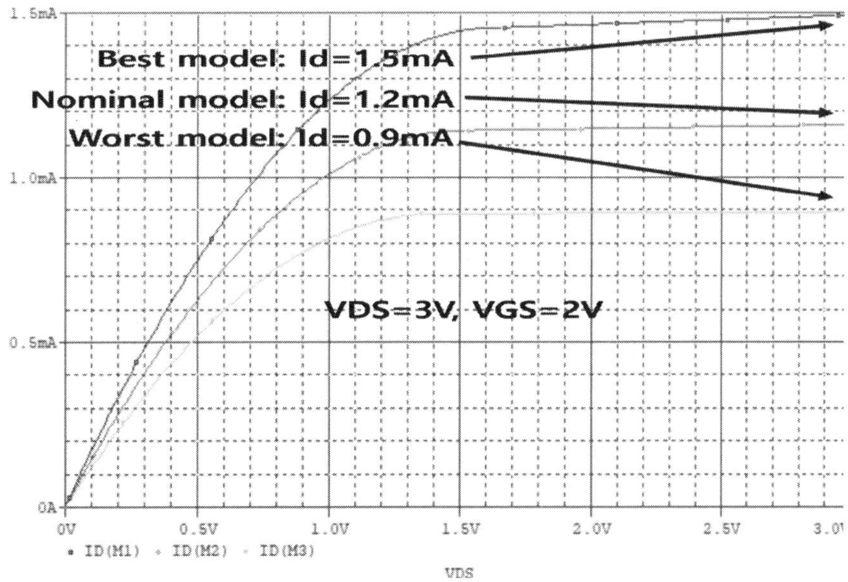

(3) 드레인 전류 대비 온도 변화 코너 모의실험

```
NCH ID VS TEMP
VGS G 0 DC 2
VDS D 0 DC 3
M1 D G 0 0 NB W=10U L=1U
M2 D G 0 0 NN W =10U L=1U
M3 D G 0 0 NW W=10U L=1U
.MODEL NB NMOS(LEVEL=1 VTO=0.4 KP=110U LAMBDA=0.02 GAMMA=0.1)
.MODEL NN NMOS(LEVEL=1 VTO=0.5 KP=100U LAMBDA=0.01 GAMMA=0.2)
.MODEL NW NMOS(LEVEL=1 VTO=0.6 KP=90U LAMBDA=0.005 GAMMA=0.3)
.DC TEMP -80 120 1
.PROBE
.END
```

온도 변화 ($-80° \sim +120°$) 대비 코너 모델 (최상위, 중간, 최하위 모델)의 전류 변화 값을 계산하면, 각각 $-7\mu A/℃$, $-5\mu A/℃$, $-3.5\mu A/℃$ 이 된다. 온도 1° 변화 당 최상위 모델의 전류 변화 ($-7\mu A$)가 가장 크고, 최하위 모델의 전류 변화 ($-3.5\mu A$)가 가장 작다.

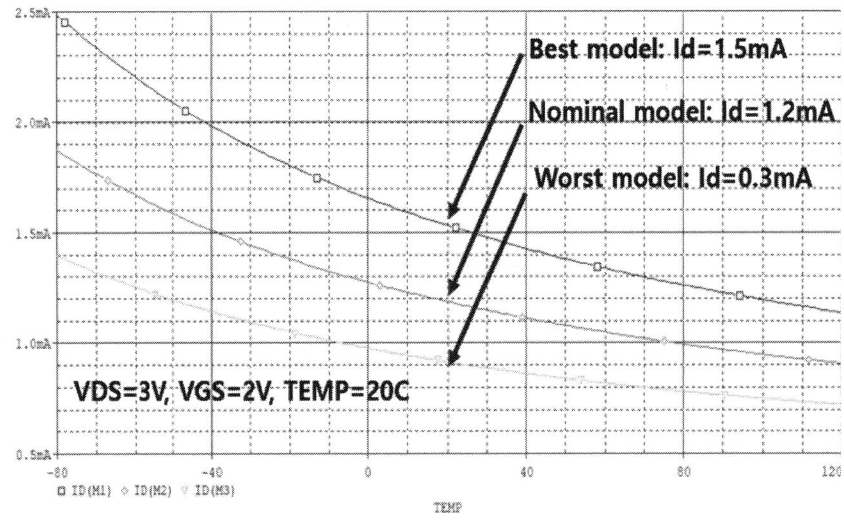

예제 4.9 그림 4.29 회로도에서 P-채널 트랜지스터의 드레인 전류 대비 게이트 전압/드레인 전압/온도변화에 대한 코너 모의실험을 수행하되 표 4.10 모델 변수를 사용하라. 단, P-채널 트랜지스터의 $W=10\mu m,\ L=1\mu m$를 가정한다. 전압 변화는 0 ~ −3V, 온도 변화는 $-80° \sim +120°$로 한다.

풀이

P-채널 트랜지스터의 드레인 전류 대비 게이트 전압/드레인 전압/온도변화에 대한 코너 모의실험을 수행하기 위해서 다음과 같이 SPICE 넷 리스트를 작성하고 모의실험 한다.

```
PCH ID VS VGS
VGS G 0 DC -1
VDS D 0 DC -3
M1 D G 0 0 PB W=10U L=1U
M2 D G 0 0 PN W=10U L=1U
M3 D G 0 0 PW W=10U L=1U
.MODEL PB PMOS(LEVEL=1 VTO=-0.4 KP=50U LAMBDA=0.02 GAMMA=0.4)
.MODEL PN PMOS(LEVEL=1 VTO=-0.5 KP=40U LAMBDA=0.01 GAMMA= 0.5)
.MODEL PW PMOS(LEVEL=1 VTO=-0.6 KP=30U LAMBDA=0.005 GAMMA=0.6)
.DC VGS 0 -3 -0.01
.OP
.PROBE
.END
```

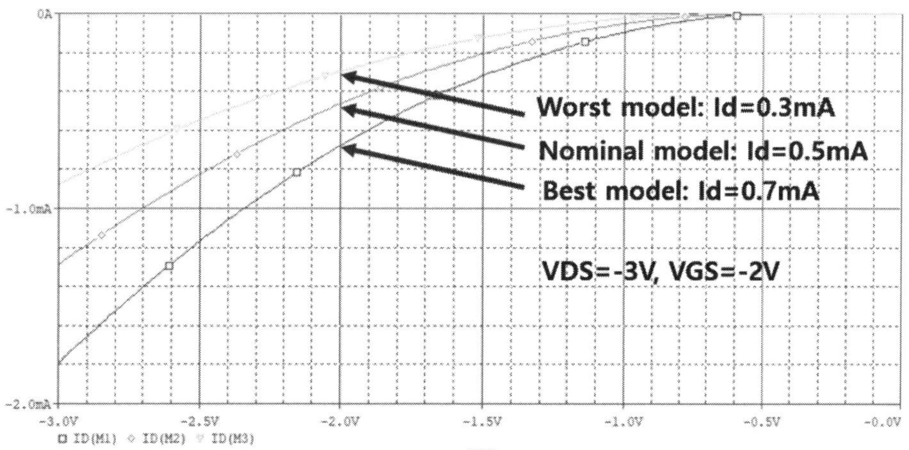

모의실험 결과 3가지 코너 모델의 의한 드레인 전류 대비 게이트 전압 모의실험 결과 분포는 약 40%로서 모델 변수들의 조합이다.

```
PCH ID VS VDS
VGS G 0 DC -2
VDS D 0 DC -3
M1 D G 0 0 PB W=10U L=1U
M2 D G 0 0 PN W=10U L=1U
M3 D G 0 0 PW W=10U L=1U
.MODEL PB PMOS(LEVEL=1 VTO=-0.4 KP=50U LAMBDA=0.02 GAMMA=0.4)
.MODEL PN PMOS(LEVEL=1 VTO=-0.5 KP=40U LAMBDA=0.01 GAMMA=0.5)
.MODEL PW PMOS(LEVEL=1 VTO=-0.6 KP=30U LAMBDA=0.005 GAMMA=0.6)
.DC VDS 0 -3 -0.01
.OP
.PROBE
.END
```

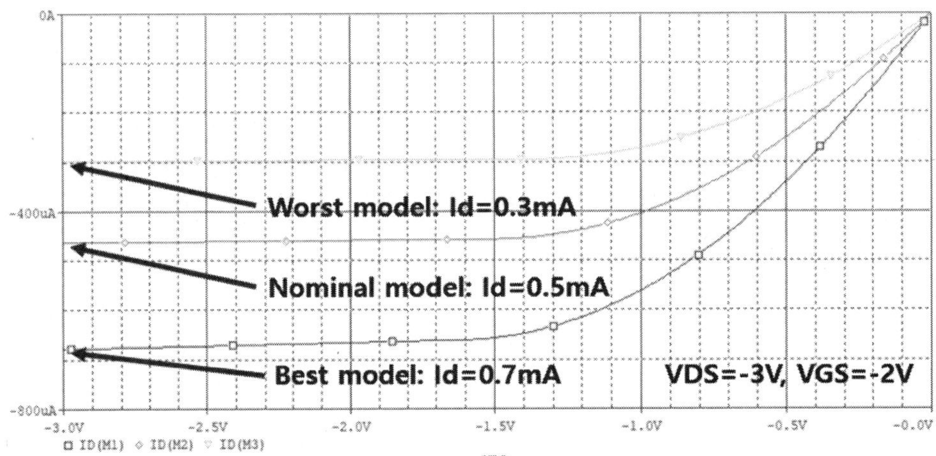

모의실험 결과 3가지 코너 모델의 의한 드레인 전류 대비 드레인 전압 모의실험 결과 분포는 약 40%로서 모델 변수들의 조합이다.

```
PCH ID VS TEMPERATURE
VGS G 0 DC -2
VDS D 0 DC -3
M1 D G 0 0 PB W=10U L=1U
M2 D G 0 0 PN W=10U L=1U
M3 D G 0 0 PW W=10U L=1U
.MODEL PB PMOS(LEVEL=1 VTO=-0.4 KP=50U LAMBDA=0.02 GAMMA=0.4)
.MODEL PN PMOS(LEVEL=1 VTO=-0.5 KP=40U LAMBDA=0.01 GAMMA=0.5)
.MODEL PW PMOS(LEVEL=1 VTO=-0.6 KP=30U LAMBDA=0.005 GAMMA=0.6)
```

```
.DC TEMP -80 120 1
.OP
.PROBE
.END
```

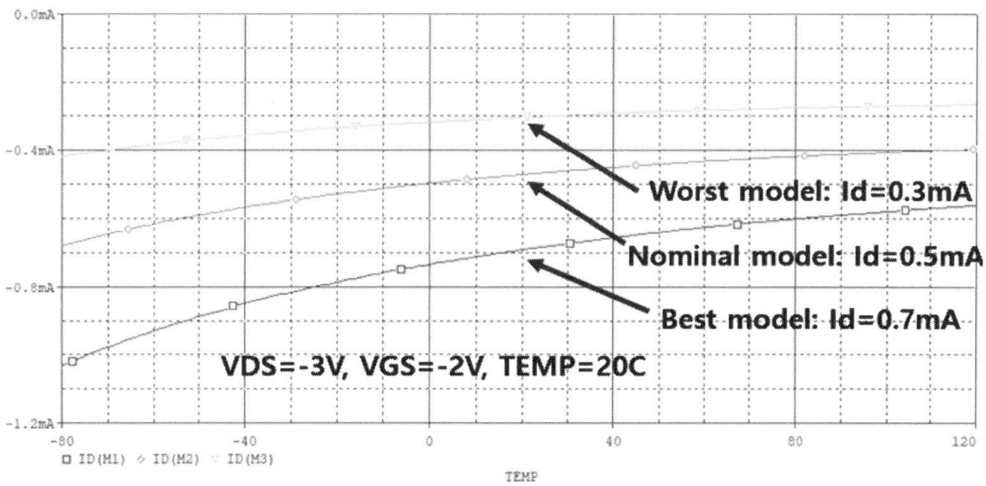

온도 변화(−80° ~ +120°) 대비 코너 모델(최상위, 중간, 최하위 모델)의 전류 변화 값을 계산하면, 각각 $-2.5\mu A/℃$, $-1.4\mu A/℃$, $-0.7\mu A/℃$ 이 된다. 온도 1° 변화 당 최상위 모델의 전류 변화($-2.5\mu A$)가 가장 크고, 최하위 모델의 전류 변화($-0.7\mu A$)가 가장 작다.

본 절에서 설명한 MOSFET 모델링은 누설전류에 강한 FinFET의 모델링에도 적용된다. 따라서 FinFET을 사용한 집적회로 설계에도 동일한 모델을 적용시킬 수 있다.

4.3 바이폴라 접합 트랜지스터 모델링

바이폴라 접합 트랜지스터는 각 단자 전압 차이에 의해서 자유전자 및 자유정공이 확산현상으로 움직여서 전류가 흘러서 동작하므로 스위치 및 증폭 기능을 한다,

바이폴라 접합 트랜지스터에는 NPN 바이폴라 접합 트랜지스터(이하 NPN 트랜지스터로 명명함)와 PNP 바이폴라 접합 트랜지스터(이하 PNP 트랜지스터로 명명함)가 있고, NPN 및 PNP 트랜지스터의 소자 표기법은 그림 4.37과 같다.

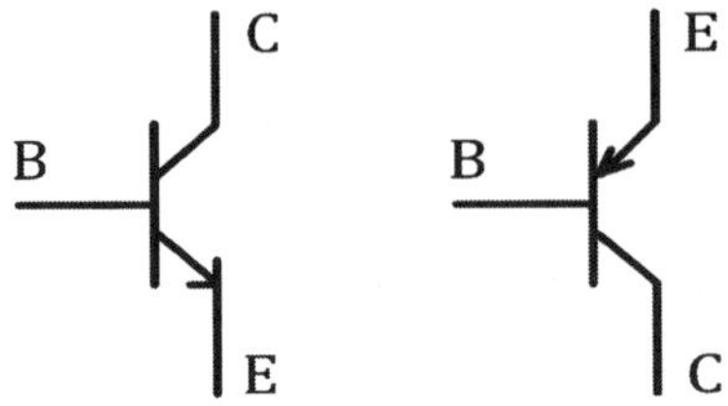

| 그림 4.37 | NPN 및 PNP 트랜지스터의 소자 표기법

NPN 및 PNP 트랜지스터의 구조는 그림 4.38과 같이 두 개 pn 접합면으로 구성된다. 즉, 이미터(emitter) -베이스(base) pn 접합면과 베이스-컬렉터 pn 접합면이다. 또한 각 pn 접합면의 농도분포를 살펴보면, 이미터의 불순물 반도체 농도(N_E)는 베이스의 불순물 반도체 농도(N_B)보다 높으며, 베이스 불순물 반도체 농도는 컬렉터(collector) 불순물 반도체 농도(N_C) 보다 높다. 따라서 바이폴라 접합 트랜지스터의 구조는 MOSFET의 구조와 다르게 베이스 단자를 기준으로 불순물 반도체 농도 측면에서 비대칭 구조를 가지고 있으므로 ($N_E > N_B > N_C$) 태생적으로 이미터, 베이스, 컬렉터 단자가 결정된다. NPN 및 PNP 트랜지스터가 동작할 수 있는 영역은 표 4.11과 같이 모두 4가지이다.

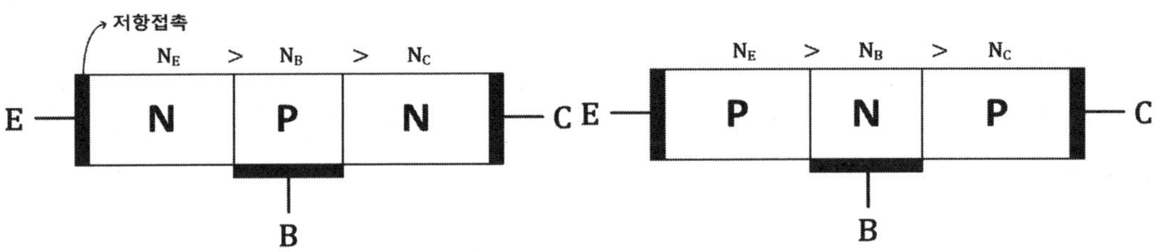

| 그림 4.38 | NPN 및 PNP 트랜지스터의 구조

| 표 4.11 | NPN 트랜지스터의 동작 영역

동작 영역	베이스-이미터 접합	베이스-컬렉터 접합	응용 분야
차단 영역	역방향	역방향	스위치 차단
순방향 활성 영역	순방향	역방향	증폭기
역방향 활성 영역	역방향	순방향	없음
포화 영역	순방향	순방향	스위치 도통

4가지 동작영역을 각각 살펴보기로 한다. 첫째, 베이스-이미터(BEJ: Base-Emitter Junction) pn 접합면과 베이스-컬렉터(BCJ: Base-Collector Junction) pn 접합면에 모두 역방향 바이어스를 가하면 모두 공핍층이 두껍게 형성되어서 전류가 흐르지 않는다. 따라서 스위치를

차단 상태로 사용할 수 있다. 둘째, BEJ와 BCJ에 모두 순방향 바이어스를 가하면 확산현상에 의해서 전류가 잘 흐르므로 스위치를 도통 상태로 사용할 수 있다. 셋째, BEJ는 순방향 바이어스, BCJ는 역방향 바이어스를 가하면 그림 4.39와 같이 이미터 내에 풍부한 (−) 전하를 띤 자유전자가 베이스로 확산 현상에 의해서 진입하면서 이미터 전류(I_E)를 이룬다. 확산 현상에 의해서 베이스 영역으로 들어간 자유전자가 베이스 폭(W_B)을 지나면서 일부 자유전자는 베이스 영역내 자유정공과 재결합해서 베이스 전류(I_B)를 이루며, 나머지 대부분 자유전자는 컬렉터 영역에 들어가서 컬렉터 전류(I_C)를 이룬다. BCJ의 역방향 전압(V_{BC})을 증가시키면 (식 4.3.1)에 의해서 표시한 공핍층 두께(W_{BCJ})가 증가한다.

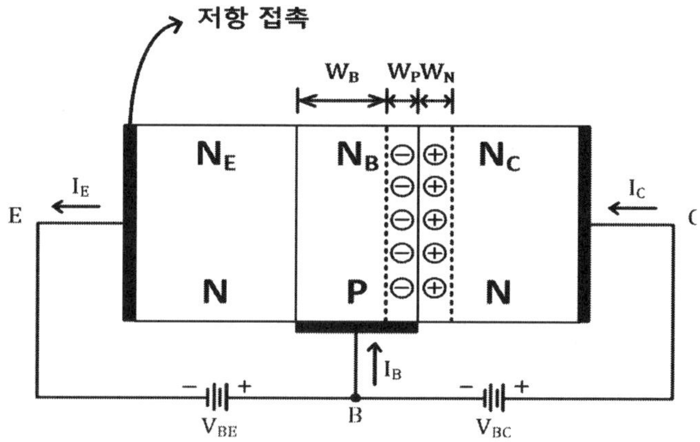

| 그림 4.39 | 순방향 바이어스에서 동작하는 NPN 트랜지스터

$$W_{BCJ} = W_P + W_N \qquad (식\ 4.70)$$

베이스 폭이 W_B이고, 베이스 영역내 공핍층 두께(W_P)가 증가하면서 베이스의 유효 폭($W_{B,EFF}$)은 (식 4.71)과 같이 점점 감소하게 된다.

$$W_{B,EFF} = W_B - W_P \qquad (식\ 4.71)$$

CBJ 역방향 전압을 증가하면서 베이스 유효 폭이 감소하면, 베이스를 통과하는 자유전자가 자유정공과 재결합할 확률이 감소하므로 컬렉터 전류가 증가하게 된다. 이렇게 베이스 유효폭이 감소함에 따라서 컬렉터 전류가 증가하는 현상을 베이스 폭 변조(base width modulation)효과 라고 하며, 전계 효과 트랜지스터의 채널 길이 변조 현상과 1:1 대응된다. 베이스 폭 변조 효과는 어얼리 전압(V_A, Early voltage)으로 모델링할 수 있다. 이미터 전류(I_E), 베이스 전류(I_B), 컬렉터 전류(I_C)의 상관관계는 (식 4.72), (식 4.73), (식 4.74)로 표시할 수 있다.

$$I_E = I_B + I_C \qquad (식\ 4.72)$$

$$I_C = \beta_F I_B \quad \text{(식 4.73)}$$

$$I_C = \alpha_F I_E \quad \text{(식 4.74)}$$

여기서 β_F는 공통 이미터 전류 이득, α_F는 공통 베이스 전류 이득이며, β_F와 α_F의 상관관계는 (식 4.75), (식 4.76)과 같다.

$$\beta_F = \frac{I_C}{I_B} = \frac{\alpha_F}{1-\alpha_F} \quad \text{(식 4.75)}$$

$$\alpha_F = \frac{I_C}{I_E} = \frac{\beta_F}{1+\beta_F} \quad \text{(식 4.76)}$$

일반적으로 $\beta_F >> 1$ 이므로 α_F는 1에 가깝다. 따라서 바이폴라 접합 트랜지스터가 순방향 활성영역에서 동작하면 전류 증폭 작용을 하게 된다. 따라서 바이폴라 접합 트랜지스터를 순방향 활성 영역에서 동작시키면 전류 증폭을 할 수 있으므로 증폭기로 사용할 수 있다. 순방향 활성영역에서 동작할 때, 컬렉터 전류 방정식은 (식 4.77)과 같다.

$$I_C = I_S\, e^{\frac{V_{BE}}{V_T}}\left(1 + \frac{V_{CE}}{V_A}\right) \quad \text{(식 4.77)}$$

여기서 I_S는 포화전류이며, 이미터 접합 면적에 정비례한다. V_T는 열 전압으로 절대온도 300K에서 약 26mV이다.

넷째, BEJ는 역방향 바이어스, BCJ는 순방향 바이어스를 가하면 전류 증폭이 발생하기는 하지만 전류 증폭비율이 매우 작아서 증폭기로 사용 효율성이 떨어지므로 사용하지 않는다.

그림 4.40은 NPN 트랜지스터에 바이어스 전압(V_{BE}, V_{CE})을 가했을 때 회로도이다. V_{CE} 전압을 고정하고, V_{BE} 전압을 가변시키면, 확산전류 I_C는 그림 4.41에서 보는 바와 같이 지수 함수에 비례해서 증가하며, V_{ON}은 트랜지스터의 도통전압 (~ 0.7V) 이다.

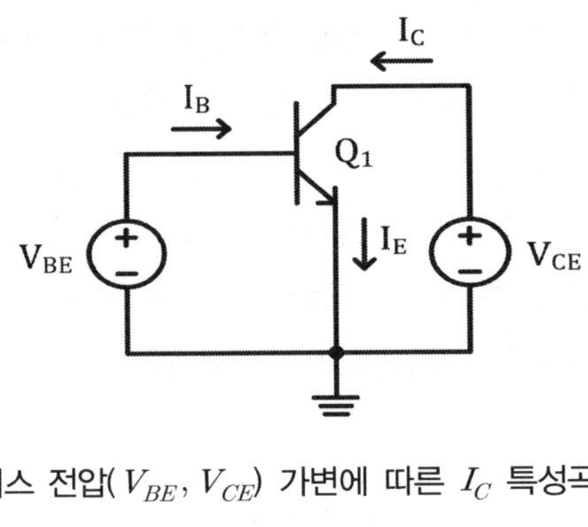

| 그림 4.40 | 바이어스 전압(V_{BE}, V_{CE}) 가변에 따른 I_C 특성곡선을 구하기 위한 회로

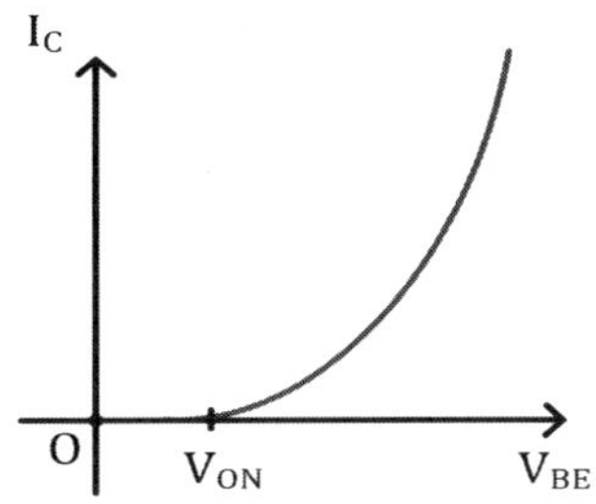

| 그림 4.41 | I_C 대 V_{BE} 전류 특성 곡선(V_{CE} 고정)

그림 4.41에서 나타난 I_B, I_C 확산전류를 로그 스케일로 변환시켜서 재구성하면 그림 4.42가 된다. 그림 4.42를 살펴보면, V_{BE}가 작은 전압일 때, 누설전류 때문에 I_B 값이 크므로 공통 이미터 전류이득 (β_F)이 작게 되며, V_{BE}가 큰 전압일 때, 캐리어간 충돌 현상에 의해서 I_C값이 포화되므로 공통 이미터 전류이득이 작게 된다.

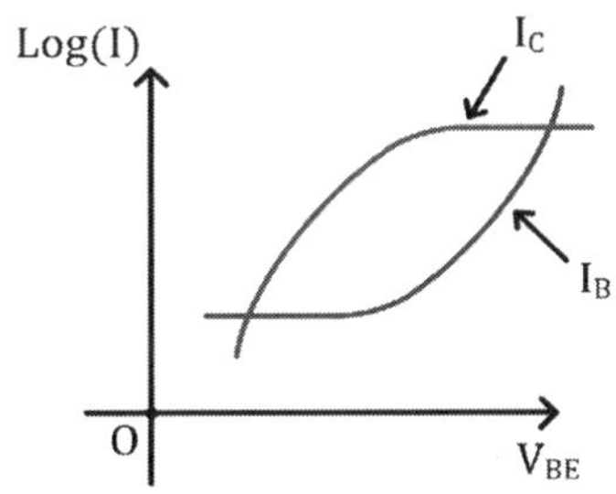

| 그림 4.42 | $\log(I_C), \log(I_B)$ 대 V_{BE} 전류 특성 곡선(V_{CE} 고정)

이러한 현상을 정리한 그래프가 그림 4.43이다. 즉, β_F가 최대값을 갖는 컬렉터 전류 구간은 $I_{C1}(\sim\mu A)$과 $I_{C2}(\sim mA)$ 사이 이다. 따라서 바이폴라 트랜지스터를 기반으로 한 증폭기를 설계할 때, 최대 증폭 이득을 활용하기 위해서는 컬렉터 전류가 수 μA에서 수 mA가 흐르도록 바이어스를 가하는 것이 바람직하다. 바이폴라 증폭기 설계는 7장에서 자세히 다루기로 한다.

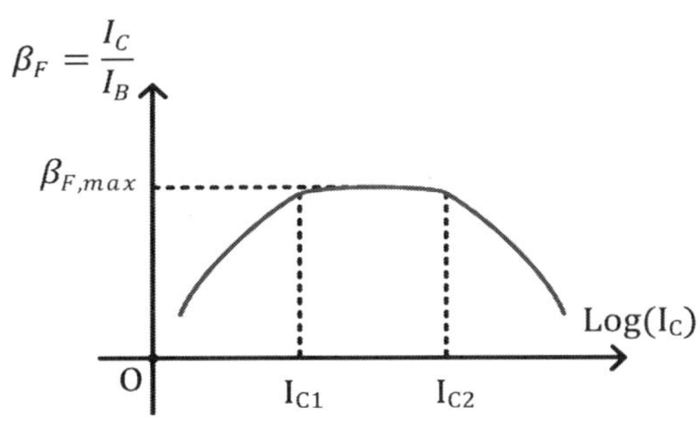

| 그림 4.43 | I_C와 β_F의 관계 곡선

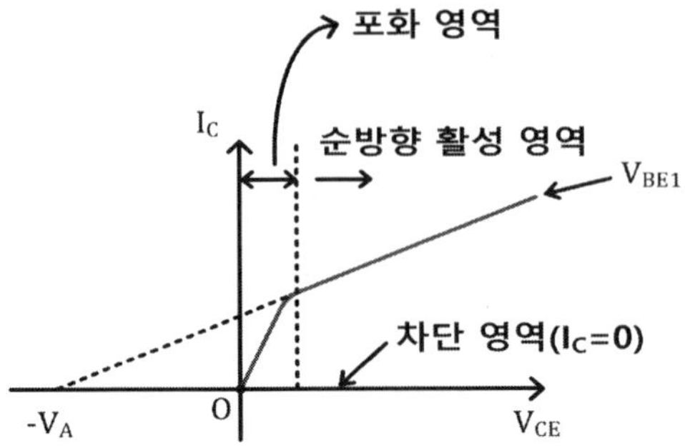

| 그림 4.44 | I_C 대 V_{CE} 전류 특성 곡선(V_{BE} 고정)

그림 4.40 회로에서 베이스 전압(V_{BE})을 고정시키고, 컬렉터 전압(V_{CE})을 가변시키면 그림 4.45와 같이 차단 영역(I_C= 0), 포화영역($V_{CE} < V_{CE,sat}$), 순방향 활성영역 ($V_{CE} > V_{CE,sat}$)으로 구분되어서 컬렉터 전류가 흐른다. $V_{CE,sat}$는 포화전압이며 대부분 0.1 ~ 0.3V 이다.

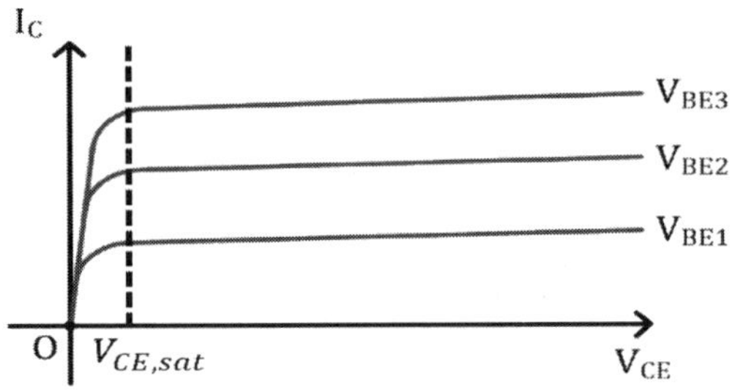

| 그림 4.45 | I_C 대 V_{CE} 전류 특성 곡선(V_{BE} 가변)

특히 순방향 활성영역에서 컬렉터 전류 기울기를 연장시켜서 V_{CE}와 만나는 전압을 어얼리 전압(V_A)으로 정의할 수 있으며, 베이스 폭 변조 효과가 작으면 V_A가 커지며, 베이스 폭 변조 효과가 크면 V_A가 작아진다. 그림 4.45는 다른 V_{BE}에 따라서 변하는 I_C 특성곡선을 나타낸다.

예제 4.10 그림 4.40 NPN 회로도에서 NPN 트랜지스터가 순방향 활성영역에서 동작하도록 바이어스를 가했을 때, ($V_{BE}= 0.6\,V,\ V_{CE}= 3\,V$) I_B, I_C, I_E 값을 구하라. 단, NPN 트랜지스터의 모델변수는 $I_S = 1fA$, $\beta_F = 100,\ V_A = 100\,V$ 이다.

풀이

NPN 트랜지스터가 순방향 활성영역에서 동작하므로 (식 4.77)을 사용해서 I_C 값을 다음과 같이 계산할 수 있다.

$$I_C = I_S e^{\frac{V_{BE}}{V_T}} \left(1 + \frac{V_{CE}}{V_A}\right) = (1fA)(e^{\frac{600mV}{25mV}})(1 + \frac{3V}{100V}) = 27.3\mu A$$

(식 4.73) 및 (식 4.73)에 의해서 베이스 전류 및 이미터 전류를 구하면 다음과 같다.

$$I_B = \frac{I_C}{\beta_F} = \frac{27.3\mu A}{100} = 0.27\mu A$$

$$I_E = I_B + I_C = 27.6\mu A$$

예제 4.11 그림 4.40 회로도에서 V_{CE}를 0 ~ 3V로 가변시키고, V_{BE}를 600mV, 610mV, 620mV로 가변시켰을 때, I_C 대 V_{CE} 전류 특성 곡선을 모의실험하라. 단, NPN 트랜지스터의 모델변수는 $I_S = 1fA$, $\beta_F = 100$, $V_A = 100V$ 이다.

풀이

그림 4.40 회로도를 넷리스트로 구성하면 다음과 같다.

```
IC VS VCE
Q1 C B 0 QN
VBE B 0 DC 0.6
VCE C 0 DC 3.0
.MODEL QN NPN(IS = 1F BF = 100 VAF = 100)
.OP
.DC VCE 0.05 3 0.05 VBE 0.6 0.62 0.01
.PROBE
.END
```

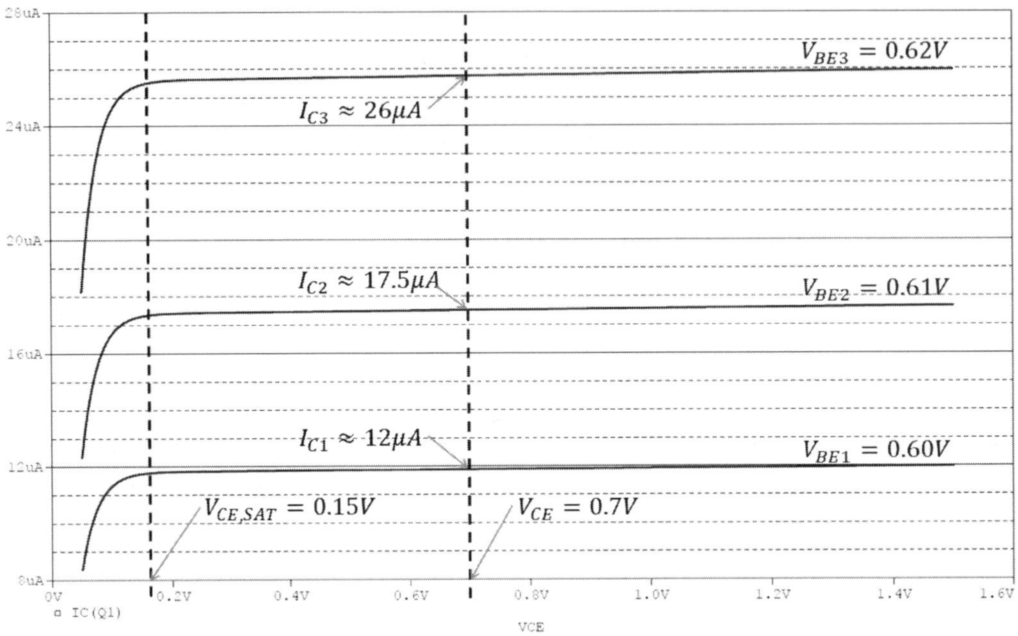

| 그림 4.46 | I_C 대 V_{CE} 특성곡선 SPICE 모의실험 결과(NPN 트랜지스터)

모의실험 결과는 위의 그림과 같다. V_{CE} 값이 0.15V이 되면서 I_C 값이 포화되고, V_{CE} 값이 증가하면서 베이스 폭 변조 효과 때문에 I_C 값이 증가함을 확인할 수 있다. $V_{CE}=0.7V$에서 $V_{BE1}=0.6V$, $V_{BE2}=0.61V$, $V_{BE3}=0.62V$에서 컬렉터 전류값을 살펴보면 각각 $I_{C1}=12\mu A$, $I_{C2}=17.5\mu A$, $I_{C3}=26\mu A$이다. 이것은 바이폴라 트랜지스터의 컬렉터 전류값이 베이스-이미터 전압 증가에 $e^{\frac{\Delta V_{BE}}{V_T}}=e^{\frac{10mV}{25mV}}=e^{0.4}=1.49$배 만큼 증가하는 것과 같다. 즉, $I_{C2}=1.49I_{C1}=1.49(12\mu A)=17.5\mu A$이 된다.

예제 4.12 그림 4.40 회로도에서 V_{BE}를 0.3 ~ 0.8V로 가변시키고, V_{CE}를 3V로 고정시켰을 때, $\log(I_C)$, $\log(I_B)$ 대 V_{BE} 전류 특성 곡선을 모의실험하라. 단, NPN 트랜지스터의 모델 변수는 $I_S=100fA$, $\beta_F=100$, $V_A=100V$이다.

풀이

넷리스트를 작성하면 다음과 같다.

```
IC VS VBE
Q1 C B 0 QN
VBE B 0 DC 0.6
VCE C 0 DC 3.0
.MODEL QN NPN(IS = 100F BF = 100 VAF = 100)
.OP
.DC VBE 0.05 1 0.01
.PROBE
.END
```

모의실험 결과는 다음과 같다.

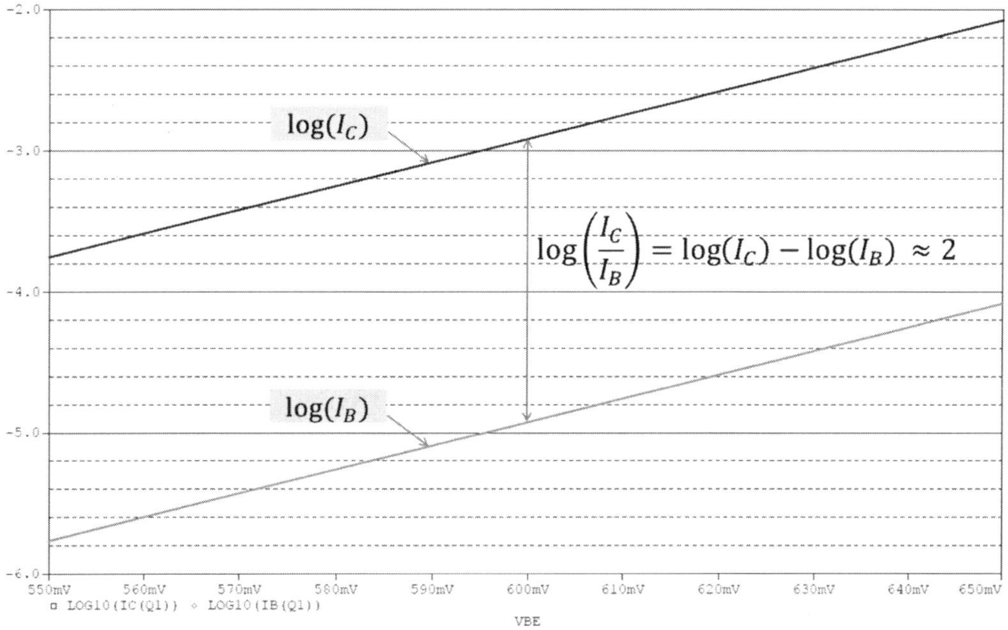

| 그림 4.47 | $\log(I_C)$, $\log(I_B)$ 대 V_{BE} 전류 특성 곡선 SPICE 모의실험 결과(NPN 트랜지스터)

모델변수에는 베이스 누설전류, 컬렉터 전류 크라우딩(current crowding) 현상이 반영되어 있지 않기 때문에 $\log(I_C)$, $\log(I_B)$ 대 V_{BE} 전류 특성 곡선이 평행선으로 증가함을 알 수 있다. 따라서 공통 이미터 전류이득 β_F는 모든 바이어스 전압 및 전류에 대해서 다음과 같이 거의 일정함 (~102)을 알 수 있다.

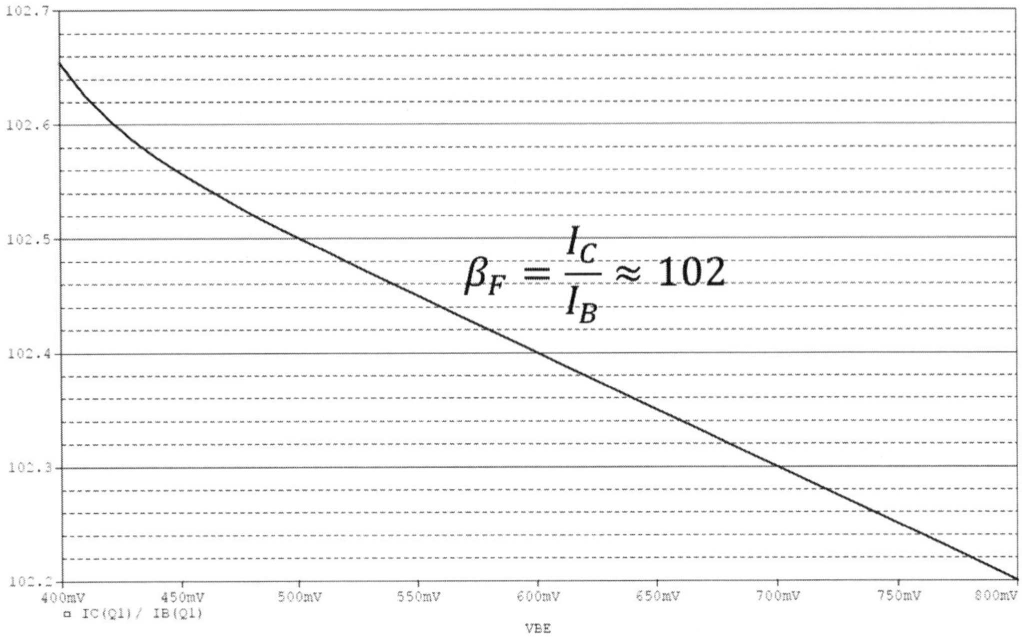

| 그림 4.48 | V_{BE}에 따른 β_F의 변화 곡선 SPICE 모의실험 결과(NPN 트랜지스터)

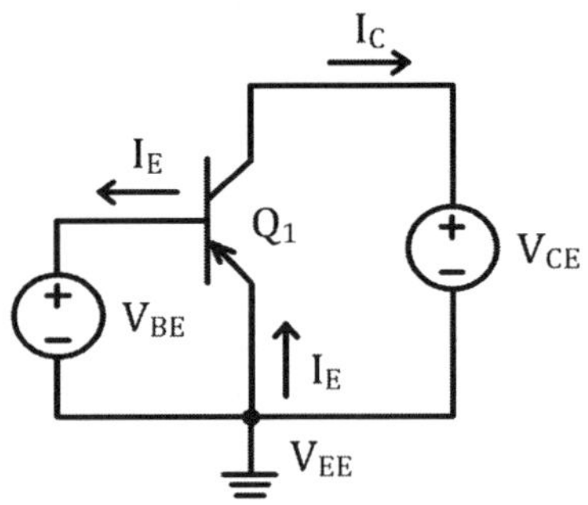

| 그림 4.49 | PNP 트랜지스터 회로도

PNP 트랜지스터 회로도는 그림 4.49와 같으며, NPN 트랜지스터와 동일하게 I_C 대비 V_{BE}, I_C 대비 V_{CE} 특성 곡선을 나타낼 수 있다.

예제 4.13 그림 4.46 PNP 회로도에서 PNP 트랜지스터가 순방향 활성영역에서 동작하도록 바이어스를 가했을 때, ($V_{BE}=-0.6\,V$, $V_{CE}=-3\,V$) I_B, I_C, I_E값을 구하라. 단, NPN 트랜지스터의 모델변수는 $I_S=10fA$, $\beta_F=100$, $V_A=100\,V$ 이다.

풀이

PNP 트랜지스터가 순방향 활성영역에서 동작하므로 (식 4.77)을 사용해서 I_C 값을 다음과 같이 계산할 수 있다.

$$I_C = I_S e^{\frac{V_{BE}}{V_T}}\left(1+\frac{V_{CE}}{V_A}\right) = (10fA)(e^{\frac{600mV}{25mV}})(1+\frac{3V}{100V}) = 273\mu A$$

(식 4.72)에 의해서 베이스 전류 및 이미터 전류를 구하면 다음과 같다.

$$I_B = \frac{I_C}{\beta_F} = \frac{273\mu A}{100} = 2.73\mu A$$

$$I_E = I_B + I_C = 275.7\mu A$$

예제 4.14 그림 4.46 회로도에서 V_{CE}를 0 ~ −3V로 가변시키고, V_{BE}를 −600mV, −610mV, −620mV로 가변시켰을 때, I_C 대 V_{CE} 전류 특성 곡선을 모의실험하라. 또한 V_{CE} = −3V로 고정시키고 V_{BE}를 −200mV ~ −900mV로 가변시켰을 때, I_C 대 V_{BE} 전류 특성 곡선을 모의실험하면서 $\beta_F = \frac{I_C}{I_B}$ 대 V_{BE} 곡선을 모의실험하라. 단, PNP 트랜지스터의 모델변수는 $I_S = 1fA$, $\beta_F = 100$, $V_A = 100V$이다.

풀이

그림 4.46 회로도를 넷리스트로 구성하면 다음과 같다.

(1) I_C **대** V_{CE} **전류 특성 곡선 모의실험**

```
IC VS VCE
Q1 C B 0 QP
VBE B 0 DC -0.6
VCE C 0 DC -3.0
.MODEL QP PNP(IS=1F BF=100 VAF=100)
.OP
.DC VCE -0.05 -3 -0.01 VBE -0.6 -0.62 -0.01
.PROBE
.END
```

모의실험 결과 V_{BE}를 –600mV, –610mV, –620mV 가변시켰을 때, I_C 는 각각 12uA, 18uA, 26uA로 나타났다. (SPICE에서는 노드로 들어가는 전류를 양수로 취급하므로 모의실험 결과에서는 노드 C로 들어가는 전류, 즉, IC(Q1)이 음수로 출력되었음에 유의한다.)

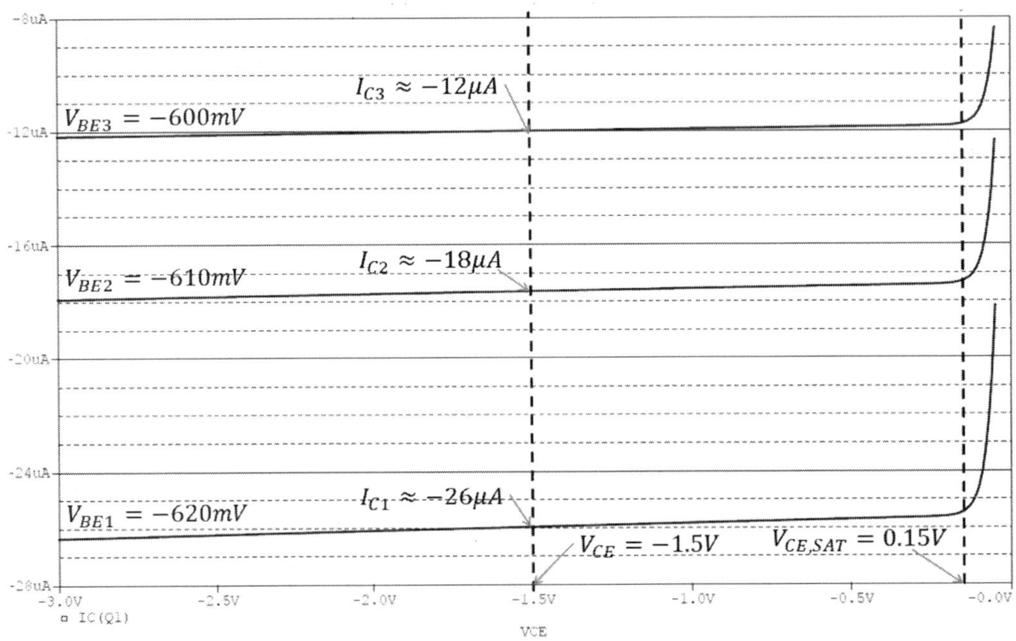

| 그림 4.50 | I_C 대 V_{CE} 특성곡선 SPICE 모의실험 결과 (PNP 트랜지스터)

(2) I_C 대 V_{BE} 전류 특성 곡선 모의실험

```
IC VS VBE
Q1 C B 0 QP
VBE B 0 DC -0.6
VCE C 0 DC -3.0
.MODEL QP PNP(IS = 1F BF = 100 VAF = 100)
.OP
.DC VBE -0.3 -0.9 -0.01
.PROBE
.END
```

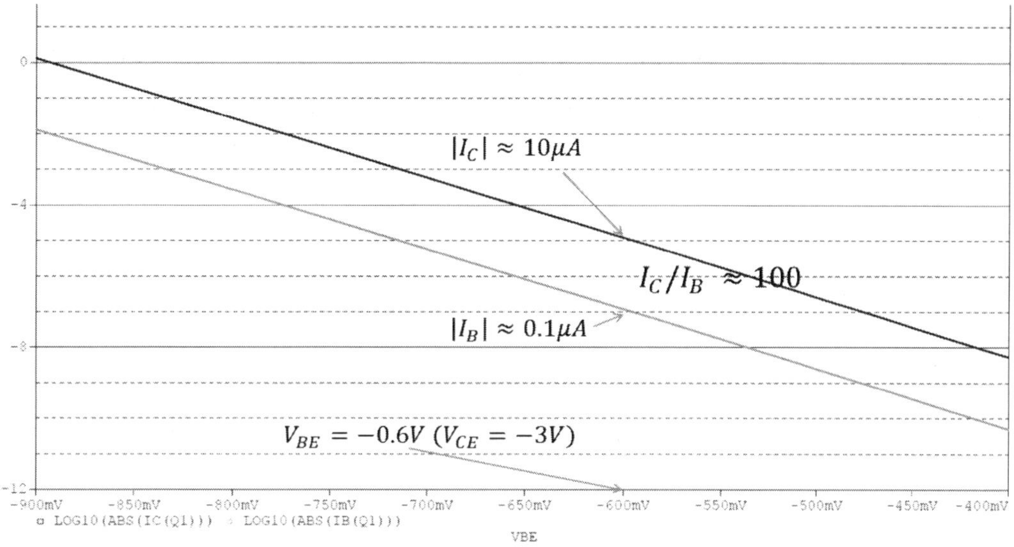

| 그림 4.51 | $\log(|I_C|)$, $\log(|I_B|)$ 대 V_{BE} 전류 특성 곡선 SPICE 모의실험 결과(PNP 트랜지스터)

모의실험 결과 I_C 값이 1nA ~ 1mA 까지 가변되는 동안 공통이미터 전류이득($\beta_F = \dfrac{I_C}{I_B}$)은 100으로 일정하게 나타났다.(가로축의 I_C 값은 로그 스케일로 표시되었음에 유의)

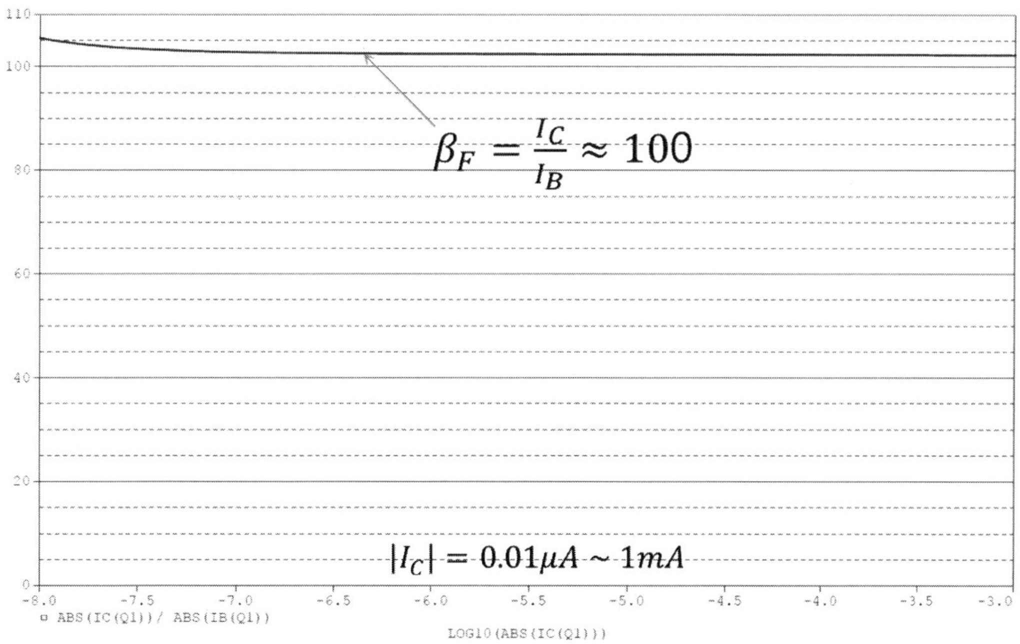

| 그림 4.52 | I_C에 따른 β_F의 변화 곡선 SPICE 모의실험 결과(PNP 트랜지스터)

바이폴라 접합 트랜지스터를 증폭기로 활용하기 위해서 순방향 활성 영역에 바이어스를 고정시키면 저주파 소신호 회로 해석 시 바이폴라 접합 트랜지스터를 그림 4.53과 같이 하이브리드-파이(hybrid-π)회로도를 이용해서 모델링할 수 있다. 또한 하이브리드-파이 저주파 등가회로를 그림 4.54와 같이 T-모델로 변환시켜서 모델링할 수도 있다.

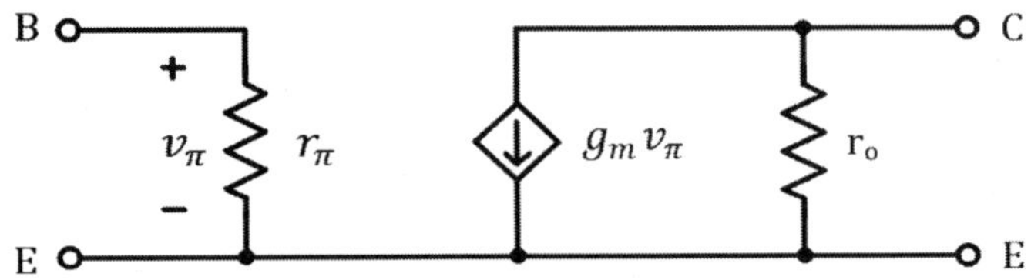

| 그림 4.53 | 바이폴라 접합 트랜지스터의 저주파 하이브리드-파이 소신호 모델

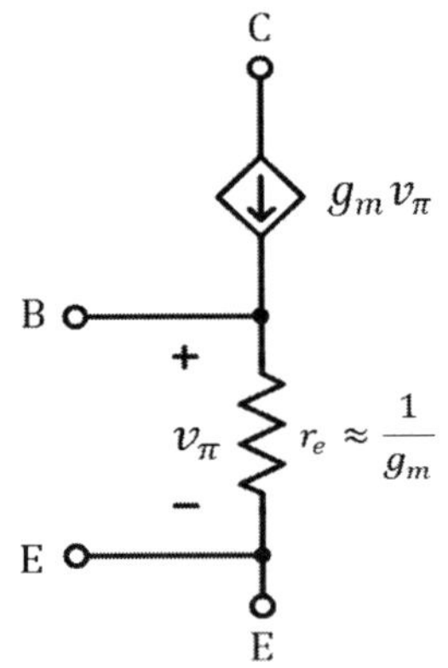

| 그림 4.54 | 바이폴라 접합 트랜지스터의 저주파 T 소신호 모델

하이브리드-파이 모델에서 T-모델로 바꾸는 과정을 살펴보기로 한다. 우선 그림 4.53에서 종속전류원($g_m v_\pi$)을 직렬 연결시켜서 키르히호프 전류 법칙이 성립하도록 한다. 그리고 베이스 단자로 전류가 작게 흐르기 때문에 베이스 단자를 연결하면 그림 4.55와 같이 된다.

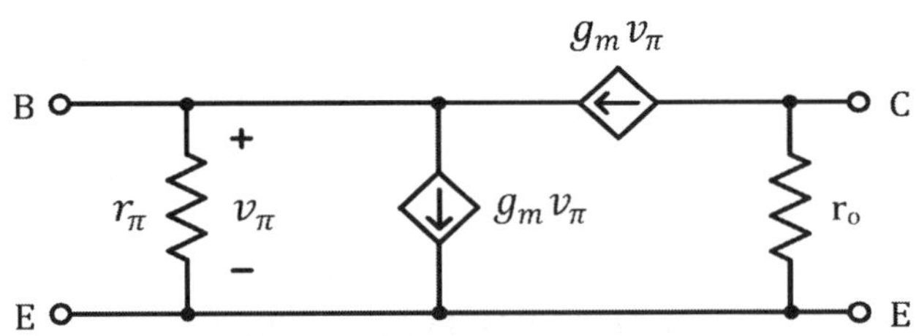

| 그림 4.55 | 바이폴라 트랜지스터의 변형된 저주파 하이브리드-파이 소신호 모델 1

여기서 종속전류원($g_m v_\pi$) 양단자에 걸리는 전압이 v_π가 되므로, 종속전류원을 저항($\frac{1}{g_m}$)

으로 대체할 수 있다. 이 때 두 저항(r_π, $\frac{1}{g_m}$)은 서로 병렬연결 상태가 되고, 병렬연결된 저항 두 개 중 $\frac{1}{g_m}$이 r_π보다 훨씬 작은 것이 일반적이므로 결과적인 등가회로는 그림 4.56과 같이 근사할 수 있다. 그림 4.56 회로도에서 출력저항 (r_o)이 매우 크면 그림 4.56은 그림 4.54 회로도와 같아지게 된다.

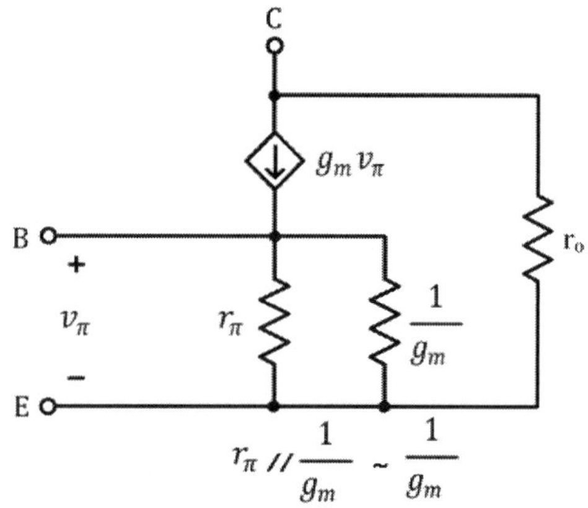

| 그림 4.56 | 바이폴라 트랜지스터의 변형된 저주파 하이브리드-파이 소신호 모델 2

하이브리드-파이 모델과 T-모델의 차이점은 저항 r_π와 r_e이다. 7장에서 바이폴라 트랜지스터 증폭기를 해석할 때, 두 모델을 사용하게 된다. 공통 이미터 증폭기 해석시에는 하이브리드-파이 모델을 사용하는 것이 해석 절차가 쉬우며, 공통 베이스 및 공통 컬렉터 증폭기 해석시에는 T-모델을 사용하는 것이 해석 절차가 편리하다.

여기서 g_m, r_π, r_o, r_e는 각각 상호 컨덕턴스, 베이스 저항, 컬렉터 저항, 이미터 저항을 의미하며, DC 컬렉터 전류와 상관관계는 (식 4.78), (식 4.79), (식 4.80), (식 4.81) 이다.

$$g_m = \frac{\partial I_C}{\partial V_{BE}} = \frac{I_C}{V_T} \qquad \text{(식 4.78)}$$

$$r_\pi = \frac{\partial V_{BE}}{\partial I_B} = \frac{\partial V_{BE}}{\partial I_C}\frac{\partial I_C}{\partial I_B} = \frac{\beta_F}{g_m} = \frac{V_T \beta_F}{I_C} \qquad \text{(식 4.79)}$$

$$r_o = \frac{\partial V_{CE}}{\partial I_C} = \frac{V_A}{I_C} \qquad \text{(식 4.80)}$$

$$r_e = \frac{\partial V_{BE}}{\partial I_E} = \frac{\partial V_{BE}}{\partial I_C}\frac{\partial I_C}{\partial I_E} = \frac{\alpha_F}{g_m} = \frac{\alpha_F V_T}{I_C} \qquad \text{(식 4.81)}$$

고주파 소신호 회로 해석시 바이폴라 접합 트랜지스터는 BEJ의 확산 커패시터 C_π와 BCJ의 공핍 커패시터 C_μ를 고려하면 그림 4.57과 같다.

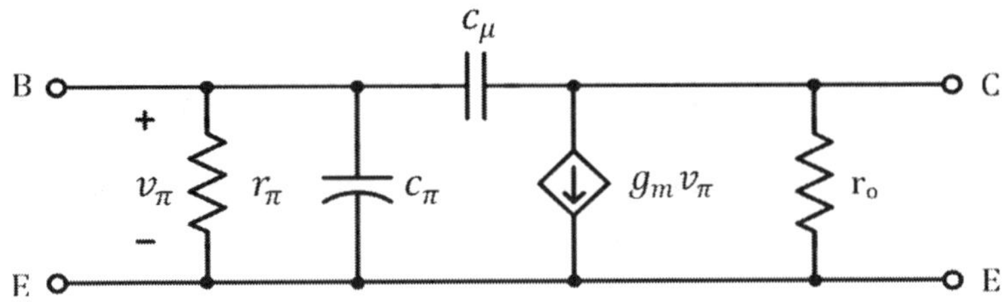

| 그림 4.57 | 바이폴라 접합 트랜지스터의 고주파 소신호 모델

예제 4.15 NPN 트랜지스터가 순방향 활성 영역에서 동작하면서 $I_C = 1mA$, $V_A = 100\,V$, $V_T = 25m\,V$, $\beta_F = 100$ 일 때, 소신호 모델 변수 값(g_m, r_π, r_o, r_e)을 계산하라.

풀이

(식 4.78), (식 4.79), (식 4.80), (식 4.81)에 의해서 소신호 모델 변수 값 (g_m, r_π, r_o, r_e)을 계산하면 다음과 같다.

$$g_m = \frac{I_C}{V_T} = \frac{1mA}{25m\,V} = 40m/\Omega$$

$$r_\pi = \frac{\beta_F}{g_m} = \frac{100}{40m/\Omega} = 2.5K\Omega$$

$$r_o = \frac{V_A}{I_C} = \frac{100\,V}{1mA} = 100\,K\Omega$$

$$r_e = \frac{\alpha_F\,V_T}{I_C} = \frac{25m\,V}{1mA} = 25\Omega$$

요약

4장에서는 대표적인 반도체 소자(다이오드, MOSFET, 바이폴라 트랜지스터)의 전기적 특성을 모델링하였다. 다이오드는 p-n 접합면으로 되어 있어서 애노드 및 캐소드 단자로 구성되며, 동작 영역은 순방향 영역과 역방향 영역으로 구분된다. 다이오드 전압이 도통 전압보다 크면 순방향 영역에서 동작하며, 순방향 다이오드 전류는 확산 메카니즘에 의해서 흐르며, 다이오드 전압의 지수함수이다. 포화전류는 p-n 접합면적에 정비례하며, 다이오드 전류 용량을 결정한다. 또한 순방향 전압을 증가시키면 공핍층 두께가 감소하며, 확산전류 때문에 확산 커패시터 용량이 순방향 전압에 따라서 지수함수적으로 증가한다. 다이오드 전압이 도통 전압보다 작으면 다이오드가 역방향 영역에서 동작하며, 전류가 흐르지 않는다. 역방향 전압을 증가시키면 공핍층 두께가 증가하며, 공핍 커패시터 용량이 감소한다. 다이오드의 온도계수는 일정하므로 다이오드를 온도센서로 활용할 수 있다. 다이오드는 스위치 또는 정류작용을 하므로 정류 회로에 사용할 수 있으며, 다이오드 전압 변화에 따라서 커패시터 용량이 변하므로 가변 커패시터(varactor: variable capacitor)로 활용할 수 있다. 제너 다이오드는 역방향 전압이 10V 이하로 작으므로 정전압기로 사용할 수 있다. 광 다이오드는 빛 에너지를 전류로 변환시켜서 광센서로 사용된다. 발광 다이오드는 전류를 빛 에너지로 변환시켜서 조명기구로 사용되고 있다.

MOSFET은 소스, 게이트, 드레인, 바디 단자로 구성되며, 스위치 기능과 증폭 기능을 할 수 있다. MOSFET의 수직 구조는 커패시터이며, 수평 구조는 바이폴라 접합 트랜지스터와 유사하지만 대칭적인 형태이다. MOSFET은 수직 전기장과 수평 전기장에 의해서 채널 내 자유전자 및 자유정공이 드리프트 메커니즘에 의해서 이동하며, 소자 동작 영역은 3가지 영역이며, 차단 영역과 선형 영역은 스위치로 사용할 수 있고, 포화영역은 증폭기로 활용할 수 있다. MOSFET은 N-채널 트랜지스터와 P-채널 트랜지스터로 구분되며, 흐르는 전류 세기는 채널 폭과 채널 길이의 비율에 정비례한다. MOSFET을 증폭기로 활용할 때, 트랜지스터는 저주파 소신호 등가회로 및 고주파 소신호 등가회로로 대체해서 증폭기의 성능을 해석할 수 있다. 저주파 소신호 모델 변수는 g_m, r_o 이며, 드레인 전류의 함수 이다. 이러한 모델은 누설전류에 강한 FinFET 에도 적용가능하다. 고주파 모델 변수에는 저주파 소신호 모델 변수뿐만 아니라 기생 커패시터(C_{gs}, C_{gd}, C_{bd}, C_{bs})가 포함된다.

바이폴라 접합 트랜지스터는 이미터, 베이스, 컬렉터 단자로 구성되며, 스위치 기능과 증폭 기능을 할 수 있다. 바이폴라 트랜지스터의 구조는 베이스-이미터 접합면과 베이스-컬렉터 접합면으로 구성되므로 4가지 동작 영역이 있으나 차단 영역과 포화 영역은 스위치 기능을 하며, 순방향 활성 영역은 증폭 기능을 할 수 있다. 불순물 반도체 농도가 높은 순으로 살펴보면 이미터, 베이스, 컬렉터이므로 불순물 반도체 농도 측면에서 보면 비대칭 구조이다. 바이폴라 트랜지스터에는 npn 트랜지스터와 pnp 트랜지스터로 구분되며, 순방향 활성 영역에서 흐르는 컬렉터 전류는 베이스-이미터 전압의 지수 함수로서 다이오드 전류와 마찬가지로 확산 전류이다. 바이폴라 트랜지스터를 증폭기로 활용할 때, 트랜지스터는 저주파 소신호 등가회로 및 고주파 소신호 등가회로로 대체해서 증폭기의 성능을 해석할 수 있다. 저주파 소신호 모델 변수는 g_m, r_π, r_o, r_e이며, 컬렉터 전류의 함수이다.

MOSFET과 바이폴라 트랜지스터의 성능을 상대적으로 비교하면 표 4.12와 같다.

| 표 4.12 | MOSFET과 바이폴라 트랜지스터의 성능 상대적 비교

비교 변수	바이폴라 트랜지스터	MOSFET
전력소모	크다	작다
소자 구조의 복잡성	복잡하다 (비대칭)	단순하다 (대칭)
제조 가격	비싸다	저렴하다
집적도	낮다	높다
상호 컨덕턴스 (g_m)	크다	작다
잡음	작다	크다
단일이득 주파수	높다	낮다
오프셋 전압	작다	크다
시스템 반도체 구현 가능성	낮다	높다

바이폴라 트랜지스터는 pn 접합 다이오드로 구성되고, 불순물 반도체 농도 차이로 비대칭 구조를 지니며, 컬렉터 전류가 많이 흐르므로 전력소모가 MOSFET에 비해서 크다. 바이폴라 트랜지스터에 흐르는 전류는 확산전류이며, 전계효과 트랜지스터에 흐르는 전류는 드리프트 전류이므로 바이폴라 트랜지스터가 훨씬 잡음이 작다. 바이폴라 트랜지스터의 구조는 MOSFET보다 복잡해서 집적도가 낮으므로 시스템 반도체 구현 가능성이 낮고, 제조 가격이 비싸다. 바이폴라 트랜지스터의 상호 컨덕턴스는 컬렉터 전류에 정비례하며, MOSFET의 상호 컨덕턴스는 드레인 전류의 루트 ($\sqrt{\ }$)에 비례하므로, 동일한 전류가 흐를 때 바이폴라 트랜지스터의 상호 컨덕턱스가 MOSFET보다 크며, 단일이득 주파수도 높고, 오프셋 전압은 작다. 비록 MOSFET이 바이폴라 트랜지스터에 비해서 작은 상호 컨덕턴스의 열등성은 있으나 높은 집적도, 저전력 소모 및 가격 우월성으로 시스템 반도체 시장을 장악하게 되었다.

참고문헌

[4.1] R. S. Muller and T. I. Kamins, Device Electronics for Integrated Circuits, 3rd Ed., Wiley, New York, 2003.

[4.2] R. F. Pierret, Semiconductor Device Fundamentals, Addison-Wesley, New York, 1996.

[4.3] Ian Getreu, Modeling the bipolar transistor, Tektronics, Oregon, 1979.

[4.4] L. Esaki, Y. Arakawa, M. Kitamura, "Esaki diode is still a radio star, half a century on," Nature. 464 (7285) 31, 2010.

[4.5] E. H. Nicollian and J. R. Brews, MOS(Metal Oxide Semiconductor) Physics and Technology, Wiley, New York, 1982.

[4.6] Allison, Electronic Engineering Materials and Devices, McGraw-Hill, UK, 1971.

[4.7] C. M. Snowden, Semiconductor Device Modeling, Springer-Verlag, UK, 1989.

[4.8] C. C. Hu, Modern Semiconductor Devices for Integrated Circuits, Pearson, 2010.

[4.9] S. m. Sze, Semiconductor Devices, New York: Wiley, 1985.

[4.10] S. Sze, Y. Li, K. Ng, Physics of Semiconductor Devices, 4th Edition, John-Wiley and Sons, 2021.

[4.11] B. Streetman, Solid State Electronic Devices, Sixth Edition, Prentice-Hall, 2006.

[4.12] L. Nagel, D. Pederson, Simulation Program With Integrated Circuit Emphasis (SPICE), Electronic Research Laboratory Report No. ERL-M383, University of California, Berkeley, 1975.

연습문제

4.1 p-n 접합다이오드의 p형 및 n형 불순물 반도체 농도가 각각 $10^{15}, 10^{16}/cm^3$일 때, 도통 전압을 구하라.

4.2 p-n 접합다이오드의 도통 전압이 650mV 이고, p형 불순물 반도체 농도가 $10^{15}/cm^3$이면, n형 불순물 반도체 농도를 구하라.

4.3 p-n 접합다이오드의 전류가 $10\mu A$에서 10mA로 증가하면 다이오드 전압의 변화를 구하라.

4.4 20°에서 p-n 접합 다이오드의 전류 및 전압이 $100\mu A$이고, 0.65V이다. 주위 환경온도가 120°로 증가한다면 다이오드 전압을 구하라. 단, 다이오드의 온도계수는 −1.5mV/C이다.

4.5 표 4.2를 사용해서 애버랜치 다이오드의 전류-전압 특성을 모의실험하고 전류가 10배 증가할 때 마다 다이오드 전압이 60mV 증가함을 증명하라.

4.6 정전압기에 사용할 수 있는 다이오드로서 항복전압이 10V 이하인 다이오드는?

4.7 특수 다이오드들을 나열하고 각 특수 다이오드들의 용도를 설명하라.

4.8 MOSFET의 수직구조와 수평구조에 대해서 설명하라.

4.9 MOSFET을 어떻게 스위치로 사용할 수 있는지 설명하라.

4.10 MOSFET은 어떻게 증폭기로 사용할 수 있는지 설명하라.

4.11 N-채널 트랜지스터의 바이어스 조건이 다음과 같을 때, 트랜지스터에서 흐르는 전류값과 내부저항을 구하라.

$$K_n = 100\mu A/V^2,\ V_{THn} = 0.5V, \lambda_n = 0.01/V, \frac{W}{L} = \frac{10\mu m}{0.5\mu m},$$
$$V_G = 0.9V,\ V_S = V_B = 0.5V,\ V_D = 1V$$

4.12 N-채널 트랜지스터의 바이어스 조건이 다음과 같을 때, 트랜지스터에서 흐르는 전류, 내부저항, 상호컨덕턴스 값을 구하라.

$$K_n = 100\mu A/V^2,\ V_{THn} = 0.5V, \lambda_n = 0.01/V, \frac{W}{L} = \frac{10\mu m}{0.5\mu m},$$
$$V_G = 1.5V,\ V_S = V_B = 0.5V,\ V_D = 0.8V$$

4.13 N-채널 트랜지스터의 바이어스 조건이 다음과 같을 때, 트랜지스터에서 흐르는 전류, 내부저항, 상호컨덕턴스 값을 구하라.

$$K_n = 100\mu A/V^2,\ V_{THn} = 0.5V, \lambda_n = 0.01/V, \frac{W}{L} = \frac{10\mu m}{0.5\mu m},$$
$$V_G = 1.5V,\ V_S = V_B = 0.5V,\ V_D = 1.5V$$

4.14 P-채널 트랜지스터의 바이어스 조건이 다음과 같을 때, 트랜지스터에서 흐르는 전류, 내부저항, 상호컨덕턴스 값을 구하라.

$$K_p = 40\mu A/V^2,\ V_{THp} = -0.5V, \lambda_p = 0.01/V, \frac{W}{L} = \frac{10\mu m}{0.5\mu m},$$
$$V_G = 0.5V,\ V_S = V_B = 0.9V,\ V_D = 0.4V$$

4.15 P-채널 트랜지스터의 바이어스 조건이 다음과 같을 때, 트랜지스터에서 흐르는 전류, 내부저항, 상호컨덕턴스 값을 구하라.

$$K_p = 40\mu A/V^2,\ V_{THp} = -0.5V, \lambda_p = 0.01/V, \frac{W}{L} = \frac{10\mu m}{0.5\mu m},$$
$$V_G = 0.5V,\ V_S = V_B = 1.5V,\ V_D = 0.5V$$

4.16 P-채널 트랜지스터의 바이어스 조건이 다음과 같을 때, 트랜지스터에서 흐르는 전류, 내부저항, 상호컨덕턴스 값을 구하라.

$$K_p = 40\mu A/V^2,\ V_{THp} = -0.5\,V,\ \lambda_p = 0.01/V,\ \frac{W}{L} = \frac{10\mu m}{0.5\mu m},$$

$$V_G = 0.5\,V,\ V_S = V_B = 1.5\,V,\ V_D = 1.3\,V$$

4.17 NPN 트랜지스터가 순방향 활성 영역에서 동작하면서 베이스 전류가 $10\mu A$ 일 때, 컬렉터 전류, 이미터 전류, g_m, r_o, r_π, r_e값을 구하라. 단, $\beta_F = 100,\ V_A = 100\,V$ 이다.

4.18 PNP 트랜지스터가 순방향 활성 영역에서 동작하면서 베이스 전류가 $1\mu A$ 일 때, 컬렉터 전류, 이미터 전류, g_m, r_o, r_π, r_e 값을 구하라. 단, $\beta_F = 50,\ V_A = 200\,V$ 이다.

4.19 바이폴라 트랜지스터가 어떻게 증폭 역할을 할 수 있는지 설명하라.
바이폴라 트랜지스터의 베이스 전류와 컬렉터 전류 비율이 공통이미터 전류이득(β_F)이 1보다 매우 크기 때문에 전류 증폭이 이루어지며, 전류 증폭은 전압 증폭으로 이어질 수 있기 때문이다.

4.20 바이폴라 트랜지스터를 증폭기로 사용할 때, 가장 적절한 컬렉터 전류 범위는?

4.21 바이폴라 트랜지스터와 전계효과 MOSFET을 가격, 집적도, 전력소모, 대역폭, 상호컨덕턴스, 단일이득 주파수, 잡음 등을 기준으로 비교 설명하라.

4.22 MOSFET의 저주파 모델을 T-모델로 변환하라.

4.1 도통 전압은 $V_{on} = V_T \ln \frac{N_A N_D}{n_i^2} = 25mV\left(\ln \frac{10^{31}}{2.25X10^{20}}\right) = 613mV$이다.

4.2 p-n 접합다이오드의 도통 전압의 방정식을 사용하면

$V_{on} = V_T \ln \frac{N_A N_D}{n_i^2} = 25mV\left(\ln \frac{10^{15} N_D}{2.25X10^{20}}\right) = 650mV$ 이다. 따라서 n형 불순물 반도체

농도는 $N_D = 2.25 \times 10^5 \times e^{\frac{650mV}{25mV}} = 4.4 \times 10^{16}/cm^3$ 이다.

4.3 다이오드 전류가 10배 증가하면 다이오드 전압은 60mV 증가한다. 문제에서 다이오드 전류가 1000배 증가하므로 다이오드 전압 변화는 60mV × 3 = 180mV 이다.

4.4 온도변화가 100° 이므로 다이오드 전압 (V_D)은 다음과 같다.

$$V_D = 650mV + (-1.5mV/C)(100C) = 500mV$$

4.5 표 4.2를 사용해서 다이오드의 전류-전압 특성을 모의실험하고 전류가 10배 증가할 때 마다 다이오드 전압이 60mV 증가함을 증명하기 위해서 다음과 같이 넷리스트를 작성하고, 모의실험하면 다음과 같다.

```
DIODE IV CURVE
VAC A 0 DC 1
D1 A 0 DN
.MODEL DN D(IS = 1E-15 RS = 10 N = 1 VJ = 0.6 BV = 100 IBV = 1E-13 TT = 10N CJO = 2P)
.DC VAC 0.01 1 0.01
.OP
.PROBE
.END
```

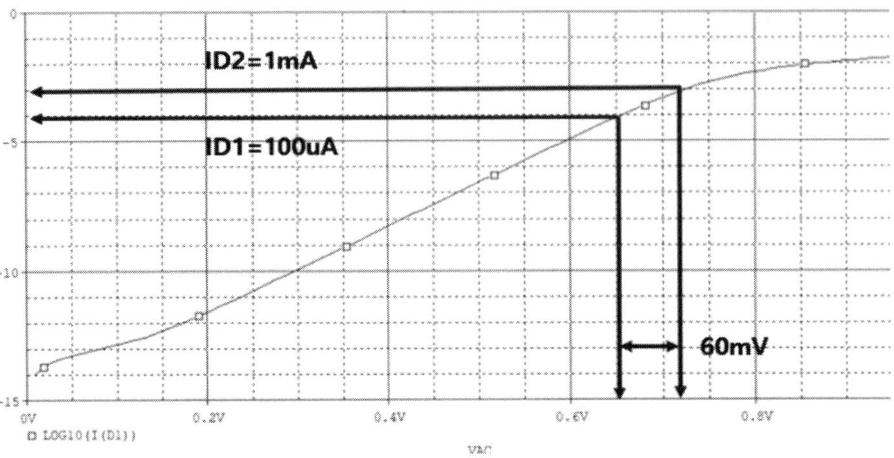

다이오드 전류가 100uA에서 1mA로 10배 증가할 때, 다이오드 전압이 60mV 증가함을 알 수 있다.

4.6 항복전압이 10V 이하인 다이오드는 제너 다이오드로서 제너 다이오드에 흐르는 전류양 변동이 심해도 제너 다이오드 항복전압 변동은 거의 없기 때문에 정전압기에 사용할 수 있다.

4.7 특수 다이오드에는 광 다이오드, 발광 다이오드, 쇼트키 다이오드, 터널 다이오드가 있다. 광 다이오드는 빛 에너지를 전기 에너지, 특히 전류로 변환시키는 광센서로서 디지털 카메라 및 영상신호처리의 센서로 사용된다. 발광 다이오드는 전류 에너지를 빛 에너지로 변환시켜서 가시광선을 내는 소자이며, 3족, 5족 원소의 배합비율에 따라서 가시광선의 파장이 달라지고, 빛의 색깔이 달라지므로 조명기구로 사용되며, 전력소모가 작고, 수명시간이 3만 ~ 5만 시간으로 길다. 쇼트키 다이오드는 반도체와 금속을 접합시켜서 만든 소자로서 도통전압이 0.1 ~ 0.3V로 작다. 주로 바이폴라 트랜지스터와 함께 고속 신호처리에 사용하는 소자이다. 터널 다이오드는 특정한 전압-전류 구간에서 부저항 특성을 나타내며, 부저항 특성을 사용해서 초고주파수 발생시키는 발진기에 사용한다.

4.8 MOSFET의 수직구조는 도체-부도체-반도체로 구성된 커패시터이며, 수평구조는 N-P-N 또는 P-N-P 로 구성된 바이폴라 트랜지스터이다.

4.9 MOSFET을 스위치로 사용하기 위해서는 차단, 도통 기능을 해야 하는데, 차단 영역에서 동작시키면($|V_{GS}| < |V_{TH}|$) 전류가 차단되어서 스위치 차단 기능(off)을 하며, 선형영역에서 동작시키면($|V_{GS}| > |V_{TH}|$, $|V_{DS}| < |V_{GS}| - |V_{TH}|$) 전류가 흐르며, 스위치 도통 기능(on)을 한다.

4.10 MOSFET을 증폭기로 사용하기 위해서는 증폭 기능을 해야 하는데, 포화 영역에서 동작시키면($|V_{GS}| > |V_{TH}|$, $|V_{DS}| > |V_{GS}| - |V_{TH}|$) 포화전류가 흐르며, 상호컨덕턴스에 의해서 아날로그 소신호를 증폭시킬 수 있는 기능을 한다.

4.11 주어진 N-채널 트랜지스터의 바이어스 조건을 살펴보면

$$V_{GS} = V_G - V_S = 0.9\,V - 0.5\,V = 0.4\,V < V_{TH} = 0.5\,V$$

이므로 트랜지스터는 차단 영역에서 동작을 하므로 드레인 전류는 0 이고, 내부저항은 무한대 이다.

4.12 주어진 N-채널 트랜지스터의 바이어스 조건을 살펴보면

$$V_{GS} = V_G - V_S = 1.5\,V - 0.5\,V = 1\,V > V_{TH} = 0.5\,V$$

$$V_{DS} = V_D - V_S = 0.8\,V - 0.5\,V = 0.3\,V < V_{DSAT} = V_{GS} - V_{TH} = 1\,V - 0.5\,V = 0.5\,V$$

이므로 트랜지스터는 선형 영역에서 동작 한다. 따라서 드레인 전류와 내부저항은 다음과 같다.

$$I_D = \frac{K_n}{2}\frac{W}{L}\left[2(V_{GS} - V_{TH})V_{DS} - V_{DS}^2\right] = \frac{100\mu A/V^2}{2}\frac{10\mu m}{0.5\mu m}\left[0.15\,V^2 - 0.09\,V^2\right] = 60\mu A$$

$$R_{on} = \frac{1}{\frac{W}{L}K_n(V_{GS} - V_{TH})} = \frac{1}{(20)(100\mu A/V^2)(1\,V - 0.5\,V)} = 1K\Omega$$

선형 영역 상호컨덕턴스는 다음과 같다.

$$g_m = K_n\frac{W}{L}|V_{DS}| = (100\mu A/V^2)\left(\frac{10\mu m}{0.5\mu m}\right)(0.3\,V) = 0.6m/\Omega$$

4.13 N-채널 트랜지스터의 바이어스 조건을 살펴보면

$$V_{GS}=V_G-V_S=1.5\,V-0.5\,V=1\,V>V_{TH}=0.5\,V$$

$$V_{DS}=V_D-V_S=1.5\,V-0.5\,V=1\,V>V_{DSAT}=V_{GS}-V_{TH}=1\,V-0.5\,V=0.5\,V$$

이므로 트랜지스터는 포화영역에서 동작한다. 따라서 드레인 전류와 내부저항은 다음과 같다.

$$I_D=\frac{K_n}{2}\frac{W}{L}(V_{GS}-V_{TH})^2(1+\lambda V_{DS})=\frac{100\mu A/V^2}{2}\frac{10\mu m}{0.5\mu m}(0.5\,V)^2(1.01)=252.5\mu A$$

$$R_{on}=\frac{1}{\lambda I_D}=\frac{1}{(0.01/V)(252.5\mu A)}=396K\Omega$$

포화영역 상호컨덕턴스는 다음과 같다.

$$g_m=\sqrt{2K_n\frac{W}{L}I_D}=\sqrt{(200\mu A/V^2)(20)(252.5\mu A)}=1m/\Omega$$

4.14 P-채널 트랜지스터의 바이어스 조건이 다음과 같으므로

$$V_{GS}=V_G-V_S=0.5\,V-0.9\,V=-0.4\,V,\ |V_{GS}|=0.4\,V<|V_{THp}|=0.5\,V$$

이므로 트랜지스터는 차단 영역에서 동작을 하므로 드레인 전류는 0 이고, 내부저항은 무한대 이다.

4.15 P-채널 트랜지스터의 바이어스 조건은 다음과 같다.

$$V_{GS}=V_G-V_S=0.5\,V-1.5\,V=-1\,V,\ |V_{GS}|=1\,V>|V_{THp}|=0.5\,V$$

$$V_{DS}=V_D-V_S=0.5\,V-1.5\,V=-1\,V,\ V_{DSAT}=V_{GS}-V_{TH}=-1\,V+0.5\,V=-0.5\,V$$
$$|V_{DS}|=1\,V>|V_{DSAT}|=0.5\,V$$

따라서 트랜지스터는 포화영역에서 동작하며, 드레인 전류와 내부저항은 다음과 같다.

$$I_D=\frac{K_p}{2}\frac{W}{L}(|V_{GS}|-|V_{THp}|)^2(1+\lambda_p|V_{DS}|)=\frac{40\mu A/V^2}{2}\frac{10\mu m}{0.5\mu m}(0.5\,V)^2(1.01)=101\mu A$$

$$R_{on}=\frac{1}{\lambda_p I_D}=\frac{1}{(0.01/V)(101\mu A)}=990K\Omega$$

포화영역 상호컨덕턴스는 다음과 같다.

$$g_m=\sqrt{2K_p\frac{W}{L}I_D}=\sqrt{(80\mu A/V^2)(20)(101\mu A)}=0.4m/\Omega$$

4.16 P-채널 트랜지스터의 바이어스 조건은 다음과 같다.

$$V_{GS} = V_G - V_S = 0.5\,V - 1.5\,V = -1\,V, \, |V_{GS}| = 1\,V > |V_{THp}| = 0.5\,V$$

$$V_{DS} = V_D - V_S = 1.3\,V - 1.5\,V = -0.2\,V, \; V_{DSAT} = V_{GS} - V_{TH} = -1\,V + 0.5\,V = -0.5\,V$$
$$|V_{DS}| = 0.2\,V < |V_{DSAT}| = 0.5\,V$$

이므로 트랜지스터는 선형 영역에서 동작 한다. 따라서 드레인 전류, 내부저항, 상호컨덕턴스는 다음과 같다.

$$I_D = \frac{K_p}{2}\frac{W}{L}\left[2(|V_{GS}| - |V_{THp}|)|V_{DS}| - V_{DS}^2\right] = \frac{40\mu A/V^2}{2}\frac{10\mu m}{0.5\mu m}\left[0.1\,V^2 - 0.04\,V^2\right] = 24\mu A$$

$$R_{on} = \frac{1}{\frac{W}{L}K_p(|V_{GS}| - |V_{THp}|)} = \frac{1}{(20)(40\mu A/V^2)(1\,V - 0.5\,V)} = 2.5K\Omega$$

$$g_m = K_n\frac{W}{L}|V_{DS}| = (40\mu A/V^2)(\frac{10\mu m}{0.5\mu m})(0.2\,V) = 0.16m/\Omega$$

4.17 NPN 트랜지스터가 순방향 활성 영역에서 동작하면서 베이스 전류가 $10\mu A$로 주어졌기 때문에 컬렉터 전류, 이미터 전류, g_m, r_o, r_π, r_e 값은 다음과 같다.

$$I_C = \beta_F I_B = (100)(10\mu A) = 1mA, \, I_E = I_B + I_C = 1.01mA$$

$$g_m = \frac{I_C}{V_T} = \frac{1mA}{25m\,V} = 40m/\Omega, \;\; r_o = \frac{V_A}{I_C} = \frac{100\,V}{1mA} = 100K\Omega$$

$$r_\pi = \frac{\beta_F}{g_m} = \frac{100}{40m/\Omega} = 2.5K\Omega, \;\; r_e = \frac{\alpha_F}{g_m} = 25\Omega$$

4.18 PNP 트랜지스터가 순방향 활성 영역에서 동작하면서 베이스 전류가 $1\mu A$ 주어졌으므로 일 때, 컬렉터 전류, 이미터 전류, g_m, r_o, r_π, r_e 값은 다음과 같다.

$$I_C = \beta_F I_B = (50)(1\mu A) = 50\mu A, \, I_E = I_B + I_C = 51\mu A$$

$$g_m = \frac{I_C}{V_T} = \frac{50\mu A}{25m\,V} = 2m/\Omega, \;\; r_o = \frac{V_A}{I_C} = \frac{100\,V}{50\mu A} = 2\,M\Omega$$

$$r_\pi = \frac{\beta_F}{g_m} = \frac{100}{2m/\Omega} = 50K\Omega, \;\; r_e = \frac{\alpha_F}{g_m} = \frac{1}{2m/\Omega} = 500\Omega$$

4.19 바이폴라 트랜지스터의 베이스 전류와 컬렉터 전류 비율이 공통이미터 전류이득(β_F)이 1보다 매우 크기 때문에 전류 증폭이 이루어지며, 전류 증폭은 전압 증폭으로 이어질 수 있기 때문이다.

4.20 수 μA에서 수 십 mA 범위에서 공통이미터 전류이득(β_F)이 최대값을 유지하므로 이러한 컬렉터 전류범위에서 증폭하는 것이 바람직하다.

4.21

트랜지스터 및 평가 변수	바이폴라 트랜지스터	MOSFET
소자 구조	복잡	단순
가격	비싸다	저렴하다
집적도	낮다	높다
전력소모	크다	작다
대역폭	넓다	좁다
트랜스컨덕턴스	크다	작다
단일이득주파수	높다	낮다
잡음	작다	크다

4.22 MOSFET의 저주파 하이브리드 파이 모델(1번)을 T-모델로 변환하기 위해서 종속 전류원을 직렬연결한 후 (2번) 게이트 단자와 첫째 종속 전류원의 (+) 단자와 함께 연결해도 키르히호프 전류 법칙이 성립한다. (3번) 게이트-소스 단자 사이에 연결된 종속 전류원의 양단자에 걸린 전압이 v_{gs}이므로 오움법칙에 의해서 종속전류원은 저항 ($r_\pi = \dfrac{1}{g_m}$)으로 대체할 수 있다. (4번)

(1) MOSFET의 저주파 하이브리드 파이 모델

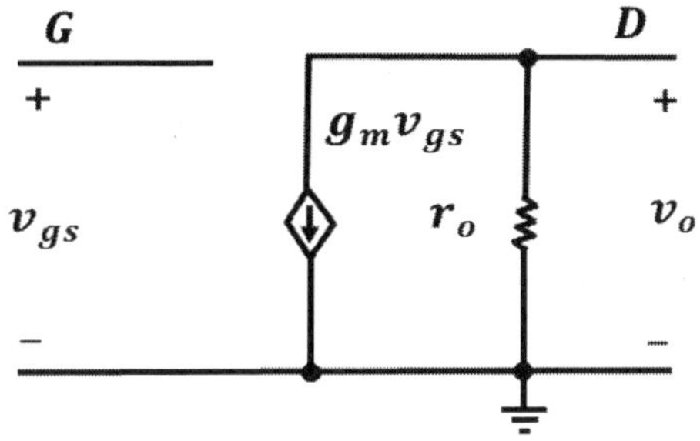

(2) 종속 전류원을 직렬 연결한다. (키르히호프 전류법칙 성립)

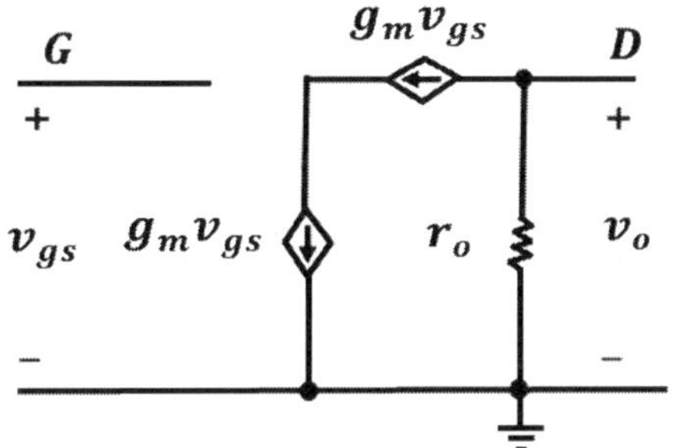

(3) 종속전류원 내부 단자와 게이트 단자를 연결한다. (키르히호프 전류법칙 성립)

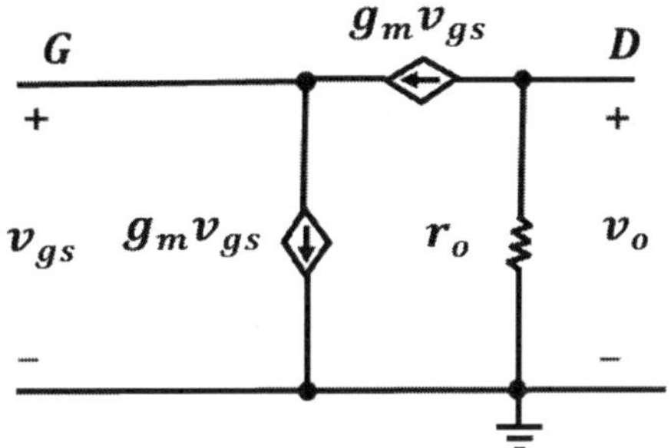

(4) 게이트-소스 단자 사이에 연결된 종속 전류원의 양단자에 걸린 전압이 v_{gs}이므로 오옴법칙에 의해서 종속전류원을 저항($\frac{1}{g_m}$)으로 바꿀 수 있고, T 모델이 된다.

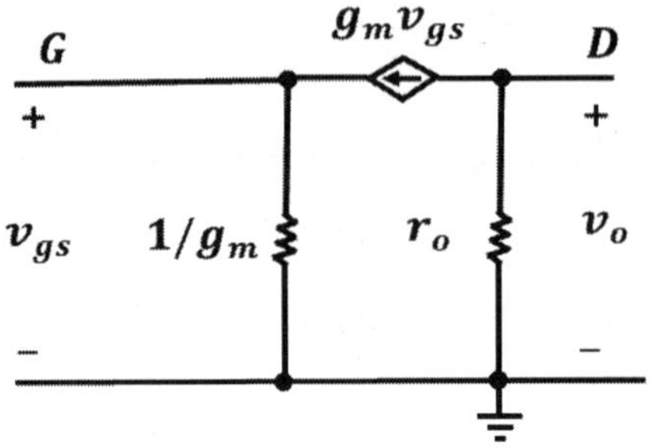

$g_m v_{gs}$
G
D
+
+
v_{gs}
$1/g_m$
r_o
v_o
−
−

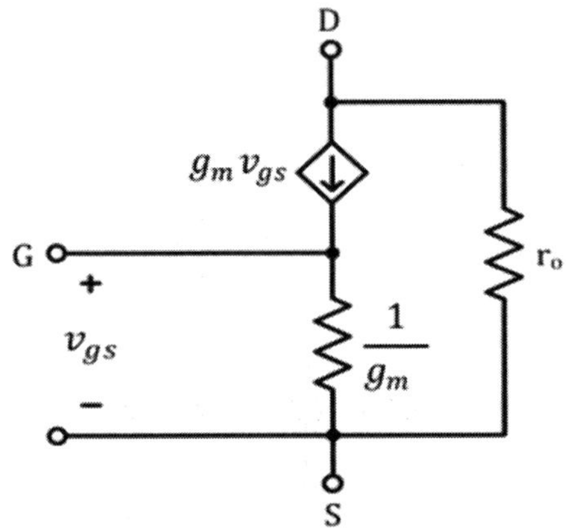

D
$g_m v_{gs}$
G
r_o
+
v_{gs}
$\frac{1}{g_m}$
−
S

05

다이오드 회로

5.1 다이오드 논리회로 및 바이어스 회로

5.2 정류 회로

5.3 신호크기 제한회로

5.4 클램핑 회로

5.5 배전압 회로

5.6 광 고립 회로

본 장에서 다루어지는 다이오드 회로는 논리회로, 바이어스 회로, 정류 회로, 리미터 회로, 배전압 회로, 정전압 회로, 온도 보상 회로, 광 고립회로 등 이다. 다이오드 회로에 사용되는 주된 다이오드는 IC 칩 애버랜치 pn 접합 다이오드와 제너 다이오드 이며, 편의상 애버랜치 pn 접합 다이오드를 다이오드로 줄여서 명시하기로 한다.

5.1 다이오드 논리회로 및 바이어스 회로

2 입력 AND 게이트 및 회로도는 그림 5.1과 같다. 다이오드 D1, D2의 캐소드 단자가 디지털 입력 A, B에 연결되고, 다이오드 D1, D2의 애노드 단자는 부하저항(R_L)과 함께 출력단자 C에 연결된다. 부하저항은 공급전압(V_{DD})에 연결되어 있다.

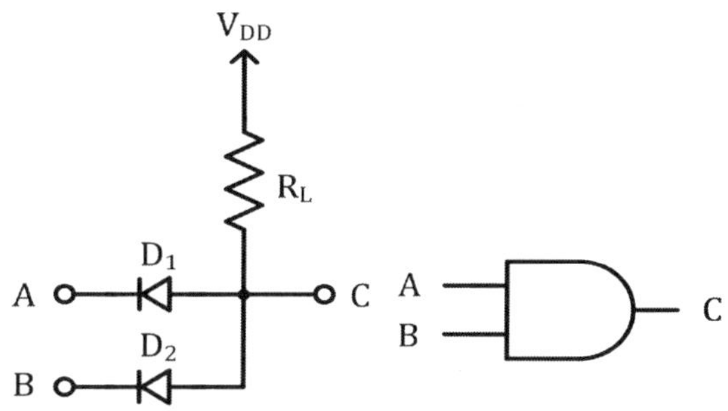

| 그림 5.1 | 2 입력 AND 게이트 및 회로도

다이오드 D1, D2의 캐소드 단자 A, B 중 하나라도 0V(디지털 논리 상태 “0”)에 연결되면 다이오드가 순방향 영역에서 동작하므로 도통되고, 다이오드가 도통되면 부하저항(R_L)을 통해서 전류가 흐르게 되며, 전류가 흐르게 되면 부하저항(R_L)에 의한 전압강하 때문에 C 단자 전압(V_C)이 0.7V로 낮아져서 디지털 논리 상태 “0”이 된다. 그러나 A, B 단자가 모두 공급전압($V_{DD}=10\,V$)에 연결되면($V_A=V_B=10\,V$) 다이오드 D1, D2가 역방향 영역에서 동작하므로 차단되고, 전류가 흐르지 않게 된다. 따라서 부하저항을 통해서 흐르는 전류가 없으므로 C 단자 전압은 $V_{DD}=10\,V$가 되며, C 단자의 디지털 논리 상태는 “1”이 된다. 이것을 진리표로 표시하면 표 5.1과 같다.

| 표 5.1 | 입력 다이오드 AND 게이트 진리표

A(V_A)	B(V_B)	D1	D2	C(V_C)
0 (0V)	0 (0V)	도통(ON)	도통(ON)	0 (0.7V)
0 (0V)	1 (10V)	도통(ON)	차단(OFF)	0 (0.7V)
1 (10V)	0 (0V)	차단(OFF)	도통(ON)	0 (0.7V)
1 (10V)	1 (10V)	차단(OFF)	차단(OFF)	1 (10.0V)

진리표 5.1을 부울 방정식(Boolean equation)으로 표시하면 (식 5.1)과 같다.

$$C = A \times B \qquad \text{(식 5.1)}$$

예제 5.1 그림 5.2에 주어진 2입력 다이오드 AND 게이트 회로에서 $V_{DD} = 10\,V$, $R_L = 10K\Omega$, $R_A = R_B = 0.1K\Omega$ 이며, 다이오드 도통전압이 0.7 V일 때, $V_A = V_B = 0\,V$ 인 경우와 $V_A = 0\,V$, $V_B = 10\,V$ 인 경우 V_C 전압과 회로에서 소모되는 전력을 각각 구하라.

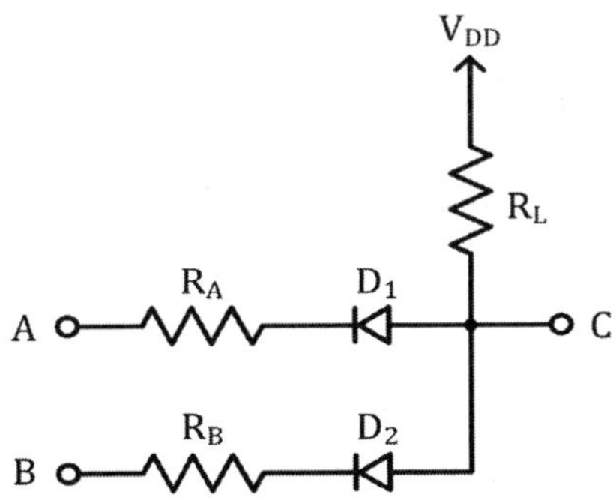

| 그림 5.2 | 저항($R_A = R_B = 0.1K\Omega$)을 동반한 2입력 다이오드 AND 게이트 회로도

풀이

① 첫 번째 $V_A = V_B = 0\,V$ 인 경우,

다이오드 D1, D2에 순방향 전압이 걸렸으므로 두 다이오드가 동시에 도통이 된다고 가정할 수 있다. 따라서 D1, D2를 0.7V 전압 모델로 교체해서 회로를 재구성하면 그림 5.3과 같다.

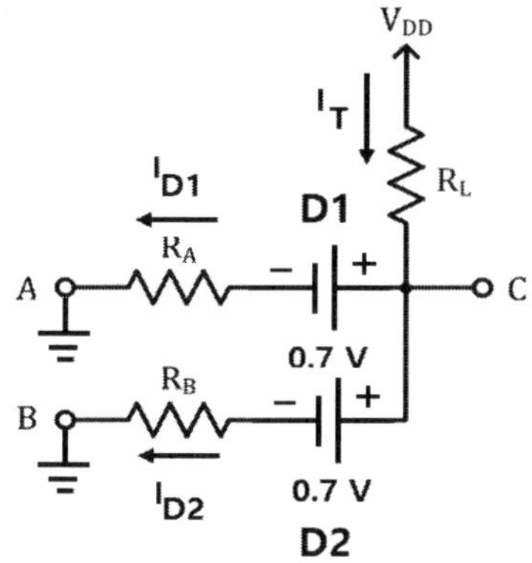

| 그림 5.3 | $V_A = V_B = 0\,V$인 경우 다이오드 등가회로

그림 5.3 회로에서 $R_A = R_B = 0.1K\Omega$이므로 다이오드 D_1, D_2에 각각 흐르는 전류 I_{D1}, I_{D2}는 동일하다. 따라서 키르히호프 전류 법칙(KCL)에 의하면 부하저항 R_L에 흐르는 전류(I_T)는 (식 5.2)와 같고, $V_{DD} = 10\,V$와 $V_A = 0\,V$의 폐회로에 키르히호프 전압 법칙(KVL)을 적용시키면 (식 5.3)과 같다.

$$I_T = I_{D1} + I_{D2} = 2I_{D1} \quad \text{(식 5.2)}$$

$$V_{DD} = R_L I_T + 0.7\,V + R_A I_{D1} \quad \text{(식 5.3)}$$

(식 5.2) $I_T = 2I_{D1}$을 (식 5.3)에 대입해서 I_{D1}을 구하면 (식 5.4)와 같다.

$$I_{D1} = I_{D2} = \frac{V_{DD} - 0.7\,V}{2R_L + R_A} = \frac{10\,V - 0.7\,V}{20K\Omega + 0.1K\Omega} = \frac{9.3\,V}{20.1K\Omega} = 0.46mA \quad \text{(식 5.4)}$$

따라서 C 단자 전압(V_C)는 (식 5.5)와 같다.

$$V_C = V_{DD} - R_L I_T = 10\,V - (10K\Omega)(0.92mA) = 0.8\,V \quad \text{(식 5.5)}$$

그러므로 다이오드 회로 소모전력(P_{D1})은 (식 5.6)이 된다.

$$P_{D1} = V_{DD} I_T = 10\,V \times 0.92mA = 9.2mW \quad \text{(식 5.6)}$$

두 다이오드가 동시에 도통이 된다고 가정하면서 회로 해석하였으므로 가정이 맞는지 확인할 필요가 있다. C 단자 전압(V_C)이 $0.8\,V$이며, $R_A = R_B = 0.1K\Omega$에 의한 전압강하는 $(0.1K\Omega)(0.46mA) = 0.046\,V$ 이므로 D1, D2 다이오드 양 단자 전압차이는 $0.8\,V - 0.046\,V = 0.75\,V$로서 0.7V에 가까우므로 가정이 적절함을 알 수 있다.

② 두 번째 $V_A = 0\,V$, $V_B = 10\,V$인 경우,

다이오드 D1에는 순방향 전압, D2에는 역방향 전압이 걸렸으므로 D1은 도통, D2는 차단 상태라고 가정할 수 있다. 따라서 D1은 0.7V 전압 모델, D2는 개방회로로 교체하고, 회로를 재구성하면 그림 5.4와 같다.

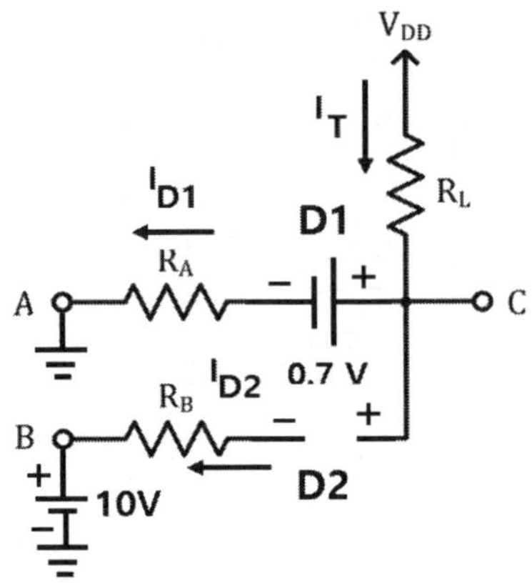

| 그림 5.4 | $V_A = 0V,\ V_B = 10V$인 경우 다이오드 등가회로

그림 5.4 회로에서 $R_A = 0.1K\Omega$ 이므로 다이오드 D_1에 흐르는 전류 I_{D1}이며, 다이오드 D_2 는 차단 상태이므로 I_{D2}는 0 이다. 따라서 키르히호프 전류 법칙(KCL)에 의하면 부하저항 R_L에 흐르는 전류(I_T)는 (식 5.7)과 같고, $V_{DD} = 10V$와 $V_A = 0V$의 폐회로에 키르히호프 전압 법칙(KVL)을 적용시키면 (식 5.8)과 같다.

$$I_T = I_{D1} + I_{D2} = I_{D1} \qquad \text{(식 5.7)}$$

$$V_{DD} = R_L I_T + 0.7V + R_A I_{D1} \qquad \text{(식 5.8)}$$

(식 5.7) $I_T = I_{D1}$을 (식 5.8)에 대입해서 I_{D1}을 구하면 (식 5.9)와 같다.

$$I_T = I_{D1} = \frac{V_{DD} - 0.7V}{R_L + R_A} = \frac{10V - 0.7V}{10K\Omega + 0.1K\Omega} = \frac{9.3V}{10.1K\Omega} \approx 0.92mA \qquad \text{(식 5.9)}$$

따라서 C 단자 전압(V_C)는 (식 5.10)과 같다.

$$V_C = V_{DD} - R_L I_T \approx 0.79V \qquad \text{(식 5.10)}$$

C 단자 전압 0.79V는 0V에 가까우므로 논리 상태 "0"으로 간주한다.

다이오드 회로 소모전력(P_{D2})은 (식 5.11)이 된다.

$$P_{D1} = V_{DD} I_T = 10V \times 0.92mA = 9.2mW \qquad \text{(식 5.11)}$$

D1은 도통, D2는 차단 상태라고 가정하면서 회로 해석하였으므로 가정이 맞는지 확인할 필요가 있다. C 단자 전압(V_C)이 0.79V이며, $R_A = 0.1K\Omega$에 의한 전압강하는

$(0.1K\Omega) \times I_{D1} \approx 0.092\,V$이므로 D1 다이오드 양 단자 전압차이는 $0.79\,V - 0.092\,V = 0.7\,V$로서 D1은 도통, D2 다이오드 양 단자 전압차이는 $0.79\,V - 10\,V = -9.21\,V$로서 역방향 전압이 걸려서 D2는 차단 상태가 되는 것을 확인할 수 있으므로 가정이 적절함을 알 수 있다.

다이오드 AND 게이트 논리회로가 지니는 단점은 다이오드가 도통될 때, 다이오드에 흐르는 전류가 커서 전력소모가 크다는 점이다.

두 가지 회로 경우 해석 결과를 기반으로 진리표를 정리하면 표 5.2와 같다.

| 표 5.2 | 2 입력 AND 게이트 동작 진리표

A(V_A)	B(V_B)	$D_1(I_{D1})$	$D_2(I_{D2})$	C(V_C)	전력소모(P_D)
0(0V)	0(0V)	도통(0.46mA)	도통(0.46mA)	0(0.8V)	9.2mW
0(0V)	1(10V)	도통(0.92mA)	차단(0mA)	0(0.79V)	9.2mW
1(10V)	0(0V)	차단(0mA)	도통(0.92mA)	0(0.79V)	9.2mW
1(10V)	1(10V)	차단(0mA)	차단(0mA)	1(10V)	0W

2 입력 OR 게이트 및 회로도는 그림 5.5와 같다. 다이오드 D1, D2의 애노드 단자가 디지털 입력 A, B에 연결되고, 다이오드 D1, D2의 캐소드 단자는 부하저항(R_L)과 함께 출력단자 C에 연결된다.

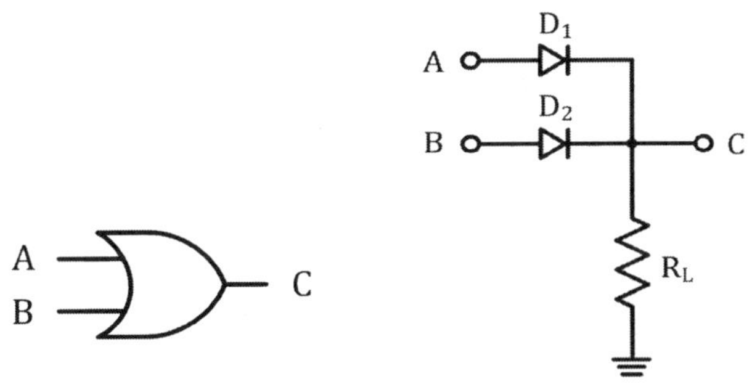

| 그림 5.5 | 2 입력 OR 게이트 및 회로도

다이오드 D1, D2의 캐소드 단자 A, B 중 하나라도 10V(디지털 논리 상태 "1")에 연결되면 다이오드가 순방향 영역에서 동작하므로 도통되고, 다이오드가 도통되면 부하저항(R_L)을 통해서 전류가 흐르게 되며, 전류가 흐르게 되면 부하저항(R_L)에 의한 전압강하 때문에 C 단자 전압(V_C)이 10V로 높아져서 디지털 논리 상태 "1"이 된다. 그러나 A, B 단자가 모두 접지전압($0\,V$)에 연결되면 ($V_A = V_B = 0\,V$) 다이오드 D1, D2가 역방향 영역에서 동작하

므로 차단되고, 전류가 흐르지 않게 된다. 따라서 부하저항을 통해서 흐르는 전류가 없으므로 C 단자 전압은 0 V가 되며, C 단자의 디지털 논리 상태는 "0"이 된다. 이것을 진리표로 표시하면 표 5.3과 같다.

| 표 5.3 | 2 입력 다이오드 OR 게이트 진리표

A(V_A)	B(V_B)	D1	D2	C(V_C)
0(0V)	0(0V)	차단(OFF)	차단(OFF)	0(0.0V)
0(0V)	1(10V)	차단(OFF)	도통(ON)	1(9.3V)
1(10V)	0(0V)	도통(ON)	차단(OFF)	1(9.3V)
1(10V)	1(10V)	도통(ON)	도통(ON)	1(9.3V)

진리표 5.3을 부울 방정식(Boolean equation)으로 표시하면 (식 5.12)와 같다.

$$C = A + B \qquad \text{(식 5.12)}$$

예제 5.2 그림 5.6에 주어진 2입력 다이오드 OR 게이트 회로에서 $V_{DD} = 10\,V$, $R_L = 10K\Omega$, $R_A = R_B = 0.1K\Omega$ 이며, 다이오드 도통전압이 0.7V일 때, $V_A = V_B = 0\,V$인 경우와 $V_A = 0\,V$, $V_B = 10\,V$인 경우 V_C 전압과 회로에서 소모되는 전력을 각각 구하라.

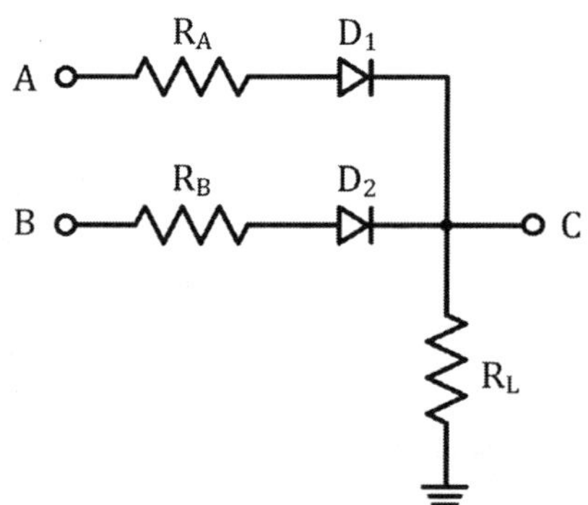

| 그림 5.6 | 저항 ($R_A = R_B = 0.1K\Omega$)을 동반한 2 입력 다이오드 OR 게이트 회로도

풀이

① 첫 번째 $V_A = V_B = 0\,V$ 인 경우,

다이오드 D1, D2에 역방향 전압이 걸렸으므로 두 다이오드가 동시에 차단된다고 가정할 수 있다. 따라서 D1, D2를 개방 회로 모델로 교체해서 회로를 재구성하면 그림 5.7과 같다.

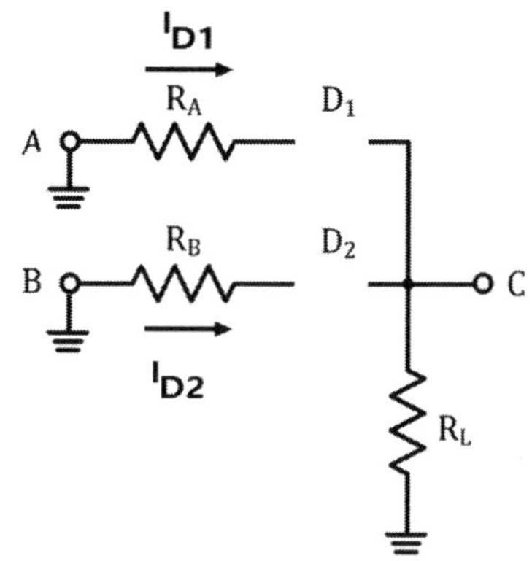

| 그림 5.7 | $V_A = V_B = 0\,V$인 경우 다이오드 등가회로

그림 5.7 회로에서 $R_A = R_B = 0.1K\Omega$이고 다이오드 D_1, D_2가 모두 차단 상태이므로 전류 I_{D1}, I_{D2}는 0 이다. 따라서 부하저항 R_L에 흐르는 전류(I_T)도 0이므로 C 단자 전압 (V_C)도 0V 이다. 그러므로 다이오드 회로 소모전력(P_{D1})도 0W 이다.

두 다이오드가 동시에 차단된다고 가정하면서 회로 해석하였으므로 가정이 맞는지 확인할 필요가 있다. C 단자 전압(V_C)이 0V 이며, $R_A = R_B = 0.1K\Omega$에 의한 전압강하는 0V 이므로 다이오드 양 단자 전압차이는 0V로서 역방향 전압이다. 따라서 가정이 적절함을 알 수 있다.

② 두 번째 $V_A = 0\,V, V_B = 10\,V$인 경우,

다이오드 D1에는 역방향 전압, D2에는 순방향 전압이 걸렸으므로 D1은 차단, D2는 도통 상태라고 가정할 수 있다. 따라서 D1은 개방회로 모델, D2는 0.7V 전압 회로 모델로 교체하고, 회로를 재구성하면 그림 5.8과 같다.

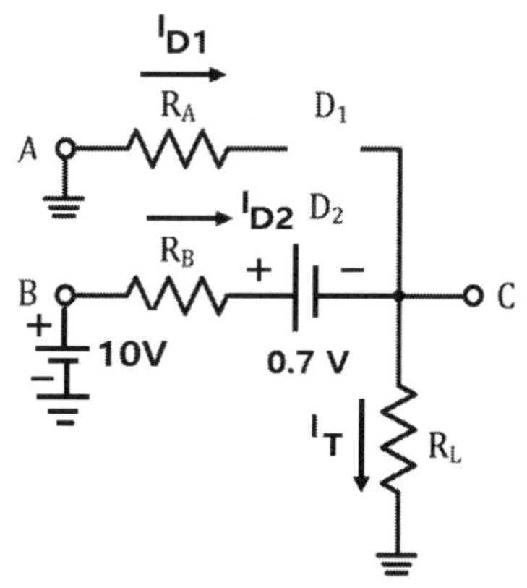

| 그림 5.8 | $V_A = 0\,V,\ V_B = 10\,V$인 경우 다이오드 등가회로

그림 5.8 회로에서 다이오드 D_1은 차단 상태이므로 I_{D1}는 0A이고, 다이오드 D_2는 도통 상태이므로 다이오드 D_2에 흐르는 전류는 I_{D2}이다. 따라서 키르히호프 전류 법칙(KCL)에 의하면 부하저항 R_L에 흐르는 전류(I_T)는 (식 5.13)과 같고, $V_B = 10\,V$와 $V_A = 0\,V$의 폐회로에 키르히호프 전압 법칙(KVL)을 적용하면 (식 5.14)와 같다.

$$I_T = I_{D1} + I_{D2} = I_{D2} \qquad \text{(식 5.13)}$$

$$V_B = R_B I_{D2} + 0.7\,V + R_L I_T \qquad \text{(식 5.14)}$$

(식 5.13)에서 $I_T = I_{D2}$을 (식 5.14)에 대입해서 I_{D2}을 구하면 (식 5.15)와 같다.

$$I_T = I_{D2} = \frac{V_B - 0.7\,V}{R_L + R_B} = \frac{10\,V - 0.7\,V}{10K\Omega + 0.1K\Omega} = \frac{9.3\,V}{10.1K\Omega} = 0.92mA \qquad \text{(식 5.15)}$$

따라서 C 단자 전압(V_C)는 (식 5.16)과 같다.

$$V_C = R_L I_T = (10K\Omega)(0.92mA) = 9.2\,V \qquad \text{(식 5.16)}$$

C 단자 전압 9.2V는 10V에 가까운 전압이므로 논리 상태 "1"로 간주한다.

다이오드 회로 소모전력 (P_{D2})은 (식 5.17)이 된다.

$$P_{D1} = V_{DD} I_T = 10\,V \times 0.92mA = 9.2m\,W \qquad \text{(식 5.17)}$$

D_1은 차단, D_2는 도통 상태라고 가정하면서 회로 해석하였으므로 가정이 맞는지 확인할 필요가 있다. C 단자 전압(V_C)이 9.2V이며, $R_B = 0.1K\Omega$에 의한 전압강하는 $(0.1K\Omega)(0.92mA) = 0.092\,V$이므로 다이오드 D_2 양 단자 전압차이는$10\,V - 9.2\,V - 0.092\,V = 0.708\,V$이다. 따라서 D_2에는 순방향 전압이 걸려서 도통 상태, D_1은 차단 상태가 되는 것을 확인할 수 있으므로 가정이 적절함을 알 수 있다.

두 가지 회로 해석 결과를 기반으로 진리표를 정리하면 표 5.4와 같다.

| 표 5.4 | 2 입력 다이오드 OR 게이트 동작 진리표

A(V_A)	B(V_B)	D_1(I_{D1})	D_2(I_{D2})	C(V_C)	전력소모(P_D)
0(0V)	0(0V)	차단(0mA)	차단(0mA)	0(0V)	0
0(0V)	1(10V)	차단(0mA)	도통(0.92mA)	1(9.2V)	9.2mW
1(10V)	0(0V)	도통(0.92mA)	차단(0mA)	1(9.2V)	9.2mW
1(10V)	1(10V)	도통(0.46mA)	도통(0.46mA)	1(9.2V)	9.2mW

예제 5.3 그림 5.9 (a) 및 (b) 다이오드 회로의 V_o 및 전력소모를 구하라. 단, 다이오드 도통 전압은 0.7V로 가정한다.

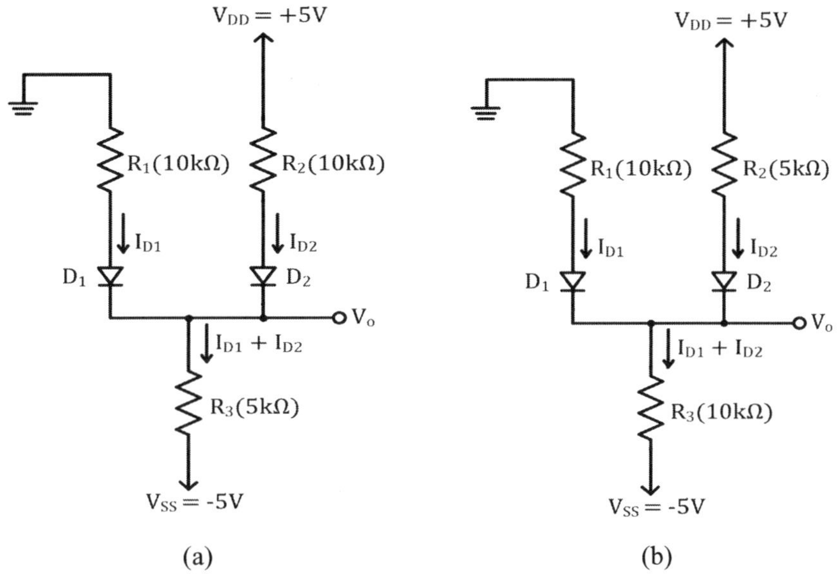

| 그림 5.9 | (a) 및 (b) 다이오드 회로

풀이 (a)

다이오드 회로를 해석하기 위해서 제일 먼저 다이오드 D_1, D_2가 순방향 또는 역방향 영역에서 동작하는 것을 가정해야 한다. 주어진 다이오드 회로에서 다이오드 D_1과 D_2의 애노드 단자는 각각 접지점과 양전압 +5V 쪽에 연결되어 있고, 캐소드 단자는 −5V 쪽에 연결되어 있으므로 두 다이오드 모두 순방향 영역에서 동작한다고 가정할 수 있다. 따라서 D_1, D_2가 모두 순방향 영역에서 동작한다고 가정하고 D_1, D_2 대신에 0.7V 전압으로 교체하고 회로를 재구성하면 그림 5.10과 같다.

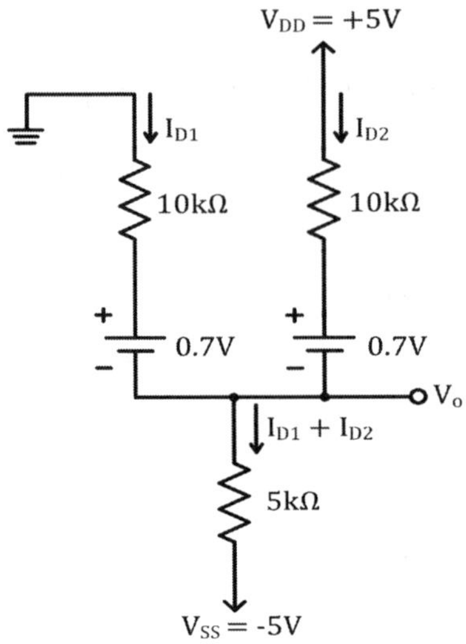

| 그림 5.10 | 그림 5.9 (a) 다이오드 회로의 등가회로

그림 5.10 회로에서 $(0\,V - R_1 - D_1 - R_3 - V_{SS})$ 폐회로와 $(V_{DD} - R_2 - D_2 - R_3 - V_{SS})$ 폐회로에 대해서 키르히호프 전압 법칙을 적용시키면 (식 5.12), (식 5.13)을 전개할 수 있다.

$$R_1 I_{D1} + V_{on1} + R_3(I_{D1} + I_{D2}) + V_{SS} = 0 \qquad \text{(식 5.12)}$$

$$V_{DD} = R_2 I_{D2} + V_{on2} + R_3(I_{D1} + I_{D2}) + V_{SS} \qquad \text{(식 5.13)}$$

(식 5.12), (식 5.13)에 $R_1 = 10K\Omega$, $R_2 = 10K\Omega$, $R_3 = 5K\Omega$, $V_{DD} = 5\,V$, $V_{SS} = -5\,V$, $V_{on1} = V_{on2} = 0.7\,V$를 대입해서 정리하면 (식 5.14), (식 5.15)가 된다. 단, 여기서 I_{D1}, I_{D2}는 mA 단위의 값이다.

$$15\,I_{D1} + 5I_{D2} = 4.3 \qquad \text{(식 5.14)}$$

$$5\,I_{D1} + 15I_{D2} = 9.3 \qquad \text{(식 5.15)}$$

(식 5.14), (식 5.15)를 연립해서 I_{D1}, I_{D2}(mA)를 구하면 각각 0.09mA, 0.59mA 이다.

따라서 구하고자 하는 V_o는 (식 5.16)과 같다.

$$V_o = V_{DD} - R_2 I_{D2} - V_{on2} = 5\,V - (10K\Omega)(0.59mA) - 0.7\,V = -1.6\,V \qquad \text{(식 5.16)}$$

$V_o = -1.6\,V$는 D_1, D_2의 캐소드 단자 전압이므로 D_1, D_2가 도통하는 것을 확인할 수 있고, 가정이 적절함을 알 수 있다. 회로의 전력소모 $(P_{(a)})$는 (식 5.17)과 같다.

$$P_{(a)} = V_{DD} I_{D2} + (-V_{SS})(I_{D1} + I_{D2}) = 5\,V \times 0.59mA + 5\,V \times (0.09mA + 0.59mA) = 6.35m\,W \qquad \text{(식 5.17)}$$

풀이 (b)

그림 5.4 (b) 다이오드 회로를 해석하기 위해서 5.4 (a) 다이오드 회로 해석 절차와 동일하게 D_1, D_2가 모두 순방향 영역에서 동작한다고 가정하고 D_1, D_2 대신에 0.7V 전압으로 교체하고 회로를 재구성하면 그림 5.11과 같다.

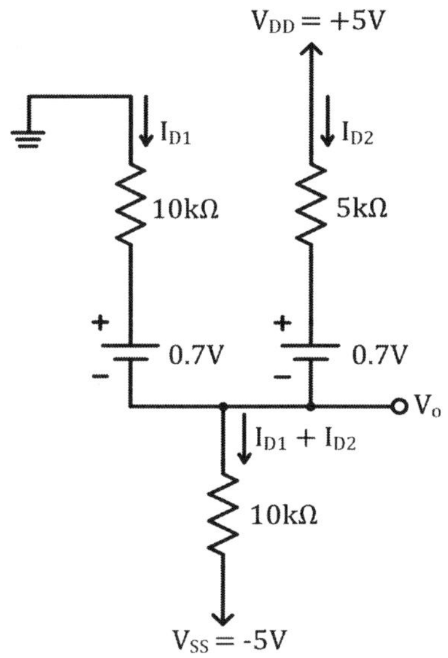

| 그림 5.11 | 그림 5.9 (b) 다이오드 회로의 등가회로

그림 5.11 회로에서 $(0\,V - R_1 - D_1 - R_3 - V_{SS})$ 폐회로와 $(V_{DD} - R_2 - D_2 - R_3 - V_{SS})$ 폐회로에 대해서 키르히호프 전압 법칙을 적용시키면 (식 5.18), (식 5.19)를 전개할 수 있다.

$$R_1 I_{D1} + V_{on1} + R_3(I_{D1} + I_{D2}) + V_{SS} = 0 \quad \text{(식 5.18)}$$

$$V_{DD} = R_2 I_{D2} + V_{on2} + R_3(I_{D1} + I_{D2}) + V_{SS} \quad \text{(식 5.19)}$$

(식 5.18), (식 5.19)에 $R_1 = 10K\Omega$, $R_2 = 5K\Omega$, $R_3 = 10K\Omega$, $V_{DD} = 5\,V$, $V_{SS} = -5\,V$, $V_{on1} = V_{on2} = 0.7\,V$를 대입해서 정리하면 (식 5.20), (식 5.21)이 된다.

$$20\,I_{D1} + 10 I_{D2} = 4.3 \quad \text{(식 5.20)}$$

$$10 I_{D1} + 15 I_{D2} = 9.3 \quad \text{(식 5.21)}$$

(식 5.20), (식 5.21)을 연립해서 $I_{D1}, I_{D2}(mA)$를 구하면 각각 $-0.14mA, 0.72mA$이다.

여기서 $I_{D1} = -0.14mA$ 이므로 D_1의 도통 가정과 맞지 않는다. 따라서 D_1은 차단, D_2는 도통으로 가정을 수정해서 등가 회로도를 재구성하면 그림 5.12와 같다.

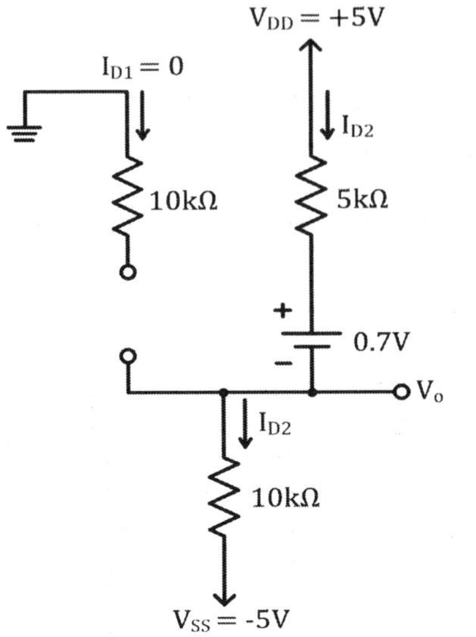

| 그림 5.12 | 그림 5.9 (b) 다이오드 회로의 수정후 등가회로

그림 5.12 회로에서 $V_{DD}-R_2-D_2-R_3-V_{SS}$폐회로에 대해서 키르히호프 전압 법칙을 적용시키면 (식 5.22)로 전개할 수 있다.

$$V_{DD}=R_2I_{D2}+V_{on2}+R_3(I_{D1}+I_{D2})+V_{SS} \qquad (식\ 5.22)$$

(식 5.22)에 $R_2=5K\Omega, R_3=10K\Omega,\ V_{DD}=5\,V,\ V_{SS}=-5\,V, V_{on2}=0.7\,V,\ \ I_{D1}=0$를 대입해서 정리하면 (식 5.23)이 된다.

$$15I_{D2}=9.3 \qquad (식\ 5.23)$$

(식 5.23)에서 I_{D2}(mA)를 구하면 0.62mA 이다. 따라서 구하고자 하는 V_o는 (식 5.24)와 같다.

$$V_o=V_{DD}-R_2I_{D2}-V_{on2}=5\,V-(5K\Omega)(0.62mA)-0.7\,V=+1.2\,V \qquad (식\ 5.24)$$

$V_o=+1.2\,V$ 이고, D_1, D_2의 캐소드 단자 전압이므로 D_1은 차단, D_2는 도통하는 것을 확인할 수 있고, 가정이 적절함을 알 수 있다. 회로의 전력소모는 (식 5.25)와 같다.

$$P_{(b)}=V_{DD}I_{D2}+(-V_{SS})(I_{D2})=(10\,V)(0.62mA)=6.2m\,W \qquad (식\ 5.25)$$

(a) 회로와 (b) 회로를 비교해보면, (a) 회로에서는 D_1, D_2 가 동시에 도통해서 동작하였고, (b) 회로에서는 저항 R_2, R_3 값을 교환하면서 D_1은 차단, D_2는 도통 동작하는 차이점이 있었고, 전력소모 측면에서도 약간 차이점이 있었다.

5.2 정류 회로

정류 회로(rectifier)는 에너지 변환장치 중 하나로서 교류(AC) 전기신호를 직류(DC) 전기신호로 변환하는 회로이다. 일반적으로 대부분 전자제품은 내부 반도체 부품 때문에 직류 전기신호를 사용해서 작동하므로 교류 전기신호를 직류 전기신호로 변환하는 정류 회로가 필요하다. 직류 신호를 사용하는 대표적 전자제품은 스마트폰(smart phone), 데스크 톱(desk top) 컴퓨터, 랩탑(lap top) 컴퓨터, 프린터, 스마트 워치(smart watch), 로봇 청소기, 전기 자동차, 사물 인터넷(IoT) 전자 장치, 인공지능 반도체 장치, 의료 전자 장치, 유무선 통신시스템, 디스플레이 장치, CCTV, 디지털 카메라 등 다양하다. 따라서 교류 신호를 직류 신호로 변환하는 정류 회로를 전자제품 내 내장시키거나 외부 정류 회로가 필요하다. 정류 회로를 포함한 공급전원기(power supply system)의 블록도는 그림 5.13과 같고, 공급전원기는 교류신호원, 변압기, 정류 회로, 저역통과필터, 정전압 회로 및 부하로 구성된다. 공급전원기의 성능은 출력 직류 신호의 파동전압크기(ripple voltage), 선로 전압 변동율(line regulation), 부하 변동율(load regulation), 온도특성(temperature characteristic) 등으로 결정된다.

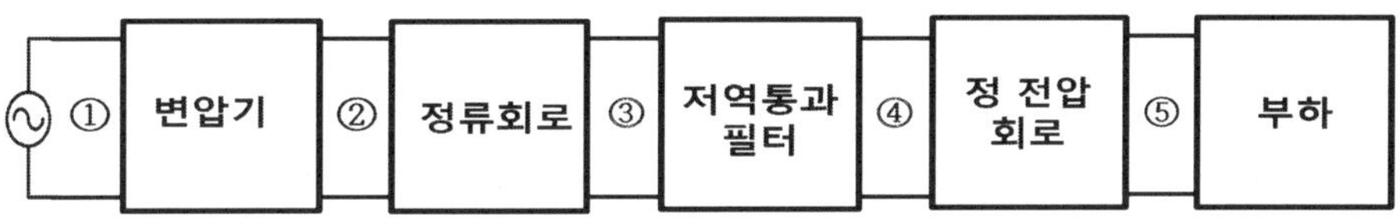

| 그림 5.13 | 공급전원기의 블록도

공급전원기 블록도 내부의 신호(①, ②, ③, ④, ⑤)를 각 내부 블록 별로 살펴보면 ① 신호는 입력 교류신호이고, 변압기를 통과한 ② 신호도 교류신호이지만, 교류 신호의 크기는 변압기의 1, 2차 코일 감긴 횟수 비율에 의해서 결정된다. 정류 회로를 통과한 ③ 신호는 정류신호로서 교류와 직류의 중간 형태 신호인 반파 정류 신호 또는 전파 정류 신호가 된다. 저역통과 필터를 통과한 ④ 신호는 직류 신호에 가까우나 파동전압이 존재한다. 정전압 회로를 통과한 ⑤ 신호는 직류 신호이며, 부하에 직류 전압과 전류를 공급하게 된다. ①, ②, ③, ④, ⑤ 신호를 파형으로 표시하면 그림 514와 같다.

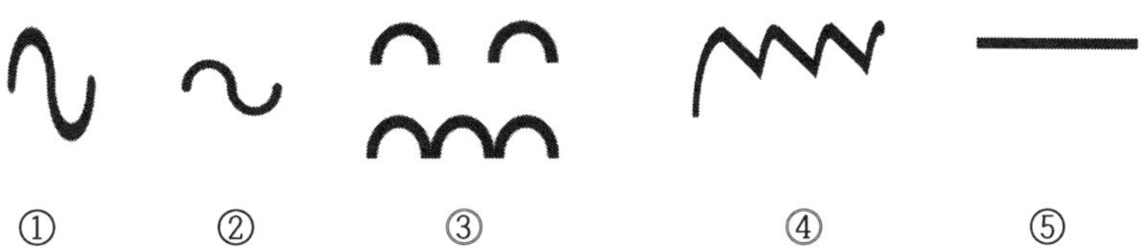

| 그림 5.14 | 공급전원기 내부 단자의 신호 파형

5.2.1 변압기

변압기는 그림 5.15와 같으며, 1차 코일(coil)과 2차 코일로 구성되며, 1차 코일 용량 (L_1) 및 2차 코일 용량(L_2)은 1차 코일 감긴 횟수(N_1)와 2차 코일 감긴 횟수(N_2)에 의해서 결정된다. 1차 코일과 2차 코일의 교류 전압 진폭을 각각 V_1, V_2라고 하면 (식 5.26)이 성립한다.

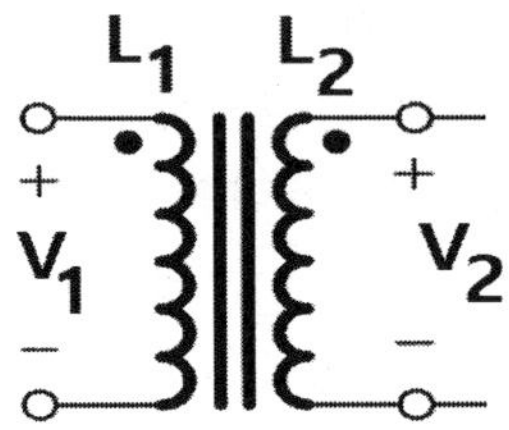

| 그림 5.15 | 변압기 블록도

$$\frac{V_2}{V_1} = \frac{N_2}{N_1} = \sqrt{\frac{L_2}{L_1}} \qquad \text{(식 5.26)}$$

또한 1차 코일(coil)과 2차 코일의 상호 인덕턴스(mutual inductance)를 K 라고 하면, 상호 인덕턴스와 L_1, L_2의 관계는 (식 5.27)과 같다.

$$K = \sqrt{\alpha L_1 L_2} \qquad \text{(식 5.27)}$$

여기서 α는 상호 인덕턴스 결합계수로서 0 ~ 1 이다. 결합계수가 0 이면 두 코일은 서로 독립적이며, 결합계수가 1 이면 두 코일이 이상적으로 결합된다고 볼 수 있다.

정류 회로에는 반파 정류 회로(half wave rectifier)와 전파 정류 회로(full wave rectifier)가 있으며, 반파 정류 회로의 구조 및 동작원리를 살펴본 후, 전파 정류 회로를 설명한다.

5.2.2 반파 정류 회로

반파 정류 회로는 그림 5.16과 같이 입력 교류 전압(V_S), 애버랜치 다이오드 1개(D_1)와 부하저항(R)으로 구성된다.

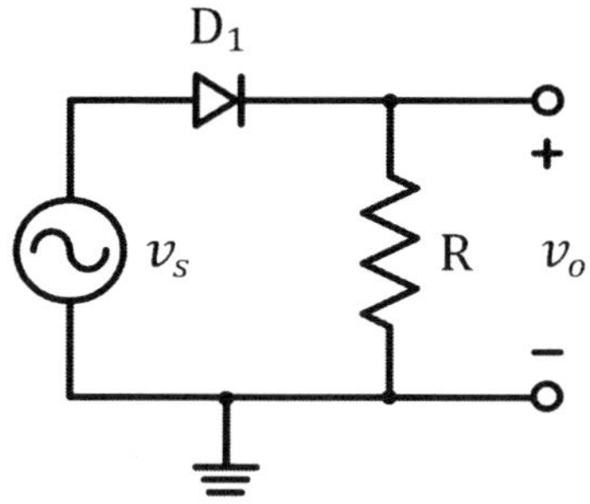

| 그림 5.16 | 반파 정류 회로

그림 5.17 (a)에서 나타난 입력 교류 전압의 주파수는 f(Hz), 주기는 T(sec), 최대값은 V_P (V)이다. 교류 전압이 0V에서 증가하면서 다이오드의 도통전압에 도달하면 다이오드가 도통하면서 부하저항 양단자에 나타나는 출력전압(V_O)이 증가한다. 교류 전압 신호의 ($+T/2$) 동안 다이오드가 순방향 영역에서 동작하고, 부하저항에 나타나는 출력전압은 (식 5.2.1)과 같으며, (식 5.28)의 최대값은 ($V_P - V_{on}$) 이다.

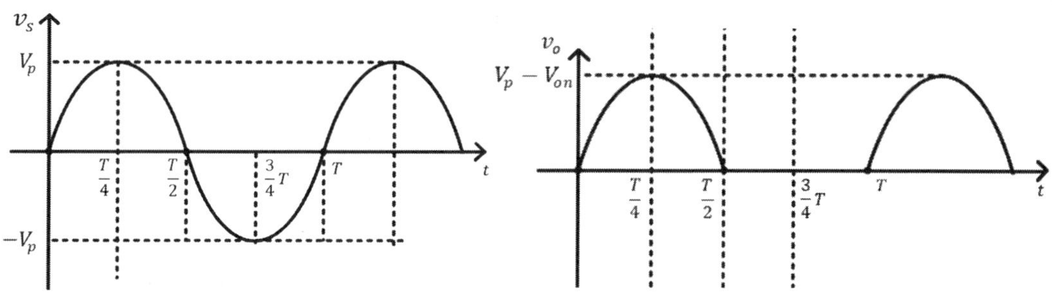

| 그림 5.17 | (a) 입력 교류 신호의 파형도 (b) 반파 정류 신호의 파형도

$$v_O(t) = v_S(t) - V_{on} = V_P \sin\omega t - V_{on} = V_P \sin(\frac{2\pi t}{T}) - V_{on} \qquad (\text{식 } 5.28)$$

교류 전압 신호의 ($-T/2$) 동안 다이오드가 역방향 영역에서 동작하고, 다이오드에 전류가 흐르지 않으므로 부하저항에 나타나는 출력전압은 0V 이다. 따라서 입력 교류신호의 한 주기 동안 출력 신호의 파형은 그림 5.17 (b)와 같아서, 반파(half wave) 신호만 나타나게 된다.

다이오드가 역방향 영역에서 동작할 때, 다이오드에 전류가 흐르지 않는 조건은 (식 5.29)와 같이 최대 교류전압 크기가 다이오드 항복전압보다 작아야 한다. 그렇지 않으면 다이오드가 항복영역에서 동작하게 되며, 다이오드의 항복전류가 흐르므로 정류 작용을 할 수 없게 된다.

$$|V_B| > |V_P| \qquad (\text{식 } 5.29)$$

그림 5.17 (b)의 반파 정류된 파형은 직류 신호가 아니다. 그러므로 그림 5.18과 같이 부하 저항(R)에 커패시터(C)를 병렬연결 시킨 회로를 살펴보기로 하자.

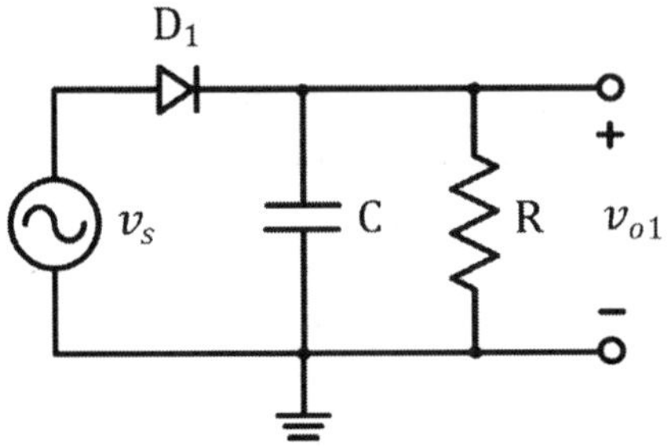

| 그림 5.18 | 커패시터가 추가된 반파 정류 회로

입력 교류신호가 교류 전압 신호의 (+T/2) 동안 다이오드 도통전압보다 커지면서 증가하면, 다이오드가 순방향 영역에서 동작하면서 전류가 흐르며, 다이오드 전류는 커패시터를 충전하게 되며, 커패시터 충전 전압이 증가한다. 커패시터에 충전된 전압이($V_P - V_{on}$)에 도달하면 다이오드의 캐소드 전압과 애노드 전압 차이가 V_{on}과 같아져서 다이오드가 역방향 영역에서 동작하게 된다. 따라서 커패시터에 충전된 초기 전압($V_P - V_{on}$)은 그림 5.19의 RC 회로에서 전류($i_C = C\frac{dv_C}{dt}$)가 흐르면서 방전하며, 출력전압(v_{o1})은 감소하게 되는데, 과도기 출력전압은 (식 5.30)과 같다.

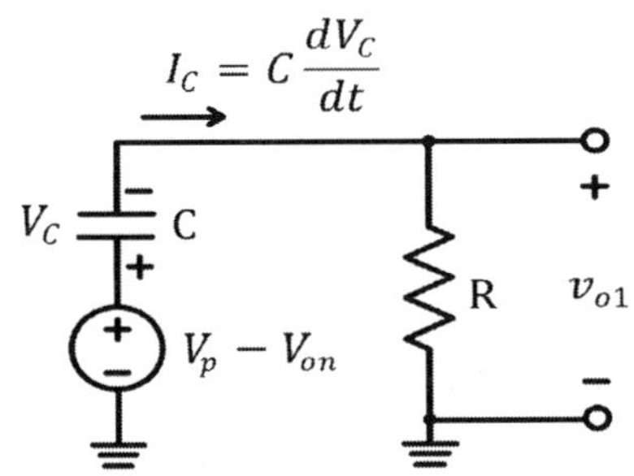

| 그림 5.19 | 출력전압의 과도기 응답을 구하기 위한 RC 회로

$$V_P - V_{on} = v_C + Ri_C = v_C + RC\frac{dv_C}{dt} \qquad \text{(식 5.30)}$$

(식 5.30)의 미분방정식의 해(V_C)를 구하고, (식 5.31)에 대입해서 구한 출력전압(V_{o1})은 (식 5.32)와 같다.

$$v_{o1} = i_c R = RC\frac{dv_c}{dt} \qquad \text{(식 5.31)}$$

$$v_{o1}=(V_P-V_{on})e^{-\frac{t}{RC}} \qquad \text{(식 5.32)}$$

다이오드가 차단상태에서 다시 도통 상태에 도달할 시간(T)까지 출력전압 파형의 변화값 (ΔV_{o1})을 구하기 위해서 도달 시간(T)가 시정수(RC)보다 충분히 작다고 가정하면 ($T \ll RC$) (식 5.32)를 (식 5.33)과 같이 근사화할 수 있다.

$$\begin{aligned}\Delta v_{o1} &\approx (V_P-V_{on})-v_{o1}(t=T)=(V_P-V_{on})\left(1-e^{-\frac{T}{RC}}\right) \\ &\approx (V_P-V_{on})\left[1-\left(1-\frac{T}{RC}\right)\right]=\frac{(V_P-V_{on})T}{RC}=\frac{(V_P-V_{on})}{fRC}\end{aligned} \qquad \text{(식 5.33)}$$

(식 5.32)과 (식 5.33)을 이용한 출력전압 파형은 그림 5.20과 같다.

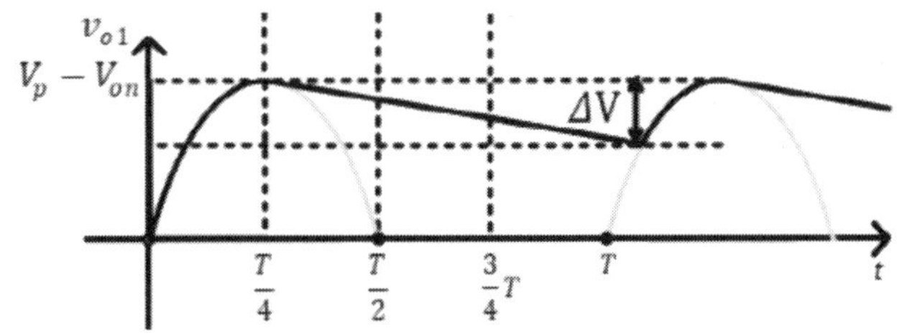

| 그림 5.20 | RC 회로를 포함한 반파 정류 회로의 출력전압 파형

출력전압 변화 값(ΔV_{o1})인 파동전압은 0V에 가까울수록 직류 신호에 가까우므로, 주어진 입력에 대해 (식 5.33)의 값을 0V에 가깝게 하려면 교류신호 주파수는 50 또는 60Hz로 고정되어 있으므로 시정수(RC) 값을 증가시키면 된다.

예제 5.4 그림 5.18 반파 정류 회로에서 입력 교류전압의 최대값은 10V, 주파수는 60Hz, 부하저항은 $10K\Omega$ 일 때, 출력변화 값인 파동 전압을 1V로 제한하기 위해서 커패시터 용량을 설계하고 SPICE 모의실험으로 검증하라.

풀이

(식 5.33)을 재구성하면 (식 5.34)가 되며, (식 5.34)에 주어진 값을 대입하면 $C=15.5\mu F$으로 설계하면 된다.

$$C=\frac{V_P-V_{on}}{fR(\Delta V_{o1})}=\frac{10V-0.7V}{(60Hz)(10K\Omega)(1V)}=\frac{9.3V}{6{,}000}=15.5\mu F \qquad \text{(식 5.34)}$$

SPICE 모의실험을 하기 위해서 그림 5.18 회로에 단자 번호를 지정하고 그림 5.21의 회로를 이용해서 문제에서 주어진 값을 사용해서 넷리스트를 작성하면 다음과 같다.

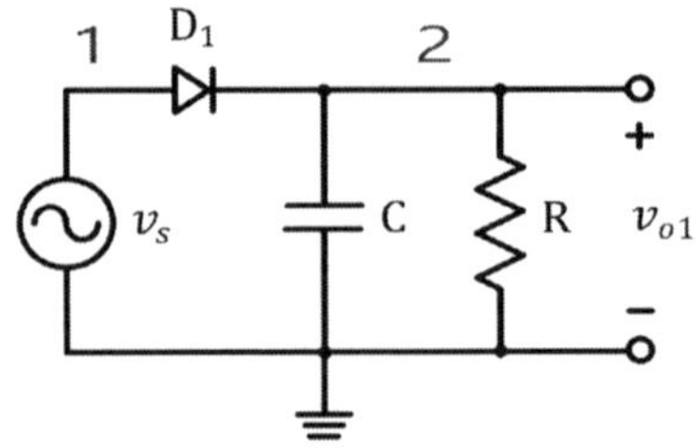

| 그림 5.21 | SPICE 모의실험을 위한 반파 정류 회로

```
HALF WAVE RECTIFIER
VS 1 0 SIN(0 10 60)
D1 1 2 DN
R 2 0 10K
C 2 0 15.5U
.MODEL DN D(IS=1F VJ=0.6 CJO=2P BV=100 RS=10)
.OPTIONS MINSIMPTS=5000
.TRAN 0.1M 30M
.PROBE
.END
```

넷리스트를 사용한 모의실험 결과는 그림 5.22와 같이, 입력 교류신호의 1주기 16.6msec 동안에 반파 정류 회로의 출력전압 크기 변화(ΔV_{o1})는 1V 임을 확인할 수 있다.

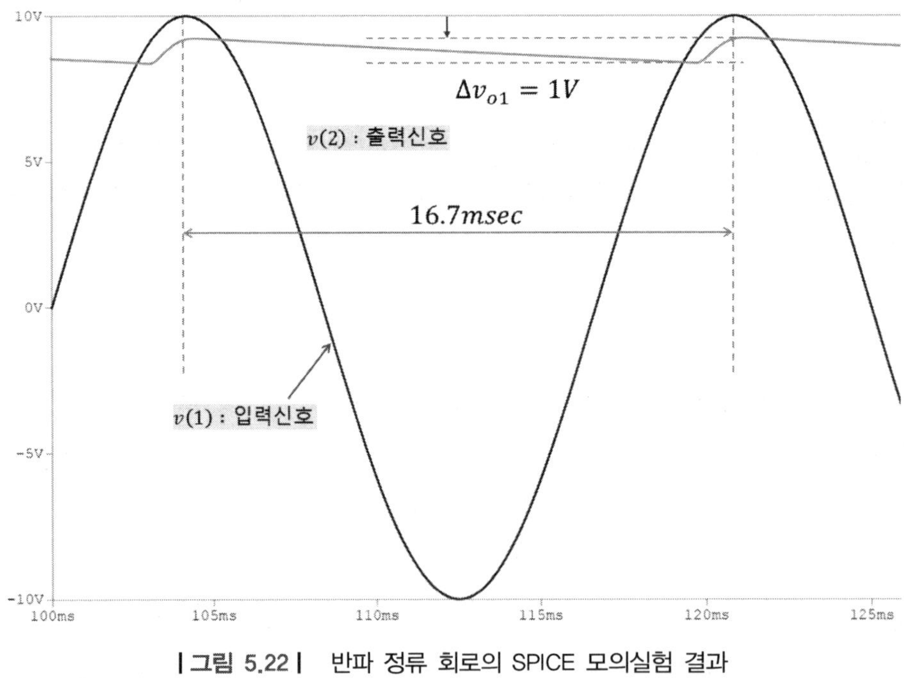

| 그림 5.22 | 반파 정류 회로의 SPICE 모의실험 결과

입력 전압이 9V인 경우 Δv_{o1}을 구하면 (식 5.35)와 같다.

$$\Delta v_{o1} = \frac{(V_{P1} - V_{on})}{fRC} = \frac{(9V - 0.7V)}{(60Hz)(10K\Omega)(15.5\mu F)} = 0.892V \qquad \text{(식 5.35)}$$

입력 전압이 11V인 경우 Δv_{o1}을 구하면 (식 5.36)과 같다.

$$\Delta v_{o1} = \frac{(V_{P1} - V_{on})}{fRC} = \frac{(11V - 0.7V)}{(60Hz)(10K\Omega)(15.5\mu F)} = 1.108V \qquad \text{(식 5.36)}$$

따라서 구하고자 하는 선로 전압 변동율은 (식 5.37)과 같다.

$$\text{선로 전압 변동율} = \frac{\Delta V_{o1}}{\Delta V_S} = \frac{1.108V - 0.892V}{2V} \times 100(\%) = 10.8\% \qquad \text{(식 5.37)}$$

그림 5.23은 그림 5.21의 반파 정류 회로에 변압기, Rz 및 제너다이오드(DZ)를 기반으로 한 정전압 회로를 더한 회로이다.

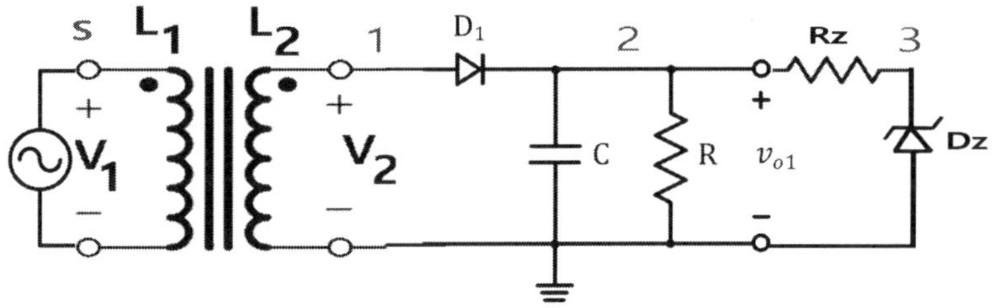

| 그림 5.23 | 정전압 회로를 포함한 반파 정류 회로도

제너 다이오드의 항복전압이 Vz이고, 애버랜치 다이오드(D1) 및 저역통과필터를 통과한 v_{o1} 전압이 Vz 보다 크다면 제너 다이오드는 항복영역에서 동작할 것이며, 제너 다이오드의 항복전압이 그림 5.23회로의 최종 전압이 된다. 또한 입력 전압 변동 (Δv_1)에 따라서 출력 전압 변동(Δv_{o1})이 발생하는데, 선로 전압 변동률은 (식 5.38)과 같이 정의하며, 선로 전압 변동률이 0%에 가까울수록 이상적 특성에 근접한다.

$$\text{선로 전압 변동률} = \frac{\Delta v_{o1}}{\Delta v_1} \times 100(\%) \qquad \text{(식 5.38)}$$

부하 전류 변동(Δi_L)에 따라서 출력 전압 변동(Δv_{o1})이 발생하는데, 부하 변동율은 (식 5.39)와 같이 정의하며, 부하 변동률이 0에 가까울수록 이상적 특성에 근접한다.

$$\text{부하 변동률} = \frac{\Delta v_{o1}}{\Delta i_L} \qquad \text{(식 5.39)}$$

예제 5.5 그림 5.23 반파 정류 회로에서 입력 교류전압의 최대값(V_1)은 100V, 주파수는 60Hz, V_2는 10V, 1차 코일 용량(L_1), 저항(R), 커패시터(C), Rz, 제너다이오드의 항복전압은 각각 1μH, 10KΩ, 10Ω, 5V 일 때, 다이오드 출력변화 값인 파동 전압을 100mV로 제한하기 위해서 커패시터 용량을 설계하고 SPICE 모의실험으로 검증하라.

풀이

변압기 입력 교류전압과 출력전압이 각각 100V, 10V이므로 (식 5.39) 및 (식 5.41)을 사용해서 2차 코일 용량을 구한다.

$$\frac{v_2}{v_1} = \sqrt{\frac{L_2}{L_1}} \quad \text{(식 5.40)}$$

$$L_2 = L_1\left(\frac{v_2}{v_1}\right)^2 = (1\mu H)(0.1)^2 = 10nH \quad \text{(식 5.41)}$$

(식 5.33)을 재구성하면 (식 5.42)가 되며, (식 5.42)에 주어진 값을 대입하면 $C = 155\mu F$으로 설계하면 된다.

$$C = \frac{V_P - V_{on}}{fR(\Delta V_{o1})} = \frac{10V - 0.7V}{(60Hz)(10K\Omega)(0.1V)} = \frac{9.3V}{60{,}000} = 155\mu F \quad \text{(식 5.42)}$$

그림 5.23 회로에 문제에서 주어진 값을 적용한 SPICE 모의실험용 넷리스트는 다음과 같다. (회로도에는 없는 RS, R1은 변압기의 원활한 시뮬레이션을 위해 추가한 것으로서 최종 결과에는 영향이 없다.) 또, 과도현상이 사라진 이후의 파형을 관찰하기 위해 파형이 그려지는 시작시간을 300msec로 설정하였다.

```
HALF WAVE RECTIFIER with REGULATOR and ZENER DIODE
VI S N0 SIN(0 100 60)
RS S S1 10U
L1 S1 N0 1U
R1 N0 0 10000K
L2 1 0 10N
K1 L1 L2 0.999
D1 1 2 DN
R 2 0 10K
C 2 0 155U
RZ 2 3 1K
DZ 0 3 DZN
```

```
.OPTIONS MINSIMPTS=5000
.MODEL DN D(IS = 1E- 15 RS = 10 N = 1 VJ = 0.6 BV = 1000 CJO = 2P TT = 10N)
.MODEL DZN D(IS = 1E- 15 RS = 10 N = 1 VJ = 0.6 BV = 5 IBV = 1E- 13 CJO = 2P T T= 10N)
.TRAN 0.1u 730M 700M
.PROBE
.END
```

CHAPTER
01
02
03
04
05
06
07
부록

그림 5.24는 정전압 회로를 포함한 반파 정류 회로의 모의실험 파형이다. 2차 코일(L_2) 양단자에 나타난 교류 전압 파형 $v(1)$, 저역통과필터 출력 파형 $v(2)$ (= v_{o1}), 제너 다이오드 양단자의 출력파형 $v(3)$를 확인할 수 있다. $v(2)$의 파동 전압 Δv_{o1}은 문제에서 요구한 0.1V보다 큰 약 0.3V로 관찰되는데, 이 그래프는 (식 5.33)을 구할 때와 달리 출력단에 R_Z 와 D_Z가 연결된 회로에 대한 시뮬레이션 결과이기 때문이다. 즉, R_Z 와 D_Z에 의한 부하 효과 때문에 (식 5.33)에서 가정한 시정수가 달라진 것이다. 출력단에 연결된 R_Z 와 D_Z 제거하고 R 양단의 전압을 관찰하면 파동 전압은 약 0.1V가 됨을 확인할 수 있다.

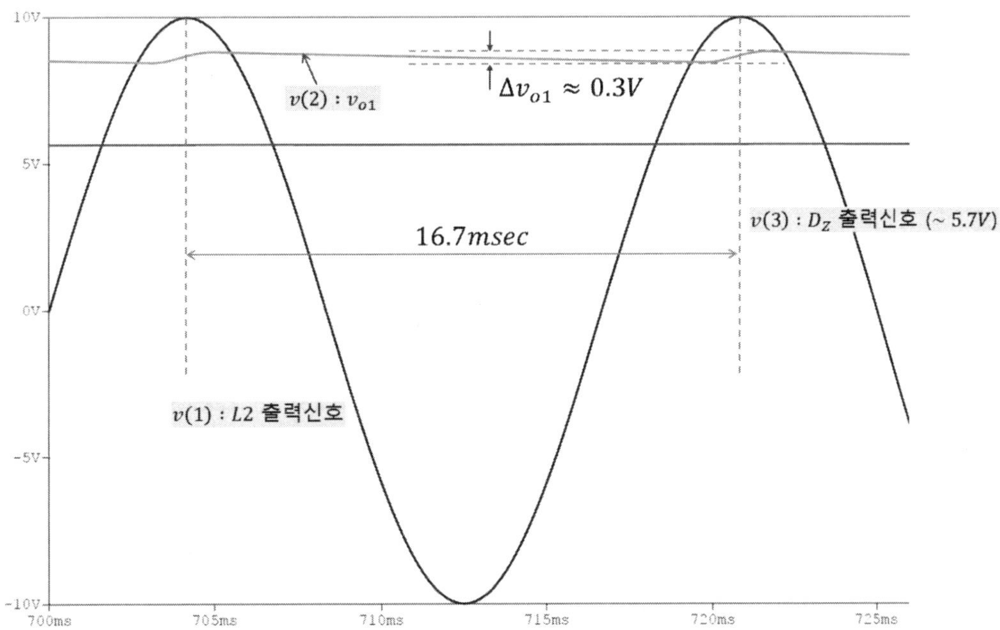

| 그림 5.24 | 정전압 회로를 포함하는 반파 정류 회로의 모의실험 파형

5.2.3 브릿지 전파 정류 회로

브릿지(bridge) 전파 정류 회로를 포함한 직류 전원 공급기는 그림 5.25와 같이 입력 교류 전압(V_1), 변압기, 애버랜치 다이오드 4개(D_1, D_2, D_3, D_4), 저역통과필터, 정전압회로(R_Z와 제너 다이오드 D_Z)로 구성된다.

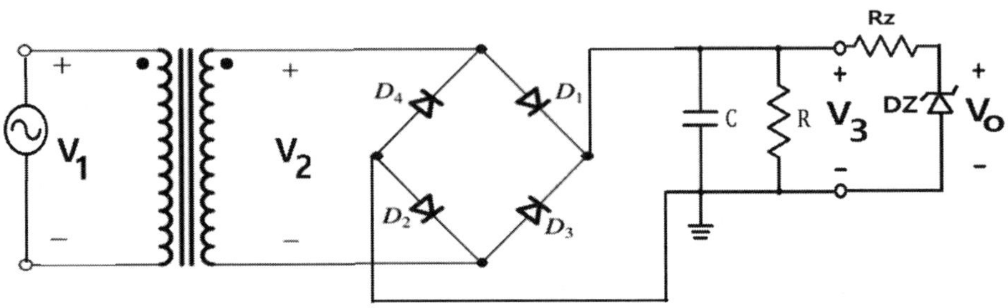

| 그림 5.25 | 브릿지 전파 정류 회로를 포함한 직류 전원 공급기

반파 정류 회로와 마찬가지로 변압기 입력에 가해진 교류 전압의 주파수는 f(Hz), 주기는 T(sec), 최대값은 V_P(V)이다. 교류 전압이 0V에서 증가하면서 교류 전압 신호가 양인 $(+T/2)$ 시간 동안 두 개 다이오드(D_1, D_2)가 동시에 도통한다. 저역통과필터 회로가 없다면 그림 5.26과 같이 $(+T/2)$ 시간 동안 교류 전압 신호가 두 개 다이오드(D_1, D_2) 양단에 나타나는 최대값($V_{+T/2}$)은 $V_{+T/2} = V_P - 2V_{on}$이다. 나머지 두 개 다이오드(D_3, D_4)는 역방향 영역에서 동작하므로 두 개 다이오드(D_3, D_4)의 항복전압은 $V_P - V_{on}$ 보다 커야 한다.

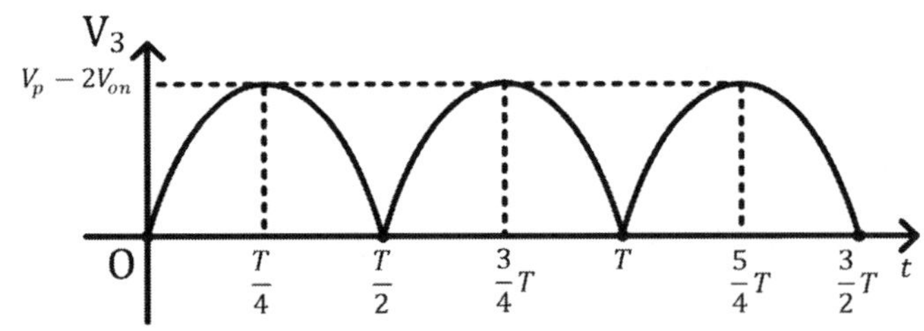

| 그림 5.26 | 브릿지 전파 정류 회로의 다이오드(D_1, D_2, D_3, D_4)를 통과한 파형도

또한 교류 전압 신호가 음인 $T/2$ 시간 동안 두 개 다이오드(D_3, D_4)가 순방향 영역에서 동작하고, 두 개 다이오드(D_3, D_4) 양단에 나타나는 최대값($V_{-T/2}$)은 $V_{-T/2} = V_P - 2V_{on}$ 이다. 나머지 두 개 다이오드(D_1, D_2)는 역방향 영역에서 동작하므로 다이오드(D_1, D_2)의 항복전압은 $V_P - V_{on}$ 보다 커야 한다. 다시 요약하면, 교류 전압 신호가 양인 $(+T/2)$ 시간 동안 D_1, D_2가 도통하고 D_3, D_4는 차단되면서, 교류 전압 반주기 신

호가 나타나고, 교류 전압 신호가 음인 $T/2$ 시간 동안 D_3, D_4가 도통하고 D_1, D_2는 차단되면서, 교류 전압의 나머지 반주기 신호가 나타나서 그림 5.26과 같이 입력 교류 전압의 반주기 양의 신호가 반복되어서 나타난다. 애버랜치 다이오드(D_1, D_2, D_3, D_4)의 항복전압은 $V_P - V_{on}$보다 크면 된다. 다이오드 정류 회로를 통과한 파형이 저역통과 필터를 거치게 되면, 저역통과 필터의 시정수 값(RC)에 의해서 교류 주파수가 제거되며, 그림 5.27과 같이 저역통과 필터 회로(RC) 양단자에 나타난 전압(V_3)의 파동전압크기(ΔV_3)는 (식 5.43)과 같아서 반파 정류 회로 파동전압크기 (식 5.33)의 50%이다.

$$\Delta V_3 \approx \frac{V_P - 2V_{on}}{2fRC} \qquad \text{(식 5.43)}$$

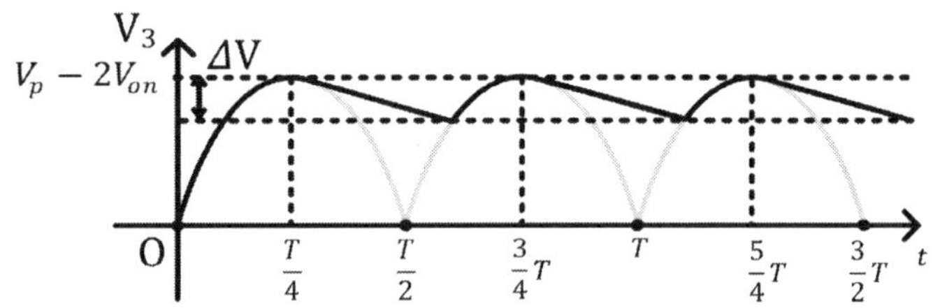

| 그림 5.27 | 브릿지 전파 정류 회로의 저역통과필터를 통과한 파형도

저역통과필터 양단 파동전압 변동 값(V_{r3})은 0V에 가까울수록 직류 신호에 가까우므로, 주어진 입력 신호에 대해 (식 5.43)을 0V에 가깝게 하려면 교류신호 주파수는 50 또는 60Hz로 고정되어 있으므로 시정수(RC) 값을 증가시키면 된다. 따라서 파동전압크기 (ΔV_3)를 감소시키기 위해서 시정수(RC)를 증가시켜야 한다. 파동전압크기를 더욱 감소시키기 위해서 제너다이오드 정전압 회로를 통과하게 되면 제너다이오드의 항복특성(항복전압, V_Z)에 의해서 파동 전압을 거의 제거하여서 그림 5.28과 같이 출력 전압 v_O는 거의 직류 전압에 가까운 형태가 된다.

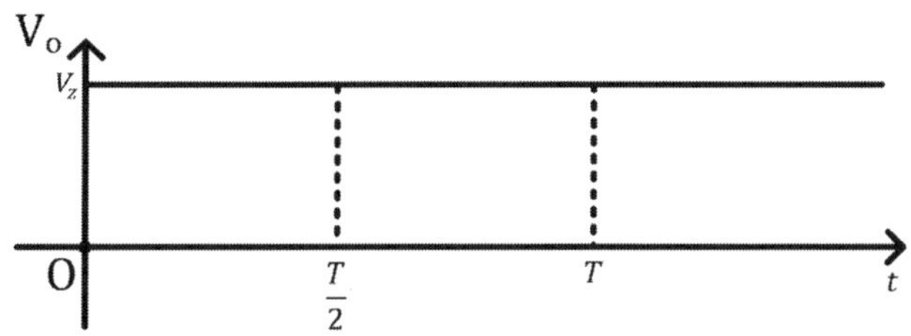

| 그림 5.28 | 브릿지 전파 정류 회로의 정전압 회로를 통과한 파형도

브릿지 전파 정류 회로의 정전압 회로의 온도 특성을 고려한다면 그림 5.29와 같이 제너다이오드(DZ)와 애버랜치 다이오드(D0)를 직렬연결 시켜서 출력부를 구성할 수 있다. 애버

랜치 다이오드의 온도계수는 −1.5mV/℃ 이고, 제너 다이오드의 온도계수는 +1.5mV/℃ 이므로 (식 5.44)와 같이 두 온도계수가 서로 상쇄되어서 광범위한 환경 온도 변화에 대해서 정전압 회로의 출력전압(V_o)은 (식 5.45)와 같이 일정한 전압을 유지할 수 있다.

$$\text{출력전압의 온도계수} = \text{에버랜치 다이오드 온도계수}(-1.5mV/℃) + \text{제너 다이오드 온도계수}(+1.5mV/℃) \sim 0mV/℃ \quad \text{(식 5.44)}$$

$$V_o = V_Z + V_{on} \quad \text{(식 5.45)}$$

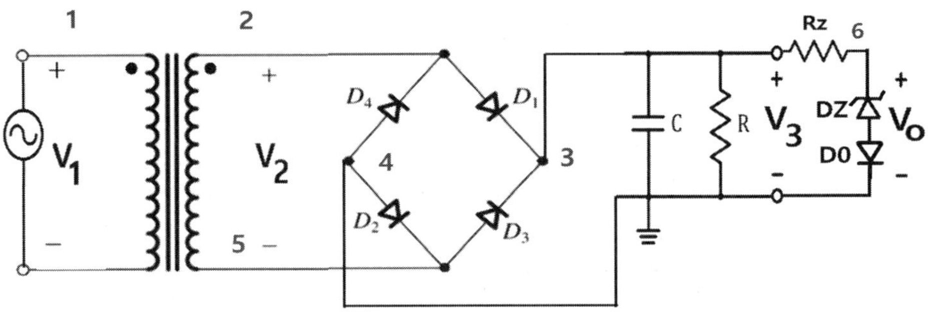

| 그림 5.29 | 온도보상을 고려한 브릿지 전파 정류 회로도

> **예제 5.6** 그림 5.25의 브릿지 전파 정류 회로에서 변환된 교류전압(V_2)의 최대값은 10V, 주파수는 60Hz, 부하저항은 $10K\Omega$일 때, 저역통과 필터 출력변화 값인 파동 전압을 0.1V로 제한하기 위해서 커패시터 용량을 설계하고 SPICE 모의실험으로 검증하라.

풀이

(식 5.43)에 주어진 값을 대입하면 (식 5.46)과 같이 C=71.7μF으로 설계하면 된다.

$$C = \frac{V_P - 2V_{on}}{2fR(\Delta V_{o1})} = \frac{10V - 1.4V}{2(60Hz)(10K\Omega)(0.1V)} = \frac{8.6V}{120,000} = 71.7\mu F \quad (5.46)$$

SPICE 모의실험을 하기 위해서 그림 5.25 회로에 단자 번호를 지정해서 회로도를 재구성하면 그림 5.30과 같으며, 문제에서 주어진 값을 사용해서 넷리스트를 작성하면 다음과 같다.

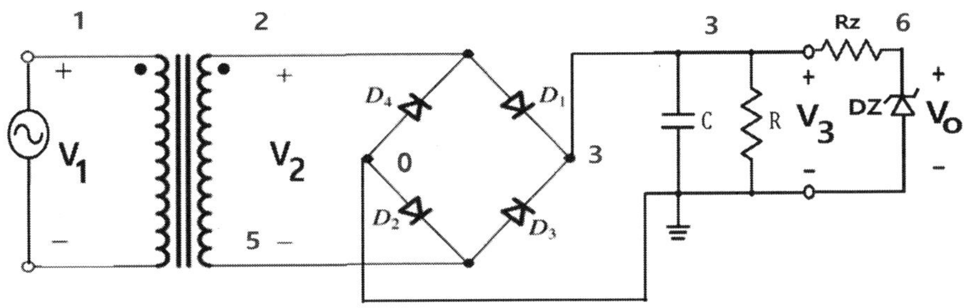

| 그림 5.30 | SPICE 모의실험을 위한 전파 정류 회로도

```
FULL WAVE RECTIFIER WITH REGULATOR
V1 1 N0 SIN(0 100 60)
RS A 1 1U
RG N0 5 1G
L1 A N0 10M
L2 2 5 100U
K1 L1 L2 0.999
D1 2 3 DN
D2 0 5 DN
D3 5 3 DN
D4 0 2 DN
R 3 0 10K
C 3 0 71.7U
RZ 6 3 1K
DZ 0 6 DZ
.MODEL DN D(IS = 1F VJ = 0.6 CJO = 2P BV = 100 RS = 1)
.MODEL DZ D(IS = 1F VJ = 0.6 CJO = 2P BV = 5 RS = 1)
.TRAN 0.1M 43M
.PROBE
.OPTIONS MINSIMPTS = 5000
.END
```

넷리스트를 사용한 모의실험 결과는 그림 5.31과 같이, 입력 교류신호의 1주기 약 16.7msec 동안에 전파 정류 회로의 다이오드를 거친 파형으로 정류파형의 최대값과 입력 교류신호의 최대값 차이는 $2V_{on} = 1.4V$이다. (단, 이 결과는 그림 5.30의 회로도에서 C, R_Z, D_Z가 제거된 경우, 즉, 순수하게 브릿지 정류회로만 있을 때의 출력파형임에 주의한다.)

저역 통과 회로 및 제너다이오드 정전압 회로를 통과한 파형은 그림 5.32에서 확인할 수 있듯이 $V_3 = 8.6\,V$, $\Delta V_3 = 0.1\,V$, $V_6 = 5.4\,V$이다. 저역 통과 회로를 통과한 파형은 입력 교류신호의 1/2 주기 약 8.3msec 동안 반복되는 것을 알 수 있다. (단, 이 그래프의 $v(3)$ 및 $v(3)$의 ripple 크기 ($\Delta V3$)는 R_Z, D_Z가 없는 회로에서 구한 C 값으로 결정된 것이므로, 이 그림의 $v(3)$ 파형은 원래 회로에서 R_Z, D_Z를 제거해야 관찰됨에 주의한다.)

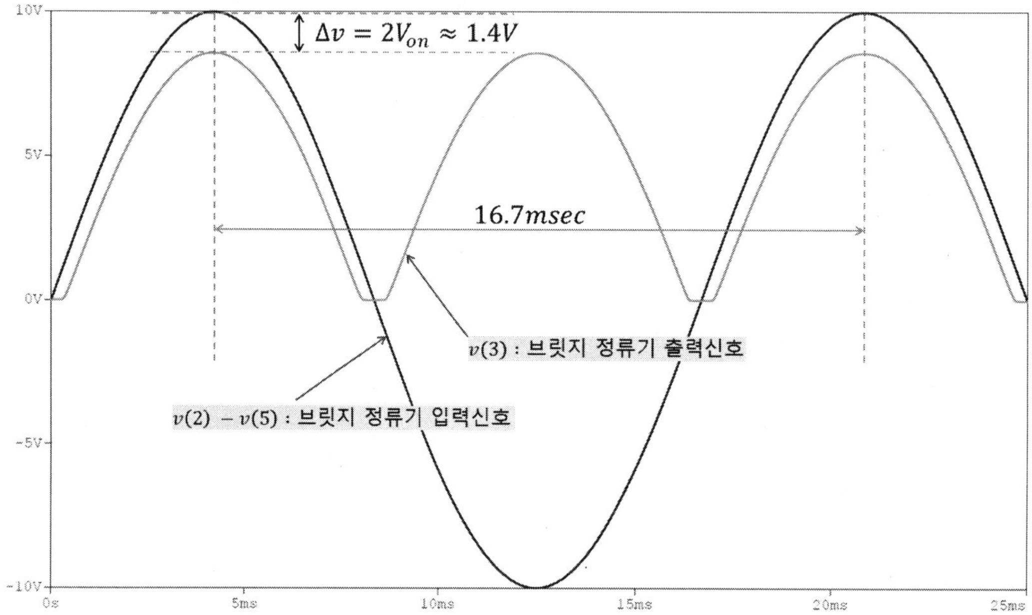

| 그림 5.31 | 전파 정류 회로의 브릿지 정류기 SPICE 모의실험 결과

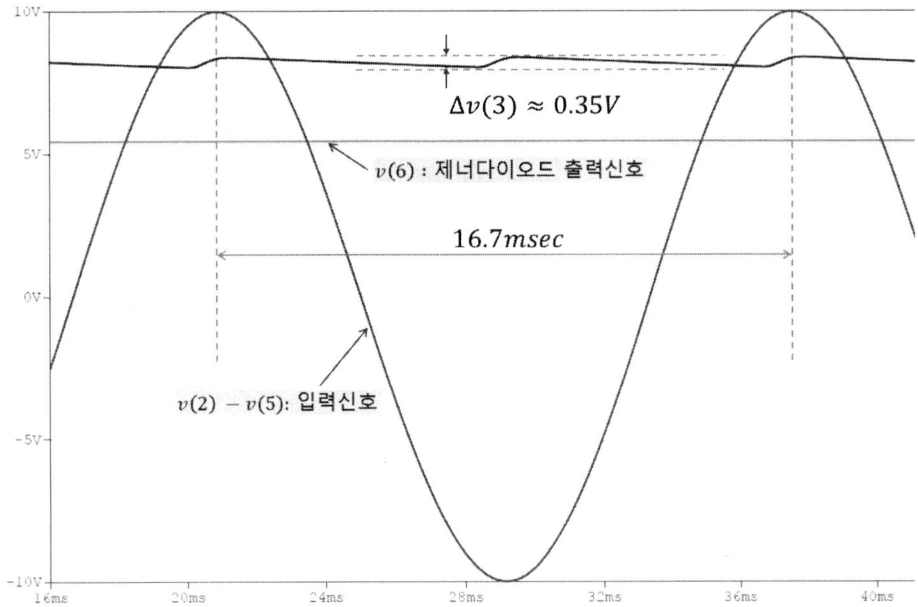

| 그림 5.32 | 전파 정류 회로의 저역통과필터 및 정전압 회로 SPICE 모의실험 결과

5.3 신호크기 제한 회로

입력 전압신호 크기가 제한된 전압신호 크기보다 큰 신호가 회로에 가해지면 회로 입력단이 고장 날 수 있다. 입력 회로를 보호하기 위해서 입력 전압신호 크기를 제한할 필요가 있는데, 회로 보호용 전압신호 크기를 제한하는 회로를 신호크기 제한회로(limiter circuit)라고 한다. 신호크기 제한회로의 전달 특성 곡선(transfer curve)을 표시한 그래프는 그림 5.33과 같으며, 이 그래프를 식으로 표현하면 (식 5.47)과 같다.

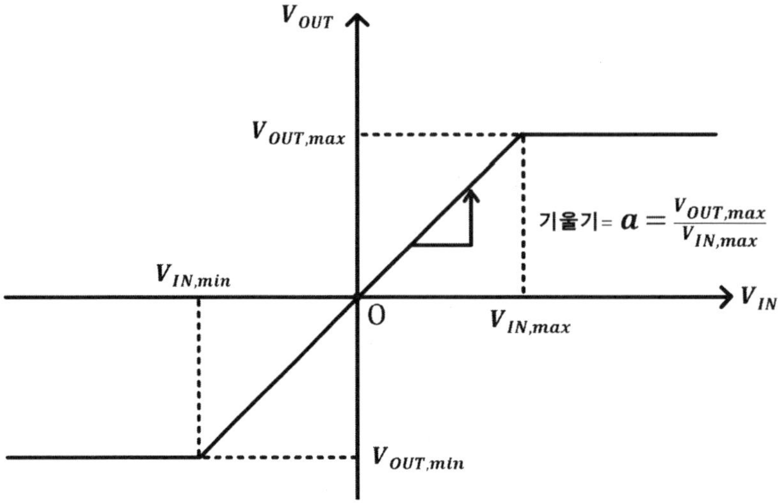

| 그림 5.33 | 신호크기 제한 회로의 전달 특성 곡선

1) $V_{IN} < V_{IN,\min}$인 경우, $V_{OUT} = V_{OUT,\min}$

2) $V_{IN,\min} < V_{IN} < V_{IN,\max}$인 경우, $V_{OUT} = aV_{IN} = \dfrac{V_{OUT,\max}}{V_{IN,\max}} V_{IN}$ (식 5.47)

3) $V_{IN} > V_{IN,\max}$인 경우, $V_{OUT} = V_{OUT,\max}$

즉 입력신호(V_{IN})가 최소 입력신호($V_{IN,\min}$) 보다 작으면 입력신호를 최소 출력신호($V_{OUT,\min}$)로 제한함으로써 더 작은 신호가 통과하지 못하도록 제한한다. 또한 입력신호(V_{IN})가 최대 입력신호 ($V_{IN,\max}$) 보다 크면 입력신호를 최대 출력신호($V_{OUT,\max}$)로 제한함으로써 더 큰 신호가 통과하지 못하도록 제한한다. 만약 입력신호가 최소 및 최대 제한신호 사이에 있으면 기울기($a = \dfrac{V_{OUT,\max}}{V_{IN,\max}}$)를 갖고 통과시키게 되는데, 기울기가 1 이면, 출력신호와 입력신호는 동일하게 된다.

그림 5.33의 특성을 갖는 회로는 그림 5.34와 같은 다이오드 회로를 사용해서 구현할 수 있다.

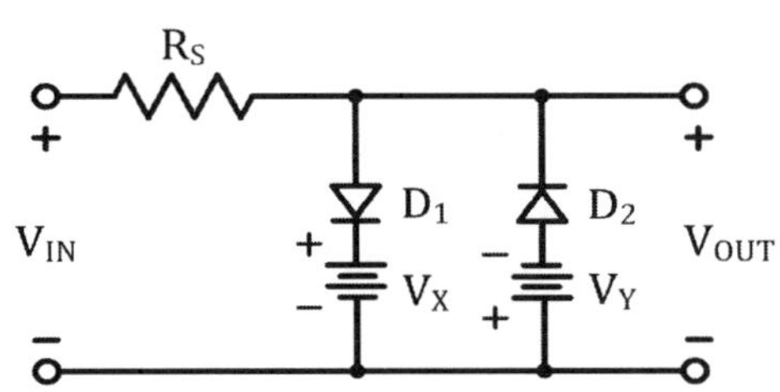

| 그림 5.34 | 애버랜치 다이오드(D_1, D_2)와 이동전압(V_X, V_Y)을 사용한 신호크기 제한 회로도

그림 5.35 회로에서 R_S, D_1, D_2, V_X, V_Y는 각각 입력저항, 애버랜치 다이오드(D_1, D_2), 이동 전압(V_X, V_Y) 이다. 그림 5.34 회로의 전달 특성 곡선을 식으로 표시하면 다음과 같다. (V_{on1}, V_{on2}는 각각 D_1, D_2의 도통전압을 나타낸다.)

1) $V_{IN} < V_Y - V_{on2}$인 경우, $V_{OUT} = -V_Y - V_{on2}$
2) $-V_Y - V_{on2} < V_{IN} < V_X + V_{on1}$인 경우, $V_{OUT} = V_{IN}$ (식 5.48)
3) $V_{IN} > V_X + V_{on1}$인 경우, $V_{OUT} = V_X + V_{on1}$

첫째, 입력신호(V_{IN})가 입력 최소전압($-V_Y - V_{on2}$)보다 작게 가해진 경우, 다이오드(D_1)은 차단되고, 다이오드(D_2)는 도통되므로 출력신호(V_{OUT})가 최소 출력신호 ($-V_Y - V_{on2}$)로 제한된다.

둘째, 입력신호(V_{IN})가 입력 최소전압($-V_Y - V_{on2}$)과 최대전압($V_X + V_{on1}$) 사이로 가해진 경우, 두 개 다이오드(D_1, D_2)가 모두 차단되므로 출력신호(V_{OUT})는 입력신호 (V_{IN})를 모두 통과시키므로 출력신호와 입력신호가 동일하게 된다.

셋째, 입력신호(V_{IN})가 입력 최대전압($-V_Y - V_{on2}$)보다 크게 가해진 경우, 다이오드 (D_1)가 도통되고, 다이오드(D_2)는 차단되므로 출력신호(V_{OUT})는 최대 출력신호 ($V_X + V_{on1}$)로 제한된다.

예제 5.7 신호크기 제한 회로의 최소 및 최대 전압값이 각각 (−2.2V), (+2.2V)인 회로를 설계하고 모의실험으로 회로 성능을 검증하라. 단, 입력신호는 $V_{IN} = 5\sin(2\pi 60t)$ 이며, $R_S = 100\Omega$, 다이오드의 도통전압은 0.7V로 가정한다.

풀이

신호크기 제한 회로의 최소 및 최대 전압값이 각각 −2.2V, +2.2V로 주어졌으므로 (식 5.47)에서 V_X, V_Y 값을 구하면 (식 5.49)와 같다.

$$+2.2V = V_X + 0.7V \quad \text{또는} \quad V_X = 2.2V - 0.7V = 1.5V$$

$$-2.2V = V_Y - 0.7V \quad \text{또는} \quad V_Y = -2.2V + 0.7V = -1.5V \qquad (식\ 5.49)$$

(식 5.49)에 따라서 그림 5.35 회로도를 설계할 수 있다.

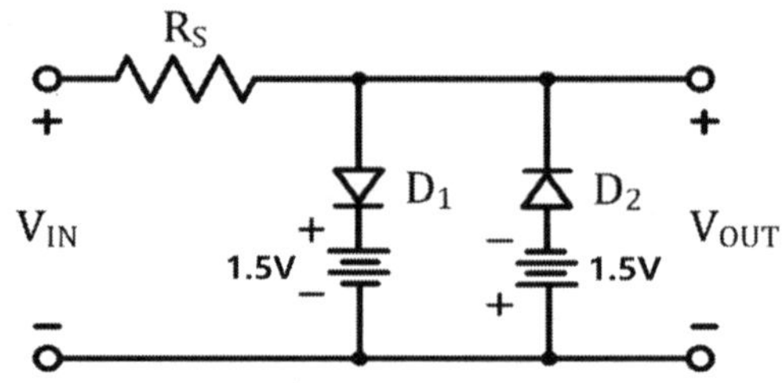

| 그림 5.35 | +2.2V/−2.2V 신호크기 제한 다이오드 회로

설계된 그림 5.35 회로의 성능을 모의실험하기 위해서 단자번호를 지정한 회로도(그림 5.36)를 이용하여 넷리스트를 아래와 같이 작성한다.

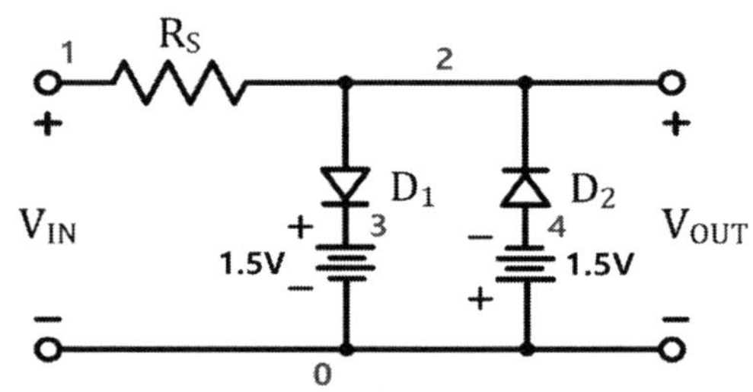

| 그림 5.36 | 단자번호를 지정한 신호크기 제한 회로도

```
LIMITER
RS 1 2 6K
VIN 1 0 SIN(0 5 60)
D1 2 3 DN
D2 4 2 DN
VX 3 0 DC 1.5
VY 4 0 DC -1.5
.MODEL DN D(IS=1F VJ=0.6 CJO=2P BV=100 RS=1)
.OPTIONS MINSIMPTS=5000
.OP
.TRAN 0.1M 100M
.PROBE
.END
```

모의실험 결과는 그림 5.38과 같다. 입력신호는 주기 16.7 msec를 갖는 정현파로서 최대, 최소값은 각각 +5V, −5V이며, 신호크기 제한회로의 출력신호는 최대, 최소값 +2.2V, −2.2V이다.

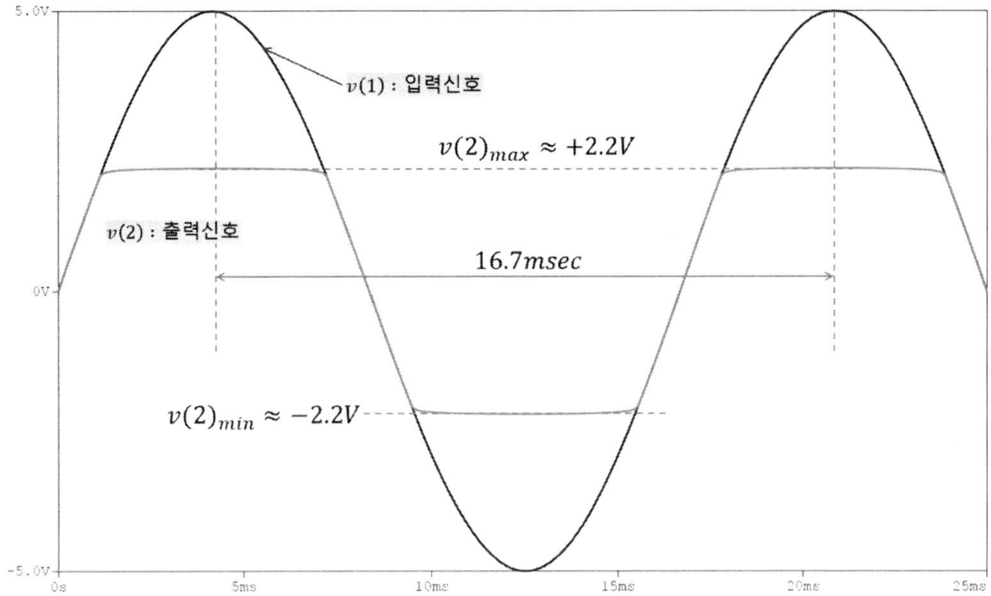

| 그림 5.37 | 신호크기 제한 회로도의 모의실험 결과(최소(−2.2V) 및 최대값(+2.2V))

제너 다이오드를 사용해서 신호크기 제한 회로를 구현할 수 있다. 즉, 제너 다이오드의 항복 전압을 사용해서 그림 5.38과 같이 구성하면 최소 전압 및 최대 전압을 결정할 수 있다.

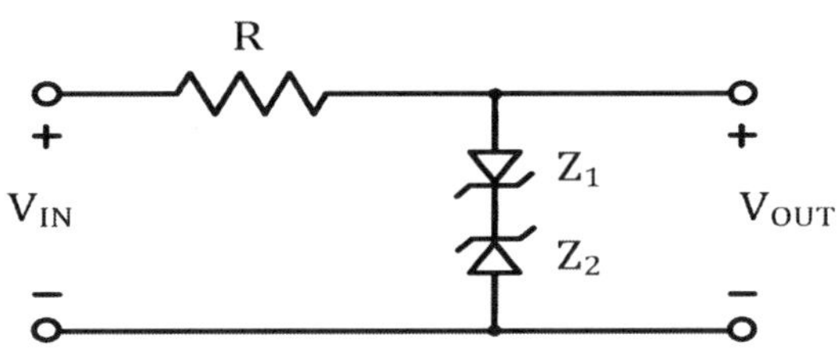

| 그림 5.38 | 제너 다이오드를 사용한 신호크기 제한 회로도

5.4 클램핑 회로

디지털 펄스 신호를 케이블 선을 통해서 전송하는 경우 수신단에서 신호를 받았을 때, 디지털 펄스 신호 크기와 듀티 주기(duty cycle) 신호를 확인해야 한다. 이런 경우 클램핑(clamping) 회로를 사용하게 된다. 클램핑 회로는 그림 5.39와 같이 커패시터(C_1)와 애버랜치 다이오드(D_1)로 구성된다.

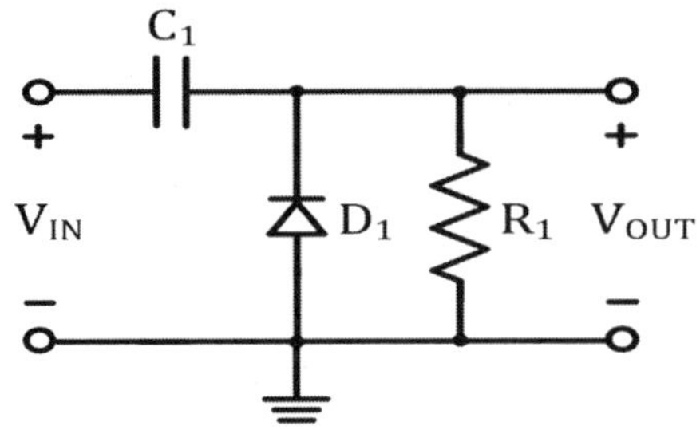

| 그림 5.39 | 클램핑 회로

그림 5.40과 같이 신호 크기가 V_X 및 듀티 주기(duty cycle)가 $(\frac{T_1}{T} \times 100)$%인 펄스신호(pulse signal)를 전송해서 그림 5.39의 클램핑 회로를 통해서 펄스 신호를 수신하게 되면 펄스 신호의 크기 및 듀티 주기를 회복할 수 있다.

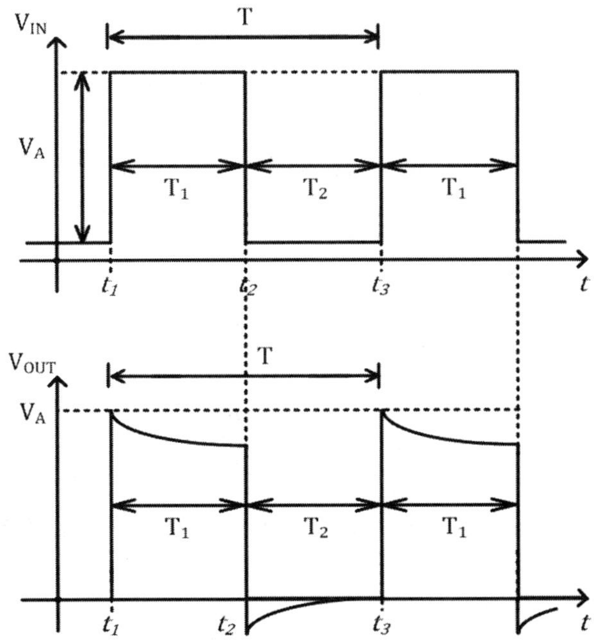

| 그림 5.40 | 듀티 주기가 $\frac{T_1}{T_1 + T_2} \times 100\%$인 입력 펄스 파형

1과 0으로 구성된 펄스 신호 전체 주기(T)에서 1 신호가 차지하는 시간을 T_1이라고 한다면 듀티 주기는 (식 5.50)과 같이 정의한다.

$$\text{듀티 주기} = \frac{T_1}{T_1 + T_2} \times 100\% \qquad \text{(식 5.50)}$$

클램핑 회로의 동작원리는 다음과 같다. 입력 펄스가 1인 T_1 시간동안에 커패시터(C_1)이 충전되며, 다이오드(D_1)은 역방향 영역에서 동작하므로 RC 저역통과회로의 커패시터에 충전된 전하가 방전되면서 출력전압(V_{OUT})이 감소하게 된다. T_1이 지나고 T_2 시간에는 입력 펄스가 0이 되면서 다이오드가 순간적으로 순방향 영역에서 동작하고 도통되므로 출력전압이 증가한다. 그러면서 시간 T_1이 시작되면 커패시터가 충전되는 동작 내용이 그림 5.40과 같이 반복된다.

5.5 배전압 회로

클램핑 회로, 반파 정류 회로 및 저역통과필터 회로를 종속접속(cascade) 연결하면 배전압 회로(voltage doubler)가 된다. 그림 5.41과 같이 배전압 회로에 정현파를 가하면 다이오드(D_1)에 역방향 전압이 걸리면서 정현파의 최소값($-V_P$), 최대값($+V_P$)이 다이오드(D_1) 양단자(V_{D1})에 모두 걸리게 된다.

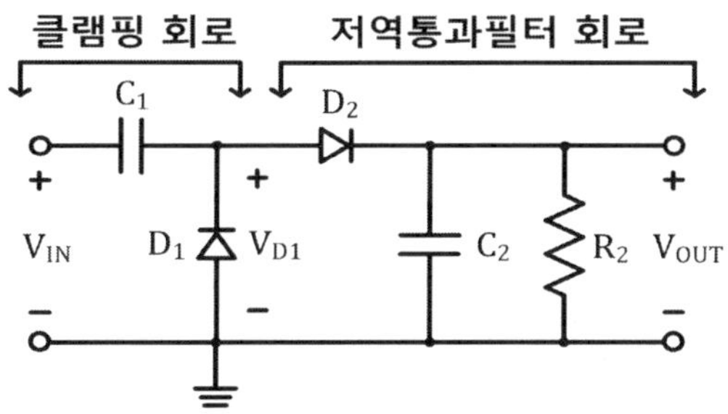

| 그림 5.41 | 배전압 회로도

V_{D1}이 반파 정류 회로(D_2) 및 저역통과필터 회로(C_2, R_2)에 전달되기 때문에 $+2V_P$이 그림 5.42와 같이 출력전압(V_{OUT})에 나타나므로 배전압 회로의 기능을 확인할 수 있다.

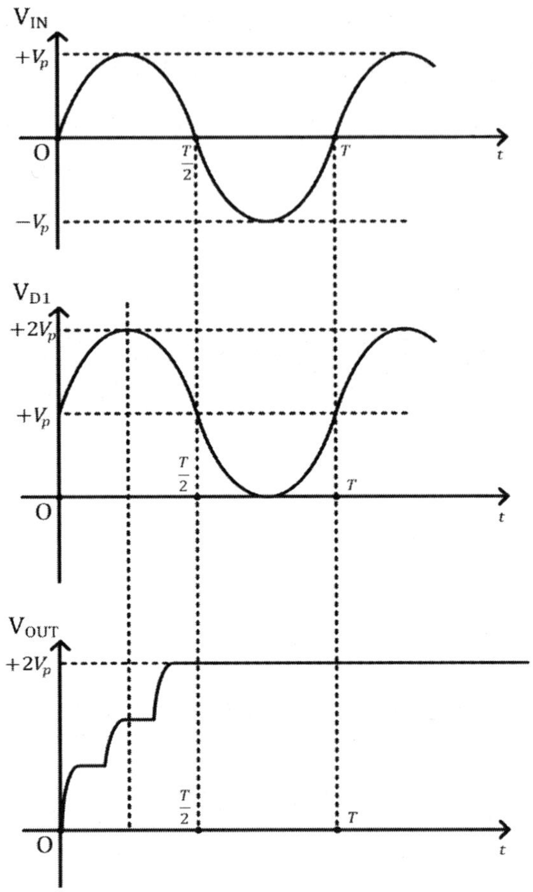

| 그림 5.42 | $+2V_P$ 배전압 회로의 출력 파형도

그림 5.41 배전압 회로의 클램핑 회로 및 저역통과 필터 회로내 다이오드(D_1, D_2)의 방향을 반대로 바꾸면 그림 5.43 회로도가 된다.

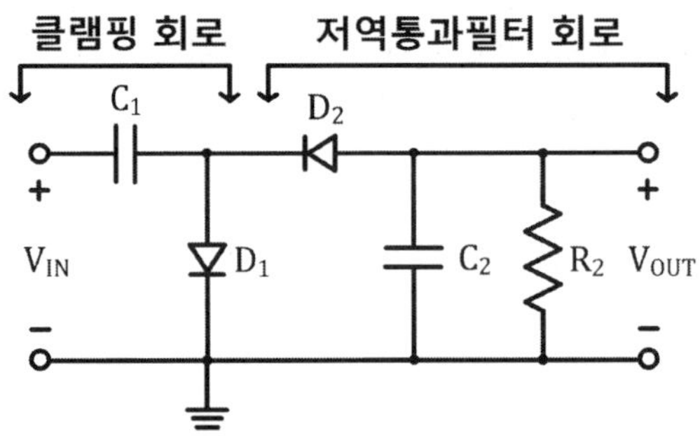

| 그림 5.43 | $-2V_P$ 배전압 회로도

클램핑 회로의 출력전압은 $-2V_P$ 이며, 저역 통과 필터 회로를 통해서 직류 전압으로 변환되므로 그림 5.44와 같다.

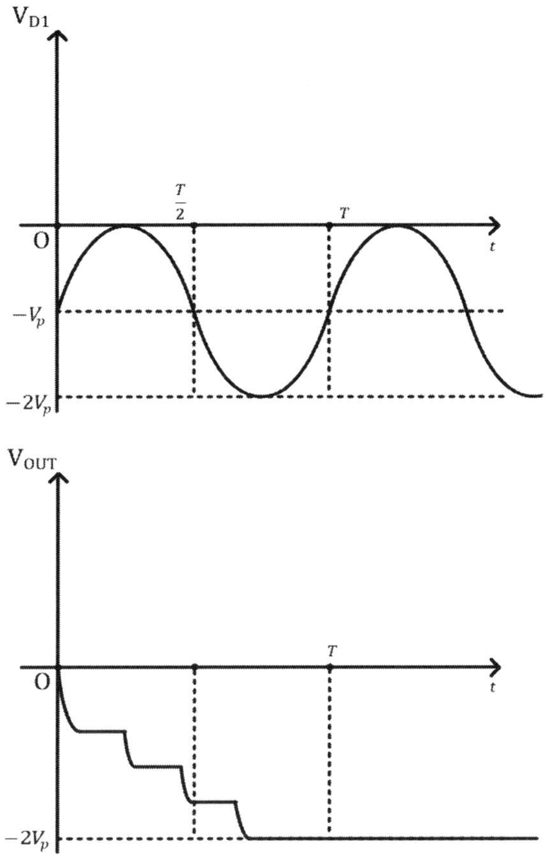

| 그림 5.44 | $-2V_P$ 배전압 회로의 출력 파형도

예제 5.8 최대전압 5V인 정현파를 사용해서 +10V 출력 전압이 나오도록 배전압 회로를 설계하고, 모의실험을 통해서 배전압 회로의 최대 출력전압 10V를 검증하라. 단, 다이오드 도통전압은 0.7V이고, 정현파의 주파수는 60Hz이다.

풀이

+10V 출력 전압이 나오도록 배전압 회로를 구성하면 그림 5.41과 같다. 즉, 클램핑 회로, 반파 정류 회로 및 저역통과 필터 회로를 종속접속 연결하되, 클램핑 회로와 저역통과필터 회로의 커패시터 용량(C_1, C_2)을 $100\mu F$으로 정한다. 또한 파동전압 값을 0.1V로 정하고 저역통과 필터 회로내 저항(R_2)을 설계하면 (식 5.51)을 통해서 구할 수 있다.

$$R_2 = \frac{2V_P - V_{on}}{fC\Delta V} = \frac{10V - 0.7V}{(60Hz)(100X10^{-6})(0.1V)} = 15.5K\Omega \quad \text{(식 5.51)}$$

```
VOLTAGE DOUBLER
VIN 1 0 SIN(0 5 60)
C1 1 2 100U
D1 0 2 DN
D2 2 3 DN
C2 3 0 100U
R1 3 0 15.3K
.OP
.MODEL DN D(IS=1F VJ=0.6 CJO=2P BV=100 RS=1)
.OPTIONS MINSIMPTS=5000
.TRAN 0.1M 100M
.PROBE
.END
```

모의실험을 하기 위해서 그림 5.41 회로의 넷리스트를 아래와 같이 작성하고, 모의실험을 하면 그림 5.45와 같다. 다이오드(D_1) 양단에 걸리는 전압은 배전압(−1V ~ +9V : +10V)이 걸렸음을 확인할 수 있다. 저역통과 필터의 다이오드(D_2)를 거치면서 전압 강하(0.7V)가 나타나므로 최종 출력전압은 +8.3V 임을 확인할 수 있으며, 반파 정류 회로이므로 리플 전압이 존재한다. 리플전압을 더 감소시키기 위해서는 전파 정류 회로를 사용할 수 있다.

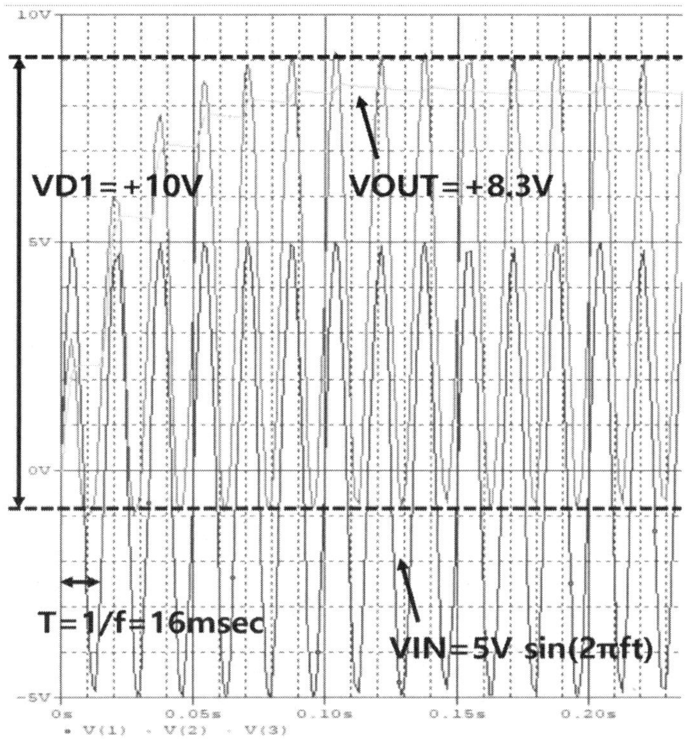

| 그림 5.45 | 배전압 회로의 모의실험 결과(VIN, VD1, VOUT)

5.6 광 고립 회로

광 고립 회로(opto-isolator)는 그림 5.46과 같이 빛이 차단된 밀폐된 공간내 발광다이오드(D_1)와 광다이오드(D_2 또는 NPN BJT)로 구성된 회로로서 스위치 기능을 하며, 입력단자는 1,2번, 출력단자는 3,4번이다. 광 고립회로의 스위치 기능은 회로 입력에서 발생된 전기충격(electrical shock 또는 electrical surge)을 흡수해서 전기 충격 신호를 출력으로 전달하지 않는 회로로서 전기 충격이 많이 발생하는 산업체 현장내 사용하는 회로 및 의료장비 보호용 스위치로 주로 사용된다. 광 고립회로의 동작 원리를 살펴보도록 한다. 입력신호가 입력단자(1,2번)에 가해지면 발광다이오드에 전류가 흐르면서 전류가 빛으로 변환되고, 변환된 빛이 광 다이오드의 pn 접합면(또는 베이스-컬랙터 접합면)에 조사되고, 조사된 빛은 전류로 변환되어서 출력단자(3,4번)의 저항이 작아지는 스위치 도통 기능을 함으로서 주변회로를 보호하게 된다.

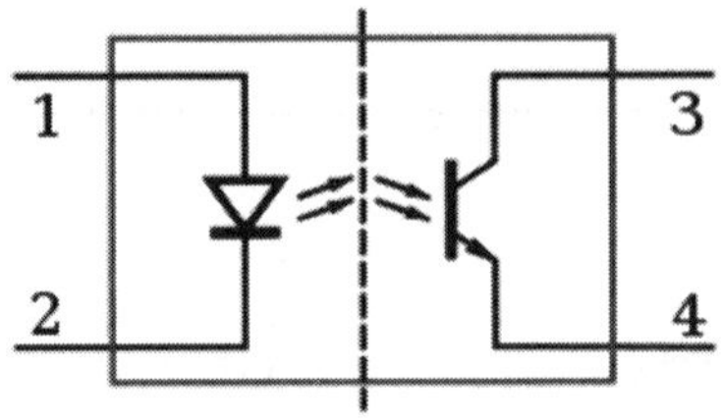

| 그림 5.46 | 광 고립 회로도

그림 5.47 회로는 입력전원(v_i), 스위치(S_1), 저항(R_1), 발광다이오드(D_1), 광다이오드(Q_1), 부하저항(R_2)로 구성되는데, 광다이오드(Q_1)가 스위치 기능을 한다.

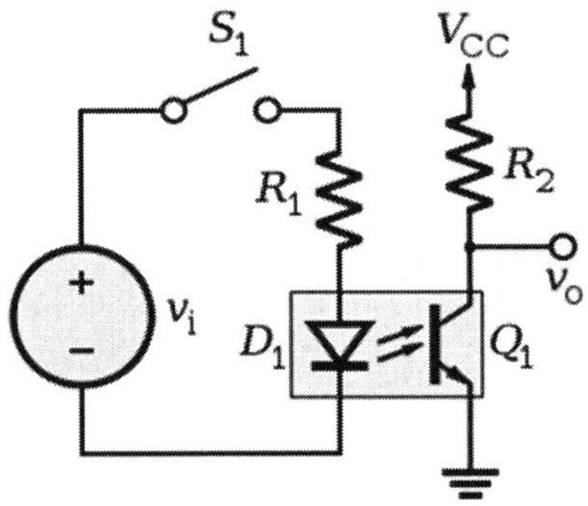

| 그림 5.47 | 광 고립 회로를 사용한 회로도

외부 전기 충격신호가 v_i 및 스위치 S_1으로 입력되면, 발광다이오드(D_1)이 도통되면서 빛이 나오고, 발생된 빛이 Q_1의 베이스 컬렉터 접합면에 조사되고, 조사된 빛에 의해서 Q_1 스위치는 도통된다. 따라서 Q_1 스위치 내부저항이 작게 되고,v_o 전압이 0V로 낮아져서 입력 전기 충격이 고립된다. 입력 전기 충격이 고립되므로 v_o에 연결된 회로는 입력 전기 충격으로부터 보호받게 되는 것이다.

그림 5.48의 보호회로는 광 고립회로 OP1, OP2를 사용해서 MOSFET 트랜지스터 M1을 전기충격으로부터 보호하기 위한 회로이다.

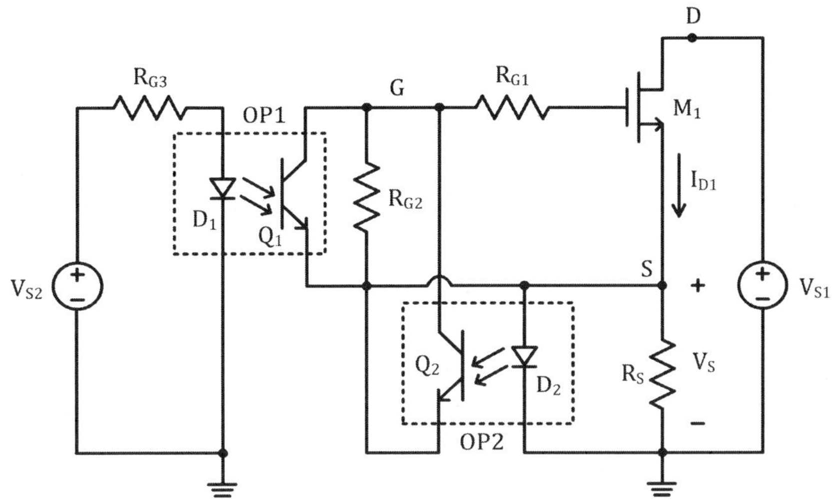

| 그림 5.48 | 광 고립 회로를 사용한 MOSFET 트랜지스터 M1 보호 회로

외부 2개 전기충격신호(V_{S1}, V_{S2})가 보호 회로에 입력된다고 가정하자. V_{S1} 전기충격이 발생하면 광 고립 회로 OP1의 발광다이오드(D_1)가 빛을 발하게 되며, 광 다이오드(Q_1)이 빛을 받고 도통해서 G단자와 S단자가 단락되고, GS 단자 전압이 0V가 되고, GS 단자 전압이 MOSFET 트랜지스터 M1의 문턱전압보다 작으므로 M1이 차단되어서 보호된다. 둘째 V_{S1} 전기충격이 발생하면 MOSFET 트랜지스터 M1에 드레인 전류(I_{D1})가 흐르며, 드레인 전류(I_{D1})에 의해서 소스 저항(R_S)에 소스전압(V_S)이 발생한다. 소스전압에 의해서 광 고립 회로 OP2의 발광다이오드(D_2)가 빛을 발하게 되며, 광 다이오드(Q_2)가 빛을 받고 도통해서 G단자와 S단자가 단락되고, GS 단자 전압이 0V가 되므로 MOSFET 트랜지스터 M1의 문턱전압보다 작게 되므로 M1이 차단되어서 보호된다. MOSFET 트랜지스터의 자세한 동작원리는 6장을 참고하기 바란다.

요약

5.1절에서 pn 접합 다이오드의 전기적 특성인 순방향(on) 및 역방향(off) 동작을 이용해서 다이오드 논리 회로(AND 게이트 및 OR 게이트)의 동작원리를 고찰하였다. 다이오드 논리 회로는 단순한 회로도 및 동작원리의 장점이 있으나 전력소모가 크다는 단점이 있다. 다이오드 바이어스 회로 해석 방법을 살펴보았다.

5.2절에서 교류를 직류로 변환시키는 정류 회로를 학습하였다. 정류 회로에는 반파 정류 회로 및 브릿지 전파 정류 회로의 동작원리 및 특성에 대해서 학습하였으며, 공급전원의 구조, 동작원리 및 회로 해석, 설계 방법을 다루었다.

5.3절에서는 시스템을 보호하기 위한 신호크기 제한 회로를 살펴보았는데, 애버랜치 다이오드와 제너 다이오드를 사용해서 신호크기 제한뿐만 아니라 온도 보상 특성을 고찰하였다.

5.4절에서 클램핑 회로가 신호의 크기를 복원할 수 있는 동작원리를 살펴보았다.

5.5절에서 입력 정현파의 최대값을 커패시터에 충전시키면서 전압을 증가시키는 배전압 회로를 다루었다.

5.6절에서 광다이오드와 발광다이오드가 결합되어서 외부 전기적 충격을 흡수하면서 신호를 전달하는 광 고립 회로를 고찰하였다.

참고문헌

[5.1] A. Sedra and K. Smith, Microelectronic circuits, Oxford, 2015.

[5.2] B. Razavi, Design of Analog CMOS Integrated Circuit, McGraw-Hill, 2017,

[5.3] B. Razavi, Fundamentals of Microelectronics, John Wiley & Sons, 2014.

[5.4] S. Kang and Y. Leblebici, CMOS Digital Integrated Circuits - Analysis and Design, McGraw-Hill, 1996.

[5.5] R. Baker, H. Li, and D. Boyce, CMOS Circuit Design, Layout, and Simulation, IEEE Press, 1997.

[5.6] J. Uyemura, Circuit Design for Digital CMOS VLSI, Kluwer, 1992.

[5.7] T. Floyd, Electronic Devices, Pearson, 2019.

[5.8] P. Allen and D. Holberg, CMOS Analog Circuit Design, Oxford press, 2011

[5.9] P. Gray and R. Meyer, Analysis and Design of Analog Integrated Circuits,6th Edition, John Wiley and Sons, 2024.

[5.10] G. Roberts and A. Sedra, SPICE, Oxford University Press, 1997.

[5.11] Neamen, Microelectronics Circuit Analysis and Design, 2007.

[5.12] Spencer and Ghausi, Introduction to Electronic Circuit Design, Prentice Hall, 2003.

5.1 그림 P 5.1 논리 회로의 기능을 설명하고 부울대수로 표시하라.

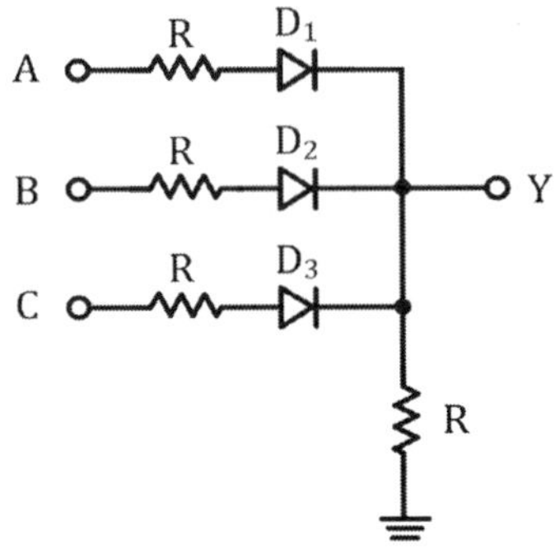

| 그림 P 5.1 |

5.2 그림 P 5.2 논리 회로의 기능을 설명하고 부울대수로 표시하라.

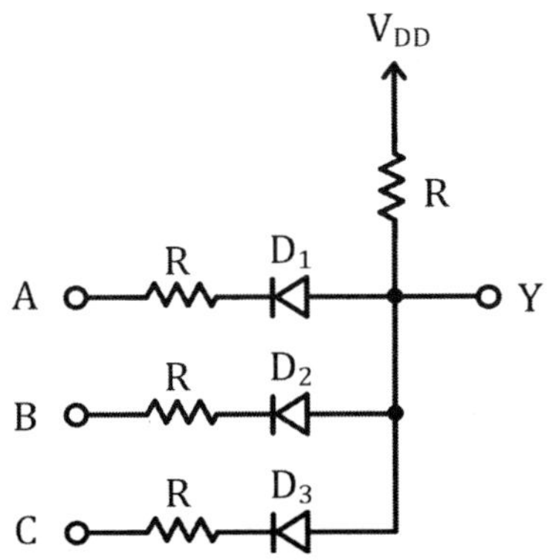

| 그림 P 5.2 |

5.3 그림 P 5.3 다이오드 바이어스 회로에서 다이오드(D_1, D_2)에 흐르는 전류 및 V_{OUT} 전압을 구하라. 단, $V_{DD} = 3\,V$, $R = 1K\Omega$, $V_{on} = 0.7\,V$ 라고 가정한다.

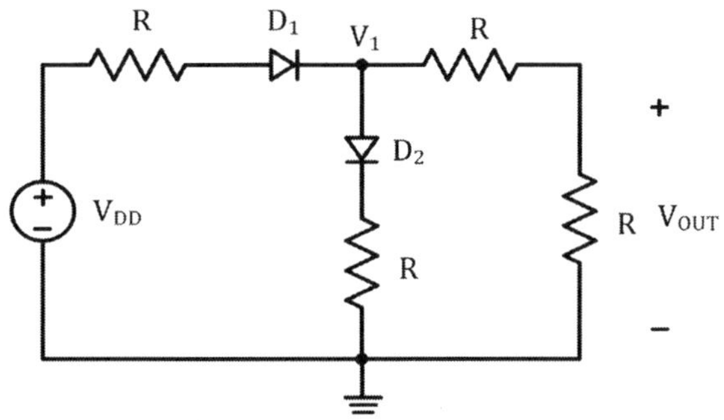

| 그림 P 5.3 |

5.4 그림 P 5.4 다이오드 바이어스 회로에서 다이오드(D_1, D_2)에 흐르는 전류 및 V_X 전압을 구하라.

단, $V_{DD} = 1.5\,V$, $V_{SS} = -1.5\,V$, $R_1 = 1K\Omega$, $R_2 = R_3 = 5K\Omega$, $V_{on} = 0.7\,V$ 이다.

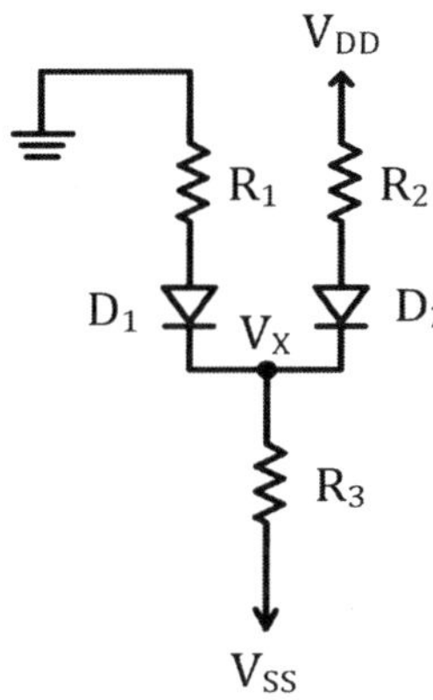

| 그림 P 5.4 |

5.5 그림 P 5.4 다이오드 바이어스 회로에서 다이오드(D_1, D_2)에 흐르는 전류 및 V_X 전압을 구하라.

단, $V_{DD} = 1.5\,V$, $V_{SS} = -1.5\,V$, $R_1 = R_2 = 5K\Omega$, $R_3 = 1K\Omega$, $V_{on} = 0.7\,V$ 이다.

5.6 그림 P 5.6 다이오드 회로에서 D_1이 도통되는 A 단자의 전압 범위(V_A)와 D_2가 도통되는 A 단자의 전압 범위(V_A) 구하라.

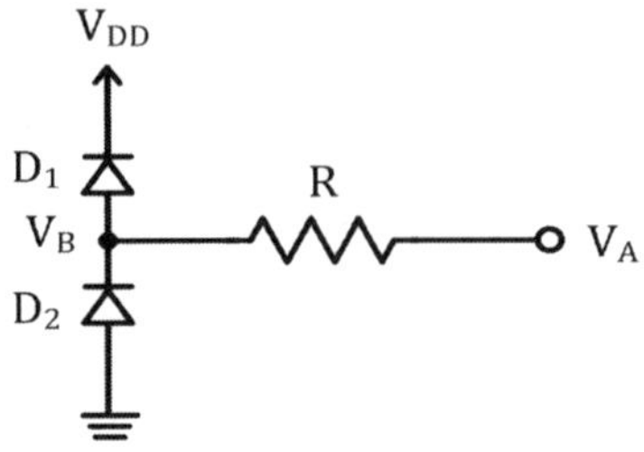

| 그림 P 5.6 |

5.7 주어진 그림 P 5.7 반파 정류 회로에서 정류된 신호의 파동 전압크기를 구하고 spice netlist를 작성하라. 단, 입력 정현파(v_s)의 주파수와 크기는 각각 60Hz, 5V 이며, R과 C의 크기는 각각 $100K\Omega$, $100\mu F$ 이다.

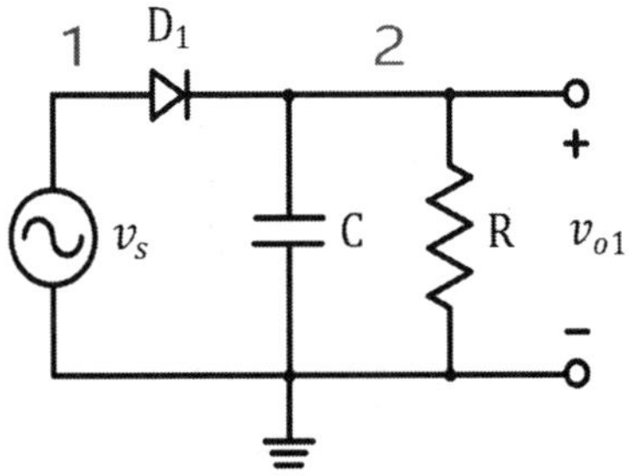

| 그림 P 5.7 |

5.8 그림 P 5.8 반파정류 회로에서 S 단자, 1번 단자, 2번 단자, 3번 단자의 전압파형 및 크기를 구하라. 단, 입력 정현파(V_1)의 주파수와 크기는 각각 60Hz, 220V이며, L_1, L_2는 각각 $10mH, 10\mu H$이며, R과 C의 크기는 각각 $100K\Omega$, $100\mu F$ 이다. R_Z와 제너다이오드 (D_Z)의 항복전압은 각각 10Ω, 6V 이다.

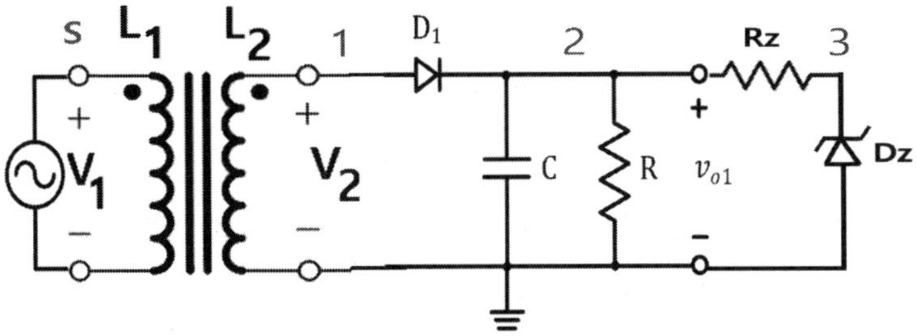

| 그림 P 5.8 |

5.9 그림 P 5.9에서 브릿지 전파 정류 회로에서 V_3의 파동전압도 구하고 변환된 직류전압(V_O)을 구하라. 또한 SPICE 모의실험으로 검증하기 위해서 spice 넷리스트를 작성하라. 단, 입력 정현파(V_1)의 주파수와 크기는 각각 60Hz, 220V이며, L_1, L_2는 각각 $10mH, 40\mu H$, R, C, Rz는 각각 $100K\Omega$, $100\mu F$, 10Ω, 다이오드 도통전압은 0.7V, 제너다이오드의 항복전압은 12V 이다.

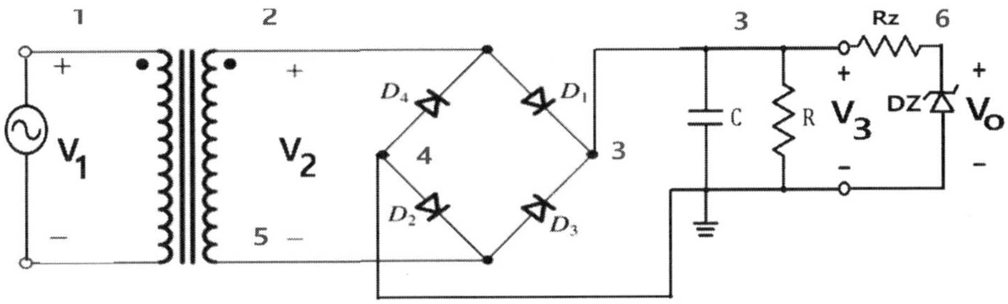

| 그림 P 5.9 |

5.10 신호크기 제한회로(그림 P 5.10)의 최소 및 최대 전압값이 각각 (−3V), (+3V)인 회로를 설계하고(V_X, V_Y 결정) 모의실험을 위한 스파이스 넷리스트를 작성하라. 단, 입력신호는 $V_{IN} = 10\sin(2\pi 60t)$이며, $R_S = 100\Omega$, 다이오드의 도통전압은 0.7V로 가정한다.

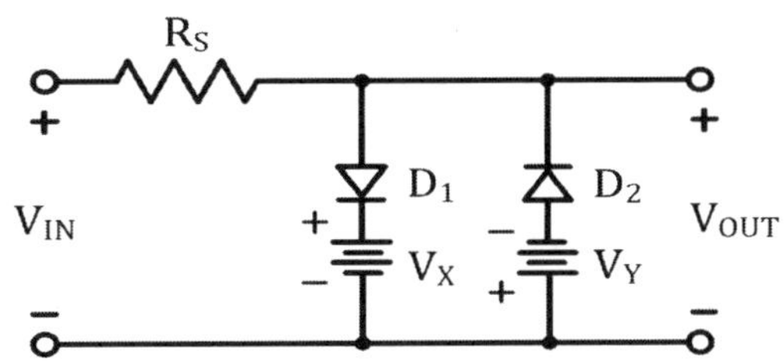

| 그림 P 5.10 |

5.11 최대전압 9V인 정현파를 사용해서 +18V 출력 전압이 나오도록 배전압 회로를 설계하고, 배전압 회로의 최대 출력전압 18V를 검증할 수 있는 모의실험 넷리스트를 작성하라. 단, 다이오드 도통전압은 0.7V이고, 정현파의 주파수는 60Hz, 파동전압은 0.1V 이하 이다.

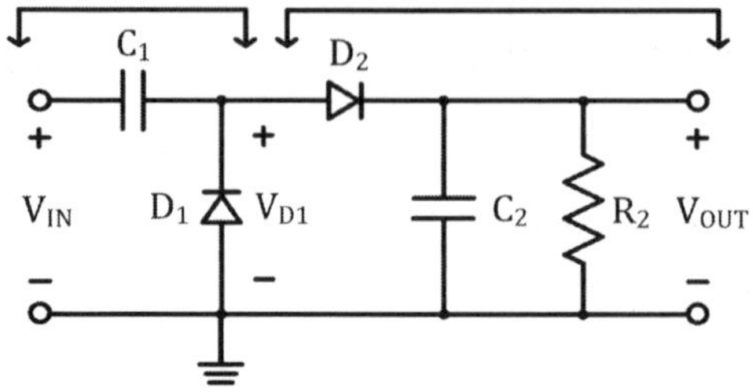

| 그림 P 5.11 |

5.12 다이오드의 온도 특성을 구하기 위해서 그림 P 5.12 회로를 넷리스트로 작성하고 온도는 −50° ~ 120°까지 모의실험한 결과를 통해서 다이오드의 온도계수를 구하라. 단, 다이오드에 흐르는 순방향 전류는 $100\mu A$ 이다.

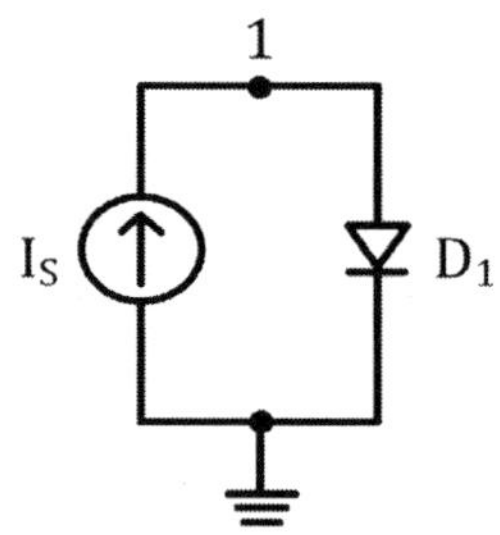

| 그림 P 5.12 |

5.13 애버랜치 다이오드(D_1)와 제너 다이오드(D_2, 항복전압 5V)를 그림 P 5.13 회로와 같이 직렬연결하고 순방향 전류(I_S)를 인가한다. 온도는 −0° ~ 120°까지 모의실험한 결과를 통해서 회로의 온도계수를 구하라. 단, 회로에 흐르는 순방향 전류는 $100\mu A$ 이다.

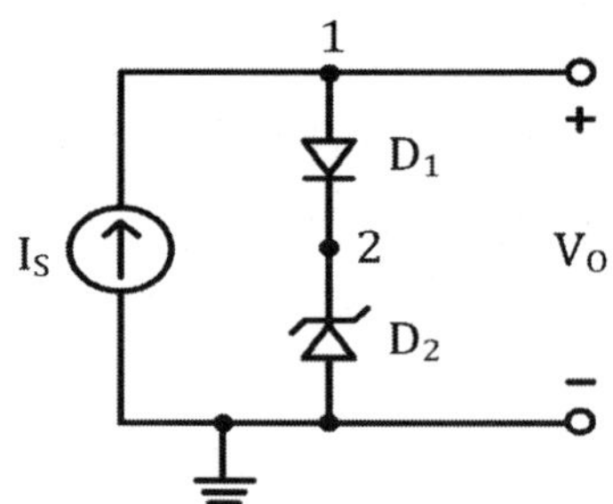

| 그림 P 5.13 |

5.1 입력 (A, B, C) 중 한 개의 입력이 논리상태 "1" 이면 해당 다이오드가 도통되며, 출력신호(Y)의 논리상태 "0"이 된다. 이에 해당하는 논리회로는 OR 게이트이며, 해당 부울대수는 다음과 같다.

$$Y = A + B + C$$

5.2 3 입력(A, B, C) 중 한 개의 입력이 논리상태 "0" 이면 해당 다이오드가 도통되며, 출력신호(Y)의 논리상태 "0"이 된다. 이에 해당하는 논리회로는 AND 게이트이며, 해당 부울대수는 다음과 같다.

$$Y = A \times B \times C$$

5.3 그림 P 5.3의 다이오드 바이어스 회로에서 우선 모든 다이오드(D_1, D_2)가 도통한다고 가정한다. 다이오드(D_1, D_2)에 흐르는 전류를 각각 I_1, I_2라 하고, V_{OUT}이 걸린 저항 R 에 흐르는 전류를 I_3 라고 하자. 두 다이오드가 만나는 단자에서 키르히호프 전류 법칙을 적용하면 다음 식이 성립한다.

$$I_2 + I_3 = I_1$$

한 편, 이 회로를 구성하는 2개의 폐회로에서 키르히호프 전압법칙을 적용하면 각각 다음과 같은 두 가지 식이 성립함을 알 수 있다. (여기서 각 전류값의 단위는 mA단위이다.)

$$V_{DD} = RI_1 + V_{on1} + V_{on2} + RI_2$$

$$V_{on2} + RI_2 = 2RI_3$$

위의 3개식에 $V_{on1} = V_{on2} = 0.7\,V$, $R = 1k\Omega$을 대입하고 연립해서 풀면 $I_1 = 1.1mA$, $I_2 = 0.5mA$, $I_3 = 0.6mA$가 된다. 따라서

$$V_{OUT} = RI_3 = 0.6\,V$$

이다. 그러므로 D_2의 애노드 단자 전압은 0.6V × 2 = 1.2V가 되므로 다이오드 D_2가 도통인 가정은 정당하다. 또한 D_1의 애노드 단자 전압은 $V_{DD} - RI_1 = 1.9\,V$이므로 다이오드 D_1도 도통인 가정이 옳다. 따라서 정답은 앞서 계산한 다음의 값이 그대로 성립함을 알 수 있다.

$$I_1 = 1.1mA,\ I_2 = 0.5mA,\ I_3 = 0.6mA,\ V_{OUT} = 0.6V$$

5.4 그림 P 5.4 다이오드 바이어스 회로에서 다이오드(D_1, D_2)가 모두 도통한다고 가정하고, 다이오드(D_1, D_2)에 흐르는 전류를 각각 I_1, I_2 라고 하자. 2개 폐회로에 대해서 키르히호프 전압 법칙을 적용시켜서 식을 전개하면 다음과 같다.

$$R_1 I_1 + V_{on1} + R_3(I_1 + I_2) = V_{SS} \text{ 또는 } 6I_1 + 5I_2 = 0.8 \text{ 이다.}$$

$$V_{DD} - V_{SS} = R_2 I_2 + V_{on2} + R_3(I_1 + I_2) \text{ 또는 } 5I_1 + 10I_2 = 2.3 \text{ 이다.}$$

따라서 위의 두 방정식을 연립해서 I_1, I_2를 풀면 $I_1 = -0.1mA$, $I_2 = 0.28mA$이 되므로 가정과 일치하지 않는다. 그러므로 D_1은 차단 상태, D_2은 도통 상태로 가정하고 식을 다시 전개하면 다음과 같다.

$$V_{DD} - V_{SS} = R_2 I_2 + V_{on2} + R_3 I_2 \text{ 또는 } 3V = 10I_2 + 0.7V \text{ 이므로}$$

$$I_1 = 0mA,\ I_2 = 0.23mA,\ V_X = -0.35V \text{ 이다.}$$

$V_X = -0.35V$ 이므로 D_1은 차단, D_2는 도통 상태 가정이 적합하다.

따라서 정답은 $I_1 = 0mA$, $I_2 = 0.23mA$, $V_X = -0.35V$ 이다.

5.5 그림 P 5.4 다이오드 바이어스 회로에서 다이오드(D_1, D_2)가 모두 도통한다고 가정하고, 다이오드(D_1, D_2)에 흐르는 전류를 각각 I_1, I_2 라고 하자. 2개 폐회로에 대해서 키르히호프 전압 법칙을 적용시켜서 식을 전개하면 다음과 같다.

$$R_1 I_1 + V_{on1} + R_3(I_1 + I_2) = V_{SS} \text{ 또는 } 6I_1 + 5I_2 = 0.8\text{이다.}$$

$$V_{DD} - V_{SS} = R_2 I_2 + V_{on2} + R_3(I_1 + I_2) \text{ 또는 } I_1 + 6I_2 = 2.3\text{이다.}$$

따라서 위의 두 방정식을 연립해서 I_1, I_2를 풀면 $I_1 = 0.071mA$, $I_2 = 0.37mA$, $V_X = -1.06V$이 되므로 가정과 일치한다. 따라서 정답은 $I_1 = 0.071mA$, $I_2 = 0.37mA$, $V_X = -1.06V$ 이다.

5.6 D_1이 도통되는 A 단자의 전압 범위는 $V_A > V_B + V_{on} + V_{DD}$ 이며, D_2가 도통되는 A 단자의 전압 범위는 $V_A < -V_{on}$ 이다.

5.7 (식 5.33)을 사용해서 파동전압을 구하면 다음과 같다.

$$\Delta V_{o1} = \frac{(V_P - V_{on})}{fRC} = \frac{5V - 0.7V}{(60Hz)(100K\Omega)(100\mu F)} = 7.2mV$$

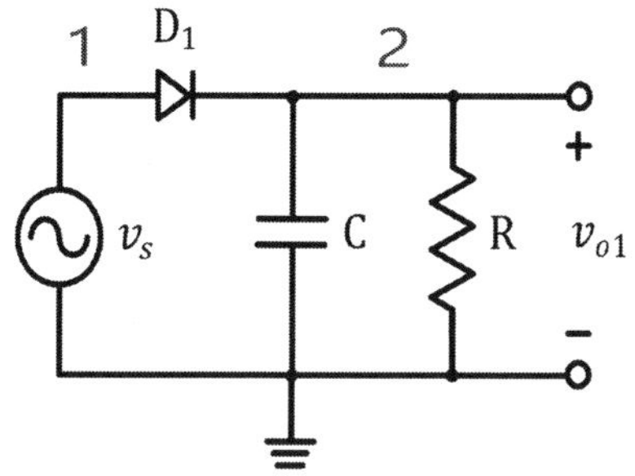


```
HALF WAVE RECTIFIER
VS 1 0 SIN(0 5 60)
D1 1 2 DN
C 2 0 100U
R 2 0 100K
.TRAN 0.1M 10M
.MODEL DN D(IS=1F RS=10 BV=100 N=1 TT=10N)
.OPTIONS MINSIMPTS=5000
.PROBE
.END□
```

5.8 S 단자의 파형은 정현파로서 주파수와 크기는 각각 60Hz($T = 16.6ms$), 220V(V_P)이다. 변압기 2차 권선을 통과한 1번 단자의 파형은 여전히 정현파이며, 크기는 $220V\sqrt{\frac{10\mu H}{10mH}} = 7V$ 이다.

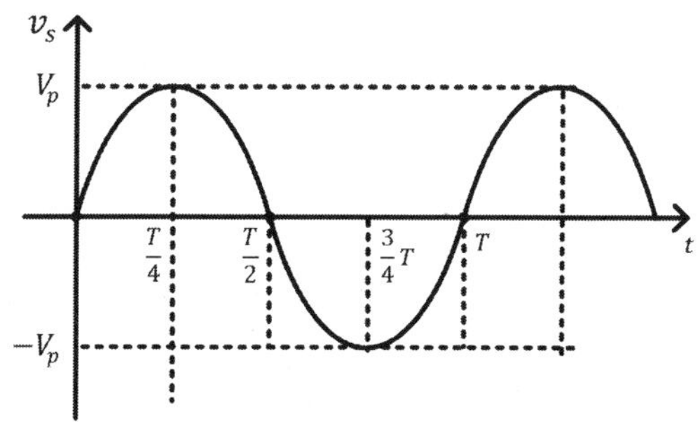

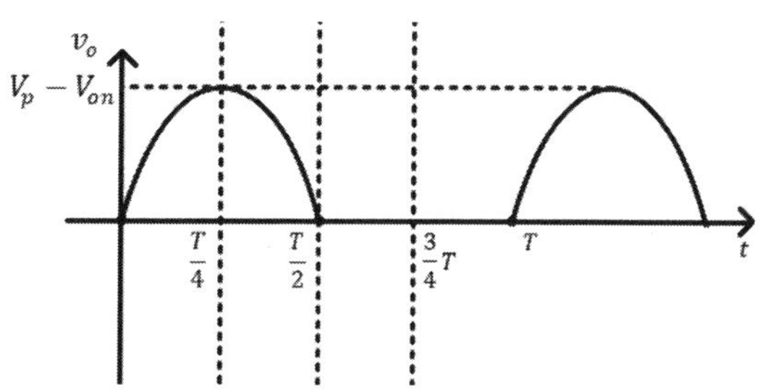

2번 단자의 파형은 반파 정류파 + 저역통과필터 통과 신호로서 크기는 $V_P - V_{on} = 7\,V - 0.7\,V = 6.3\,V$이며, 파동 전압 크기는 0.11V 이다.

$$\triangle V_o = \frac{(V_P - V_{on})}{fRC} = \frac{6.3\,V}{(60Hz)(100K\Omega)(10\mu H)} = 0.11\,V$$

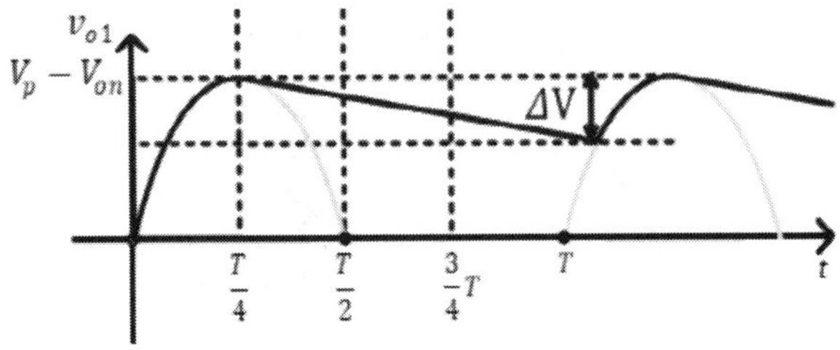

3번 단자의 전압 파형은 제너다이오드의 항복 전압인 6V 직류 전압 파형이다. 문제에서 주어진 값을 사용해서 넷리스트를 작성하면 다음과 같다.

```
HALF WAVE RECTIFIER WITH REGULATOR
VI S1 0 SIN(0 220 60)
R1 S1 S 0.1
L1 S 0 10M
L2 1 4 10U
K1 L1 L2 0.999
RG 4 0 1G
D1 1 2 DN
RL 2 3 10
CL 2 4 10U
DZ 3 4 DZN
.MODEL DN D(IS = 1E-15 RS = 10 N = 1 VJ = 0.6 BV = 1000 CJO = 2P TT = 10N)
.MODEL DZN D(IS = 1E-15 RS = 10 N = 1 VJ = 0.6 BV = 6 IBV=1E-13 CJO = 2P TT = 10N)
.TRAN 0.1M 10M
.OPTIONS MINSIMPTS=5000
.PROBE
.END
```

5.9 그림 P 5.9에서 변압기 2차권선의 전압은 $220\,V\sqrt{\frac{40\mu H}{10mH}} = 13.9\,V$ 이다. 3번 단자에 나타난 정류 파형의 전압크기는 13.9V – 0.7V × 2 = 12.5V이며, 파동전압은

$\Delta V_o = \dfrac{(V_P - 2V_{on})}{fRC} = \dfrac{12.5V}{(60Hz)(100K\Omega)(100\mu H)} = 20.9mV$ 이다. 제너 다이오드의 항복전압이 12V 이므로 출력전압은 12V가 된다.

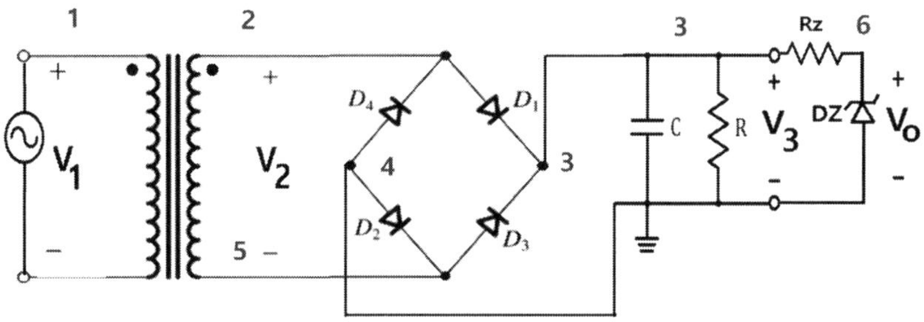

| 그림 P 5.9 |

문제에서 주어진 값을 사용해서 넷리스트를 작성하면 다음과 같다.

```
FULL WAVE RECTIFIER WITH REGULATOR
V1 1 0 SIN(0 220 60)
RS A 1 1
L1 A 0 1M
L2 2 5 40U
K1 L1 L2 0.999
D1 2 3 DN
D2 0 5 DN
D3 5 3 DN
D4 0 2 DN
R 3 0 100K
RG 5 0 1G
C 3 0 100U
RZ 6 3 10
DZ 0 6 DZ
V4 4 0 DC 0
.MODEL DN D(IS=1F VJ=0.6 CJO=2P BV=100 RS=1)
.MODEL DZ D(IS=1F VJ=0.6 CJO=2P BV=12 IBV=1F RS=1)
.TRAN 0.1M 50M
.PROBE
.END
```

5.10 신호크기 제한회로(그림 P 5.10)의 최소 및 최대 전압값이 각각 (−3V), (+3V)인 회

로이므로

$$3\,V = 0.7\,V + V_X\,,\ V_X = 2.3\,V$$

$$-3\,V = -0.7\,V + V_Y\,,\ V_Y = -2.3\,V$$

설계된 회로의 성능을 모의실험하기 위해서 단자번호를 지정한 회로도와 넷리스트를 아래와 같이 작성한다.

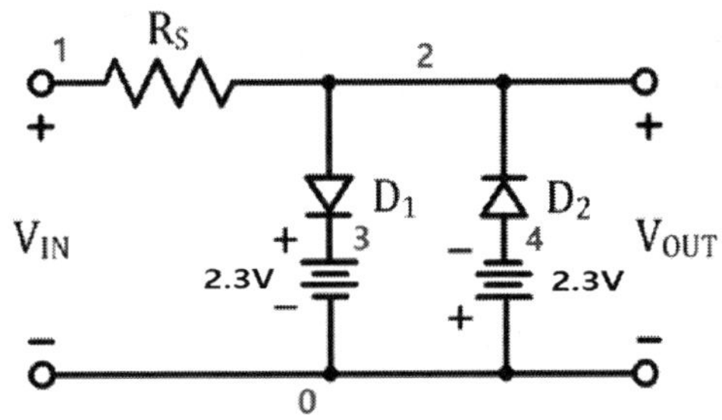


```
LIMITER
RS 1 2 100
VIN 1 0 SIN(0 3 60)
D1 2 3 DN
D2 4 2 DN
VX 3 0 DC 2.3
VY 4 0 DC -2.3
.OP
.TRAN 0.1M 100M
.PROBE
.END
```

5.11 최대전압 9V인 정현파를 사용해서 +18V 출력 전압이 나오도록 그림 5.41과 같이 배전압 회로(클램핑 회로, 반파 정류 회로 및 저역통과필터 회로 캐스캐이드 구성)를 설계하기 위해서 커패시터 C_1, C_2를 $100\mu F$로 설정한다.

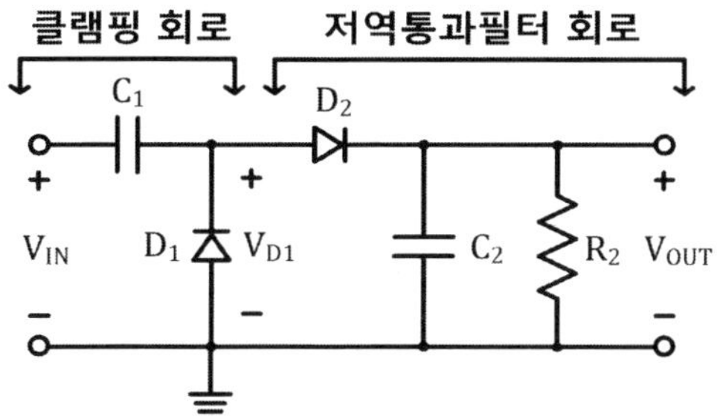

그리고 저역통과필터 회로에 나타난 파동전압이 0.1V 이하로 문제에서 주어졌기 때문에 다음과 같이 저항을 설계할 수 있다.

$$R_2 = \frac{2V_P - V_{on}}{fC\Delta V} = \frac{18V - 0.7V}{(60Hz)(100X10^{-6})(0.1V)} = 28.8K\Omega$$

배전압 회로의 최대 출력전압 18V를 검증할 수 있는 모의실험 넷리스트를 작성하면 다음과 같다.

```
VOLTAGE DOUBLER
VIN 1 0 SIN(0 9 60)
C1 1 2 100U
D1 0 2 DN
D2 2 3 DN
C2 3 0 100U
R1 3 0 28.8K
.OP
.MODEL DN D(IS=1F VJ=0.6 CJO=2P BV=100 RS=1)
.TRAN 0.1M 100M
.PROBE
.END
```

5.12 다이오드의 온도 특성을 나타내는 온도 계수(TC)를 구하기 위해서 그림 P 5.12 회로를 넷리스트로 작성하면 아래와 같다.

```
DIODE CIRCUIT WITH TEMPERATURE
D1 1 0 DN
IS 0 1 DC 100U
.MODEL DN D(IS = 1F VJ = 0.6 CJO = 2P BV = 100 RS = 1)
.MODEL DZ D(IS = 1F VJ = 0.6 CJO = 2P BV = 5 RS = 1)
.DC TEMP -50 120 5
.PROBE
.END
```

모의실험 결과 온도계수(TC)는 다음과 같다.

$$TC = \frac{\triangle V}{\triangle T} = \frac{542mV - 755mV}{90℃ - (-30℃)} = -1.78mV/℃$$

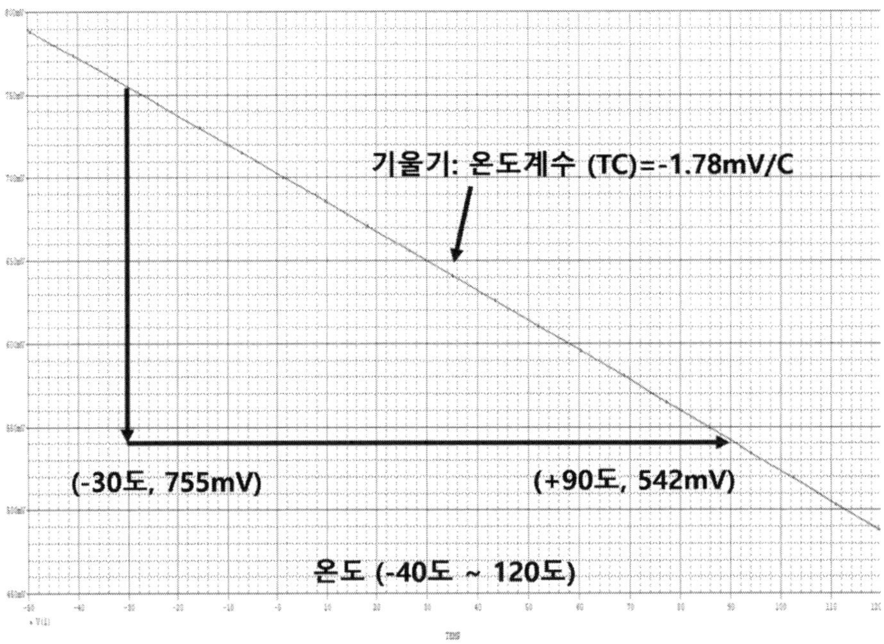

5.13 그림 P 5.13 회로를 넷리스트로 다음과 같이 작성한다.

```
DIODE-ZENER DIODE CIRCUIT WITH TEMPERATURE COMPENSATION
D1 1 2 DN
D2 0 2 DZ
IS 0 1 DC 100U
.MODEL DN D(IS = 1F VJ = 0.6 CJO = 2P BV = 100 RS = 1)
.MODEL DZ D(IS = 1F VJ = 0.6 CJO = 2P BV = 5 RS = 1 IBV = 1F)
.DC TEMP -50 120 5
.PROBE
.END
```

애버랜치 다이오드 (D_1)의 – 온도계수와 제너 다이오드 (D_2)의 + 온도계수가 합해져서 모의실험 결과 온도계수(TC)는 다음과 같다.

$$TC = \frac{\Delta V}{\Delta T} = \frac{6.33\,V - 6.28\,V}{90℃ - (-40℃)} = +0.38\,mV/℃$$

결과적인 온도계수는 양수이며, 0에 가까우므로 온도 보상회로로 사용할 수 있다.

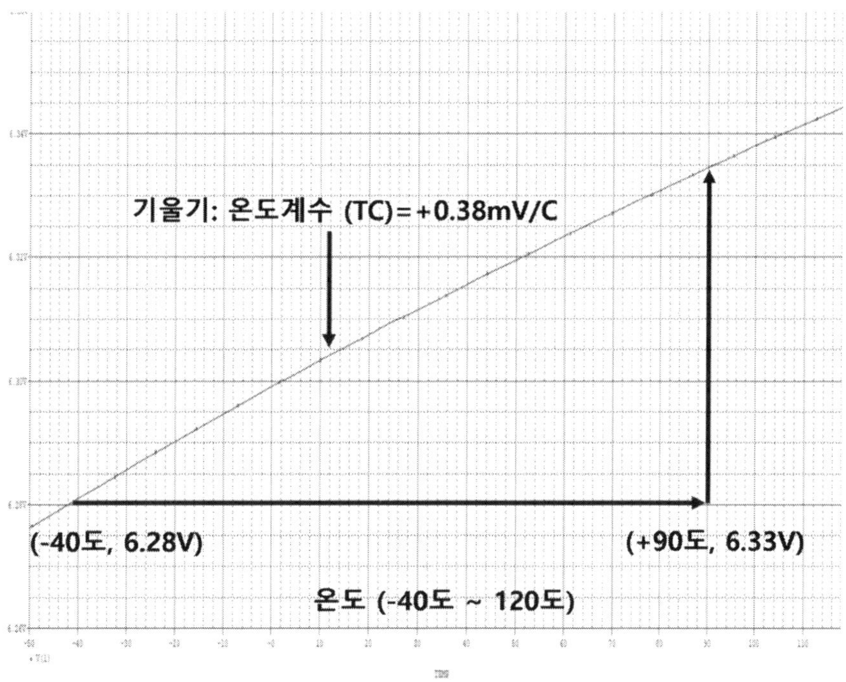

06

MOSFET 회로

본 장에서는 CMOS(Complementary Metal Oxide Semiconductor) 공정 기술을 기반으로 한 MOSFET(Metal Oxide Semiconductor Field Effect Transistor)을 사용한 논리회로 및 증폭기 회로 해석 및 설계 기술에 대해서 설명하기로 한다. 4장에서 설명한 MOSFET 소자의 구조, 전기적 특성, 모델 및 모델 변수를 사용해서 6.1절에서는 스위치 기능한 N-채널 트랜지스터 스위치와 P-채널 트랜지스터 스위치를 학습한다. 6.2절에서는 기본 논리회로인 NOT 게이트 회로, 트랜스미션 게이트 회로, NAND 게이트 회로, NOR 게이트 회로, 멀티플렉서(Multiplexer) 회로, AND 게이트 회로, OR 게이트 회로, XOR 게이트 회로, 6.3절에서는 기본 플립플롭 회로인 SR 플립플롭 회로, D 플립플롭 회로, J-K 플립플롭 회로, T 플립플롭 회로, 6.4절에서 래치 회로, 6.5절에서 래치 회로를 기반으로 한 고속 비교기 회로의 소자 표기법, 구조, 구조에 따른 동작 원리 및 기능에 대해서 살펴본다.

6.6절에서는 증폭기의 필요성, 구조 및 동작 원리, 증폭기의 종류를 각각 6.6.1, 6.6.2, 6.6.3절에서 다루고, 6.6.4절에서는 증폭기 내 사용되는 MOSFET을 기반으로 한 바이어스 회로를 설명한다. 6.6.5절에서는 소신호 회로 해석 방법을 다룬다. 6.6.6절에서는 바이어스 회로를 포함한 3가지 기본 증폭기의 증폭도, 입력 및 출력 저항, 전압 스윙 범위, 전력소모를 계산하며, 각 기본 증폭기의 성능을 SPICE 모의실험 통해서 검증하는 예제를 포함한다. 그리고 6.6.7절에서는 3가지 기본 증폭기의 성능을 비교 설명 및 요약한다.

6.1 기본 스위치

MOSFET 트랜지스터는 이상적 스위치로 사용할 수 있다. 그림 6.1은 N-채널 MOSFET 트랜지스터(이하 N-채널 트랜지스터)와 P-채널 MOSFET 트랜지스터(이하 P-채널 트랜지스터)의 디지털 회로 표기법을 나타낸다. 두 트랜지스터의 표기법 차이점은 게이트에 원형 문자(circle)의 유무로서, 원형 문자가 게이트에 없으면 N-채널 트랜지스터, 원형 문자가 게이트에 있으면 P-채널 트랜지스터이다.

N-채널 트랜지스터　　P-채널 트랜지스터

| 그림 6.1 | N-채널 트랜지스터와 P-채널 트랜지스터의 디지털 회로 표기법

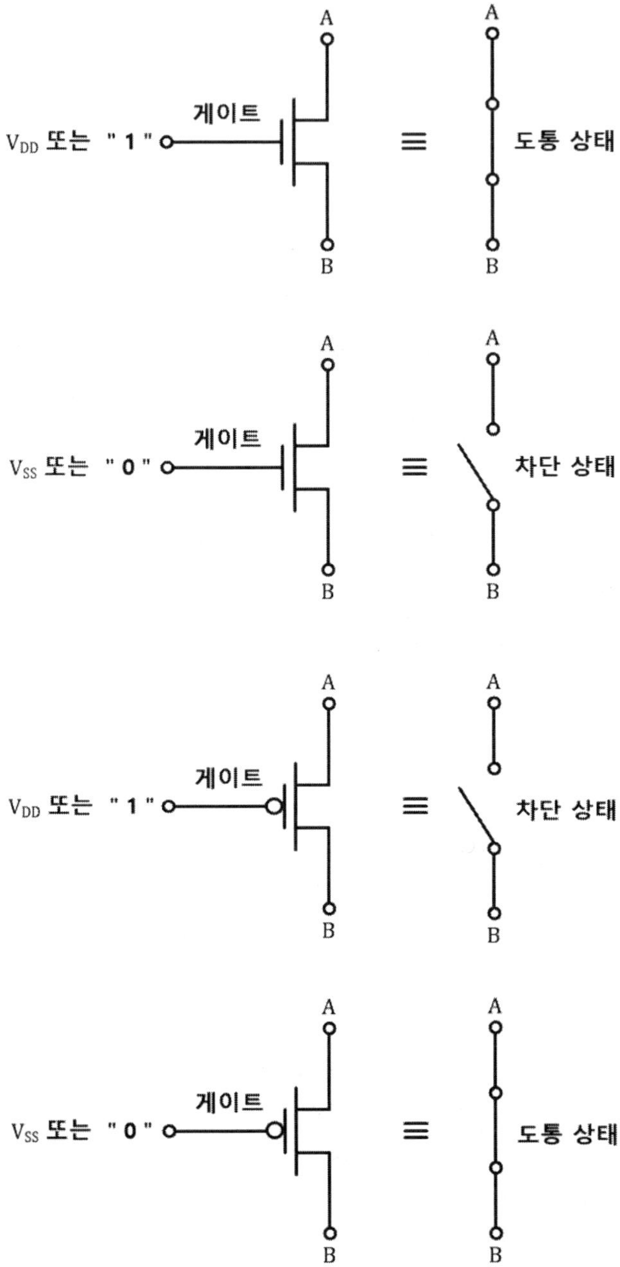

| 그림 6.2 | N-채널 트랜지스터와 P-채널 트랜지스터의 차단 상태 및 도통 상태

N-채널 트랜지스터와 P-채널 트랜지스터를 기본 스위치로 사용할 수 있다. 그림 6.2와 같이 N-채널 트랜지스터의 게이트에 논리 상태 "1" 또는 "V_{DD}(높은 전압)"을 가하면 스위치가 도통 상태(ON)가 되며, 논리 상태 "0" 또는 "V_{SS}(낮은 전압)"을 가하면 스위치가 차단 상태(OFF)가 된다. 반면에 P-채널 트랜지스터의 게이트에 논리 상태 "1" 또는 "V_{DD}(높은

전압)"을 가하면 스위치가 차단 상태(OFF)가 되며, 논리 상태 "0" 또는 "V_{SS}(낮은 전압)"을 가하면 스위치가 도통 상태(ON)가 된다. 스위치가 차단 상태(OFF)이면 스위치 내부 저항이 매우 커서(10 ~ 1000 $G\Omega$) 무한대에 가까우므로 개방회로(open circuit)로 간주할 수 있고, 스위치가 도통 상태(ON)이면 스위치 내부 저항이 매우 작아서(수Ω ~ 수$K\Omega$) 단락회로(short circuit)로 간주할 수 있다. 이러한 내용을 진리표로 요약하면 표 6.1과 같다.

| 표 6.1 | N-채널 트랜지스터와 P-채널 트랜지스터의 차단 상태 및 도통 상태 진리표

게이트 전압	논리 상태	N-채널 트랜지스터	P-채널 트랜지스터
V_{SS}	0	차단(OFF)	도통(ON)
V_{DD}	1	도통(ON)	차단(OFF)

N-채널 트랜지스터와 P-채널 트랜지스터가 도통 상태일 때, 소스/드레인 단자와 바디 단자의 전압이 동일하지 않기 때문에 바디 효과(body effect)가 존재하게 되고, 바디 효과가 존재하면 4장에서 설명한 바와 같이 트랜지스터의 문턱전압이 증가하고, 문턱전압이 증가하면 트랜지스터의 내부 저항이 증가하고, 내부 저항이 증가하면 신호가 통과할 때 신호 감쇄 원인이 되므로 트랜지스터를 사용해서 스위치 설계시 내부 저항 값을 고려해야 한다.

N-채널 트랜지스터와 P-채널 트랜지스터를 스위치로 사용하고, 트랜지스터가 도통 상태에서 동작할 때 트랜지스터를 모델링을 할 수 있는데, 모델링 회로는 그림 6.3과 같다. R_{on}은 트랜지스터 내부 저항이고, C_A, C_B는 각각 게이트-소스/소스-바디 커패시터(C_{GS}, C_{SB}) 및 게이트-드레인/드레인-바디 커패시터(C_{GD}, C_{DB})이다. 따라서 스위치를 통해서 디지털 펄스 신호가 통과할 때, C_A, C_B 커패시터를 충전 및 방전을 해야 하므로 신호 통과시 전파 지연 시간(propagation delay time)이 발생하게 된다.

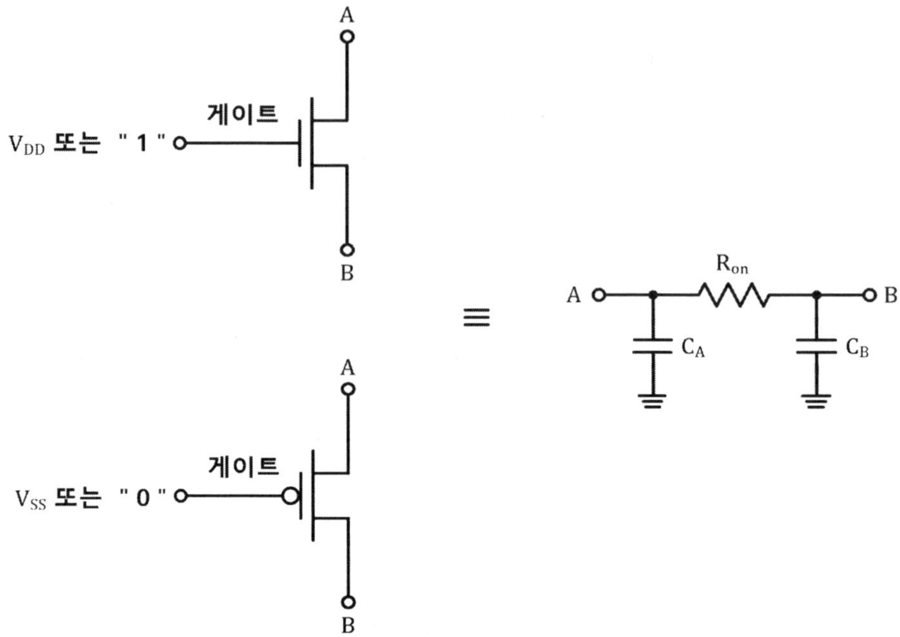

| 그림 6.3 | N-채널 트랜지스터와 P-채널 트랜지스터의 스위치 모델링 회로

전파 지연 시간을 정의하기 위해서 그림 6.4 회로를 살펴본다.

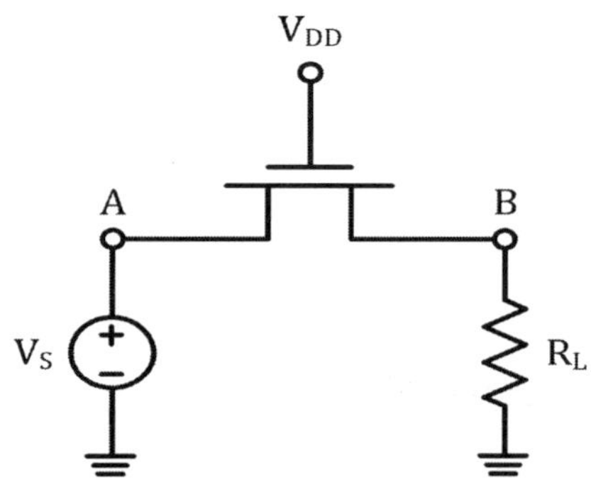

| 그림 6.4 | 스위치의 전파 지연 시간을 정의하기 위한 회로도

디지털 펄스 신호는 $V_S = V_A$이며, N-채널 트랜지스터의 A 단자에 연결하고, N-채널 트랜지스터의 게이트 단자에는 V_{DD} 또는 논리 상태 "1" 전압을 가해서 N-채널 트랜지스터가 도통 상태로 동작하게 한다. B 단자에는 부하저항(R_L)이 연결된 회로이다. 디지털 펄스 신호, $V_S = V_A$가 N-채널 트랜지스터 스위치를 통과해서 B 단자에 나타난 신호를 V_B라고 하고, V_A, V_B 신호의 시간 관계를 통해서 전파 지연 시간을 표현하기로 한다.

디지털 펄스 신호 V_A, V_B는 최소 전압 신호(V_{SS}, 논리상태 "0"), 상승 구간(rising time)

신호, 최대 전압 신호(V_{DD}, 논리상태 "1"), 하강 구간(falling time) 신호, 주기 시간(T)으로 그림 6.5와 같이 표현할 수 있다.

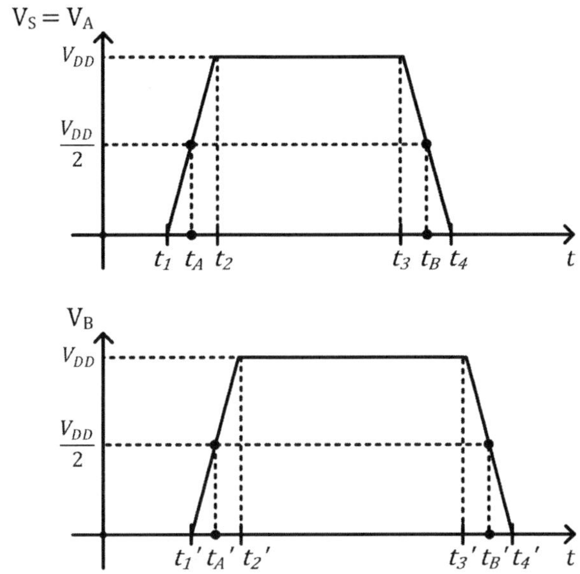

| 그림 6.5 | 전파 지연 시간

최소 전압(V_{SS}, 논리상태 "0")과 최대 전압(V_{DD}, 논리상태 "1")의 중간전압($\frac{V_{SS}+V_{DD}}{2}$)에 도달하는 상승시간을 각각 t_A, t_B라고 하고, 중간전압에 도달하는 하강시간을 각각 $t_A^{'}, t_B^{'}$라고 하면 전파 지연 시간(P_{DT})을 (식 6.1)과 같다.

$$P_{DT} = \frac{(t_A^{'} - t_A) + (t_B^{'} - t_B)}{2} \qquad \text{(식 6.1)}$$

즉, 전파 지연 시간은 상승시간의 지연시간과 하강시간의 지연시간의 평균값을 계산한 시간이다. 전파 지연 시간을 회로이론으로 해석하기 위해서 그림 6.4 회로에서 N-채널 트랜지스터를 그림 6.3 스위치 모델링회로로 교체하면 그림 6.6 회로와 같이 RC 저역통과 필터 회로가 된다. 필터회로의 시정수 값을 사용해서 전파 지연 시간(P_{DT})을 표현하면 (식 6.2)와 같다.

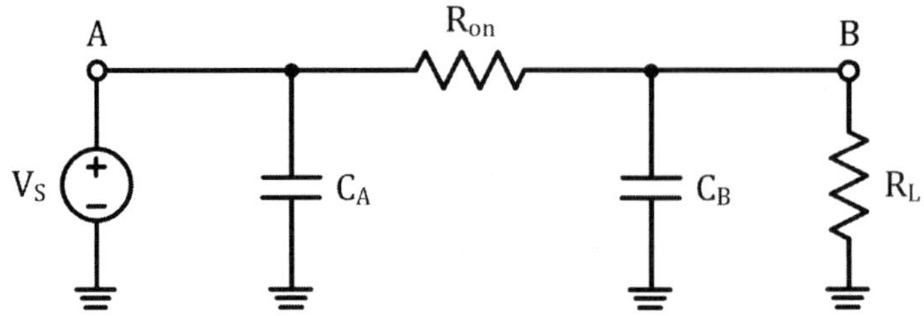

| 그림 6.6 | RC 저역통과 필터 회로

$$P_{DT} = C_A(R_{on} + R_L) + C_B(R_{on}//R_L) \quad \text{(식 6.2)}$$

> **예제 6.1** 그림 6.4 회로에서 디지털 펄스 신호는 $V_S = V_A = V_{DD} = 3V$, $V_{SS} = 0V$ 이며, 상승 및 하강시간은 각각 100ns, 펄스 폭은 $1\mu s$ 이다. N-채널 트랜지스터의 모델변수는 $\frac{W}{L} = \frac{10\mu m}{1\mu m}$, $V_{TH} = 0.5V$, $K_n = 100\mu A/V^2$, $\lambda_n = 0.01/V$이며, 부하저항은 $R_L = 1K\Omega$ 일 때, 모의실험을 통해서 전파 지연시간을 구하라.

풀이

그림 6.4 회로를 넷리스트로 작성하면 다음과 같으며, 모의실험 결과는 그림 6.7과 같다.

```
N-MOSFET SWITCH
VS A 0 PWL(0 0 0.1U 0 0.2U 3 0.3U 3 0.4U 0)
M1 A G B 0 NN W=10U L=1U
VG G 0 DC 3
RL B 0 1K
.MODEL NN NMOS(VTO=0.5 KP=100U LAMBDA=0.01 CGS0=100F CGDO=100F CJ=100F
GAMMA=0.1)
.TRAN 1N 500N
.PROBE
.END
```

모의실험 결과 (식 6.3)과 같이 전파 지연 시간은 48.12ns 이다.

$$P_{DT} = \frac{(t_A' - t_A) + (t_B' - t_B)}{2} = 248.12ns - 200ns = 48.12ns \quad \text{(식 6.3)}$$

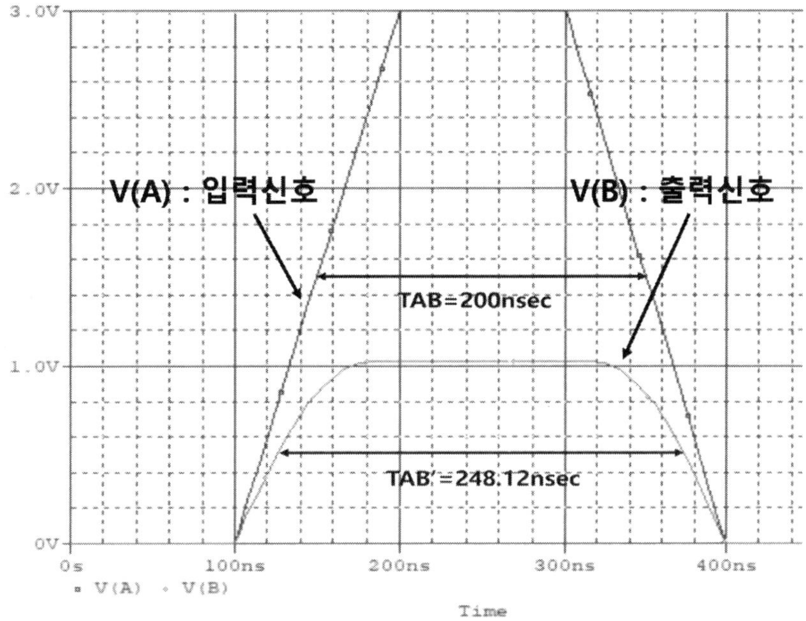

| 그림 6.7 | N-채널 트랜지스터 스위치 회로의 전파 지연 시간 모의실험 파형

6.2 기본 논리 회로

기본 논리회로에는 NOT 게이트(또는 인버터), 트랜스미션(Transmission) 게이트, NAND 게이트, NOR 게이트, 멀티플렉서 회로, AND 게이트, OR 게이트, XOR 게이트가 있다. 본 절에서는 각 기본 논리회로의 표기법, 회로도, 진리표 및 부울대수를 이용한 동작원리를 살펴본다. 그리고 NOT 게이트, 트랜스미션 게이트, NAND 게이트, NOR 게이트, AND 게이트, OR 게이트 회로의 레이아웃 도면을 통해서 기본 논리회로의 레이아웃 기법을 학습한다.

6.2.1 NOT 게이트

NOT 게이트 회로의 표기법 및 회로도는 그림 6.8 (a), (b)와 같다.

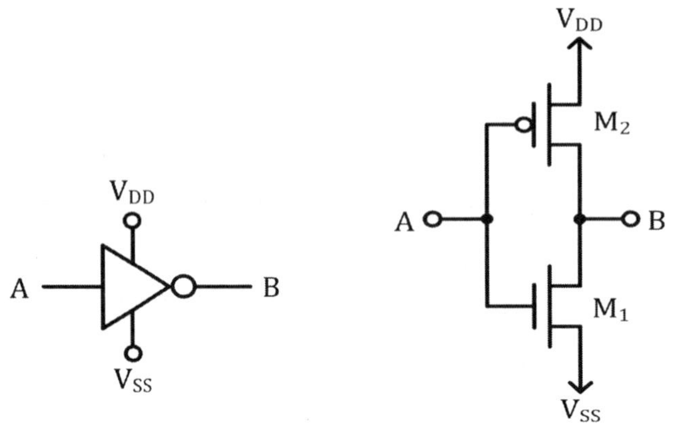

(a) (b)

| 그림 6.8 | NOT 게이트 회로의 (a) 표기법 (b) 회로도

입력 전압 신호(V_A) 또는 논리 신호(A)가 가해지면 출력 전압 신호(V_B) 또는 논리 신호(B)가 나타나며, 동작원리를 살펴보면 다음과 같다.

첫째, $V_A = V_{DD}$이면, N-채널 트랜지스터는 도통되고, P-채널 트랜지스터는 차단된다. 따라서 $V_B = V_{SS}$가 된다.

둘째, $V_A = V_{SS}$이면, N-채널 트랜지스터는 차단되고, P-채널 트랜지스터는 도통된다. 따라서 $V_B = V_{DD}$가 된다.

그러므로 입력 전압 신호(V_A)과 출력 전압 신호(V_B)는 서로 반대되는 전압 신호가 되고, 부울대수로 표시하면 (식 6.4)와 같다.

$$B = \overline{A} \qquad \text{(식 6.4)}$$

NOT 게이트의 동작원리는 N-채널 트랜지스터와 P-채널 트랜지스터를 2개 저항으로 대체하여서 저항 직렬연결 회로로 표시한 그림 6.9를 사용해서 설명할 수 있다.

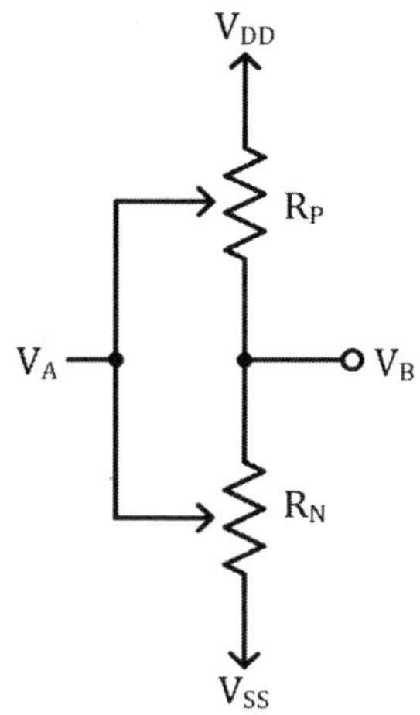

| 그림 6.9 | 저항 직렬연결 회로를 이용한 NOT 게이트의 동작원리

그림 6.9를 보면 2개 저항(P-채널 트랜지스터 저항 R_P, N-채널 트랜지스터 저항 R_N)이 직렬연결되어 있어서 V_A, V_B 관계는 전압 분배법칙에 의해서 (식 6.5)와 같다.

$$V_B = \frac{R_N}{R_P + R_N}(V_{DD} + V_{SS}) \quad \text{(식 6.5)}$$

여기서 P-채널 트랜지스터 저항 R_P, N-채널 트랜지스터 저항 R_N은 트랜지스터가 도통상태이면 작은 저항인 $R_{P,ON}$, $R_{N,ON}$이 되고, 트랜지스터가 차단상태이면 큰 저항인 $R_{P,OFF}$, $R_{N,OFF}$이 된다.

첫째, $V_A = V_{DD}$ 이면, 그림 6.10과 같이 P-채널 트랜지스터가 차단이므로 P-채널 트랜지스터의 내부저항은 $R_{P,OFF}$, N-채널 트랜지스터는 도통이므로, N-채널 트랜지스터의 내부저항은 $R_{N,ON}$이므로 (식 6.5)는 (식 6.6)이 된다.

$$V_B = \frac{R_{N,ON}}{R_{P,OFF} + R_{N,ON}}(V_{DD} + V_{SS}) \quad \text{(식 6.6)}$$

따라서 (식 6.6)에 의하면 $\frac{R_{N,ON}}{\infty}(V_{DD} + V_{SS})$로서 0V에 가깝다.

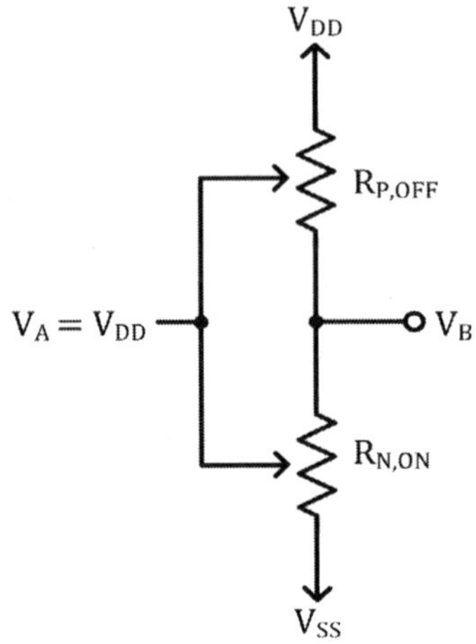

| 그림 6.10 | $V_A = V_{DD}$ 인 경우 NOT 게이트의 등가회로도

둘째, $V_A = V_{SS}$ 이면, 그림 6.11과 같이 P 채널 트랜지스터가 도통이므로 P-채널 트랜지스터의 내부저항은 $R_{P,ON}$, N-채널 트랜지스터는 차단이므로, N-채널 트랜지스터의 내부저항은 $R_{N,OFF}$이므로 (식 6.5)는 (식 6.7)이 된다.

$$V_B = \frac{R_{N,OFF}}{R_{P,ON} + R_{N,OFF}}(V_{DD} + V_{SS}) \qquad \text{(식 6.7)}$$

따라서 (식 6.7)에 의하면 $(V_{DD} + V_{SS})$로서 V_{DD}에 가깝다.

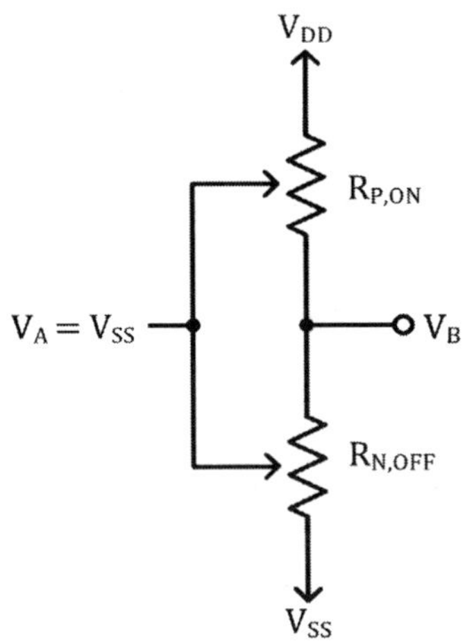

| 그림 6.11 | $V_A = V_{SS}$ 인 경우 NOT 게이트의 등가회로도

앞서 설명한 NOT 게이트 회로의 동작원리를 진리표로 정리하면 표 6.2와 같다.

| 표 6.2 | NOT 게이트 회로의 동작원리 및 진리표

A	V_A	M1	M2	V_B	B
0	V_{SS}	차단(OFF)	도통(ON)	V_{DD}	1
1	V_{DD}	도통(ON)	차단(OFF)	V_{SS}	0

NOT 게이트 회로의 동적 전력소모는 (식 6.8)과 같다.

$$P_D \propto V_{DD}^2 f_C C_L \qquad (식\ 6.8)$$

여기서 V_{DD}는 공급전원, f_C는 클록 주파수, C_L은 부하 커패시터 용량이다. 동적 전력소모는 공급전원의 제곱에 정비례하므로, 공급전원크기는 1/2로 감소시키면 전력소모는 1/4로 감소하며, 클록 주파수와 부하 커패시터 용량을 감소시키면 정비례해서 전력소모가 감소한다. 따라서 NOT 게이트 회로의 전력소모를 최소화하는 가장 효율적 방법은 공급전원의 크기를 감소시키는 것이다.

예제 6.2

그림 6.8 NOT 게이트 회로에서 N-채널 트랜지스터, P-채널 트랜지스터의 소자 비율($S_1 = \dfrac{W_1}{L_1}$, $S_2 = \dfrac{W_2}{L_2}$)을 각각 10, 20 이고, 공급전원은 3V, 부하 커패시터는 1pF, 클럭주파수는 1MHz, 문턱전압은 각각 +0.5V, −0.5V, 소자 트랜스컨덕턴스 변수는 각각 $100\mu A/V^2$, $50\mu A/V^2$, 채널길이변조 상수는 모두 0.01/V라고 가정하면 동적 전력소모를 구하고, 모의실험을 통해서 $B=\overline{A}$ 을 검증하고, 전파 지연 시간을 구하라. 주어진 NOT 게이트 회로의 레이아웃을 제시하라.

풀이

(식 6.8)을 사용해서 동적 전력소모를 구하면 (식 6.9)와 같다.

$$P_D = (3V)^2(1MHz)(1pF) = 9\mu W \qquad (식\ 6.9)$$

NOT 게이트 회로의 성능 검증 및 전파 지연 시간을 구하기 위해서 넷리스트를 작성한다.

```
INVERTER
VDD 1 0 DC 3V
CL B 0 1P
M1 B A 0 0 NN W=10U L=1U
M2 B A 1 1 PP W=20U L=1U
VA A 0 PULSE(3 1U 0.1N 0.1N 0.5N 1N)
.MODEL NN NMOS(VTO = 0.5 KP = 100U LAMBDA = 0.01 CGS0 = 100F CGDO = 100F
CJ = 100F GAMMA=0.1)
.MODEL PP PMOS(VTO = -0.5 KP = 50U LAMBDA = 0.01 CGS0 = 100F CGDO = 100F
CJ = 100F GAMMA = 0.1)
.TRAN 0.1N 4N
.PROBE
.END
```

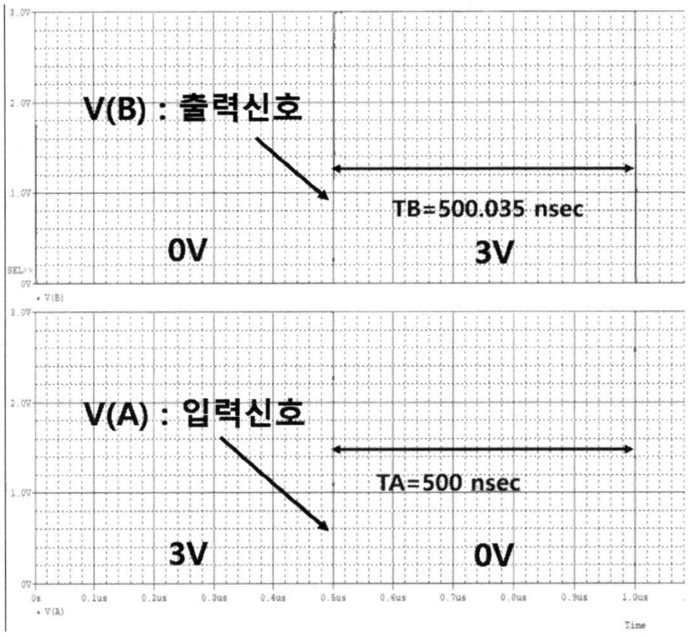

| 그림 6.12 | NOT 게이트 회로의 전파 지연 시간 모의실험 파형

그림 6.12에 나타난 모의실험 결과를 살펴보면 전파 지연시간은 (식 6.10)과 같다.

$$P_{DT} = 500.035\,ns - 500\,ns = 35\,ps \qquad \text{(식 6.10)}$$

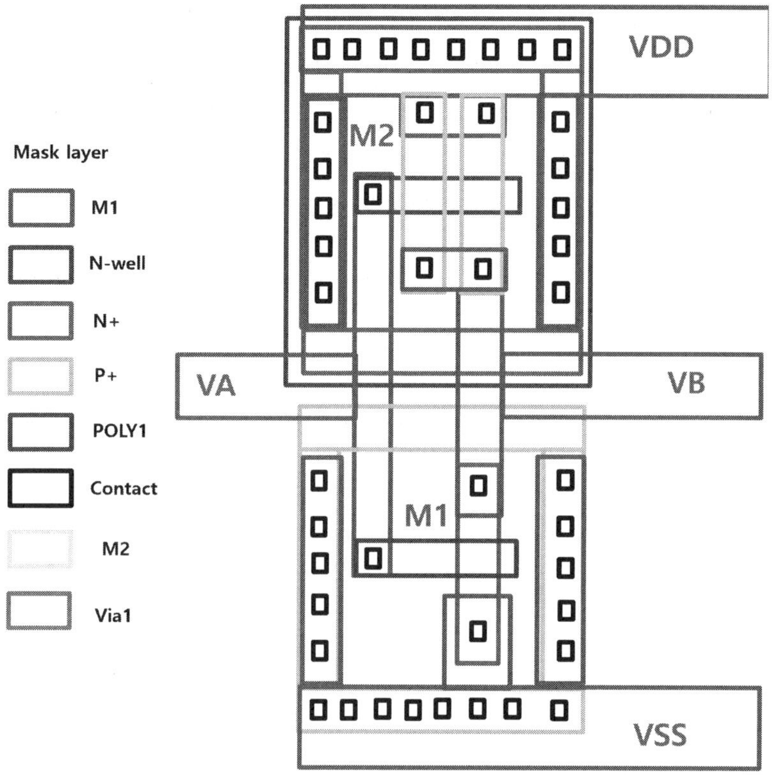

| 그림 6.13 | NOT 게이트 회로의 레이아웃 도면

그림 6.13은 NOT 게이트 회로의 레이아웃 도면이다. N-채널 트랜지스터(M1)은 아래쪽 P-기판 위에 배치되어 있고, P-채널 트랜지스터(M2)은 아래쪽 N-well 기판 내에 배치시켰다. M1 주위에 P+ 확산 마스크, M2 주위에 N+ 확산 마스크를 배치하여서 저항 접촉을 만들고 역방향 바이어스가 가해지도록 P+ 확산마스크는 VSS, N+ 확산 마스크는 VDD에 연결시켜서 M1, M2를 전기적으로 고립시키도록 하였다. M2 트랜지스터(20μm/1μm)는 동일한 소자 (10μm/1μm)을 2개 병렬연결 하여서 배치한 것을 볼 수 있다.

M1, M2의 게이트 단자를 메탈 M1으로 연결하여서 입력단자(VA)를 만들었고, M1, M2의 드레인 단자를 메탈 M1으로 연결하여서 출력단자(VB)를 만들었다.

6.2.2 트랜스미션 게이트

N-채널 트랜지스터 또는 P-채널 트랜지스터로 구성된 기본 스위치 회로의 문제점은 스위치가 도통되었을 때, 스위치 내부저항의 도통 저항(R_{on})으로 인해서 신호 감쇄가 된다는 것이다. 따라서 신호 감쇄를 최소화하기 위해서 스위치 도통저항을 최소화해야 한다. 기본 스위치 도통저항을 최소화하기 위해서 그림 6.13의 트랜스미션(Transmission) 게이트 회로 표

기법 및 회로도를 살펴볼 수 있다. 트랜스미션 게이트 회로는 N-채널 트랜지스터(M1)와 P-채널 트랜지스터(M2)가 병렬연결 되어 있으며, 입력 및 출력단자는 각각 A, B이다. N-채널 트랜지스터 게이트에는 컨트롤(control) 신호 C, P-채널 트랜지스터 게이트에는 컨트롤 신호 $\overline{C}$ 단자가 연결되어 있다. 컨트롤 신호 $\overline{C}$는 NOT 게이트 회로(M3, M4)로 생성할 수 있다. 트랜스미션 게이트 회로의 동작원리는 표 6.3과 같다.

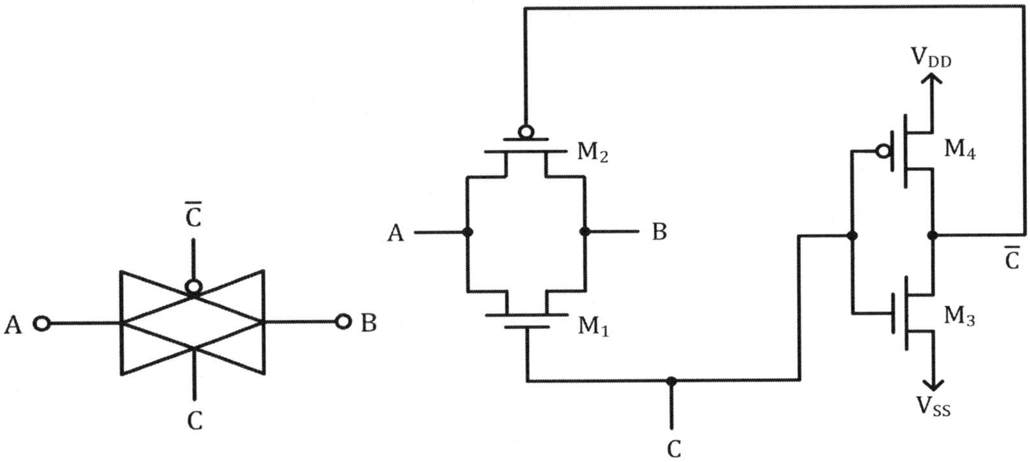

| 그림 6.14 | 트랜스미션 게이트 회로 표기법 및 회로도

| 표 6.3 | 트랜스미션 게이트 회로의 동작원리 및 진리표

C	M1	M2	M3	M4	$\overline{C}$	A	B
0	OFF	OFF	OFF	ON	1	0	OPEN
0	OFF	OFF	OFF	ON	1	1	OPEN
1	ON	ON	ON	OFF	0	0	0
1	ON	ON	ON	OFF	0	1	1

컨트롤 신호(C)가 "0" 이면, NOT 게이트 회로의 M3는 차단(OFF), M4는 도통(ON)해서 $\overline{C}=1$이 되고 그에 따라 M1, M2 트랜지스터가 모두 차단(OFF)되어서 입력 단자(A)와 출력 단자(B)가 연결되지 않는다. 따라서 B 단자는 개방(OPEN)된 상태가 된다.

반면에 컨트롤 신호(C)가 "1" 이면, NOT 게이트 회로의 M3는 도통(ON), M4는 차단(OFF)되어서 $\overline{C}=0$이 되고 그에 따라 M1, M2 트랜지스터가 모두 도통(ON)되어서 입력 단자(A)와 출력 단자(B)가 연결된다. 이때 M1, M2 트랜지스터가 병렬연결 되어 있으므로 내부저항(R_{ON})은 (식 6.11)과 같이 M1의 내부저항($R_{ON,N}$)과 M2의 내부저항($R_{ON,P}$)의 병렬연결이 된다. 2개 트랜지스터의 병렬연결 내부저항(R_{ON})값은 1개 내부저항 값에 비해서 작아진다. 따라서 B 단자는 A단자와 연결되어서 A, B 단자의 신호 관계는 (식 6.12)와 같이 표현할 수 있다.

$$R_{ON} = R_{ON,P} // R_{ON,N} = \frac{R_{ON,P} R_{ON,N}}{R_{ON,P} + R_{ON,N}} \quad (식\ 6.11)$$

$$V_B = V_A - (R_{ON})(I_{AB}) \quad (식\ 6.12)$$

여기서 I_{AB}는 A에서 B 단자로 흐르는 동적 전류이다. 따라서 출력신호 V_B와 입력신호 V_A를 최대한 같게 하기 위해서는 내부저항 R_{ON}을 최소화하면 된다. R_{ON}을 최소화하면 R_{ON}에 의한 신호 손실값 $(R_{ON})(I_{AB})$을 최소화할 수 있기 때문이다.

예제 6.3 그림 6.14 트랜스미션 게이트 회로에서 N-채널 트랜지스터, P-채널 트랜지스터의 소자 비율($S_1 = S_3 = \frac{W_1}{L_1}$, $S_2 = S_4 = \frac{W_2}{L_2}$)은 각각 10, 20 이고, 공급전원은 3V, 부하 커패시터는 1pF, 클럭 주파수는 1MHz, 문턱전압은 각각 +0.5V, −0.5V, 소자 트랜스컨덕턴스 변수는 각각 $100\mu A/V^2$, $50\mu A/V^2$, 채널길이변조 상수는 모두 0.01/V라고 가정하고 모의실험을 통해서 $C=1$이면 $B=A$ 임을 검증하라. 또, 주어진 트랜스미션 게이트 회로의 레이아웃을 제시하라.

풀이

트랜스미션 게이트 회로의 동작을 검증하기 위해 넷리스트를 작성한다.

```
TRANSMISSION GATE
VDD 1 0 DC 3V
CL B 0 1P
*TRANSMISSION GATE
M1 A C B 0 NN W=10U L=1U
M2 A CB B 0 PP W=20U L=1U
*INVERTER
M3 CB B 0 0 NN W=10U L=1U
M4 CB C 1 1 PP W=20U L=1U
*CONTROL SIGNAL(VC)
VC C 0 PULSE(0 3 1.3U 0.1N 0.1N 0.5U 1U)
*INPUT SIGNAL(VA)
VA A 0 PWL(0 0 0.5U 0 0.6U 3 2U 3 2.1U 0 3.0U 0 3.1U 3 5U 3 5.1U 0 10U 0)
.MODEL NN NMOS(VTO=0.5 KP=100U LAMBDA=0.01 CGS0=100F CGDO=100F
CJO=100F GAMMA=0.1)
```

```
.MODEL PP PMOS(VTO = - 0.5 KP = 50U LAMBDA = 0.01 CGS0 = 100F CGDO = 100F
CJO = 100F GAMMA= 0.1)
.TRAN 0.1N 10U
.PROBE
.END
```

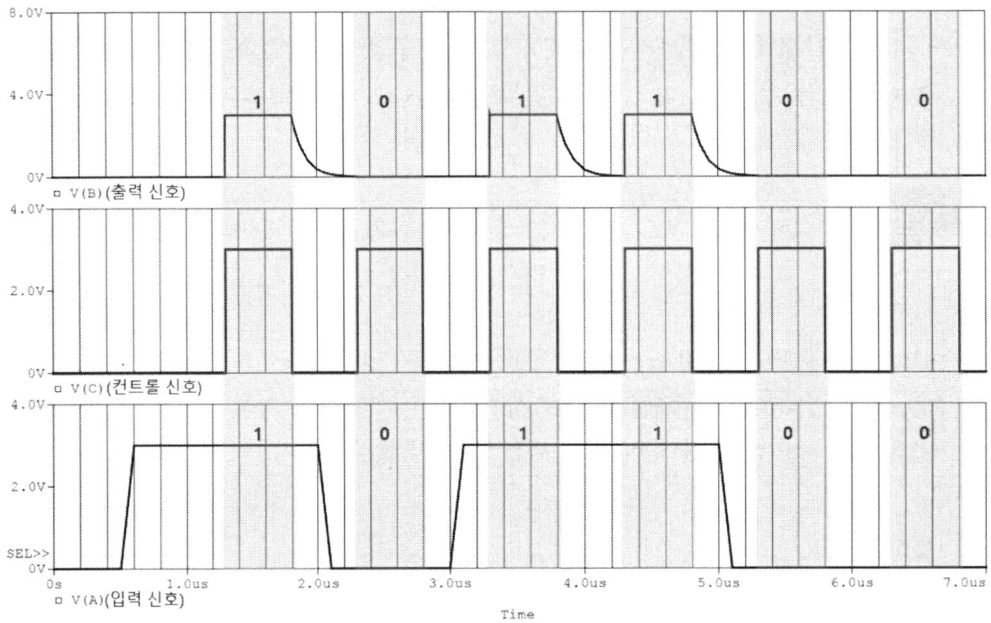

| 그림 6.15 | 트랜스미션 게이트 회로의 모의실험 결과

모의실험 결과에서 콘트롤 신호(VC)가 "1"이면 트랜스미션 게이트 회로가 ON이 되어서 입력신호(VA)를 통과시켜서 출력신호(VB)에 나타난다. 콘트롤 신호가 "0" 이면 트랜스미션 게이트 회로가 OFF가 되어서 출력신호는 RC 회로에 의한 방전현상에 의해서 신호가 감쇄되어서 나타나는 것을 알 수 있다.

트랜스미션 게이트의 레이아웃 도면은 그림 6.16과 같다. M1, M2는 트랜스미션 게이트 회로를 구성하고, M3, M4는 NOT 게이트 회로를 구성한다. M1, M2의 소스, 드레인 단자가 각각 서로 연결되어서 입력 단자 V_A 와 출력 단자 V_B를 형성하고, M3, M4의 게이트 단자가 서로 연결되어서 콘트롤 신호 단자 V_C를 만든다.

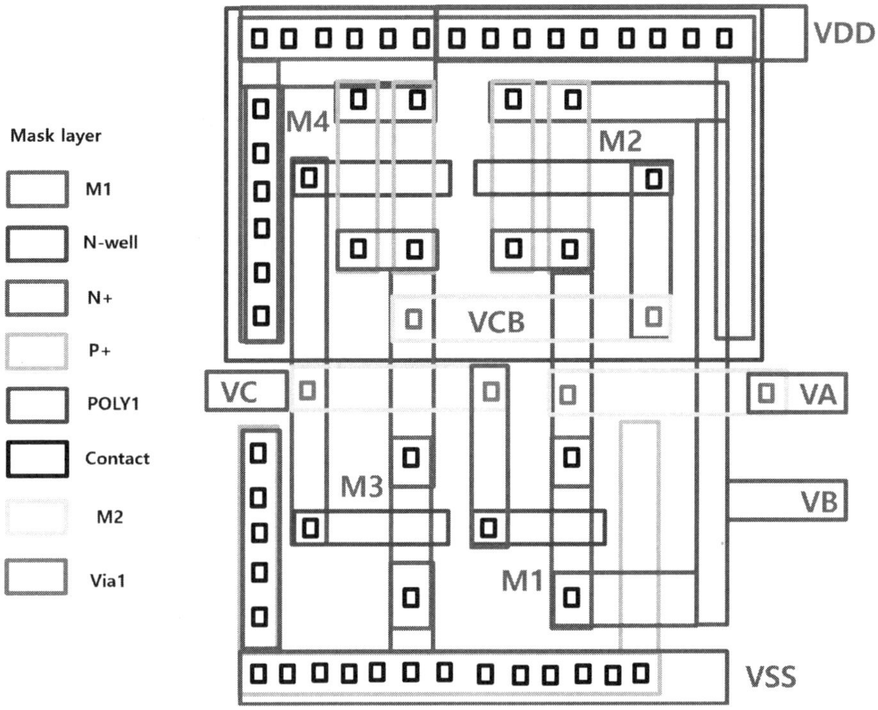

| 그림 6.16 | 트랜스미션 게이트의 레이아웃 도면

6.2.3 NAND 게이트

NAND 게이트 회로의 표기법 및 회로도는 그림 6.17 (a), (b)와 같다.

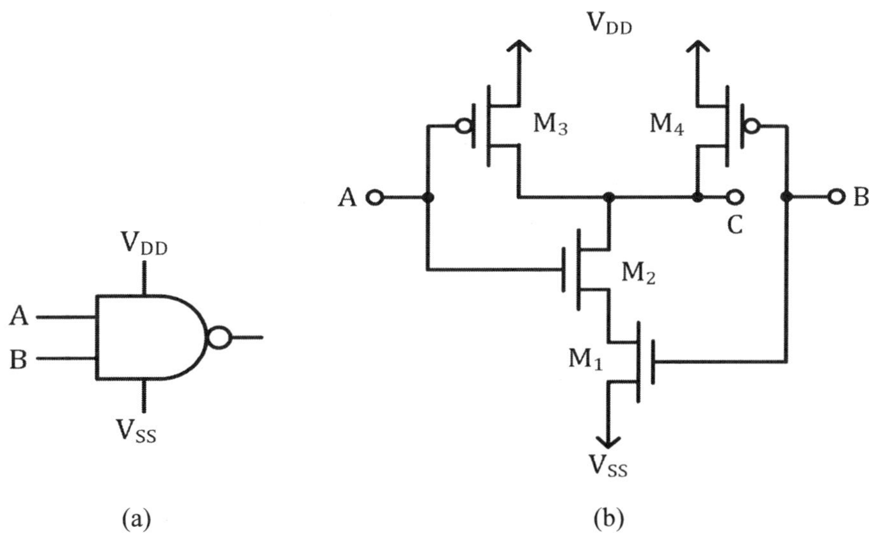

| 그림 6.17 | NAND 게이트 회로 표기법 및 회로도

입력 전압 신호(V_A, V_B) 또는 논리 신호(A, B)가 가해지면 출력 전압 신호(V_C) 또는 논리 신호(C)가 나타나며, 동작원리를 살펴보면 다음과 같다.

첫째, $V_A = V_B = V_{SS}$ 이면, N-채널 트랜지스터(M1, M2)는 차단되고, P-채널 트랜지스터(M3, M4)는 도통된다. 따라서 $V_C = V_{DD}$ 가 된다.

둘째, $V_A = V_{SS}$ $V_B = V_{DD}$이면, M2, M4는 차단되고, M1, M3는 도통된다. 따라서 $V_C = V_{DD}$가 된다.

셋째, $V_A = V_{DD}$ $V_B = V_{SS}$이면, M2, M4는 도통되고, M1, M3는 차단된다. 따라서 $V_C = V_{DD}$가 된다.

넷째, $V_A = V_B = V_{DD}$ 이면, N-채널 트랜지스터(M1, M2)는 도통되고, P-채널 트랜지스터(M3, M4)는 차단된다. 따라서 $V_C = V_{SS}$가 된다.

그러므로 입력 전압 신호(V_A, V_B)과 출력 전압 신호(V_C)의 관계를 부울대수로 표시하면 (식 6.13)과 같다.

$$C = \overline{AB} \qquad \text{(식 6.13)}$$

N-채널 트랜지스터(M1, M2)와 P-채널 트랜지스터(M3, M4)를 저항으로 대체하면 그림 6.18과 같이 M1, M2는 직렬연결, M3, M4는 병렬연결된 저항회로로 표시할 수 있으며 이를 이용하여 NAND 게이트의 입출력 동작을 설명할 수 있다.

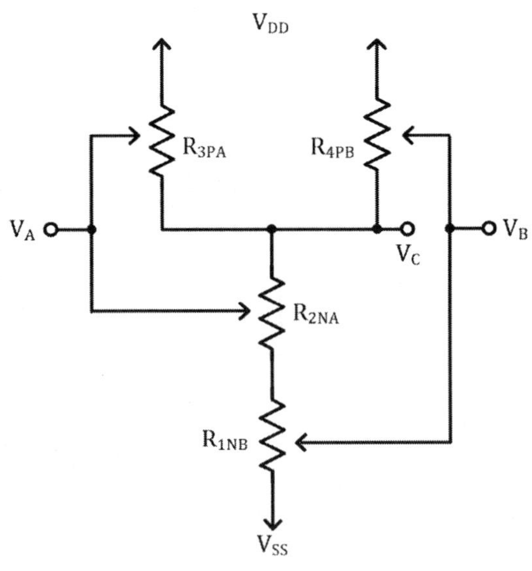

| 그림 6.18 | 직병렬연결 저항 회로를 사용한 NAND 게이트 등가회로도

그림 6.19를 보면 M1, M2의 2개 저항(R_{1NB}, R_{2NA})이 직렬연결($R_{1NB}+R_{2NA}$), M3, M4의 2개 저항(R_{3PA}, R_{4PB})이 병렬연결($R_{3PA}//R_{4PB}$)되고, 직렬연결 저항($R_{1NB}+R_{2NA}$)과 병렬연결 저항($R_{3PA}//R_{4PB}$)이 직렬연결 되어 있으므로, V_C 는 트랜지스터의 내부저항과 구동 전압을 이용하여 (식 6.14)와 같이 표현할 수 있다.

$$V_C=\frac{(R_{1NB}+R_{2NA})V_{DD}+(R_{3PA}//R_{4PB})V_{SS}}{R_{1NB}+R_{2NA}+(R_{3PA}//R_{4PB})} \quad \text{(식 6.14)}$$

V_A, V_B의 4가지 경우에 대해서 (식 6.14)를 사용해서 V_C값을 구할 수 있다.

첫째, $V_A=V_B=V_{SS}$ 이면, N-채널 트랜지스터(M1, M2)는 차단되고, P-채널 트랜지스터(M3, M4)는 도통된다. 따라서 P-채널 트랜지스터(M3, M4)의 내부저항은 $R_{3PA,ON}$, $R_{4PB,ON}$이 되며, N-채널 트랜지스터(M1, M2)의 내부저항은 $R_{1NB,OFF}$, $R_{2NA,OFF}$이 되며, (식 6.14)는 (식 6.15)가 된다. 그림 6.18은 첫째 경우의 등가회로도 이다.

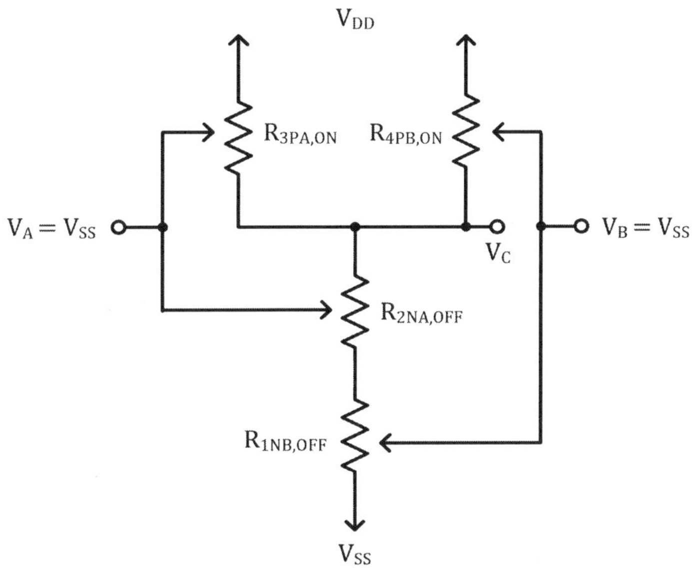

| 그림 6.19 | $V_A=V_B=V_{SS}$ 경우 NAND 게이트 등가회로도

$$V_C=\frac{(R_{1NB,OFF}+R_{2NA,OFF})V_{DD}+(R_{3PA,ON}//R_{4PB,ON})V_{SS}}{R_{1NB,OFF}+R_{2NA,OFF}+(R_{3PA,ON}//R_{4PB,ON})} \quad \text{(식 6.15)}$$

$R_{1NA,OFF}$, $R_{2NB,OFF} >> R_{3PA,ON}$, $R_{4PB,ON}$ 이기 때문에 (식 6.15)는 (식 6.16)으로 쓸 수 있다.

$$V_C\approx\frac{(R_{1NB,OFF}+R_{2NA,OFF})V_{DD}}{R_{1NB,OFF}+R_{2NA,OFF}}=V_{DD} \quad \text{(식 6.16)}$$

둘째, $V_A = V_{DD}$ $V_B = V_{SS}$이면, M2, M4는 도통되고, M1, M3는 차단된다. 따라서 P-채널 트랜지스터(M3, M4)의 내부저항은 $R_{3PA,OFF}$, $R_{4PB,ON}$이 되며, N-채널 트랜지스터(M1, M2)의 내부저항은 $R_{1NB,OFF}$, $R_{2NA,ON}$이 되며, (식 6.14)는 (식 6.17)이 된다. 그림 6.20은 둘째 경우의 등가회로도 이다.

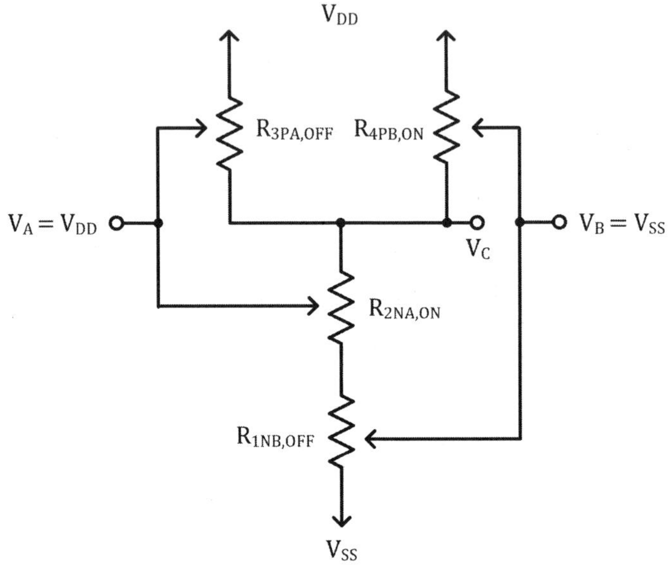

| 그림 6.20 | $V_A = V_{DD}, V_B = V_{SS}$ 경우 NAND 게이트 등가회로도

$$V_C = \frac{(R_{1NB,OFF} + R_{2NA,ON})V_{DD} + (R_{3PA,OFF} // R_{4PB,ON})V_{SS}}{R_{1NB,OFF} + R_{2NA,ON} + (R_{3PA,OFF} // R_{4PB,ON})} \qquad \text{(식 6.17)}$$

$R_{1NB,OFF}, R_{3PA,OFF} >> R_{2NA,ON}, R_{4PB,ON}$ 이므로 (식 6.17)을 (식 6.18)로 쓸 수 있다.

$$V_C \approx \frac{R_{1NB,OFF}V_{DD} + R_{4PB,ON}V_{SS}}{R_{1NB,OFF} + R_{4PB,ON}} \approx V_{DD} \qquad \text{(식 6.18)}$$

셋째, $V_A = V_{SS}$ $V_B = V_{DD}$이면, M2, M4는 차단되고, M1, M3은 도통된다. 따라서 P 채널 트랜지스터(M3, M4)의 내부저항은 $R_{3PA,ON}$, $R_{4PB,OFF}$이 되며, N-채널 트랜지스터(M1, M2)의 내부저항은 $R_{1NB,ON}$, $R_{2NA,OFF}$이 되며, (식 6.14)는 (식 6.19)가 된다.

$$V_C = \frac{(R_{1NB,ON} + R_{2NA,OFF})V_{DD} + (R_{3PA,ON} // R_{4PB,OFF})V_{SS}}{R_{1NB,ON} + R_{2NA,OFF} + (R_{3PA,ON} // R_{4PB,OFF})} \qquad \text{(식 6.19)}$$

$R_{2NA,OFF}, R_{4PB,OFF} >> R_{1NB,ON}, R_{3PA,ON}$ 이므로 (식 6.19)를 (식 6.20)으로 쓸 수 있다.

$$V_C \approx \frac{R_{2NA,OFF}V_{DD} + R_{3PA,ON}V_{SS}}{R_{2NA,OFF} + R_{3PA,ON}} \approx V_{DD} \qquad \text{(식 6.20)}$$

넷째, $V_A = V_B = V_{DD}$이면, N-채널 트랜지스(M1, M2)는 도통되고, P-채널 트랜지스터(M3, M4)는 차단된다. 따라서 P-채널 트랜지스터 (M3, M4)의 내부저항은 $R_{3PA,\ OFF,}\ R_{4PB,OFF}$이 되며, N-채널 트랜지스터(M1, M2)의 내부저항은 $R_{1NB,ON,}\ R_{2NA,ON}$이 되며, (식 6.14)는 (식 6.21)이 된다. 그림 6.21은 넷째 경우의 등가회로도 이다.

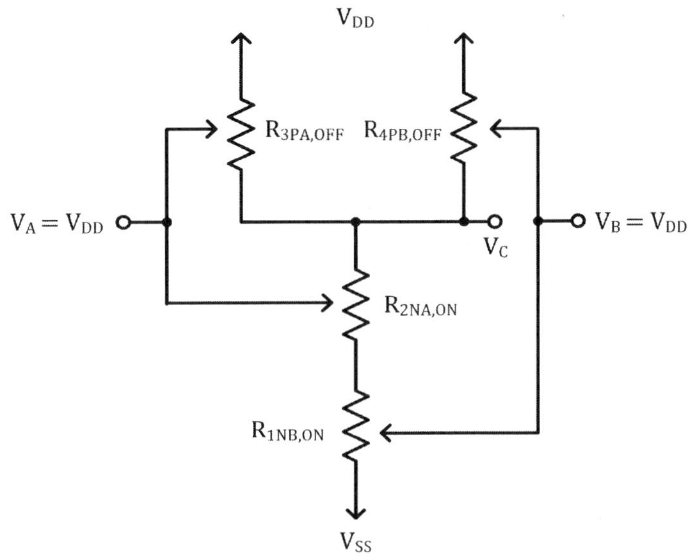

| 그림 6.21 | $V_A = V_B = V_{DD}$ 경우 NAND 게이트 등가회로도

$$V_C = \frac{(R_{1NB,ON} + R_{2NA,ON})V_{DD} + (R_{3PA,OFF}//R_{4PB,OFF})V_{SS}}{R_{1NB,ON} + R_{2NA,ON} + (R_{3PA,OFF}//R_{4PB,OFF})} \qquad \text{(식 6.21)}$$

$R_{1NB,ON,}\ R_{2NA,ON} << R_{3PA,\ OFF,}\ R_{4PB,OFF}$이기 때문에 (식 6.21)은 (식 6.22)로 쓸 수 있다.

$$V_C \approx \frac{(R_{3PA,OFF}//R_{4PB,OFF})V_{SS}}{(R_{3PA,OFF}//R_{4PB,OFF})} = V_{SS} \qquad \text{(식 6.22)}$$

앞서 설명한 NAND 게이트 회로의 동작원리를 진리표로 정리하면 표 6.4와 같다.

| 표 6.4 | NAND 게이트 회로의 동작원리 및 진리표

A	B	M1	M2	M3	M4	C	V_C
0	0	OFF	OFF	ON	ON	1	V_{DD}
0	1	ON	OFF	ON	OFF	1	V_{DD}
1	0	OFF	ON	OFF	ON	1	V_{DD}
1	1	ON	ON	OFF	OFF	0	V_{SS}

진리표 6.4를 그림 6.22의 타이밍 다이어그램(Timing diagram)으로 표시할 수 있다.

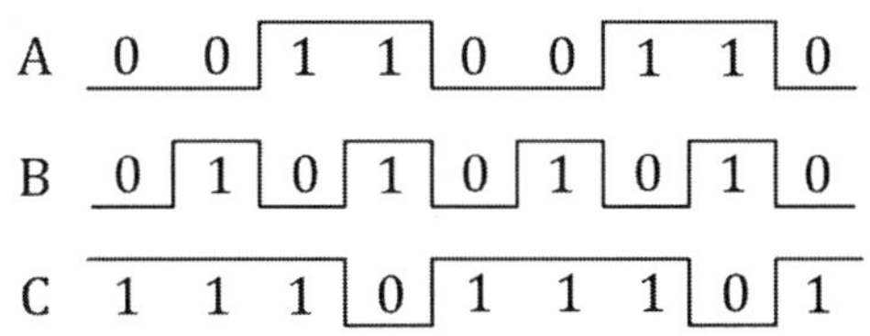

| 그림 6.22 | NAND 게이트 회로의 타이밍 다이어그램

예제 6.4 그림 6.17 NAND 게이트 회로에서 N-채널 트랜지스터(M1, M2)의 소자 비율은 $S_1 = S_2 = \dfrac{W_1}{L_1} = 10$, P-채널 트랜지스터(M3, M4)의 소자 비율은 $S_3 = S_4 = \dfrac{W_3}{L_3} = 20$ 이고, 공급전원은 3V, 부하 커패시터는 1pF, 클럭주파수는 1MHz, 문턱전압은 각각 +0.5V, −0.5V, 소자 트랜스컨덕턴스 변수는 각각 $100\mu A/V^2$, $50\mu A/V^2$, 채널길이변조 상수는 모두 0.01/V라고 가정하면 모의실험을 통해서 $C = \overline{AB}$ 을 검증하고, 주어진 NAND 게이트 회로의 레이아웃을 제시하라.

풀이

그림 6.17 NAND 게이트 회로에 단자 번호를 지정하여서 회로 기능 검증을 위해서 다음과 같이 넷리스트를 작성한다.

```
NAND GATE
VDD 1 0 DC 3V
CL C 0 1P
M1 D B 0 0 NN W=10U L=1 U
M2 C A D 0 NN W=10U L=1U
M3 C A 1 1 PP W=20U L=1U
```

```
M4 C B 1 1 PP W=20U L=1U
VA A 0 PULSE( 0 3 1U 0.1N 0.1N 1.0U 2U)
VB B 0 PULSE( 0 3 1U 0.1N 0.1N 0.5U 1U)
.MODEL NN NMOS(LEVEL=1 VTO=0.5 KP=100U LAMBDA=0.01 CGS0=100F
CGDO=100F CJ=100F GAMMA=0.1)
.MODEL PP PMOS(LEVEL=1 VTO=-0.5 KP=50U LAMBDA=0.01 CGS0=100F
CGDO=100F CJ=100F GAMMA=0.1)
.TRAN 0.1N 10U
.PROBE
.END
```

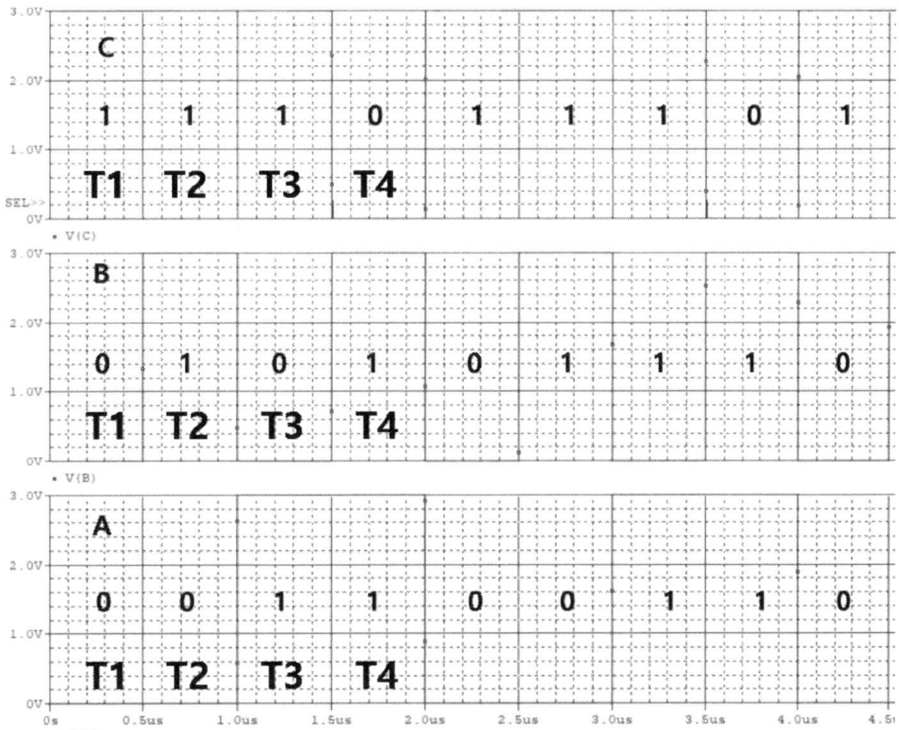

| 그림 6.23 | NAND 게이트 A(아래 파형), B(중간 파형), C(위 파형)의 모의실험 결과

그림 6.23에 나타난 A(아래 파형), B(중간 파형), C(위 파형)의 모의실험 결과를 살펴보면 그림 6.22의 타이밍 다이어그램과 동일하므로 NAND 게이트 기능을 확인할 수 있다.

그림 6.17 (b) NAND 게이트 회로에 해당하는 NAND 게이트의 레이아웃 도면은 그림 6.24와 같다. M3, M4의 소스 단자는 VDD에 연결되고, M3, M4의 드레인 단자는 출력 C 단자에 연결된다. M3, M4의 게이트 단자는 각각 입력 A, B 단자에 연결된다. M1, M2는 C 단자와

VSS 단자 사이에 직렬 연결되고 M1, M2의 게이트 단자는 각각 B, A 단자에 연결된다.

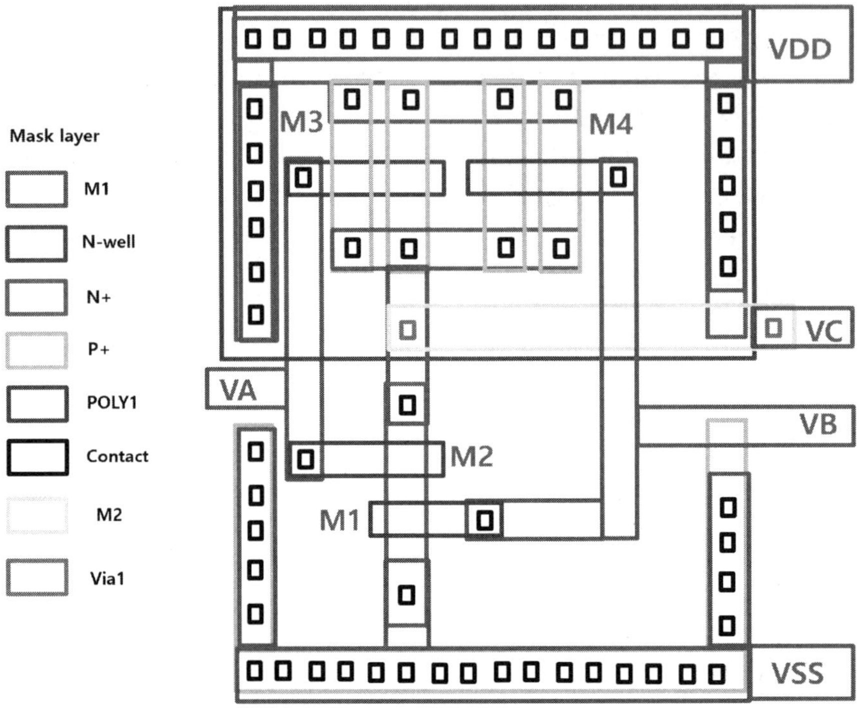

| 그림 6.24 | NAND 게이트의 레이아웃 도면

6.2.4 NOR 게이트

NOR 게이트 회로의 표기법 및 회로도는 그림 6.25 (a), (b)와 같다.

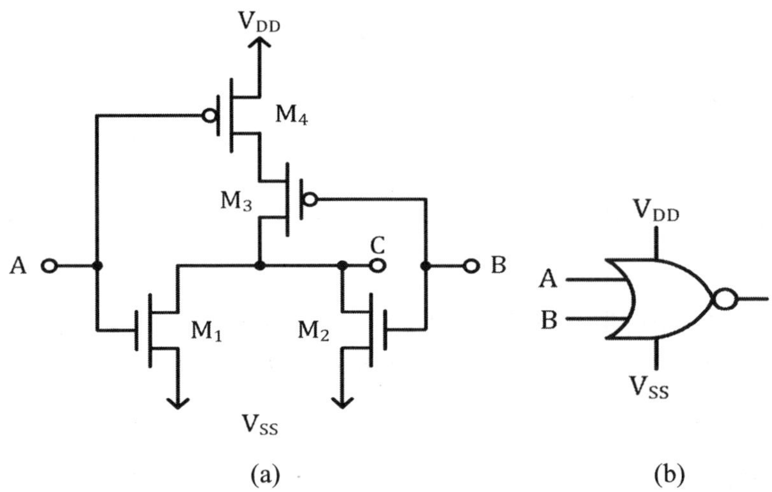

| 그림 6.25 | NOR 게이트 회로의 (a) 표기법 및 (b) 회로도

입력 전압 신호(V_A, V_B) 또는 논리 신호(A, B)가 가해지면 출력 전압 신호(V_C) 또는 논리 신호(C)가 나타나며, 동작원리를 살펴보면 다음과 같다.

첫째, $V_A = V_B = V_{SS}$ 이면, N-채널 트랜지스터(M1, M2)는 차단되고, P-채널 트랜지스터(M3, M4)는 도통된다. 따라서 $V_C = V_{DD}$가 된다.

둘째, $V_A = V_{SS}$ $V_B = V_{DD}$이면, M1, M3는 차단되고, M2, M4는 도통된다. 따라서 $V_C = V_{SS}$가 된다.

셋째, $V_A = V_{DD}$ $V_B = V_{SS}$이면, M1, M3는 도통되고, M2, M4는 차단된다. 따라서 $V_C = V_{SS}$가 된다.

넷째, $V_A = V_B = V_{DD}$ 이면, N-채널 트랜지스터(M1, M2)는 도통되고, P-채널 트랜지스터(M3, M4)는 차단된다. 따라서 $V_C = V_{SS}$가 된다.

그러므로 입력 전압 신호(V_A, V_B)과 출력 전압 신호(V_C)의 관계를 부울대수로 표시하면 (식 6.23)과 같다.

$$C = \overline{A + B} \qquad \text{(식 6.23)}$$

N-채널 트랜지스터(M1, M2)와 P-채널 트랜지스터(M3, M4)를 저항으로 대체하면 그림 6.26과 같이 M1, M2는 병렬연결, M3, M4는 직렬연결된 저항회로로 표시할 수 있으며 이를 이용하여 NOR 게이트의 입출력 동작을 설명할 수 있다.

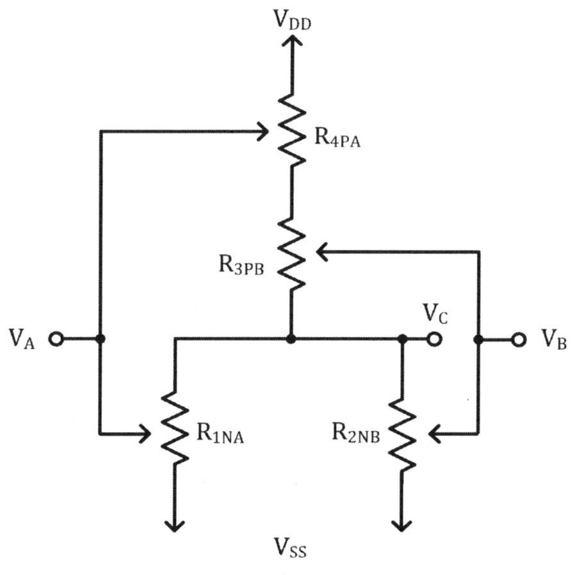

| 그림 6.26 | 직병렬연결 저항회로를 사용한 NOR 게이트 등가회로

그림 6.26을 보면 M1, M2의 2개 저항(R_{1NA}, R_{2NB})이 병렬연결($R_{1NA} // R_{2NB}$), M3, M4의 2개 저항(R_{3PB}, R_{4PA})이 직렬연결($R_{3PB}+R_{4PA}$) 되고, 병렬연결 저항($R_{1NA} // R_{2NB}$)과 직렬연결 저항($R_{3PB}+R_{4PA}$)이 직렬연결 되어 있으므로, V_C는 트랜지스터의 내부저항과 구동 전압을 이용하여 (식 6.24)와 같이 표현할 수 있다.

$$V_C = \frac{(R_{1NA} // R_{2NB})V_{DD} + (R_{3PB}+R_{4PA})V_{SS}}{R_{1NA} // R_{2NB} + (R_{3PB}+R_{4PA})} \qquad \text{(식 6.24)}$$

V_A, V_B의 4가지 경우에 대해서 (식 6.24)를 사용해서 V_C 값을 구할 수 있다.

첫째, $V_A = V_B = V_{SS}$ 이면, N-채널 트랜지스터(M1, M2)는 차단되고, P-채널 트랜지스터(M3, M4)는 도통된다. 따라서 P-채널 트랜지스터(M3, M4)의 내부저항은 $R_{3PB,ON}$, $R_{4PA,ON}$ 이 되며, N-채널 트랜지스터(M1, M2)의 내부저항은 $R_{1NA,OFF}$, $R_{2NB,OFF}$이 되어, (식 6.24)는 (식 6.25)가 된다. 그림 6.27은 첫째 경우의 등가회로도이다.

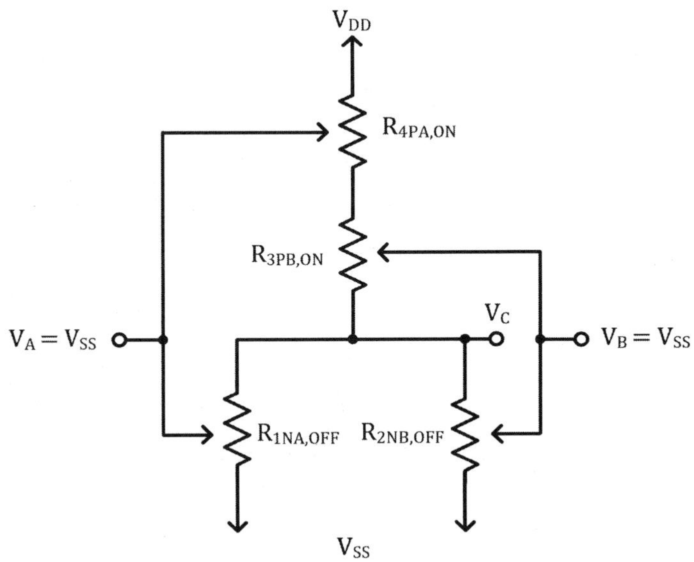

| 그림 6.27 | $V_A = V_B = V_{SS}$ 경우 NOR 게이트 등가회로도

$$V_C = \frac{(R_{1NA,OFF} // R_{2NB,OFF})V_{DD} + (R_{3PB,ON}+R_{4PA,ON})V_{SS}}{R_{1NA,OFF} // R_{2NB,OFF} + (R_{3PB,ON}+R_{4PA,ON})} \qquad \text{(식 6.25)}$$

$R_{1NA,OFF}$, $R_{2NB,OFF} >> R_{3PB,ON}$, $R_{4PA,ON}$ 이기 때문에 (식 6.25)는 (식 6.26)으로 쓸 수 있다.

$$V_C \approx \frac{R_{1NA.OFF} // R_{2NB,OFF}}{R_{1NA.OFF} // R_{2NB,OFF}} V_{DD} = V_{DD} \qquad \text{(식 6.26)}$$

둘째, $V_A = V_{DD}$ $V_B = V_{SS}$이면, M2, M4는 차단되고, M1, M3는 도통된다. 따라서 P-채널 트랜지스터(M3, M4)의 내부저항은 $R_{3PB,ON}$, $R_{4PA,OFF}$ 이 되며, N-채널 트랜지스터(M1, M2)의 내부저항은 $R_{1NA,ON}$, $R_{2NB,OFF}$ 이 되며, (식 6.24)는 (식 6.27)이 된다. 그림 6.28은 둘째 경우의 등가회로도이다.

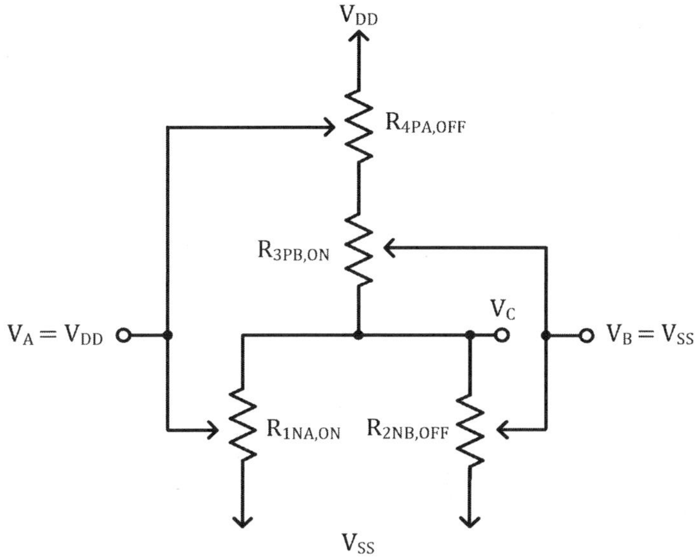

| 그림 6.28 | $V_A = V_{DD}$, $V_B = V_{SS}$ 경우 NOR 게이트 등가회로도

$$V_C = \frac{(R_{1NA.ON} // R_{2NB,OFF})V_{DD} + (R_{3PB,ON} + R_{4PA,OFF})V_{SS}}{R_{1NA.ON} // R_{2NB,OFF} + (R_{3PB,ON} + R_{4PA,OFF})} \qquad (식\ 6.27)$$

$R_{1NA,ON}$, $R_{3PB,ON} << R_{2NB,OFF}$, $R_{4PA,OFF}$ 이므로 (식 6.27)를 (식 6.28)로 쓸 수 있다.

$$V_C \approx \frac{R_{1NA,ON}V_{DD} + (R_{3PB,ON} + R_{4PA,OFF})V_{SS}}{R_{1NA,ON} + R_{3PB,ON} + R_{4PA,OFF}} \approx V_{SS} \qquad (식\ 6.28)$$

셋째, $V_A = V_{SS}$ $V_B = V_{DD}$이면, M1, M3는 차단되고, M2, M4는 도통된다. 따라서 P-채널 트랜지스터(M3, M4)의 내부저항은 $R_{3PB,OFF}$, $R_{4PA,ON}$ 이 되며, N-채널 트랜지스터(M1, M2)의 내부저항은 $R_{1NA,OFF}$, $R_{2NB,ON}$이 되며, (식 6.24)는 (식 6.29)가 된다.

$$V_C = \frac{(R_{1NA.OFF} // R_{2NB,ON})V_{DD} + (R_{3PB,OFF} + R_{4PA,ON})V_{SS}}{R_{1NA.OFF} // R_{2NB,ON} + (R_{3PB,OFF} + R_{4PA,ON})} \qquad (식\ 6.29)$$

$R_{2NB,ON}$, $R_{4PA,ON} << R_{1NA,OFF}$, $R_{3PB,OFF}$ 이므로 (식 6.29)를 (식 6.30)으로 쓸 수 있다.

$$V_C \approx \frac{R_{2NB,ON} V_{DD} + (R_{3PB,OFF} + R_{4PA,ON}) V_{SS}}{R_{2NB,ON} + R_{3PB,OFF} + R_{4PA,ON}} \approx V_{SS} \qquad \text{(식 6.30)}$$

넷째, $V_A = V_B = V_{DD}$이면, N-채널 트랜지스터(M1, M2)는 도통되고, P-채널 트랜지스터(M3, M4)는 차단된다. 따라서 P-채널 트랜지스터(M3, M4)의 내부저항은 $R_{3PB,OFF}$, $R_{4PA,OFF}$이 되며, N-채널 트랜지스터(M1, M2)의 내부저항은 $R_{1NA,ON}$, $R_{2NB,ON}$이 되며, (식 6.24)는 (식 6.31)이 된다. 그림 6.28은 넷째 경우의 등가회로도 이다.

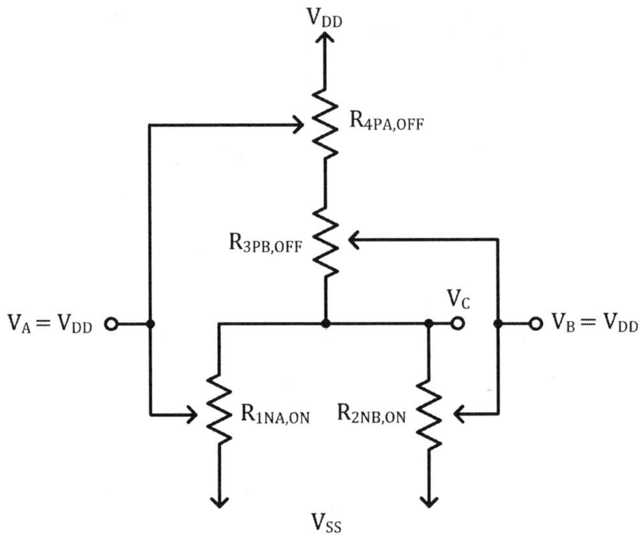

| 그림 6.29 | $V_A = V_B = V_{DD}$ 경우 NOR 게이트 등가회로도

$$V_C = \frac{(R_{1NA.ON} // R_{2NB,ON}) V_{DD} + (R_{3PB,OFF} + R_{4PA,OFF}) V_{SS}}{R_{1NA.ON} // R_{2NB,ON} + (R_{3PB,OFF} + R_{4PA,OFF})} \qquad \text{(식 6.31)}$$

$R_{1NA,ON}$, $R_{2NB,ON} << R_{3PB,OFF}$, $R_{4PA,OFF}$ 이기 때문에 (식 6.31)은 (식 6.32)로 쓸 수 있다.

$$V_C \approx \frac{(R_{3PB,OFF} + R_{4PA,OFF}) V_{SS}}{(R_{3PB,OFF} + R_{4PA,OFF})} = V_{SS} \qquad \text{(식 6.32)}$$

앞서 설명한 NAND 게이트 회로의 동작원리를 진리표로 정리하면 표 6.4와 같다.

| 표 6.4 | NOR 게이트 회로의 동작원리 및 진리표

A	B	M1	M2	M3	M4	C	V_C
0	0	OFF	OFF	ON	ON	1	V_{DD}
0	1	OFF	ON	ON	OFF	0	V_{SS}
1	0	ON	OFF	OFF	ON	0	V_{SS}
1	1	ON	ON	OFF	OFF	0	V_{SS}

진리표 6.4를 그림 6.30의 타이밍 다이어그램(Timing diagram)으로 표시할 수 있다.

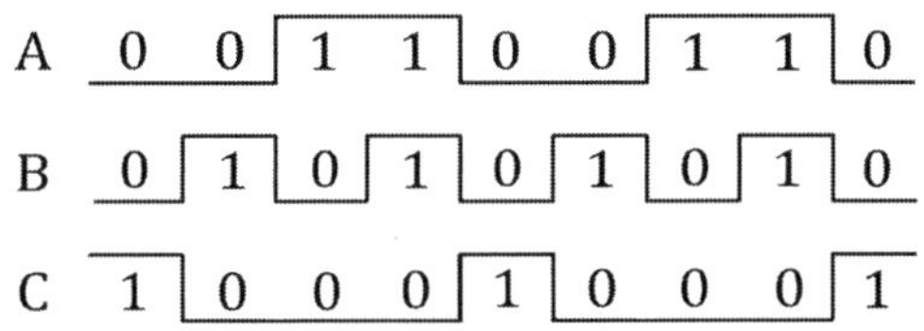

| 그림 6.30 | NOR 게이트 회로의 타이밍 다이어그램

예제 6.5 그림 6.25 NOR 게이트 회로에서 N-채널 트랜지스터(M1, M2)의 소자 비율은 $S_1 = S_2 = \frac{W_1}{L_1} = 10$, P-채널 트랜지스터(M3, M4)의 소자 비율은 $S_3 = S_4 = \frac{W_3}{L_3} = 20$ 이고, 공급전원은 3V, 부하 커패시터는 1pF, 클럭주파수는 1MHz, 문턱전압은 각각 +0.5V, −0.5V, 소자 트랜스컨덕턴스 변수는 각각 $100\mu A/V^2$, $50\mu A/V^2$, 채널길이변조 상수는 모두 0.01/V라고 가정하면 모의실험을 통해서 $C = \overline{A+B}$ 을 검증하고, 주어진 NOR 게이트 회로의 레이아웃을 제시하라.

풀이

그림 6.25 NOR 게이트 회로에 단자 번호를 지정하여서 회로 기능 검증을 위해서 다음과 같이 넷리스트를 작성한다.

```
NOR GATE
VDD 1 0 DC 3V
CL C 0 1P
M1 D B 0 0 NN W=10U L=1U
M2 C A D 0 NN W=10U L=1U
M3 C A 1 1 PP W=20U L=1U
```

```
M4 C B 1 1 PP W=20U L=1U
VA A 0 PULSE( 0 3 1U 0.1N 0.1N 1.0U 2U)
VB B 0 PULSE( 0 3 1U 0.1N 0.1N 0.5U 1U)
.MODEL NN NMOS(LEVEL=1 VTO=0.5 KP=100U LAMBDA=0.01 CGS0=100F
CGDO=100F CJ=100F GAMMA=0.1)
.MODEL PP PMOS(LEVEL=1 VTO=-0.5 KP=50U LAMBDA=0.01 CGS0=100F
CGDO=100F CJ=100F GAMMA=0.1)
.TRAN 0.1N 10U
.PROBE
.END
```

그림 6.31에 나타난 A(아래 파형), B(중간 파형), C(위 파형)의 모의실험 결과를 살펴보면 그림 6.30의 타이밍 다이어그램과 동일하므로 NOR 게이트 기능을 확인할 수 있다.

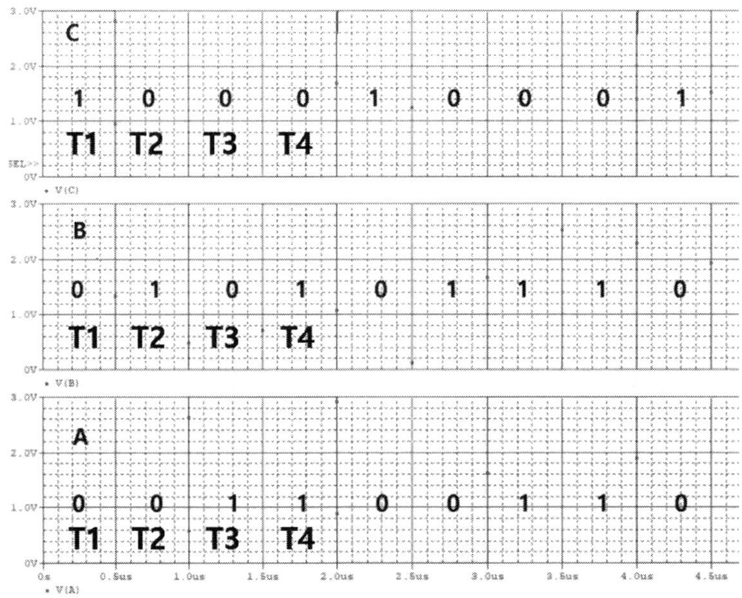

| 그림 6.31 | NOR 게이트 나타난 A(아래 파형), B(중간 파형), C(위 파형)의 모의실험 결과

그림 6.25 (b) NOR 게이트 회로의 레이아웃 도면은 그림 6.31과 같다. M1, M2의 소스 단자는 VSS에 연결되고, M1, M2의 드레인 단자는 출력 C 단자에 연결된다. M1, M2의 게이트 단자는 각각 입력 A, B 단자에 연결된다. M3, M4는 C 단자와 VDD 단자 사이에 직렬 연결되고 M3, M4의 게이트 단자는 각각 B, A 입력단자에 연결된다.

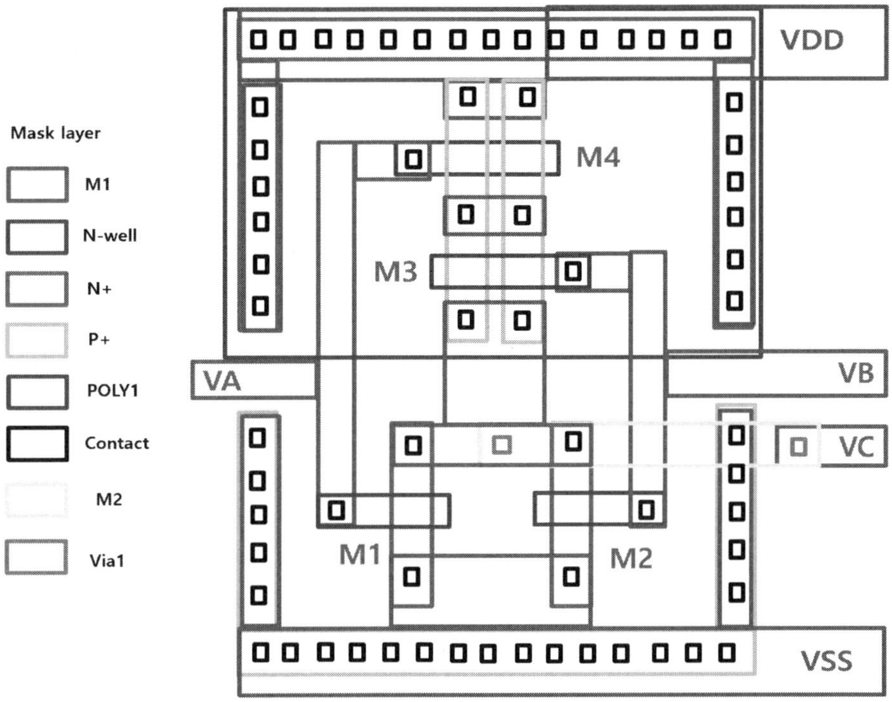

| 그림 6.32 | NOR 게이트의 레이아웃 도면

6.2.5 멀티플렉서 회로

멀티플렉서(Multiplexer) 회로는 여러 개(또는 다중) 입력신호 중 제어신호에 의해서 한 개 신호만 선택해서 통과시키는 회로이다. 그림 6.33은 2개 입력신호(A, B) 중 제어신호 (C)에 의해서 (A, B) 중 한 개 신호(D)를 선택해서 통과시키는 2개 입력, 1개 출력 멀티플랙서 회로 표기법을 나타낸다.

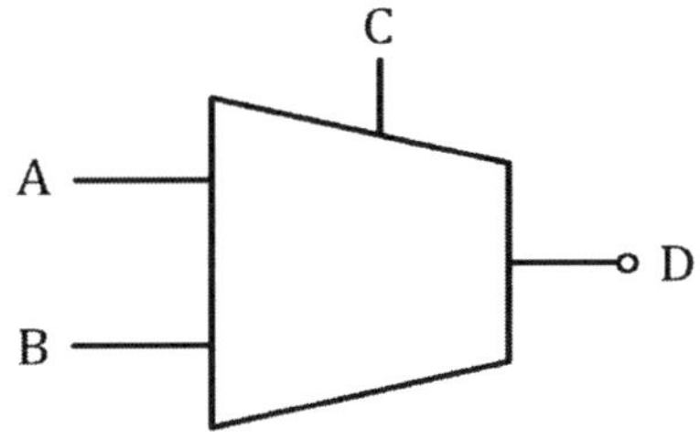

| 그림 6.33 | 2개 입력신호(A, B), 1개 출력신호(D), 제어신호(C)로 구성된 멀티플렉서 회로 표기법

멀티플렉서 회로를 구현하는 방법은 두 가지이다. 첫 번째 방법은 6.1절에서 설명한 기본 스위치를 사용하는 것이며, 두 번째 방법은 6.2.2절에서 설명한 트랜스미션 게이트 회로를 사용하는 방법으로 두 가지 방법을 설명하고자 한다.

첫 번째, 기본 스위치를 사용해서 멀티플랙서 회로를 구현하는 방법인데, 그림 6.34는 2개 입력신호(A, B), 1개 출력신호(D), 기본 스위치(M1, M2), 제어신호(C), NOT 게이트 회로를 사용한 멀티플랙서 회로도이다. 출력신호(D), 입력신호(A,B), 제어신호(C)를 부울대수로 표시하면 (식 6.33)과 같다.

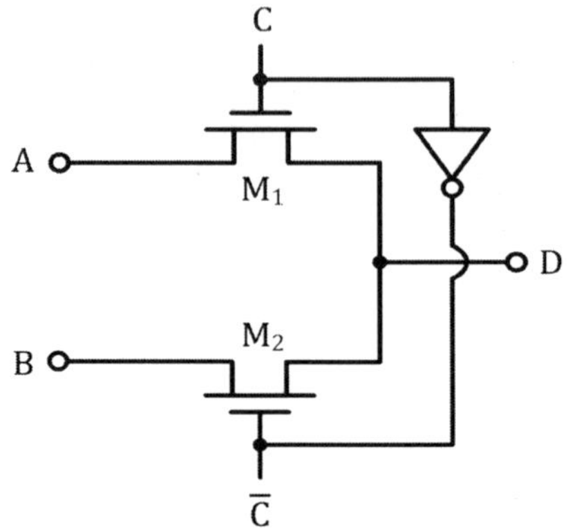

| 그림 6.34 | 기본 스위치를 사용한 멀티플렉서 회로도

$$D = AC + B\overline{C} \qquad (식\ 6.33)$$

동작원리를 살펴보면 다음과 같다. 제어신호 C가 "1"이면 M1 스위치가 도통하고, M2 스위치는 차단된다. 따라서 출력신호 D는 입력신호 A에 연결된다. 제어신호 C가 "0"이면 M2 스위치가 도통하고, M1 스위치는 차단된다. 따라서 출력신호 D는 입력신호 B에 연결된다. 다만 기본 스위치를 사용하기 때문에 기본 스위치 M1, M2가 도통할 때, 내부저항에 의해서 신호 감쇄가 발생한다. 스위치 내부저항에 의한 신호 감쇄를 감소시키기 위해서 트랜스미션 게이트 회로를 사용한 그림 6.35와 같은 두 번째 멀티플랙서 회로를 살펴본다.

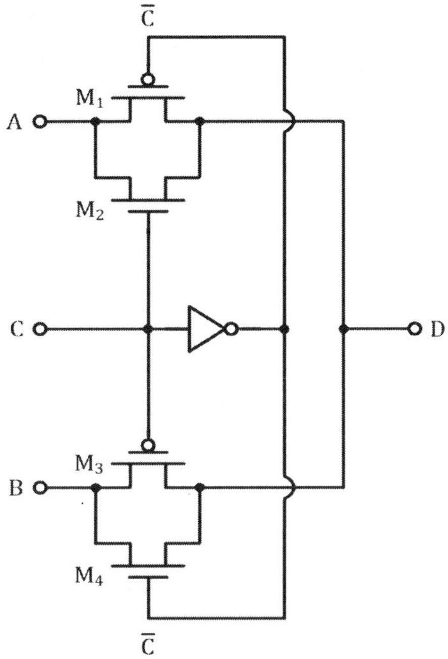

| 그림 6.35 | 트랜스미션 게이트를 사용한 멀티플렉서 회로도

동작원리를 살펴보면 다음과 같다. 제어신호 C가 "1"이면 M1, M2 스위치가 도통하고, M3, M4 스위치는 차단된다. 따라서 출력신호 D는 입력신호 A에 연결된다. 이 때 트랜스미션 게이트를 사용하기 때문에 M1, M2가 도통하고, M1, M2의 내부 저항이 병렬연결 되므로 내부저항에 의한 신호 감쇄가 기본 스위치 내부저항에 의한 신호 감쇄보다 작게 발생한다. 제어신호 C가 "0"이면 M1, M2 스위치가 차단되고, M3, M4 스위치가 도통한다. 따라서 출력신호 D는 입력신호 B에 연결된다. 트랜스미션 게이트를 사용하기 때문에 M3, M4가 도통하고, M3, M4의 내부 저항이 병렬연결 되므로 내부저항에 의한 신호 감쇄가 기본 스위치 내부저항에 의한 신호 감쇄보다 작게 발생한다. 따라서 트랜스미션 게이트의 기능을 표현하는 부울대수는 (식 6.33)과 동일하다.

예제 6.6 기본 스위치를 사용한 멀티플렉서 회로와 트랜스미션 게이트를 사용한 멀티플렉서 회로의 차이점을 설명하고 모의실험을 통해서 검증하라.

풀이

기본 스위치를 사용한 멀티플렉서 회로와 트랜스미션 게이트를 사용한 멀티플렉서 회로의 차이점은 스위치가 도통 상태에서 내부저항이 다르다. 따라서 도통 내부저항이 작은 트랜스미션 게이트를 사용한 멀티플렉스 회로가 기본 스위치를 사용한 멀티플렉스 회로

보다 신호 감쇄 효과가 작다. 전파 지연시간 측면에서 비교할 때 트랜스미션 게이트를 사용한 멀티플렉서 회로는 내부저항 값은 감소한다. 그러나 내부 커패시턴스 용량값은 증가하지만 내부저항 감소 효과가 내부 커패시턴스 용량 증가 효과와 비슷하거나 우세하므로 시정수 값이 기본 스위치를 사용한 멀티플랙스 회로의 시정수 값보다 같거나 작다고 볼 수 있다. 따라서 트랜스미션 게이트를 사용한 멀티플렉서 회로의 전파 지연시간이 기본 스위치를 사용한 멀티플렉서 회로의 전파 지연시간에 비해서 같거나 짧을 수 있다.

그림 6.34의 기본 스위치를 사용한 멀티플랙서 회로의 기능을 검증하기 위해서 넷리스트를 다음과 같이 작성하고 모의실험을 실행한다.

```
MULTIPLEXER WITH PASS TRANSISTOR
VDD 1 0 DC 3
* INVERTER
MN CB C 0 0 NN W=10U L=1U
MP CB C 1 1 PP W=20U L=1U
M1 A C D 0 NN W=10U L=1U
M2 B CB D 0 NN W=10U L=1U
VC C 0 PULSE( 0 3 1U 0.1N 0.1N 1.0U 2U)
VA A 0 PULSE( 0 3 0.5U 0.1N 0.1N 1.0U 2U)
VB B 0 PULSE( 0 3 2.0U 0.1N 0.1N 2.0U 4U)
.MODEL NN NMOS(LEVEL=1 VTO=0.5 KP=100U LAMBDA=0.01 CGSO=100F
CGDO=100F CJ=100F GAMMA=0.1)
.MODEL PP PMOS(LEVEL=1 VTO=-0.5 KP=50U LAMBDA=0.01 CGSO=100F
CGDO=100F CJ=100F GAMMA=0.1)
.TRAN 0.1N 20U
.PROBE
.END
```

모의실험 결과 그림 6.36과 같다.

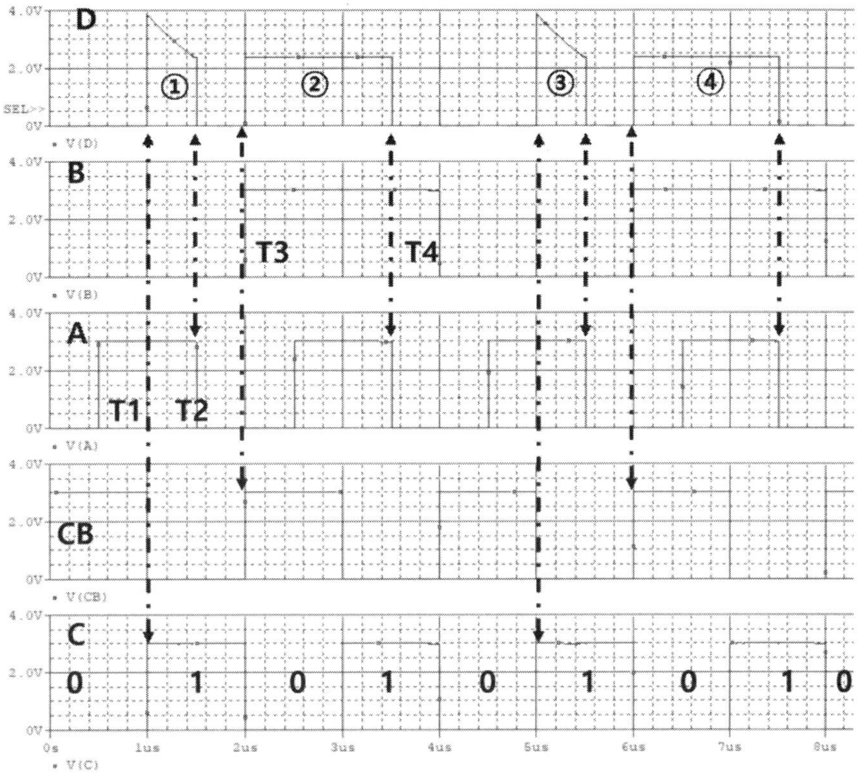

| 그림 6.36 | 기본 스위치를 사용한 멀티플렉서 회로의 모의실험 결과

T1, T2 시간 동안 제어신호(C)가 "1(3V)"이므로 멀티플렉서의 출력신호(D)는 입력신호(A)를 통과시켜서 ① 신호가 나오는 것을 확인하였는데, 기본스위치 내부저항 때문에 신호 감쇄(2.4V)가 일어나는 것을 확인할 수 있다. 제어신호(CB)가 "1"일 때 T3, T4 시간 동안 앞부분에서는 출력신호(D)는 입력신호(B)를 통과시키고 T3, T4 시간 동안 뒷부분에서는 제어신호(CB)가 "0"이 되고 제어신호(C)가 "1(3V)"이 되므로 출력신호(D)는 입력신호(A)를 통과시켜서 ② 신호를 확인할 수 있다. ② 신호의 크기도 기본스위치 내부저항 때문에 신호 감쇄(2.4V)가 일어나는 것을 확인할 수 있다. 이후 ③, ④ 신호도 ① 신호, ② 신호처럼 반복되면서 신호 감쇄(2.4V)를 확인할 수 있다.

그림 6.35의 트랜스미션 게이트를 사용한 멀티플렉서 회로의 기능을 검증하기 위해서 넷리스트를 다음과 같이 작성하고 모의실험을 실행한다.

```
MULTIPLEXER WITH TRANSMISSION GATE
VDD 1 0 DC 3
* INVERTER
MN CB C 0 0 NN W=10U L=1U
```

```
MP CB C 1 1 PP W=20U L=1U
M1 A CB D 1 PP W=20U L=1U
M2 A C D 0 NN W=10U L=1U
M3 B CB D 0 NN W=10U L=1U
M4 B C D 1 PP W=20U L=1U
VC C 0 PULSE( 0 3 1U 0.1N 0.1N 1.0U 2U)
VA A 0 PULSE( 0 3 0.5U 0.1N 0.1N 1.0U 2U)
VB B 0 PULSE( 0 3 2.0U 0.1N 0.1N 2.0U 4U)
.MODEL NN NMOS(LEVEL=1 VTO=0.5 KP=100U LAMBDA=0.01 CGSO=100F
CGDO=100F CJ=100F GAMMA=0.1)
.MODEL PP PMOS(LEVEL=1 VTO=-0.5 KP=50U LAMBDA=0.01 CGSO=100F
CGDO=100F CJ=100F GAMMA=0.1)
.TRAN 0.1N 20U
.PROBE
.END
```

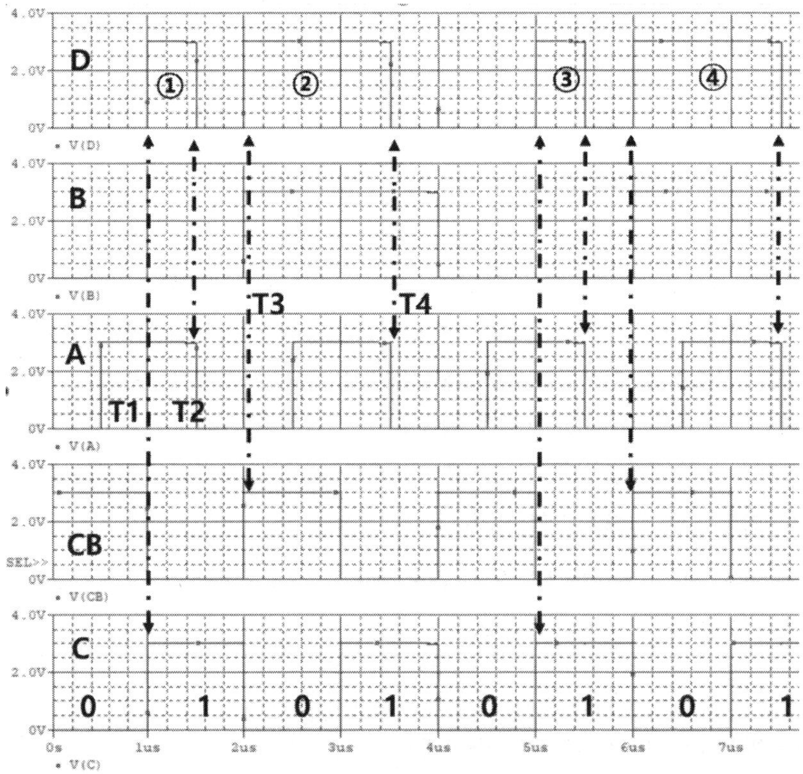

| 그림 6.37 | 트렌스미션 게이트를 사용한 멀티플렉서 회로의 모의실험 결과

모의실험 결과 그림 6.37과 같다. 그림 6.37에 나타난 트랜스미션 게이트를 사용한 멀티플랙서 회로의 모의실험 결과와 기본 스위치를 사용한 멀티플렉서 회로의 모의실험 결과를 비교해보면 기능을 동일하여서 출력신호(D)의 타이밍을 같다. 차이점은 트랜스미션 게이트를 사용한 멀티플랙서 회로의 모의실험 결과에서 출력신호(D)가 “1”이 되는 신호 크기는 3V로서 기본스위치를 사용한 멀티플렉서 회로처럼 신호 감쇄(2.4V)가 발생하지 않는다는 점이다. 즉, 트랜스미션 게이트 내부저항이 충분히 작기 때문에 신호 감쇄 현상이 발생하지 않는다고 할 수 있다. 그러므로 시스템 반도체내에서 신호처리를 위해서는 트랜스미션 게이트 회로를 사용한 멀티플렉서 회로를 이용하면 신호 감쇄효과를 최소화 할 수 있는 장점이 있다.

6.2.6 AND 게이트 회로

AND 게이트 회로의 표기법은 그림 6.38과 같다.

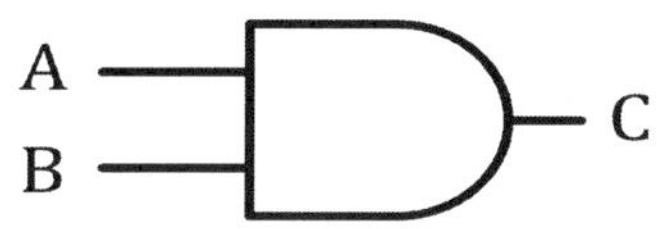

| 그림 6.38 | AND 게이트 회로의 표기법 및 회로도

AND 게이트 회로를 구현하기 위해서 NAND 게이트와 NOT 게이트 회로를 그림 6.39와 같이 종속시킨다.

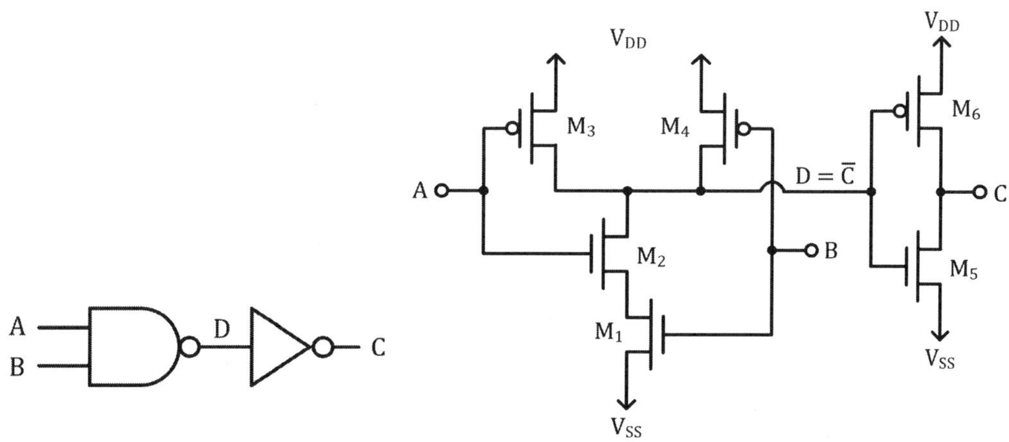

| 그림 6.39 | NAND 게이트와 NOT 게이트 회로를 사용한 AND 게이트 회로

입력 전압 신호(V_A, V_B) 또는 논리 신호(A, B)가 가해지면 출력 전압 신호(V_C) 또는 논리

신호(C)가 나타나며, 동작원리를 살펴보면 다음과 같다.

첫째, $V_A = V_B = V_{SS}$이면, N-채널 트랜지스터(M1, M2)는 차단되고, P-채널 트랜지스터(M3, M4)는 도통된다. 따라서 $V_D = V_{DD}$가 되며, NOT 게이트 회로를 통과하면 출력 전압 신호(V_C)는 $V_C = V_{SS}$ 이다.

둘째, $V_A = V_{SS}$ $V_B = V_{DD}$이면, M2, M4는 차단되고, M1, M3는 도통된다. 따라서 $V_D = V_{DD}$가 되며, NOT 게이트 회로를 통과하면 출력 전압 신호(V_C)는 $V_C = V_{SS}$ 이다.

셋째, $V_A = V_{DD}$ $V_B = V_{SS}$이면, M2, M4는 도통되고, M1, M3는 차단된다. 따라서 $V_D = V_{DD}$가 되며, NOT 게이트 회로를 통과하면 출력 전압 신호(V_C)는 $V_C = V_{SS}$ 이다.

넷째, $V_A = V_B = V_{DD}$이면, N-채널 트랜지스터(M1, M2)는 도통되고, P-채널 트랜지스터(M3, M4)는 차단된다. 따라서 $V_D = V_{SS}$가 되며, NOT 게이트 회로를 통과하면 출력 전압 신호(V_C)는 $V_C = V_{DD}$ 이다.

그러므로 입력 전압 신호(V_A, V_B)과 출력 전압 신호(V_C)의 관계를 부울대수로 표시하면 (식 6.34)과 같다.

$$C = \overline{D} = AB \qquad \text{(식 6.34)}$$

AND 게이트의 동작원리는 NAND 게이트 및 NOT 게이트의 동작원리를 기반으로 해석할 수 있으며 표 6.5와 같고, 타이밍 다이어그램으로 표현하면 그림 6.40과 같다.

| 표 6.5 | AND 게이트의 동작원리 및 진리표

A	B	M1	M2	M3	M4	M5	M6	D	C
0	0	OFF	OFF	ON	ON	ON	OFF	1	0
0	1	ON	OFF	ON	OFF	ON	OFF	1	0
1	0	OFF	ON	OFF	ON	ON	OFF	1	0
1	1	ON	ON	OFF	OFF	OFF	ON	0	1

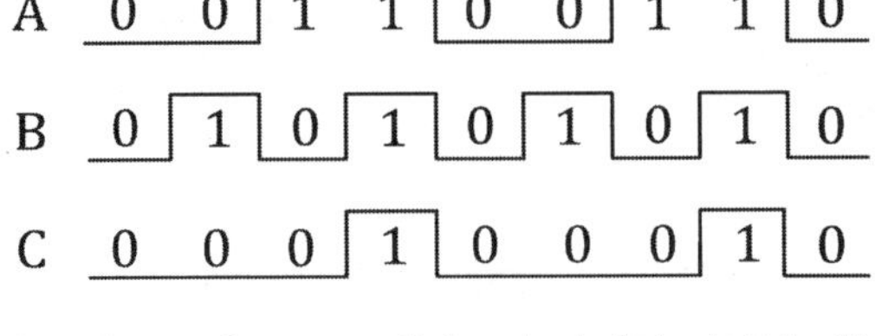

| 그림 6.40 | AND 게이트의 타이밍 다이어그램

예제 6.7 그림 6.38 AND 게이트 회로에서 N-채널 트랜지스터(M1, M2, M5)의 소자 비율은 $S_1 = S_2 = S_5 = \frac{W_1}{L_1} = 10$, P-채널 트랜지스터(M3, M4, M6)의 소자 비율은 $S_3 = S_4 = S_6 = \frac{W_3}{L_3} = 20$이고, 공급전원은 3V, 부하 커패시터는 1pF, 클럭주파수는 1MHz, 문턱전압은 각각 +0.5V, −0.5V, 소자 트랜스컨덕턴스 변수는 각각 $100\mu A/V^2$, $50\mu A/V^2$, 채널길이변조 상수는 모두 0.01/V라고 가정하면 모의실험을 통해서 $C = \overline{D} = AB$를 검증하고, 주어진 AND 게이트 회로의 레이아웃을 제시하라.

풀이

그림 6.38 AND 게이트 회로에 단자 번호를 지정하여서 회로 기능 검증을 위해서 다음과 같이 넷리스트를 작성한다.

```
AND GATE
VDD 1 0 DC 3V
CL C 0 1P
M1 D1 B 0 0 NN W=10U L=1U
M2 D A D1 0 NN W=10U L=1U
M3 D A 1 1 PP W=20U L=1U
M4 D B 1 1 PP W=20U L=1U
M5 C D 0 0 NN W=10U L=1U
M6 C D 1 1 PP W=20U L=1U
VA A 0 PULSE( 0 3 1U 0.1N 0.1N 1.0U 2U)
VB B 0 PULSE( 0 3 1U 0.1N 0.1N 0.5U 1U)
.MODEL NN NMOS(LEVEL=1 VTO=0.5 KP=100U LAMBDA=0.01 CGSO=100F
CGDO=100F CJ=100F GAMMA=0.1)
.MODEL PP PMOS(LEVEL=1 VTO=-0.5 KP=50U LAMBDA=0.01 CGSO=100F
CGDO=100F CJ=100F GAMMA 0.1)
.TRAN 0.1N 10U
.PROBE
.END
```

그림 6.41에서 입력신호 A, B 파형, NAND 게이트 출력신호는 D 파형, D 파형의 NOT 게이트를 통과한 출력신호 C 파형의 모의실험 결과를 살펴보면 그림 6.40의 타이밍 다이어그램과 동일하므로 AND 게이트 기능을 확인할 수 있다.

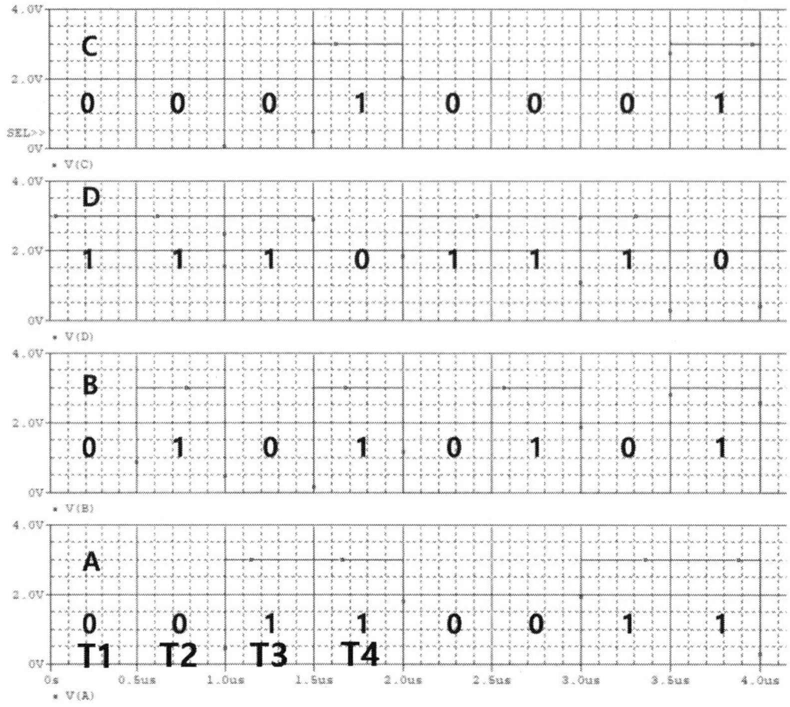

| 그림 6.41 | 입력신호 A, B, NAND 게이트 출력신호 D, AND 게이트 출력신호 C의 모의실험 결과

그림 6.38 (b) 회로도의 AND 게이트의 레이아웃 도면은 그림 6.42와 같다. M3, M4의 드레인 단자, M2의 드레인 단자는 NOT 게이트 입력단자인 D 단자에 연결하고, NOT 게이트(M5, M6)의 입력 게이트 단자는 D 단자에 연결된다.

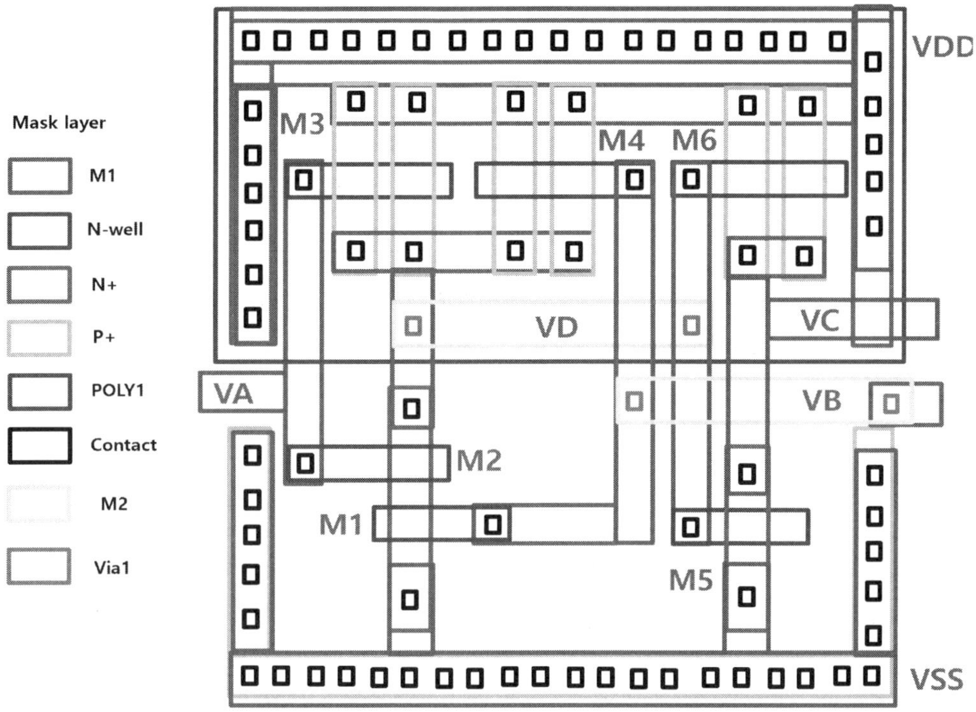

| 그림 6.42 | AND 게이트의 레이아웃 도면

6.2.7 OR 게이트 회로

OR 게이트 회로의 표기법 및 회로도는 각각 그림 6.43과 6.44와 같다.

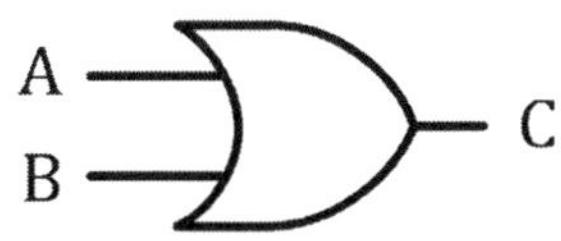

| 그림 6.43 | OR 게이트 회로의 표기법

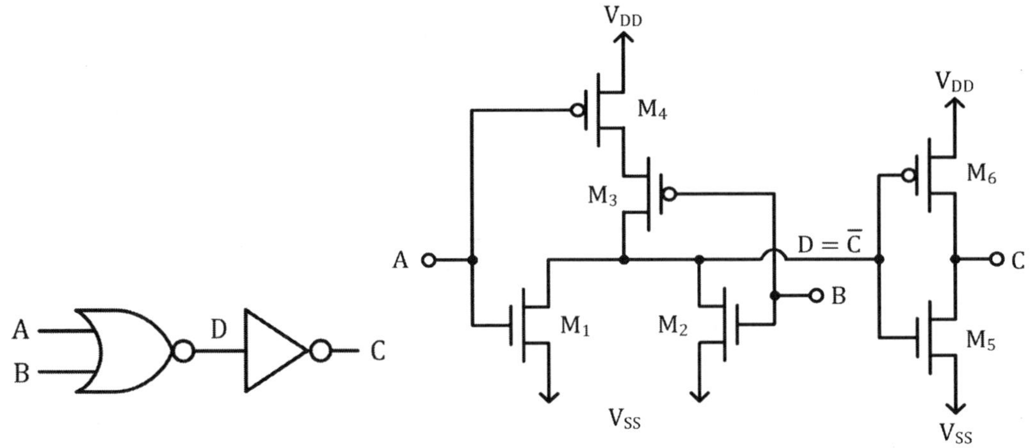

| 그림 6.44 | OR 게이트 회로도

OR 게이트 구조는 NOR 게이트(M1, M2, M3, M4)와 NOT 게이트 회로(M5, M6)의 종속 접속 연결로 구성된다. 입력 전압 신호(V_A, V_B) 또는 논리 신호(A, B)가 가해지면 NAND 출력 전압 신호(V_D)가 발생하며, V_D 신호가 NOT 게이트 회로의 입력 게이트에 가해지고, NOT 게이트 회로의 출력신호(V_C) 또는 논리 신호(C)가 나타나며, 동작원리를 살펴보면 다음과 같다.

첫째, $V_A = V_B = V_{SS}$ 이면, N-채널 트랜지스터(M1, M2)는 차단되고, P-채널 트랜지스터(M3, M4)는 도통된다. 따라서 $V_D = V_{DD}$가 되면서 NOT 게이트 회로의 입력 게이트가 가해지므로 M5는 도통, M6은 차단되어서 NOT 게이트 회로의 출력신호(V_C)는 $V_C = V_{SS}$ 또는 논리 신호(C)는 "0" 이다.

둘째, $V_A = V_{SS}$ $V_B = V_{DD}$이면, M1, M4는 차단되고, M2, M3는 도통된다. 따라서 $V_D = V_{DD}$ 가 되면서 NOT 게이트 회로의 입력 게이트가 가해지므로 M5는 도통, M6은 차단되어서 NOT 게이트 회로의 출력신호(V_C)는 $V_C = V_{SS}$ 또는 논리 신호(C)는 "0" 이다.

셋째, $V_A = V_{DD}$ $V_B = V_{SS}$이면, M1, M4는 도통되고, M2, M3는 차단된다. 따라서 $V_D = V_{DD}$가 되면서 NOT 게이트 회로의 입력 게이트가 가해지므로 M5는 도통, M6은 차단되어서 NOT 게이트 회로의 출력신호(V_C)는 $V_C = V_{SS}$ 또는 논리 신호(C)는 "0" 이다.

넷째, $V_A = V_B = V_{DD}$ 이면, N-채널 트랜지스터(M1, M2)는 도통되고, P-채널 트랜지스터(M3, M4)는 차단된다. 따라서 $V_D = V_{SS}$가 되면서 NOT 게이트 회로의 입력 게이트가 가해지므로 M5는 차단, M6는 도통되어서 NOT 게이트 회로의 출력신호(V_C)는 $V_C = V_{DD}$ 또는 논리 신호(C)는 "1" 이다.

그러므로 입력 전압 신호(V_A, V_B)과 출력 전압 신호(V_C)의 관계를 부울대수로 표시하면 (식 6.35)와 같다.

$$C = \overline{D} = A + B \tag{식 6.35}$$

OR 게이트의 동작원리는 NOR 게이트 및 NOT 게이트의 동작원리를 기반으로 해석할 수 있으며 표 6.6과 같고, 타이밍 다이어그램으로 표현하면 그림 6.45와 같다.

| 표 6.6 | OR 게이트 회로의 동작원리 및 진리표

A	B	M1	M2	M3	M4	M5	M6	D	C
0	0	OFF	OFF	ON	ON	ON	OFF	1	0
0	1	OFF	ON	OFF	ON	OFF	ON	0	1
1	0	ON	OFF	ON	OFF	ON	OFF	0	1
1	1	ON	ON	OFF	OFF	OFF	ON	0	1

진리표 6.6을 그림 6.45의 타이밍 다이어그램(Timing diagram)으로 표시할 수 있다.

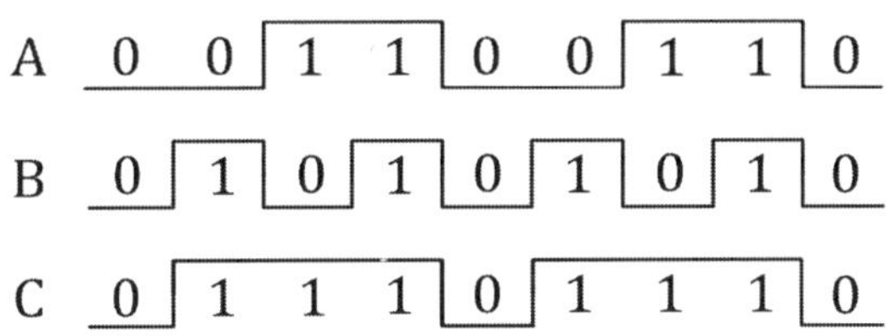

| 그림 6.45 | OR 게이트 회로의 타이밍 다이어그램

예제 6.8

그림 6.43 OR 게이트 회로에서 N-채널 트랜지스터(M1, M2, M5)의 소자 비율은 $S_1 = S_2 = S_5 = \frac{W_1}{L_1} = 10$, P-채널 트랜지스터(M3, M4, M6)의 소자 비율은 $S_3 = S_4 = S_6 = \frac{W_3}{L_3} = 20$이고, 공급전원은 3V, 부하 커패시터는 1pF, 클럭주파수는 1MHz, 문턱전압은 각각 +0.5V, −0.5V, 소자 트랜스컨덕턴스 변수는 각각 $100\mu A/V^2$, $50\mu A/V^2$, 채널길이변조 상수는 모두 0.01/V라고 가정하면 모의실험을 통해서 $C = \overline{D} = A + B$ 을 검증하고, 주어진 OR 게이트 회로의 레이아웃을 제시하라.

풀이

그림 6.43 OR 게이트 회로에 단자 번호를 지정하여서 회로 기능 검증을 위해서 다음과 같이 넷리스트를 작성한다.

```
OR GATE
VDD 1 0 DC 3V
CL C 0 1P
M1 D A 0 0 NN W=10U L=1U
M2 D B 0 0 NN W=10U L=1U
M3 D B D1 1 PP W=20U L=1U
M4 D1 A 1 1 PP W=20U L=1U
M5 C D 0 0 NN W=10U L=1U
M6 C D 1 1 PP W=20U L=1U
VA A 0 PULSE( 0 3 1U 0.1N 0.1N 1.0U 2U)
VB B 0 PULSE( 0 3 0.5U 0.1N 0.1N 0.5U 1U)
.MODEL NN NMOS(LEVEL=1 VTO=0.5 KP=100U LAMBDA=0.01 CGSO=100F
CGDO=100F CJ=100F GAMMA=0.1)
.MODEL PP PMOS(LEVEL=1 VTO=-0.5 KP=50U LAMBDA=0.01 CGSO=100F
CGDO=100F CJ=100F GAMMA=0.1)
.TRAN 0.1N 10U
.PROBE
.END
```

그림 6.46에서 입력신호 A, B 파형, NAND 게이트 출력신호는 D파형, D 파형의 NOT 게이트를 통과한 출력신호 C 파형의 모의실험 결과를 살펴보면 그림 6.45의 타이밍 다이어그램과 동일하므로 OR 게이트 기능을 확인할 수 있다.

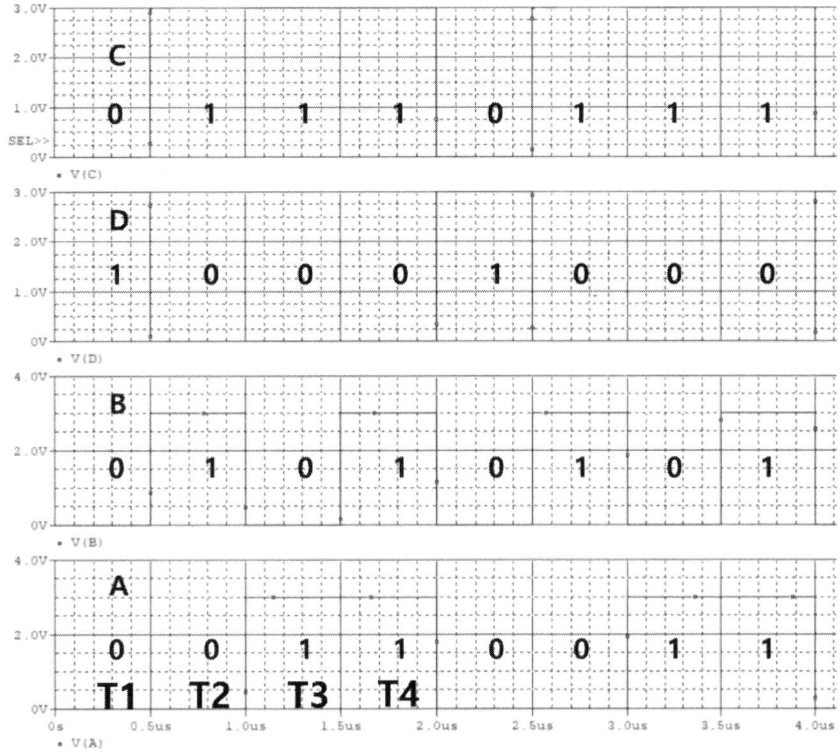

| 그림 6.46 | 입력신호 A, B, NAND 게이트 출력신호 D, OR 게이트 출력신호 C의 모의실험 결과

OR 게이트의 레이아웃 도면은 그림 6.47과 같다. M1, M2의 소스 단자는 VSS에 연결되고, M1, M2의 드레인 단자는 D 단자에 연결된다. M1, M2의 게이트 단자는 각각 입력 A, B 단자에 연결된다. M3, M4는 D 단자와 VDD 단자 사이에 직렬 연결되고 M3, M4의 게이트 단자는 각각 B, A 입력단자에 연결된다. NOT 게이트(M5, M6)의 입력 게이트 단자는 D 단자에 연결된다.

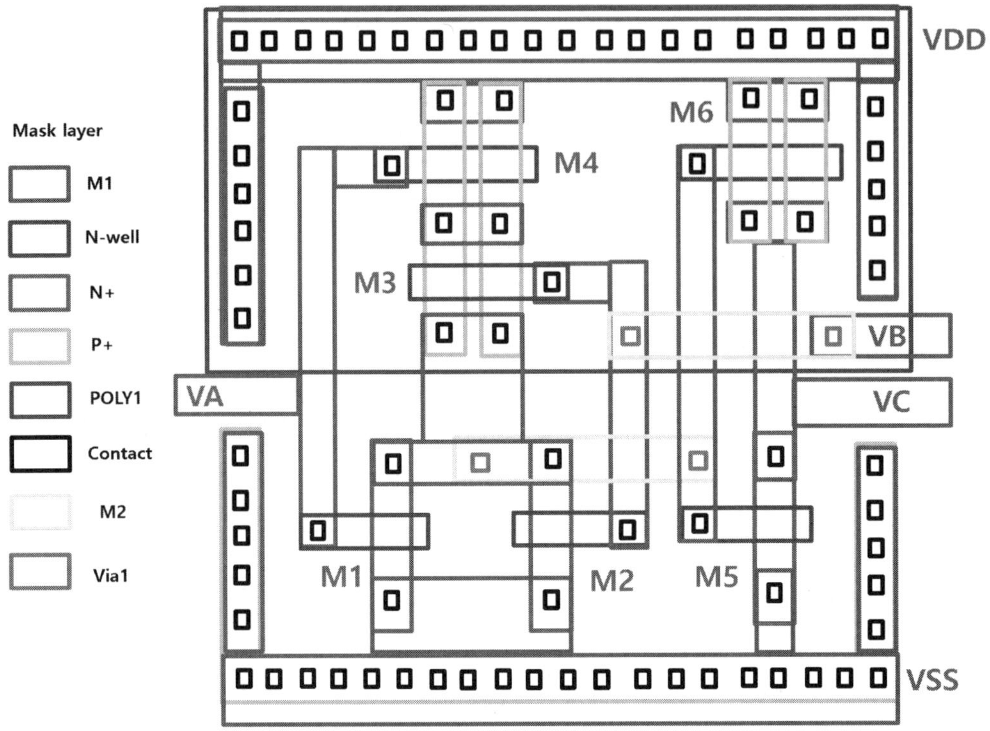

| 그림 6.47 | OR 게이트의 레이아웃 도면

6.2.8 XOR 게이트 회로

XOR 게이트는 디지털 신호의 오류를 검출하거나 교정하는데 일반적으로 사용하며, 2개 입력신호의 위상 차이 또는 주파수 차이를 검출하는데 사용한다. XOR 게이트의 회로 표기법은 그림 6.48과 같다.

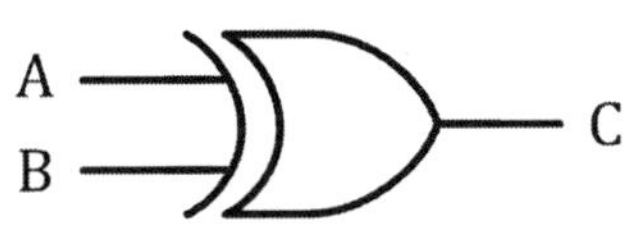

| 그림 6.48 | 2개 입력 XOR 게이트의 회로 표기법

2개 입력 XOR 게이트의 부울대수는 (식 6.36)과 같으며, (식 6.36)을 기반으로 한 진리표는 표 6.7이다.

$$C=\overline{A}\,B+A\,\overline{B}=A\oplus B \qquad \text{(식 6.36)}$$

| 표 6.7 | 2개 입력 XOR 게이트의 진리표

A	B	C
0	0	0
0	1	1
1	0	1
1	1	0

(식 6.36)의 부울대수를 구현하는 블록다이어그램을 AND 게이트와 OR 게이트로 구성된 그림 6.48로부터 시작한다. 그림 6.49에 드모르강 법칙을 적용시키면 그림 6.50과 그림 6.51이 된다. 그림 6.51을 구성하는 트랜지스터 숫자는 16개이다.

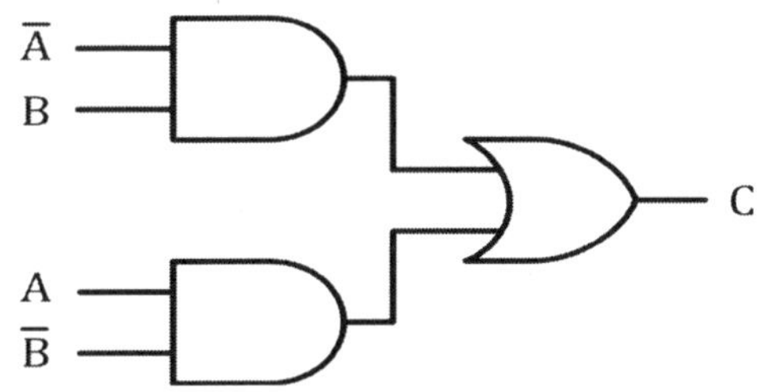

| 그림 6.49 | AND 게이트와 OR 게이트로 구성된 XOR 게이트 회로도

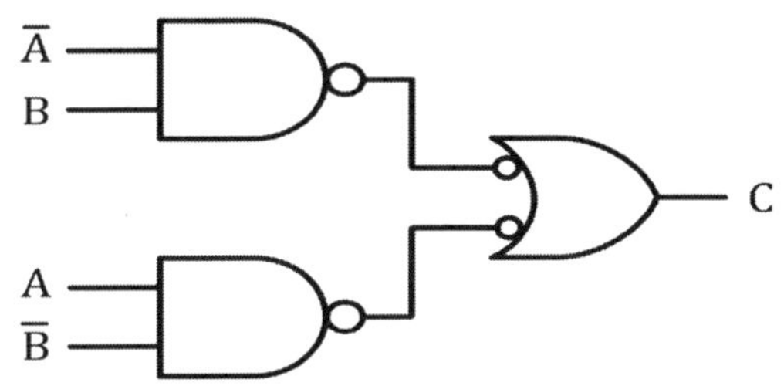

| 그림 6.50 | 드모르강 법칙을 적용한 XOR 게이트 회로도

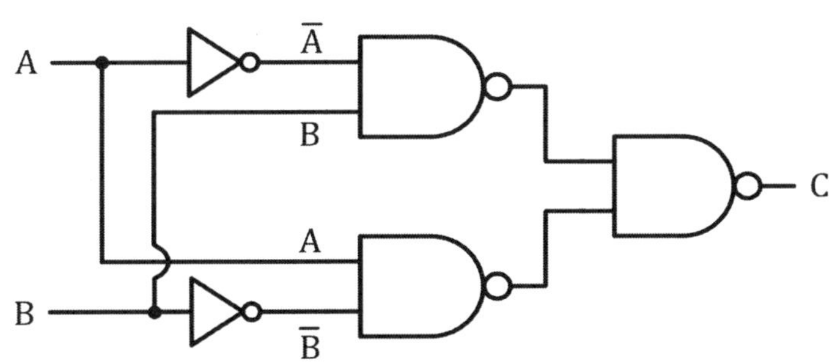

| 그림 6.51 | 드모르강 법칙을 적용한 최종 XOR 게이트 회로도

XOR 게이트를 트랜스미션 게이트를 사용해서 구현하면 그림 6.52와 같으며, 사용되는 트랜지스터 숫자는 8개이다.

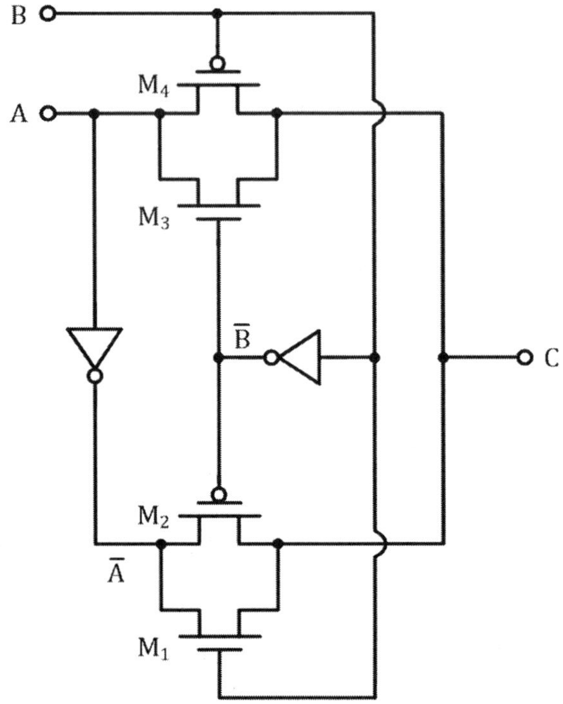

| 그림 6.52 | 트랜스미션 게이트를 사용한 XOR 게이트 회로도

예제 6.9

그림 6.51의 XOR 게이트 회로도의 넷리스트를 작성하고 모의실험을 통해서 입력 신호(A, B)의 위상 차이를 검출할 수 있는 기능을 검증하라.

풀이

그림 6.51의 XOR 게이트 회로도의 넷리스트를 작성하면 다음과 같다.

```
XOR GATE
.SUBCKT NAND A B C
VDD 1 0 DC 3V
M1 D B 0 0 NN W=10U L=1U
M2 C A D 0 NN W=10U L=1U
M3 C A 1 1 PP W=20U L=1U
M4 C B 1 1 PP W=20U L=1U
```

```
.ENDS NAND
.SUBCKT NOT A B
VDD 1 0 DC 3V
M1 B A 0 0 NN W=10U L=1U
M2 B A 1 1 PP W=20U L=1U
.ENDS NOT
X1 A AB NOT
X2 B BB NOT
X3 AB B D1 NAND
X4 A BB D2 NAND
X5 D1 D2 C NAND
VA A 0 PULSE( 0 3 1U 0.1N 0.1N 1.0U 2U)
VB B 0 PULSE( 0 3 0.7U 0.1N 0.1N 0.5U 1U)
.MODEL NN NMOS(LEVEL=1 VTO=0.5 KP=100U LAMBDA=0.01 CGSO=100F
CGDO=100F CJ=100F GAMMA=0.1)
.MODEL PP PMOS(LEVEL=1 VTO=-0.5 KP=50U LAMBDA=0.01 CGSO=100F
CGDO=100F CJ=100F GAMMA=0.1)
.TRAN 0.1N 10U
.PROBE
.END
```

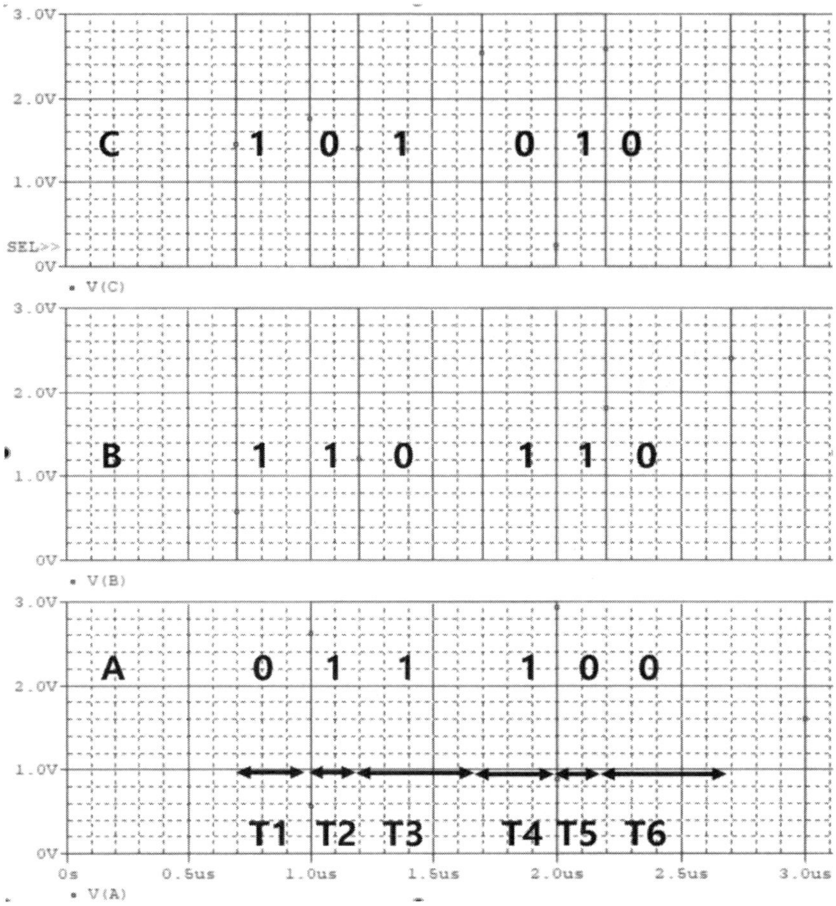

| 그림 6.53 | XOR 게이트 회로의 모의실험 결과(A, B, C)

그림 6.53 XOR 게이트 회로의 모의실험 결과(A, B, C)를 살펴보면 두 개 입력신호 A, B의 위상 차이는 시간 T1, T2, T3, T4, T5, T6에서 볼 수 있다.

첫째, 시간 T1에서 A = 0, B = 1 이므로 (식 6.36)에 의하면 C = 1 이다.

둘째, 시간 T2에서 A = 1, B = 1 이므로 (식 6.36)에 의하면 C = 0 이다.

셋째, 시간 T3에서 A= 1, B = 0 이므로 (식 6.36)에 의하면 C = 1 이다.

넷째, 시간 T4에서 A = 1, B = 1 이므로 시간 T2와 같이 (식 6.36)에 의하면 C = 0 이다.

다섯째, 시간 T5에서 A = 0, B = 1 이므로 시간 T1과 같이(식 6.36)에 의하면 C = 1 이다.

여섯째, 시간 T6에서 A = 0, B = 0 이므로 (식 6.36)에 의하면 C = 0 이다.

위 6가지 경우를 요약하면 표 6.8 2개 입력 XOR 게이트의 진리표와 같다.

| 표 6.8 | 2개 입력 XOR 게이트의 6개 시간에 대한 모의실험 결과 요약표

Time	A	B	$C=\overline{A}B+A\overline{B}$
T1	0	1	1
T2	1	1	0
T3	1	0	1
T4	1	1	0
T5	0	1	1
T6	0	0	0

6.3 기본 플립플롭 회로

플립플롭 회로는 데이터를 기억 처리하는 회로이며, 클록신호를 기반으로 동작한다. 플립플롭회로에서 가장 기본적인 플립플롭 회로는 S-R 플립플롭 회로이며, S-R 플립플롭 회로를 기반으로 한 D-플립플롭 회로, J-K 플립플롭 회로, T 플립플롭 회로 등이 있는데, 본 절에서는 S-R 플립플롭 회로, S-R 플립플롭 회로를 기반으로 한 D-플립플롭 회로를 중점적으로 다루기로 한다. J-K 플립플롭 회로 및 T 플립플롭 회로는 회로 기능 및 동작원리를 소개한다.

6.3.1 S-R 플립플롭 회로

S-R 플립플롭 회로의 표기법은 그림 6.54와 같으며, 입력 단자는 S(Set), R(Reset), 출력 단자는 Q, $\overline{Q}$ 이다. 그림 6.54는 NAND 게이트를 사용한 S-R 플립플롭의 회로도로서, 입력 신호 $\overline{S}$ 또는 $\overline{R}$가 "0"(Low)일 때 각각 Set 또는 Reset이 됨에 주의한다. 그림 6.56은 NOR 게이트를 사용한 S-R 플립플롭의 회로도로서, 입력 신호 S 또는 R이 "1"(HIGH)일 때 각각 Set 또는 Reset 된다. S-R 플립플롭 회로의 기능을 나타내는 진리표는 표 6.9와 같다.

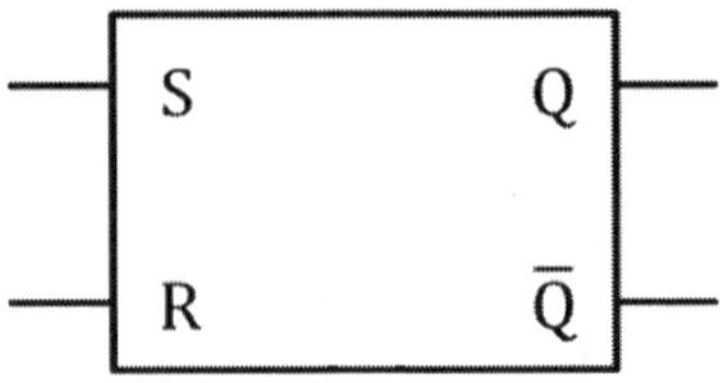

| 그림 6.54 | S-R 플립플롭 회로의 표기법

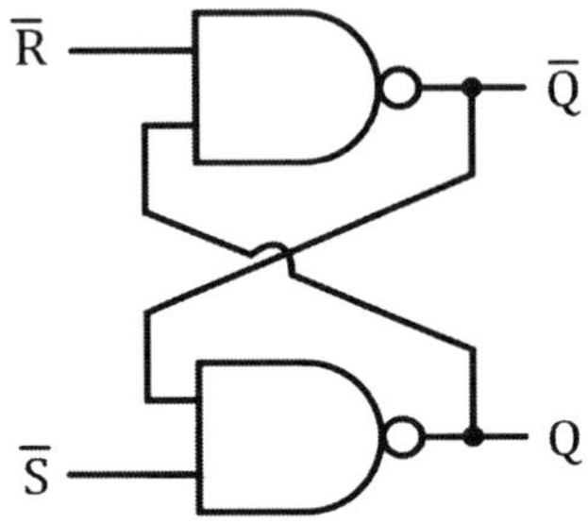

| 그림 6.55 | NAND 게이트를 사용한 S-R 플립플롭 회로도

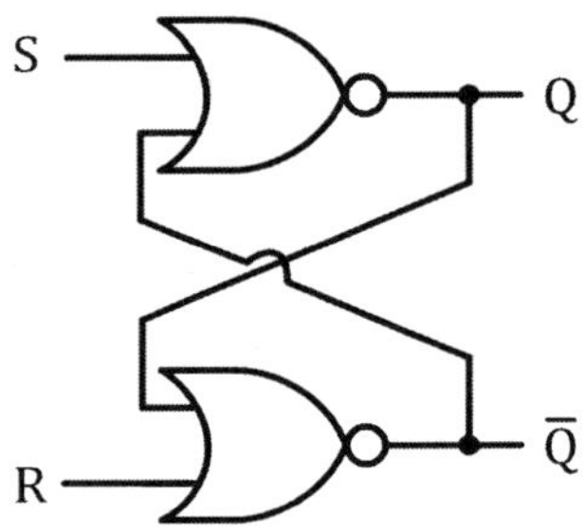

| 그림 6.56 | NOR 게이트를 사용한 S-R 플립플롭 회로도

| 표 6.9 | S-R 플립플롭 회로의 진리표

S	R	$Q(t+1)$	$\overline{Q(t+1)}$
0	0	$Q(t)$	$\overline{Q(t)}$
0	1	0	1
1	0	1	0
1	1	알 수 없음(unkown)	알 수 없음(unkown)

진리표 6.9에 따르면 S-R 플립플롭 회로는 네 가지 동작 영역으로 구분된다. 첫째, S = R = 0인 경우, 출력 단자 $Q(t+1)$, $\overline{Q(t+1)}$의 상태는 이전 데이터 상태($Q(t)$, $\overline{Q(t)}$)를 기억한다. 둘째, S = 1, R = 0인 경우(입력신호 S가 "1"이 된 경우) $Q(t+1)=1$, $\overline{Q(t+1)}=0$

이며, 셋째, S = 0, R = 1인 경우(입력신호 R이 "1"이 된 경우), $Q(t+1)=0$, $\overline{Q(t+1)}=1$ 이며, 넷째, S = R = 1인 경우, 출력 단자 $Q(t+1)$, $\overline{Q(t+1)}$의 상태는 알 수 없으므로 사용해서는 안 되는 동작 영역이다.

그림 6.55 및 6.56 회로에서 클럭신호(CLK)를 포함시키면 클럭신호를 기반으로 한 S-R 플립플롭회로가 되며, 회로도는 그림 6.57 및 6.58과 같다. 클럭신호(CLK)가 "1" 일 때, 입력신호 S, R 신호가 플립플롭회로에 인가되어서 S1 = S × CLK , R1 = R × CLK이 되므로 S-R 플립플롭 회로가 동작하게 된다. 클럭신호(CLK)가 "0" 일 때는 S-R 플립플롭회로의 입력단자(S1, R1)은 모두 "0"이 되므로 S-R 플립플롭회로의 현재 상태 ($Q(t)$, $\overline{Q(t)}$)를 유지한다.

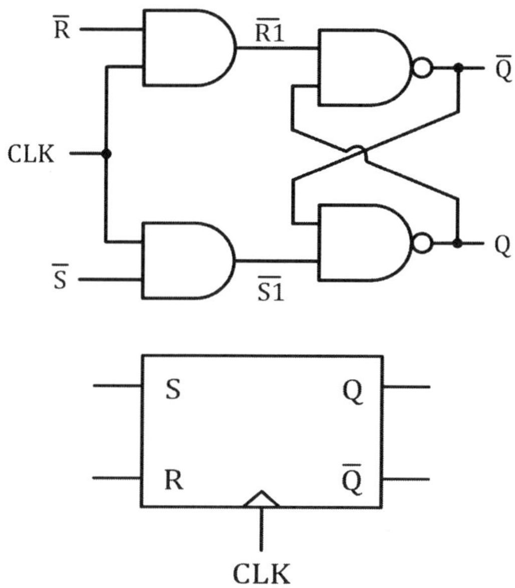

| 그림 6.57 | 클럭신호 및 NAND 게이트를 사용한 S-R 플립플롭 회로도

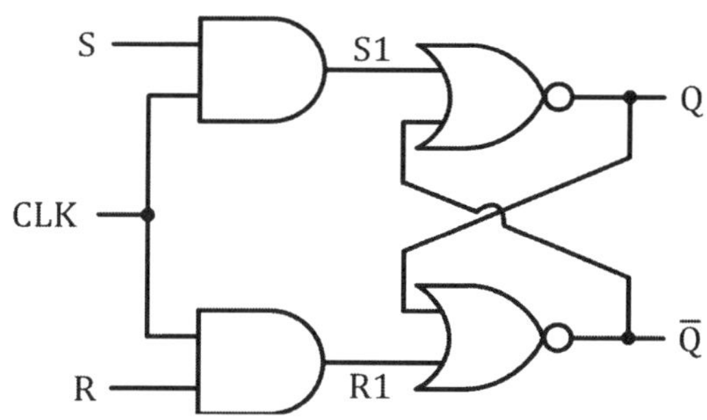

| 그림 6.58 | 클럭신호 및 NOR 게이트를 사용한 S-R 플립플롭 회로도

6.3.2 D 플립플롭 회로

S-R 플립플롭 회로의 네 번째 동작 영역을 제외시키면서 데이터를 기억하고, 데이터를 이동시키기 위해서 D 플립플롭을 사용하는데 D 플립플롭 표기법 및 회로도는 그림 6.59 및 6.60과 같으며 진리표는 표 6.10과 같다.

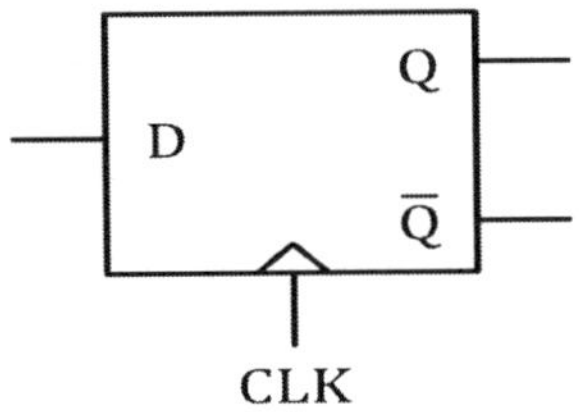

| 그림 6.59 | D 플립플롭 표기법

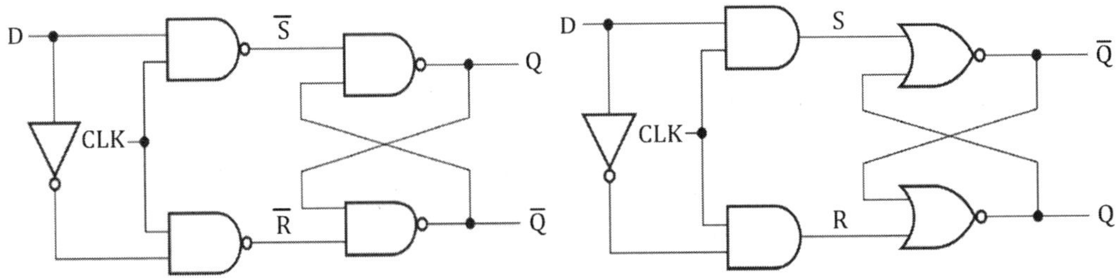

(a) NANO 게이트를 사용한 경우

(b) NOR 게이트를 사용한 경우

| 그림 6.60 | 클럭신호를 기반으로 한 D 플립플롭 회로도

그림 6.60에 제시된 D 플립플롭 회로는 S-R 플립플롭 회로에 클럭신호에 의한 활성화 제어 기능을 추가한 것이다. NOR 게이트를 사용한 경우(그림의 (b)), 입력신호 D는 클럭신호(CLK)와 함께 AND 게이트를 통과하기 때문에 CLK=1인 구간에서는 $S= D$, $R= \overline{D}$가 S-R 플립플롭에 가해진다. 따라서 S = R = 1인 경우가 근본적으로 배제되어서 모호함 없이 안정적으로 동작한다. 한편, D = 0, CLK = 1인 경우, D = D1 = S = 0, D1B = R = 1이므로 $Q(t) = 0$, $\overline{Q(t)} = 1$이 된다. D = 1, CLK = 1인 경우, D = D1 = S = 1, D1B = R = 0이므로 $Q(t) = 1$, $\overline{Q(t)} = 0$이 된다. 클럭신호(CLK)가 "0"일 때는 S-R 플립플롭회로의 입력단자 두 개는 동시에 "0"이 되므로 D 플립플롭회로의 현재 상태($Q(t)$, $\overline{Q(t)}$)를 유지한다.

| 표 6.10 | D 플립플롭 회로의 진리표

D	$Q(t+1)$	$\overline{Q(t+1)}$
0	0	1
1	1	0

예제 6.10 그림 6.60의 클럭신호(CLK), 입력신호(D), NAND 게이트를 기반으로 한 D 플립플롭회로 기능을 모의실험을 통해서 검증하라.

풀이

그림 6.60의 NAND 게이트 및 클럭신호를 기반으로 한 D 플립플롭회로 넷리스트는 다음과 같다.

```
D FLIP-FLOP-NAND GATE
.SUBCKT NAND A B C
VDD 1 0 DC 3V
M1 D B 0 0 NN W=10U L=1U
M2 C A D 0 NN W=10U L=1U
M3 C A 1 1 PP W=20U L=1U
M4 C B 1 1 PP W=20U L=1U
.ENDS NAND
.SUBCKT NOT A B
VDD 1 0 DC 3V
M1 B A 0 0 NN W=10U L=1U
M2 B A 1 1 PP W=20U L=1U
.ENDS NOT
X1 D DB NOT
X2 D CLK SB NAND
X3 DB CLK RB NAND
X4 SB QB Q NAND
X5 RB Q QB NAND
VD D 0 PULSE( 0 3 0.1U 0.1N 0.1N 0.53U 1.06U)
VCLK CLK 0 PULSE( 0 3 1U 0.1N 0.1N 1.0U 2U)
.MODEL NN NMOS(LEVEL=1 VTO=0.5 KP=100U LAMBDA=0.01 CGSO=100F
CGDO=100F CJ=100F GAMMA=0.1)
.MODEL PP PMOS(LEVEL=1 VTO=-0.5 KP=50U LAMBDA=0.01 CGSO=100F
CGDO=100F CJ=100F GAMMA=0.1)
.TRAN 0.1N 10U
.PROBE
.END
```

모의실험 결과 클럭신호(CLK)가 "1"인 구간에서 출력신호 Q는 데이터(D) 신호를 그대로 따라가고 클럭신호(CLK)가 "0"이 되면 직전의 값을 유지함을 그림 6.61에서 확인할 수 있다.

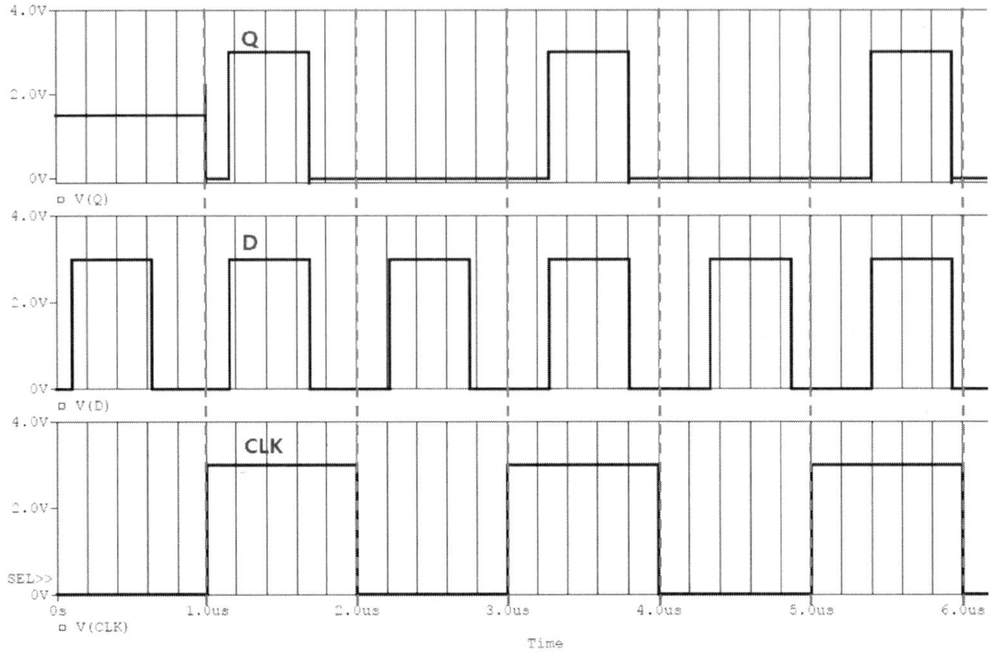

| 그림 6.61 | 클럭신호 및 NAND 게이트를 기반으로 한 D 플립플롭 회로의 모의실험 결과

그림 6.60에 제시된 D 플립플롭 회로에서 NAND 게이트 대신에 NOR 게이트로 대체하여도 동일한 모의실험 결과를 얻을 수 있다. 다음은 NOR 게이트를 기반으로 한 D 플립플롭 회로의 넷 리스트와 모의실험 결과(그림 6.62)이다. 아래의 넷 리스트에서 AND 게이트는 NAND 게이트와 NOT 게이트의 연결로 표현되어 있음에 주의한다. 그림 6.62 모의실험 결과도 그림 6.61과 동일하게 클럭신호(CLK)가 "1"인 구간에서 출력신호 Q는 데이터(D) 신호를 그대로 따라가고 클럭신호(CLK)가 "0"이 되면 직전의 값을 유지함을 알 수 있다.

```
D FLIP-FLOP-NOR GATE
.SUBCKT NAND A B C
VDD 1 0 DC 3V
M1 D B 0 0 NN W=10U L=1U
M2 C A D 0 NN W=10U L=1U
M3 C A 1 1 PP W=20U L=1U
M4 C B 1 1 PP W=20U L=1U
.ENDS NAND
.SUBCKT NOR A B C
```

```
VDD 1 0 DC 3V
M1 C A 0 0 NN W=10U L=1U
M2 C B 0 0 NN W=10U L=1U
M3 C B D 1 PP W=20U L=1U
M4 D A 1 1 PP W=20U L=1U
.ENDS NOR
.SUBCKT NOT A B
VDD 1 0 DC 3V
M1 B A 0 0 NN W=10U L=1U
M2 B A 1 1 PP W=20U L=1U
.ENDS NOT
X1 D DB NOT
X2 D CLK SB NAND
X3 DB CLK RB NAND
X4 SB S NOT
X5 RB R NOT
X6 S Q QB NOR
X7 R RB Q NOR
VD D 0 PULSE( 0 3 0.1U 0.1N 0.1N 0.53U 1.06U)
VCLK CLK 0 PULSE( 0 3 1U 0.1N 0.1N 1.0U 2U)
.MODEL NN NMOS(LEVEL=1 VTO=0.5 KP=100U LAMBDA=0.01 CGSO=100F
CGDO=100F CJ=100F GAMMA=0.1)
.MODEL PP PMOS(LEVEL=1 VTO=-0.5 KP=50U LAMBDA=0.01 CGSO=100F
CGDO=100F CJ=100F GAMMA=0.1)
.TRAN 0.1N 10U
.PROBE
.END
```

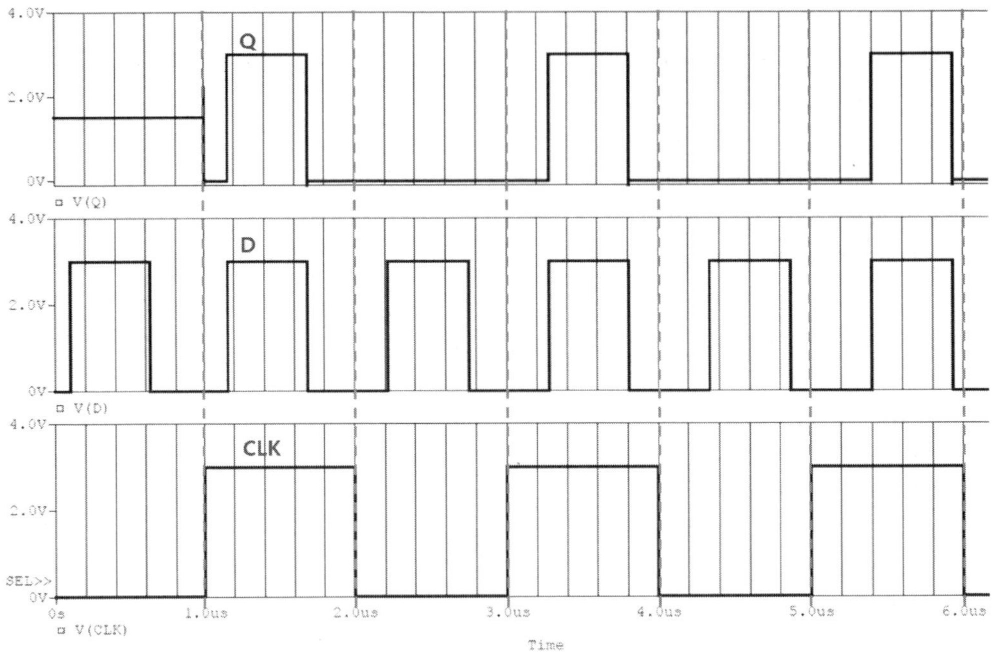

| 그림 6.62 | 클럭신호 및 NOR 게이트를 기반으로 한 D 플립플롭 회로의 모의실험 결과

D 플립플롭 회로는 그림 6.63과 같이 트랜스미션 게이트를 사용해서 구현할 수도 있다.

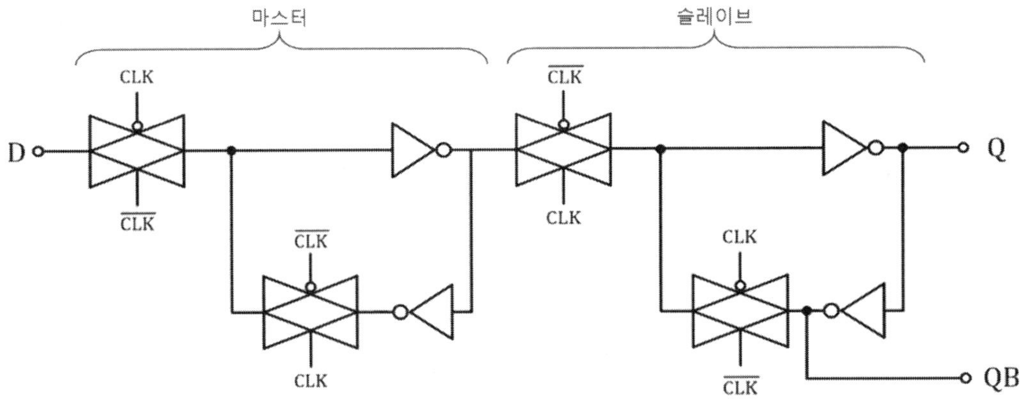

| 그림 6.63 | 트랜스미션 게이트를 사용한 D 플립플롭 회로도

트랜스미션 게이트를 이용한 D 플립플롭 회로는 2개의 트랜스미션 게이트와 2개의 NOT 게이트로 구성된 회로가 순차적으로 연결되어 있다. 전반부 회로와 후반부 회로를 각각 마스터와 슬레이브라고 지칭할 때, 마스터와 슬레이브를 제어하는 클럭 신호의 위상이 서로 반대로 되어 있음에 주의한다. CLK이 "0"인 동안 마스터의 입력 쪽 트랜스미션 게이트는 입력 데이터(D)를 통과시키고 CLK이 "1"이 되면 입력 데이터(D)의 변화가 마스터의 출력에 영향을 못 미치지만 기존의 마스터 출력이 슬레이브의 입력으로 전달되어

최종 출력에 나타난다. 즉, CLK이 “0”인 동안의 신호가 CLK이 “1”이 될 때 최종 출력으로 나타나고 입력데이터(D)의 변화에 관계없이 보존되므로 상승 엣지에서 트리거되는 D 플립플롭으로 동작하는 것이다.

예제 6.11 그림 6.63의 트랜스미션 게이트 기반 D 플립플롭회로의 기능을 모의실험을 통해서 검증하라.

풀이

그림 6.63의 트랜스미션 게이트 기반 D 플립플롭회로의 넷리스트는 다음과 같다.

```
D FLIP FLOP BASED ON TG AND INVERTER
.SUBCKT NOT A B
VDD 1 0 DC 3V
M1 B A 0 0 NN W=10U L=1U
M2 B A 1 1 PP W=20U L=1U
.ENDS NOT
.SUBCKT TG IN OUT SW SWB
VDD 1 0 DC 3V
MP IN SWB OUT 1 PP W=20U L=1U
MN IN SW OUT 0 NN W=10U L=1U
.ENDS
.SUBCKT DFF D Q QB CLK
VDD 1 0 DC 3V
XT1 D D1 CLKB CLK TG
XINV1 D1 QMB NOT
XINV2 QMB QM1 NOT
XT2 QM1 D1 CLK CLKB TG
XT3 QMB QM CLK CLKB TG
XINV3 QM Q NOT
XINV4 Q QB NOT
XT4 QB QM CLKB CLK TG
XINVCLK CLK CLKB NOT
.ENDS
X1 D Q QB CLK DFF
VD D 0 PULSE(0 3 0.01U 0.1N 0.1N 0.43U 0.86U)
VCLK CLK 0 PULSE(0 3 0.5U 0.1N 0.1N 1.0U 2U)
```

```
.MODEL NN NMOS(LEVEL=1 VTO=0.5 KP=100U LAMBDA=0.01 CGSO=100F
CGDO=100F CJ=100F GAMMA=0.1)
.MODEL PP PMOS(LEVEL=1 VTO=-0.5 KP=50U LAMBDA=0.01 CGSO=100F
CGDO=100F CJ=100F GAMMA=0.1)
.TRAN 1N 10U
.PROBE
.END
```

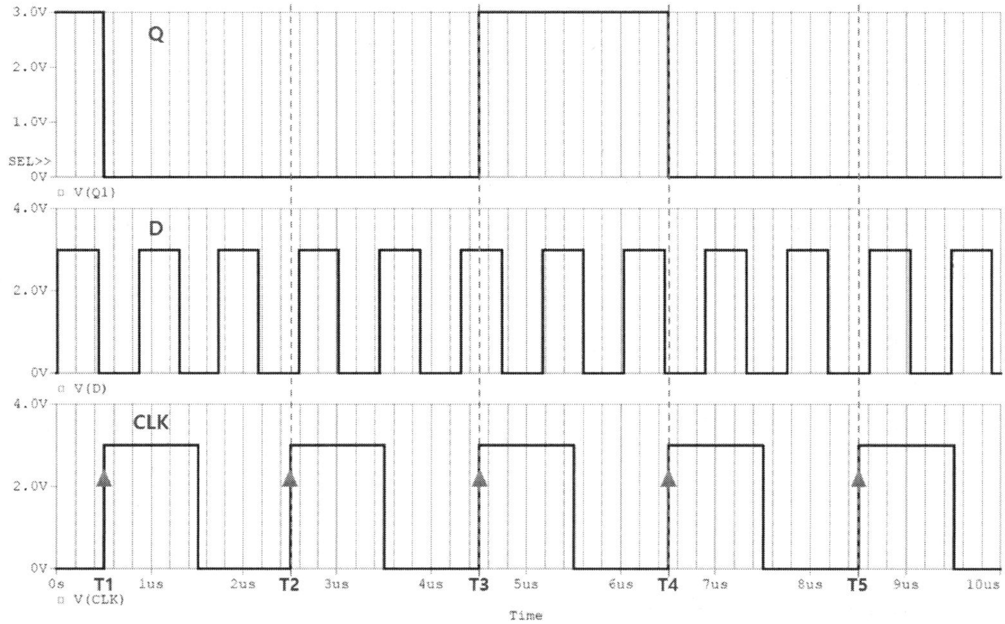

| 그림 6.64 | 트랜스미션 게이트를 기반으로 한 D 플립플롭회로 모의실험 결과

클럭신호 T1, T2, T4 시간에서 데이터(D)가 "0" 일 때, D 플립플롭회로의 출력 신호 Q는 지연시간을 가지면서 "0" 신호를 나타낸다. 또한 클럭신호 T3 시간에서는 데이터 (D)가 "1"이고, D 플립플롭회로의 출력 신호 Q는 지연시간을 가지면서 "1" 신호를 나타내므로 클럭의 상승 에지에서 트리거되는 D 플립플롭 회로 기능을 하고 있음을 확인할 수 있다.

6.4 래치 회로

래치 회로(latch circuit)는 플립플롭 회로와 다르게 클럭신호를 기반으로 하지 않은 기억 회로로서 정귀환(positive feedback)을 이용한 회로이다. 래치 회로 종류에는 그림 6.65의 N-채널 트랜지스터를 기반으로 한 래치 회로와 그림 6.66의 P-채널 트랜지스터를 기반으로 한 래치 회로가 있다.

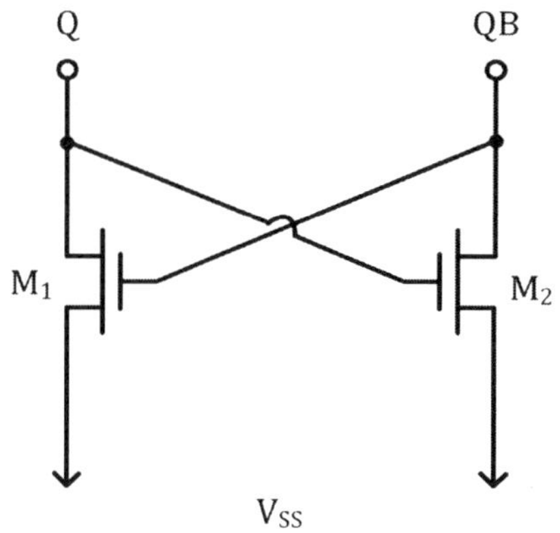

| 그림 6.65 | N-채널 트랜지스터를 기반으로 한 래치 회로

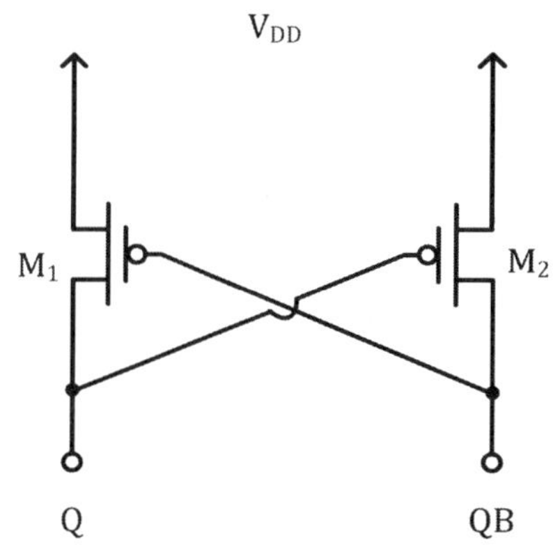

| 그림 6.66 | P-채널 트랜지스터를 기반으로 한 래치 회로

그림 6.65의 N-채널 래치 회로 구조를 살펴보면 M1 트랜지스터의 게이트 단자와 M2 트랜지스터의 드레인 단자가 연결되어 있고, M2 트랜지스터의 게이트 단자와 M1 트랜지스터의 드레인 단자가 연결되어 있다. 만약 M1 게이트 단자 신호가 "1" 이어서 M1이 도통되면 M1의 드레인 단자 신호(Q)는 "0"에 가까우므로 M1의 드레인 단자가 M2의 게이트 단자에 연결되어 있어서 M2는 차단되고 M2의 드레인 단자 신호(QB)는 "1"가 된다. 외부 신호가

없는 한, 이러한 기억상태는 그대로 유지된다. 그림 6.66의 P-채널 래치회로 구조를 살펴보면 M1 트랜지스터의 게이트 단자와 M2 트랜지스터의 드레인 단자가 연결되어 있고, M2 트랜지스터의 게이트 단자와 M1 트랜지스터의 드레인 단자가 연결되어 있다. 만약 M1 게이트 단자 신호가 "0" 이어서 M1이 도통되면서 M1의 드레인 단자 신호(Q)는 "1"에 가까우므로 M1의 드레인 단자가 M2의 게이트 단자에 연결되어 있어서 M2는 차단되고 M2의 드레인 단자 신호(QB)는 "0"이 된다. 외부 신호가 없는 한, 이러한 기억상태는 그대로 유지된다.

6.5 고속 래치 비교기 회로

비교기(comparator) 회로는 두 개의 입력 신호를 서로 비교하고, 비교 결과에 따라서 비교기 출력 신호는 "1" 또는 "0" 이 되며, 일반적 비교기는 두 개의 입력 단자(+, −), 한 개 출력 단자(+ 또는 두 개 출력 단자(+, −)로 되어 있으며, 표기법(입력 단자: VIN+와 VIN−, 출력단자: VOUT+, VOUT−)은 그림 6.67, 6.68과 같다. 비교기 회로는 두 개의 입력 신호를 서로 비교할 때 클럭 신호 없이 비교하는 저속(low speed) 비교기와 클럭신호를 기반으로 비교하는 고속(high speed) 비교기가 있다.

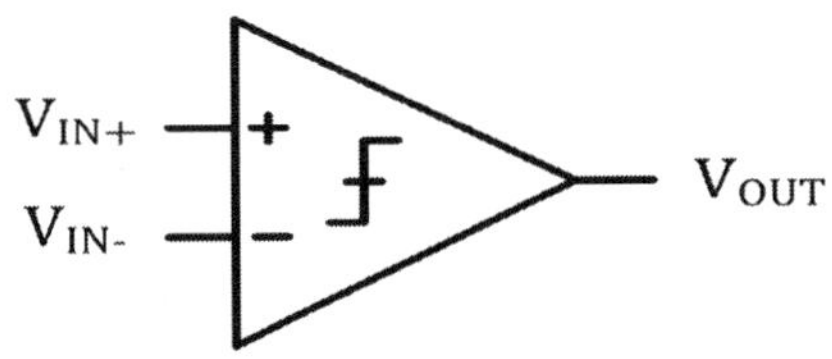

| 그림 6.67 | 두 개의 입력 단자(+. −), 한 개 출력 단자(+) 저속 비교기 표기법

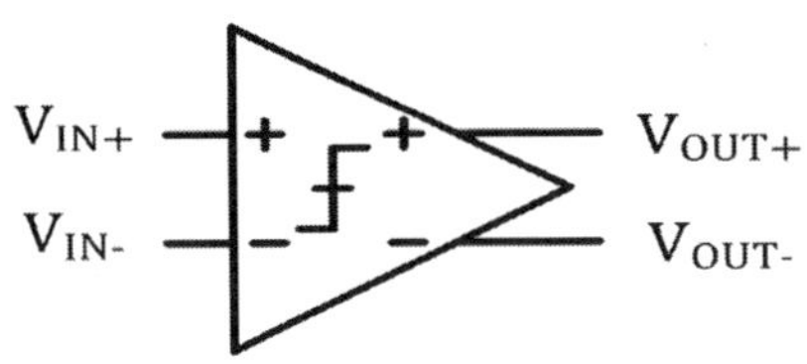

| 그림 6.68 | 두 개의 입력 단자(+. −), 두 개 출력 단자(+, −) 저속 비교기 표기법

그림 6.67 저속 비교기의 경우, 입력 VIN+ 신호가 입력 VIN− 신호 보다 크면 출력 VOUT 신호는 "1" 이 되며, 반대로 입력 VIN+ 신호가 입력 VIN− 신호 보다 작으면 "0" 이 된다. 이러한 비교기 전달 특성 곡선은 그림 6.69와 같다.

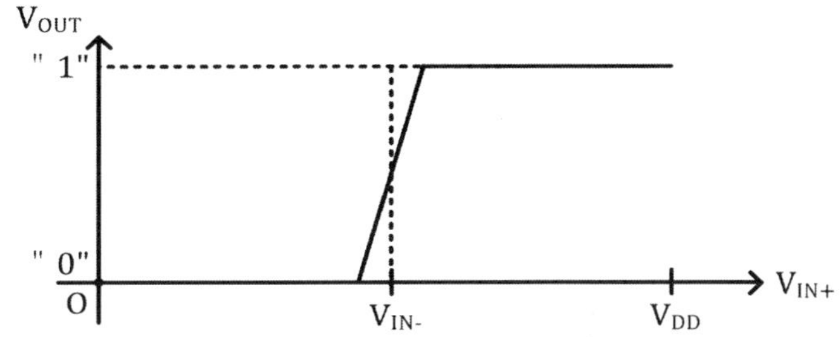

| 그림 6.69 | 두 개의 입력 단자(+. –), 한 개 출력 단자(+)를 가진 저속 비교기의 전달 특성 곡선

그림 6.68 비교기의 경우, 입력 VIN+ 신호가 입력 VIN– 신호 보다 크면 출력 VOUT+ 신호는 "1" 이 되며, 출력 VOUT– 신호는 "0"이 된다. 반면에 입력 VIN+ 신호가 입력 VIN – 신호 보다 작으면 출력 VOUT+ 신호는 "0"이 되며, 출력 VOUT– 신호는 "1"이 된다. 이러한 비교기 전달 특성 곡선은 그림 6.70과 같다.

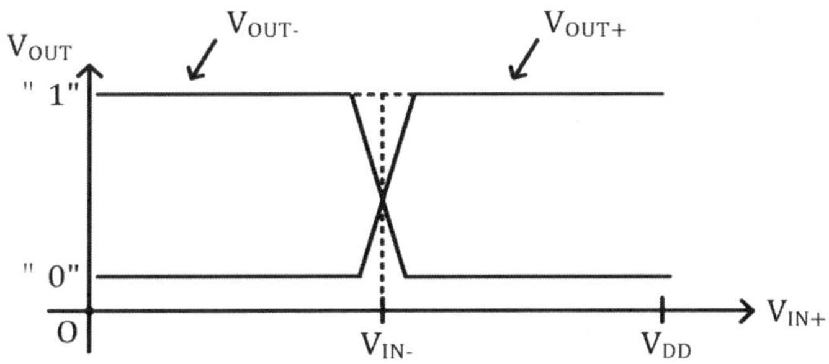

| 그림 6.70 | 두 개의 입력 단자(+. –), 두 개 출력 단자(+, –)를 가진 저속 비교기의 전달 특성 곡선

6.1절의 기본 스위치 회로, 6.2절의 NOT 게이트 회로, 6.4절의 래치 회로를 이용한 래치 비교기 회로들의 종류는 매우 다양하다. 본 절에서는 간단하면서도 고속 동작을 하는 래치 비교기 회로를 소개하고, 동작원리를 살펴보기로 한다.

그림 6.71은 고속 래치 비교기 회로도의 표기법이며, 그림 6.72는 고속 래치 비교기 회로도이다. N-채널 래치(M2, M3), P-채널 래치(M7, M8), 기본 스위치(M1, M4, M5, M6, M9, M10), NOT 게이트 회로로 구성된다. 입력단자는 A와 B, 출력단자는 Q와 QB 이고, 클럭 신호(CLK)에 의해서 래치 비교기는 두 가지 영역(리셋 모드, 비교 모드)에서 동작하게 된다.

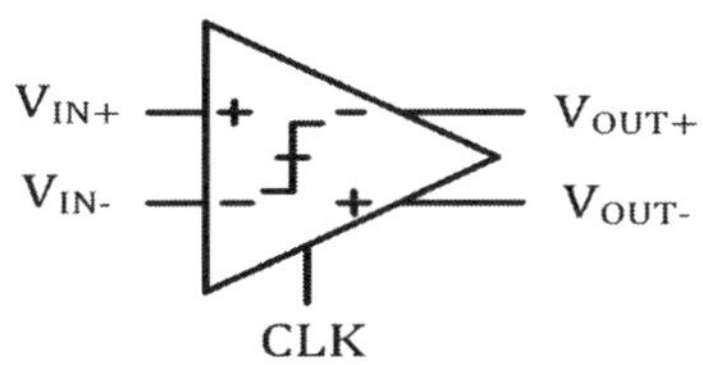

| 그림 6.71 | 고속 래치 비교기 회로 표기법

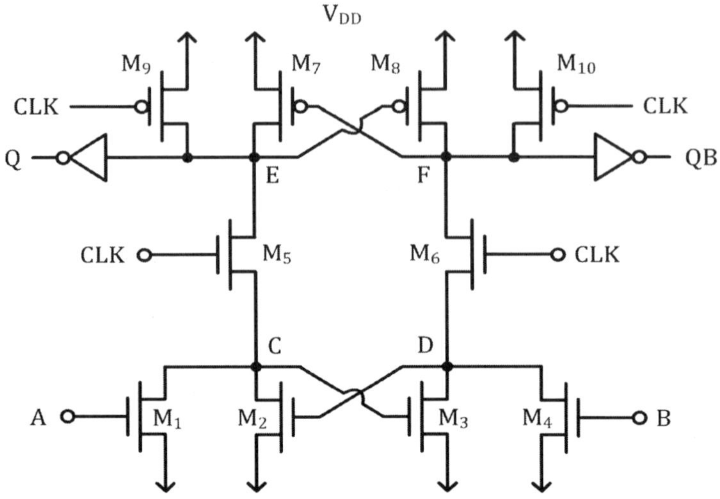

| 그림 6.72 | 고속 래치 비교기 회로도

첫째, 클럭신호가 CLK = "0" 이면, M9, M10 트랜지스터가 도통이 되고, 출력단자 Q, QB는 모두 "0"이 되어서 리셋(reset) 모드가 된다. 즉, 입력신호가 들어오더라도 비교기는 비교하지 않고 두 개 출력신호는 모두 "0"이 된다.

둘째, 클럭신호가 CLK = "1" 이면, M9, M10 트랜지스터가 차단되고, M5, M6 트랜지스터가 도통해서 입력 신호를 비교 처리할 수 있으므로 비교(comparison) 모드에서 동작한다. 예를 들어서 A = "1", B ="0" 이면 , M1은 도통(ON)되므로 C 단자가 "0"이 되고, C 단자가 M3의 게이트에 연결되어 있으므로 M3가 차단(OFF) 된다. M4 는 차단이므로 D 단자는 "1" 이 된다. D단자가 "1"이므로 M2는 도통되어서 M2-M3 래치회로가 동작하는 것을 확인할 수 있다. C 단자와 E 단자가 M5 스위치(ON)를 통해서 연결되어 있기 때문에 E 단자도 "0"이 된다. D 단자와 F 단자가 M6 스위치(OFF)를 통해서 연결되어 있기 때문에 F 단자는 "1"이 된다. E 단자가 "0" 이므로 M8은 도통(ON)되고, F 단자는 "1"이 된다. F 단자가 "1" 이므로 M7은 차단(OFF)되고, E 단자는 "0"이 되므로 M7-M8 래치회로가 동작하는 것을 확인할 수 있다. E = "0", F = "1" 신호가 NOT 게이트 회로를 거치면 각각 Q = "1", QB = "0"이 되어서 비교 모드 동작이 완료된다. A = "0", B = "1" 이면 동일한 스위치 동작을 통해서 Q = "0", QB = "1"이 되는 것을 확인할 수 있다.

표 6.11은 CLK = "1"인 경우 M5, M6는 도통(ON), M9, M10은 차단(OFF)이고, 비교 모드의 고속 비교기내 각 트랜지스터의 상태 및 진리표를 나타낸다.

| 표 6.11 | 고속 비교기내 각 트랜지스터의 상태 및 진리표

A	B	M1	M2	M3	M4	M7	M8	Q	QB
0	1	OFF	OFF	ON	ON	ON	OFF	0	1
1	0	ON	ON	OFF	OFF	OFF	ON	1	0

예제 6.12 그림 6.72의 클럭신호(CLK), 입력신호(A, B), 래치 회로를 기반으로 한 고속 비교기의 기능을 모의실험을 통해서 검증하라.

풀이

그림 6.72의 클럭신호(CLK), 입력신호(A, B), 래치 회로를 기반으로 한 고속 비교기의 넷리스트는 다음과 같다.

```
LATCH COMPARATOR
.SUBCKT NOT A B
VDD 1 0 DC 3V
M1 B A 0 0 NN W=10U L=1U
M2 B A 1 1 PP W=20U L=1U
.ENDS NOT
VDD 1 0 DC 3
M1 C A 0 0 NN W=10U L=1U
M2 C D 0 0 NN W=10U L=1U
M3 D C 0 0 NN W=10U L=1U
M4 D B 0 0 NN W=10U L=1U
M5 E CLK C 0 NN W=10U L=1U
M6 F CLK D 0 NN W=10U L=1U
M7 E F 1 1 PP W=20U L=1U
M8 F E 1 1 PP W=20U L=1U
M9 E CLK 1 1 PP W=20U L=1U
M10 F CLK 1 1 PP W=20U L=1U
X1 E Q NOT
X2 F QB NOT
VD1 A 0 PULSE( 0 3 0.1U 0.1N 0.1N 0.5U 2U)
VD2 B 0 PULSE( 0 3 1U 0.1N 0.1N 0.2U 2U)
VCLK CLK 0 PULSE( 0 3 0.01U 0.1N 0.1N 0.1U 0.2U)
.MODEL NN NMOS(LEVEL=1 VTO=0.5 KP=100U LAMBDA=0.01 CGSO=100F
```

```
CGDO = 100F  CJ = 100F  GAMMA = 0.1)
.MODEL  PP  PMOS(LEVEL=1  VTO =-0.5  KP = 50U  LAMBDA = 0.01  CGSO = 100F
CGDO = 100F  CJ = 100F  GAMMA = 0.1)
.TRAN  0.1N  20U
.PROBE
.END
```

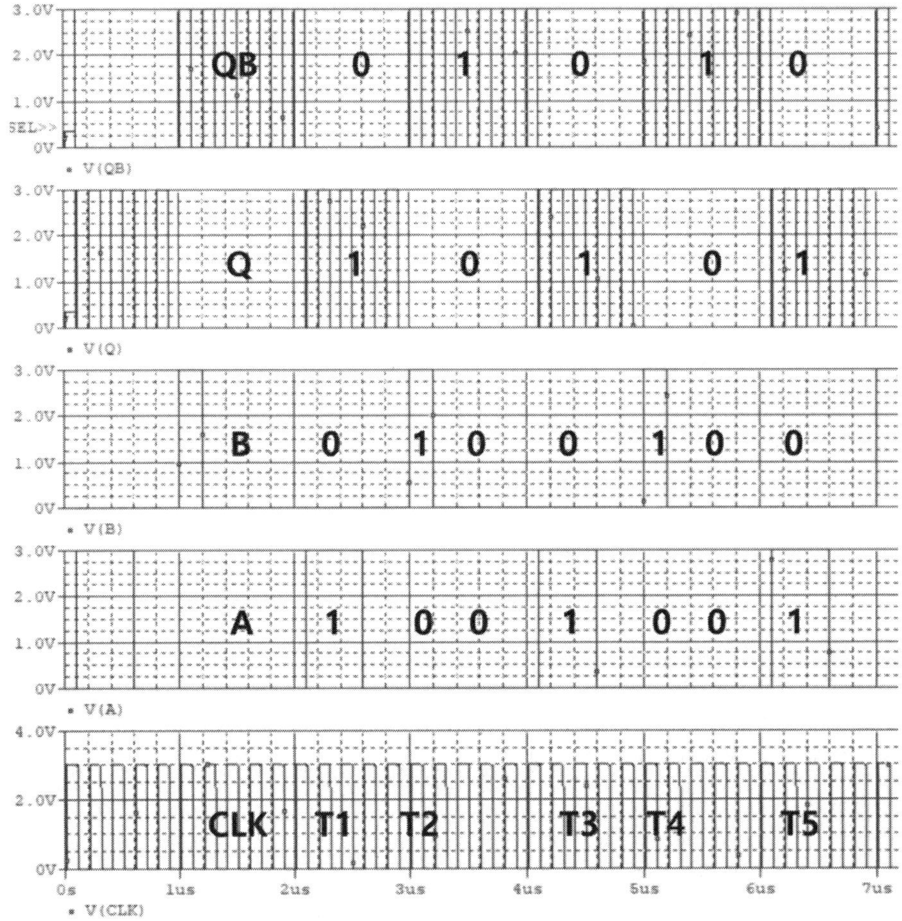

| 그림 6.73 | 클럭신호(CLK), 입력신호(A, B), 래치 회로를 기반으로 한 고속 비교기의 모의실험 결과

시간 T1, T3, T5에서 A = 1, B = 0 이므로 Q = 1, QB = 0 이다. 시간 T2, T4에서 A = 0, B = 1 이므로 Q = 0, QB = 1 이다. 따라서 비교기가 잘 동작하는 것을 확인할 수 있다.

6.6 반도체 기본 증폭기 회로

본 절에서는 증폭기(amplifier)의 필요성, 구조 및 동작 원리, 증폭기의 종류를 먼저 6.6.1, 6.6.2, 6.6.3절에서 다루고, 6.6.4절에서는 증폭기내 사용되는 MOSFET을 기반으로 한 바이어스 회로를 설명한다. 바이어스 회로를 포함하는 3가지 기본 증폭기의 전달함수, 입력/출력 전압 스윙 범위, 입력/출력 저항, 전력소모, 그리고 3가지 기본 증폭기의 성능을 비교 설명한다.

6.6.1 증폭기의 필요성

사람이 접하는 신호들은 대부분 아날로그(analog) 신호로서 신호의 크기, 위상, 주파수가 연속적으로 시간에 따라서 변한다. 이러한 아날로그 신호 중에는 신호의 크기(전압 또는 전류)가 매우 작아서(수 mV 또는 수 μA 이하) 사람이 인식하기 어려운 신호들이 많다. 이렇게 아날로그 신호의 크기가 작아서 인식하기 어려운 신호를 인식하기 위해서는 아날로그 신호의 크기를 증가 시킬 필요성이 있다. 아날로그 신호의 크기를 증가시켜서 사람이 인식할 수 있도록 하는 장치가 증폭기(amplifier)이다. 증폭기를 구현하는 방법은 신호의 크기를 증가시키는데 사용하는 증폭소자의 종류를 선택하는 것에 따라서 달라진다. 증폭소자는 능동소자(active device)로서 진공관, 바이폴라 접합 트랜지스터, 전계효과 트랜지스터 등이 있다. 본 절에서는 MOSFET 등이 있다. 본 절에서는 MOSFET을 사용한 기본 증폭기 회로에 대해서 설명하고자 한다.

6.6.2 일반적 증폭기 구조 및 동작 원리

일반적 증폭기의 구조는 그림 6.74와 같이 드라이버(driver), 바이어스 회로(bias circuit), 공급 전원(power supply) 또는 건전지(battery), 부하(load)로 구성된다. 아날로그 입력 신호(전압 또는 전류)는 능동소자로 이루어진 드라이버에 들어가며, 드라이버는 아날로그 입력 신호를 받아서 신호의 크기를 증가시키는 증폭 작용을 한다. 능동소자로 구성된 드라이버가 증폭 작용을 원활하게 하기 위해서는 능동소자(active device) 또는 수동소자(passive device)로 구성된 바이어스 회로(bias circuit)로부터 적절한 직류(DC) 전압과 전류 값을 받아야 한다. 이렇게 바이어스 회로로부터 제공되는 적절한 직류 전압과 전류 값을 DC 동작점(DC operating point)이라고 한다. 즉, 바이어스 회로의 주된 역할은 드라이버에 적절한 DC 동작점을 제공하여서 드라이버가 증폭 작용을 원활하게 할 수 있도록 하는 데 있다. 바이어스 회로가 역할을 제대로 하기 위해서는 5장에서 다룬 변압기 및 정류기를 사용한 공급전원(power supply) 또는 건전지로부터 직류 전압/전류 에너지를 공급받아야 한다.

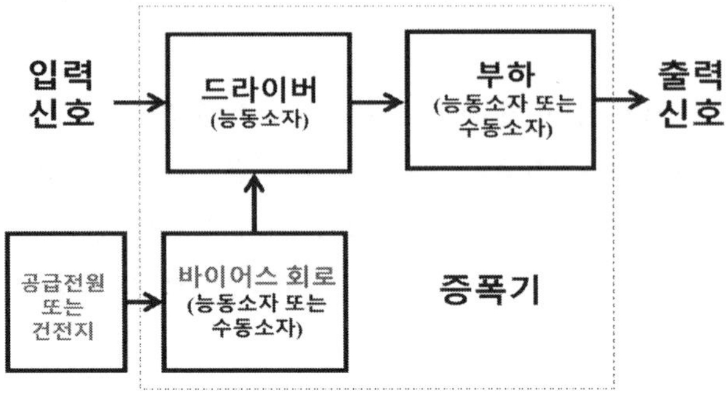

| 그림 6.74 | 증폭기의 구조

능동소자로 구성된 드라이버를 통과하면서 아날로그 입력 신호의 크기가 증가하게 되며, 증폭된 아날로그 입력 신호는 능동소자 또는 수동소자로 구성된 부하(load)에 나타나게 되며, 부하에 나타난 출력 신호를 사용자가 사용하게 된다. 증폭기의 성능은 증폭기의 입력 단자에서 바라본 입력 저항(input impedance), 부하에서 바라본 출력 저항(output impedance), 입력신호 크기와 출력신호 크기의 비율인 증폭 이득(amplifier gain), 일정한 증폭 이득을 유지하는 주파수 범위인 대역폭(bandwidth), 증폭기내에서 소모되는 전력소모(power consumption) 등으로 표시한다.

더 구체적인 증폭기의 구조 및 동작원리는 각 기본 증폭기를 자세히 다루면서 설명하고자 한다.

6.6.3 이상적 증폭기의 종류

아날로그 입력 신호는 전압 또는 전류 신호 형태로 증폭기에 들어올 수 있으며, 증폭된 아날로그 출력신호는 전압 또는 전류 신호 형태로 부하에 전달된다. 아날로그 입력 신호의 전압 또는 전류 형태, 아날로그 출력 신호의 전압 또는 전류 형태에 따라서 증폭기의 종류는 4가지로 구분할 수 있으며, 이상적 증폭기의 특성을 요약하면 표 6.12와 같다.

| 표 6.12 | 이상적 증폭기의 특성

증폭기 종류	입력 신호 (X_i)	출력 신호 (X_o)	전달 함수$(\frac{X_o}{X_i})$	입력 저항(R_i)	출력 저항(R_o)
전압 증폭기	전압(V)	전압(V)	∞ 전압이득(V/V)	∞	0
상호 컨덕턴스 증폭기	전압(V)	전류(A)	∞ 상호 컨덕턴스(A/V)	∞	∞
상호 임피던스 증폭기	전류(A)	전압(V)	∞ 상호 임피던스(V/A)	0	0
전류 증폭기	전류(A)	전류(A)	∞ 전류이득(A/A)	0	∞

전압 증폭기(voltage amplifier)의 입력 신호 및 출력신호는 모두 전압이며, 전달 함수(transfer function)는 전압이득(V/V)으로서 이상적인 전압이득은 무한대(V/V), 이상적인 입력저항은 $\infty\,\Omega$, 이상적인 출력저항은 0Ω이다. 일상생활에서 흔히 접하는 음성신호를 증폭하는 오디오 증폭기(audio amplifier) 및 스마트 폰(smart phone) 스피커, 블루투스(bluetooth) 스피커를 통해서 나오는 소리 신호를 증폭하는 증폭기는 전압 증폭기에 속한다. 또한 연산 증폭기(operational amplifier)도 전압 증폭기에 속한다.

상호 컨덕턴스 증폭기(transconductance amplifier)의 입력 신호 및 출력신호는 각각 전압 및 전류이며, 전달 함수(transfer function)는 상호 컨덕턴스(A/V)으로서 이상적인 상호 컨덕턴스 이득은 무한대(A/V), 이상적인 입력저항은 $\infty\,\Omega$, 이상적인 출력저항은 $\infty\,\Omega$이다. 유선 및 무선 통신기기내 고주파(수~수백 MHz 주파수 대역) 필터회로가 많이 사용되는데, 고주파 필터회로 중 Gm-C 필터를 설계 시 상호 컨덕턴스 증폭기를 사용한다.

상호 임피던스 증폭기(transimpedance amplifier)의 입력 신호 및 출력신호는 각각 전류 및 전압이며, 전달 함수(transfer function)는 상호 임피던스(V/A)로서 이상적인 상호 임피던스 이득은 무한대(V/A), 이상적인 입력저항은 0Ω, 이상적인 출력저항은 0Ω이다. 상호 임피던스 증폭기의 입력신호는 전류이므로 광 신호(optical signal) 처리시 광섬유(optical fiber)에서 들어온 전류신호를 받아서 전압신호로 변환하면서 증폭하는데 상호 임피던스 증폭기가 사용된다.

전류 증폭기(current amplifier)의 입력 신호 및 출력신호는 모두 전류이며, 전달 함수(transfer function)는 전류이득(V/V)으로서 이상적인 전류이득은 무한대(A/A), 이상적인 입력저항은 0Ω, 이상적인 출력저항은 $\infty\,\Omega$이다. 저전력 고속 신호처리 회로에서 전류 모드 회로(current mode circuit)가 흔히 사용되는데, 대표적인 전류 모드 회로는 전류 미러 회로(current mirror circuit)이다. 또한 전류 미러 회로는 증폭기의 바이어스 회로로 흔히 사용된다.

4가지 증폭기의 이상적인 대역폭은 무한대 Hz 이며, 이상적 전력소모는 공통적으로 0 watt 이다.

6.6.4 MOSFET 바이어스 회로

바이어스 회로의 역할은 증폭기 회로 내 드라이버의 DC 동작점을 제공하는데 있다. 특히 MOSFET 증폭기가 증폭기능을 제대로 하기 위해서는 증폭기 회로내 포함된 N-채널 트랜지스터와 P-채널 트랜지스터는 모두 포화영역에서 동작하도록 해야 한다. N-채널 트랜지스터와 P-채널 트랜지스터의 게이트 단자와 드레인 단자를 연결해서 전류를 흐르게 하면 N-채널 트랜지스터와 P-채널 트랜지스터는 포화영역에서 동작하게 된다.

그림 6.75는 게이트 단자와 드레인 단자를 연결한 N-채널 트랜지스터(M1)와 저항(R)을 직렬 연결한 바이어스 회로이다.

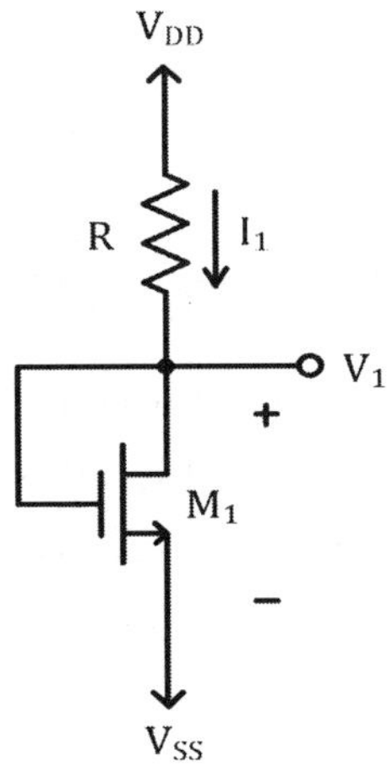

| 그림 6.75 | N-채널 트랜지스터(M1)와 저항(R)을 사용한 바이어스 회로도

M1의 게이트 단자와 드레인 단자가 연결되어 있기 때문에 게이트 전압(V_{GS1})과 드레인 전압(V_{DS1})이 V_1과 같아져서 (식 6.37)과 같다.

$$V_1 = V_{GS1} = V_{DS1} \qquad \text{(식 6.37)}$$

(식 6.37)은 포화영역 조건($V_{DS1,\ sat} > V_{GS1} - V_{TH}$)을 만족하기 때문에 M1은 포화영역에서 동작하므로 (식 6.38)이 성립한다. 그리고 V_{DD}, V_{SS} 폐회로에서 키르히호프 전압 법칙을 적용시키면 (식 6.39)와 같다.

$$I_1 = I_{D1} = \frac{1}{2} k_n S_1 (V_{GS1} - V_{TH})^2 (1 + \lambda_n V_{DS1}) \qquad \text{(식 6.38)}$$

$$V_{DD} = RI_{D1} + V_{GS1} \qquad \text{(식 6.39)}$$

따라서 (식 6.38)을 (식 6.39)에 대입해서 식을 정리하면 (식 6.40)이 된다.

$$V_{DD} = R\left[\frac{1}{2}k_n S_1 (V_{GS1} - V_{THn})^2 (1 + \lambda_n V_{DS1})\right] + V_{GS1} \qquad \text{(식 6.40)}$$

여기서 k_n은 N-채널 트랜지스터의 소자 트랜스컨덕턴스 변수, S_1은 채널 폭과 채널 길이 비율($\frac{W_1}{L_1}$)이며, V_{THn}는 N-채널 트랜지스터의 문턱전압, λ_n는 N-채널 트랜지스터의 채널 길이 변조효과 변수이다. $\lambda_n V_{DS1} << 1$ 라고 가정하면, (식 6.40)은 V_{GS1}의 2차 방정식이 되므로 V_{GS1}의 두 개 해 중에서 한 개 해를 선택하면 된다. 이와 같이 V_{GS1} 값을 구할 수 있고, V_{GS1} 값을 구하면 M1에 흐르는 포화전류($I_1 = I_{D1}$) 값을 계산할 수 있고, 또한 M1의 내부 저항($R_{Dn} = \frac{1}{\lambda_n I_{D1}}$)을 구할 수 있다.

P-채널 트랜지스터(M1)를 이용한 바이어스 회로는 그림 6.76과 같으며, 동작원리와 DC 동작점 구하는 방법은 N-채널 트랜지스터를 이용한 바이어스 회로와 동일하다.

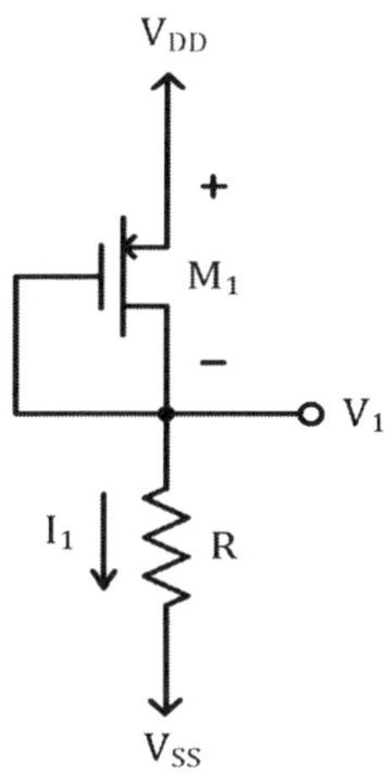

| 그림 6.76 | P-채널 트랜지스터(M1)와 저항(R)을 사용한 바이어스 회로도

그림 6.76에서 P-채널 트랜지스터의 게이트 단자와 드레인 단자가 저항과 연결되어 있으므로 P-채널 트랜지스터는 포화영역에서 동작하므로 (식 6.41)이 성립한다.

$$V_1 = V_{SG1} = V_{SD1} = |V_{GS1}| = |V_{DS1}| \qquad \text{(식 6.41)}$$

(식 6.37)은 포화영역 조건($|V_{DS1,sat}| > |V_{GS1}| - |V_{THp}|$)을 만족하기 때문에 M1은 포화영역에서 동작하므로 (식 6.42)가 성립한다. 그리고 V_{DD}, V_{SS} 폐회로에서 키르히호프 전압

법칙을 적용시키면 (식 6.43)과 같다.

$$I_1 = I_{D1} = \frac{1}{2} k_p S_1 (|V_{GS1}| - |V_{THp}|)^2 (1 + \lambda_p |V_{DS1}|) \qquad \text{(식 6.42)}$$

여기서 k_p은 P-채널 트랜지스터의 소자 트랜스컨덕턴스 변수, S_1은 채널 폭과 채널 길이 비율($\frac{W_1}{L_1}$)이며, V_{THp}는 P-채널 트랜지스터의 문턱전압, λ_p는 P-채널 트랜지스터의 채널 길이 변조효과 변수이다.

$$V_{DD} = RI_{D1} + |V_{GS1}| \qquad \text{(식 6.43)}$$

따라서 (식 6.42)를 (식 6.43)에 대입해서 식을 정리하면 (식 6.44)가 된다.

$$V_{DD} = R\left[\frac{1}{2} k_p S_1 (|V_{GS1}| - |V_{THp}|)^2 (1 + \lambda_p |V_{DS1}|)\right] + |V_{GS1}| \qquad \text{(식 6.44)}$$

$\lambda_p V_{DS1} << 1$ 라고 가정하면, (식 6.44)는 $|V_{GS1}|$의 2차 방정식이 되므로 $|V_{GS1}|$ 의 두 가지 해 중에서 한 가지 해를 선택하면 된다. 이와 같이 $|V_{GS1}|$ 값을 구할 수 있고, $|V_{GS1}|$ 값을 구하면 M1에 흐르는 포화전류($I_1 = I_{D1}$) 값을 계산할 수 있고, 또한 M1의 내부 저항 ($R_{Dp} = \frac{1}{\lambda_p I_{D1}}$)을 구할 수 있다.

예제 6.13 그림 6.75의 N-채널 트랜지스터(M1)를 이용한 바이어스 회로에서 $V_{DD} = 3\,V$, $V_{SS} = 0\,V$ N-채널 트랜지스터의 모델변수는 $\frac{W}{L} = \frac{10\mu m}{1\mu m}$, $V_{THn} = 0.5\,V$, $K_n = 100\mu A/V^2, \lambda_n = 0.01/V$이며, 저항은 $R = 5K\Omega$일 때, N-채널 트랜지스터에 흐르는 전류($I_{D1} = I_1$)와 전압($V_{DS1} = V_{GS1} = V_1$) 값, 회로에서 소모되는 전력값을 구하라. SPICE 모의실험을 통해서 계산값을 검증하라.

풀이

문제에서 주어진 값을 다음 식에 대입해서 V_{GS1} 값을 구한다.

$$V_{DD} = R\left[\frac{1}{2} k_n S_1 (V_{GS1} - V_{THn})^2 (1 + \lambda_n V_{DS1})\right] + V_{GS1}$$

$\lambda_n V_{DS1} << 1$라고 가정하면, 위의 식은 (식 6.45)가 된다.

$$3\,V = 5K\Omega\left[\frac{1}{2} 100\mu A/V^2 (10)(V_{GS1} - 0.5\,V)^2\right] + V_{GS1} \qquad \text{(식 6.45)}$$

(식 6.45)에서 $V_{GS1} = x$라고 하고 다시 정리하면 (식 6.46)이 된다.

$$3 = 2.5(x-0.5)^2 + x \quad \text{또는} \quad 2.5x^2 - 1.5x - \frac{9.5}{4} = 0 \qquad \text{(식 6.46)}$$

(식 6.46)의 2차 방정식을 근의 공식에 대입해서 해를 구하면, $x = 3.3$ 또는 $x = 1.32$가 되는데, $V_{GS1} = x$가 공급전원 $V_{DD} = 3V$ 보다 클 수 없으므로 $V_{GS1} = 1.32V$가 된다. $V_{GS1} = 1.32V$를 (식 6.38)에 대입해서 N-채널 트랜지스터 전류값($I_1 = I_{D1}$)을 구하면 (식 6.47)이 된다.

$$I_{D1} = \frac{1}{2}k_n S_1 (V_{GS1} - V_{TH})^2 (1 + \lambda V_{DS1}) = \frac{1}{2}(100\mu A/V^2)(10)(1.32V - 0.5V)^2 = 336\mu A \qquad \text{(식 6.47)}$$

(식 6.47)에서 구한 N-채널 트랜지스터 전류값을 검증하기 위해서 오움법칙에 의해서 저항(R)에 흐르는 전류값을 구하면 (식 6.48)과 같다.

$$I_1 = \frac{V_{DD} - V_{GS1}}{R} = \frac{3V - 1.32V}{5K\Omega} = 336\mu A \qquad \text{(식 6.48)}$$

따라서 N-채널 트랜지스터에 흐르는 전류값 (식 6.47)과 저항에 흐르는 전류값 (식 6.48)이 동일함을 확인할 수 있다.

회로에서 소모되는 전력을 구하면 (식 6.49)와 같다.

$$P_D = V_{DD} I_1 = (3V)(336\mu A) = 1.008mW \qquad \text{(식 6.49)}$$

SPICE 모의실험을 위해서 넷리스트를 아래와 같이 작성한다.

```
N-CH MOSFET BIAS CIRCUIT
VDD 1 0 DC 3
VSS 0 0 DC 0
R 1 D 5K
M1 D D VSS VSS NN W=10U L=1U
.MODEL NN NMOS(VTO=0.5 KP=100U LAMBDA=0.01 CGSO=100F CGDO=100F
CJ=100F GAMMA=0.1)
.OP
.PROBE
.END
```

넷 리스트를 사용해서 모의실험 결과를 살펴보면 다음과 같다.

```
N-CH MOSFET BIAS CIRCUIT
****     SMALL SIGNAL BIAS SOLUTION     TEMPERATURE = 27.000 DEG C
************************************************************************
 NODE    VOLTAGE      NODE    VOLTAGE
(    1)     3.0000      (     D)     1.3155
VOLTAGE SOURCE CURRENTS
NAME            CURRENT
VDD             -3.369E-04
TOTAL POWER DISSIPATION    1.01E-03   WATTS
```

모의실험 결과와 계산 결과를 비교하면 표 6.13과 같으며, 오차는 1% 이하이다.

| 표 6.13 | N-채널 트랜지스터 바이어스 회로의 계산 결과와 모의실험 결과 비교 표

변수	계산결과	모의실험 결과
전류(I_1, μA)	336	336.9
전압(V_1, V)	1.32	1.3155
전력소모(P_D, mW)	1.008	1.01

예제 6.14 그림 6.76의 P-채널 트랜지스터(M1)를 이용한 바이어스 회로에서 $V_{DD}=3\,V,\ V_{SS}=0\,V\ V_{DD}=3\,V,\ V_{SS}=0\,V$ P-채널 트랜지스터의 모델변수는 $\dfrac{W}{L}=\dfrac{10\mu m}{1\mu m},\ V_{THp}=-0.5\,V,\ K_p=50\mu A/V^2, \lambda_p=0.01/V$이며, 저항은 $R=5K\Omega$일 때, P-채널 트랜지스터에 흐르는 전류($I_{D1}=I_1$)와 전압($|V_{DS1}|=|V_{GS1}|=V_{DD}-V_1$)값, 회로에서 소모되는 전력값을 구하라. SPICE 모의실험을 통해서 계산값을 검증하라.

풀이

문제에서 주어진 값을 (식 6.50)에 대입해서 $|V_{GS1}|$ 값을 구한다.

$$V_{DD}=R\left[\frac{1}{2}k_pS_1(|V_{GS1}|-|V_{THp}|)^2(1+\lambda_p|V_{DS1}|)\right]+|V_{GS1}| \qquad \text{(식 6.50)}$$

$\lambda_p|V_{DS1}|<<1$라고 가정하면, (식 6.50)은 (식 6.51)이 된다.

$$3\,V = 5K\Omega\left[\frac{1}{2}(50\mu A/V^2)(10)\,(|V_{GS1}| - 0.5\,V)^2\right] + |V_{GS1}| \qquad \text{(식 6.51)}$$

(식 6.51)에서 $|V_{GS1}| = x$라고 하고 다시 정리하면 (식 6.52)가 된다.

$$3 = 1.25\,(x-0.5)^2 + x \ \ \text{또는} \ \ 1.25\,x^2 - 0.25x - \frac{10.25}{4} = 0 \qquad \text{(식 6.52)}$$

(식 6.52)의 2차 방정식을 근의 공식에 대입해서 해를 구하면, $x = 1.57$ 또는 $x = -1.37$가 되는데, $V_{GS1} = x$가 음 전압(Negative voltage)이 될 수 없으므로 $|V_{GS1}| = x = 1.57\,V$가 된다. $|V_{GS1}| = 1.57\,V$를 (식 6.42)에 대입해서 P-채널 트랜지스터 전류값($I_1 = I_{D1}$)을 구하면 (식 6.53)이 된다.

$$I_{D1} = \frac{1}{2}k_p S_1(|V_{GS1}| - |V_{THp}|)^2(1+\lambda_p|V_{DS1}|) = \frac{1}{2}(50\mu A/V^2)(10)(1.57\,V - 0.5\,V)^2 = 286.2\mu A \qquad \text{(식 6.53)}$$

(식 6.53)에서 구한 P-채널 트랜지스터 전류값을 검증하기 위해서 오옴법칙에 의해서 저항(R)에 흐르는 전류값을 구하면 (식 6.54)와 같다.

$$I_1 = \frac{V_{DD} - |V_{GS1}|}{R} = \frac{3\,V - 1.57\,V}{5K\Omega} = 286\mu A \qquad \text{(식 6.54)}$$

따라서 P-채널 트랜지스터에 흐르는 전류값 (식 6.52)와 저항에 흐르는 전류값 (식 6.54)가 동일함을 확인할 수 있다.

따라서 P-채널 트랜지스터의 D 단자에 걸리는 전압(V_1)과 전력소모를 구하면 (식 6.55)와 같다.

$$V_1 = V_{DD} - |V_{GS1}| = 3\,V - 1.57\,V = 1.43\,V$$
$$P_D = V_{DD}\,I_1 = (3\,V)(286\mu A) = 0.858m\,W \qquad \text{(식 6.55)}$$

SPICE 모의실험을 위해서 넷리스트를 아래와 같이 작성한다.

```
P-CH MOSFET BIAS CIRCUIT
VDD 1 0 DC 3
R 0 D 5K
M1 D D 1 1 PP W=10U L=1U
.MODEL PP PMOS(VTO=-0.5 KP=50U LAMBDA=0.01 CGSO=100F CGDO=100F
CJ=100F GAMMA=0.1)
.OP
```

```
.PROBE
.END
```

넷 리스트를 사용해서 모의실험 결과를 살펴보면 다음과 같다.

```
****    SMALL SIGNAL BIAS SOLUTION      TEMPERATURE = 27.000 DEG C
***************************************************************************
 NODE    VOLTAGE       NODE    VOLTAGE
 (    1)     3.0000        (     D)     1.4363

VOLTAGE SOURCE CURRENTS
NAME            CURRENT
VDD             -2.873E-04
TOTAL POWER DISSIPATION    8.62E-04   WATTS
```

모의실험 결과와 계산 결과를 비교하면 표 6.14와 같으며, 오차는 **0.5%** 이하이다.

| 표 6.14 | P-채널 트랜지스터 바이어스 회로의 계산 결과와 모의실험 결과 비교 표

변수	계산결과	모의실험 결과
전류(I_1, μA)	286	287.3
전압(V_1, V)	1.43	1.436
전력소모(P_D, mW)	0.858	0.862

예제 6.15 그림 6.77의 N-채널 트랜지스터(M1, M2)를 이용한 전압분배 회로에서 $V_{DD} = 3V, V_{SS} = 0V,\ V_1 = \frac{V_{DD}}{3},\ V_2 = \frac{2V_{DD}}{3},\ I_1 = 100\mu A$가 되도록 M1, M2의 소자비율($S_1 = S_2 = \frac{W_1}{L_1} = \frac{W_2}{L_2}$), 저항(R) 및 전력소모 값을 구하라. SPICE 모의실험을 통해서 계산 값을 검증하라. 단, M1, M2는 동일한 N-채널 트랜지스터로서 모델변수는 $V_{THn} = 0.5V,\ K_n = 100\mu A/V^2,\ \lambda_n = 0.01/V$이며, 바디효과는 없다고 가정한다.

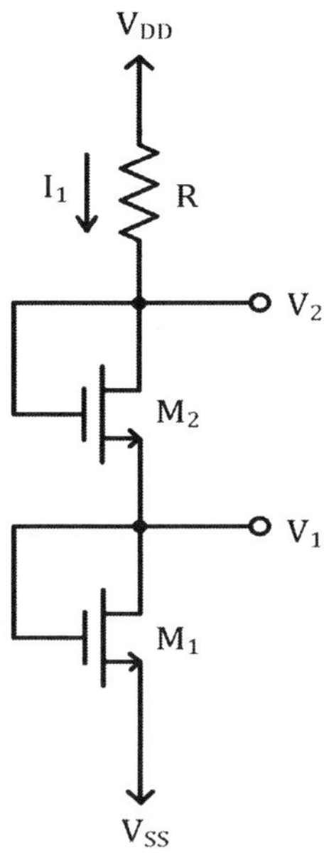

| 그림 6.77 | N-채널 트랜지스터(M1, M2)를 이용한 전압분배 회로

풀이

그림 6.77 폐회로에 키르히호프 전압 법칙을 적용시키면 (식 6.56)을 유도할 수 있다.

$$V_{DD} = R I_1 + V_{GS1} + V_{GS2} \quad \text{(식 6.56)}$$

M1, M2가 포화영역에서 동작하므로 (식 6.57)이 성립한다.

$$V_{GS1} = V_{GS2} = V_{THn} + \sqrt{\frac{2I_1}{k_n S_1}} \quad \text{(식 6.57)}$$

(식 6.57)을 (식 6.56)에 대입하면 (식 6.58)이 된다.

$$V_{DD} = RI_1 + 2(V_{THn} + \sqrt{\frac{2I_1}{k_n S_1}}) \quad \text{(식 6.58)}$$

(식 6.58)에 주어진 값을 대입하면 (식 6.59)가 된다.

$$3V = 1V + 2\left[0.5V + \sqrt{\frac{2(100\mu A)}{(100\mu A/V^2)S_1}}\right] \quad \text{(식 6.59)}$$

(식 6.59)를 정리하면 (식 6.60)이 되며, 소자비($S_1 = S_2$)를 구할 수 있다.

$$1V = 2\sqrt{\frac{200\mu A}{(100\mu A/V^2)S_1}} \quad \text{(식 6.60)}$$

따라서 $S_1 = S_2 = 8 = \frac{8\mu m}{1\mu m}$ 이다.

저항(R) 양단의 전압강하는 1V 이므로 오움법칙에 의해서 저항값을 구하면 (식 6.61)과 같다.

$$R = \frac{V_{DD} - V_2}{I_1} = \frac{3V - 2V}{100\mu A} = 10K\Omega \qquad \text{(식 6.61)}$$

회로에서 소모되는 전력소모는 (식 6.62)와 같다.

$$P_D = V_{DD} I_1 = (3V)(100\mu A) = 300\mu W \qquad \text{(식 6.62)}$$

SPICE 모의실험 하기 위해서 다음과 같이 넷리스트를 작성할 수 있다.

```
N CHANNEL MOSFET (M1, M2) VOLTAGE DIVIDER CIRCUIT
VDD 1 0 DC 3
R 1 D2 10K
M1 D1 D1 0 0 NN W=8U L=1U
M2 D2 D2 D1 D1 NN W=8U L=1U
.MODEL NN NMOS(VTO=0.5 KP=100U LAMBDA=0.01 CGSO=100F CGDO=100F
CJ=100F GAMMA=0.1)
.OP
.END
```

넷 리스트를 사용해서 모의실험 결과를 살펴보면 다음과 같다.

```
N CHANNEL MOSFET (M1, M2) VOLTAGE DIVIDER CIRCUIT
****     SMALL SIGNAL BIAS SOLUTION     TEMPERATURE=27.000 DEG C
****************************************************************************
NODE   VOLTAGE     NODE   VOLTAGE     NODE   VOLTAGE
(    1)    3.0000     (   D1)     .9983     (   D2)    1.9967

    VOLTAGE SOURCE CURRENTS
    NAME          CURRENT
    VDD           -1.003E-04
    TOTAL POWER DISSIPATION   3.01E-04  WATTS
```

모의실험 결과와 계산 결과를 비교하면 표 6.15와과 같으며, 오차는 0.5% 이하이다.

| 표 6.15 | N-채널 트랜지스터 전압분배 회로의 계산 결과와 모의실험 결과 비교 표

변수	계산결과	모의실험 결과
전압(V_1, V)	1	0.9983
전압(V_2, V)	2	1.9967
전류(I_1, μA)	100	100.3
전력소모(P_D, μW)	300	301

예제 6.16

그림 6.77의 P-채널 트랜지스터(M1, M2)를 이용한 전압분배 회로에서 $V_{DD} = 3\,V$, $V_{SS} = 0\,V$, $V_1 = \frac{V_{DD}}{3}$, $V_2 = \frac{2\,V_{DD}}{3}$, $I_1 = 100\mu A$가 되도록 M1, M2의 소자비율($S_1 = S_2 = \frac{W_1}{L_1} = \frac{W_2}{L_2}$), 저항(R) 및 전력소모 값을 구하라. SPICE 모의실험을 통해서 계산 값을 검증하라. 단, M1, M2는 동일한 P-채널 트랜지스터로서 모델변수는 $V_{THp} = -0.5\,V$, $K_p = 50\mu A/V^2$, $\lambda_p = 0.01/V$이며, 바디효과는 없다고 가정한다.

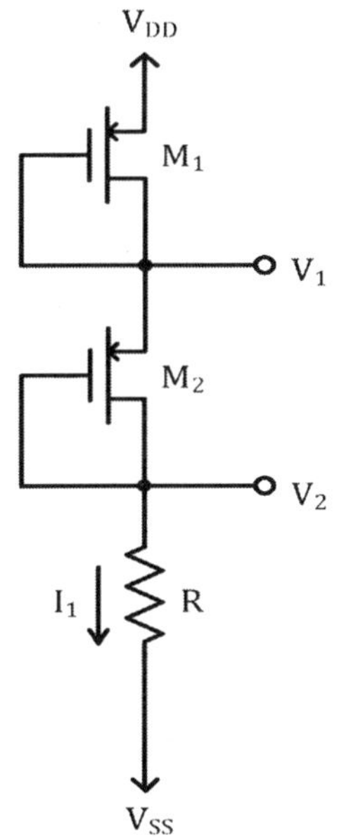

| 그림 6.78 | P-채널 트랜지스터(M1, M2)를 이용한 전압분배 회로

풀이

그림 6.78 폐회로에 키르히호프 전압 법칙을 적용시키면 (식 6.63)을 유도할 수 있다.

$$V_{DD} = R I_1 + |V_{GS1}| + |V_{GS2}| \quad \text{(식 6.63)}$$

M1, M2가 포화영역에서 동작하므로 (식 6.64)가 성립한다.

$$|V_{GS1}| = |V_{GS2}| = |V_{THp}| + \sqrt{\frac{2I_1}{k_p S_1}} \quad \text{(식 6.64)}$$

(식 6.64)를 (식 6.63)에 대입하면 (식 6.65)가 된다.

$$V_{DD} = RI_1 + 2(|V_{THp}| + \sqrt{\frac{2I_1}{k_n S_1}}) \quad \text{(식 6.65)}$$

(식 6.65)에 주어진 값을 대입하면 (식 6.66)이 된다.

$$3V = 1V + 2\left[0.5V + \sqrt{\frac{2(100\mu A)}{(50\mu A/V^2)S_1}}\right] \quad \text{(식 6.66)}$$

(식 6.66)을 정리하면 (식 6.67)이 되며, 소자비($S_1 = S_2$)를 구할 수 있다.

$$1V = 2\sqrt{\frac{200\mu A}{(50\mu A/V^2)S_1}} \quad \text{(식 6.67)}$$

따라서 $S_1 = S_2 = 16 = \frac{16\mu m}{1\mu m}$ 이다.

저항(R) 양단의 전압강하는 1V 이므로 오옴법칙에 의해서 저항값을 구하면 (식 6.68)과 같다.

$$R = \frac{V_{DD} - V_2}{I_1} = \frac{3V - 2V}{100\mu A} = 10K\Omega \quad \text{(식 6.68)}$$

회로에서 소모되는 전력소모는 (식 6.69)와 같다.

$$P_D = V_{DD} I_1 = (3V)(100\mu A) = 300\mu W \quad \text{(식 6.69)}$$

SPICE 모의실험 하기 위해서 다음과 같이 넷리스트를 작성할 수 있다.

```
P CHANNEL MOSFET (M1, M2) VOLTAGE DIVIDER CIRCUIT
VDD 1 0 DC 3
R 0 D2 10K
```

```
M1 D1 D1 1 1 PP W=16U L=1U
M2 D2 D2 D1 D1 PP W=16U L=1U
.MODEL PP PMOS(VTO=-0.5 KP=50U LAMBDA=0.01 CGSO=100F CGDO=100F
CJ=100F GAMMA=0.1)
.OP
.END
```

넷 리스트를 사용해서 모의실험 결과를 살펴보면 다음과 같다.

```
**** 02/01/23 17:28:23 ******* PSpice 10.5.0 (Jan 2005) ******* ID# 56818040 *
 P CHANNEL MOSFET (M1, M2) VOLTAGE DIVIDER CIRCUIT
 ****     SMALL SIGNAL BIAS SOLUTION    TEMPERATURE=27.000 DEG C
***************************************************************************
 NODE   VOLTAGE     NODE   VOLTAGE     NODE   VOLTAGE
(    1)    3.0000    (   D1)    2.0017    (   D2)    1.0033

    VOLTAGE SOURCE CURRENTS
    NAME          CURRENT
    VDD           -1.003E-04
    TOTAL POWER DISSIPATION   3.01E-04  WATTS
```

모의실험 결과와 계산 결과를 비교하면 표 6.16과 같으며, 오차는 0.5% 이하이다.

| 표 6.16 | N-채널 트랜지스터 전압분배 회로의 계산 결과와 모의실험 결과 비교 표

변수	계산결과	모의실험 결과
전압(V_1, V)	1	2.0017
전압(V_2, V)	2	1.0033
전류(I_1, μA)	100	100.3
전력소모(P_D, μW)	300	301

■

그림 6.75 및 676 회로도를 확장하면 전류미러(Current Mirror) 바이어스 회로를 구성할 수 있으며, 전류미러 회로는 전류원(current source 또는 current sink)으로 증폭기내에서 활용할 수 있다.

그림 6.79는 N-채널 트랜지스터(M1, M2)를 사용한 전류미러 회로이다.

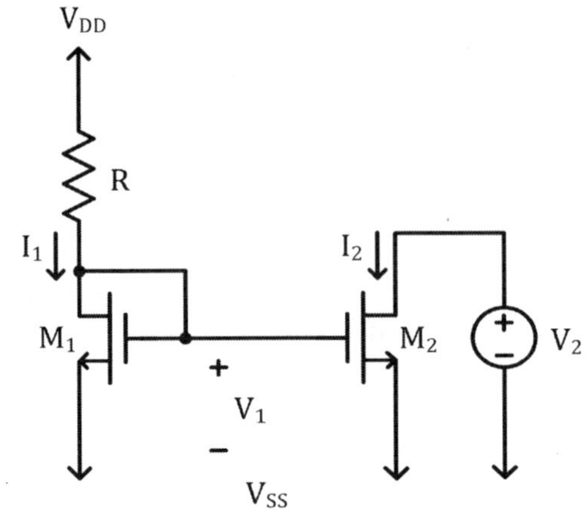

| 그림 6.79 | N-채널 트랜지스터(M1, M2)를 사용한 전류미러 회로도

M1의 게이트 단자와 드레인 단자가 함께 연결되어 있기 때문에 M1은 항상 포화영역에서 동작하며, 저항(R)에 의해서 전류($I_1 = I_{D1}$)가 흐르기 때문에 게이트 소스 전압($V_1 = V_{GS1}$)이 발생한다. M1에 발생된 게이트 소스 전압은 M2의 게이트 소스 전압과 같으며, M2가 포화영역에서 동작하도록 드레인 전압(V_{DS2})이 가하지면 M2에 흐르는 포화전류($I_2 = I_{D2}$)를 예측할 수 있다. 따라서 M1, M2가 모두 포화영역에서 동작할 때, 두 트랜지스터의 전류비율을 (식 6.70)과 같이 표현할 수 있다.

$$\frac{I_2}{I_1} = \frac{\frac{1}{2}k_{n2}S_2(V_{GS2} - V_{THn2})^2(1+\lambda_{n2}V_{DS2})}{\frac{1}{2}k_{n1}S_1(V_{GS1} - V_{THn1})^2(1+\lambda_{n1}V_{DS1})} \qquad \text{(식 6.70)}$$

만약 두 트랜지스터(M1, M2)가 완전히 소자 정합(device matching)이 이루어지고, 드레인 전압(V_{DS1}, V_{DS2})이 같다면 (식 6.70)은 (식 6.71)이 되어서 두 트랜지스터의 전류비율은 두 트랜지스터의 소자비율에 의해서 결정된다.

소자 정합이 완전히 이루어진다는 것은 소자 모델 변수가 반도체 공정 변화에 영향을 받지 않는다는 것을 의미하며, 두 소자 상호 컨덕턴스가 동일하며($k_{n1} = k_{n2}$), 문턱전압이 동일하고($V_{THn1} = V_{THn2}$), 채널길이 변조 변수가 동일하다($\lambda_{n1} = \lambda_{n2}$)는 것을 뜻한다.

$$\frac{I_2}{I_1} = \frac{S_2}{S_1} \qquad \text{(식 6.71)}$$

비록 두 트랜지스터가 완전하게 소자 정합이 이루어지지 않고($k_{n1} \neq k_{n2}$, $V_{THn1} \neq V_{THn2}$,

$\lambda_{n1} \neq \lambda_{n2}$), V_{DS1}, V_{DS2}이 같지 않더라도 전류미러 회로에 흐르는 전류값은 오차를 수반하지만 두 트랜지스터의 소자 비율(식 6.71)에 의해서 결정된다고 할 수 있다.

예제 6.17 그림 6.79의 N-채널 전류미러에서 $V_1 = 1\,V, I_1 = 100\mu A, I_2 = 200\mu A$, $V_{DD} = 3\,V$, $V_{SS} = 0\,V$, $V_{DS2} = 1\,V$가 되도록 저항(R), 소자비율(S_1, S_2)을 구하라. 또한 V_2를 0V ~ 3V 까지 가변시키면서 두 트랜지스터에 흐르는 전류 비율($\frac{I_2}{I_1}$)을 모의실험 통해서 구하라. 단, N-채널 소자 모델 변수는 $V_{THn} = 0.5\,V$, $K_n = 100\mu A/V^2$, $\lambda_n = 0.01/V$이다. 두 트랜지스터는 완전 소자 정합을 이루고 있고, 바디효과는 없다고 가정한다.

풀이

저항(R) 양단에 걸리는 전압차이($V_{DD} - V_1$)와 흐르는 전류(I_1)를 사용해서 오옴법칙을 적용하면 (식 6.72)와 같이 저항(R)을 구할 수 있다.

$$R = \frac{V_{DD} - V_1}{I_1} = \frac{3\,V - 1\,V}{100\mu A} = 20K\Omega \qquad \text{(식 6.72)}$$

M1이 포화영역에서 동작하므로 (식 6.38)에 의해서 S_1을 구하면 (식 6.73)과 같다.

$$I_{D1} = I_1 = 100\mu A = \frac{1}{2}(100\mu A/V^2)(S_1)(1.0\,V - 0.5\,V)^2 \text{ 또는 } S_1 = 8 \qquad \text{(식 6.73)}$$

(식 6.71)에 의해서 $S_2 = \frac{I_2}{I_1} S_1 = \frac{200\mu A}{100\mu A}(8) = 16$이 된다.

V_{DS2}을 0V ~ 3V까지 가변시키면서 두 트랜지스터에 흐르는 전류 비율($\frac{I_2}{I_1}$)을 모의실험 통해서 확인하기 위해서 다음과 같이 넷리스트를 작성한다.

```
N CHANNEL CURRENT MIRROR CIRCUIT
VDD 1 0 DC 3
R 1 D1 20K
VDS2 D2 0 DC 1
M1 D1 D1 0 0 NN W=8U L=1U
M2 D2 D1 0 0 NN W=16U L=1U
.MODEL NN NMOS(VTO=0.5 KP=100U LAMBDA=0.01 CGSO=100F CGDO=100F
CJ=100F GAMMA=0.1)
```

```
.OP
.DC VDS2 0 3 0.05
.PROBE
.END
```

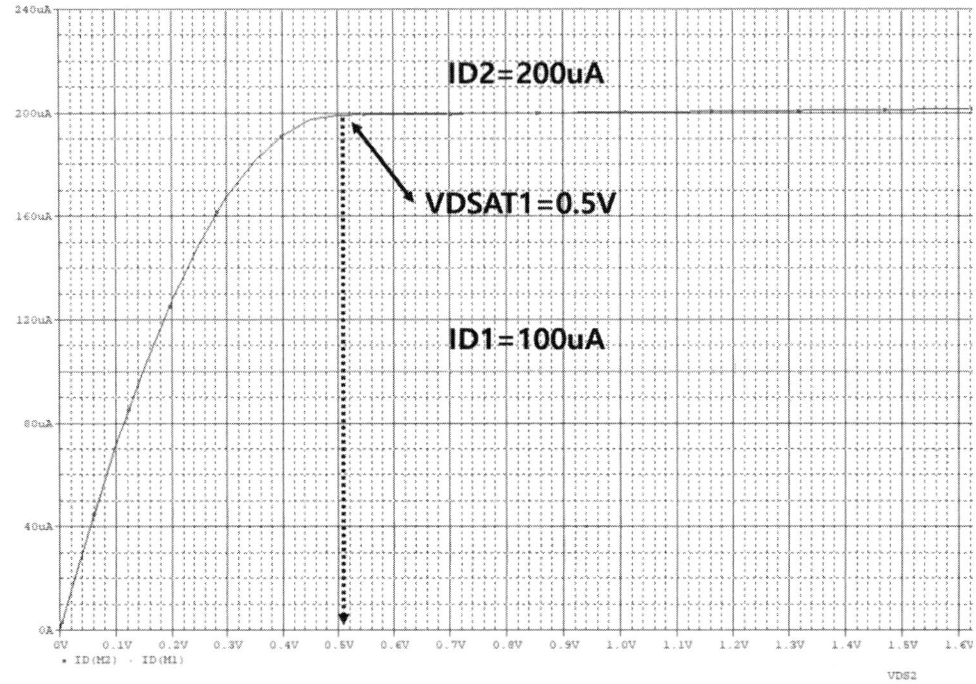

| 그림 6.80 | N-채널 전류미러내 전류(I_{D1}, I_{D2}) 대비 V_{DS2} 모의실험 결과

그림 6.80 모의실험 결과를 살펴보면 M2 트랜지스터는 포화전압 0.5V(V_{DSAT1})이후 증가할 때, I_{D2} 전류가 포화되고, M1, M2의 전류비율($\frac{I_{D2}}{I_{D1}} = \frac{200\mu A}{100\mu A}$)은 2 이다. 다만 V_{DS2} 가 0.5V 이상 증가할 때 채널길이 변조효과에 의해서 I_{D2} 가 차츰 증가하는 것을 확인할 수 있다. I_{D2}의 증가에 따라서 전류비율도 차츰 증가하게 된다.

그림 6.81은 P-채널 트랜지스터(M1, M2)를 사용한 전류미러 회로이다. M1의 게이트 단자와 드레인 단자가 함께 연결되어 있기 때문에 M1은 항상 포화영역에서 동작하며, 저항(R)에 의해서 전류($I_1 = I_{D1}$)가 흐르기 때문에 게이트 소스 전압($V_1 = |V_{GS1}|$)이 발생한다. M1에서 발생된 게이트 소스 전압은 M2의 게이트 소스 전압과 같으며, M2가 포화영역에서 동작하도록 드레인 전압($|V_{DS2}| = V_{DD} - V_2$)이 가해지면 M2에 흐르는 포화전류($I_2 = I_{D2}$)를 예측할 수 있다.

따라서 M1, M2가 모두 포화영역에서 동작할 때, 두 트랜지스터의 전류비율을 (식 6.74)와 같이 표현할 수 있다.

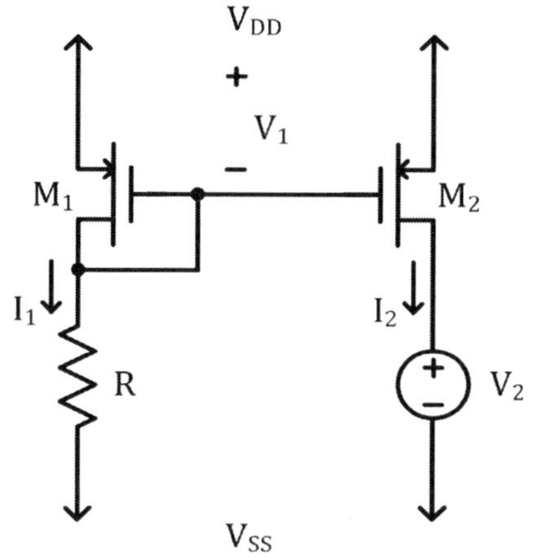

| 그림 6.81 | P-채널 트랜지스터(M1, M2)를 사용한 전류미러 회로

$$\frac{I_2}{I_1}=\frac{\frac{1}{2}k_{p2}S_2(|V_{GS2}|-|V_{THp2}|)^2(1+\lambda_{p2}|V_{DS2}|)}{\frac{1}{2}k_{p1}S_1(|V_{GS1}|-|V_{THp1}|)^2(1+\lambda_{p1}|V_{DS1}|)} \qquad \text{(식 6.74)}$$

만약 두 트랜지스터(M1, M2)가 완전히 소자 정합(device matching)이 이루어지고, 드레인 전압($|V_{DS1}|, |V_{DS2}|$)이 같다면 (식 6.74)는 (식 6.75)가 되어서 두 트랜지스터의 전류비율은 두 트랜지스터의 소자비율에 의해서 결정된다.

소자 정합이 완전히 이루어진다는 것은 소자 모델 변수가 반도체 공정 변화에 영향을 받지 않는 다는 것을 의미하여서 두 소자 상호 컨덕턴스가 동일하며($k_{n1}=k_{n2}$), 문턱전압이 동일하고 ($V_{THn1}=V_{THn2}$), 채널길이 변조 변수가 동일하다($\lambda_{n1}=\lambda_{n2}$)는 것을 뜻한다.

$$\frac{I_2}{I_1}=\frac{S_2}{S_1} \qquad \text{(식 6.75)}$$

비록 두 트랜지스터가 완전하게 소자 정합이 이루어지지 않고 ($k_{n1}\neq k_{n2}$, $V_{THn1}\neq V_{THn2}$, $\lambda_{n1}\neq\lambda_{n2}$), 두 전압 $|V_{DS1}|, |V_{DS2}|$이 같지 않더라도 전류미러 회로에 흐르는 전류값은 오차를 수반하지만 두 트랜지스터의 소자 비율(식 6.75)에 의해서 결정된다고 할 수 있다.

예제 6.18 그림 6.84의 P-채널 전류미러에서 $V_1 = 1\,V, I_1 = 200\mu A, I_2 = 400\mu A$, $V_{DD} = 3\,V, V_{SS} = 0\,V, |V_{DS2}| = 1\,V$ 가 되도록 저항(R), 소자비율(S_1, S_2)을 구하라. 또한 V_2를 0V ~ 3V까지 가변시키면서 두 트랜지스터에 흐르는 전류 비율($\frac{I_2}{I_1}$)을 모의실험 통해서 구하라. 단, P-채널 소자 모델 변수는 $V_{THp} = -0.5\,V$, $K_p = 50\mu A/V^2$, $\lambda_p = 0.01/V$이다. 두 트랜지스터는 완전 소자 정합을 이루고 있고, 바디효과는 없다고 가정한다.

풀이

저항(R) 양단에 걸리는 전압차이($V_{DD} - V_1$)와 흐르는 전류(I_1)를 사용해서 오옴법칙을 적용하면 (식 6.76)과 같이 저항(R)을 구할 수 있다.

$$R = \frac{V_{DD} - V_1}{I_1} = \frac{3\,V - 1\,V}{200\mu A} = 10K\Omega \qquad \text{(식 6.76)}$$

M1이 포화영역에서 동작하므로 (식 6.42)에 의해서 S_1을 구하면 (식 6.77)과 같다.

$$I_{D1} = I_1 = 200\mu A = \frac{1}{2}(50\mu A/V^2)(S_1)(1.0\,V - 0.5\,V)^2 \text{ 또는 } S_1 = 32 \qquad \text{(식 6.77)}$$

(식 6.77)에 의해서 $S_2 = \frac{I_2}{I_1} S_1 = \frac{400\mu A}{200\mu A}(32) = 64$이 된다.

V_{DS2}을 0V ~ 3V까지 가변시키면서 두 트랜지스터에 흐르는 전류 비율($\frac{I_2}{I_1}$)을 모의실험을 통해서 확인하기 위해서 다음과 같이 넷리스트를 작성한다.

```
P CHANNEL CURRENT MIRROR CIRCUIT
VDD 1 0 DC 3
R 0 D1 10K
VDS2 D2 0 DC 1
M1 D1 D1 1 1 PP W=32U L=1U
M2 D2 D1 1 1 PP W=64U L=1U
.MODEL PP PMOS(VTO=-0.5 KP=50U LAMBDA=0.01 CGSO=100F CGDO=100F
CJ=100F GAMMA=0.1)
.OP
.DC VDS2 3 0 -0.05
.PROBE
.END
```

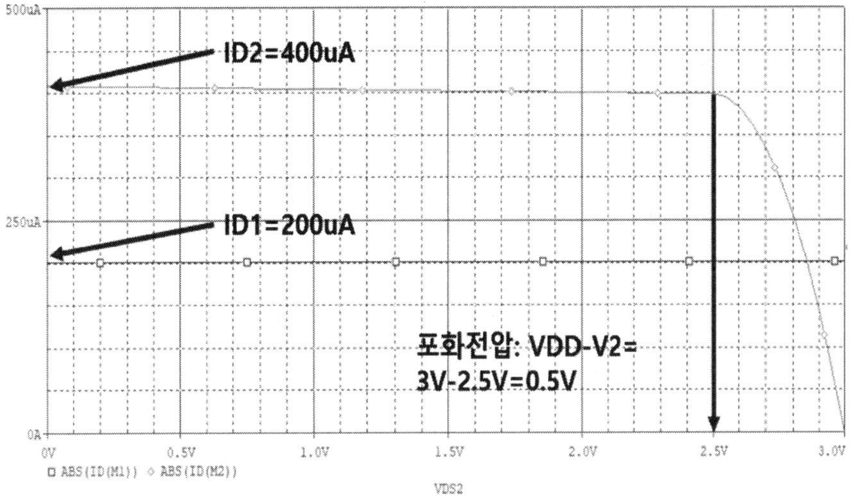

| 그림 6.82 | P-채널 전류미러내 전류(I_{D1}, I_{D2}) 대비 $|V_{DS2}|=|V_{DD}-V_2|$ 모의실험 결과

그림 6.82 모의실험 결과를 살펴보면 M2 트랜지스터는 포화전압 0.5V(V_{DSAT2})이후 증가할 때, I_{D2} 전류가 포화되고, M1, M2의 전류비율($\frac{I_{D2}}{I_{D1}}=\frac{400\mu A}{200\mu A}$)은 2이다. 다만 $|V_{DS2}|=|V_{DD}-V_2|$가 0.5V 이상 증가할 때 채널길이 변조효과에 의해서 I_{D2} 가 차츰 증가하는 것을 확인할 수 있다. I_{D2}의 증가에 따라서 전류비율도 차츰 증가하게 된다.

6.6.5 소신호 회로 해석 방법

증폭기의 성능을 해석하기 위해서 소신호 회로 해석 방법을 사용한다. 소신호 회로 해석을 하는 이유는 증폭기내 능동소자인 트랜지스터의 비선형적인 특성 때문이다. 트랜지스터의 비선형적인 특성을 선형 소자로 구성된 저주파 또는 고주파 소신호 모델(또는 등가회로)로 교체해서 오움법칙, 키르히호프 전압 법칙, 키르히호프 전류 법칙, 테브닌 등가회로, 노턴 등가회로, 중첩원리 등의 회로이론을 사용해서 증폭기의 성능을 해석할 수 있기 때문이다.

본 절에서는 저주파 증폭기의 성능을 해석하기 위해서 다음과 같은 여섯 가지 소신호 회로 해석 절차를 거치게 된다.

첫째, 증폭기 회로의 DC 동작점을 계산한다. 즉, 증폭기 회로 내부의 트랜지스터 및 수동소자의 각 단자 전압 및 단자에 흐르는 전류를 계산한다. MOSFET 트랜지스터의 경우 포화영역에서 동작하는 여부를 확인해야 하며, 바이폴라 접합 트랜지스터의 경우 순방향 활성 영역에서 동작하는 여부를 확인해야 한다. 만약 포화영역 또는 순방향 활성 영역에서 동작하지 않는다면 증폭기 회로 내부 바이어스 회로를 재설계하여서 MOSFET 트랜지스터가 포화영역에서 동작하고 바이폴라 접합 트랜지스터는 순방향 활성 영역에서 동작하도록 할 필요가 있다. 그렇지 않으면 증폭기로서 성능을 제대로 발휘할 수 없기 때문이다. DC 동작점을 중심으로 증폭기 회로의 전력소모, 입력 및 출력 전압 스윙 범위를 계산할 수 있다.

둘째, 증폭기 회로의 DC 동작점을 중심으로 드라이버(driver) 트랜지스터의 소신호 모델 변수인 상호 컨덕턴스(g_m), 내부 저항(r_o) 등을 계산한다.

셋째, 소신호(교류) 해석을 하기 위해서 증폭기 회로내 DC 신호 성분을 제거한다. 즉, 직류 전압원은 직류 전압원의 + 단자와 − 단자를 단락(short)시키고 접지에 연결해서 제거한다. 직류 전류원의 경우 직류 전압원의 두 단자를 개방(open)하여서 직류 전류가 흐르는 것을 차단한다. 회로내 커패시터의 경우 커패시터 임피던스($\frac{1}{j\omega C}$)가 작기 때문에 단락회로로 간주하고, 인덕터의 경우 인덕터의 임피던스($j\omega L$)가 크기 때문에 개방회로로 간주한다.

넷째, MOSFET 트랜지스터 또는 바이폴라 접합 트랜지스터를 소신호 모델(등가회로)로 교체하여서 증폭기 회로를 재구성한다.

다섯째, 소신호 모델로 교체된 증폭기 등가회로에 회로이론을 적용시켜서 증폭기 회로의 성능을 해석한다. 즉, 증폭기의 입력 저항, 출력 저항, 전압 이득, 전류 이득 등을 계산한다.

여섯째, SPICE 모의실험을 통해서 증폭기의 소신호 회로 해석 결과를 검증한다.

이상 여섯 가지 소신호 해석 절차를 그림 6.83에서 요약하였다.

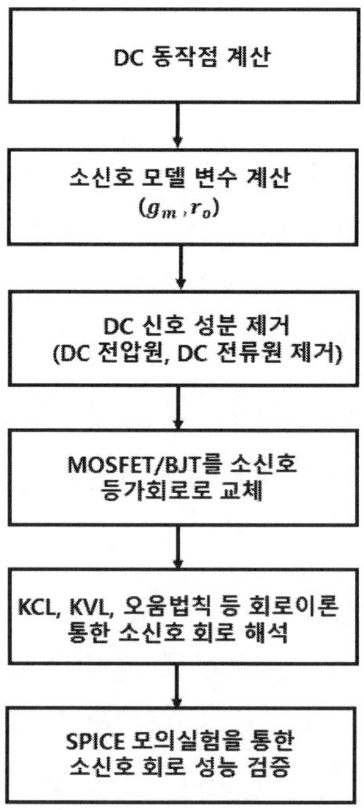

| 그림 6.83 | 증폭기 회로의 소신호 회로 해석 절차

6.6.6 3가지 기본 증폭기 해석 및 설계

본 절에서는 바이어스 회로를 포함하는 3가지 기본 증폭기(공통 소스 증폭기, 공통 게이트 증폭기, 공통 드레인 증폭기)의 전달함수, 입력/출력, 저항 및 전압 스윙 범위, 전력소모, 대역폭 그리고 3가지 기본 증폭기의 성능을 비교 설명한다. 6.6.6.1에서는 공통 소스 증폭기, 6.6.6.2에서는 공통 게이트 증폭기, 6.6.6.3에서는 공통 드레인 증폭기를 설명한다.

6.6.6.1 공통 소스 증폭기

공통 소스 증폭기는 소신호 입력 전압 신호를 게이트 단자로 받아서 신호를 증폭시킨 후, 드레인 단자로 소신호 출력 전압 신호를 내보내는 기능을 한다. 개별 소자(discrete device) 또는 집적회로(integrated circuit) 형태로 공통 소스 증폭기를 설계할 수 있다. 개발 소자뿐만 아니라 집적회로 형태로 공통 소스 증폭기 해석 및 설계를 다루고자 한다. 그림 6.84는 개별 소자로 구성된 N-채널 공통소스 증폭기 회로도로서 소신호 입력신호는 v_i, C_1, C_2는 DC 브로킹 커패시터(blocking capacitor) 또는 AC 커플링 커패시터(coupling capacitor), R_1, R_2, R_D는 바이어스 저항, R_L은 부하저항, M1은 드라이버 트랜지스터, V_{DD}는 공급전원으로 구성된다. C_1, C_2는 DC 신호에 대해서는 임피던스가 크기 때문에 DC 신호를 차단하므로 DC 브로킹 커패시터라고 하며, AC 신호에 대해서는 임피던스가 작기 때문에 AC 신호를 통과하므로 AC 커플링 커패시터라고 한다. 저항 R_1, R_2, R_D는 드라이버 트랜지스터 M1이 포화영역에서 동작하도록 설계하며 저항 R_L은 사용자의 저항에 해당한다.

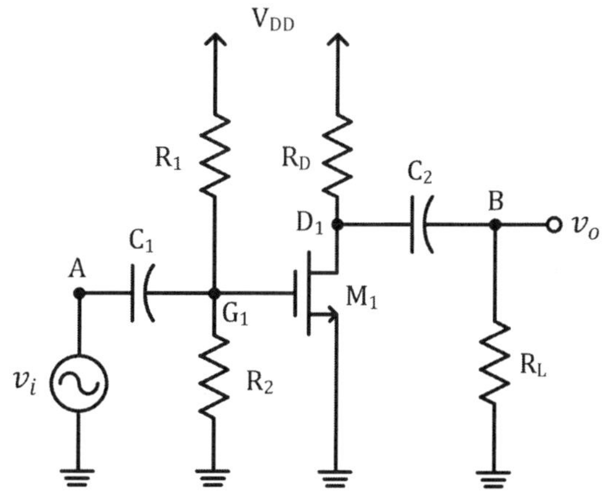

| 그림 6.84 | 개별소자로 구성된 N-채널 공통 소스 증폭기 회로도

공통 소스 증폭기를 소신호 회로 해석 절차에 따라서 해석해보기로 한다.

첫째, 저항 R_1, R_2, R_D에 의해서 드라이버 트랜지스터 M1이 포화영역에서 동작한다고 가정하고 M1에 흐르는 전류를 I_{D1} 이라고 하면, (식 6.78) 및 (식 6.79)를 만족해야 한다.

$$V_{G1} = \frac{R_2}{R_1 + R_2} V_{DD} = V_{GS1} > V_{THn} \quad \text{(식 6.78)}$$

$$V_{DS1} = V_{DD} - I_{D1}R_D > V_{DSAT1} = V_{GS1} - V_{THn} \quad \text{(식 6.79)}$$

둘째, 드라이버 트랜지스터 M1의 소신호 모델 변수 (g_m, r_o)를 (식 6.80) 및 (식 6.81)과 같이 계산한다.

$$g_{m1} = \sqrt{2k_n I_{D1} S_1} \quad \text{(식 6.80)}$$

$$r_o = \frac{1}{\lambda_n I_{D1}} \quad \text{(식 6.81)}$$

셋째, DC 신호원과 커패시터를 제거한다. 주어진 회로도에서 직류 전원은 V_{DD}이므로 V_{DD} 단자를 접지점에 연결해서 제거하고, C_1, C_2는 단락회로로 제거하면 그림 6.85가 된다. 즉, A 단자와 G1 단자가 연결되고, D1 단자와 B 단자가 연결된다.

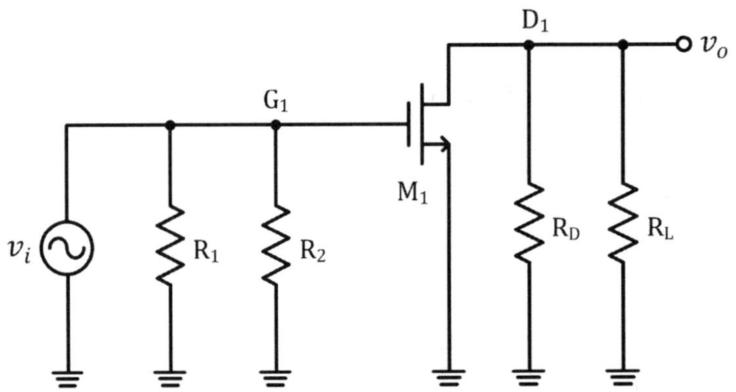

| 그림 6.85 | DC 신호원과 커패시터를 제거한 공통 소스 증폭기 회로도

넷째, 비선형소자인 드라이버 트랜지스터 M1을 선형소자로 구성된 저주파 소신호 모델로 교체하면 그림 6.86과 같은 소신호 등가회로를 구성할 수 있다. 점선 안에 있는 회로가 M1의 저주파 소신호 모델이다.

다섯째, 그림 6.86의 소신호 등가회로에서 회로이론을 사용해서 입력저항(R_i), 출력저항(R_o), 전압이득($A_V = \frac{v_o}{v_i}$)를 구한다.

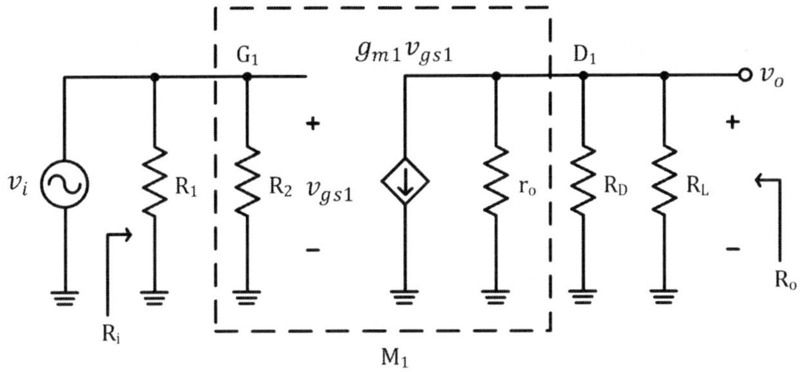

| 그림 6.86 | 공통 소스 증폭기 회로도의 소신호 등가회로

G1 단자에서 바라본 입력저항(R_i)은 바이어스 저항(R_1, R_2)가 병렬연결로 구성되므로 (식 6.82)가 된다.

$$R_i = R_1 // R_2 \quad \text{(식 6.82)}$$

D1 단자에서 바라본 출력저항(R_o)은 내부 저항(r_o), 바이어스 저항(R_D), 부하저항(R_L)이 병렬연결로 구성되므로 (식 6.83)이 된다.

$$R_o = r_o // R_D // R_L \quad \text{(식 6.83)}$$

$v_{gs1} = v_i$이므로 출력전압은 오움법칙에 의해서 (식 6.83)이 되며, 전압이득은 (식 6.84)가 된다.

$$v_o = (-g_{m1}v_{gs1})(r_o // R_D // R_L) = (-g_{m1}v_i)(r_o // R_D // R_L) \quad \text{(식 6.84)}$$

따라서 전압이득($A_V = \dfrac{v_o}{v_i}$)은 (식 6.85)이 되며, 입력신호와 출력신호의 위상은 180°도 차이가 남을 알 수 있다.

$$A_V = \frac{v_o}{v_i} = (-g_{m1})(r_o // R_D // R_L) \quad \text{(식 6.85)}$$

여섯째, 증폭기의 성능을 검증하기 위해서 넷리스트를 작성하고 과도기 응답 모의실험 한다. 입력 소신호의 크기와 주파수는 각각 100mV 이하, 10kHz 이하의 정현파를 입력하고, D1 단자에서 증폭된 출력 소신호의 최소 및 최대 전압범위가 M1이 포화영역에서 동작하는 범위($V_{DS} > V_{DSAT1}$)에 있는지를 모니터링 한다.

예제 6.19 그림 6.84의 N-채널 트랜지스터(M1)를 이용한 공통 소스 증폭기 회로에서 $V_{DD} = 3V$, N-채널 트랜지스터의 모델변수는 $\frac{W_1}{L_1} = \frac{10\mu m}{1\mu m}$, $V_{THn} = 0.5V$, $K_n = 100\mu A/V^2$, $\lambda_n = 0.01/V$이며, 저항은 $R_1 = R_2 = 1M\Omega$, $R_D = 3K\Omega$, $R_L = 100K\Omega$일 때, 회로에서 소모되는 전력값, 입력저항, 출력저항, 전압이득을 구하라. SPICE 모의실험을 통해서 계산값을 검증하라.

풀이

첫째, DC 동작점(각 단자의 전압과 단자를 통해서 흐르는 전류)을 구한다.

$$V_{G1} = V_{GS1} = \frac{R_2}{R_1 + R_2} V_{DD} = 1.5V > V_{THn} = 0.5V$$

$$I_{D1} = \frac{1}{2}(100\mu A/V^2)(10)(1.5V - 0.5V)^2 = 0.5mA$$

$$V_{DS1} = V_{DD} - I_{D1}R_D = 3V - (0.5mA)(3K\Omega) = 1.5V > V_{DSAT1} = V_{GS1} - V_{THn} = 1.0V$$

따라서 M1은 포화영역에서 동작하므로 증폭작용을 할 수 있다.

전력소모는 $P_D = V_{DD}(I_{D1} + I_{R1})I_1 = (3V)(501.5\mu A) = 1.505mW$ 이다.

둘째, M1의 소신호 모델 변수(g_m, r_o)를 계산한다.

$$g_{m1} = \sqrt{2k_n I_{D1} S_1} = \sqrt{2(100\mu A/V^2)(10)(500\mu A)} = 1m/\Omega$$

$$r_{o1} = \frac{1}{\lambda_n I_{D1}} = \frac{1}{(0.01/V)(500\mu A)} = 200K\Omega$$

셋째, DC 신호원(V_{DD})과 AC 커플링 커패시터(C_1, C_2)를 제거한 후 그림 6.85와 같이 회로를 재구성한다.

넷째, 비선형 소자인 M1을 소신호 모델로 교체한 후 그림 6.86의 소신호 등가회로를 사용해서 회로 해석한다.

다섯째, 입력저항, 출력저항, 전압이득을 각각 구하면 다음과 같다.

$$R_i = R_1 // R_2 = 0.5M\Omega$$

$$R_o = r_o // R_D // R_L = (200K\Omega) // (3K\Omega) // (100K\Omega) = 2.87K\Omega$$

$$A_V = \frac{v_o}{v_i} = (-g_{m1})(r_o // R_D // R_L) = (-1m/\Omega)(2.87K\Omega) = -2.87$$

또는 $A_V = 20\log(2.87) = 9.16dB$ 이다.

여섯째, 앞에서 구한 소신호 해석 결과를 검증하기 위해서 넷리스트를 다음과 같이 작성하고 모의실험을 수행한다.

```
N CHANNEL CS AMPLIFIER
VDD 1 0 DC 3
VIN A 0 SIN(0 100M 1K)
C1 A G1 100U
C2 D1 B 100U
R1 1 G1 1MEG
R2 G1 0 1MEG
RD 1 D1 3K
RL B 0 100K
M1 D1 G1 0 0 NN W=10U L=1U
.MODEL NN NMOS(VTO=0.5 KP=100U LAMBDA=0.01 CGSO=100F CGDO=100F
CJ=100F GAMMA=0.1)
.OP
.TRAN 0.1M 10M
.PROBE
.END
```

모의실험 수행 결과 DC 동작점은 다음과 같다.

```
N CHANNEL CS AMPLIFIER
 ****   INITIAL TRANSIENT SOLUTION    TEMPERATURE=27.000 DEG C
************************************************************************
NODE VOLTAGE  NODE VOLTAGE  NODE VOLTAGE  NODE VOLTAGE
(   1) 3.0000   (   G1) 1.5000   (   B) 0.0000   (   D1)   1.4778

    VOLTAGE SOURCE CURRENTS
    NAME          CURRENT
    VDD           -5.089E-04
    VIN           0.000E+00
    TOTAL POWER DISSIPATION   1.53E-03  WATTS
```

DC 동작점에 대한 모의실험 결과와 계산 결과를 비교하면 표 6.17과 같으며, 오차는 2% 이하이다.

| 표 6.17 | N-채널 공통 소스 증폭기 회로의 DC 동작점 계산 결과와 모의실험 결과 비교 표

변수	계산결과	모의실험 결과
전류(I_1, μA)	500	509
전압(V_{D1}, V)	1.5	1.4778
전력소모(P_D, mW)	1.505	1.53

입력 소신호($v_i = V(A)$)에 대한 증폭기의 출력 소신호(v_{D1}) 모의실험 결과는 그림 6.87과 같다. V_{D1}의 DC 전압은 1.48V이며, 소신호 크기는 287mV로서 증폭이득은 2.87 이다. 두 신호의 위상 차이(①, ② 시간 구간)가 180° 차이가 나는 것을 확인할 수 있다.

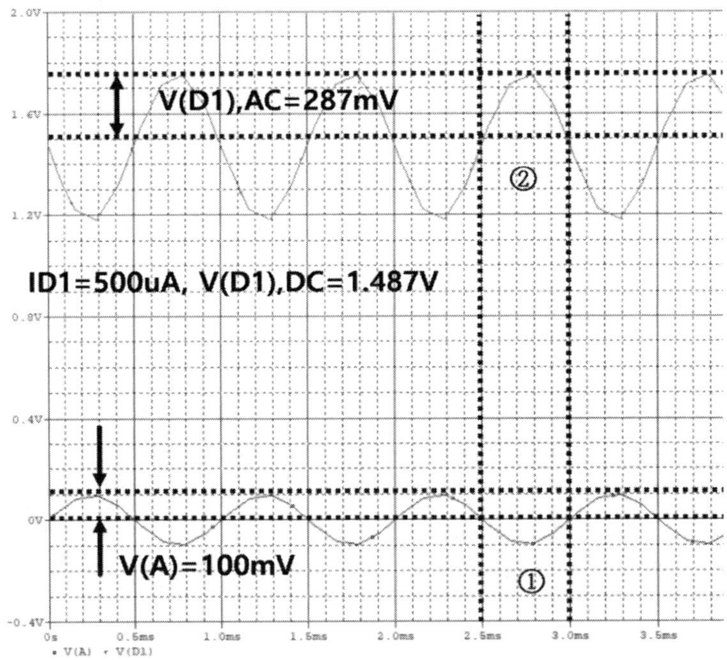

| 그림 6.87 | N-채널 공통 소스 증폭기의 과도기 응답 모의실험 결과

예제 6.20 그림 6.88의 P-채널 트랜지스터(M1)를 이용한 공통 소스 증폭기 회로에서 $V_{DD}=3\,V$, P-채널 트랜지스터의 모델변수는 $\frac{W_1}{L_1}=\frac{10\mu m}{1\mu m}$, $V_{THp}=-0.5\,V$, $K_p=50\mu A/V^2$, $\lambda_p=0.01/V$이며, 저항은 $R_1=R_2=1M\Omega$, $R_D=6K\Omega$, $R_L=100K\Omega$일 때, 회로에서 소모되는 전력값, 입력저항, 출력저항, 전압이득을 구하라. SPICE 모의실험을 통해서 계산 값을 검증하라.

풀이

(예제 6.19)와 동일한 방법으로 해석한다.

첫째, DC 동작점(각 단자의 전압과 단자를 통해서 흐르는 전류)을 구한다.

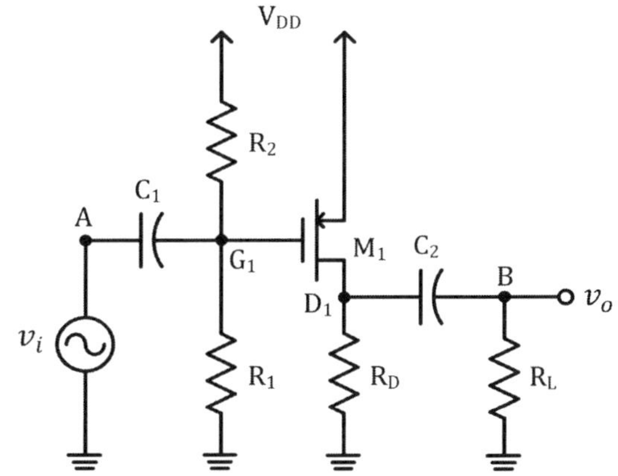

| 그림 6.88 | 개별소자로 구성된 P-채널 공통 소스 증폭기 회로도

$$V_{G1}=V_{GS1}=\frac{R_1}{R_1+R_2}V_{DD}=1.5\,V>|V_{THp}|(=0.5\,V)$$

$$I_{D1}=\frac{1}{2}(50\mu A/V^2)(10)(1.5\,V-0.5\,V)^2=0.25mA$$

$$|V_{DS1}|=V_{DD}-I_{D1}R_D=3\,V-(0.25mA)(6K\Omega)=1.5\,V>|V_{DSAT1}|=|V_{GS1}|-|V_{THp}|=1.0\,V$$

따라서 M1은 포화영역에서 동작하므로 증폭작용을 할 수 있다.

전력소모(P_D)는 전원전압(V_{DD})과 전원이 공급하는 총 전류의 곱으로 계산할 수 있으므로 $P_D=V_{DD}(I_{D1}+I_{R1})=(3\,V)(0.25mA+1.5\mu A)=754.5\mu W$ 이다.

둘째, M1의 소신호 모델 변수(g_m, r_o)를 계산한다.

$$g_{m1} = \sqrt{2k_p I_{D1} S_1} = \sqrt{2(50\mu A/V^2)(10)(250\mu A)} = 0.5m/\Omega$$

$$r_{o1} = \frac{1}{\lambda_p I_{D1}} = \frac{1}{(0.01/V)(250\mu A)} = 400K\Omega$$

셋째, DC 신호원(V_{DD})과 AC 커플링 커패시터(C_1, C_2)를 제거한 후 그림 6.85와 같이 회로를 재구성한다.

넷째, 비선형 소자인 M1을 소신호 모델로 교체한 후 그림 6.86의 소신호 등가회로를 사용해서 회로 해석한다. (N-채널 트랜지스터와 P-채널 트랜지스터의 소신호 모델은 동일하다.)

다섯째, 입력저항, 출력저항, 전압이득을 각각 구하면 다음과 같다.

$$R_i = R_1 // R_2 = 0.5M\Omega$$

$$R_o = r_o // R_D // R_L = (400K\Omega)//(6K\Omega)//(100K\Omega) = 5.58K\Omega$$

$$A_V = \frac{v_o}{v_i} = (-g_{m1})(r_o // R_D // R_L) = (-0.5m/\Omega)(5.58K\Omega) = -2.8$$

또는 $A_V = 20\log(2.8) = 8.9dB$ 이다.

여섯째, 앞에서 구한 소신호 해석 결과를 검증하기 위해서 넷리스트를 다음과 같이 작성하고 모의실험을 수행한다.

```
P CHANNEL CS AMPLIFIER
VDD 1 0 DC 3
VIN A 0 SIN(0 100M 1K)
C1 A G1 100U
C2 D1 B 100U
R2 1 G1 1MEG
R1 G1 0 1MEG
RD 1 D1 6K
RL B 0 100K
M1 D1 G1 1 1 PP W=10U L=1U
.MODEL PP PMOS(VTO=-0.5 KP=50U LAMBDA=0.01 CGSO=100F CGDO=100F
CJ=100F GAMMA=0.1)
.OP
.TRAN 0.1M 10M
.PROBE
.END
```

모의실험 수행 결과 DC 동작점은 다음과 같다.


```
P CHANNEL CS AMPLIFIER
 ****  INITIAL TRANSIENT SOLUTION    TEMPERATURE = 27.000 DEG C
**********************************************************************
NODE VOLTAGE  NODE VOLTAGE  NODE VOLTAGE  NODE VOLTAGE
(   1) 3.0000   (   G1) 1.5000   (   B) 0.0000   (   D1)   1.522

    VOLTAGE SOURCE CURRENTS
    NAME         CURRENT
    VDD          -2.552E-04
    VIN          0.000E+00
    TOTAL POWER DISSIPATION   7.66E-04  WATTS
```

P-채널 공통 소스 증폭기 회로의 DC 동작점에 대한 모의실험 결과와 계산 결과를 비교하면 표 6.18과 같으며, 오차는 2% 이하이다.

| 표 6.18 | 채널 공통 소스 증폭기 회로의 DC 동작점 계산 결과와 모의실험 결과 비교 표

변수	계산결과	모의실험 결과
전류(I_1, μA)	250	254
전압(V_{D1}, V)	1.5	1.522
전력소모(P_D, mW)	0.754	0.766

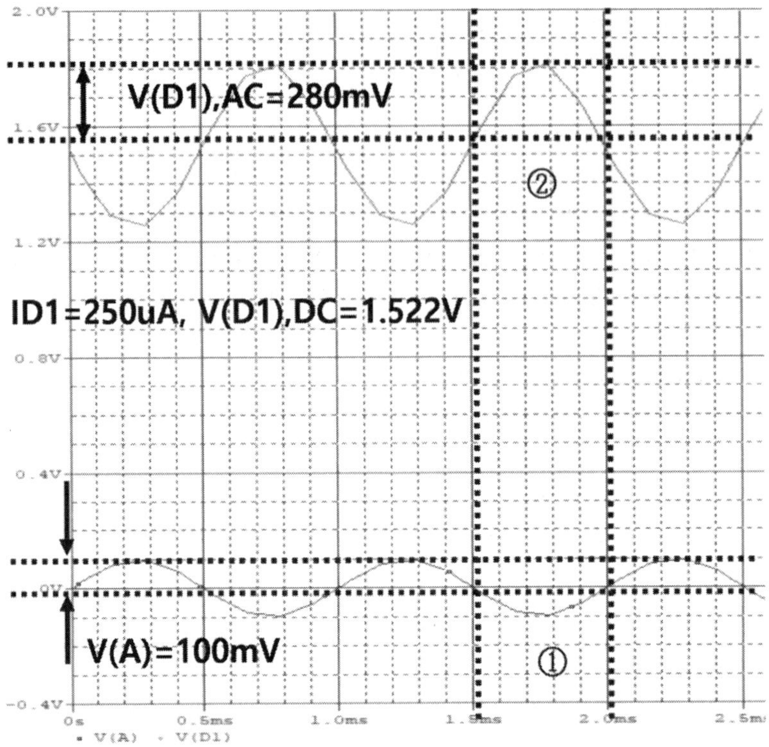

| 그림 6.89 | P–채널 공통 소스 증폭기의 과도기 응답 모의실험 결과

입력 소신호($v_i = V(A)$)에 대한 증폭기의 출력 소신호(v_{D1}) 모의실험 결과는 그림 6.89와 같다. V_{D1}의 DC 전압은 1.522V 이며, 소신호 크기는 280mV 로서 증폭이득은 2.8이다.

두 신호의 위상 차이(①, ② 시간 구간)가 180° 차이가 나는 것을 확인할 수 있다.

그림 6.90은 집적회로(integrated circuit) 형태로서 (a) N-채널 공통 소스 증폭기 또는 (b) P-채널 공통 소스 증폭기를 설계할 수 있다.

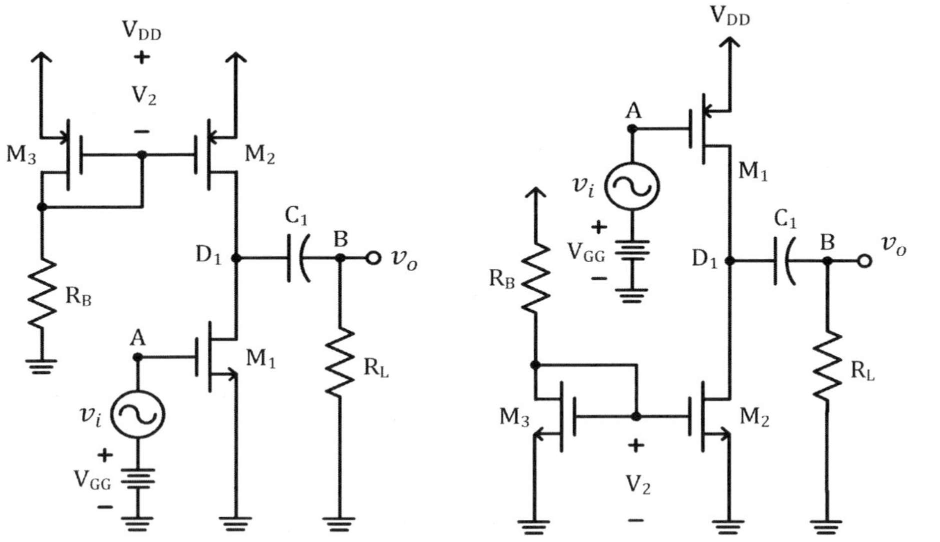

| 그림 6.90 | (a) N-채널 공통 소스 증폭기 집적회로 (b) P-채널 공통 소스 증폭기 집적회로

회로 구조를 분석해보면 V_{DD}는 공급전압원이며, M1은 공통 소스 증폭기의 드라이버 트랜지스터이고, M2, M3 및 R_B는 바이어스 회로이며, C_1은 AC 커플링 커패시터, R_L은 부하 저항이고, v_i는 입력 전압신호원의 교류신호이며, V_{GG}는 입력 전압신호원의 직류전압이다. 따라서 바이어스 회로 및 V_{GG}, V_{DD}에 의해서 공통 소스 증폭기의 DC 동작점이 결정되면 드라이버 트랜지스터(M1)와 부하 트랜지스터(M2)의 소신호 모델 변수(g_{m1}, r_{o1}, r_{o2})를 구한다. 증폭기 회로에서 직류 신호 성분과 AC 커플링커패시터를 제거하면 그림 6.91과 같은 회로로 재구성할 수 있다.

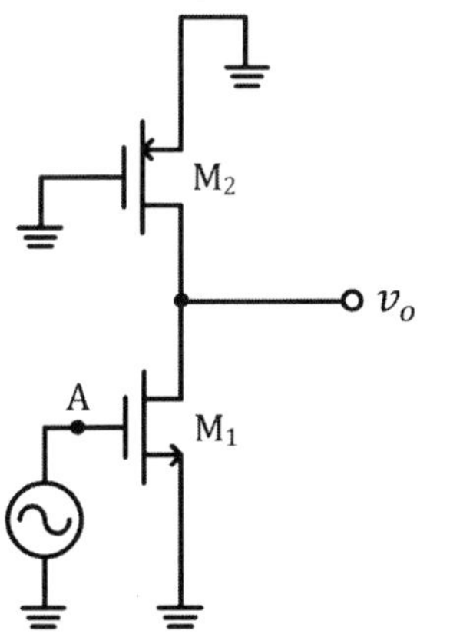

| 그림 6.91 | 직류 신호를 제거한 N-채널 공통 소스 증폭기 집적회로

트랜지스터 M2의 게이트 단자에는 DC 전압 V_2가 인가되므로 소신호 회로 해석할 때, M2의

게이트 단자를 접지점에 연결시켜야 한다. DC 전압신호를 제거한 그림 6.91회로에서 M1, M2를 저주파 소신호 등가모델로 교체해서 회로도를 재구성하면 그림 6.92와 같다.

즉, 트랜지스터 M2의 소신호 등가회로는 내부 저항 r_{o2}로 대체할 수 있어서 M1의 내부저항 r_{o1}과 병렬연결 된다.

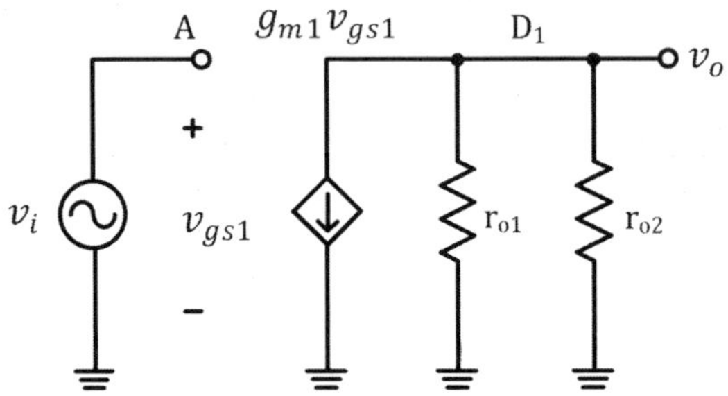

| 그림 6.92 | N-채널 공통 소스 증폭기 집적회로의 소신호 등가회로

소신호 등가회로의 입력저항(R_i)은 무한대이며, 부하저항(R_L)이 무한대이면, 출력저항(R_o)은 $r_{o1}//r_{02}$이며, 전압이득 (A_V)은 $-g_{m1}(r_{o1}//r_{o2})$ 이다.

예제 6.21 그림 6.90(a)의 N-채널 트랜지스터(M1)를 이용한 공통 소스 증폭기 회로에서 $V_{DD}=3\,V, V_{GG}=1.5\,V,\ V_2=1.5\,V,\ I_{D1}=I_{D2}=2I_{D3}=400\mu A$ 가 되도록 M1, M2, M3의 소자비율 및 R_B값을 설계하라. 회로에서 소모되는 전력값, 입력저항, 출력저항, 전압이득을 구하라. SPICE 모의실험을 통해서 계산값을 검증하라. N-채널 트랜지스터의 모델변수는 $V_{THn}=0.5\,V, K_n=100\mu A/V^2$, $\lambda_n=0.01/V$이고, P-채널 트랜지스터의 모델변수는 $V_{THp}=-0.5\,V, K_p=50\mu A/V^2, \lambda_p=0.01/V$이다. 부하저항과 커플링커패시터는 무한대로 가정한다.

풀이

첫째, DC 동작점(각 단자의 전압과 단자를 통해서 흐르는 전류)을 구한다.

$$V_{GG}=V_{GS1}=1.5\,V > V_{THn1}=0.5\,V$$

$V_2=1.5\,V$ 및 $I_{D1}=I_{D2}=2I_{D3}=400\mu A$가 주어졌으므로

바이어스 회로(M2, M3, R_B)내 M3, R_B의 폐회로에 오움법칙을 적용하면 (식 6.86)이 된다.

$$V_2 + I_{D3}R_B = V_{DD} \quad \text{또는} \quad R_B = \frac{V_{DD} - V_2}{I_{D3}} = \frac{3V - 1.5V}{200\mu A} = 7.5K\Omega \qquad \text{(식 6.86)}$$

M3가 포화영역에서 동작하므로 (식 6.86)을 사용해서 S_3를 구할 수 있다.

$$S_3 = \frac{I_{D3}}{\frac{1}{2}K_p(|V_{GS3}| - |V_{THp}|)^2} = \frac{200\mu A}{\frac{1}{2}(50\mu A/V^2)(1.5V - 0.5V)^2} = 8 \qquad \text{(식 6.87)}$$

M2와 M3는 전류미러 회로이므로 (식 6.87)에 의해서 S_2를 구할 수 있다.

$$S_2 = \frac{I_{D2}}{I_{D3}}S_3 = \frac{400\mu A}{200\mu A}(8) = 16 \qquad \text{(식 6.88)}$$

M1, M2의 전류 값이 같으므로 (식 6.88)에 의해서 S_1을 구할 수 있다.

$$K_nS_1 = K_pS_2 \quad \text{또는} \quad S_1 = \frac{K_p}{K_n}S_2 = \frac{50\mu A/V^2}{100\mu A/V^2}(16) = 8 \qquad \text{(식 6.89)}$$

회로의 전력소모는 (식 6.90)과 같다.

$$P_D = V_{DD}(I_{D1} + I_{D3}) = 3V(400\mu A + 200\mu A) = 1.8mW \qquad \text{(식 6.90)}$$

둘째, M1, M2의 소신호 모델 변수(g_{m1}, r_{o1}, r_{o2})를 계산한다.

$$g_{m1} = \sqrt{2K_nI_{D1}S_1} = \sqrt{2(100\mu A/V^2)(8)(400\mu A)} = 0.8m/\Omega$$

$$r_{o1} = \frac{1}{\lambda_n I_{D1}} = \frac{1}{(0.01/V)(400\mu A)} = 250K\Omega$$

$$r_{o2} = \frac{1}{\lambda_p I_{D2}} = \frac{1}{(0.01/V)(400\mu A)} = 250K\Omega$$

셋째, DC 신호원(V_{DD})을 제거한 후 그림 6.91과 같이 회로를 재구성한다.

넷째, 비선형 소자인 M1, M2를 소신호 모델로 교체한 후 그림 6.92의 소신호 등가회로를 사용해서 회로 해석한다.

다섯째, 입력저항, 출력저항, 전압이득을 각각 구하면 다음과 같다.

$$R_i = \infty$$

$$R_o = r_{o1}//r_{o2} = (250K\Omega)//(250K\Omega) = 125K\Omega$$

$$A_V = \frac{v_o}{v_i} = (-g_{m1})(r_{o1}//r_{02}) = (-0.8m/\Omega)(125K\Omega) = -100$$

또는 $A_V = 20\log(100) = 40dB$ 이다.

여섯째, 앞에서 구한 소신호 해석 결과를 검증하기 위해서 넷리스트를 다음과 같이 작성하고 모의실험을 수행한다.

```
N CHANNEL CS AMPLIFIER- INTEGRATED CIRCUIT
VDD 1 0 DC 3
VIN A 0 SIN(1.5 1M 1K)
*P-CH CURRENT MIRROR
M3 D3 D3 1 1 PP W=8U L=1U
M2 D1 D3 1 1 PP W=16U L=1U
RB 0 D3 7.5K
* N-CH DRIVER
M1 D1 A 0 0 NN W=8U L=1U
.MODEL NN NMOS(VTO=0.5 KP=100U LAMBDA=0.01 CGSO=100F CGDO=100F
CJ=100F GAMMA=0.1)
.MODEL PP PMOS(VTO=-0.5 KP=50U LAMBDA=0.01 CGSO=100F CGDO=100F
CJ=100F GAMMA=0.1)
.OP
.TRAN 0.1M 10M
.PROBE
.END
```

모의실험 수행 결과 DC 동작점은 다음과 같다.

```
N CHANNEL CS AMPLIFIER- INTEGRATED CIRCUIT
 ****   INITIAL TRANSIENT SOLUTION    TEMPERATURE=27.000 DEG C
******************************************************************************
NODE VOLTAGE  NODE VOLTAGE  NODE VOLTAGE  NODE VOLTAGE
(   1) 3.0000   (   A) 1.5000   (   D1) 1.4435   (  D3)   1.5056
   VOLTAGE SOURCE CURRENTS
   NAME          CURRENT
   VDD           -6.025E-04
   VIN           0.000E+00
   TOTAL POWER DISSIPATION   1.81E-03  WATTS
```

DC 동작점에 대한 모의실험 결과와 계산 결과를 비교하면 표 6.19와 같으며, 오차는 2% 이하이다.

| 표 6.19 | N-채널 공통 소스 증폭기 회로의 DC 동작점 계산 결과와 모의실험 결과 비교 표

변수	계산결과	모의실험 결과
전류(I_{D1}, μA)	400	402
전압(V_{D1}, V)	1.5	1.4435
전력소모(P_D, mW)	1.8	1.81

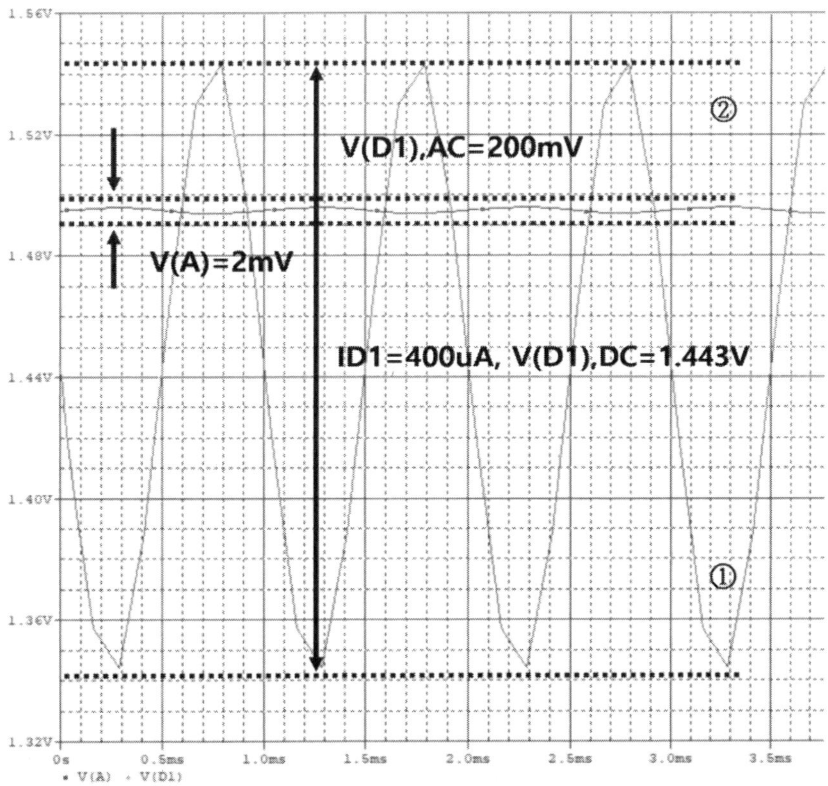

| 그림 6.93 | N-채널 공통 소스 증폭기 집적회로의 과도기 응답 모의실험 결과

최소-최대 입력 소신호($v_i = V(A)$) 크기 2mV에 대한 증폭기의 출력 소신호(v_{D1}) 모의실험 결과는 그림 6.93과 같다. V_{D1}의 DC 전압은 1.443V 이며, 최소-최대 출력 소신호 크기는 200mV 로서 증폭이득은 100 이며, 계산 결과와 일치한다. 두 신호의 위상 차이(①, ② 시간 구간)가 180° 차이가 나는 것을 확인할 수 있다.

증폭이득이 작으나 대역폭이 넓은 공통 소스 증폭기 집적회로는 그림 6.94와 같다.

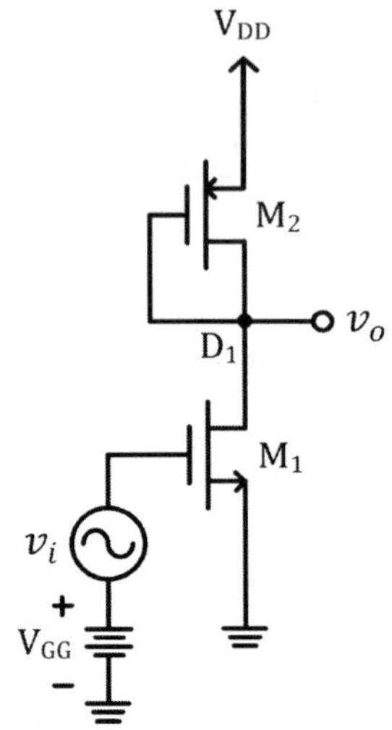

| 그림 6.94 | 저 전압이득 광대역 N-채널 공통 소스 증폭기 집적회로

드라이버 트랜지스터는 M1이고, 부하저항 및 바이어스 회로는 M2이다. V_{GG}는 M1이 포화영역에서 동작하도록 하는 DC 전압이다. 증폭기의 소신호 등가회로는 그림 6.95와 같다. M2의 게이트 단자와 드레인 단자가 함께 연결되었기 때문에 종속전류원($g_{m2}v_o$)와 내부저항(r_{o2})은 병렬연결로 표시할 수 있다. 특히 종속전류원($g_{m2}v_o$)의 양 단자에 걸린 전압이 v_o이기 때문에 종속전류원은 오옴법칙에 의해서 $\frac{1}{g_{m2}}$로 교체할 수 있다. 따라서 3개 저항의 병렬연결로 간주하는데, 3개 저항중에서 $\frac{1}{g_{m2}}$ 저항이 가장 작으므로 전체 병렬연결 저항값은 저항이 가장 작은 $\frac{1}{g_{m2}}$에 의해서 결정된다. 따라서 증폭기의 전압이득(A_V)을 구하면 (식 6.91)과 같다.

$$A_V = \frac{v_o}{v_i} = -g_{m1}\left[r_{o1} // \frac{1}{g_{m2}} // r_{o2}\right] \approx -\frac{g_{m1}}{g_{m2}} = -\sqrt{\frac{K_n S_1 I_{D1}}{K_p S_2 I_{D2}}} = -\sqrt{\frac{K_n S_1}{K_p S_2}} \qquad \text{(식 6.91)}$$

즉, 증폭기의 전압이득은 트랜지스터에 흐르는 전류 값과 관계없으며, M1, M2 소자 비율 ($\frac{S_1}{S_2}$)에 의해서 결정된다. 따라서 레이아웃 면적 문제 때문에 전압이득을 10 이상 설계하기는 어려우나, 증폭기의 전압이득이 작으면 일정한 전압이득을 유지할 수 있는 주파수 범위(대역폭, bandwidth)는 넓어지므로 광대역 증폭기(wide band amplifier)로 활용할 수 있다.

부하저항이 작기 때문에 출력저항이 $\frac{1}{g_{m2}}$ 으로 작아서 이상적 전압증폭기의 특성에 가깝다.

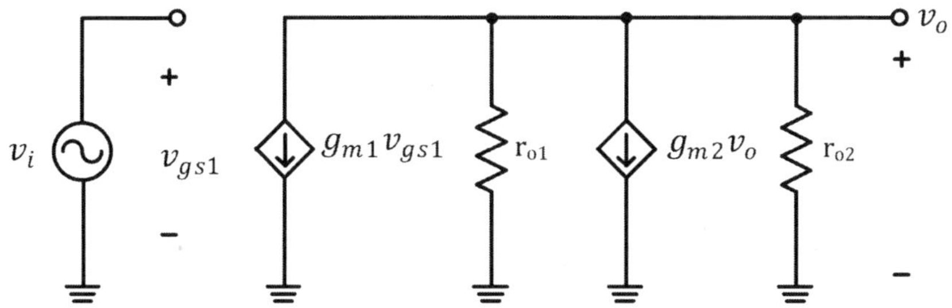

| 그림 6.95 | 저 전압이득 광대역 N-채널 공통 소스 증폭기 소신호 등가회로

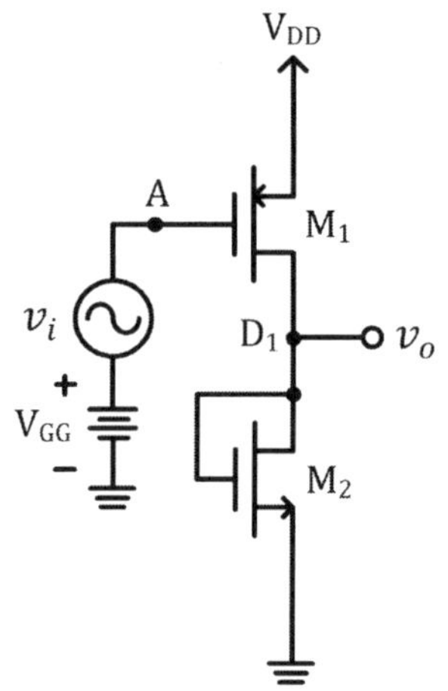

| 그림 6.96 | 저 전압이득 광대역 P-채널 공통 소스 증폭기 집적회로

저 전압이득 광대역 P-채널 공통 소스 증폭기 집적회로는 그림 6.96과 같으며, 드라이버 트랜지스터가 P-채널 트랜지스터 M1이며, 부하가 N-채널 트랜지스터 M2로서 회로 구조는 그림 6.94와 동일하다. 단지 드라이버 및 부하 트랜지스터가 N-채널에서 P-채널 트랜지스터로 교체하면 된다. 동작 원리 및 회로 성능은 2개 회로가 매우 유사하며, 그림 6.96회로의 소신호 등가회로는 그림 6.95와 동일하다.

CMOS NOT 게이트 회로를 증폭기 회로로 사용할 수 있는데, 그림 6.97과 같다. 인버터 증폭기 회로의 드라이버 및 부하는 M1, M2 이다.

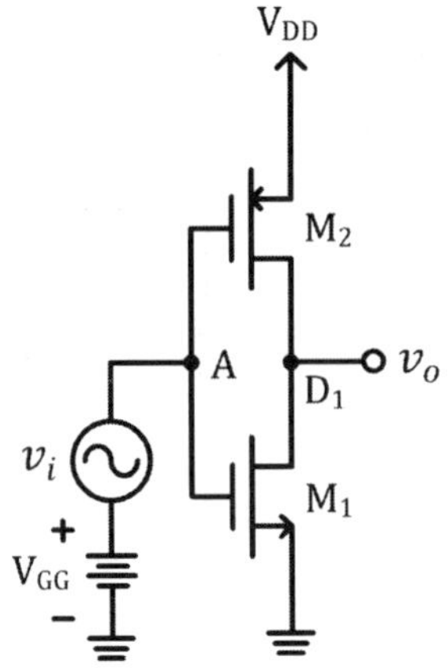

| 그림 6.97 | CMOS 인버터 증폭기 집적회로

따라서 전압이득 측면에서 보면 가장 전압이득이 높은 회로이며, 대역폭이 가장 좁은 회로이다. 인버터 증폭기 회로의 소신호 등가회로는 그림 6.98과 같다.

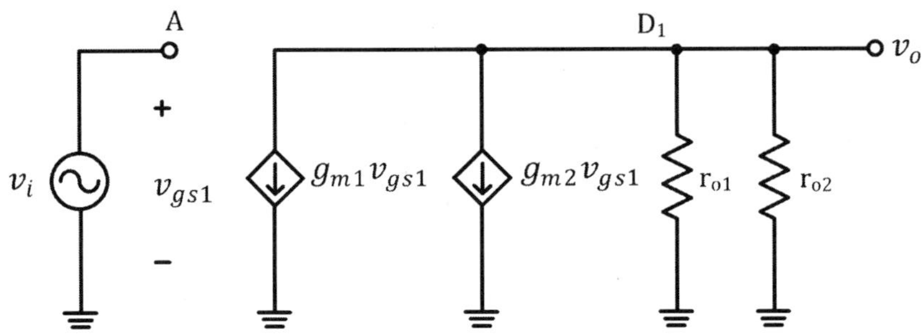

| 그림 6.98 | CMOS 인버터 증폭기 집적회로의 소신호 등가회로

그러므로 인버터 증폭기 집적회로의 전압이득은 (식 6.92)와 같다.

$$A_V = \frac{v_o}{v_i} = -(g_{m1} + g_{m2})(r_{o1} // r_{o2}) \quad \text{(식 6.92)}$$

만약 M1, M2의 상호 컨턱턴스(g_{m1}, g_{m2})가 같다면 인버터 증폭기의 전압이득은 그림 6.89 (a) N-채널 공통 소스 증폭기 집적회로 및 (b) P-채널 공통 소스 증폭기 집적회로의 전압이득보다 2배 크다. 따라서 대역폭은 1/2로 감소한다고 볼 수 있다.

예제 6.22 그림 6.94에 주어진 저 전압이득 N-채널 공통소스 증폭기 회로의 전압이득과 전력소모를 구하고, 모의실험을 통해서 검증하라. 단, $V_{DD} = 3\,V$, $V_{GG} = 1.0\,V$, M1과 M2의 소자비율은 각각 $\frac{W_1}{L_1} = \frac{80\mu m}{1\mu m}$, $\frac{W_2}{L_2} = \frac{10\mu m}{1\mu m}$, N-채널 및 P-채널 트랜지스터의 모델변수 $V_{THn} = +0.5\,V$, $V_{THp} = -0.5\,V$, $K_n = 100\mu A/V^2$, $K_p = 50\mu A/V^2$, $\lambda_n = 0.01/V$, $\lambda_p = 0.01/V$ 일 때, 회로에서 소모되는 전력값, 입력저항, 출력저항, 전압이득을 구하라. SPICE 모의실험을 통해서 계산값을 검증하라.

풀이

주어진 증폭기 회로에서 M1과 M2가 포화영역에서 동작한다고 가정하고, DC 동작점 (I_{D1}, I_{D2}, V_{D1}) 및 전력소모 (P_D)를 먼저 계산한다.

$$I_{D1} = I_{D2} = \frac{1}{2}K_n S_1 (V_{GG} - V_{THn})^2 = \frac{1}{2}(100\mu A/V^2)(80)(1.0\,V - 0.5\,V)^2 = 1mA$$

$$V_{D1} = V_{DD} - \left[|V_{THp}| + \sqrt{\frac{2I_{D2}}{K_p S_2}} \right] = 3\,V - \left[0.5\,V + \sqrt{\frac{2mA}{(50\mu A/V^2)(10)}} \right] = 0.5\,V$$

$$P_D = V_{DD}\, I_{D1} = (3\,V)(1mA) = 3mW$$

증폭기의 소신호 등가회로에서 증폭기의 전압이득은 (식 6.92)에 의해서 결정되므로 전압이득은 다음과 같이 –4가 된다.

$$A_V = \frac{v_o}{v_i} = -\frac{g_{m1}}{g_{m2}} = -\sqrt{\frac{K_n S_1}{K_p S_2}} = -\sqrt{\frac{(100\mu A/V^2)(80)}{(50\mu A/V^2)(10)}} = -4$$

출력저항(R_o)은 $R_o = \frac{1}{g_{m2}} = \frac{1}{\sqrt{2K_p S_2 I_{D2}}} = \frac{1}{\sqrt{2(50\mu A/V^2)(80)(1mA)}} = 354\Omega$ 이다.

계산 값을 검증하기 위해서 모의실험을 위한 넷리스트를 다음과 같이 작성한다.

```
LOW VOLTAGE GAIN CS AMPLIFIER– INTEGRATED CIRCUIT
VDD 1 0 DC 3
VIN A 0 SIN(1.0 1M 1K)
*P–CH LOAD
M2 D1 D1 1 1 PP W=10U L=1U
* N–CH DRIVER
```

```
M1 D1 A 0 0 NN W=80U L=1U
.MODEL NN NMOS(VTO=0.5 KP=100U LAMBDA=0.01 CGSO=100F CGDO=100F
CJ=100F GAMMA=0.1)
.MODEL PP PMOS(VTO=-0.5 KP=50U LAMBDA=0.01 CGSO=100F CGDO=100F
CJ=100F GAMMA=0.1)
.OP
.TRAN 0.1M 10M
.PROBE
.END
```

모의실험 수행시 다음과 같은 DC 동작점을 확인하면서 M1. M2가 포화영역에서 동작하는 하는 것과 전류, 전력소모 값을 확인한다.

```
LOW VOLTAGE GAIN CS AMPLIFIER- INTEGRATED CIRCUIT
 ****    SMALL SIGNAL BIAS SOLUTION    TEMPERATURE=27.000 DEG C
******************************************************************************
 NODE   VOLTAGE     NODE   VOLTAGE     NODE   VOLTAGE
(    1)   3.0000     (    A)   1.0000     (   D1)    .5192
    VOLTAGE SOURCE CURRENTS
    NAME          CURRENT
    VDD           -1.005E-03
    VIN           0.000E+00
    TOTAL POWER DISSIPATION   3.02E-03   WATTS
```

DC 동작점에 대한 모의실험 결과와 계산 결과를 비교하면 표 6.20과 같으며, 오차는 2% 이하이다.

| 표 6.20 | 저 전압이득 공통 소스 증폭기 회로의 DC 동작점 계산 결과와 모의실험 결과 비교 표

변수	계산결과	모의실험 결과
전류(I_{D1}, mA)	1	1.01
전압(V_{D1}, V)	0.5	0.51
전력소모(P_D, mW)	3.0	3.02

저 전압이득 공통 소스 증폭기 회로의 전압이득 모의실험 결과는 다음과 같다.

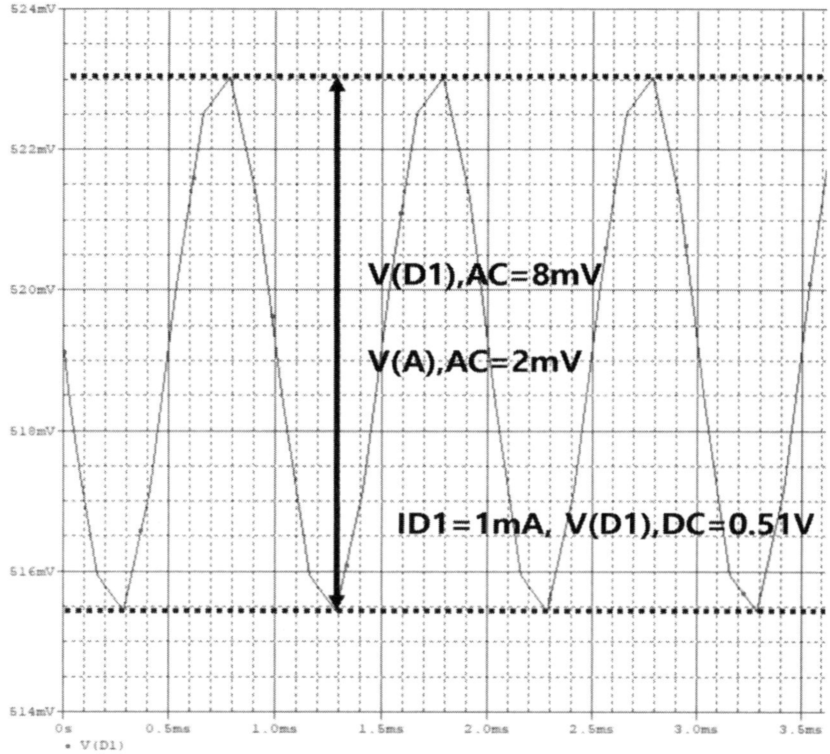

| 그림 6.99 | 저 전압이득 공통 소스 증폭기 집적회로의 과도기 응답 모의실험 결과

최소-최대 입력 소신호($v_i = V(A)$) 크기 2mV에 대한 증폭기의 출력 소신호(v_{D1}) 모의 실험 결과는 그림 6.99와 같다. V_{D1}의 DC 전압은 0.51V 이며, 최소-최대 출력 소신호 크기는 8mV로서 증폭이득은 4이며, 계산 결과와 일치한다.

6.6.6.2 공통 게이트 증폭기

공통 게이트 증폭기는 소신호 입력 전압 신호를 소스 단자로 받아서 신호를 증폭시킨 후, 드레인 단자로 소신호 출력 전압 신호를 내보내는 기능을 한다. 게이트 단자에는 DC 전압을 연결해서 드라이버 트랜지스터가 포화영역에서 동작하도록 한다. 공통 소스 증폭기와 마찬가지로 공통 게이트 증폭기를 개별 소자(discrete device) 또는 집적회로(integrated circuit) 형태로 설계할 수 있다. 개발 소자뿐만 아니라 집적회로 형태로 공통 소스 증폭기 해석 및 설계를 다루고자 한다. 그림 6.70은 개별 소자로 구성된 N-채널 공통 게이트 증폭기 회로도로서 소신호 입력신호 및 내부저항은 v_i, R_S 이며, 부하저항은 R_L, DC 게이트 전압원은 V_{GG}, M1은 드라이버 트랜지스터, V_{DD}는 공급전원으로 구성된다. 부하저항 R_L과 바이어스 전압 V_{GG}는 드라이버 트랜지스터 M1이 포화영역에서 동작하도록 설계한다.

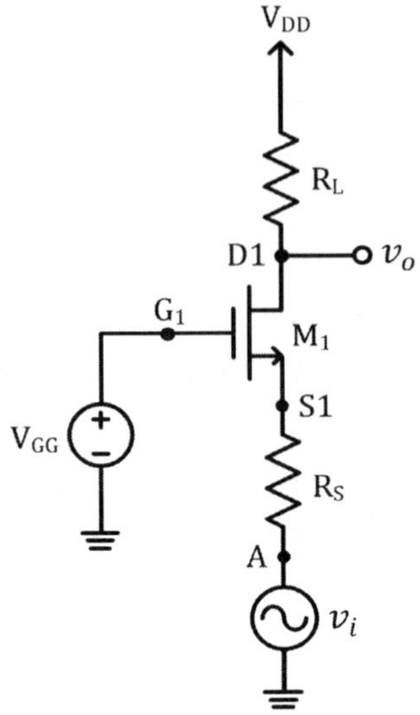

| 그림 6.70 | 개별소자로 구성된 N-채널 공통 게이트 증폭기 회로도

공통 게이트 증폭기를 소신호 회로 해석 절차에 따라서 해석해보기로 한다.

첫째, 부하저항 R_L과 바이어스 전압 V_{GG}에 의해서 드라이버 트랜지스터 M1이 포화영역에서 동작한다고 가정하고, M1에 흐르는 전류를 I_{D1} 이라고 하면, (식 6.93) 및 (식 6.94)를 만족해야 한다.

$$V_{GS1} = V_{GG} - V_{S1} > V_{THn} \qquad \text{(식 6.93)}$$

$$V_{DS1} = V_{DD} - I_{D1}R_L - V_{S1} > V_{DSAT1} = V_{GS1} - V_{THn} \qquad \text{(식 6.94)}$$

둘째, 소신호 모델 변수 (g_{m1}, r_{o1})를 (식 6.95) 및 (식 6.96)과 같이 계산한다.

$$g_{m1} = \sqrt{2k_n I_{D1} S_1} \qquad \text{(식 6.95)}$$

$$r_{o1} = \frac{1}{\lambda_n I_{D1}} \qquad \text{(식 6.96)}$$

셋째, DC 신호원을 제거한다. 주어진 회로도에서 직류 전원은 V_{DD} 및 V_{GG}이므로 직류전원 단자를 접지점에 연결해서 제거하면 그림 6.71이 된다. 즉, G1 단자는 접지점에 연결된다.

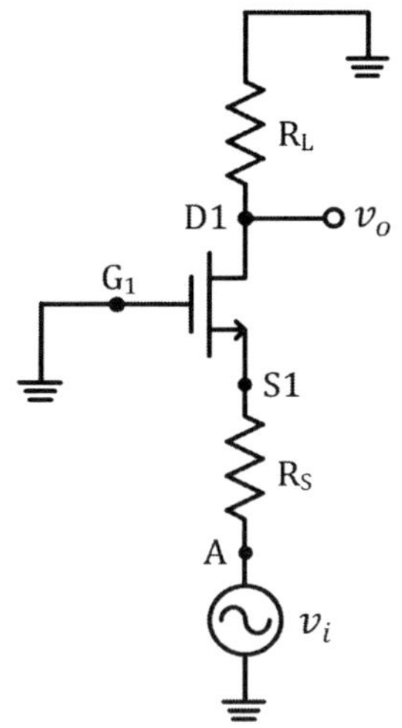

| 그림 6.71 | DC 신호원을 제거한 공통 게이트 증폭기 회로도

넷째, 비선형소자인 드라이버 트랜지스터 M1을 선형소자로 구성된 저주파 소신호 모델로 교체하면 그림 6.72와 같은 소신호 등가회로를 구성할 수 있다.

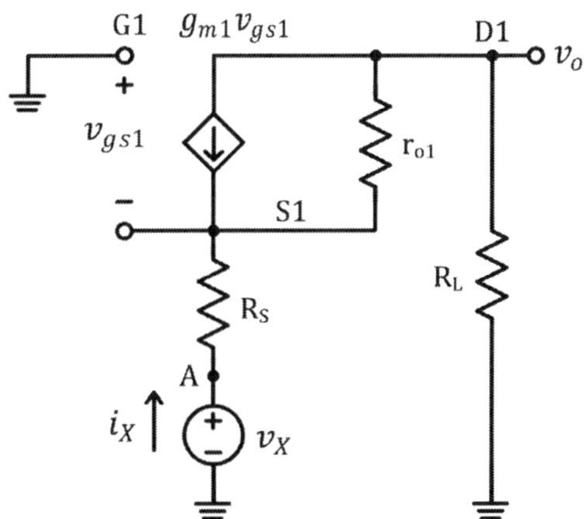

| 그림 6.72 | 공통 게이트 증폭기 회로도의 소신호 등가회로

다섯째, 그림 6.72의 소신호 등가회로에서 회로이론을 사용해서 입력저항(R_i), 출력저항 (R_o), 전압이득 ($A_V = \dfrac{v_o}{v_i}$)를 구한다.

A 단자에서 바라본 입력저항 (R_i)을 구하기 위해서 A 단자에 임의의 전압원 (v_X)을 달고, 임의의 전압원에서 흐르는 전류를 i_X 라고 하면, 오움법칙에 의해서 입력저항 (R_i)은 (식 6.97)이 된다.

$$R_i = \frac{v_X}{i_X} \qquad \text{(식 6.97)}$$

주어진 폐회로에 키르히호프 전압법칙을 적용시키면 (식 6.98)과 (식 6.99)가 된다.

$$v_X = R_s i_X + r_{o1}[i_X + g_{m1}v_{gs1}] + R_L i_X \qquad \text{(식 6.98)}$$

$$v_{gs1} = 0 - [v_X - R_S i_X] = -v_X + R_S i_X \qquad \text{(식 6.99)}$$

(식 6.99)를 (식 6.98)에 대입해서 정리하면 (식 6.70)이 된다.

$$(1 + g_{m1}r_{o1})v_X = [R_S + R_L + r_{o1} + g_{m1}r_{o1}R_S]i_X \qquad \text{(식 6.70)}$$

여기서 드라이버 트랜지스터 M1의 내부저항 (r_{o1})은 저항 (R_S, R_L, $g_{m1}r_{o1}R_S$)보다 훨씬 크므로 다음과 같이 입력저항을 간략화 할 수 있다.

$$R_i = \frac{v_X}{i_X} = \frac{R_S + R_L + r_{o1} + g_{m1}r_{o1}R_S}{1 + g_{m1}r_{o1}} \simeq \frac{1}{g_{m1}} \qquad \text{(식 6.71)}$$

D1 단자에서 바라본 출력저항 (R_o)은 그림 6.72의 폐회로에서 키르히호프 전압법칙과 $v_{gs1} = -R_S i_x$ 을 적용시키면 (식 6.72)와 같다.

$$v_X = R_s i_X + r_{o1}[i_X - g_{m1}v_{gs1}] = [R_S + (1 + g_{m1}R_S)r_{o1}]i_X \qquad \text{(식 6.72)}$$

따라서 출력저항 (R_o)은 (식 6.73)과 같다.

$$R_o = \frac{v_X}{i_X} = R_S + (1 + g_{m1}R_S)r_{o1} \simeq g_{m1}r_{o1}R_S \qquad \text{(식 6.73)}$$

따라서 공통게이트 증폭기의 출력저항은 상당히 크다고 할 수 있다. (식 6.73)을 자세히 살펴보면, 드라이버 트랜지스터와 소스저항(R_S)이 직렬 연결된 경우, 트랜지스터의 드레인 단자에서 바라본 출력저항은 트랜지스터 전압이득($g_{m1}R_S$)과 소스저항(R_S)의 곱으로 증가한다. 이것을 캐스코드(cascode) 연결이라고 한다. 부하저항(R_L)이 출력저항(R_o)와 병렬 연결되어 있기 때문에 실제적 출력저항은 부하저항(R_L)에 의해서 결정된다. 왜냐하면 캐스코드 출력저항(R_o)이 부하저항(R_L)보다 훨씬 크기 때문이다.

그림 6.72의 공통 게이트 증폭기 회로의 소신호 등가회로에서 폐회로에 대해 키르히호프 전압 법칙을 적용시키면 (식 6.74)와 (식 6.75)가 된다.

$$v_{gs1} = -R_S i_o - v_i \qquad \text{(식 6.74)}$$

$$R_s i_o + r_{o1}[i_o - g_{m1}v_{gs1}] + R_L i_o + v_i = 0 \qquad \text{(식 6.75)}$$

(식 6.74)와 (식 6.75)를 연립하면 (식 6.76)이 된다.

$$i_o = \frac{-(1+g_{m1}r_{o1})v_i}{R_S + r_{o1} + R_L + g_{m1}r_{o1}R_S} \quad \text{(식 6.76)}$$

따라서 출력전압 $v_o = -R_L i_o$에 (식 6.76)을 대입해서 정리하면 전압이득 (식 6.77)을 구할 수 있다.

$$A_V = \frac{v_o}{v_i} = \frac{(1+g_{m1}r_{o1})R_L}{(1+g_{m1}r_{o1})R_S + R_L + r_{o1}} \simeq g_{m1}R_L \quad \text{(식 6.77)}$$

전압이득 식에 의하면 입력신호와 출력신호의 위상이 동일하며, 증폭도는 $g_{m1}R_L$로서 공통 소스 증폭기 전압이득과 동일하지만 부호만 반대이다.

여섯째, 증폭기의 성능을 검증하기 위해서 넷리스트를 작성하고 과도기 응답 모의실험 한다. 입력 소신호의 크기와 주파수는 각각 100mV 이하, 10kHz 이하의 정현파를 입력시키고, D1 단자에서 증폭된 출력 소신호의 최소 및 최대 전압범위가 M1이 포화영역에서 동작하는 범위($V_{DS} > V_{DSAT1}$)에 있는지를 모니터링 한다.

예제 6.23 그림 6.70의 N-채널 트랜지스터(M1)를 이용한 공통 게이트 증폭기 회로에 $V_{DD} = 3V$, $R_S = 10\Omega$, $V_{GG} = 1.5V$, N-채널 트랜지스터의 모델변수는 $\frac{W_1}{L_1} = \frac{10\mu m}{1\mu m}$, $V_{THn} = 0.5V$, $K_n = 100\mu A/V^2$, $\lambda_n = 0.01/V$이며, 드레인 단자의 DC 전압이 1.5V가 되도록 부하저항(R_L)을 설계하라. 회로에서 소모되는 전력값, 입력저항, 출력저항, 전압이득을 구하고 SPICE 모의실험을 통해서 계산값을 검증하라.

풀이

첫째, 주어진 DC 동작점을 사용하면 트랜지스터 M1이 포화영역에서 동작하는 것이 분명하므로 ($V_{DS1} = 1.5V > V_{DSAT1} = 1.5V - 0.5V = 1.0V$), 트랜지스터에 흐르는 전류를 구하면 다음과 같다.

$$I_{D1} = \frac{1}{2}(100\mu A/V^2)(10)(1.5V - 0.5V)^2 = 0.5mA$$

따라서 부하저항(R_L)을 구하면 $R_L = \frac{V_{DD} - V_{D1}}{I_{D1}} = \frac{1.5V}{0.5mA} = 3K\Omega$이 된다.

전력소모는 $P_D = V_{DD}(I_{D1}) = (3V)(500\mu A) = 1.5mW$ 이다.

둘째, M1의 소신호 모델 변수(g_{m1}, r_{o1})를 계산한다.

$$g_{m1} = \sqrt{2K_n I_{D1} S_1} = \sqrt{2(100\mu A/V^2)(10)(500\mu A)} = 1m/\Omega$$

$$r_{o1} = \frac{1}{\lambda_n I_{D1}} = \frac{1}{(0.01/V)(500\mu A)} = 200K\Omega$$

셋째, DC 신호원(V_{DD}, V_{GG})을 제거한 후 그림 6.71과 같이 회로를 재구성한다.

넷째, 비선형 소자인 M1을 소신호 모델로 교체한 후 그림 6.72의 소신호 등가회로를 사용해서 회로 해석한다.

다섯째, 입력저항, 출력저항, 전압이득을 각각 구하면 다음과 같다.

$$R_i = \frac{1}{g_{m1}} = 1K\Omega$$

$$R_o = (g_{m1} r_{o1} R_S)//R_L = (2K\Omega)//(3K\Omega) = 1.2K\Omega$$

$$A_V = \frac{v_o}{v_i} = (g_{m1})(R_L) = (1m/\Omega)(3K\Omega) = 3$$

또는 $A_V = 20\log(3) = 9.5dB$ 이다.

여섯째, 앞에서 구한 소신호 해석 결과를 검증하기 위해서 넷리스트를 다음과 같이 작성하고 모의실험을 수행한다.

```
N CHANNEL CG AMPLIFIER
VDD 1 0 DC 3
VIN A 0 SIN(0 100M 1K)
RS S1 A 10
RL D1 1 3K
VGG G1 0 DC 1.5
M1 D1 G1 S1 0 NN W=10U L=1U
.MODEL NN NMOS(VTO=0.5 KP=100U LAMBDA=0.01 CGSO=100F CGDO=100F
CJ=100F GAMMA=0.1)
.OP
.TRAN 0.1M 10M
.PROBE
.END
```

모의실험 수행 결과 DC 동작점은 다음과 같다.

```
N CHANNEL CG AMPLIFIER
 ****    INITIAL TRANSIENT SOLUTION    TEMPERATURE = 27.000 DEG C
**************************************************************************
NODE VOLTAGE   NODE VOLTAGE   NODE VOLTAGE   NODE VOLTAGE
(    1) 3.0000    (    G1) 1.5000    (    S1) 0.0050    (   D1)    1.4939
     VOLTAGE SOURCE CURRENTS
     NAME          CURRENT
     VDD           - 5.02E- 04
     VIN           0.000E+00
     TOTAL POWER DISSIPATION    1.51E- 03   WATTS
```

DC 동작점에 대한 모의실험 결과와 계산 결과를 비교하면 표 6.21과 같으며, 오차는 2% 이하이다.

| 표 6.21 | N-채널 공통 게이트 증폭기 회로의 DC 동작점 계산 결과와 모의실험 결과 비교 표

변수	계산결과	모의실험 결과
전류(I_1, μA)	500	502
전압(V_{D1}, V)	1.5	1.4939
전력소모(P_D, mW)	1.5	1.51

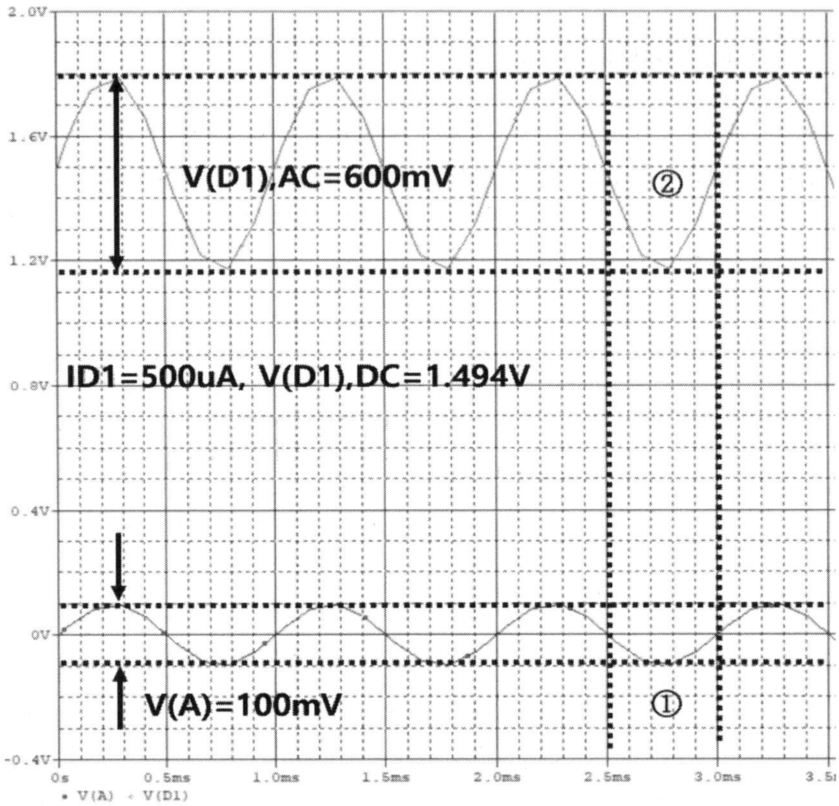

| 그림 6.73 | 저 전압이득 공통 게이트 증폭기 집적회로의 과도기 응답 모의실험 결과

최소-최대 입력 소신호($v_i = V(A)$) 크기 200mV에 대한 증폭기의 출력 소신호(v_{D1}) 모의실험 결과는 그림 6.73과 같다. V_{D1}의 DC 전압은 1.4939V 이며, 최소-최대 출력 소신호 크기는 600mV로서 증폭이득은 3이며, 계산 결과와 일치한다. 두 신호의 위상 차이(①, ② 시간 구간)가 없음을 확인할 수 있다.

6.6.6.3 공통 드레인 증폭기

공통 드레인 증폭기는 소신호 입력 전압 신호를 게이트 단자로 받아서 신호를 증폭시킨 후, 소스 단자로 소신호 출력 전압 신호를 내보내는 기능을 한다. 게이트 단자에는 DC 전압을 연결해서 드라이버 트랜지스터가 포화영역에서 동작하도록 한다. 공통 소스 증폭기 및 공통 게이트 증폭기와 마찬가지로 공통 드레인 증폭기를 개별 소자(discrete device) 또는 집적회로(integrated circuit) 형태로 설계할 수 있다. 개발 소자뿐만 아니라 집적회로 형태로 공통 드레인 증폭기 해석 및 설계를 다루고자 한다.

(1) 개별 소자로 구성된 N-채널 공통 드레인 증폭기

그림 6.74는 개별 소자로 구성된 N-채널 공통 드레인 증폭기 회로도로서 소신호 입력신호 및 내부저항은 v_i, R_S 이며, 부하저항은 R_L, DC 게이트 전압원은 V_{GG}, M1은 드라이버 트랜지스터, V_{DD}는 공급전원으로 구성된다. 부하저항 R_L과 바이어스 전압 V_{GG}는 드라이버 트랜지스터 M1이 포화영역에서 동작하도록 설계한다.

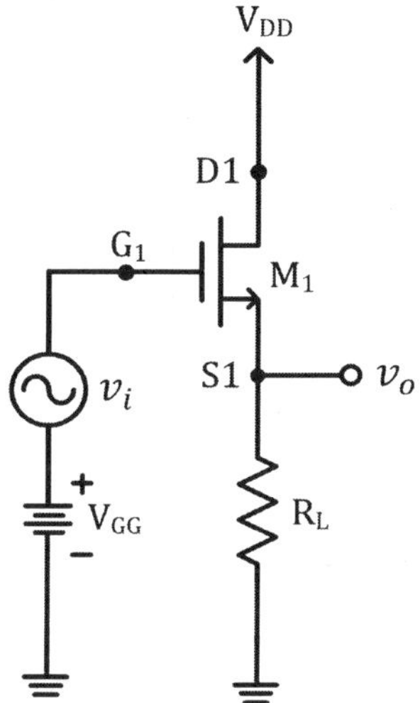

| 그림 6.74 | 개별소자로 구성된 N-채널 공통 드레인 증폭기 회로도

공통 드레인 증폭기를 소신호 회로 해석 절차에 따라서 해석해보기로 한다.

첫째, 부하저항 R_L과 바이어스 전압 V_{GG}에 의해서 드라이버 트랜지스터 M1이 포화영역에서 동작한다고 가정하고, M1에 흐르는 전류를 I_{D1} 이라고 하면, (식 6.78) 및 (식 6.79)를 만족해야 한다.

$$V_{GS1} = V_{GG} - V_{S1} > V_{THn} \quad \text{(식 6.78)}$$

$$V_{DS1} = V_{DD} - I_{D1}R_L > V_{DSAT1} = V_{GS1} - V_{THn} \quad \text{(식 6.79)}$$

둘째, 소신호 모델 변수 (g_{m1}, r_{o1})를 (식 6.80) 및 (식 6.81)과 같이 계산한다.

$$g_{m1} = \sqrt{2K_n I_{D1} S_1} \quad \text{(식 6.80)}$$

$$r_{o1} = \frac{1}{\lambda_n I_{D1}} \quad \text{(식 6.81)}$$

셋째, DC 신호원을 제거한다. 주어진 회로도에서 직류 전원은 V_{DD} 및 V_{GG}이므로 직류전원 단자를 접지점에 연결해서 제거하면 그림 6.75가 된다. 즉, V_{GG} 전원은 제거하고, 소신호 v_i만 남긴다.

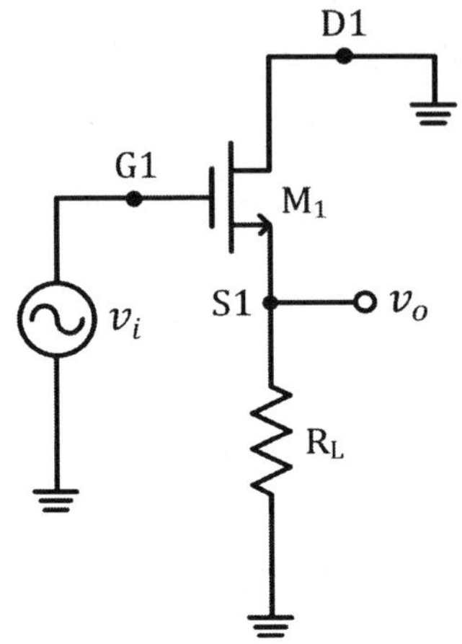

| 그림 6.75 | DC 신호원을 제거한 공통 드레인 증폭기 회로도

넷째, 비선형소자인 드라이버 트랜지스터 M1을 선형소자로 구성된 저주파 소신호 모델로 교체하면 그림 6.76과 같은 소신호 등가회로를 구성할 수 있다.

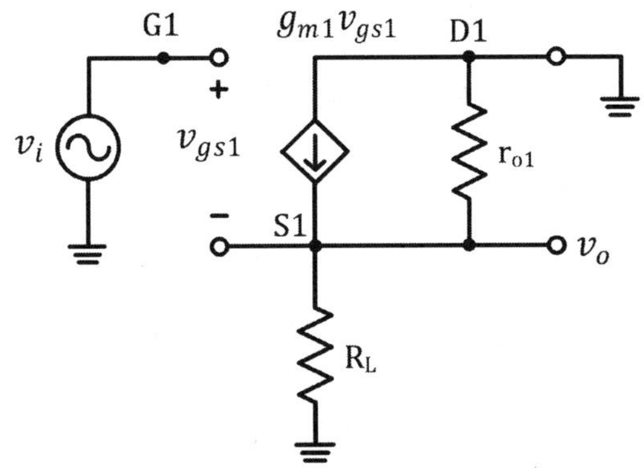

| 그림 6.76 | N-채널 공통 드레인 증폭기의 소신호 등가회로도

다섯째, 입력저항, 출력저항, 전압이득을 각각 구하면 다음과 같다. 주어진 게이트 단자에서 바라본 입력저항은 무한대이다.

출력단자에서 바라본 출력저항을 구하기 위해서 그림 6.76에서 소스 단자에 임의의 전압원 v_X를 연결하고, 입력신호원 v_i를 제거하면 그림 6.77이 되며, v_X에 흐르는 전류 i_X의 비율을 구한다.

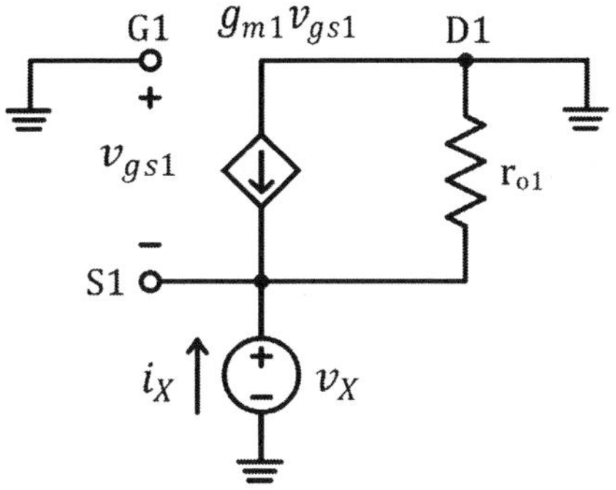

| 그림 6.77 | 출력저항을 구하기 위한 N-채널 공통드레인 증폭기의 소신호 등가회로

주어진 폐회로에 키르히호프 전압법칙을 적용시키면 (식 6.82)가 된다.

$$v_X = r_{o1}[g_{m1}v_{gs1} + i_X] \quad \text{(식 6.82)}$$

또한 $v_{gs1} + v_X = 0$ 이므로 (식 6.83)이 된다.

$$v_{gs1} = -v_X \quad \text{(식 6.83)}$$

(식 6.83)을 (식 6.82)에 대입해서 정리하면 (식 6.84)가 된다.

$$v_X = r_{o1}[g_{m1}(-v_X) + i_X] = -g_{m1}r_{o1}v_X + r_{o1}i_X \quad \text{(식 6.84)}$$

(식 6.84)를 다시 정리하면 (식 6.85)가 되어서 출력저항(R_o)을 구할 수 있다.

$$(1 + g_{m1}r_{o1})v_X = r_{o1}i_X \quad \text{(식 6.85)}$$

(식 6.85)에서 $g_{m1}r_{o1} \gg 1$이 성립하므로 (식 6.86)이 된다.

$$R_o = \frac{v_X}{i_X} = \frac{r_{o1}}{1 + g_{m1}r_{o1}} \approx \frac{1}{g_{m1}} \quad \text{(식 6.86)}$$

따라서 공통드레인 증폭기의 출력저항은 소자 비율 및 전류값이 증가하면 감소하는 것을 (식 6.86)을 통해서 알 수 있다.

전압이득을 구하기 위해서 그림 6.76 공통 드레인 증폭기 소신호 등가 폐회로에 키르히호프 전압 법칙을 적용시키면 (식 6.87)이 된다.

$$v_o = g_{m1}(r_{o1}//R_L)(v_i - v_o) \quad \text{(식 6.87)}$$

(식 6.87)을 다시 정리하면 전압이득 (A_V)을 (식 6.88)과 같이 구할 수 있다.

그런데 $g_{m1}(r_{o1}//R_L) \gg 1$이 되면 간략화해서 전압이득이 1에 가깝다.

$$A_V = \frac{g_{m1}(r_{o1}//R_L)}{1+g_{m1}(r_{o1}//R_L)} \approx 1 \qquad \text{(식 6.88)}$$

여섯째, 증폭기의 성능을 검증하기 위해서 넷리스트를 작성하고 과도기 응답 모의실험 한다.

위와 같이 공통드레인 증폭기의 성능을 요약하면 입력저항은 무한대, 출력저항은 $\frac{1}{g_{m1}}$로 작고, 전압이득은 1이므로, 전압 완충증폭기(voltage buffer amplifier)로 사용할 수 있다. 또한 입력저항과 출력저항의 차이가 크기 때문에 서로 임피던스가 다른 두 회로를 연결할 때, 두 회로 사이에 공통드레인 증폭기를 삽입시키면 신호 손실 없이 신호 전달이 가능하다. 또한 공통드레인 증폭기는 직류전압 차이를 유도할 수 있기 때문에 DC 전압이동기(DC Level shifter)라고도 한다.

예제 6.24 그림 6.74의 N-채널 트랜지스터(M1)를 이용한 공통 드레인 증폭기 회로에 $V_{DD}=3\,V$, $V_{GG}=3\,V$, N-채널 트랜지스터의 모델변수는 $\frac{W_1}{L_1}=\frac{200\mu m}{1\mu m}$, $V_{THn}=0.5\,V$, $K_n=100\mu A/V^2$, $\lambda_n=0.01/V$이며, 소스 단자의 DC 전압이 1.5V가 되도록 부하저항(R_L)을 설계하라. 회로에서 소모되는 전력값, 입력저항, 출력저항, 전압이득을 구하고 SPICE 모의실험을 통해서 계산값을 검증하라.

풀이

첫째, 주어진 DC 동작점을 사용하면 트랜지스터 M1이 포화영역에서 동작하는 것이 분명하므로 ($V_{DS1}=1.5\,V > V_{DSAT1}=1.5\,V-0.5\,V=1.0\,V$), 트랜지스터에 흐르는 전류를 구하면 다음과 같다.

$$I_{D1}=\frac{1}{2}(100\mu A/V^2)(200)(1.5\,V-0.5\,V)^2=10mA$$

따라서 부하저항(R_L)을 구하면 $R_L=\frac{V_{DD}-V_{D1}}{I_{D1}}=\frac{1.5\,V}{10mA}=150\Omega$이 된다.

전력소모는 $P_D=V_{DD}(I_{D1})=(3\,V)(10mA)=30m\,W$이므로 공통 소스 증폭기나 공통 게이트 증폭기의 전력소모에 비해서 매우 크다는 것을 알 수 있다.

둘째, M1의 소신호 모델 변수(g_{m1}, r_{o1})를 계산한다.

$$g_{m1}=\sqrt{2K_nI_{D1}S_1}=\sqrt{2(100\mu A/V^2)(200)(10000\mu A)}=20m/\Omega$$

$$r_{o1} = \frac{1}{\lambda_n I_{D1}} = \frac{1}{(0.01/V)(10000\mu A)} = 10K\Omega$$

셋째, DC 신호원(V_{DD}, V_{GG})을 제거한 후 그림 6.75와 같이 회로를 재구성한다.

넷째, 비선형 소자인 M1을 소신호 모델로 교체한 후 그림 6.76의 소신호 등가회로를 사용해서 회로 해석한다.

다섯째, 입력저항, 출력저항, 전압이득을 각각 구하면 다음과 같다.

입력저항은 무한대이며, 출력저항은 다음과 같이 37.5Ω이 된다.

$$R_o = \frac{1}{g_{m1}} // R_L = 50\Omega // 150\Omega = 37.5\Omega$$

전압이득은 1보다 작은 0.75 이다.

$$A_V = \frac{v_o}{v_i} = \frac{g_{m1}(r_{o1}//R_L)}{1 + g_{m1}(r_{o1}//R_L)} = \frac{3}{1+3} = 0.75$$

또는 $A_V = 20\log(0.75) = -2.5dB$ 이다.

입력 직류전압이 3V인데, 출력 직류전압이 1.5V 이므로 1.5V 직류전압이 낮은 값으로 이동되었다. 따라서 DC 전압 이동기(DC level shifter)라고 할 수 있다.

여섯째, 앞에서 구한 소신호 해석 결과를 검증하기 위해서 넷리스트를 다음과 같이 작성하고 모의실험을 수행한다. 소신호 특성을 모의실험하기 위해서 S1 단자를 3번 단자로 대체하였다.

```
N CHANNEL CD AMPLIFIER
* S1=3 (NODE 3 REPLACES NODE S1)
VDD 1 0 DC 3
VIN G1 0 SIN(3.0 100M 1K)
RL 3 0 150
M1 1 G1 3 3 NN W=200U L=1U
.MODEL NN NMOS(VTO=0.5 KP=100U LAMBDA=0.01 CGSO=100F CGDO=100F
CJ=100F GAMMA=0.1)
.OP
.TF V(3) VIN
.TRAN 0.1M 10M
.PROBE
.END
```

모의실험 수행 결과 DC 동작점은 다음과 같다.

```
N CHANNEL CD AMPLIFIER
 ****    SMALL SIGNAL BIAS SOLUTION    TEMPERATURE = 27.000 DEG C
*****************************************************************************
NODE VOLTAGE NODE   VOLTAGE   NODE VOLTAGE
(    1)   3.0000    (  3)     1.5056      (  G1)  3.0000
    VOLTAGE SOURCE CURRENTS
    NAME             CURRENT
    VDD              - 1.004E- 02
    VIN              0.000E+00
    TOTAL POWER DISSIPATION    3.01E- 02   WATTS
```

DC 동작점에 대한 모의실험 결과와 계산 결과를 비교하면 표 6.22와 같으며, 오차는 1% 이하이다. 오차의 원인은 트랜지스터의 비선형성 때문이라고 할 수 있다.

| 표 6.22 | N-채널 공통 소스 증폭기 회로의 DC 동작점 계산 결과와 모의실험 결과 비교 표

변수	계산결과	모의실험 결과
전류(I_1, mA)	10	10
전압(V_{S1}, V)	1.5	1.5056
전력소모(P_D, mW)	30	30.1

최소-최대 입력 소신호($v_i = V(G1)$) 크기 200mV에 대한 증폭기의 출력 소신호 (v_{S1}) 모의실험 결과는 그림 6.78과 같다. $V_{S1} = V(3)$의 DC 전압은 1.5056V이며, 최소-최대 출력 소신호 크기는 146.3mV로서 증폭이득(146.3mV/200mV)은 0.7315이며, 전압이득 계산 결과인 0.75와 2.47% 오차가 있다. 두 신호의 위상 차이가 없음을 확인할 수 있다. 또한, 직류전압이동은 (3.0V-1.5056V) =1.4944V로서 계산 결과인 1.5V와 56mV 차이가 남을 알 수 있다. 전압이득 및 직류전압이동의 오차는 트랜지스터의 비선형성 때문에 나타난다고 할 수 있다.

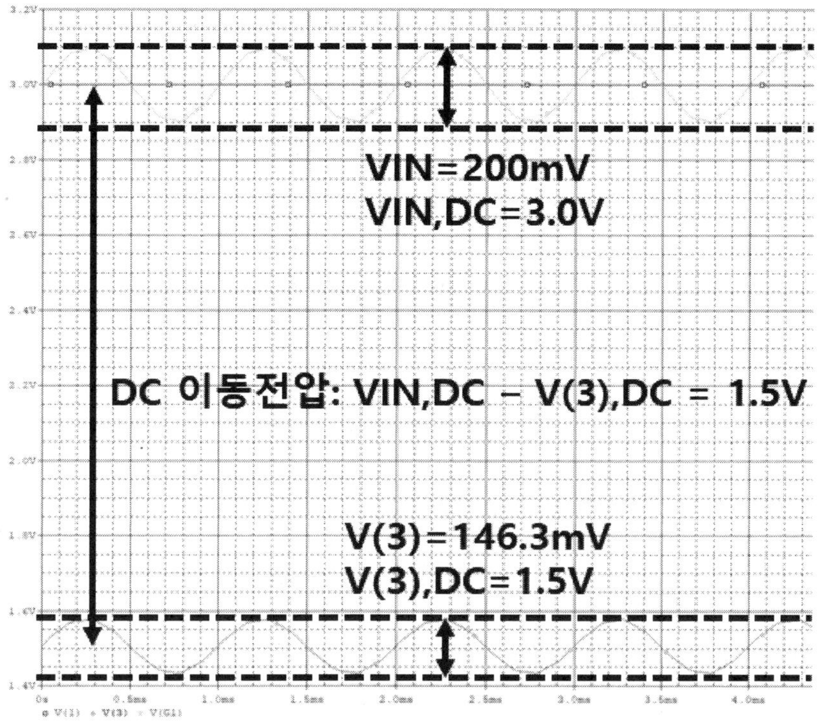

| 그림 6.78 | N-채널 공통 드레인 증폭기의 과도기 응답 모의실험 결과

소신호 특성 모의실험 결과는 다음과 같으며, 모의실험의 전압이득(0.749)와 출력저항(37.1 Ω)이 계산결과가 일치함을 알 수 있다.

```
****  SMALL-SIGNAL CHARACTERISTICS
      V(3)/VIN = 7.490E-01
      INPUT RESISTANCE AT VIN = 1.000E+20
      OUTPUT RESISTANCE AT V(3) = 3.710E+01
```

(2) N-채널 공통 드레인 증폭기 집적회로

그림 6.79는 N-채널 공통 드레인 증폭기 집적회로도로서 소신호 입력신호는 v_i 이며, DC 게이트 전압원은 V_{GG}, M1은 드라이버 트랜지스터, 전류미러 바이어스 회로는 M_1, M_2, R_B로 구성되며, V_{DD}는 공급전원이다. 바이어스 저항 R_B와 바이어스 전압 V_{GG}는 트랜지스터 M_1, M_2, M_3가 포화영역에서 동작하도록 설계한다.

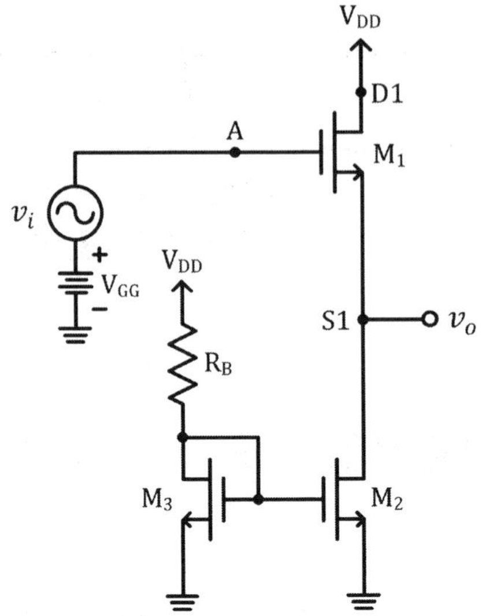

| 그림 6.79 | N-채널 공통 드레인 증폭기 집적회로도

공통 드레인 증폭기를 소신호 회로 해석 절차에 따라서 해석해보기로 한다.

첫째, 바이어스 저항 R_B와 바이어스 전압 V_{GG}에 의해서 드라이버 트랜지스터 M1 및 바이어스 트랜지스터 M_2, M_3가 포화영역에서 동작한다고 가정하고, M1에 흐르는 전류를 I_{D1} 이라고 하면, (식 6.89) 및 (식 6.90)을 만족해야 한다.

$$V_{GS1} = V_{GG} - V_{S1} > V_{THn} \qquad \text{(식 6.89)}$$

$$V_{DS1} = V_{DD} - V_{DS2} > V_{DSAT1} = V_{GS1} - V_{THn} \qquad \text{(식 6.90)}$$

둘째, 소신호 모델 변수(g_{m1}, r_{o1})를 (식 6.91) 및 (식 6.92)와 같이 계산한다.

$$g_{m1} = \sqrt{2K_n I_{D1} S_1} \qquad \text{(식 6.91)}$$

$$r_{o1} = \frac{1}{\lambda_n I_{D1}} \qquad \text{(식 6.92)}$$

셋째, DC 신호원을 제거한다. 주어진 회로도에서 직류 전원은 V_{DD}, V_{GG}, M_2의 게이트 단자이므로 직류전원 단자를 접지점에 연결해서 제거하면 그림 6.80이 된다. 즉, V_{GG} 전원은 제거하고, M_2의 게이트 단자를 접지에 연결하면 입력 소신호 v_i만 남긴다.

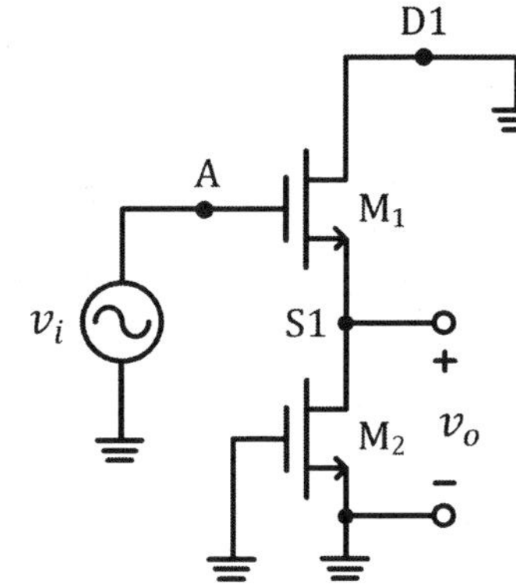

| 그림 6.80 | DC 신호원을 제거한 N-채널 공통 드레인 증폭기 집적회로도

넷째, 비선형소자인 드라이버 트랜지스터 M1을 선형소자로 구성된 저주파 소신호 모델로 교체하고, M_2의 게이트, 소스 단자가 접지에 연결되어 있으므로 내부저항 r_{o2}로 교체하면 그림 6.81과 같은 소신호 등가회로를 구성할 수 있다.

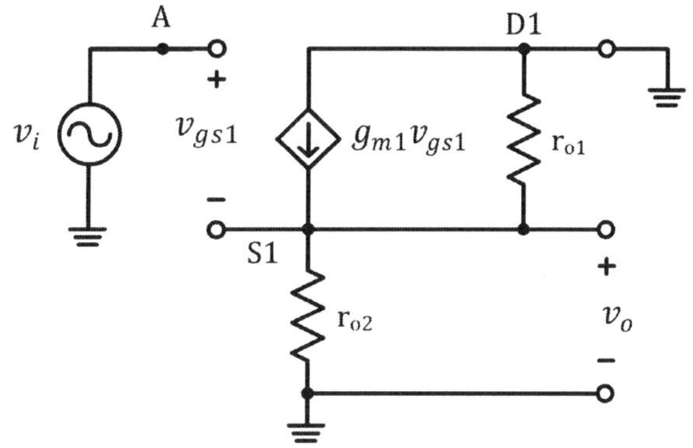

| 그림 6.81 | N-채널 공통 드레인 증폭기 집적회로의 소신호 등가회로도

다섯째, 입력저항, 출력저항, 전압이득을 각각 구하면 다음과 같다. 주어진

게이트 단자에서 바라본 입력저항은 무한대이다.

출력단자에서 바라본 출력저항을 구하기 위해서 그림 6.81에서 소스 단자에 임의의 전압원 v_X를 연결하고, 입력신호원 v_i를 제거하면 그림 6.82가 되며, v_X에 흐르는 전류 i_X와 v_X의 비율을 구한다.

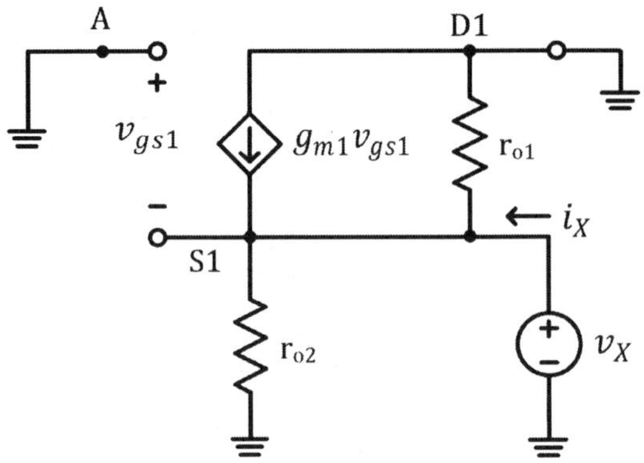

| 그림 6.82 | 출력저항을 구하기 위한 N-채널 공통드레인 증폭기 집적회로의 소신호 등가회로

주어진 폐회로에 키르히호프 전압법칙을 적용시키면 (식 6.93)이 된다.

$$v_X = (r_{o1}//r_{o2})\left[g_{m1}v_{gs1} + i_X\right] \qquad \text{(식 6.93)}$$

또한 $v_{gs1} + v_X = 0$ 이므로 (식 6.94)가 된다.

$$v_{gs1} = -v_X \qquad \text{(식 6.94)}$$

(식 6.94)를 (식 6.93)에 대입해서 정리하면 (식 6.95)가 된다.

$$v_X = r_{o1}\left[g_{m1}(-v_X) + i_X\right] = -g_{m1}r_{o1}v_X + r_{o1}i_X \qquad \text{(식 6.95)}$$

(식 6.95)를 다시 정리하면 (식 6.96)이 되어서 출력저항(R_o)을 구할 수 있다.

$$\left[1 + g_{m1}(r_{o1}//r_{o2})\right]v_X = (r_{o1}//r_{o2})i_X \qquad \text{(식 6.96)}$$

(식 6.96)에서 $g_{m1}(r_{o1}//r_{o2}) \gg 1$이 성립하므로 (식 6.97)이 된다.

$$R_o = \frac{v_X}{i_X} = \frac{r_{o1}//r_{o2}}{1 + g_{m1}(r_{o1}//r_{o2})} \approx \frac{1}{g_{m1}} \qquad \text{(식 6.97)}$$

따라서 공통드레인 증폭기 집적회로의 출력저항은 소자 비율 및 전류값이 증가하면 감소하는 것을 (식 6.97)을 통해서 알 수 있으며, 이 결과는 개별소자로 구성된 공통드레인 증폭기의 출력저항과 동일하다.

전압이득을 구하기 위해서 그림 6.81에서 공통 드레인 증폭기 집적회로의 소신호 등가 폐회로에 키르히호프 전압 법칙을 적용시키면 (식 6.98)이 된다.

$$v_o = g_{m1}(r_{o1}//r_{02})(v_i - v_o) \qquad \text{(식 6.98)}$$

(식 6.98)을 다시 정리하면 전압이득 (A_V)을 (식 6.99)와 같이 구할 수 있다.

그런데 $g_{m1}(r_{o1}//R_L) \gg 1$이 되면 간략화해서 전압이득이 1에 가깝다.

$$A_V = \frac{g_{m1}(r_{o1}//r_{o2})}{1+g_{m1}(r_{o1}//r_{o2})} \approx 1 \qquad \text{(식 6.99)}$$

여섯째, 증폭기의 성능을 검증하기 위해서 넷리스트를 작성하고 과도기 응답 모의실험 한다. 위와 같이 공통드레인 증폭기 집적회로의 성능을 요약하면 입력저항은 무한대, 출력저항은 $\frac{1}{g_{m1}}$로 작고, 전압이득은 1이므로, 전압 완충증폭기(voltage buffer amplifier)로 사용할 수 있다. 또한 입력저항과 출력저항의 차이가 크기 때문에 서로 임피던스가 다른 두 회로를 연결할 때, 두 회로 사이에 공통드레인 증폭기를 삽입시키면 신호 손실 없이 입력신호를 전달 가능하다. 또한 공통드레인 증폭기 집적회로는 직류전압 차이를 유도할 수 있기 때문에 DC 전압이동기(DC Level shifter)라고도 한다. 즉, 공통드레인 증폭기 회로와 공통드레인 증폭기 집적회로의 차이는 부하저항 R_L의 존재 유무이며, 나머지 성능은 동일하다.

예제 6.25

그림 6.79의 N-채널 트랜지스터 M1을 이용한 공통 드레인 증폭기 집적회로에 $V_{DD}=3\,V$, $V_{GG}=2.5\,V$, N-채널 트랜지스터의 모델변수는 $\frac{W_1}{L_1}=\frac{200\mu m}{1\mu m}$, $\frac{W_2}{L_2}=\frac{200\mu m}{1\mu m}$, $\frac{W_3}{L_3}=\frac{20\mu m}{1\mu m}$, $V_{THn}=0.5\,V$, $K_n=100\mu A/V^2$, $\lambda_n=0.01/V$이며, M_2, M_3의 게이트 전압이 $V_{GS3}=V_{GS2}=1.5\,V$ 되도록 바이어스저항(R_B)을 설계하라. 회로에서 소모되는 전력값, 입력저항, 출력저항, 전압이득을 구하고 SPICE 모의실험을 통해서 계산값을 검증하라.

풀이

첫째, M_2, M_3의 게이트 전압이 $V_{GS3}=V_{GS2}=1.5\,V$으로 주어졌고, M_2, M_3가 포화영역에서 동작한다고 가정하면, M_2, M_3의 전류값을 다음과 같이 구할 수 있다.

$$I_{D3}=\frac{1}{2}(100\mu A/V^2)(20)(1.5\,V-0.5\,V)^2=1mA$$

$$I_{D2}=\frac{200}{20}I_{D3}=(10)(1mA)=10mA$$

M_1, M_2는 직렬연결이므로 M_1, M_2의 전류는 동일하게 10mA 이다,

또한 키르히호프 전압법칙에 의해서 바이어스 저항(R_B)을 구하면 다음과 같다.

$$V_{DD} = V_{GS3} + R_B I_{D3}$$

$$R_B = \frac{V_{DD} - V_{GS3}}{I_{D3}} = \frac{3\,V - 1.5\,V}{1mA} = 1.5K\Omega$$

전력소모는 $P_D = V_{DD}\,(I_{D1} + I_{D3}) = (3\,V)(10mA + 1mA) = 33m\,W$ 이므로 공통 소스 증폭기나 공통 게이트 증폭기의 전력소모에 비해서 매우 크다는 것을 알 수 있다.

둘째, 드라이버 트랜지스터 M1의 소신호 모델 변수(g_{m1}, r_{o1})를 계산한다.

$$g_{m1} = \sqrt{2K_n I_{D1} S_1} = \sqrt{2(100\mu A/V^2)(200)(10000\mu A)} = 20m/\Omega$$

$$r_{o1} = \frac{1}{\lambda_n I_{D1}} = \frac{1}{(0.01/V)(10000\mu A)} = 10K\Omega$$

셋째, DC 신호원(V_{DD}, V_{GS2})을 제거한 후 그림 6.80과 같이 회로를 재구성한다.

주어진 회로도에서 직류 전원은 V_{DD}, V_{GG}, M_2의 게이트 단자이므로 직류전원 단자를 접지점에 연결해서 제거하면 그림 6.80이 된다. 즉, V_{GG} 전원은 제거하고, M_2의 게이트 단자를 접지에 연결하면 입력 소신호 v_i만 남긴다.

넷째, 비선형 소자인 M1을 소신호 모델로 교체한 후 그림 6.81의 소신호 등가회로를 사용해서 회로 해석한다.

다섯째, 입력저항, 출력저항, 전압이득을 각각 구하면 다음과 같다.

입력저항은 무한대이며, 출력저항은 다음과 같이 49.5Ω이 된다.

$$R_o = \frac{1}{g_{m1}} // r_{01} // r_{o2} = 50\Omega // 10K\Omega // 10K\Omega = 49.5\Omega$$

전압이득은 1 보다 작은 0.99 이다.

$$A_V = \frac{v_o}{v_i} = \frac{g_{m1}(r_{o1}//r_{o2})}{1 + g_{m1}(r_{o1}//r_{o2})} = \frac{100}{1+100} = 0.99$$

또는 $A_V = 20\log(0.99) = -0.09dB$ 이다.

입력 직류전압이 2.5V이며, 출력 직류전압을 계산하면 다음과 같다.

$$V_{S1} = V_{GG} - [V_{DSAT1} + V_{THn}] = 2.5\,V - \left[\sqrt{\frac{(2)(10mA)}{(100\mu A/V^2)(200)}} + 0.5\,V\right] = 1\,V$$

따라서 직류 전압 이동은 1.5V 만큼 하강한다.

여섯째, 앞에서 구한 소신호 해석 결과를 검증하기 위해서 넷리스트를 다음과 같이 작성하고 모의실험을 수행한다.

```
N CHANNEL CD AMPLIFIER INTEGRATED CIRCUIT
VDD 1 0 DC 3
VIN A 0 SIN(2.5 100M 1K)
RB 1 G2 1.5K
M1 1 A S1 S1 NN W=200U L=1U
M2 S1 G2 0 0 NN W=200U L=1U
M3 G2 G2 0 0 NN W=20U L=1U
.MODEL NN NMOS(VTO=0.5 KP=100U LAMBDA=0.01 CGSO=100F CGDO=100F
CJ=100F GAMMA=0.1)
.OP
.TRAN 0.1M 10M
.PROBE
.END
```

모의실험 수행 결과 DC 동작점은 다음과 같다.

```
N CHANNEL CD AMPLIFIER INTEGRATED CIRCUIT
 ****     SMALL SIGNAL BIAS SOLUTION       TEMPERATURE=27.000 DEG C
******************************************************************************
NODE VOLTAGE   NODE VOLTAGE   NODE VOLTAGE   NODE VOLTAGE
(    1)  3.0000  (    A)   2.5000  (   G2)   1.4944  (   S1)   1.0103
    VOLTAGE SOURCE CURRENTS
    NAME          CURRENT
    VDD           -1.099E-02
    VIN           0.000E+00
    TOTAL POWER DISSIPATION    3.30E-02   WATTS
```

DC 동작점에 대한 모의실험 결과와 계산 결과를 비교하면 표 6.23과 같으며, 오차는 5% 이하이다.

| 표 6.23 | N-채널 공통 드레인 증폭기 집적회로의 DC 동작점 계산 결과와 모의실험 결과 비교 표

변수	계산결과	모의실험 결과
전류(I_1, mA)	10	9.99
전압(V_{S1} , V)	1.0	1.01
전압(V_{G2} , V)	1.5	1.49
전력소모(P_D, mW)	33	33

최소-최대 입력 소신호($v_i = V(A)$) 크기 195.4mV에 대한 증폭기의 출력 소신호(v_{S1}) 모의실험 결과는 그림 6.79와 같다. V_{S1}의 DC 전압은 1.01V 이며, 최소-최대 출력 소신호 크기는 190mV로서 증폭이득(190mV / 195.4mV)은 0.97이며, 전압이득 계산 결과인 0.99와 1.8% 오차가 있다. 두 신호의 위상 차이(①, ② 시간 구간)가 없음을 확인할 수 있다. 또한 직류전압이동은 (2.5V−1.01V) = 1.49V로서 계산 결과인 1.5V와 10mV 차이가 남을 알 수 있다. 따라서 공통드레인 증폭기 집적회로의 전압이득 및 직류전압이동은 이상적 특성에 가깝다고 할 수 있다.

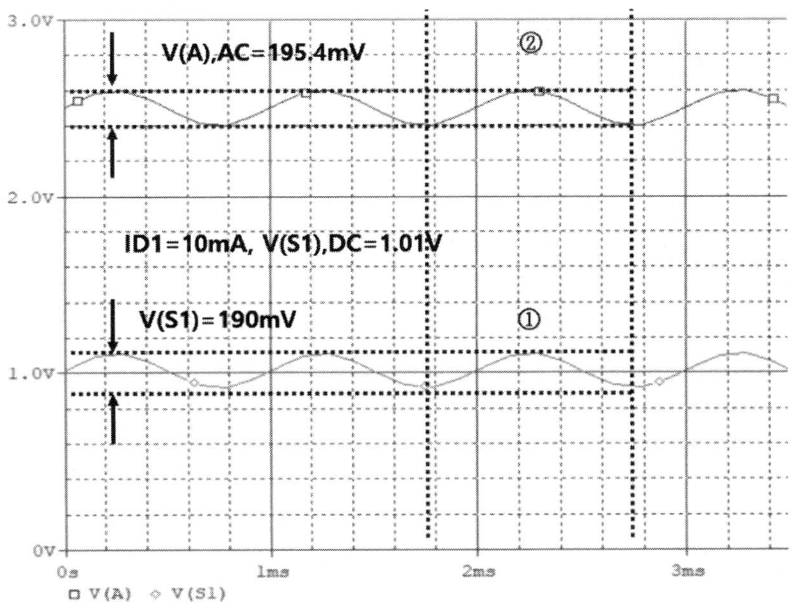

| 그림 6.83 | N-채널 공통 드레인 증폭기 집적회로의 과도기 응답 모의실험 결과

예제 6.26 그림 6.84의 P-채널 트랜지스터 M1을 이용한 공통 드레인 증폭기 집적회로에 $V_{DD}=3\,V$, $V_{GG}=0.5\,V$, P-채널 트랜지스터의 모델변수는 $\frac{W_1}{L_1}=\frac{200\mu m}{1\mu m}$, $\frac{W_2}{L_2}=\frac{200\mu m}{1\mu m}$, $\frac{W_3}{L_3}=\frac{20\mu m}{1\mu m}$, $V_{THp}=-0.5\,V$, $K_p=50\mu A/V^2$, $\lambda_p=0.01/V$이며, M_2, M_3의 게이트 전압이 $|V_{GS3}|=|V_{GS2}|=1.5\,V$ 되도록 바이어스저항(R_B)을 설계하라. 회로에서 소모되는 전력값, 입력저항, 출력저항, 전압이득을 구하고 SPICE 모의실험을 통해서 계산값을 검증하라.

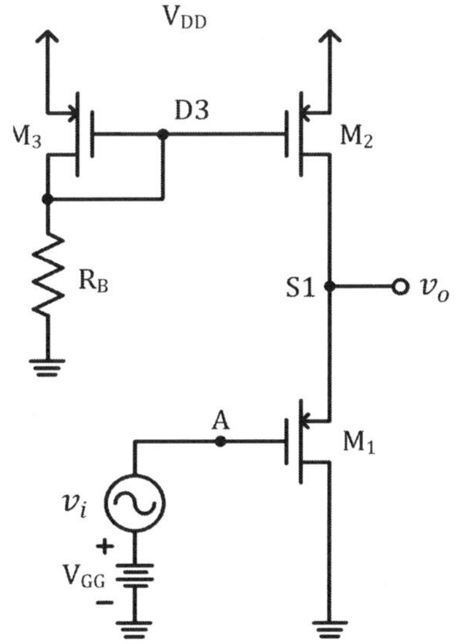

| 그림 6.84 | P-채널 트랜지스터 공통 드레인 증폭기 집적회로

풀이

첫째, M_2, M_3의 게이트 전압이 $|V_{GS3}|=|V_{GS2}|=1.5\,V$으로 주어졌고, M_2, M_3가 포화영역에서 동작한다고 가정하면, M_2, M_3의 전류 값을 다음과 같이 구할 수 있다.

$$I_{D3}=\frac{1}{2}(50\mu A/V^2)(20)(1.5\,V-0.5\,V)^2=0.5mA$$

$$I_{D2}=\frac{200}{20}I_{D3}=(10)(0.5mA)=5mA$$

M_1, M_2는 직렬연결이므로 M_1, M_2의 전류는 동일하게 5mA 이다,

또한 키르히호프 전압법칙에 의해서 바이어스 저항(R_B)을 구하면 다음과 같다.

$$V_{DD} = V_{GS3} + R_B I_{D3}$$

$$R_B = \frac{V_{DD} - V_{GS3}}{I_{D3}} = \frac{3V - 1.5V}{0.5mA} = 3K\Omega$$

전력소모는 $P_D = V_{DD}(I_{D1} + I_{D3}) = (3V)(5mA + 0.5mA) = 16.5mW$ 이므로 공통 소스 증폭기나 공통 게이트 증폭기의 전력소모에 비해서 매우 크다는 것을 알 수 있다.

둘째, 드라이버 트랜지스터 M1의 소신호 모델 변수(g_{m1}, r_{o1})를 계산한다.

$$g_{m1} = \sqrt{2K_p I_{D1} S_1} = \sqrt{2(50\mu A/V^2)(200)(5000\mu A)} = 10m/\Omega$$

$$r_{o1} = \frac{1}{\lambda_p I_{D1}} = \frac{1}{(0.01/V)(5000\mu A)} = 20K\Omega$$

셋째, DC 신호원 ($V_{DD}, |V_{GS2}|$)을 제거한 후 회로를 재구성한다. 주어진 회로도에서 직류 전원은 V_{DD}, V_{GG}, M_2의 게이트 단자 (D_3)이므로 직류전원 단자를 접지점에 연결해서 제거한다.

넷째, 비선형 소자인 M1을 소신호 모델로 교체한 후 소신호 등가회로를 사용해서 회로 해석한다.

다섯째, 입력저항, 출력저항, 전압이득을 각각 구하면 다음과 같다.

입력저항은 무한대이며, 출력저항은 다음과 같이 99Ω이 된다.

$$R_o = \frac{1}{g_{m1}} // r_{01} // r_{o2} = 100\Omega // 20K\Omega // 20K\Omega = 99\Omega$$

전압이득은 1보다 작은 0.99 이다.

$$A_V = \frac{v_o}{v_i} = \frac{g_{m1}(r_{o1}//r_{o2})}{1 + g_{m1}(r_{o1}//r_{o2})} = \frac{100}{1+100} = 0.99$$

또는 $A_V = 20\log(0.99) = -0.087dB$ 이다.

입력 직류전압이 0.5V이며, 출력 직류전압을 계산하면 다음과 같다.

$$V_{S1} = V_{GG} + [|V_{DSAT1}| + |V_{THp}|] = 0.5V + \left[\sqrt{\frac{(2)(5mA)}{(50\mu A/V^2)(200)}} + 0.5V\right] = 2.0V$$

따라서 직류 전압 이동은 1.5V 만큼 증가한다.

여섯째, 앞에서 구한 소신호 해석 결과를 검증하기 위해서 넷리스트를 다음과 같이 작성하고 모의실험을 수행한다.

```
P CHANNEL CD AMPLIFIER INTEGRATED CIRCUIT
VDD 1 0 DC 3
VIN A 0 SIN(0.5 100M 1K)
RB 0 D3 3K
M1 0 A S1 S1 PP W=200U L=1U
M2 S1 D3 1 1 PP W=200U L=1U
M3 D3 D3 1 1 PP W=20U L=1U
.MODEL PP PMOS(VTO=-0.5 KP=50U LAMBDA=0.01 CGSO=100F CGDO=100F
CJ=100F GAMMA=0.1)
.OP
.TRAN 0.1M 10M
.PROBE
.END
```

모의실험 수행 결과 DC 동작점은 다음과 같다.

```
P CHANNEL CD AMPLIFIER INTEGRATED CIRCUIT
 ****     SMALL SIGNAL BIAS SOLUTION       TEMPERATURE=27.000 DEG C
****************************************************************************
NODE VOLTAGE   NODE VOLTAGE   NODE VOLTAGE   NODE VOLTAGE
(    1)   3.0000  (    A)   0.5000   (  D3)   1.5056  (   S1)   1.9897
     VOLTAGE SOURCE CURRENTS
     NAME           CURRENT
     VDD            -5.496E-03
     VIN            0.000E+00
     TOTAL POWER DISSIPATION    1.65E-02   WATTS
```

DC 동작점에 대한 모의실험 결과와 계산 결과를 비교하면 표 6.24와 같으며, 오차는 5% 이하이다.

| 표 6.24 | P-채널 공통 소스 증폭기 집적회로의 DC 동작점 계산 결과와 모의실험 결과 비교 표

변수	계산결과	모의실험 결과
전류(I_1, mA)	5	4.99
전압(V_{S1}, V)	2.0	1.9897
전압(V_{D3}, V)	1.5	1.5056
전력소모(P_D, mW)	16.5	16.5

최소-최대 입력 소신호($v_i = V(A)$) 크기 195.3mV에 대한 증폭기의 출력 소신호(v_{S1}) 모의실험 결과는 그림 6.85와 같다. V_{S1}의 DC 전압은 1.9897V 이며, 최소-최대 출력 소신호 크기는 190.2mV로서 증폭이득(190.2mV / 195.3mV)은 0.974이며, 전압이득 계산 결과인 0.98과 0.6% 오차가 있다. 두 신호의 위상 차이(①, ② 시간 구간)가 없음을 확인할 수 있다. 또한 직류전압이동은 (1.9897V−0.5V) = 1.489V로서 계산 결과인 1.5V와 11mV 차이가 남을 알 수 있다. 따라서 P-채널 공통드레인 증폭기 집적회로의 전압이득 및 직류전압이동은 이상적 특성에 가깝다고 할 수 있다.

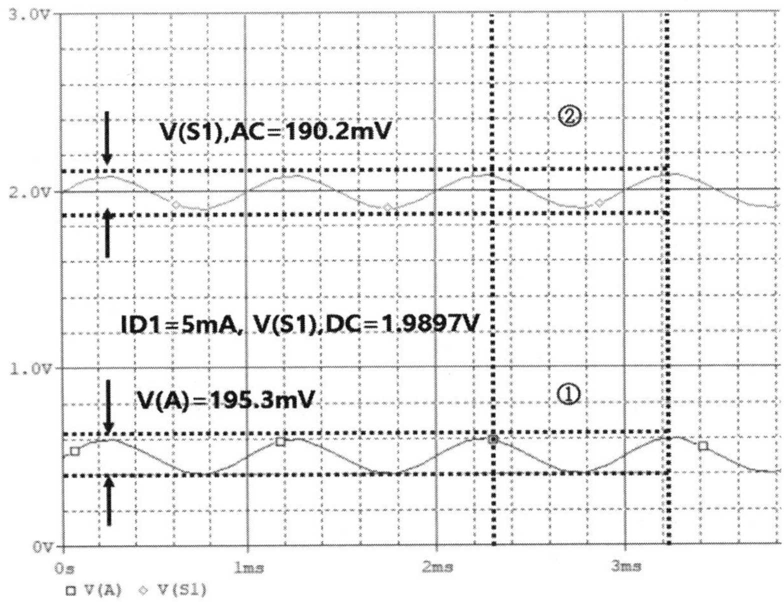

| 그림 6.85 | P-채널 공통 드레인 증폭기 집적회로의 과도기 응답 모의실험 결과

6.6.7 기본 MOSFET 증폭기 집적회로의 성능 비교

표 6.25에는 개별소자 및 집적회로 포함한 기본 MOSFET 증폭기의 성능을 비교 설명하기 위해서 여러 가지 변수를 사용하였다.

| 표 6.25 | 기본 MOSFET 증폭기의 성능

변수 및 종류	공통소스 증폭기	공통게이트 증폭기	공통드레인 증폭기	이상적 특성
공통단자	소스 단자	게이트 단자	드레인 단자	–
입력단자	게이트 단자	소스 단자	게이트 단자	–
출력단자	드레인 단자	드레인 단자	소스 단자	–
입력저항(Ω)	무한대	$\frac{1}{g_m}$	무한대	무한대
출력저항(Ω)	$r_o//R_L$	$r_o//R_L$	$\frac{1}{g_m}$	0
전압증폭도	$-g_m(r_o//R_L)$	$g_m(r_o//R_L)$	~ 1	무한대
대역폭(Hz)	협대역	광대역	광대역	무한대
전력소모(W)	$I_{DD}V_{DD}$	$I_{DD}V_{DD}$	$I_{DD}V_{DD}$	0
용도	전압증폭	전압증폭/전류완충	전압완충/임피던스 정합	–

공통소스 증폭기의 공통단자는 소스 단자, 입력 단자는 게이트 단자, 출력 단자는 드레인 단자이며, 입력저항은 바이어스 저항을 제외하면 무한대이다. 바이어스 저항이 있다면 입력저항은 바이어스 저항 값에 의해서 결정된다. 공통소스 증폭기의 출력저항은 드라이버 트랜지스터의 내부저항과 부하저항의 병렬연결($r_o//R_L$)에 의해서 결정된다. 만약 소스 저항(R_S)이 존재한다면 캐스코드(cascode) 연결로 인해서 출력저항은 $g_m R_S(r_o//R_L)$로 증가한다. 전압증폭도는 $-g_m(r_o//R_L)$으로 큰 편이며, 입력 전압신호의 위상과 출력 전압신호의 위상 차이는 ±180°이다. 전압증폭도가 크므로 대역폭은 좁아서 협대역(narrow bandwidth) 증폭을 한다. 전력소모는 공급전압(V_{DD})과 공급전압에서 흐르는 전류(I_{DD})의 곱이다. 공통소스 증폭기는 전압증폭이득이 크므로 주로 전압증폭에 사용된다.

공통게이트 증폭기의 공통단자는 게이트 단자, 입력 단자는 소스 단자, 출력 단자는 드레인 단자이며, 입력저항은 $\frac{1}{g_m}$로 작다. 공통게이트 증폭기의 출력저항은 드라이버 트랜지스터의 내부저항과 부하저항의 병렬연결($r_o//R_L$)에 의해서 결정된다. 만약 소스 저항(R_S)이 존재한다면 캐스코드(cascode) 연결로 인해서 출력저항은 $g_m R_S(r_o//R_L)$로 증가한다. 전

압증폭도는 $g_m(r_o//R_L)$으로 큰 편이며, 입력 전압신호의 위상과 출력 전압신호의 위상 차이는 0°이다. 전압증폭도가 크면서 대역폭도 넓어서 광대역(wide bandwidth) 증폭을 한다. 전력소모는 공급전압(V_{DD})과 공급전압에서 흐르는 전류(I_{DD})의 곱이다. 공통게이트 증폭기는 전압증폭이득이 크므로 주로 전압증폭에 사용되며, 공통소스 증폭기와 함께 사용해서 캐스코드 전압증폭기로 사용하는 경우가 흔하다.

공통드레인 증폭기의 공통단자는 드레인 단자, 입력 단자는 게이트 단자, 출력 단자는 소스 단자이며, 입력저항은 바이어스 저항을 제외하면 무한대이다. 바이어스 저항이 있다면 입력저항은 바이어스 저항 값에 의해서 결정된다. 공통드레인 증폭기의 출력저항은 드라이버 트랜지스터의 내부저항과 부하저항 및 $\frac{1}{g_m}$ 저항의 병렬연결($r_o//R_L//\frac{1}{g_m}$)에 의해서 결정되는데 대부분 $\frac{1}{g_m}$저항이 가장 작으므로 출력저항은 $\frac{1}{g_m}$이다. 전압증폭도는 1이므로 입력전압신호를 그대로 출력에 전달하므로 입력 전압신호의 위상과 출력 전압신호의 위상 차이는 0도이다. 다만 입력 직류전압은 V_{GS} 전압만큼 증가 또는 감소 이동되므로 직류 전압 이동기로 사용할 수 있다, 즉, N-채널 공통드레인 증폭기를 사용하면 출력직류 전압이 낮아지는 방향으로 이동하며, P-채널 공통드레인 증폭기를 사용하면 출력직류 전압이 높아지는 방향으로 이동한다. 전압증폭도가 1이므로 대역폭은 넓어서 광대역(wide bandwidth) 증폭을 한다. 전력소모는 공급전압(V_{DD})과 공급전압에서 흐르는 전류(I_{DD})의 곱이다. 공통드레인 증폭기는 입력저항이 크고, 출력저항이 작으며, 전압증폭도가 1이므로 주로 전압 완충 증폭기 또는 임피던스 정합(matching)에 사용된다.

요 약

6.1절 ~ 6.3절에서는 CMOS공정 기술을 기반으로 한 MOSFET을 사용한 기본 스위치, 기본 논리회로(NOT 게이트, 트랜스미션 게이트, NAND 게이트, NOR 게이트)의 회로도 및 기능을 학습하였다. 기본 논리회로를 이용해서 AND 게이트, OR 게이트, 멀티플렉서 회로, XOR 게이트의 회로도 및 기능을 살펴보았다. S R 플립플롭, J K 플립플롭, T 플립플롭의 회로도 및 기능을 설명하고 모의실험을 통해서 기능을 확인하였다.

6.4절에서 데이터 기억 장치인 래치회로(N-채널 래치회로 및 P-채널 래치회로)를 다루었고, 래치회로의 구조 및 구조에 따른 동작원리를 학습하였다.

6.5절에서 기본 스위치와 래치회로를 기반으로 한 고속 래치 비교기 회로를 살펴보았다. 고속 래치 비교기 회로는 리셋모드와 비교기 모드에서 동작하는데, 클럭신호가 "0"이면 리셋모드에서 동작하므로 비교기 회로의 출력은 리셋 된다. 클럭신호가 "1"이면 비교모드에서 동작하면서 두 개 입력신호를 비교해서 출력신호를 발생한다.

6.6절에서는 증폭기의 필요성, 구조 및 동작 원리, 증폭기의 종류, 증폭기내 사용되는 MOSFET을 기반으로 한 바이어스 회로를 학습하였다. 증폭기의 성능을 해석하기 위해서 소신호 회로 해석 방법을 고찰하였으며, 바이어스 회로를 포함한 3가지 기본 증폭기(공통 소스, 공통 게이트, 공통 드레인)의 전압이득, 입력 및 출력 저항, 전압 스윙 범위, 전력소모를 계산하며, 각 기본 증폭기의 성능을 SPICE 모의실험 통해서 검증하는 예제를 포함하였다. 3가지 기본 증폭기의 성능을 비교 설명하였다.

참고문헌

[6.1] P. Allen and D. Holberg, CMOS Analog Circuit Design, Oxford press, 2011

[6.2] B. Razavi, Design of Analog CMOS Integrated Circuit, McGraw-Hill, 2017,

[6.3] B. Razavi, Fundamentals of Microelectronics, John Wiley & Sons, 2014.

[6.4] J. Uyemura, Circuit Design for Digital CMOS VLSI, Kluwer, 1992.

[6.5] R. Geiger, P. Allen, and N. Strader, VLSI-Design Techniques for Analog and Digital Circuits, McGraw-Hill, 1990.

[6.6] R. Baker, H. Li, and D. Boyce, CMOS Circuit Design, Layout, and Simulation, IEEE Press, 1997.

[6.7] S. Kang and Y. Leblebici, CMOS Digital Integrated Circuits-Analysis and Design, McGraw-Hill, 1996.

[6.8] T. Floyd, Electronic Devices, Pearson, 2019.

[6.9] A. Sedra and K. Smith, Microelectronic circuits, 7th ed. Oxford Press, 2022.

[6.10] P. Gray and R. Meyer, Analysis and design of analog integrated circuits, 6th edition, John and Wiley, 2024.

[6.11] G. Roberts and A. Sedra, SPICE, Oxford University Press, 1997.

[6.12] R. Tocci, N. Widmer, G. Moss, Digital Systems, 10th ed. Pearson Prentice Hall, 2007.

[6.13] Neamen, Microelectronics Circuit Analysis and Design, 2007.

[6.14] Spencer and Ghausi, Introduction to Electronic Circuit Design, Prentice Hall, 2003.

[6.15] L. Nagel, D. Pederson, Simulation Program With Integrated Circuit Emphasis (SPICE), Electronic Research Laboratory Report No. ERL-M383, University of California, Berkeley, 1975.

6.1 그림 p 6.1의 CMOS NOT 게이트 회로를 논리회로로 사용했을 때, A가 "1" 그리고 "0"이 될 때, M1, M2의 on, off 상태를 이용해서 B값을 구하라.

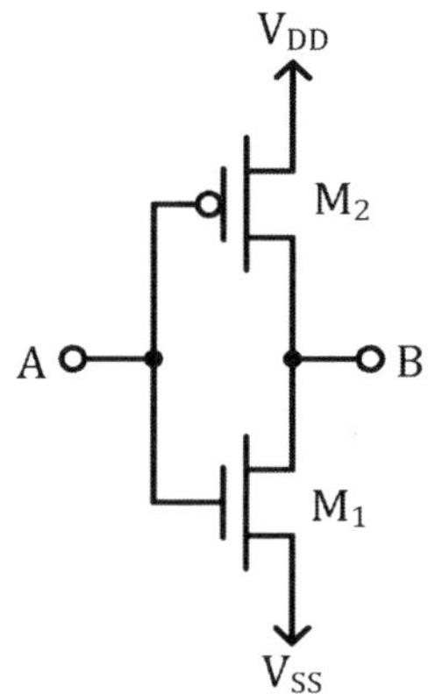

| 그림 p 6.1 |

6.2 그림 p 6.1의 CMOS NOT 게이트 회로를 증폭기로 사용할 때, 전압이득과 출력 저항을 구하라. 단, $\left(\frac{W}{L}\right)_1 = \frac{10\mu m}{0.5\mu m}, \left(\frac{W}{L}\right)_2 = \frac{20\mu m}{0.5\mu m}$, $V_A = 1.5\,V + 1m\,V(\sin\omega t)$, $V_{DD} = 3\,V$, $V_{SS} = 0\,V$, $V_{THn} = 0.5\,V$, $V_{THp} = -0.5\,V$, $K_n = 100\mu A/V^2$, $K_p = 50\mu A/V^2$, $\lambda_n = \lambda_p = 0.01/V$이다.

6.3 부울대수가 $Y = AB + \overline{A}\,\overline{B}$인 논리회로를 NOT 게이트, NAND 게이트, NOR 게이트 회로로 구현하라.

6.4 주어진 논리회로의 출력신호 Y를 A, B의 부울대수로 표시하라.

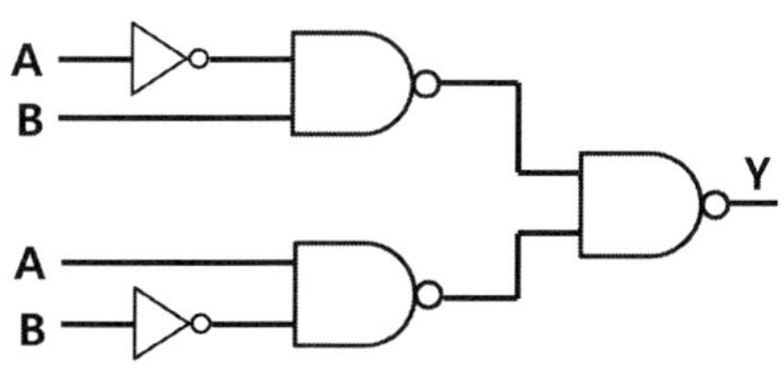

| 그림 p 6.4 |

6.5 주어진 논리회로의 출력신호 D를 A, B, C의 부울대수로 표시하고 진리표를 작성하라.

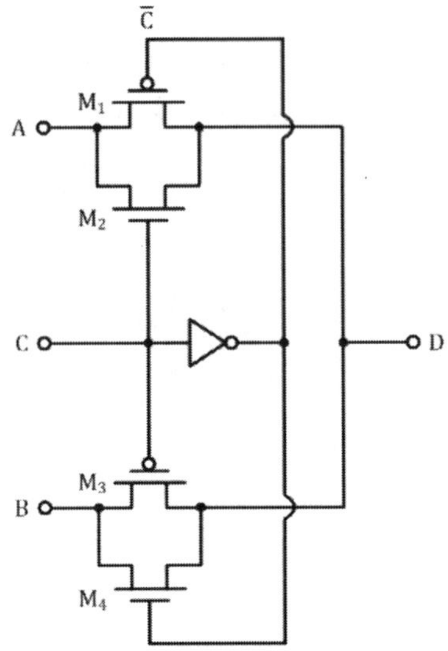

| 그림 p 6.5 |

6.6 주어진 논리회로의 출력신호 C를 A, B의 부울대수로 표시하고 진리표를 작성하라.

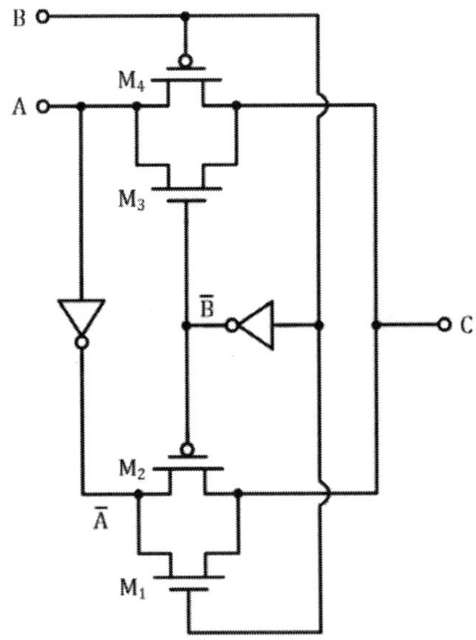

| 그림 p 6.6 |

6.7 주어진 논리회로의 진리표를 작성하고 부울대수를 제시하라.

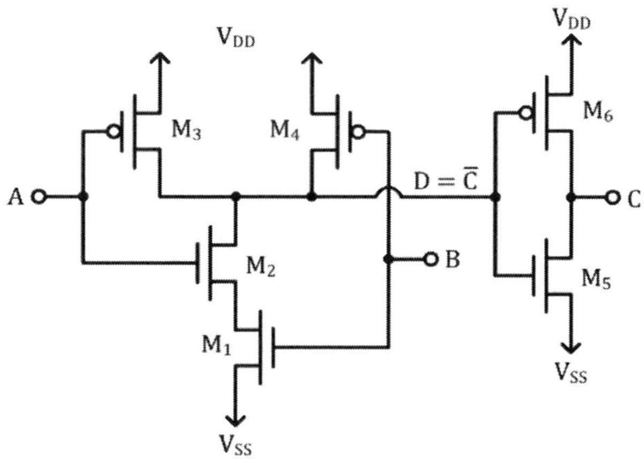

| 그림 p 6.7 |

6.8 주어진 논리회로의 진리표를 작성하고 부울대수를 제시하라.

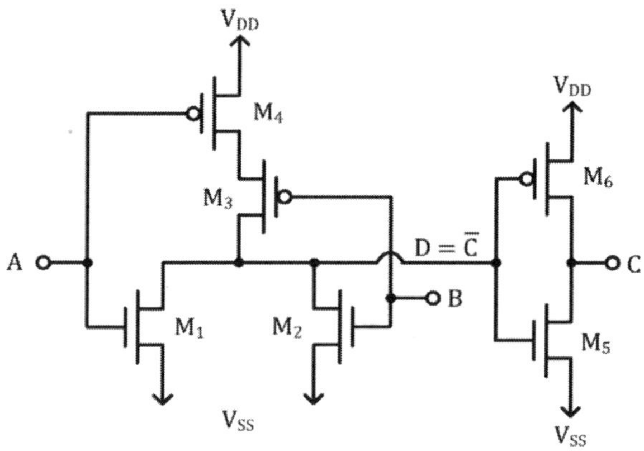

| 그림 p 6.8 |

6.9 다음 진리표를 만족하는 Y_1, Y_2, Y_3, Y_4의 부울대수를 구하고, 논리회로를 구현하라.

A	B	Y_1	Y_2	Y_3	Y_4
0	0	0	0	0	1
0	1	0	0	1	0
1	0	0	1	0	0
1	1	1	0	0	0

6.10 주어진 공통소스 증폭기 회로의 DC 동작점, 저항 R_B 및 소신호 회로 해석을 통해서 전압이득 및 출력저항을 구하고, 모의실험을 위한 넷리스트를 작성하라. 단, $\left(\frac{W}{L}\right)_1 = \frac{10\mu m}{0.5\mu m}, \left(\frac{W}{L}\right)_2 = \frac{5\mu m}{0.5\mu m}, \left(\frac{W}{L}\right)_3 = \frac{10\mu m}{0.5\mu m}, V_{GG} = 1.5\,V, \quad V_S = 1m\,V(\sin\omega t),$ $V_{G1} = 1.5\,V,\ V_{DD} = 3\,V,\ V_{SS} = 0\,V,\ V_{THn} = 0.5\,V,\ V_{THp} = -0.5\,V,\ K_n = 100\mu A/V^2,$ $K_p = 50\mu A/V^2,\ \lambda_n = \lambda_p = 0.01/V$이다.

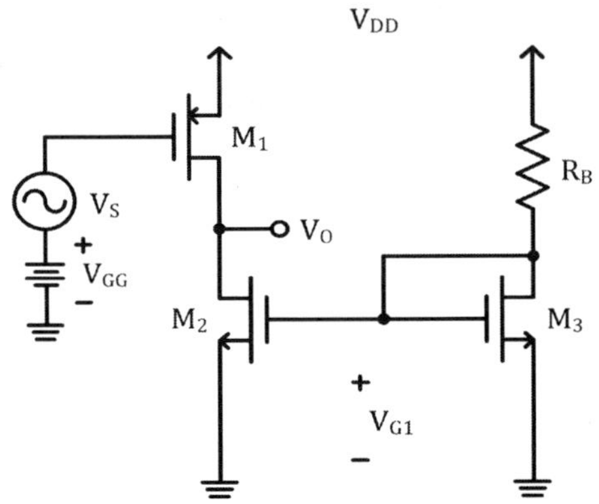

| 그림 p 6.10 |

6.11 주어진 공통 드레인 증폭기 회로의 DC 동작점, 저항 R_B 및 소신호 회로 해석을 통해서 전압이득 및 출력저항을 구하고, 모의실험을 위한 넷리스트를 작성하라. 단, $\left(\frac{W}{L}\right)_1 = \frac{50\mu m}{0.5\mu m}, \left(\frac{W}{L}\right)_2 = \frac{50\mu m}{0.5\mu m}, \left(\frac{W}{L}\right)_3 = \frac{10\mu m}{0.5\mu m}, V_{GG} = V_{G1} = 1.5\,V,\ V_{DD} = 3\,V,$ $V_{SS} = 0\,V,\quad V_S = 1m\,V(\sin\omega t),\quad V_{THn} = 0.5\,V,\quad V_{THp} = -0.5\,V,\quad K_n = 100\mu A/V^2,$ $K_p = 50\mu A/V^2,\ \lambda_n = \lambda_p = 0.01/V$이다.

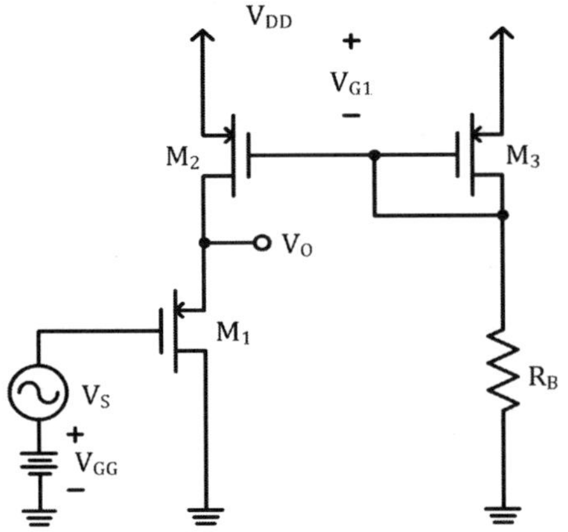

| 그림 p 6.11 |

6.12 주어진 공통 게이트 증폭기 회로의 DC 동작점, 저항 R_B 및 소신호 회로 해석을 통해서 전압이득 및 출력저항을 구하고, 모의실험을 위한 넷리스트를 작성하라. 단, $\left(\frac{W}{L}\right)_1 = \frac{10\mu m}{0.5\mu m}$, $\left(\frac{W}{L}\right)_2 = \frac{5\mu m}{0.5\mu m}$, $\left(\frac{W}{L}\right)_3 = \frac{10\mu m}{0.5\mu m}$, $\left(\frac{W}{L}\right)_4 = \frac{10\mu m}{0.5\mu m}$, $\left(\frac{W}{L}\right)_5 = \frac{20\mu m}{0.5\mu m}$, $V_S = 1m\,V(\sin\omega t)$, $V_{G1} = V_{G2} = 1.0\,V$, $V_{DD} = 3\,V$, $V_{THn} = 0.5\,V$, $V_{THp} = -0.5\,V$, $K_n = 100\mu A/V^2$, $K_p = 50\mu A/V^2$, $\lambda_n = \lambda_p = 0.01/V$ 이다.

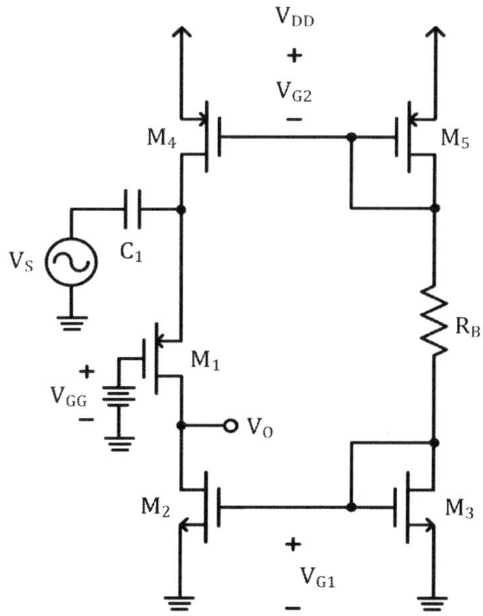

| 그림 p 6.12 |

6.13 주어진 회로의 DC 동작점, 저항 R_B 및 소신호 회로 해석을 통해서 전압이득 및 출력저항을 구하고, 모의실험을 위한 넷리스트를 작성하라. 단, $\left(\frac{W}{L}\right)_1 = \frac{10\mu m}{0.5\mu m}$, $\left(\frac{W}{L}\right)_2 = \frac{20\mu m}{0.5\mu m}$, $\left(\frac{W}{L}\right)_3 = \frac{10\mu m}{0.5\mu m}$, $V_{G1} = 1.5\,V$, $V_{GG1} = 1.5\,V$, $V_{DD} = 3\,V$, $V_S = 1m\,V(\sin\omega t)$, $V_{THn} = 0.5\,V$, $V_{THp} = -0.5\,V$, $K_n = 100\mu A/V^2$, $K_p = 50\mu A/V^2$, $\lambda_n = \lambda_p = 0.01/V$, $V_{O,DC} = 1.5\,V$ 이다.

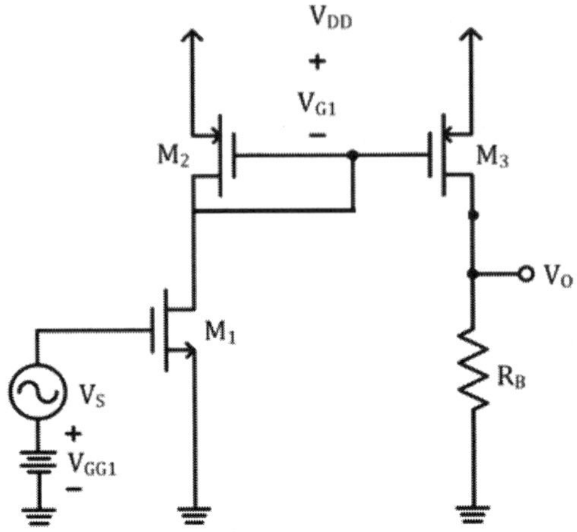

| 그림 p 6.13 |

6.14 주어진 회로의 DC 동작점, 저항 R_B 및 소신호 회로 해석을 통해서 전압이득 및 출력저항을 구하고, 모의실험을 위한 넷리스트를 작성하라. 단,

$\left(\frac{W}{L}\right)_1 = \left(\frac{W}{L}\right)_3 = \frac{10\mu m}{0.5\mu m}, \left(\frac{W}{L}\right)_2 = \left(\frac{W}{L}\right)_4 = \frac{20\mu m}{0.5\mu m}, \left(\frac{W}{L}\right)_5 = \frac{10\mu m}{0.5\mu m}, \ V_{GG} = 1.5\,V,$

$V_{DD} = 3\,V, \quad V_S = 1m\,V(\sin\omega t), V_{THn} = 0.5\,V, \ V_{THp} = -0.5\,V, K_n = 100\mu A/V^2,$

$K_p = 50\mu A/V^2, \ \lambda_n = \lambda_p = 0.01/V$, 저항 R_B 양단에 걸리는 전압은 1.5V이다.

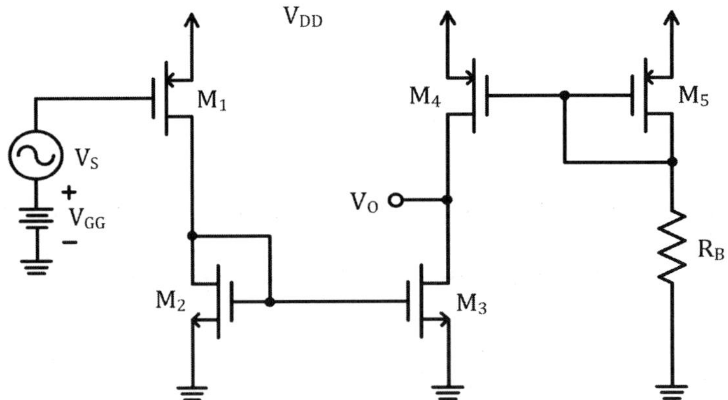

| 그림 p 6.14 |

6.15 그림 p 6.15의 CMOS NOT 게이트 회로를 논리회로로 사용했을 때, A가 "1" 그리고 "0"이 될 때, M1, M2의 on, off 상태를 이용해서 B값을 구하라.

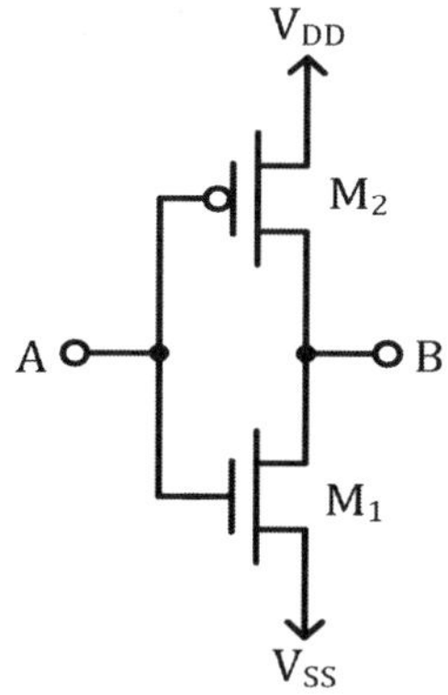

| 그림 p 6.15 |

6.16 그림 p 6.15의 CMOS NOT 게이트 회로를 증폭기로 사용할 때, 전압이득과 출력 저항을 구하라. 단, $\left(\frac{W}{L}\right)_1 = \frac{10\mu m}{0.5\mu m}$, $\left(\frac{W}{L}\right)_2 = \frac{20\mu m}{0.5\mu m}$, $V_A = 1.5\,V + 1m\,V(\sin\omega t)$, $V_{DD} = 3\,V$, $V_{SS} = 0\,V$, $V_{THn} = 0.5\,V$, $V_{THp} = -0.5\,V$, $K_n = 100\mu A/V^2$, $K_p = 50\mu A/V^2$, $\lambda_n = \lambda_p = 0.01/V$이다.

6.17 그림 p 6.17 회로도에서 $R_1 = R_2 = 100K\Omega$, $R_S = 100\Omega$, $R_D = 1.5K\Omega$, $\frac{W}{L} = \frac{10\mu m}{0.5\mu m}$일 때, DC 동작점을 구하고, 모의실험으로 검증하라. 단, $V_{DD} = 3\,V$, $V_{SS} = 0\,V$, $V_{THn} = 0.5\,V$, $K_n = 100\mu A/V^2$, $\lambda_n = 0.01/V$이다.

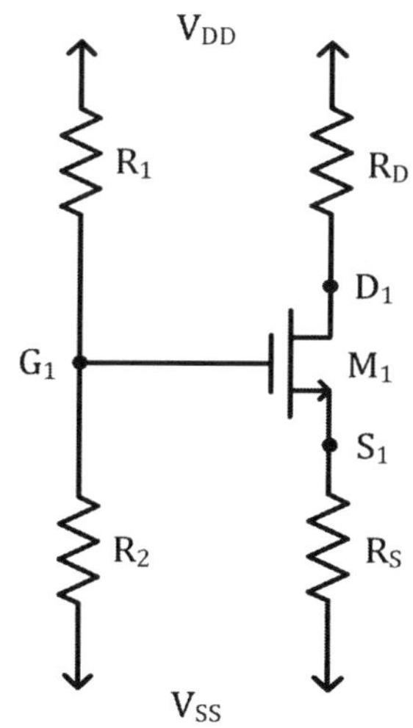

| 그림 p 6.17 |

6.18 그림 p 6.17를 이용해서 공통 소스 증폭기, 공통 게이트 증폭기, 공통 드레인 증폭기를 구성하려고 한다. 각 증폭기의 입력 단자, 출력 단자 및 공통 단자를 구분하라.

6.19 MOSFET을 포함한 증폭기의 소신호 해석 절차를 설명하라.

6.20 주어진 바이어스 회로에서 각 트랜지스터에 흐르는 전류와 저항 R_1의 전압 및 전력 소모를 구하라. 단, $I_{ref} = 100\mu A$, $\frac{W_1}{L_1} = 10$, $\frac{W_2}{L_2} = 20$, $\frac{W_3}{L_3} = 50$, $\frac{W_4}{L_4} = 100$, $\frac{W_5}{L_5} = 200$, $\frac{W_6}{L_6} = 80$, $R_1 = 0.5K\Omega$, $V_{DD} = 1V$, $K_n = 100\mu A/V^2$, $K_p = 40\mu A/V^2$, $V_{THn} = -V_{THp} = 0.5V$ 이다.

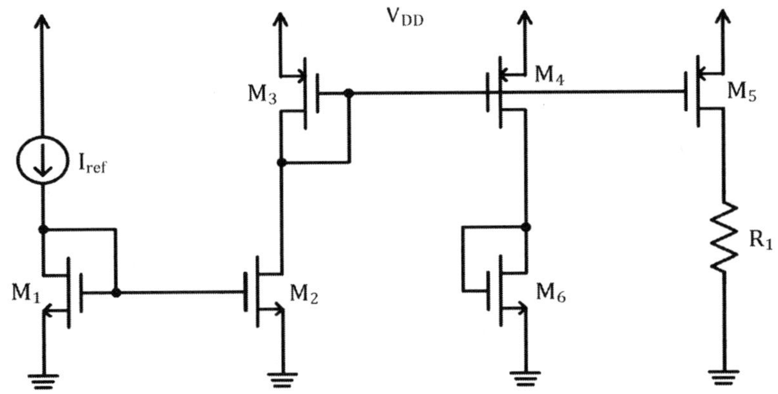

| 그림 p 6.20 |

6.21 그림 p 6.21 주어진 회로에서 각 트랜지스터에 흐르는 전류 및 전력소모를 구하고 SPICE로 계산결과를 검증하라. 단,

$I_{ref} = 100\mu A$, $\frac{W_1}{L_1} = 10$, $\frac{W_2}{L_2} = \frac{W_7}{L_7} = \frac{W_8}{L_8} = 20$, $\frac{W_3}{L_3} = 50$, $\frac{W_4}{L_4} = 100$, $\frac{W_5}{L_5} = \frac{W_6}{L_6} = 100$,

$V_{DD} = 3V$, $VCM = 1.5V$, $K_n = 100\mu A/V^2$, $K_p = 40\mu A/V^2$, $V_{THn} = -V_{THp} = 0.5V$ 이다.

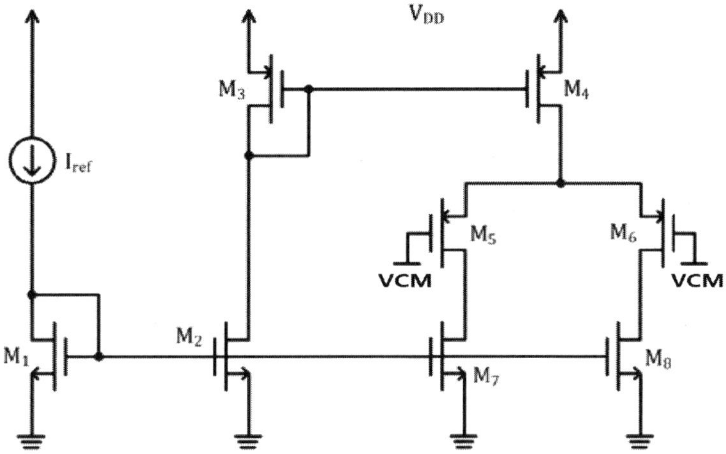

| 그림 p 6.21 |

연습문제 정답

6.1 A = 1 이면 M1은 on, M2는 off가 되므로 B = 0이 되며, 반대로 A = 0이면 M1은 off, M2는 on이 되므로 B = 1이 된다.

6.2 그림 p 6.1 회로도에서 $V_A = 1.5V + 1mV(\sin\omega t)$ 이므로 M1과 M2는 모두 포화영역에서 동작한다. 따라서 M1과 M2에 흐르는 DC 전류값(I_{D1}, I_{D2})을 구하면 다음과 같다.

$$I_{D1} = I_{D2} = \frac{1}{2}K_n\frac{10\mu m}{0.5\mu m}(V_{GS1} - V_{THn})^2 = \frac{1}{2}(100\mu A)(20)(1)^2 = 1mA$$

따라서 소신호 모델변수($g_{mn}, g_{mp}, r_{on}, r_{op}$)를 구하면 다음과 같다.

$$g_{mn} = g_{mp} = \sqrt{2(100\mu)(20)(1000\mu)} = 2m/\Omega$$

$$r_{on} = r_{op} = \frac{1}{(0.01/V)(1000\mu A)} = 100K\Omega$$

그러므로 CMOS 증폭기의 전압이득(A_V)은 다음과 같다.

$$A_V = -(g_{mn} + g_{mp})(r_{on}//r_{op}) = -(4m/\Omega)(50K\Omega) = -200 = 46dB$$

증폭기의 출력저항은 $R_o = r_{on}//r_{op} = 50K\Omega$ 이다.

6.3 NOT 게이트, NAND 게이트, NOR 게이트 회로를 사용하기 위해서 부울대수를 다시 정리하면 다음과 같다.

$$Y = AB + \overline{A}\,\overline{B} = AB + \overline{A+B} = \overline{(\overline{AB})(\overline{\overline{\overline{A+B}}})}$$

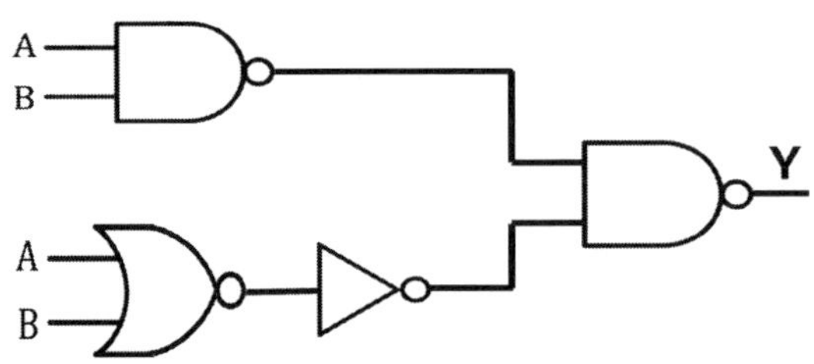

6.4 주어진 논리회로의 부울대수는 다음과 같다.

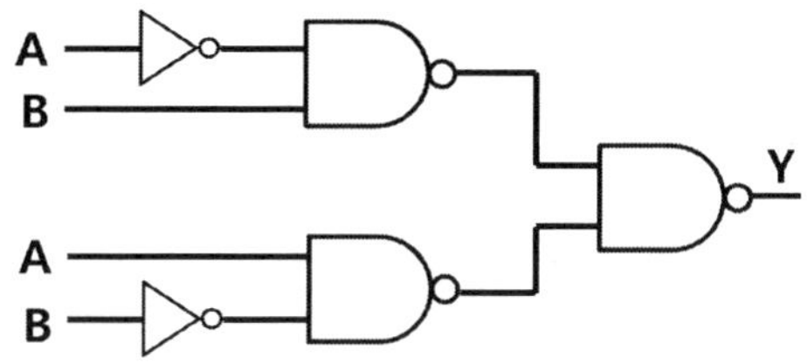

$Y=\overline{A}B+A\overline{B}$ 로서 XOR 게이트 함수 이다.

6.5 주어진 논리회로의 부울대수는 다음과 같다.

$$D=AC+B\overline{C}$$

부울대수에 해당하는 진리표는 다음과 같다.

C	A	B	AC	$B\overline{C}$	$D=AC+B\overline{C}$
0	0	0	0	0	0
0	0	1	0	1	1
0	1	0	0	0	0
0	1	1	0	1	1
1	0	0	0	0	0
1	0	1	0	0	0
1	1	0	1	0	1
1	1	1	1	0	1

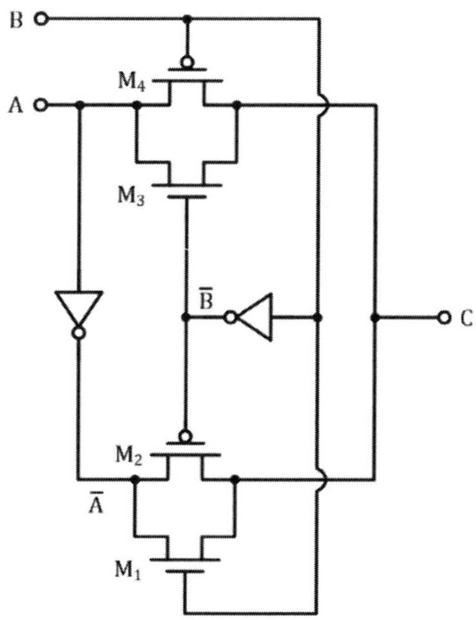

6.6 주어진 논리회로의 부울대수는 다음과 같다.

$$C = A\overline{B} + \overline{A}B$$

부울대수에 해당하는 진리표는 다음과 같다.

A	B	$A\overline{B}$	$\overline{A}B$	$C = A\overline{B} + \overline{A}B$
0	0	0	0	0
0	1	0	1	1
1	0	1	0	1
1	1	0	0	0

6.7 M1, M2, M3, M4는 NAND 게이트이며, M5, M6는 NOT 게이트이므로 전체 논리 기능은 AND 게이트가 된다. 따라서 논리회로를 만족하는 부울대수는 다음과 같다.

$$C = \overline{\overline{AB}} = AB$$

부울대수에 해당하는 진리표는 다음과 같다.

A	B	$C = AB$
0	0	0
0	1	0
1	0	0
1	1	1

6.8 M1, M2, M3, M4는 NOR 게이트이고, M5, M6는 NOT 게이트이므로 전체 논리 기능은 OR 게이트가 된다. 따라서 부울대수는 $C = A + B$ 이며, 진리표는 다음과 같다.

A	B	$D = \overline{A + B}$	$C = \overline{D} = A + B$
0	0	1	0
0	1	0	1
1	0	0	1
1	1	0	1

6.9 다음 진리표를 만족하는 Y_1, Y_2, Y_3, Y_4의 부울대수를 구하면 다음과 같다.

A	B	Y_1	Y_2	Y_3	Y_4
0	0	0	0	0	1
0	1	0	0	1	0
1	0	0	1	0	0
1	1	1	0	0	0

$$Y_1 = AB,\ Y_2 = A\overline{B},\ Y_3 = \overline{A}B,\ Y_4 = \overline{A}\,\overline{B},\ Y_4 = \overline{A}\,\overline{B} = \overline{A+B}$$

Y_1과 Y_4는 AND, NAND 게이트로 구현할 수 있으며, Y_2와 Y_3는 드모르강 법칙으로 이용해서 구현할 수 있다.

$$Y_2 = A\overline{B} = \overline{\overline{A\overline{B}}} = \overline{\overline{A}+B},\ Y_3 = \overline{A}B = \overline{\overline{\overline{A}B}} = \overline{A+\overline{B}}$$

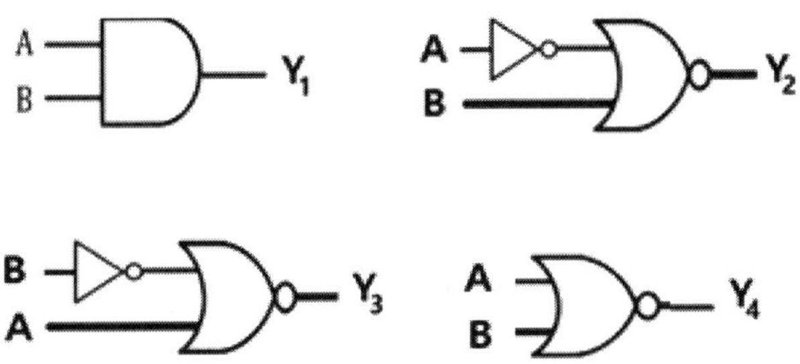

6.10 증폭기내 모든 트랜지스터(M_1, M_2, M_3)가 포화영역에서 동작하므로 M_1에 흐르는 전류를 구하면 다음과 같다.

$$I_{D1} = I_{D2} = \frac{1}{2}K_p S_1(|V_{GS1}| - |V_{THp}|)^2 = \frac{1}{2}(50\mu A)(20)(1.5V - 0.5V)^2 = 0.5mA$$

M_2, M_3는 전류미러이므로 M_3의 전류값은 소자비율에 의해서 다음과 같이 결정된다.

$\dfrac{I_{D3}}{I_{D2}} = \dfrac{S_3}{S_2} = 2$, $I_{D3} = 2I_{D2} = 1mA$, 오움법칙에 의해서 저항 R_B을 구하면 다음과 같다.

$$R_B = \frac{V_{DD} - V_{GS2}}{I_{D3}} = \frac{3V - 1.5V}{1mA} = 1.5K\Omega$$

소신호 회로 해석을 위해서 소신호 모델 변수(g_{m1}, r_{o1}, r_{o2})를 구하면 다음과 같이 된다.

$$g_{m1} = \sqrt{2(100\mu)(20)(500\mu)} = \sqrt{2}\,m/\Omega,\ r_{o1} = r_{o2} = \frac{1}{(0.01/V)(0.5mA)} = 200K\Omega$$

주어진 공통소스 증폭기의 전압이득과 출력저항은 다음과 같이 구할 수 있다.

$$A_V = -g_{m1}(r_{o1}//r_{o2}) = -(\sqrt{2}\,m/\Omega)(100K\Omega) = -141,\quad R_o = r_{o1}//r_{o2} = 100K\Omega$$

모의실험을 위한 넷리스트를 작성하면 다음과 같다.

```
CS AMP
VDD 10 0 DC 3
M1 2 1 10 10 PP W=10U L=0.5U
M2 2 3 0 0 NN W=5U L=0.5U
M3 3 3 0 0 NN W=10U L=0.5U
RB 3 10 1.5K
,MODEL PP PMOS(VTO=-0.5 KP=50U LAMBDA=0.01)
,MODEL NN NMOS(VTO=0.5 KP=100U LAMBDA=0.01)
VIN 1 0 SIN(1.5 1M 1K)
.TRAN 0.1M 100M
.PROBE
.END
```

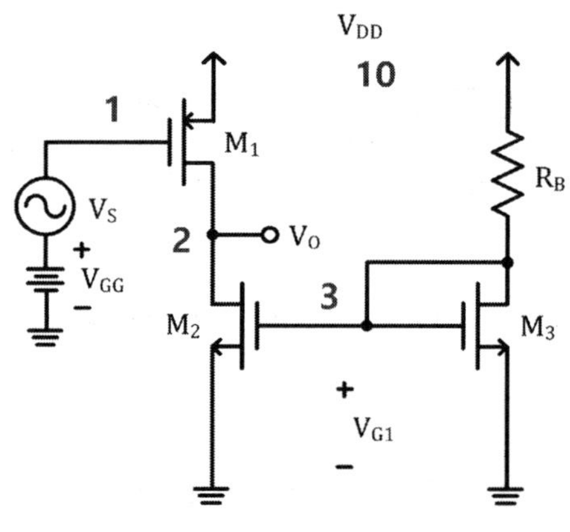

6.11 증폭기내 모든 트랜지스터(M_1, M_2, M_3)가 포화영역에서 동작하므로 M_2에 흐르는 전류를 구하면 다음과 같다.

$$I_{D1} = I_{D2} = \frac{1}{2}K_p S_2(|V_{GS2}| - |V_{THp}|)^2 = \frac{1}{2}(50\mu A)(100)(1.5\,V - 0.5\,V)^2 = 2.5mA$$

M_2, M_3는 전류미러이므로 M_3의 전류값은 소자비율에 의해서 다음과 같이 결정된다.

$\dfrac{I_{D3}}{I_{D2}} = \dfrac{S_3}{S_2} = \dfrac{1}{5}$, $I_{D3} = \dfrac{1}{5} I_{D2} = 0.5mA$, 오움법칙에 의해서 저항 R_B을 구하면 다음과 같다.

$$R_B = \frac{V_{DD} - V_{GS2}}{I_{D3}} = \frac{3V - 1.5V}{0.5mA} = 3K\Omega$$

소신호 회로 해석을 위해서 소신호 모델 변수(g_{m1}, r_{o1}, r_{o2})를 구하면 다음과 같이 된다.

$$g_{m1} = \sqrt{2(100\mu)(100)(2500\mu)} = 7.1m/\Omega, \ r_{o1} = r_{o2} = \frac{1}{(0.01/V)(2.5mA)} = 40K\Omega$$

주어진 공통소스 증폭기의 전압이득과 출력저항은 다음과 같이 구할 수 있다.

$$A_V = 1, \ R_o = \frac{1}{g_{m1}} // r_{o1} // r_{o2} = 140.8\Omega // 20K\Omega = 140\Omega$$

모의실험을 위한 넷리스트를 작성하면 다음과 같다.

```
CD AMP
VDD 10 0 DC 3
M1 0 1 2 2 PP W=50U L=0.5U
M2 2 3 10 10 PP W=50U L=0.5U
M3 3 3 10 10 PP W=10U L=0.5U
RB 3 0 3K
,MODEL PP PMOS(VTO=-0.5 KP=50U LAMBDA=0.01)
,MODEL NN NMOS(VTO=0.5 KP=100U LAMBDA=0.01)
VIN 1 0 SIN(1,5 1M 1K)
.TRAN 0.1M 100M
.PROBE
.END
```

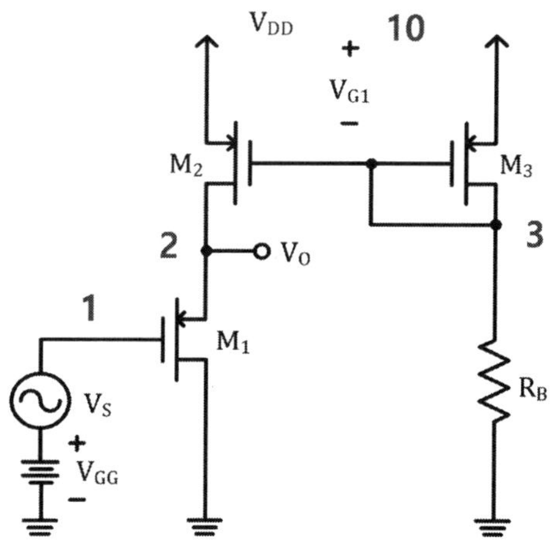

6.12 증폭기내 모든 트랜지스터(M_1, M_2, M_3, M_4, M_5)가 포화영역에서 동작하므로 M_4에 흐르는 전류를 구하면 다음과 같다.

$$I_{D4} = I_{D1} = I_{D2} = \frac{1}{2}K_p S_1(|V_{GS1}| - |V_{THp}|)^2 = \frac{1}{2}(50\mu A)(20)(1.0\,V - 0.5\,V)^2 = 125\mu A$$

M_2, M_3는 전류미러이므로 M_3의 전류값은 소자비율에 의해서 다음과 같이 결정된다.

$\frac{I_{D3}}{I_{D2}} = \frac{S_3}{S_2} = 2$, $I_{D3} = I_{D5} = 2\,I_{D2} = 250\mu A$, 오움법칙에 의해서 저항 R_B을 구하면 다음과 같다.

$$R_B = \frac{V_{DD} - (V_{G1} + V_{G2})}{I_{D3}} = \frac{3\,V - 2\,V}{250\mu A} = 4K\Omega$$

소신호 회로 해석을 위해서 소신호 모델 변수(g_{m1}, r_{o1}, r_{o2})를 구하면 다음과 같이 된다.

$$g_{m1} = \sqrt{2(50\mu)(20)(125\mu)} = 0.5m/\Omega,\ \ r_{o1} = r_{o2} = \frac{1}{(0.01/V)(125\mu A)} = 800K\Omega$$

주어진 공통게이트 증폭기의 전압이득과 출력저항은 다음과 같이 구할 수 있다.

$$A_V = g_{m1}(r_{o1}//r_{o2}) = (0.5m/\Omega)(400K\Omega) = 200,\ \ R_o = r_{o1}//r_{o2} = 400K\Omega$$

모의실험을 위한 넷리스트를 작성하면 다음과 같다.

```
CG AMP
VDD 10 0 DC 3
M1 5 4 2 2 PP W=10U L=0.5U
M2 5 6 0 0 NN W=5U L=0.5U
M3 6 6 0 0 NN W=10U L=0.5U
M4 2 3 10 10 PP W=10U L=0.5U
M5 3 3 10 10 PP W=20U L=0.5U
RB 3 6 4K
C1 1 2 100U
,MODEL PP PMOS(VTO=-0.5 KP=50U LAMBDA=0.01)
,MODEL NN NMOS(VTO=0.5 KP=100U LAMBDA=0.01)
VIN 1 0 SIN(0 1M 1K)
.TRAN 0.1M 100M
.PROBE
.END
```

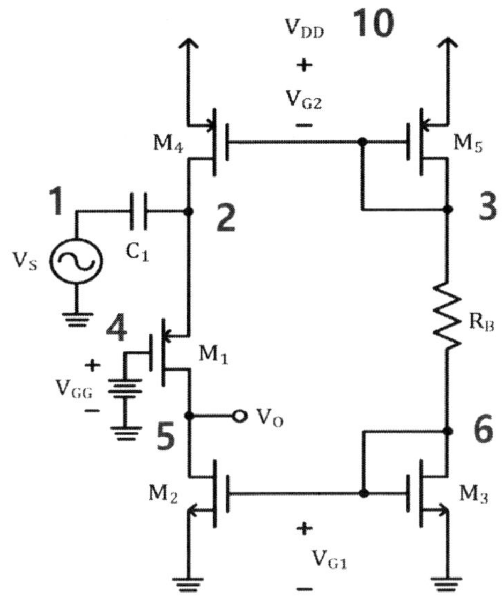

6.13 증폭기내 모든 트랜지스터(M_1, M_2, M_3)가 포화영역에서 동작하므로 M_1에 흐르는 전류를 구하면 다음과 같다.

$$I_{D1} = I_{D2} = \frac{1}{2}K_n S_1(V_{GS1} - V_{THn})^2 = \frac{1}{2}(100\mu A)(20)(1.5V - 0.5V)^2 = 1mA$$

M_2, M_3는 전류미러이므로 M_3의 전류값은 소자비율에 의해서 다음과 같이 결정된다.

$\frac{I_{D3}}{I_{D2}} = \frac{S_3}{S_2} = \frac{1}{2}$, $I_{D3} = \frac{1}{2}I_{D2} = 500\mu A$, 오옴법칙에 의해서 저항 R_B을 구하면 다음과 같다.

$$R_B = \frac{V_{DD} - V_{G1}}{I_{D3}} = \frac{3V - 1.5V}{500\mu A} = 3K\Omega$$

소신호 회로 해석을 위해서 소신호 모델 변수(g_{m1}, r_{o3})를 구하면 다음과 같이 된다.

$$g_{m1} = \sqrt{2(100\mu)(20)(1000\mu)} = 2m/\Omega, \ r_{o3} = \frac{1}{\lambda_n I_{D3}} = \frac{1}{(0.01/V)(500\mu A)} = 200K\Omega$$

주어진 증폭기의 전압이득과 출력저항은 다음과 같이 구할 수 있다.

$$A_V = \frac{V_O}{V_S} = \frac{I_{D1}}{V_S}\frac{I_{D2}}{I_{D1}}\frac{I_{D3}}{I_{D2}}\frac{V_O}{I_{D3}} = (-g_{m1})(0.5)(3K\Omega // r_{o3}) = (-2m/\Omega)(0.5)(3K\Omega) = -3,$$

$$R_o = R_B // r_{o3} = 3K\Omega // 200K\Omega = 3K\Omega$$

모의실험을 위한 넷리스트를 작성하면 다음과 같다.

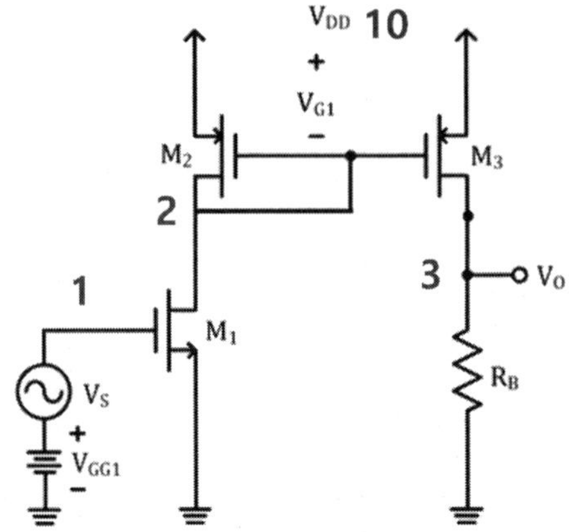


```
CS AMP
VDD 10 0 DC 3
M1 1 2 0 0 NN W=10U L=0.5U
M2 2 2 10 10 PP W=20U L=0.5U
M3 3 2 10 10 PP W=10U L=0.5U
RB 3 0 3K
,MODEL PP PMOS(VTO=-0.5 KP=50U LAMBDA=0.01)
,MODEL NN NMOS(VTO=0.5 KP=100U LAMBDA=0.01)
VIN 1 0 SIN(1,5 1M 1K)
.TRAN 0.1M 100M
.PROBE
.END
```

6.14 증폭기내 모든 트랜지스터(M_1, M_2, M_3, M_4, M_5)가 포화영역에서 동작하므로 M_1에 흐르는 전류를 구하면 다음과 같다.

$$I_{D1} = I_{D2} = \frac{1}{2}K_P S_1(|V_{GS1}| - |V_{THp}|)^2 = \frac{1}{2}(50\mu A)(20)(1.5\,V - 0.5\,V)^2 = 1mA$$

M_2, M_3 및 M_4, M_5는 전류미러이므로 M_4, M_5의 전류값은 소자비율에 의해서 다음과 같이 결정된다.

$\frac{I_{D3}}{I_{D2}} = \frac{S_3}{S_2} = \frac{1}{2}$, $I_{D3} = \frac{1}{2}I_{D2} = I_{D4} = 500\mu A$, $I_{D5} = \frac{1}{2}I_{D4} = 250\mu A$, 오움법칙에 의해서 저항 R_B을 구하면 다음과 같다.

$$R_B = \frac{V_{DD} - V_{G1}}{I_{D3}} = \frac{3\,V - 1.5\,V}{250\mu A} = 6K\Omega$$

소신호 회로 해석을 위해서 소신호 모델 변수(g_{m1}, r_{o3}, r_{o4})를 구하면 다음과 같이 된다.

$$g_{m1} = \sqrt{2(100\mu)(20)(1000\mu)} = 2m/\Omega,\ \ r_{o3} = r_{o4} = \frac{1}{(0.01/V)(500\mu A)} = 200K\Omega$$

주어진 증폭기의 전압이득과 출력저항은 다음과 같이 구할 수 있다.

$$A_V = \frac{V_O}{V_S} = \frac{I_{D1}}{V_S}\frac{I_{D3}}{I_{D2}}\frac{V_O}{I_{D3}} = (-g_{m1})(0.5)(r_{o3}//r_{o4}) = (-2m/\Omega)(0.5)(100K\Omega) = -100,$$

$$R_o = r_{o3}//r_{o4} = 100K\Omega$$

모의실험을 위한 넷리스트를 작성하면 다음과 같다.

```
CS AMP
VDD 10 0 DC 3
M1 2 1 10 10 PP W=10U L=0.5U
M2 2 2 0 0 NN W=20U L=0.5U
M3 3 2 0 0 NN W=10U L=0.5U
M4 3 4 10 10 PP W=20U L=0.5U
M5 4 4 10 10 PP W=10U L=0.5U
RB 4 0 6K
,MODEL PP PMOS(VTO=-0.5 KP=50U LAMBDA=0.01)
,MODEL NN NMOS(VTO=0.5 KP=100U LAMBDA=0.01)
VIN 1 0 SIN(1,5 1M 1K)
.TRAN 0.1M 100M
.PROBE
```

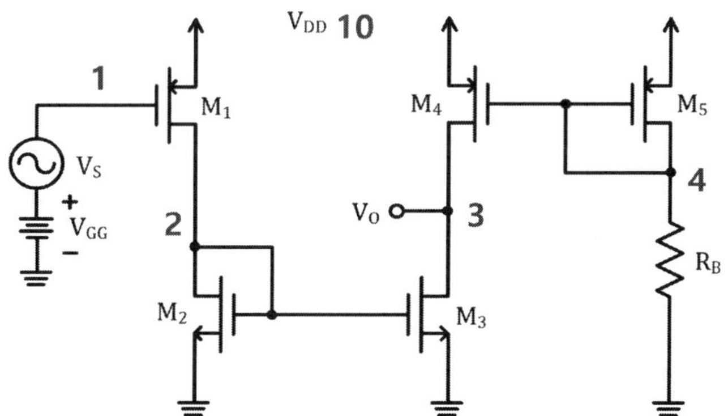

6.15 A=1 이면 M1, M2는 각각 ON, OFF가 되므로 B=0이 된다. A=0 이면 M1, M2는 각각 OFF, ON이 되므로 B=1이 된다.

6.16 그림 p 6.15의 CMOS NOT 게이트 회로를 증폭기로 사용할 때, M1, M2에 흐르는 전류를 구하면 다음과 같다.

$$I_{D1} = I_{D2} = \frac{1}{2} K_p S_2 (|V_{GS2}| - |V_{THp}|)^2 = \frac{1}{2}(50\mu A)(40)(1.5V - 0.5V)^2 = 1mA$$

따라서 소신호 모델변수는 다음과 같다.

$$g_{m1} = g_{m2} = \sqrt{2(100\mu)(20)(1000\mu)} = 2m/\Omega,\ r_{o1} = r_{o2} = \frac{1}{(0.01/V)(1mA)} = 100K\Omega$$

전압이득과 출력 저항을 구하면 다음과 같다.

$$A_V = -(g_{m1} + g_{m2})(r_{o1}//r_{o2}) = -(4m/\Omega)(50K\Omega) = -200,\ \ R_o = r_{o1}//r_{o2} = 50K\Omega$$

6.17 게이트 전압(V_{G1}), 소스 전압(V_{S1}), 드레인 전압(V_{D1})은 드레인 전류(I_{D1})의 함수로 표시하면 다음과 같다.

$$V_{G1} = \frac{R_2}{R_1 + R_2} V_{DD} = 1.5V$$

$$V_{S1} = I_{D1} R_S = 0.1 I_{D1}$$

$$V_{D1} = V_{DD} - R_D I_{D1} = 3V - 1.5 I_{D1}$$

M1이 포화영역에서 동작한다고 가정하면 다음 식이 성립한다.

$$I_{D1} = \frac{1}{2} K_n \frac{W}{L} [V_{G1} - V_{S1} - V_{THn}]^2 = \frac{1}{2}(100\mu A/V^2)(20)[1 - 0.1 I_{D1}]^2$$

또는 $I_{D1}^2 - 120 I_{D1} + 100 = 0$ 이다.

2차 방정식을 풀면 $I_{D1} = \dfrac{120 \pm \sqrt{120^2 - 400}}{2} = 119.9mA$ 또는 $0.84mA$인데 $0.84mA$이 적합한 해이다. M1이 포화영역에서 동작한다는 가정을 검증하면 다음과 같다.

$$V_{DS1} = V_{D1} - V_{S1} = 3V - (1.5K\Omega)(0.84mA) - (0.1K\Omega)(0.84mA) = 1.66V$$

$$V_{DSAT1} = V_{GS1} - V_{THn} = 1.5V - (0.1K\Omega)(0.84mA) - 0.5V = 0.92V$$

따라서 $V_{DS1} = 1.66V > V_{DSAT1} = 0.92V$ 이므로 M1은 포화영역에서 동작한다는 가정이 적합함을 증명하였다. 따라서 DC 동작점은 $V_{G1} = 1.5V$, $V_{D1} = 1.74V$, $V_{S1} = 84mV$, $I_{D1} = 0.84mA$ 이다.

모의실험으로 검증하기 위해서 넷리스트를 아래와 같이 작성한다.

```
CS AMP BIAS CKT
M1 D1 G1 S1 S1 NN W=10U L=0.5U
R1 G1 DD 100K
R2 G1 0 100K
RS S1 0 0.1K
RD D1 DD 1.5K
VDD DD 0 DC 3V
.OP
.MODEL NN NMOS(VTO=0.5 KP=100U LAMBDA=0.01)
.PROBE
.END
```

모의실험 결과는 다음과 같으며, 모의실험 드레인 전류는 0.85mA이며, 드레인 전압은 1.72V, 게이트 전압은 1.5V, 소스 전압은 85mV 이다.

```
CS AMP BIAS CKT
 ****      SMALL SIGNAL BIAS SOLUTION      TEMPERATURE=27.000 DEG C
******************************************************************************
NODE  VOLTAGE   NODE  VOLTAGE   NODE   VOLTAGE    NODE   VOLTAGE
( D1)   1.7238   ( DD)   3.0000   ( G1)   1.5000    ( S1)    .0851
    VOLTAGE SOURCE CURRENTS
    NAME          CURRENT
    VDD           -8.658E-04
    TOTAL POWER DISSIPATION    2.60E-03   WATTS
**** MOSFETS
NAME          M1
MODEL         NN
ID            8.51E-04
VGS           1.41E+00
VDS           1.64E+00
VBS           0.00E+00
VTH           5.00E-01
VDSAT         9.15E-01
```

모의실험 결과가 계산 결과를 서로 비교 하면 아래 표와 같으며, 오차가 5% 이내이다.

비교 변수	$I_{D1}(mA)$	$V_{G1}(V)$	$V_{D1}(V)$	$V_{S1}(mV)$	$V_{DSAT}(V)$
계산 결과	0.84	1.5	1.74	84	0.92
모의실험	0.85	1.5	1.72	85	0.92

6.18 공통 소스 증폭기의 경우 소스 단자(S_1)가 공통 단자이며, 입력단자는 게이트 단자(G_1), 출력단자는 드레인 단자(D_1)이다.
공통 게이트 증폭기의 경우 게이트 단자(G_1)가 공통 단자이며, 입력단자는 소스 단자(S_1), 출력단자는 드레인 단자(D_1)이다.
공통 드레인 증폭기의 경우 소스 단자(D_1)가 공통 단자이며, 입력단자는 게이트 단자(G_1), 출력단자는 드레인 단자(S_1)이다.

6.19

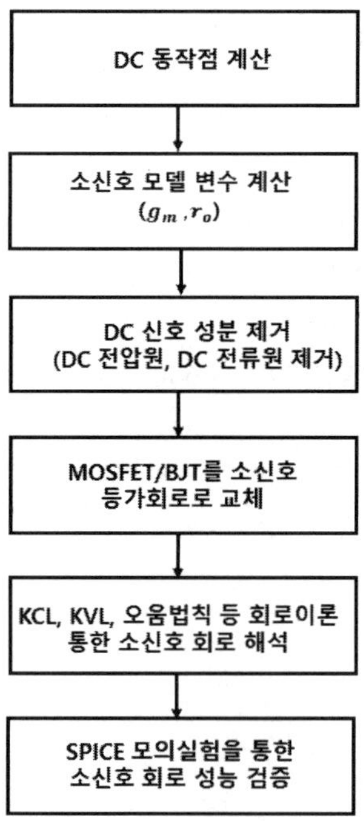

6.20 주어진 바이어스 회로는 기본 전류미러 회로로 구성되어 있기 때문에 각 트랜지스터의 소자 비율에 의해서 전류값이 다음과 같이 결정된다.

$$I_{D2}=\frac{20}{10}I_{D1}=\frac{20}{10}I_{ref}=200\mu A=I_{D3},I_{D4}=\frac{100}{50}I_{D3}=400\mu A=I_{D6},I_{D5}=\frac{200}{50}I_{D3}=800\mu A$$

저항 R_1에 흐르는 전류는 $800\mu A$이므로 저항에 의한 전압강하는 $800\mu A\times0.5K\Omega=0.4V$이다.

전력소모는 $P_D=V_{DD}(I_{D1}+I_{D2}+I_{D4}+I_{D5})=1V\times(1.5mA)=1.5mW$1이다.

6.21 주어진 바이어스 회로는 기본 전류미러 회로로 구성되어 있기 때문에 각 트랜지스터의 소자 비율에 의해서 전류값이 다음과 같이 결정된다.

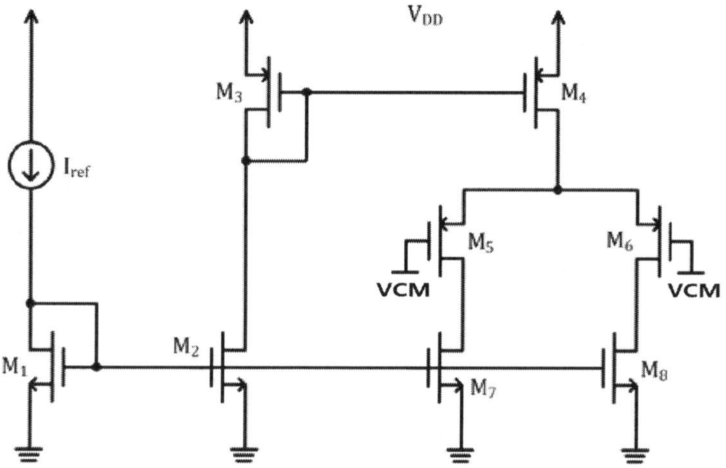

$$I_{D2}=I_{D7}=I_{D8}=\frac{20}{10}I_{D1}=200\mu A=I_{D3},I_{D4}=\frac{100}{50}I_{D3}=400\mu A,I_{D5}=I_{D6}=\frac{1}{2}I_{D4}=200\mu A$$

전력소모는 $P_D=V_{DD}(I_{D1}+I_{D3}+I_{D4})=3V\times(0.7mA)=2.1mW$이다.

SPICE를 사용해서 계산결과를 검증하기 위해서 넷리스트를 작성하면 다음과 같다.

```
DIFF AMP
VDD DD 0 DC 3
IREF DD 1 DC 100U
VCM VCM 0 DC 1.5
M1 1 1 0 0 NM W=10U L=1U
M2 2 1 0 0 NM W=20U L=1U
M7 4 1 0 0 NM W=20U L=1U
M8 5 1 0 0 NM W=20U L=1U
M3 2 2 DD DD PM W=50U L=1U
M4 3 2 DD DD PM W=100U L=1U
```

```
M5 3 2 DD DD PM W=100U L=1U
M6 3 2 DD DD PM W=100U L=1U
.OP
.PROBE
.MODEL NM NMOS(VTO=0.5 KP=100U, LAMBDA=0.01)
.MODEL PM PMOS(VTO=-0.5 KP=40U, LAMBDA=0.01)
.END
```

모의실험 결과는 다음과 같다.

```
DIFF AMP
 ****      SMALL SIGNAL BIAS SOLUTION      TEMPERATURE=27.000 DEG C
******************************************************************************
 NODE VOLTAGE   NODE VOLTAGE   NODE VOLTAGE   NODE   VOLTAGE
(    1)   .9451   (    2)   2.0525   (    3)  2.5898   (    4)    .8019
(    5)   .8019   (   DD)  3.0000   (  VCM)  1.5000
    VOLTAGE SOURCE CURRENTS
    NAME          CURRENT
    VDD          -7.016E-04
    VCM           0.000E+00
    TOTAL POWER DISSIPATION    2.10E-03   WATTS
 ****      OPERATING POINT INFORMATION     TEMPERATURE=27.000 DEG C
******************************************************************************
**** MOSFETS
NAME          M1           M2           M7           M8           M3
MODEL         NM           NM           NM           NM           PM
ID          1.00E-04     2.02E-04     2.00E-04     2.00E-04    -2.02E-04
VGS         9.45E-01     9.45E-01     9.45E-01     9.45E-01    -9.48E-01
VDS         9.45E-01     2.05E+00     8.02E-01     8.02E-01    -9.48E-01
VBS         0.00E+00     0.00E+00     0.00E+00     0.00E+00     0.00E+00
VTH         5.00E-01     5.00E-01     5.00E-01     5.00E-01    -5.00E-01
VDSAT        .45E-01     4.45E-01     4.45E-01     4.45E-01    -4.48E-01
NAME          M4           M5           M6
MODEL         PM           NM           NM
ID         -3.99E-04     2.00E-04     2.00E-04
VGS        -9.48E-01     6.98E-01     6.98E-01
VDS        -4.10E-01     1.79E+00     1.79E+00
```

```
VBS      0.00E+00     -8.02E-01   -8.02E-01
VTH     -5.00E-01      5.00E-01    5.00E-01
VDSAT   -4.48E-01      1.98E-01    1.98E-01
```

모의실험결과 모든 트랜지스터(M1~M8)가 포화영역에서 동작하는 것을 확인할 수 있으며, 흐르는 전류, 전력소모를 계산결과와 비교하면 다음 표와 같다.

변수	$I_{D1}(\mu A)$	$I_{D2}(\mu A)$	$I_{D7}(\mu A)$	$I_{D8}(\mu A)$	$I_{D3}(\mu A)$	$I_{D4}(\mu A)$	$I_{D5}(\mu A)$	$I_{D6}(\mu A)$	$P_D(mW)$
계산결과	100	200	200	200	200	400	200	200	2.1
모의실험	100	202	200	200	200	399	200	200	2.1

07

바이폴라 접합 트랜지스터 회로

바이폴라 접합 트랜지스터 회로

본 장에서는 BJT(Bipolar Junction Transistor) 공정 기술을 기반으로 한 증폭기 회로 해석 및 설계 기술에 대해서 설명하기로 한다. 4장에서 설명한 BJT 소자의 구조, 전기적 특성, 모델 및 모델 변수를 사용해서 7.1절에서는 스위치 기능을 다룬다. 7.2절에서는 증폭기의 바이어스 회로 해석 및 설계에 대해서 설명한다. 7.3절에서는 증폭기의 구조 및 동작 원리, 기본 증폭기의 종류, 각 기본 증폭기의 전압이득, 입력/출력 저항 및 전압 스윙 범위, 전력 소모, 그리고 기본 증폭기의 성능을 비교 설명한다. BJT 레이아웃은 다루지 않기로 한다.

7.1 스위치 기능

바이폴라 트랜지스터가 스위치 기능을 할 수 있는 영역은 차단 영역과 포화 영역이다. 즉 이미터-베이스 접합면과 베이스-컬렉터 접합면에 역방향 바이어스를 가하면 차단 영역에서 동작하며, 트랜지스터가 차단 영역에서 동작하면 이미터-컬렉터 단자 사이 저항이 매우 커진다. 따라서 이미터-컬렉터 단자가 개방 상태가 된다. 또한 이미터-베이스 접합면과 베이스-컬렉터 접합면에 순방향 바이어스를 가하면 포화 영역에서 동작하며, 트랜지스터가 포화 영역에서 동작하면 이미터-컬렉터 단자 사이 저항이 매우 작아진다. 그러므로 이미터-컬렉터 단자가 단락 상태로 전류가 잘 흐르게 된다.

그림 7.1은 각각 NPN 트랜지스터와 PNP 트랜지스터를 사용한 스위치 회로를 나타낸다. 그림 7.1 (a) NPN 트랜지스터 스위치 회로에서 $V_{BE}(>0)$, $V_{CB}(>0)$를 가하면 트랜지스터가 포화영역에서 동작하면서 내부저항(r_{on})을 통해 이미터 전류(I_E)가 흐르고 스위치가 도통된다. 반대로 $V_{BE}(<0)$, $V_{CB}(<0)$를 가하면 트랜지스터가 차단영역에서 동작하고 스위치가 차단된다. 그림 7.1 (b) PNP 트랜지스터 스위치 회로에서 $V_{EB}(>0)$, $V_{BC}(>0)$를 가하면 트랜지스터가 포화영역에서 동작하면서 내부저항(r_{on})을 통해 이미터 전류 (I_E)가 흐르고 스위치가 도통된다. 반대로 $V_{EB}(<0)$, $V_{BC}(<0)$를 가하면 트랜지스터가 차단영역에서 동작하고 스위치가 차단된다.

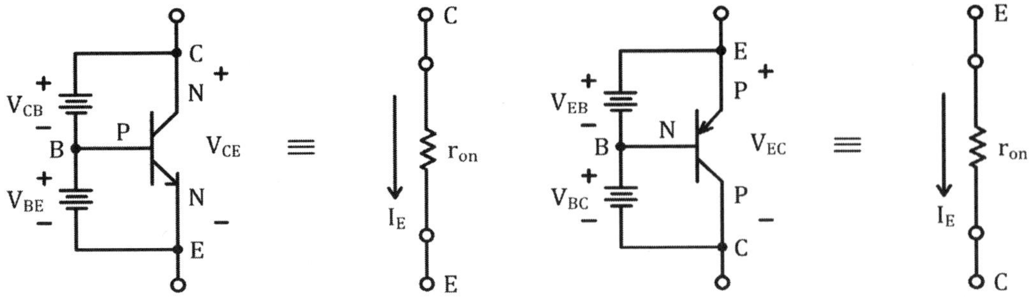

| 그림 7.1 | (a) NPN (b) PNP 바이폴라 트랜지스터 스위치 회로

바이폴라 트랜지스터를 이용한 TTL(Transistor-Transistor Logic) NOT 게이트 회로도는 그림 7.2와 같다. 회로 구조를 살펴보면 Q1의 이미터 단자는 입력 논리신호 A를 수신하고, Q1의 컬렉터 단자가 Q2의 베이스 단자와 연결해서 신호가 전달된다. Q2의 컬렉터 및 이미터 단자가 Q3 및 Q5의 베이스 단자와 연결되어서 신호가 전달되어서 최종 출력 신호 Y가 발생한다. Q4는 컬렉터-베이스 단자가 함께 연결되어서 다이오드 역할을 하며, 저항 4개 (R_1, R_2, R_3, R_4)는 바이어스 역할을 한다.

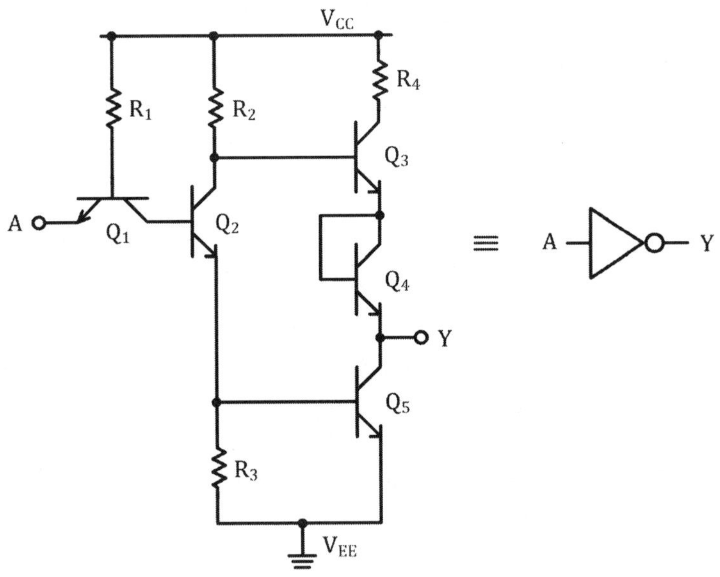

| 그림 7.2 | TTL NOT 게이트 회로도

회로의 동작 원리를 살펴본다. 입력신호 A 가 "0" 이면 Q1이 도통되며, Q1의 컬렉터 전압이 낮아져서 Q2가 차단되며, 동시에 Q5가 차단된다. 그러므로 Q2의 컬렉터 단자 전압은 "$V_{CC}=1$"에 가까우며, Q3, Q4가 도통되어서 Y는 "1" 이 된다. Y 단자의 전압, V_Y은 (식 7.1)과 같다.

$$V_Y = V_{CC} - R_4 I_{C3} - V_{CE3,SAT} - V_{BE4} \approx V_{CC} \quad \text{(식 7.1)}$$

반대로 입력신호 A가 “1” 이면 Q1 이 차단되며, Q1의 컬렉터 전압이 높아져서 Q2가 도통되며, 동시에 Q5가 도통된다. 그러므로 Q2의 컬렉터 단자 전압은 “ $V_{EE} = 0$”에 가까우며, Q3, Q4가 차단되어서 Y는 “0”이 된다. Y 단자의 전압, V_Y는 (식 7.2)와 같다.

$$V_Y = V_{CE5,SAT} + V_{EE} \approx V_{EE} \quad \text{(식 7.2)}$$

그러므로 그림 7.2에서 주어진 회로는 NOT 게이트 회로 동작을 하게 된다. 이러한 동작 원리를 요약해서 표 7.1로 표시한다.

| 표 7.1 | TTL NOT 게이트 회로의 동작 원리

A	Q1	Q2	Q3	Q4	Q5	$Y=\overline{A}$
0	도통	차단	도통	도통	차단	1
1	차단	도통	차단	차단	도통	0

바이폴라 트랜지스터를 이용한 TTL(Transistor-Transistor Logic) NAND 게이트 회로도는 그림 7.3과 같다. 회로 구조를 살펴보면 NAND 게이트 회로도 구조는 NOT 게이트 회로에서 QA, QB가 병렬 연결되어 있으며, 나머지 회로 구조는 동일하다. 따라서 동작원리도 쉽게 파악할 수 있다. 즉, A 단자 또는 B 단자의 입력신호가 “0”이 되면 QA, QB의 컬렉터 단자 전압이 낮아지고, Q2가 차단된다. 따라서 Q3, Q4는 도통되고, Q5는 차단되어서 Y는 “1”이 된다. A 단자 및 B 단자의 입력신호가 동시에 “1”이 되면 QA, QB의 컬렉터 단자 전압이 높아지고, Q2가 도통되고, Q5가 도통되며, Q3, Q4는 차단되므로 Y는 “0”이 된다. 그러므로 그림 7.3에서 주어진 회로는 NAND 게이트 회로 동작을 하게 되며, 이러한 동작 원리를 요약해서 표 7.2로 표시한다.

| 표 7.2 | TTL NAND 게이트 회로의 동작 원리

A	B	QA	QB	Q2	Q3	Q4	Q5	$Y=\overline{AB}$
0	0	도통	도통	차단	도통	도통	차단	1
0	1	도통	차단	차단	도통	도통	차단	1
1	0	차단	도통	차단	도통	도통	차단	1
1	1	차단	차단	도통	차단	차단	도통	0

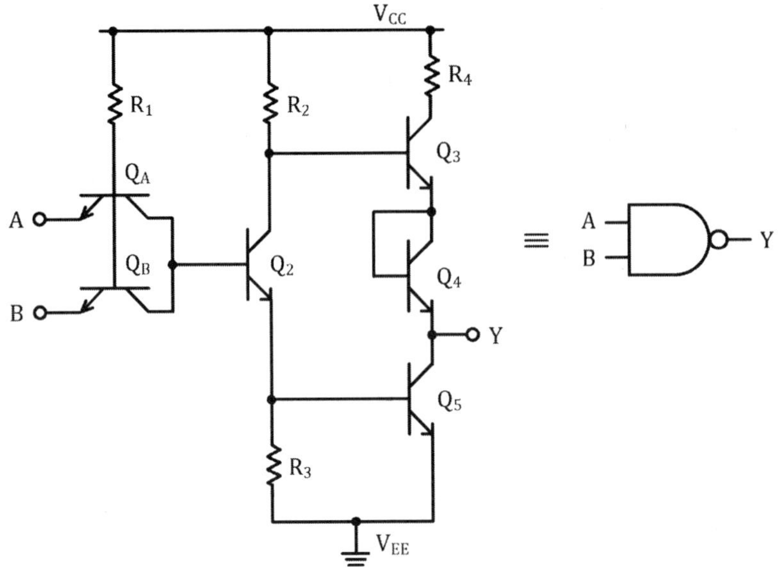

| 그림 7.3 | TTL NAND 게이트 회로도

바이폴라 트랜지스터를 이용한 TTL NOR 게이트 회로도는 그림 7.4와 같다. 회로 구조를 살펴보면 NOR 게이트 회로도 구조는 NAND 게이트 회로와 매우 유사하지만, QA, QB가 Q1, Q2에 종속 접속 연결된 부분이 다르다. Q1, Q2는 DC 전압 이동기 역할을 해서 입력 신호(A, B)의 신호 크기를 0.7V 낮추어서 Q5를 구동시키며, 다섯 개 저항 (R_1, R_2, R_3, R_4, R_5)과 다이오드 Q4는 바이어스 역할은 한다. 그러므로 동작원리를 쉽게 파악할 수 있다. 즉, A 단자와 B 단자의 입력신호가 동시에 "0"이 되면 QA, QB는 도통되며, Q1, Q2의 베이스 전압이 낮아지므로 Q1, Q2는 차단된다. Q2가 차단되므로 Q5도 차단되어서 Y는 "0"으로부터 분리되면서 Y는 "1"이 된다. A 단자 또는 B 단자의 입력신호 중 한 신호가 "1"이 되면 QA, QB 중 하나는 도통되고, 하나는 차단된다. 따라서 Q1, Q2 중 하나는 도통, 하나는 차단되므로 Q5의 베이스 전압은 높아지고, Q5가 도통되므로 Y는 "0"이 된다. 그러므로 그림 7.4에서 주어진 회로는 NOR 게이트 회로 동작을 하게 되며, 이러한 동작 원리를 요약해서 표 7.3으로 표시한다.

| 표 7.3 | TTL NOR 게이트 회로의 동작 원리

A	B	QA	QB	Q1	Q2	Q3	Q4	Q5	$Y=\overline{A+B}$
0	0	도통	도통	차단	차단	도통	도통	차단	1
0	1	도통	차단	차단	도통	차단	차단	도통	0
1	0	차단	도통	도통	차단	차단	차단	도통	0
1	1	차단	차단	도통	도통	차단	차단	도통	0

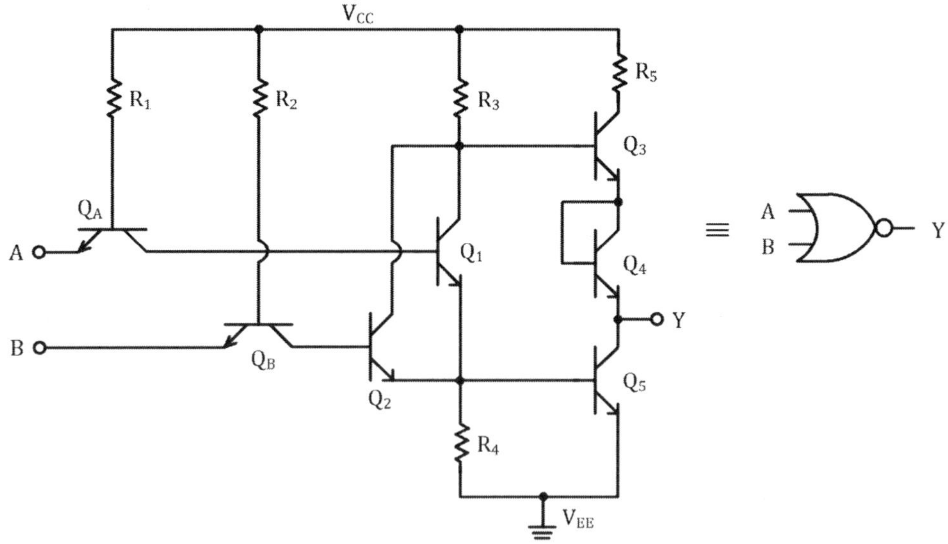

| 그림 7.4 | TTL NOR 게이트 회로도

7.2 BJT 바이어스 회로

증폭기의 dc 동작점을 제공하고, 증폭기내 모든 트랜지스터가 순방향 활성영역에서 동작시키도록 하는 것이 BJT 바이어스 회로의 동작 목적이다. 전형적인 BJT NPN 바이어스 회로는 그림 7.5와 같은 기본 전류 미러 회로(current mirror)이다. BJT 기본 전류 미러 회로는 6장의 MOSFET을 이용한 기본 전류 미러 회로와 구조 및 동작 원리가 동일하다.

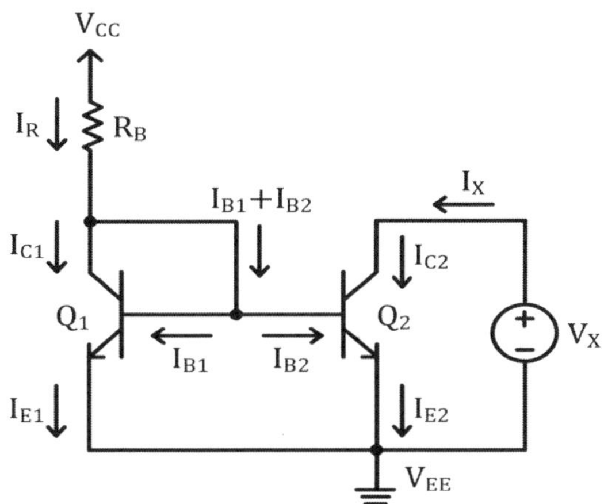

| 그림 7.5 | NPN 기본 전류 미러 회로도

그림 7.5의 기본 전류 미러 회로에서 Q1은 베이스-컬렉터 단자를 연결해서 다이오드 역할하며, 바이어스 저항(R_B)과 직렬 연결해서 (식 7.3)과 같은 기준 전류(I_R)를 흐르게 한다.

$$I_R = \frac{V_{CC} - V_{BE1}}{R_B} \quad \text{(식 7.3)}$$

키르히호프 전류 법칙에 의해서 (식 7.4)를 유도할 수 있다.

$$I_R = I_{C1} + I_{B1} + I_{B2} \quad \text{(식 7.4)}$$

Q1과 Q2의 베이스-이미터 단자가 연결되어 있기 때문에 (식 7.5)가 성립하며, Q1과 Q2의 소자가 정합(matching) 되며 ($\beta_{F1} = \beta_{F2} = \beta_F$), 컬렉터 전압이 동일하면 ($V_{CE1} = V_{CE2}$), 두 소자의 베이스 전류 및 컬렉터 전류가 같아서 (식 7.6)이 성립한다.

$$V_{BE1} = V_{BE2} \quad \text{(식 7.5)}$$

$$I_{B1} = \frac{I_{C1}}{\beta_F} = I_{B2} = \frac{I_{C2}}{\beta_F} \quad \text{(식 7.6)}$$

(식 7.3), (식 7.4)와 (식 7.6)을 연립해서 정리하면 (식 7.7)이 된다.

$$I_{C1} = I_{C2} = \frac{\beta_F}{\beta_F + 2} \frac{(V_{CC} - V_{BE1})}{R_B} \quad \text{(식 7.7)}$$

바이어스 저항에 흐르는 전류(I_R)와 Q2에 흐르는 컬렉터 전류(I_{C2})의 비율을 구하면 (식 7.8)과 같으며, β_F 값이 증가하면, 두 전류의 비율이 1에 가깝게 된다.

$$\frac{I_{C2}}{I_R} = \frac{\beta_F}{\beta_F + 2} \quad \text{(식 7.8)}$$

예제 7.1 그림 7.5에서 $V_{CC} = 5\,V$, $\beta_F = 100$, $R_B = 100K\Omega$, $V_{BE} = 0.7\,V$ 이면 $I_{C2}, I_R, \frac{I_{C2}}{I_R}$ 값을 구하라.

풀이

(식 7.7)을 이용해서 컬렉터 전류 I_{C2}, I_R 및 $\frac{I_{C2}}{I_R}$을 다음과 같이 구할 수 있다.

$$I_R = \frac{(V_{CC} - V_{BE1})}{R_B} = \frac{5\,V - 0.7\,V}{100K\Omega} = 42.2\mu A$$

$$I_{C2} = \frac{\beta_F}{\beta_F + 2}\frac{(V_{CC} - V_{BE1})}{R_B} = \frac{100}{102}\frac{5\,V - 0.7\,V}{100K\Omega} = 41.3\mu A$$

$$\frac{I_{C2}}{I_R} = \frac{\beta_F}{\beta_F + 2} = 0.98$$

따라서 두 전류의 비율은 1에 가까움을 알 수 있다.

전형적인 PNP 기본 전류미러 회로도는 그림 7.6과 같으며, 회로 구조 및 동작 원리는 NPN 기본 전류 미러 회로와 같다.

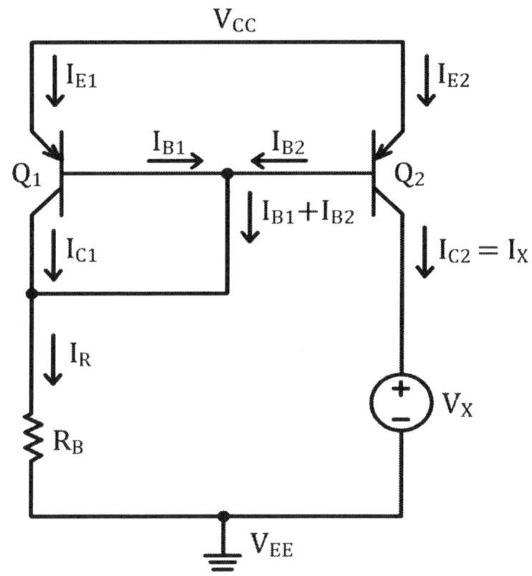

| 그림 7.6 | PNP 기본 전류 미러 회로도

앞에서 소개된 바이폴라 NPN 및 PNP 기본 전류 미러 회로에서 Q1과 Q2에 흐르는 전류는 거의 동일하다. 만약 두 트랜지스터에 흐르는 전류를 다르게 한다면, 이를 설계하는 방법은 2가지가 있다. 첫 번째 설계 방법은 동일한 트랜지스터를 다수 개 병렬연결해서 다르게 할 수 있으며, 두 번째 설계 방법은 트랜지스터의 이미터 단자에 저항을 연결하여서 전류값을 다르게 할 수 있다.

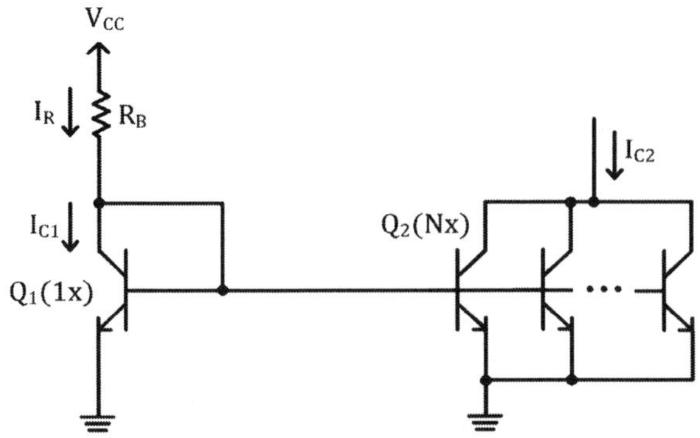

| 그림 7.7 | 병렬 연결 방식을 사용한 기본 전류 미러 회로도

우선 첫 번째 설계 방법을 고려해보면 그림 7.7에서 Q2는 Q1 트랜지스터를 N개 병렬 연결해서 전류를 미러 시키는 것이다. 여기서 N은 정수이며, Q1과 Q2의 전류 비율은 (식 7.8)의 확장 형태로서 (식 7.9)와 같다.

$$\frac{I_{C2}}{I_R} = \frac{\beta_F}{\beta_F + N + 1} = \frac{1}{1 + \dfrac{N+1}{\beta_F}} \qquad \text{(식 7.9)}$$

두 전류 비율은 N 값이 증가하면 증가할수록 1보다 작아진다. 특히 β_F=100, N = 99 이면 두 전류의 비율은 1:2가 되어서 기준전류(I_R)의 50%만 Q2에 전류가 미러 되어서 흐르게 된다. N개 Q2 트랜지스터의 베이스에 흐르는 전류 때문에 전류비율의 50% 오차가 발생한다고 해석할 수 있다.

두 번째 설계 방법은 그림 7.8과 같이 Q2 이미터 단자에 저항(R)을 연결하는 전류 미러 회로로서 위들러(Widlar) 전류 미러 회로를 사용하는 것이다.

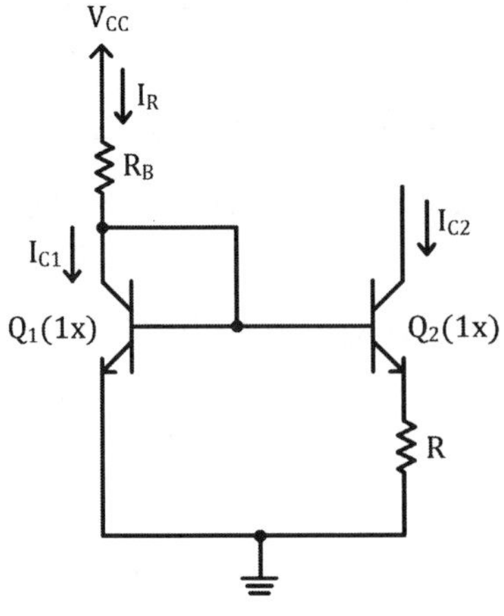

| 그림 7.8 | 위들러 전류 미러 회로도

Q1, Q2의 베이스-이미터 폐회로에 키르히호프 전압법칙을 적용시키면 (식 7.10)과 같다.

$$V_{BE1} = V_{BE2} + RI_{E2} \quad \text{(식 7.10)}$$

(식 7.10)에서 $V_{BE} = V_T \ln \frac{I_C}{I_S}$ 관계식을 이용해서 정리하면 (식 7.11)과 같게 된다.

$$V_T \ln \frac{I_{C1}}{I_{S1}} = V_T \ln \frac{I_{C2}}{I_{S2}} + RI_{E2} \quad \text{(식 7.11)}$$

Q1과 Q2가 소자 정합으로 완벽하게 동일한 소자라고 가정하면 $I_{S1} = I_{S2}$가 되며, (식 7.11)은 (식 7.12)로 재정리할 수 있다.

$$V_T \ln \frac{I_{C1}}{I_{C2}} = R\left(1 + \frac{1}{\beta_F}\right) I_{C2} \approx R\, I_{C2} \quad \text{(식 7.12)}$$

(식 7.12)는 전류 I_{C2}의 비선형 방정식이므로 비선형 함수의 해를 구하면 된다.

예제 7.2

그림 7.8의 위들러 전류 미러 회로에서 $I_{C2} = \frac{I_R}{2}$이 되도록 저항(R_B, R)을 설계하고, 모의실험을 통해서 검증하라. 단, $I_R = 100\mu A$, $V_{CC} = 5\,V$, $V_{BE} = 0.7\,V$, $\beta_F = 100$, $I_{S1} = I_{S2} = 1fA$ 라고 가정한다.

풀이

(식 7.3)에 의해서 바이어스 저항(R_B)을 구하면 다음과 같다.

$$R_B = \frac{5\,V - 0.7\,V}{0.1mA} = 43K\Omega$$

또한 (식 7.12)에서 위들러 저항 R을 구하면 다음과 같다.

$$R = \frac{V_T}{I_{C2}} \ln \frac{I_{C1}}{I_{C2}} = \frac{25m\,V}{50\mu A} \ln 2 = 346.6\,\Omega$$

위들러 전류 미러 회로의 성능을 검증하기 위해서 SPICE 넷리스트를 작성하면 다음과 같다.

```
BJT NPN CURRENT MIRROR
VCC 1 0 DC 5
Q1 C1 C1 0 QN
Q2 C2 C1 E1 QN
RB 1 C1 43K
RE E1 0 346.6
VX C2 0 DC 5
.MODEL QN NPN(IS = 1F BETA = 100 VAF = 100 VJE = 0.6)
.OP
.PROBE
.END
```

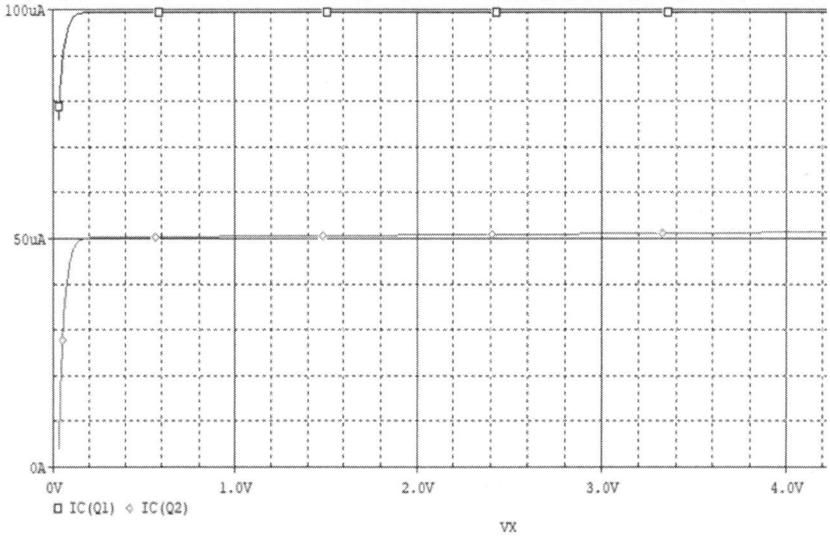

| 그림 7.9 | NPN BJT 위들러 전류 미러 회로에서 기준 전류와 미러 전류 모의실험 결과

그림 7.9에서 나타난 위들러 전류 미러 회로의 모의실험 결과에서 기준 전류(IC(Q1))와 미러 전류(IC(Q2))의 비율은 50uA/100uA = 0.5로서 설계 의도대로 동작함을 확인할 수 있다.

단지 Q2의 컬렉터 전압(VX)이 증가하면서 베이스 폭 변조 효과 때문에 컬렉터 전류 값이 증가하면서 두 전류의 비율이 0, 5에서 다소 벗어나는 것을 알 수 있다.

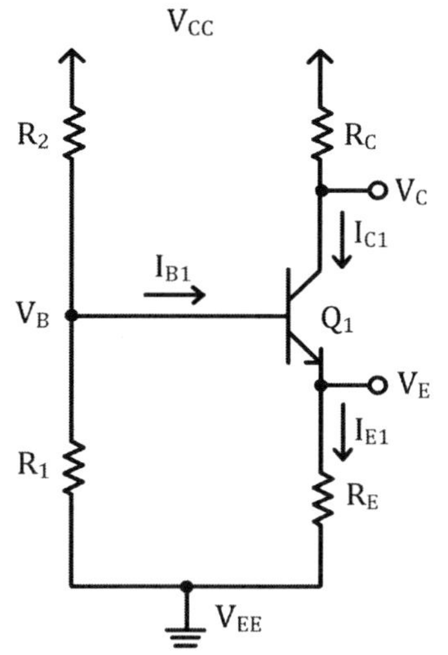

| 그림 7.10 | NPN 트랜지스터 바이어스 회로도

두 번째 바이어스 회로는 그림 7.10과 같이 바이어스 저항(R_1, R_2, R_C, R_E)과 NPN 트랜지스터로 구성된다. 바이어스 회로의 DC 동작점을 구하기 위해서 베이스 단자에서 저항(R_1, R_2)방향으로 바라본 등가회로는 테브닌 정리를 적용하면 그림 7.11과 같으며, 등가전압(V_{EQ})과 등가저항(R_{EQ})은 (식 7.13) 및 (식 7.14)로 유도할 수 있다.

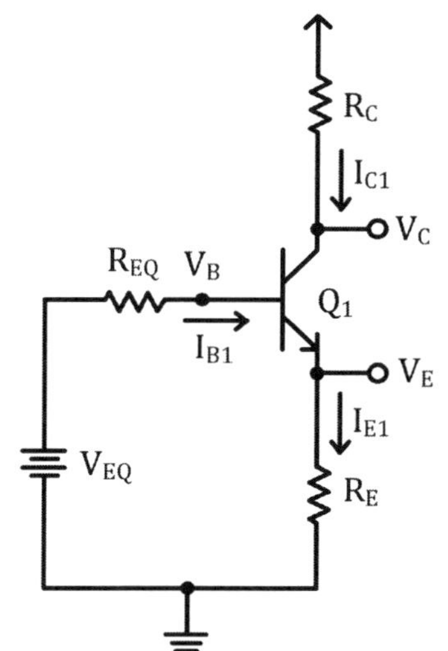

| 그림 7.11 | 바이어스 회로의 등가회로

$$V_{EQ} = \frac{R_1}{R_1 + R_2} V_{CC} \qquad \text{(식 7.13)}$$

$$R_{EQ} = R_1 // R_2 \qquad \text{(식 7.14)}$$

그림 7.11 등가회로에서 베이스 전류(I_{B1})를 구하면 (식 7.15)가 되며, 이에 따라서 컬렉터 전류 및 이미터 전류 방정식은 (식 7.16) 및 (식 7.17)이 된다.

$$I_{B1} = \frac{V_{EQ} - V_{BE1}}{R_{EQ} + (1+\beta_F)R_E} \quad \text{(식 7.15)}$$

$$I_{C1} = \beta_F I_{B1} = \frac{\beta_F (V_{EQ} - V_{BE1})}{R_{EQ} + (1+\beta_F)R_E} \quad \text{(식 7.16)}$$

$$I_{E1} = (1+\beta_F) I_{B1} = \frac{(1+\beta_F)(V_{EQ} - V_{BE1})}{R_{EQ} + (1+\beta_F)R_E} \quad \text{(식 7.17)}$$

Q1이 순방향 활성영역에서 동작하기 위한 조건은 $V_{CE} > V_{CE,sat} = 0.3\,V$이므로 (식 7.18)로 표현할 수 있다.

$$V_{CE} = V_C - V_E = (V_{CC} - R_C I_{C1}) - R_E I_{E1} > 0.3\,V \quad \text{(식 7.18)}$$

7.3 BJT 기본 증폭기

BJT 기본 증폭기는 7.3.1절에서 공통 이미터 증폭기, 7.3.2절에서 공통 베이스 증폭기, 7.3.3절에서 공통 컬렉터 증폭기로 구분하여서 각 기본 증폭기의 특성을 살펴보기로 한다. 또한 기본 증폭기의 특성을 비교 설명한다.

7.3.1 공통 이미터 증폭기

개별소자를 사용한 공통 이미터 증폭기 회로도는 그림 7.12와 같다.

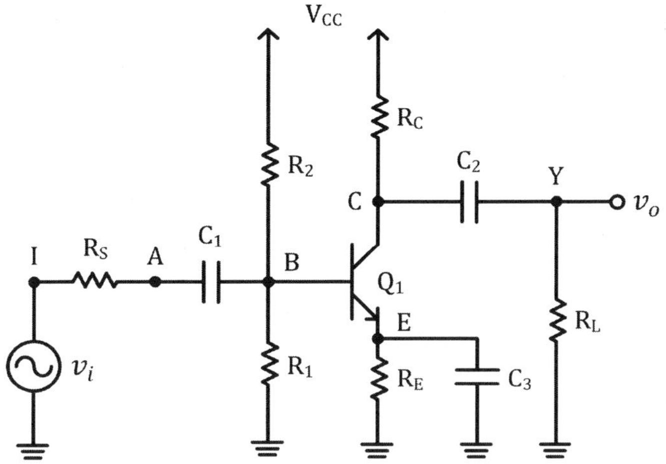

| 그림 7.12 | 개별소자를 사용한 공통 이미터 증폭기 회로도

입력 교류신호원은 v_i, 입력신호원의 내부저항은 R_S, 바이어스 저항은 R_1, R_2, R_E, R_C 이며, AC 커플링 커패시터(coupling capacitor)는 C_1, C_2, 바이패스 커패시터(bypass capacitor)는 C_3, 부하저항은 R_L, 증폭기 드라이버는 Q_1이다. 바이어스 저항 R_1, R_2, R_E, R_C 에 의해서 DC 동작점이 결정되면, 입력 교류신호는 AC 커플링 커패시터 C_1를 통과해서 Q_1의 베이스 단자에 입력된다. 입력된 신호가 드라이버 Q_1에 의해서 증폭되며, 증폭된 교류 신호 및 직류 전압 신호가 컬렉터 단자에 나타나며, AC 커플링 커패시터 C_2를 통해서 증폭된 교류 신호만 통과하고 부하저항에 나타나며, 직류 전압 신호는 통과되지 않는다. 바이패스 커패시터 C_3에 의해서 Q_1의 이미터 단자는 접지점에 연결해서 공통 이미터 증폭기의 전압이득 감소를 방지하게 된다. 주어진 공통 이미터 증폭기 회로의 입력저항, 출력저항 및 전압이득을 구하기 위해서 저주파 소신호 해석을 하면 다음과 같다. 첫 번째 절차로 DC 동작점 (I_B, I_C, I_E)을 구하고, 두 번째 절차로 소신호 모델 변수(g_m, r_π, r_o, r_e)를 계산한다. 세 번째 절차로 DC 신호 및 커패시터를 제거한 등가회로를 그림 7.13과 같이 구한다.

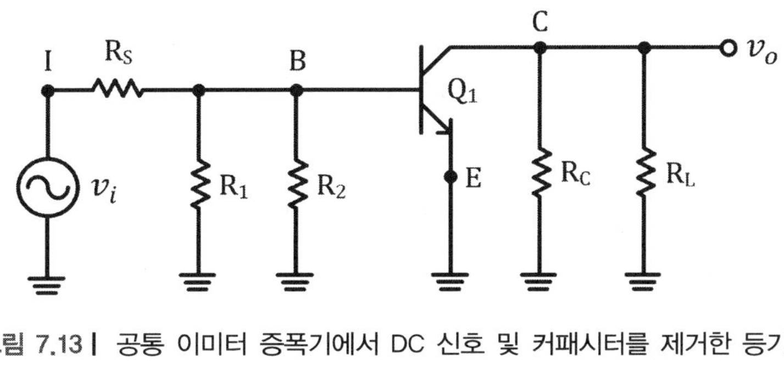

| 그림 7.13 | 공통 이미터 증폭기에서 DC 신호 및 커패시터를 제거한 등가회로

그림 7.13 등가회로에서 Q_1을 저주파 등가모델로 교체하면 그림 7.14 등가회로가 되어서

베이스 단자에서 바라본 입력저항 (R_i)은 (식 7.19)가 되고, 컬렉터 단자에서 바라본 출력 저항(R_o)은 (식 7.20)이 된다. 증폭기의 전압이득(A_V)은 (식 7.21)이 되어서 입력 교류신호와 출력 교류신호의 위상 차이는 180°가 된다.

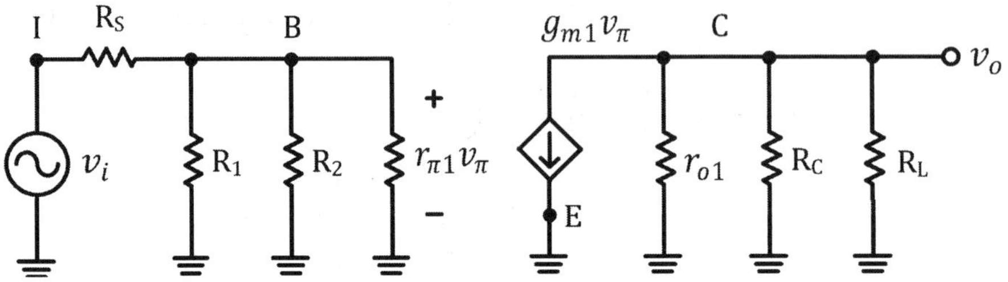

| 그림 7.14 | 공통 이미터 증폭기의 저주파 등가회로

$$R_i = R_1 // R_2 // r_{\pi 1} \quad \text{(식 7.19)}$$

$$R_o = r_{o1} // R_C // R_L \quad \text{(식 7.20)}$$

$$A_V = \frac{v_o}{v_i} = \frac{v_\pi}{v_i}\frac{v_o}{v_\pi} = \frac{R_i}{R_S + R_i}(-g_{m1}R_o) \approx -g_{m1}R_o \quad \text{(식 7.21)}$$

집적회로 공정을 이용한 공통 이미터 증폭기 회로도는 그림 7.15와 같다.

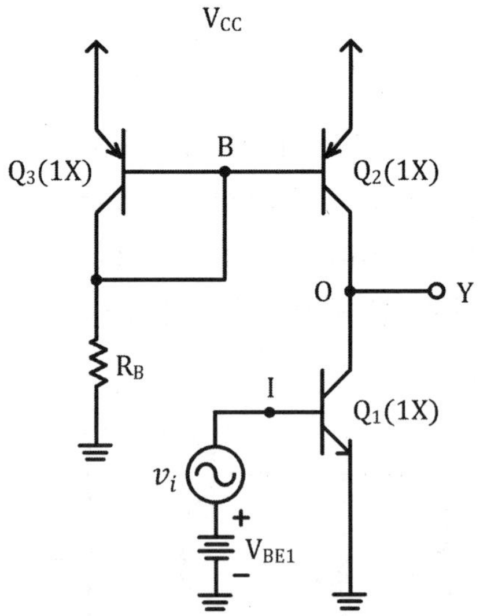

| 그림 7.15 | 집적회로 공정을 이용한 공통 이미터 증폭기 회로도

입력 교류신호원은 v_i, Q_1의 베이스 전압은 V_{BE1}, Q_2-Q_3-R_B는 기본 전류 미러 바이어스 회로이다. 소신호 회로 해석을 하기 위해서 DC 신호 성분을 제거한 회로는 그림 7.16과 같다.

여기서 1X는 바이폴라 트랜지스터 1개를 의미한다.

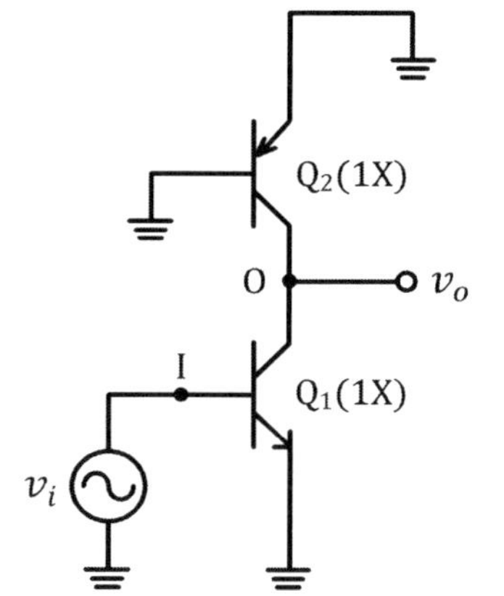

| 그림 7.16 | 집적회로 공정을 이용한 공통 이미터 증폭기 회로의 DC 신호 성분을 제거한 회로도

특히 Q_2의 베이스 단자에는 DC 전압이 걸리므로 Q_2의 베이스 단자를 소신호 해석할 경우에는 접지에 연결해야 한다. Q_1, Q_2를 저주파 소신호 모델로 교체해서 소신호 등가회로를 구하면 그림 7.17이 되는데, Q2의 베이스 단자 및 이미터 단자가 접지에 연결되므로 Q2는 내부저항 r_{o2} 로 대체할 수 있다. 그림 7.17을 통해서 입력 저항(R_i), 출력 저항(R_o), 전압이득(A_V)을 각각 구하면 (식 7.22), (식 7.23), (식 7.24)와 같다.

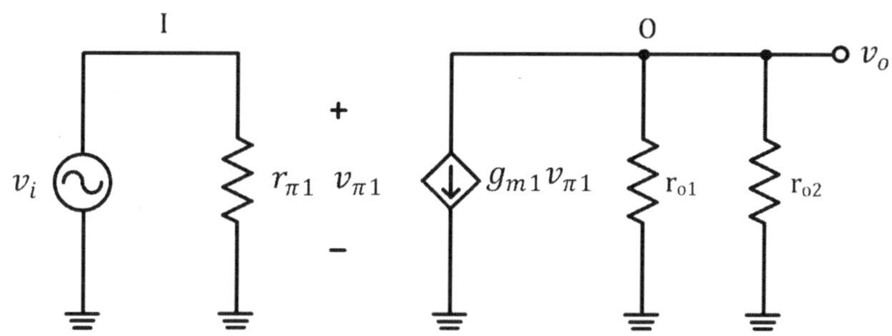

| 그림 7.17 | 집적회로 공정을 이용한 공통 이미터 증폭기 회로의 소신호 등가 회로도

$$R_i = r_{\pi 1} \qquad \text{(식 7.22)}$$

$$R_o = r_{o1} // r_{o2} \qquad \text{(식 7.23)}$$

$$A_V = \frac{v_o}{v_i} = \frac{v_\pi}{v_i}\frac{v_o}{v_\pi} = (-g_{m1}R_o) = -g_{m1}(r_{o1}//r_{o2}) \qquad \text{(식 7.24)}$$

예제 7.3 그림 7.12의 공통 이미터 증폭기 회로의 입력 저항, 출력 저항 및 전압 이득을 구하라. 모의실험을 통해서 구한 값들을 검증하라. 단, $R_S = 10\Omega$, $R_1 = R_2 = 200K\Omega$, $R_E = 100\Omega$, $R_C = 2K\Omega$, $R_L = 100K\Omega$, $V_{CC} = 3V$, $C_1 = C_2 = C_3 = 100\mu F$, $\beta_F = 100$, $V_A = 100V$, $V_T = 25mV$, $V_{BE} = 0.7V$, 입력신호의 주파수는 1 kHz, 신호크기는 10mV로 가정한다.

풀이

첫 번째 절차로 증폭기 회로의 DC 동작점을 구하기 위해서 (식 7.13), (식 7.14), (식 7.14)를 이용한다.

$$V_{EQ}= \frac{R_1}{R_1+R_2}V_{CC}= 1.5V \text{ , } R_{EQ}= R_1//R_2= 100K\Omega$$

$$I_{B1} = \frac{V_{EQ}-V_{BE1}}{R_{EQ}+(1+\beta_F)R_E}= \frac{1.5V-0.7V}{100K\Omega+10.1K\Omega}= 7.27\mu A,\ I_{C1} = \beta_F I_{B1} = 0.727mA \text{이다.}$$

따라서 컬렉터 전압(V_{C1})과 이미터 전압(V_{E1})을 구하면 다음과 같다.

$$V_{C1} = V_{CC}-I_{C1}R_C= 3V-(0.727mA)(2K\Omega)= 1.55V$$

$$V_{E1} = I_{E1}R_E= (0.734mA)(0.1K\Omega) = 73.4mV$$

그러므로 컬렉터-이미터 전압($V_{CE1} = V_{C1} - V_{E1}$)은 1.55V – 0.0734V = 1.48V로서 포화전압인 0.3V로 크므로 드라이버 트랜지스터 Q1은 순방향 활성영역에서 동작함을 확인할 수 있다. 두 번째 절차로서 드라이버 트랜지스터의 소신호 모델 변수를 구하면 다음과 같다.

$$g_{m1}= \frac{I_{C1}}{V_T}= \frac{0.727mA}{25mV}= 29.1\,(m/\Omega)$$

$$r_{\pi1} = \frac{\beta_F}{g_{m1}}= \frac{100}{29.1m/\Omega}= 3.44K\Omega$$

$$r_{o1} = \frac{V_A}{I_{C1}}= \frac{100V}{0.727mA}= 138K\Omega$$

세 번째 네 번째 절차를 걸쳐서 얻어진 그림 7.14의 저주파 등가회로에서 입력저항 (R_i), 출력저항(R_o), 증폭기의 전압이득(A_V)을 구하면 다음과 같다.

$$R_i= R_1//R_2//r_{\pi1}= 100K\Omega//100K\Omega//3.44K\Omega= 3.22K\Omega$$

$$R_o = r_{o1} // R_C // R_L = 138K\Omega // 2K\Omega // 100K\Omega \approx 2K\Omega$$

$$A_V = \frac{v_o}{v_i} = -g_{m1} R_o = -(29.1m/\Omega)(2K\Omega) = -58.2 = 35dB$$

모의실험을 하기 위해서 주어진 회로의 넷리스트를 작성하면 다음과 같다.

```
CE AMP WITH DISCRETE DEVICES
VI 1 0 SIN(0 10M 1K)
RS 1 A 10
C1 A B 100U
C2 C Y 100U
C3 E 0 100U
R1 B 0 100K
R2 B CC 100K
RC C CC 2K
RE E 0 100
RL Y 0 100K
VCC CC 0 DC 3
Q1 C B E QN
.OP
.TF VC VI
.MODEL QN NPN(IS=1F BF=100 VAF=100 VJ=0.6)
.TRAN 0.1M 10M
.PROBE
.END
```

모의 실험한 DC 동작점 및 드라이버 트랜지스터의 소신호 모델변수는 다음과 같다.

```
CE AMP WITH DISCRETE DEVICES
****    SMALL SIGNAL BIAS SOLUTION    TEMPERATURE=27.000 DEG C
****************************************************************************
 NODE VOLTAGE   NODE VOLTAGE   NODE VOLTAGE   NODE VOLTAGE
 ( B)   .7795    ( C)   1.5479   ( E)   .0733    ( CC)   3.0000

    VOLTAGE SOURCE CURRENTS
    NAME         CURRENT
    VIN          0.000E+00
    VCC          -7.371E-04
```

```
TOTAL POWER DISSIPATION   2.21E-03  WATTS

**** BIPOLAR JUNCTION TRANSISTORS
NAME          Q1
MODEL         QN
IB            7.21E-06
IC            7.26E-04
VBE           7.06E-01
VBC          -7.68E-01
VCE           1.47E+00
BETADC        1.01E+02
GM            2.81E-02
RPI           3.59E+03
RO            1.39E+05
```

표 7.4는 계산 결과와 모의실험 결과를 비교하였고, 두 결과의 오차는 5% 이하 이다.

| 표 7.4 | 공통 이미터 증폭기의 계산 결과 및 모의실험 결과 비교

변수	V_{B1}	V_{E1}	V_{C1}	I_{B1}	I_{C1}	g_{m1}	$r_{\pi 1}$	r_{o1}
계산결과	0.773V	0.073V	1.55V	7.27uA	727uA	29.1m	3.4K	138K
모의실험결과	0.779V	0.073V	1.548V	7.21uA	726uA	28.1m	3.59K	139K

모의실험을 통해서 DC 동작점과 증폭된 신호 파형은 그림 7.18에서 확인할 수 있다. 우선 베이스 단자의 직류 전압은 0.78V 이며, 컬렉터 단자의 직류 전압은 1.55V를 알 수 있고, 컬렉터 단자에 나타난 증폭된 신호 파형은 580mV이므로 증폭도가 58 임을 확인할 수 있다. 커플링 커패시터인 C_3를 거친 신호는 직류 전압이 제거된 교류 전압만 나타나므로 직류 전압은 0V이며, 교류신호의 크기는 580mV이다. 증폭기의 선형성을 파악하기 위해서 과도기 응답 모의실험 결과에 프리에 변환을 적용시키면 그림 7.19와 같은 결과를 얻게 된다. 프리에 변환 결과를 살펴보면 입력 주파수(1 kHz) 신호 성분과 고조파(harmonic) 신호 성분(2 kHz, 3 kHz)을 볼 수 있는데, 특히 제 2 고조파 신호(2 kHz)가 크고, 제 3 고조파 신호(3 kHz)는 매우 작다는 것을 알 수 있다.

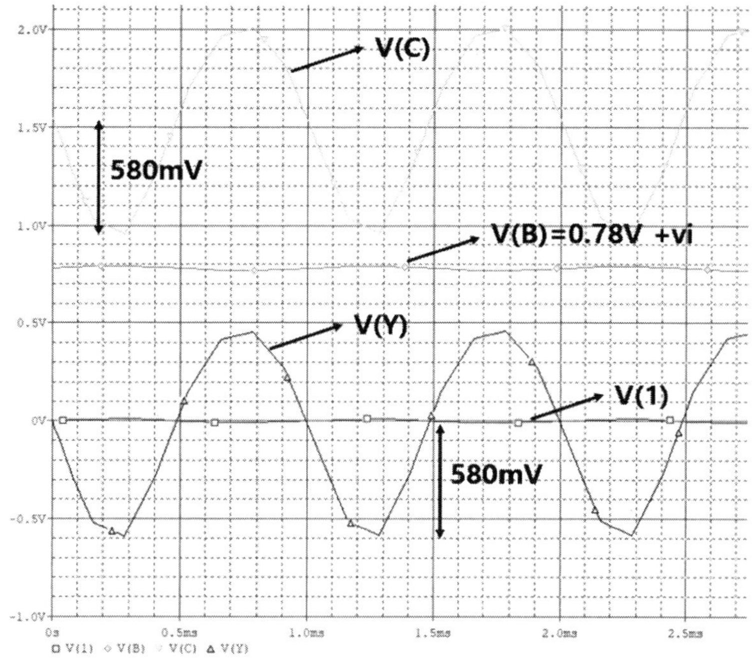

| 그림 7.18 | 개별소자를 사용한 공통 이미터 증폭기의 과도기 응답 모의실험 결과

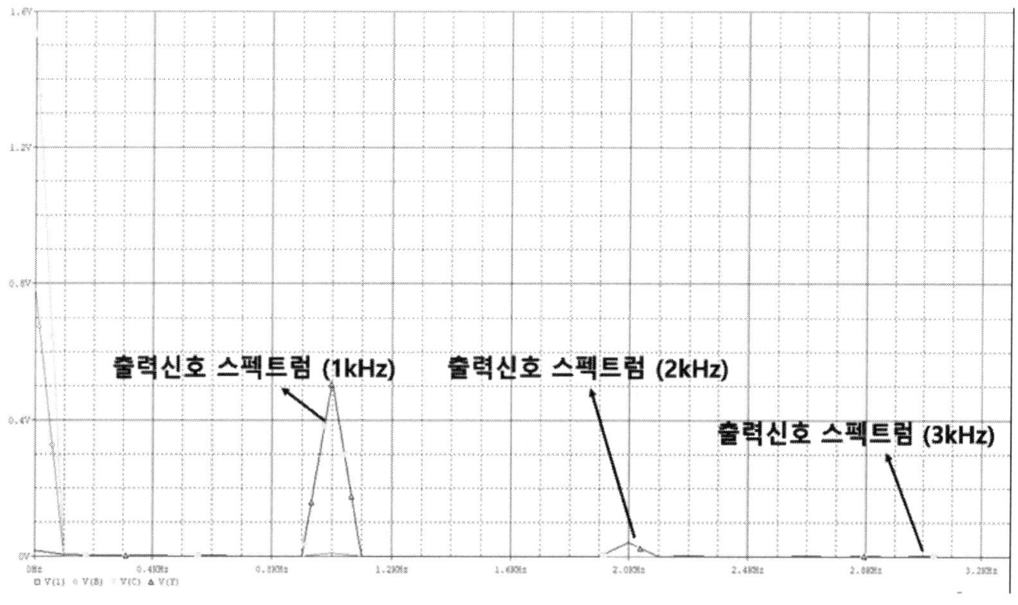

| 그림 7.19 | 개별소자를 사용한 공통 이미터 증폭기의 프리에 변환 모의실험 결과

예제 7.4 그림 7.15의 공통 이미터 증폭기 회로의 입력 저항, 출력 저항 및 전압 이득을 구하라. 모의실험을 통해서 구한 값들을 검증하라. 단, $I_{C1} = I_{C2} = I_{C3} = 100\mu A$, $V_{CC} = 3\,V$이 되도록 R_B 저항을 구하라. 또한 $\beta_{F1} = \beta_{F2} = \beta_{F3} = 100$, $V_{A1} = V_{A2} = V_{A3} = 100\,V$, $V_T = 25m\,V$, $V_{BE1} = 0.7\,V$, 입력신호의 주파수는 1 kHz, 신호크기는 0.1mV로 가정한다.

풀이

첫 번째 절차로 증폭기 회로의 DC 동작점을 구하기 위해서 $I_{C1} = I_{C2} = I_{C3} = 50\mu A$, $V_{CC} = 3\,V$에서 R_B를 다음과 같이 구할 수 있다.

$$R_B = \frac{V_{CC} - V_{EB3}}{I_{C3}} = \frac{3\,V - 0.7\,V}{50\mu A} = 46K\Omega$$

두 번째 절차에 따라서 드라이버 트랜지스터(Q_1)의 소신호 모델 변수를 구하면 다음과 같다.

$$g_{m1} = \frac{I_{C1}}{V_T} = \frac{0.05mA}{25m\,V} = 2\,(m/\Omega)$$

$$r_{\pi 1} = \frac{\beta_F}{g_{m1}} = \frac{100}{2m/\Omega} = 50K\Omega$$

$$r_{o1} = \frac{V_A}{I_{C1}} = \frac{100\,V}{0.05mA} = 2M\Omega$$

세 번째 및 네 번째 절차를 걸쳐서 얻어진 그림 7.17의 저주파 등가회로에서 입력저항(R_i), 출력저항(R_o), 증폭기의 전압이득(A_V)을 구하면 다음과 같다.

$$R_i = r_{\pi 1} = 50\,K\Omega$$

$$R_o = r_{o1} // r_{o2} = 1\,M\Omega$$

$$A_V = \frac{v_o}{v_i} = -g_{m1}(r_{o1}//r_{o2}) = (-2m/\Omega)(1\,M\Omega) = -2{,}000 = 66dB$$

모의실험을 하기 위해서 주어진 회로의 넷리스트를 작성하면 다음과 같다.

```
CE AMP WITH INTEGRATED CIRCUIT
VI 1 0 SIN(0.7 0.1M 1K)
RB 0 B 43K
VCC CC 0 DC 3
Q1 Y 1 0 QN
Q2 Y B CC QP
Q3 B B CC QP
.OP
.MODEL QN NPN(IS = 1F BF = 100 VAF = 100)
.MODEL QP PNP(IS = 1F BF = 100 VAF = 100)
.TRAN 0.1M 10M
.PROBE
.END
```

모의 실험한 DC 동작점 및 드라이버 트랜지스터의 소신호 모델변수는 다음과 같다.

```
CE AMP WITH INTEGRATED CIRCUIT
****    SMALL SIGNAL BIAS SOLUTION    TEMPERATURE = 27.000 DEG C
**************************************************************************
NODE VOLTAGE   NODE VOLTAGE   NODE VOLTAGE   NODE VOLTAGE
( 1)   .639    ( B)   2.36    ( Y)   1.46    ( CC)   3.0000
    VOLTAGE SOURCE CURRENTS
    NAME          CURRENT
    VIN           - 5.4E- 07
    VCC           - 1.1E- 04
    TOTAL POWER DISSIPATION 3.28E- 04 WATTS

**** BIPOLAR JUNCTION TRANSISTORS
NAME          Q1            Q2            Q3
MODEL         QN            QP            QP
IB            5.39E- 07     - 5.38E- 07   - 5.38E- 07
IC            5.43E- 05     - 5.43E- 05   - 5.38E- 05
VBE           6.39E- 01     - 6.39E- 01   - 6.39E- 01
VBC           - 8.22E- 01   9.00E- 01     0.00E+00
VCE           1.46E+00      - 1.54E+00    - 6.39E- 01
BETADC        1.01E+02      1.01E+02      1.00E+02
GM            2.10E- 03     2.10E- 03     2.08E- 03
RPI           4.80E+04      4.80E+04      4.80E+04
```

RO	1.86E+06	1.86E+06	1.86E+06

모의실험을 통해서 DC 동작점과 증폭된 신호 파형은 그림 7.20에서 확인할 수 있다. 우선 베이스 단자의 직류 전압은 0.64V 이며, 컬렉터 단자의 직류 전압은 1.46V를 알 수 있고, 컬렉터 단자에 나타난 증폭된 신호 파형은 200mV이므로 증폭도가 2,000 임을 확인할 수 있다. 증폭기의 선형성을 파악하기 위해서 과도기 응답 모의실험 결과에 프리에 변환을 적용하면 그림 7.21과 같은 결과를 얻게 된다. 프리에 변환 결과를 살펴보면 입력 주파수(1 kHz) 신호 성분만 존재하고 고조파(harmonic) 신호 성분이 거의 없어서 선형성이 뛰어남을 알 수 있다.

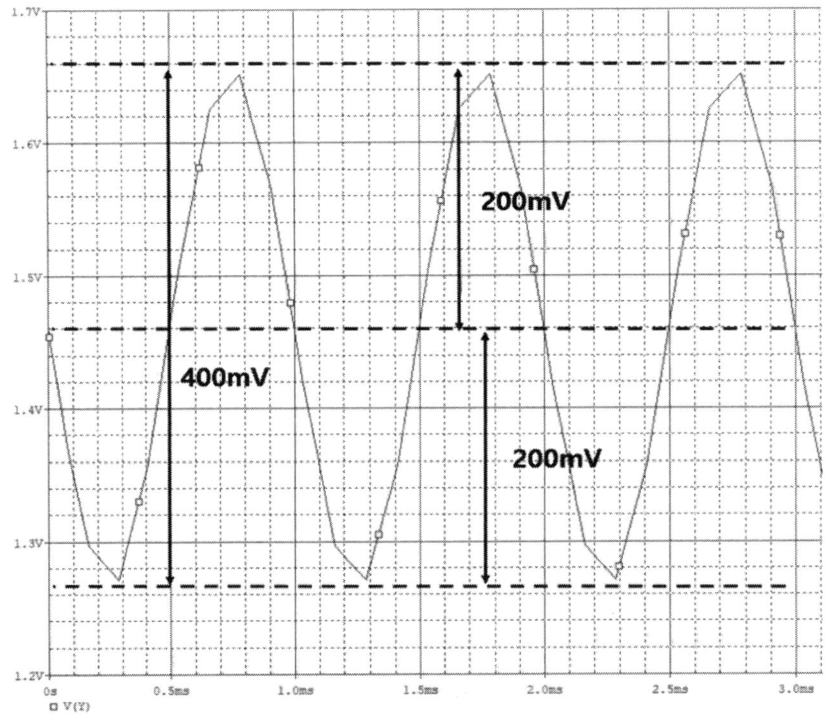

| 그림 7.20 | 집적회로 공통이미터 증폭기의 과도기 응답 파형

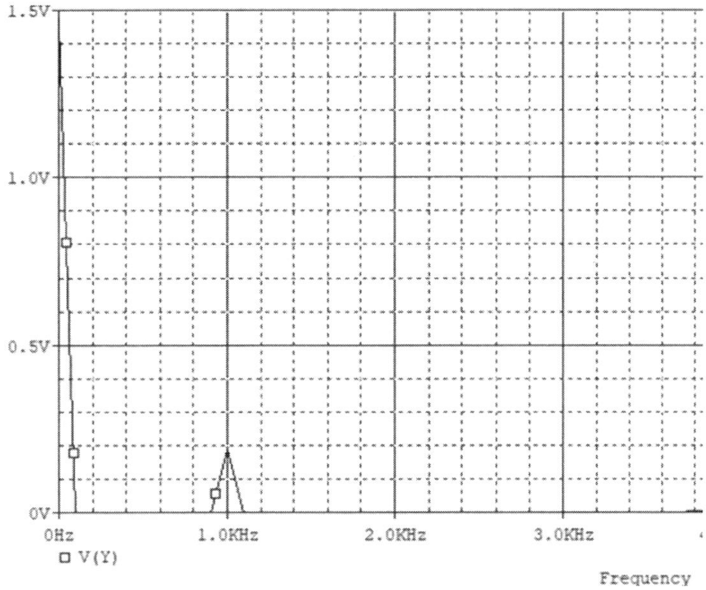

| 그림 7.21 | 집적회로 공통이미터 증폭기의 프리에 변환 파형

7.3.2 공통 베이스 증폭기

개별소자를 사용한 공통 베이스 증폭기 회로도는 그림 7.22와 같다.

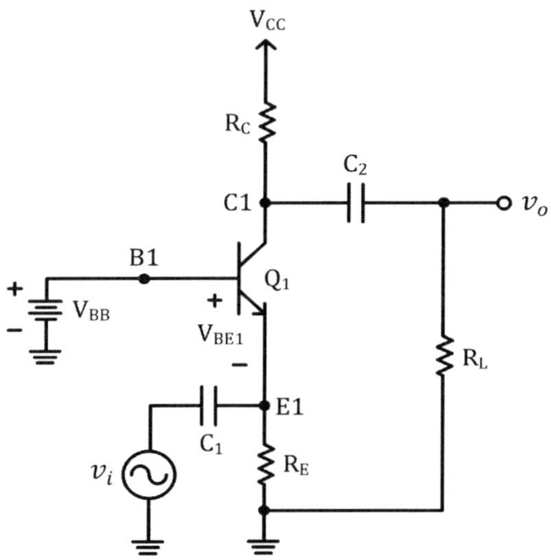

| 그림 7.22 | 개별소자를 사용한 공통 베이스 증폭기 회로도

입력 교류신호원은 v_i, 바이어스 저항은 R_E, R_C 이며, AC 커플링 커패시터(coupling capacitor)는 C_1, C_2, 부하저항은 R_L, 증폭기 드라이버는 Q_1, 바이어스 전압은 V_{BB} 이다.

바이어스 저항 및 바이어스 전압에 의해서 DC 동작점이 결정되면, 입력 교류신호는 AC 커플링 커패시터 C_1을 통과해서 Q_1의 이미터 단자에 입력된다. 입력된 신호가 드라이버 Q_1에 의해서 증폭되며, 증폭된 교류 신호 및 직류 전압 신호가 컬렉터 단자에 나타나며, AC 커플링 커패시터 C_2를 통해서 증폭된 교류 신호만 통과하고 부하저항에 나타나며, 직류 전압 신호는 통과되지 않는다. 커플링 커패시터 C_1에 의해서 Q_1의 이미터 단자는 접지점에 연결되어서 공통 베이스 증폭기의 전압이득 감소를 방지하게 된다. 주어진 공통 베이스 증폭기 회로의 입력저항, 출력저항 및 전압이득을 구하기 위해서 저주파 소신호 해석을 하면 다음과 같다. 첫 번째 절차로 DC 동작점(I_B, I_C, I_E)을 구하고, 두 번째 절차로 소신호 모델 변수(g_m, r_π, r_o, r_e)를 계산한다. 세 번째 절차로 DC 전원 및 커패시터를 제거한 등가회로를 그림 7.23과 같이 구한다.

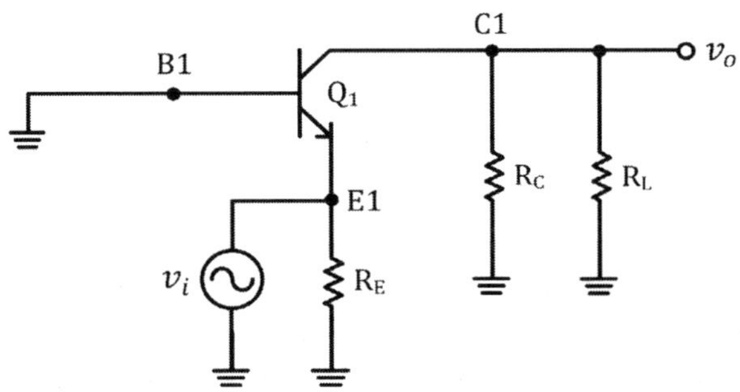

| 그림 7.23 | 공통 베이스 증폭기에서 DC 신호 및 커패시터를 제거한 등가회로

그림 7.23 등가회로에서 Q_1을 저주파 등가모델로 교체하면 그림 7.24 등가회로가 되어서 증폭기의 전압이득(A_V)을 구할 수 있다. 주어진 폐회로에 키르히호프 전압법칙 (KVL)과 오움법칙을 적용시키면 다음과 같다.

$$v_i = -v_{\pi 1} \quad \text{(식 7.25)}$$

$$v_o = -i_o(R_C // R_L) \quad \text{(식 7.26)}$$

$$-v_o + r_{o1}\left[i_o - g_{m1} v_{\pi 1}\right] + v_i = 0 \quad \text{(식 7.27)}$$

(식 7.25)와 (식 7.26)을 (식 7.27)에 대입해서 정리하면 (식 7.28), (식 7.29)가 되며, $r_{o1} \gg R_C // R_L$ 이므로 (식 7.29)는 (식 7.30)이 된다.

$$-v_o + r_{o1}\left[-\frac{v_o}{R_C // R_L} + g_{m1} v_i\right] + v_i = 0 \quad \text{(식 7.28)}$$

$$(g_{m1}r_{o1}+1)v_i=\left(1+\frac{r_{o1}}{R_C//R_L}\right)v_o \qquad \text{(식 7.29)}$$

$$A_V=\frac{v_o}{v_i}=\frac{1+g_{m1}r_{o1}}{1+\frac{r_{o1}}{R_C//R_L}}=\frac{(1+g_{m1}r_{o1})(R_C//R_L)}{R_C//R_L+r_{o1}}\approx g_{m1}(R_C//R_L) \qquad \text{(식 7.30)}$$

따라서 공통 베이스 증폭기의 전압 이득은 g_{m1}에 정비례하며, 입력신호와 출력신호의 위상 차이는 없다.

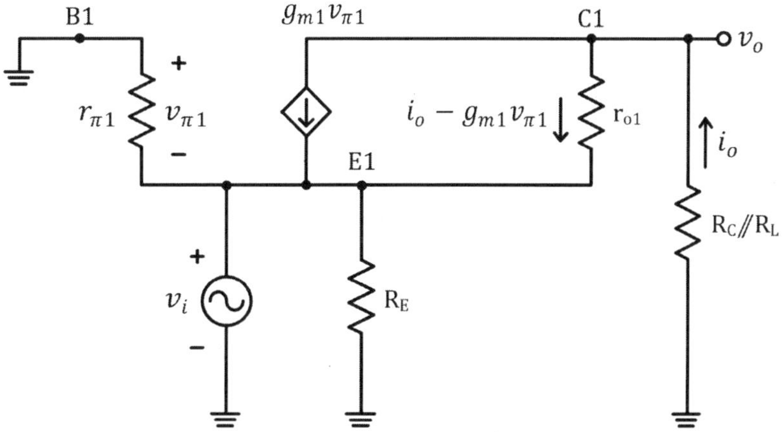

| 그림 7.24 | 전압이득을 구하기 위한 공통 베이스 증폭기의 소신호 등가 회로

이미터 단자에서 바라본 입력저항(R_i)를 구하기 위해서 그림 7.24 소신호 등가회로에서 입력 전압신호 v_i와 입력신호에 흐르는 전류신호 i_i의 비율을 구하면 된다. 그림 7.24의 E1 단자에 키르히호프 전류법칙을 적용시키면 (식 7.31), (식 7.32), (식 7.33)이 된다.

$$v_i=-v_{\pi 1} \qquad \text{(식 7.31)}$$

$$i_i+i_o=\frac{v_i}{r_{\pi 1}//R_E} \qquad \text{(식 7.32)}$$

$$-i_o(R_C//R_L)+(i_o-g_{m1}v_{\pi 1})r_{o1}+v_i=0 \qquad \text{(식 7.33)}$$

(식 7.31)과 (식 7.32)를 (식 7.33)에 대입하고 $r_{o1}\gg R_C//R_L$ 조건이 성립한다고 가정하면 (식 7.33)은 (식 7.34)가 된다.

$$\left[1+g_{m1}r_{o1}+\frac{r_{o1}}{r_{\pi 1}//R_E}\right]v_i=i_i r_{o1} \qquad \text{(식 7.34)}$$

(식 7.34)에서 $g_{m1} r_{o1} \gg \frac{r_{o1}}{r_{\pi 1} // R_E}$, $g_{m1} r_{o1} \gg 1$의 조건이 성립하므로 (식 7.34)를 정리하면 (식 7.35)가 된다.

$$R_i = \frac{v_i}{i_i} = \frac{r_{o1}}{1 + g_{m1} r_{o1} + \frac{r_{o1}}{r_{\pi 1} // R_E}} = \frac{r_{o1}}{1 + g_{m1} r_{o1}} \approx \frac{1}{g_{m1}} \quad \text{(식 7.35)}$$

따라서 공통 베이스 증폭기의 입력저항(R_i)은 상호컨덕턴스(g_{m1})에 반비례한다.

증폭기의 컬렉터 단자에서 바라본 출력저항($R_o = \frac{v_X}{i_X}$)을 구하기 위해서 소신호 등가회로를 구하면 그림 7.25가 되며, 트랜지스터를 소신호 등가모델로 교체하면 그림 7.26이 된다.

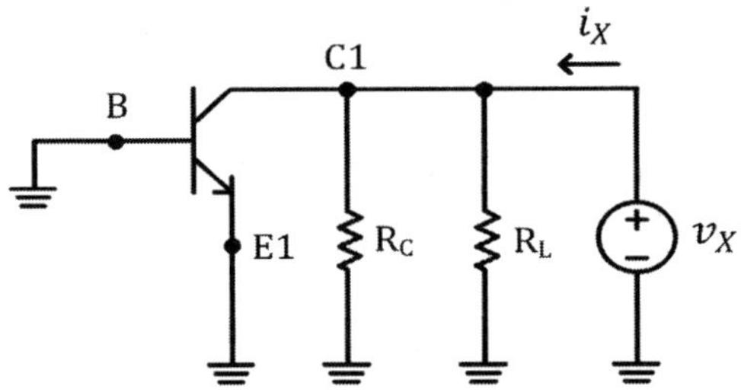

| 그림 7.25 | 출력저항을 구하기 위한 공통 베이스 증폭기의 소신호 등가 회로

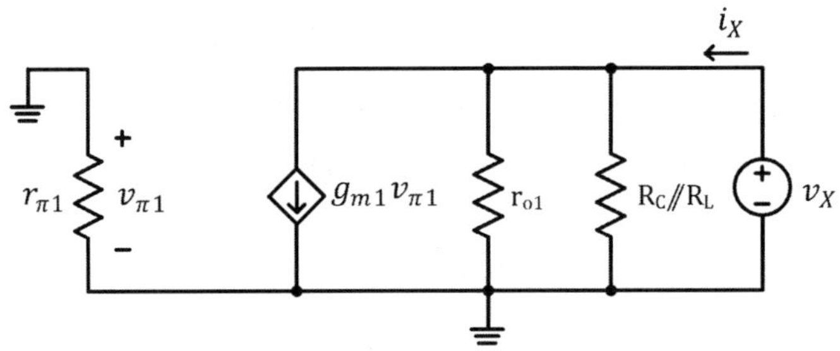

| 그림 7.26 | 출력저항을 구하기 위한 최종 공통 베이스 증폭기의 소신호 등가 회로

그림 7.26에서 $v_{\pi 1} = 0$ 이므로 종속전류원($g_{m1} v_{\pi 1}$)이 되므로 출력저항은 저항들(r_{o1}, R_C, R_L)의 병렬연결이 되는 (식 7.36)이 된다.

$$R_o = \frac{v_X}{i_X} = r_{o1} // R_C // R_L \quad \text{(식 7.36)}$$

예제 7.5 그림 7.23의 공통 베이스 증폭기 회로의 입력 저항, 출력 저항 및 전압 이득을 구하라. 모의실험을 통해서 구한 값들을 검증하라. $I_{C1} = 1mA$, $V_{CC} = 3\,V$, $V_{BE1} = 0.7\,V$, 단, $V_{C1} = 1.5\,V$, $V_{BB} = 1\,V$이 되도록 R_E, R_C 저항을 구하라. 또한, $\beta_{F1} = 100$, $V_{A1} = 100\,V$, $V_T = 25m\,V$, $R_L = 100K\Omega$ 이며, 입력신호의 주파수는 1 kHz, 신호크기는 10mV로 가정한다.

풀이

첫 번째 절차로 증폭기 회로의 DC 동작점에서 R_E, R_C을 구할 수 있다.

$$R_E = \frac{V_{E1}}{I_{E1}} \approx \frac{V_{BB} - V_{BE1}}{I_{C1}} = \frac{1\,V - 0.7\,V}{1mA} = 300\Omega$$

$$R_C = \frac{V_{CC} - V_{C1}}{I_{C1}} = \frac{3\,V - 1.5\,V}{1mA} = 1.5K\Omega$$

두 번째 절차에 따라서 드라이버 트랜지스터(Q_1)의 소신호 모델 변수를 구하면 다음과 같다.

$$g_{m1} = \frac{I_{C1}}{V_T} = \frac{1mA}{25m\,V} = 40\,(m/\Omega)$$

$$r_{\pi 1} = \frac{\beta_F}{g_{m1}} = \frac{100}{40m/\Omega} = 2.5K\Omega$$

$$r_{o1} = \frac{V_{A1}}{I_{C1}} = \frac{100\,V}{1mA} = 100K\Omega$$

세 번째 및 네 번째 절차를 걸쳐서 얻어진 그림 7.24의 저주파 등가회로에서 증폭기의 전압이득(A_V), 입력 저항(R_i), 출력 저항(R_o)을 구하면 다음과 같다.

$$A_V = \frac{v_o}{v_i} = g_{m1}(R_C // R_L) = (40\,m/\Omega)(1.5K\Omega) = 60 = 36dB$$

$$R_i = \frac{1}{g_{m1}} = 25\,\Omega$$

$$R_o = r_{o1} // R_C // R_L \approx R_C = 1.5\,K\Omega$$

모의실험을 하기 위해서 주어진 회로의 넷리스트를 작성하면 다음과 같다.

```
CB AMP WITH DISCRETE DEVICES
VI 1 0 SIN(0 1M 1K)
RE 0 E1 0.3K
RL Y 0 100K
RC CC C1 1.5K
VCC CC 0 DC 3
VBB B1 0 DC 1.0V
Q1 C1 B1 E1 QN
C1 1 E1 100U
C2 C1 Y 100U
.OP
.MODEL QN NPN(IS = 1F BF = 100 VAF = 100)
.TRAN 0.01M 10M
.PROBE
.END
```

모의 실험한 DC 동작점 및 드라이버 트랜지스터의 소신호 모델변수는 다음과 같다.

```
CE AMP WITH INTEGRATED CIRCUIT
 ****     SMALL SIGNAL BIAS SOLUTION      TEMPERATURE = 27.000 DEG C
*****************************************************************************
NODE VOLTAGE   NODE VOLTAGE   NODE VOLTAGE   NODE VOLTAGE
( B1)    1.00    ( C1)   1.58    ( E1)   0.287    ( CC)   3.0000

    VOLTAGE SOURCE CURRENTS
    NAME         CURRENT
    VIN          0.0E+00
    VCC          -9.5E-04

    TOTAL POWER DISSIPATION    2.85E-03 WATTS

**** BIPOLAR JUNCTION TRANSISTORS
NAME          Q1
MODEL         QN
IB          9.41E-06
IC          9.47E-04
VBE         7.13E-01
VBC        -5.80E-01
VCE         1.29E+00
```

BETADC	1.01E+02
GM	3.66E–02
RPI	2.75E+03
RO	1.06E+05

모의실험을 통해서 DC 동작점과 증폭된 신호 파형은 그림 7.27에서 확인할 수 있다. 모의실험 결과 이미터 단자의 직류 전압은 0.29V 이며, 컬렉터 단자의 직류 전압은 1.58V 이고, 컬렉터 전류는 0.95mA 로서 계산 결과와 5% 오차가 남을 알 수 있다. 부하저항에 증폭된 신호 파형은 100mV이므로 증폭도가 50으로서 오차가 10% 임을 확인할 수 있다. 증폭기의 선형성을 파악하기 위해서 과도기 응답 모의실험 결과에 프리에 변환을 적용시키면 그림 7.28과 같은 결과를 얻게 된다. 프리에 변환 결과를 살펴보면 입력 주파수(1 kHz) 신호 성분만 존재하고 고조파(harmonic) 신호 성분이 거의 없어서 선형성이 뛰어남을 알 수 있다.

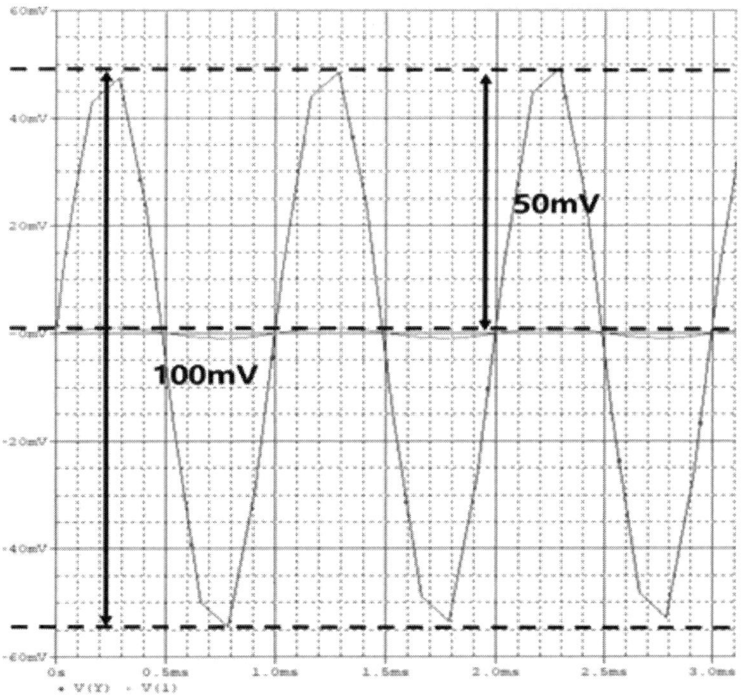

| 그림 7.27 | 공통 베이스 증폭기의 과도기 응답 모의실험 파형

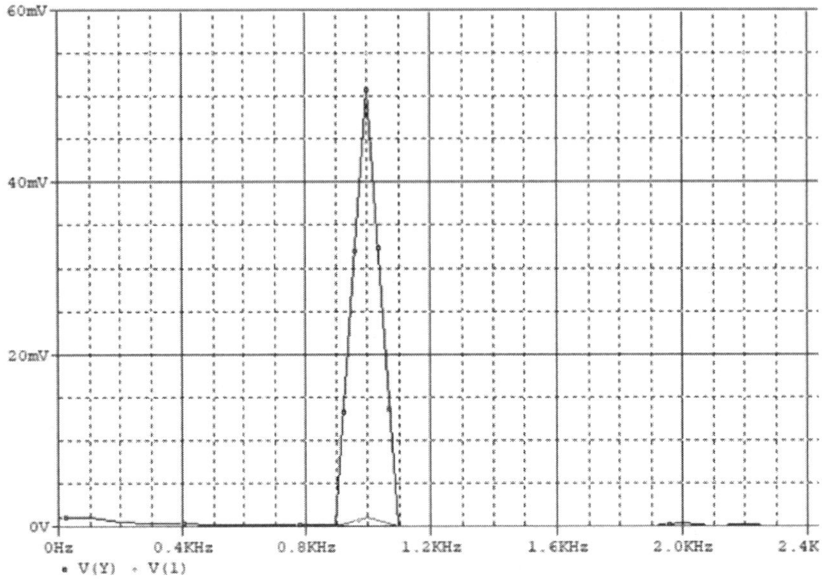

| 그림 7.28 | 공통 베이스 증폭기의 프리에 변환 모의실험 파형

집적회로 공통 베이스 증폭기를 구성하기 위해서 그림 7.23의 회로에서 바이어스 저항 R_C 대신에 PNP 트랜지스터를 사용한 전류미러 회로로 대체하면 된다. 그러면 집적회로 공통 이미터 증폭기의 전압이득과 같이 +2,000으로 증가시킬 수 있다. 이 회로를 해석하는 것은 독자에게 맡기기로 한다.

7.3.3 공통 컬렉터 증폭기

집적회로를 사용한 공통 컬렉터 증폭기 회로도는 그림 7.29와 같다.

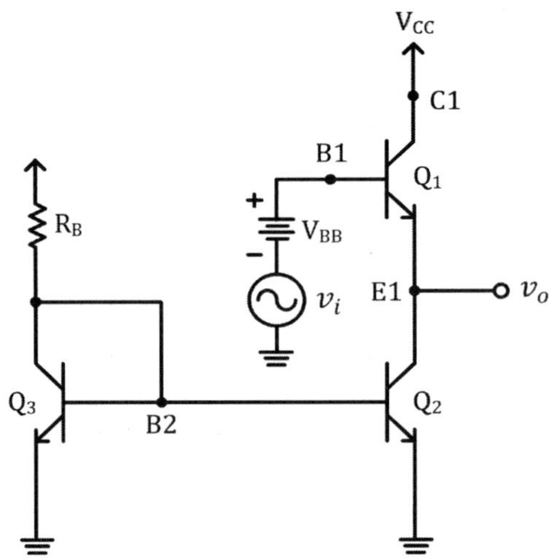

| 그림 7.29 | 집적회로를 사용한 공통 컬렉터 증폭기 회로도

입력 교류신호원은 v_i, 입력신호원의 내부 바이어스 전압은 V_{BB}, 증폭기 드라이버는 Q_1, 전류 미러 바이어스 회로는 Q_2, Q_3, R_B 이다. 공통 컬렉터 증폭기로서 동작하기 위해서 회로내 Q_1, Q_2, Q_3는 모두 순방향 활성영역에서 동작한다. 바이어스 회로에 의해서 DC 동작점이 결정되면, 입력 교류신호는 Q_1의 베이스 단자에 입력된다. 입력된 신호가 드라이버 Q_1에 의해서 증폭되며, 증폭된 교류 신호 및 직류 전압 신호가 이미터 단자에 나타나는데, 전압이득이 1에 가깝기 때문에 입력 교류 신호의 크기와 출력 교류 신호의 크기는 거의 같다. 다만 출력 단자(E1)에 나타난 직류 전압은 입력 단자(B1)에 나타난 직류 전압에 비해서 $V_{BE1} = 0.7\,V$ 만큼 낮아지도록 이동하므로 "DC 전압 이동기(DC Level Shifter)" 라고도 명명한다. 공통 컬렉터 증폭기의 소신호 특징은 입력저항이 크며, 출력저항이 작아서 이상적인 전압증폭기 특성에 가깝다. 이러한 소신호 특성을 해석하기 위해서 저주파 소신호 해석을 하면 다음과 같다. 첫 번째 절차로 DC 동작점(I_B, I_C, I_E)을 구하고, 두 번째 절차로 소신호 모델 변수(g_m, r_π, r_o, r_e)를 계산한다. 세 번째 절차로 DC 신호를 제거한 등가회로는 그림 7.30과같이 구한다. 즉, 전류미러 회로($Q_2 - Q_3$)의 베이스 단자에는 DC 전압이 걸리므로 베이스 단자를 접지점에 연결한다.

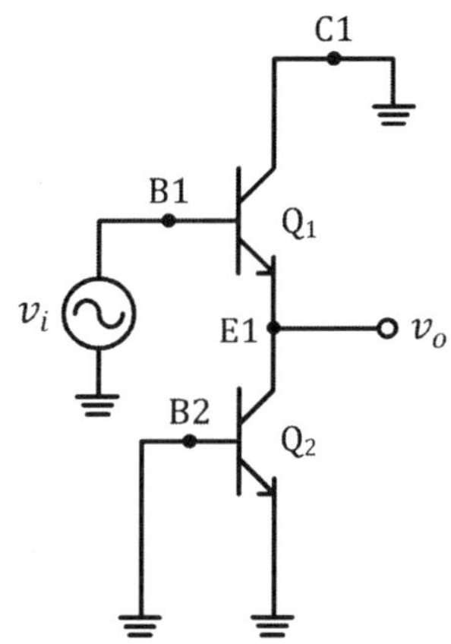

| 그림 7.30 | 공통 컬렉터 증폭기에서 DC 신호를 제거한 등가회로

그림 7.30 등가회로에서 Q_1, Q_2을 저주파 등가모델로 교체하면, Q_2의 경우 베이스 단자와 이미터 단자가 접지에 연결되어 있으므로 내부 저항(r_{o2})으로 바꾸면 되므로 그림 7.31 등가회로가 된다.

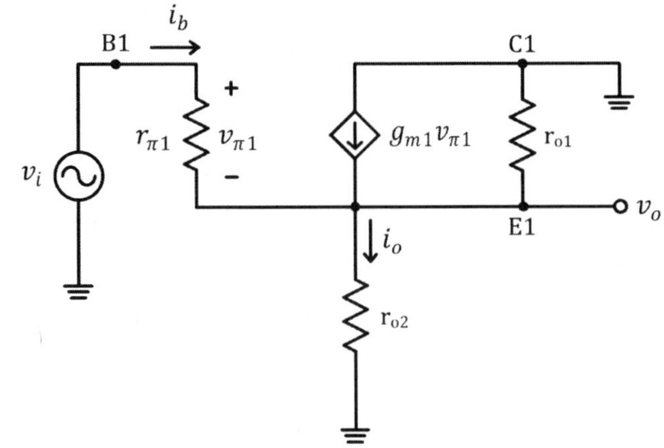

| 그림 7.31 | 공통 컬렉터 증폭기의 소신호 등가회로

공통 컬렉터 증폭기의 전압 이득을 구하기 위해서 그림 7.31 등가회로에 오움법칙, 키르히호프 전압 법칙(KVL), 키르히호프 전류 법칙(KCL)을 적용시키면 (식 7.37), (식 7.38), (식 7.39), (식 7.40)과 같이 된다.

$$v_o = i_o (r_{o1} // r_{o2}) \qquad \text{(식 7.37)}$$

$$v_{\pi 1} = i_b r_{\pi 1} \qquad \text{(식 7.38)}$$

$$v_i = v_{\pi 1} + v_o \qquad \text{(식 7.39)}$$

$$i_b + g_{m1} v_{\pi 1} = i_o \qquad \text{(식 7.40)}$$

(식 7.38)을 (식 7.40)에 대입해서 정리하면 (식 7.41)이 된다.

$$i_o = \left(\frac{1}{r_{\pi 1}} + g_{m1} \right) v_{\pi 1} \qquad \text{(식 7.41)}$$

(식 7.41)을 (식 7.39)에 대입해서 정리하면 (식 7.42)가 되어서 공통 컬렉터 증폭기의 전압 이득이 1에 가깝다는 것을 알 수 있다.

$$v_i = v_o + \frac{i_o}{\dfrac{1}{r_{\pi 1}} + g_{m1}} = v_o + \frac{\dfrac{v_o}{(r_{o1} // r_{o2})}}{\dfrac{1}{r_{\pi 1}} + g_{m1}} = v_o \left[1 + \frac{r_{\pi 1}}{1 + \beta_F} \frac{1}{(r_{o1} // r_{o2})} \right] \approx v_o \qquad \text{(식 7.42)}$$

베이스 단자에서 바라본 입력저항(R_i)을 구하기 위해서 그림 7.31에서 키르히호프 전압 법칙을 적용하면 (식 7.43)이 된다.

$$v_i = i_b r_{\pi 1} + (r_{o1} // r_{o2}) i_o \qquad (식\ 7.43)$$

E1 단자에 키르히호프 전류 법칙을 적용하면 (식 7.44)를 유도할 수 있어서 i_o와 i_b의 관계식을 구할 수 있다.

$$i_o = i_b + g_{m1} v_{\pi 1} = i_b + g_{m1} r_{\pi 1} i_b = (1 + \beta_F) i_b \qquad (식\ 7.44)$$

(식 7.44)의 i_o를 (식 7.43)에 대입하면 (식 7.45)가 되며, 입력저항(R_i)을 (식 7.46)과 같이 구할 수 있다.

$$v_i = i_b r_{\pi 1} + (r_{o1} // r_{o2})(1 + \beta_F) i_b = i_b [r_{\pi 1} + (1 + \beta_F)(r_{o1} // r_{o2})] \qquad (식\ 7.45)$$

$$R_i = \frac{v_i}{i_b} = r_{\pi 1} + (1 + \beta_F)(r_{o1} // r_{o2}) \qquad (식\ 7.46)$$

(식 7.46)에서 $r_{\pi 1}$은 대략 $\sim K\Omega$ 이고, β_F는 ~ 100, 내부저항 $r_{o1} // r_{o2}$는 $\sim 100 K\Omega$ 이므로 입력저항은 $\sim M\Omega$ 이라고 볼 수 있다.

이미터 단자에서 바라본 출력저항(R_o)을 구하기 위해서 그림 7.32와 같이 Q_1의 이미터 단자에 임의의 전압원(v_X)을 연결하고, 전압원에 흐르는 전류(i_X)와의 비율을 구하면 된다. 출력저항을 구하기 위해서 입력신호(v_i)를 제거해서 Q_1의 베이스 단자(B1)를 접지점에 연결하고, Q_2의 베이스 단자(B2)를 접지점에 연결한다.

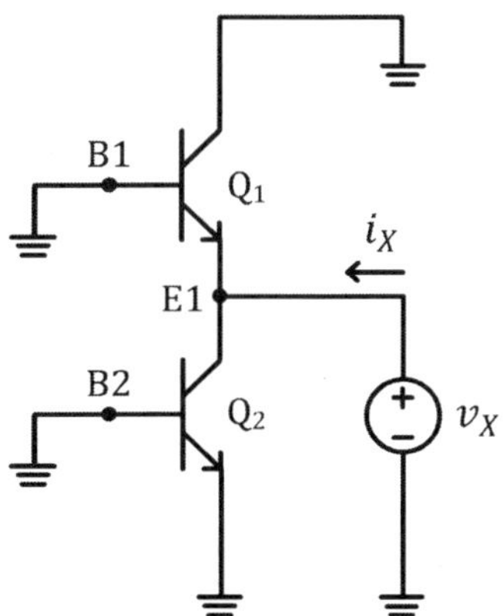

| 그림 7.32 | 공통 컬렉터 증폭기의 출력저항을 구하기 위한 회로도

그림 7.32 회로에서 Q_1, Q_2를 소신호 등가회로로 대체하면 그림 7.33이 된다.

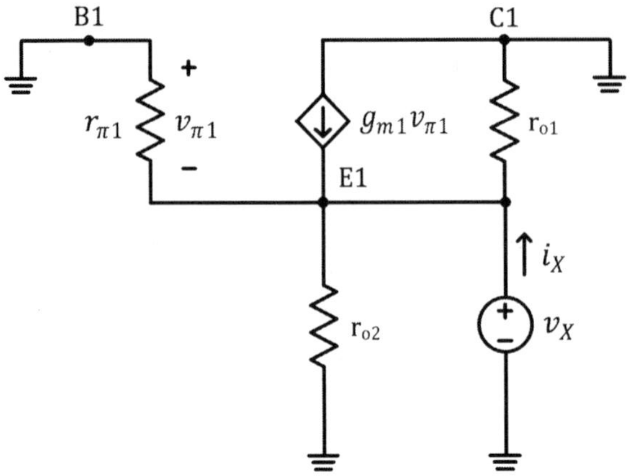

| 그림 7.33 | 공통 컬렉터 증폭기의 출력저항을 구하기 위한 소신호 등가회로

종속전류원($g_{m1}v_{\pi1}$)의 양 단자에 걸리는 전압이 $v_{\pi1}$ 이므로 종속 전류원은 오움법칙에 의해서 저항($\frac{v_{\pi1}}{g_{m1}v_{\pi1}} = \frac{1}{g_{m1}}$)이 된다. 따라서 출력저항은 4개 저항의 병렬연결에 의해서 결정되므로 (식 7.47)이 된다. 왜냐하면, $\frac{1}{g_{m1}} << r_{\pi1} // r_{o1} // r_{o2}$ 이기 때문이다.

$$R_o = \frac{v_X}{i_X} = r_{\pi1} // \frac{1}{g_{m1}} // r_{o1} // r_{o2} \approx \frac{1}{g_{m1}} \qquad \text{(식 7.47)}$$

> **예제 7.6**
>
> 그림 7.29의 공통 컬렉터 증폭기 회로의 입력 저항, 출력 저항 및 전압 이득을 구하라. 모의실험을 통해서 구한 값들을 검증하라. 단, $V_{BB} = 1V$, $V_{CC} = 3V$, $I_{C1} = I_{C2} = I_{C3} = 1mA$, $\beta_F = 100$, $V_A = 100V$, $V_T = 25mV$이며, 입력신호의 주파수는 1 kHz, 신호크기는 100mV로 가정한다.

풀이

첫 번째 절차로 주어진 증폭기 회로의 DC 동작점에 맞도록 바이어스 저항(R_B)을 구하면 $2.3K\Omega$이 된다.

$$R_B = \frac{V_{CC} - V_{BE2}}{I_{C3}} = \frac{3V - 0.7V}{1mA} = 2.3K\Omega$$

두 번째 절차로서 드라이버 트랜지스터의 소신호 모델 변수를 구하면 다음과 같다.

$$g_{m1} = \frac{I_{C1}}{V_T} = \frac{1mA}{25mV} = 40\,(m/\Omega)$$

$$r_{\pi 1} = \frac{\beta_F}{g_{m1}} = \frac{100}{40m/\Omega} = 2.5K\Omega$$

$$r_{o1} = \frac{V_A}{I_{C1}} = \frac{100\,V}{1mA} = 100K\Omega$$

세 번째 및 네 번째 절차를 걸쳐서 얻어진 그림 7.31의 저주파 등가회로에서 증폭기의 전압이득(A_V), 입력저항(R_i), 출력저항(R_o)을 구하면 다음과 같다.

$$A_V = \frac{v_o}{v_i} = \frac{1}{1+\dfrac{r_{\pi 1}}{1+\beta_F}\dfrac{1}{(r_{o1}//r_{o2})}} = \frac{1}{1+\dfrac{2.5K\Omega}{101}\dfrac{1}{50K\Omega}} = 0.999$$

$$R_i = \frac{v_i}{i_b} = r_{\pi 1} + (1+\beta_F)(r_{o1}//r_{o2}) = 2.5K\Omega + (101)(50K\Omega) = 5.0125\,M\Omega$$

$$R_o = \frac{1}{g_{m1}} \approx 25\Omega$$

모의실험을 하기 위해서 주어진 회로의 넷리스트를 작성하면 다음과 같다.

```
CC AMP WITH INTEGRATED CIRCUIT
VIN B1 0 SIN(1.0 100M 1K)
RB C1 B2 2.3K
VCC C1 0 DC 3
Q1 C1 B1 E1 QN
Q2 E1 B2 0 QN
Q3 B2 B2 0 QN
.OP
.MODEL QN NPN(IS = 1F BF = 100 VAF = 100)
.MODEL QP PNP(IS = 1F BF = 100 VAF = 100)
.TRAN 0.01M 10M
.PROBE
.END
```

모의 실험한 DC 동작점 및 드라이버 트랜지스터의 소신호 모델변수는 다음과 같다.

```
CC AMP WITH INTEGRATED CIRCUIT

 ****    SMALL SIGNAL BIAS SOLUTION      EMPERATURE = 27.000 DEG C
******************************************************************************
NODE VOLTAGE    NODE VOLTAGE    NODE VOLTAGE    NODE VOLTAGE
 (  B1)  1.0000      (  B2)   0.7140      (  C1)   3.0000      (  E1)   0.2869

    VOLTAGE SOURCE CURRENTS
    NAME           CURRENT
    VIN            - 9.420E- 06
    VCC            - 1.955E- 03

    TOTAL POWER DISSIPATION   5.87E-03   WATTS

**** BIPOLAR JUNCTION TRANSISTORS
NAME              Q1              Q2              Q3
MODEL             QN              QN              QN
IB          9.42E- 06       9.76E- 06       9.74E- 06
IC          9.61E- 04       9.70E- 04       9.74E- 04
VBE         7.13E- 01       7.14E- 01       7.14E- 01
VBC        -2.00E+00        4.27E- 01       0.00E+00
VCE         2.71E+00        2.87E- 01       7.14E- 01
BETADC      1.02E+02        9.94E+01        1.00E+02
GM          3.71E- 02       3.75E- 02       3.77E- 02
RPI         2.75E+03        2.65E+03        2.65E+03
RO          1.06E+05        9.69E+04        1.03E+05
```

표 7.5는 계산 결과와 모의실험 결과를 비교하였고, 두 결과의 오차는 10% 이하 이다.

| 표 7.5 | 공통 컬렉터 증폭기의 계산 결과 및 모의실험 결과 비교

변수	V_{B1}	V_{B2}	V_{C1}	V_{E1}	I_{C1}	g_{m1}	$r_{\pi 1}$	r_{o1}
계산결과	1.0V	0.700V	3.00V	0.300V	1.00mA	40.0m	2.5K	100K
모의실험결과	1.0V	0.714V	3.00V	0.287V	0.96mA	37.1m	2.8K	106K

모의실험을 통해서 DC 동작점과 증폭된 신호 파형은 그림 7.34에서 확인할 수 있다. 우선 Q_1 베이스-이미터 전압 차이는 0.713V로서, 계산 결과인 0.7V와는 13mV 차이가 난다. 입력신호와 출력신호의 최대-최소값은 200mV로서 전압이득이 1임을 확인할 수 있다. 따

라서 직류 전압 이동이 713mV 로서 낮아짐을 알 수 있다. 증폭기의 선형성을 파악하기 위해서 과도기 응답 모의실험 결과에 프리에 변환을 적용하면 그림 7.35와 같은 결과를 얻게 된다. 프리에 변환 결과를 살펴보면 입력 주파수(1 kHz) 신호 성분과 고조파(harmonic) 신호 성분(2 kHz)을 볼 수 있는데, 특히 제 2 고조파 신호(2 kHz)가 매우 작다는 것을 알 수 있다.

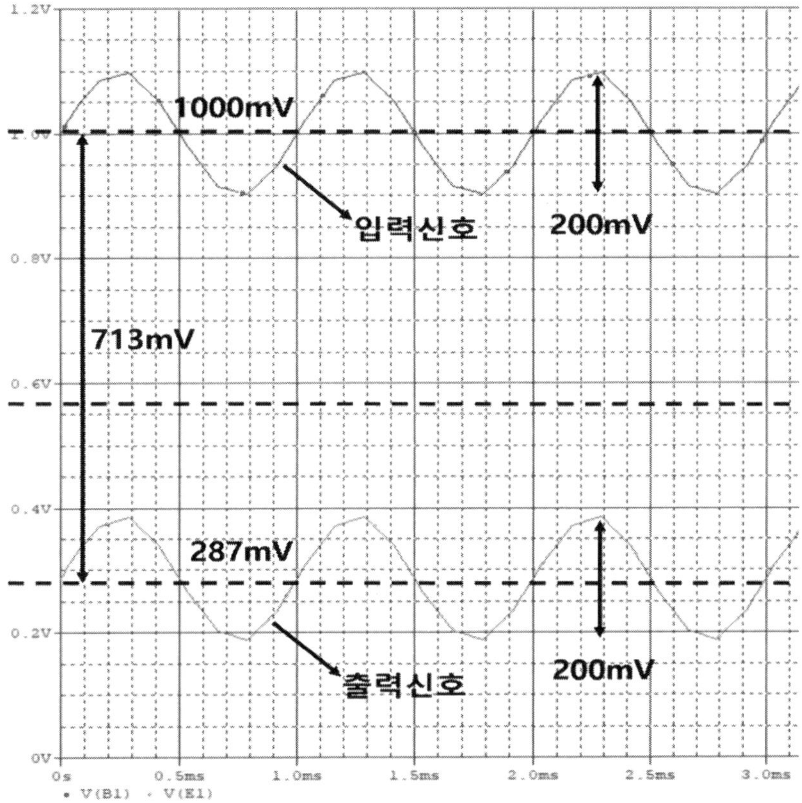

| 그림 7.34 | 공통 컬렉터 증폭기의 과도기 응답 모의실험 결과

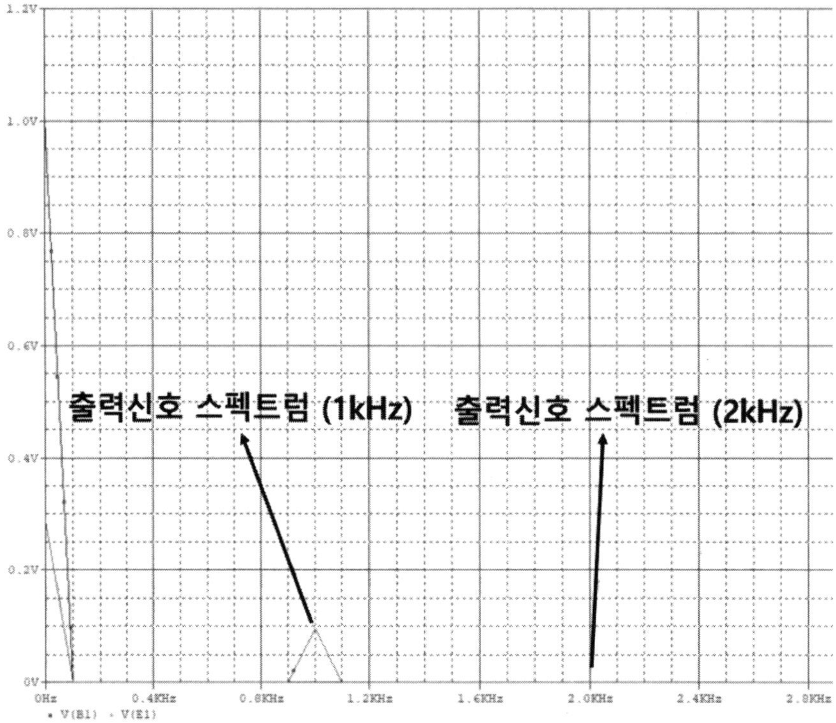

| 그림 7.35 | 공통 컬렉터 증폭기의 프리에 변환 모의실험 결과

표 7.6에는 기본 BJT 증폭기의 성능을 비교 설명하기 위해서 여러 가지 변수를 사용하였다.

| 표 7.6 | 기본 BJT 증폭기의 성능 비교

변수 및 종류	공통이미터 증폭기	공통베이스 증폭기	공통컬렉터 증폭기	이상적 특성
공통단자	이미터 단자	베이스 단자	컬렉터 단자	–
입력단자	베이스 단자	이미터 단자	베이스 단자	–
출력단자	컬렉터 단자	컬렉터 단자	이미터 단자	–
입력저항(Ω)	r_π	$\frac{1}{g_m}$	$r_\pi + (1+\beta_F)R_L$	무한대
출력저항(Ω)	$r_o // R_L$	$r_o // R_L$	$\frac{1}{g_m}$	0
전압증폭도	$-g_m(r_o // R_L)$	$g_m(r_o // R_L)$	~ 1	무한대
대역폭(Hz)	협대역	광대역	광대역	무한대
전력소모(W)	$I_{CC} V_{CC}$	$I_{CC} V_{CC}$	$I_{CC} V_{CC}$	0
용도	전압증폭	전압증폭/전류완충	전압완충/임피던스 정합	–

공통 이미터 증폭기의 공통단자는 이미터 단자, 입력 단자는 베이스 단자, 출력 단자는 컬렉터 단자이며, 입력저항은 바이어스 저항을 제외하면 r_π이다. 바이어스 저항이 있다면 입력저항은 바이어스 저항 값과 r_π의 병렬연결 값에 의해서 결정된다. 공통 이미터 증폭기의 출력저항은 드라이버 트랜지스터의 내부저항과 부하저항의 병렬연결($r_o // R_L$)에 의해서 결정된다. 만약 이미터 저항(R_E)이 존재한다면 캐스코드(cascode) 연결로 인해서 출력저항은 $g_m(R_E // r_\pi)(r_o // R_L)$로 증가한다. 전압증폭도는 $-g_m(r_o // R_L)$으로 큰 편이며, 입력 전압신호의 위상과 출력 전압신호의 위상 차이는 ±180도이다. 전압증폭도가 크므로 대역폭은 좁아서 협대역(narrow bandwidth) 증폭을 한다. 전력소모는 공급전압(V_{CC})과 공급전압에서 흐르는 전류(I_{CC})의 곱이다. 공통 이미터 증폭기는 전압증폭이득이 크므로 주로 전압증폭에 사용된다.

공통 베이스 증폭기의 공통단자는 베이스 단자, 입력 단자는 이미터 단자, 출력 단자는 컬렉터 단자이며, 입력저항은 $\frac{1}{g_m}$로 작다. 공통 베이스 증폭기의 출력저항은 드라이버 트랜지스터의 내부저항과 부하저항의 병렬연결($r_o // R_L$)에 의해서 결정된다. 만약 이미터 저항(R_E)이 존재한다면 캐스코드 연결로 인해서 출력저항은 $g_m R_E(r_o // R_L)$로 증가한다. 전압증폭도는 $g_m(r_o // R_L)$으로 큰 편이며, 입력 전압신호의 위상과 출력 전압신호의 위상 차이는 0도이다. 전압증폭도가 크면서 대역폭도 넓어서 광대역(wide bandwidth) 증폭을 한다. 전력소모는 공급전압(V_{CC})과 공급전압에서 흐르는 전류(I_{CC})의 곱이다. 공통 베이스 증폭기는 전압증폭이득이 크므로 주로 전압증폭에 사용되며, 전류이득이 1이므로 전류 완충증폭기로 사용할 수 있다. 공통 이미터 증폭기와 함께 사용해서 캐스코드 전압증폭기로 사용하는 경우가 흔하다.

공통 컬렉터 증폭기의 공통단자는 컬렉터 단자, 입력 단자는 베이스 단자, 출력 단자는 이미터 단자이며, 입력저항은 바이어스 저항을 제외하면 $r_\pi + (1+\beta_F)R_L$ 이다. 바이어스 저항이 있다면 입력저항은 바이어스 저항과 $r_\pi + (1+\beta_F)R_L$의 병렬연결 값에 의해서 결정된다. 공통 컬렉터 증폭기의 출력저항은 드라이버 트랜지스터의 내부저항과 부하저항 및 $\frac{1}{g_m}$ 저항의 병렬연결($r_o // R_L // \frac{1}{g_m}$)에 의해서 결정되는데 대부분 $\frac{1}{g_m}$저항이 가장 작으므로 출력저항은 $\frac{1}{g_m}$이다. 전압증폭도는 1이므로 입력전압신호를 그대로 출력에 전달하므로 입력 전압신호의 위상과 출력 전압신호의 위상 차이는 0도이다. 다만 입력 직류전압은 V_{BE} 전압(0.6 ~ 0.7V) 만큼 증가 또는 감소 이동되므로 직류 전압 이동기(DC level shifter)로 사용할 수 있다, 즉, NPN 공통 컬렉터 증폭기를 사용하면 출력 직류 전압이 낮아지는 방향으로 이동하며, PNP 공통 컬렉터 증폭기를 사용하면 출력 직류 전압이 높아지는 방향으로 이동한다. 전압증폭도가 1이므로 대역폭은 넓어서 광대역 증폭을 한다. 전력소모는 공급전압(V_{CC})과 공급전압에서 흐르는 전류(I_{CC})의 곱이다. 공통 컬렉터 증폭기는 입력저항이 크고, 출력저항이 작으며, 전압증폭도가 1이므로 주로 전압 완충 증폭기 또는 임피던스 정합(matching)에 사용된다.

요 약

바이폴라 접합 트랜지스터를 스위치와 증폭기로 활용할 수 있다. 바이폴라 트랜지스터를 차단영역과 포화영역에서 동작시켜서 스위치로 활용한 NOT 게이트 회로, TTL NAND 게이트 회로, TTL NOR 게이트 회로의 구조, 동작원리를 살펴보았다. 바이폴라 트랜지스터를 순방향 활성영역에서 동작시켜서 기본 전류미러 회로, 위들러 전류미러 회로, 베이스 전류 보상 전류미러회로 등 바이어스 회로를 설명하였다. 바이폴라 트랜지스터 기본 증폭기에는 공통 이미터 증폭기, 공통 베이스 증폭기, 공통 컬렉터 증폭기가 있다. 공통 이미터 증폭기는 입력신호와 출력신호의 위상은 180° 차이가 나지만 증폭이득이 1보다 크다. 공통 베이스 증폭기는 입력신호와 출력신호의 위상이 같고, 증폭이득이 1보다 크며, 입력저항이 $\frac{1}{g_m}$로 작으며, 전류이득이 1이므로 전류 완충증폭기로 사용할 수 있다. 공통 컬렉터 증폭기는 입력신호와 출력신호의 위상이 동일하고, 증폭이득은 1이고, 입력저항이 크고, 출력저항이 $\frac{1}{g_m}$로 작으므로 전압 완충 증폭기 또는 DC 전압 이동회로로 활용할 수 있다. 바이폴라 트랜지스터를 사용해서 이상적인 전압증폭기를 설계하려면 입력저항은 크고, 출력저항이 작으며, 전압이득을 크게 구성해야 한다. 따라서 입력단은 공통 컬렉터 증폭기를 전압 완충 증폭기로 사용하고, 중간 증폭단으로는 전압이득을 높이기 위해서 공통이미터 증폭기를 종속접속 연결하여서 사용한 후, 출력단에는 공통 컬렉터 증폭기를 사용해서 출력저항을 작도록 구성하면 된다.

참고문헌

[7.1] T. Floyd, Electronic Devices, Pearson, 2019.

[7.2] A. Sedra and K. Smith, Microelectronic circuits, 7th ed. Oxford Press, 2022.

[7.3] P. Gray and R. Meyer, Analysis and design of analog integrated circuits, 6th edition, John and Wiley, 2024.

[7.4] Neamen, Microelectronics Circuit Analysis and Design, 2007.

[7.5] Spencer and Ghausi, Introduction to Electronic Circuit Design, Prentice Hall, 2003.

연습문제

7.1 그림 p 7.1의 바이어스 회로에서 흐르는 전류(I_R)가 $100\mu A$일 때, 바이어스 저항(R_B)을 구하라. 단, $V_{CC}=3\,V, \beta_{Fn}=\beta_{Fp}=100$, $V_{An}=V_{Ap}=100\,V$ 이다.

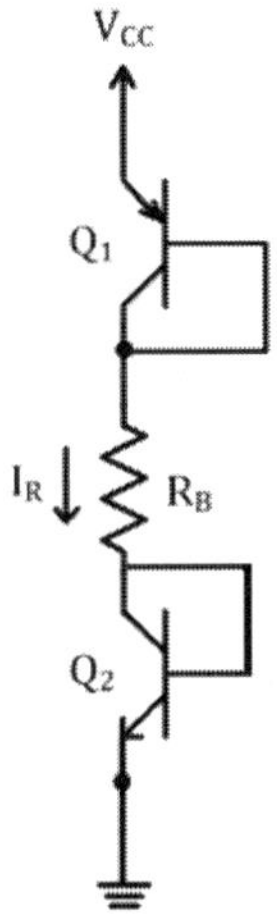

| 그림 p 7.1 |

7.2 그림 p 7.2의 전류미러 회로에서 $V_{CC}=3\,V$, $\beta_{Fn}=100$, $V_{An}=100\,V$, $I_1=I_2=200\mu A$, $V_2=1.5\,V$일 때, R_1, R_2, V_1을 구하고, 전체 전력소모를 구하라.

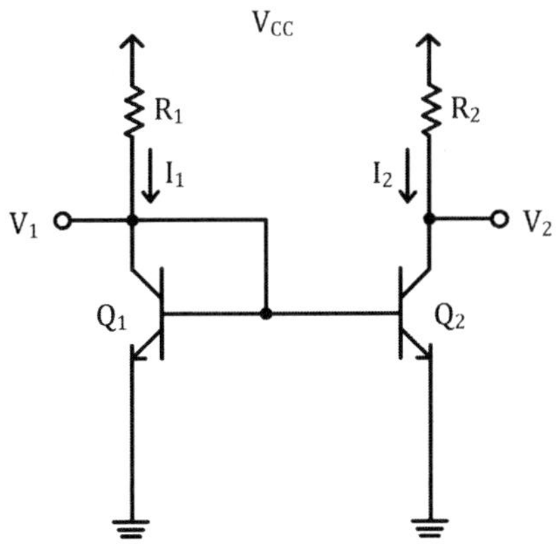

| 그림 p 7.2 |

7.3 그림 p 7.3의 위들러 전류미러 회로에서 저항 R_E, R_1, R_2과 V_1을 구하라.
단, $V_{CC}=3\,V, \beta_{Fn}=100$, $V_{An}=100\,V, I_1=200\mu A, I_2=100\mu A$, $V_2=1.5\,V$

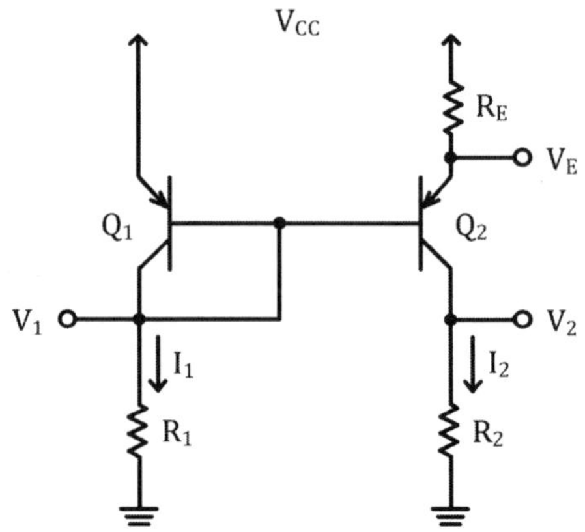

| 그림 p 7.3 |

7.4 그림 p 7.4의 전류미러 회로에서 저항 R_1, R_2, R_{E2}, V_{E1}, V_{E2}를 구하라. 단, $V_{CC} = 3V$, $\beta_{Fn} = 100$, $R_{E1} = 100\Omega$, $I_{C1} = 300\mu A$, $I_{C2} = 100\mu A$, $V_1 = V_2 = 1.5V$ 이다.

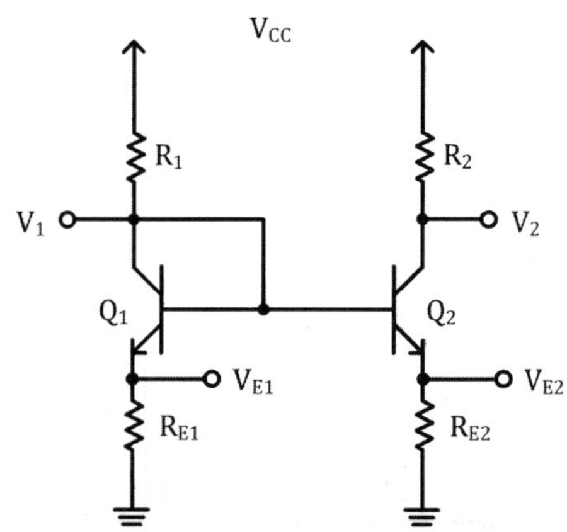

| 그림 p 7.4 |

7.5 그림 p 7.5의 바이어스 회로에서 각 트랜지스터 컬렉터 전류 및 V_1, V_2, 전력소모를 구하라. 단, $V_{CC} = 2V$, $\beta_{Fn} = \beta_{Fp} = 100$, $R_1 = 10K\Omega$, $R_2 = 1K\Omega$, $R_3 = 2K\Omega$ 이다.

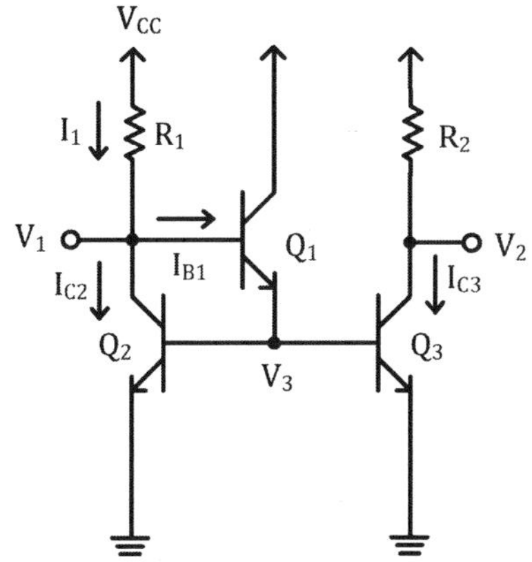

| 그림 p 7.5 |

7.6 그림 p 7.6의 전류미러 회로에서 DC 동작점을 구하라.
단, $V_{CC} = 2\,V$, $\beta_{F1} = \beta_{F2} = \beta_{F3} = 100$, $R_1 = 1K\Omega$, $R_2 = 2K\Omega$ 이다.

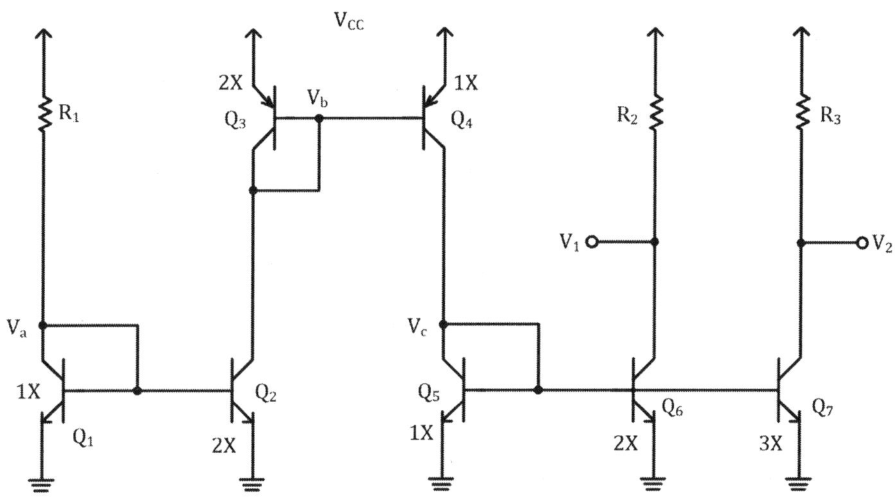

| 그림 p 7.6 |

7.7 그림 p 7.7의 차동증폭기 회로에서 DC 동작점을 구하라.
단, $V_{CC} = 2\,V$, $\beta_{F1} = \beta_{F2} = 100$, $R_1 = R_2 = 0.5K\Omega$, $V_1 = V_2 = 1\,V$ 이다.

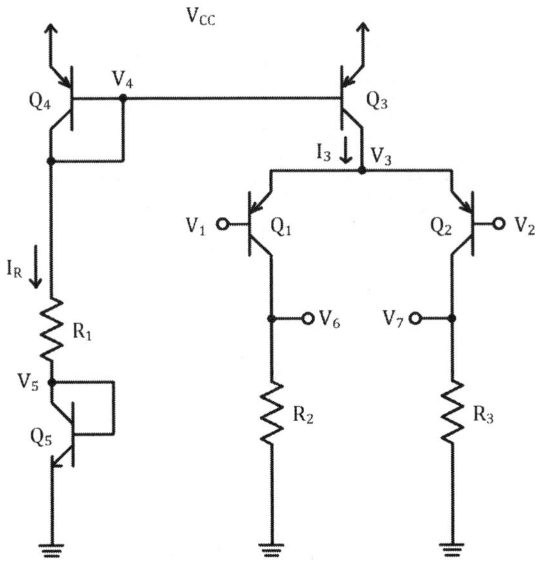

| 그림 p 7.7 |

7.8 그림 p 7.8의 차동증폭기 회로에서 DC 동작점을 구하라.
단, $V_{CC}=2\,V$, $\beta_F=100$, $R_1=R_2=R_3=10K\Omega$, $V_1=V_2=1\,V$ 이다.

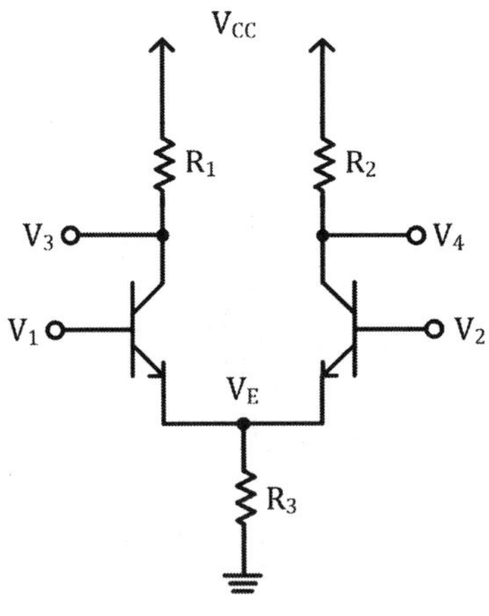

| 그림 p 7.8 |

7.9 그림 p 7.9에 주어진 공통 이미터 증폭기에서 $V_C=1.0\,V$가 되도록 R_C를 설계하고, 전압 이득, 입력 저항, 출력 저항 및 전력소모를 구하라. 단, $C_1=C_2=100\mu F$, $R_S=1\Omega$, $R_1=R_2=R_L=100K\Omega$, $R_E=50\Omega$, $V_A=100\,V$, $\beta_F=100$, $V_{CC}=2\,V$ 이다.

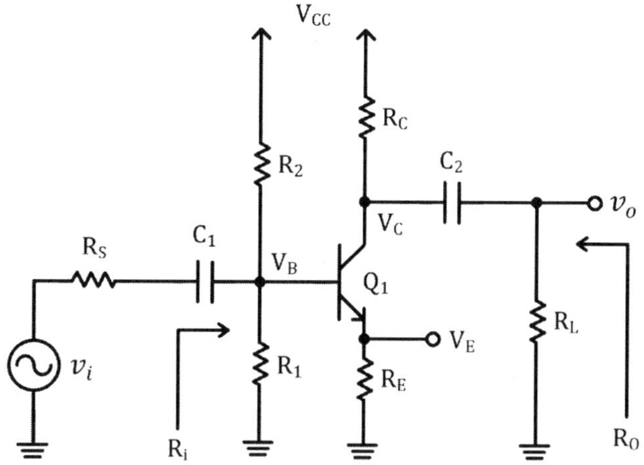

| 그림 p 7.9 |

7.10 그림 p 7.10의 공통 베이스 증폭기 회로의 DC 동작점, 입력저항, 출력저항, 전압이득, 전력소모를 구하라. 단, $C_1 = C_2 = 100\mu F, R_S = 1\Omega,$ $V_{CC} = 3\,V, \beta_F = 100,$ $R_1 = R_2 = 100K\Omega,$ $R_3 = R_4 = 23K\Omega$

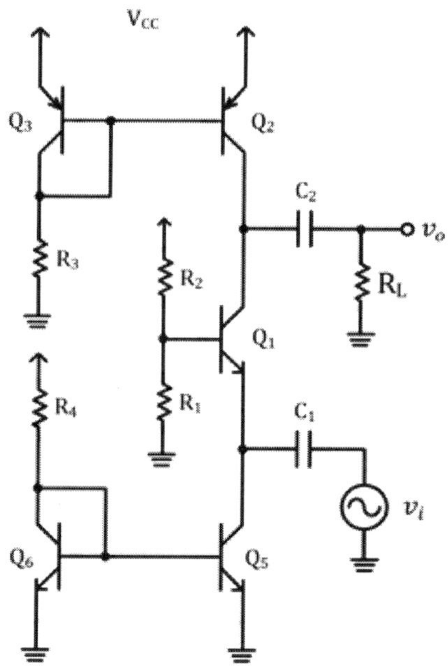

| 그림 p 7.10 |

7.11 그림 p 7.11의 공통 컬렉터 증폭기 회로의 DC 동작점, 입력저항, 출력저항, 전압이득, 전력소모를 구하라. 단,

$C_1 = 100\mu F$, $R_B = 1.3K\Omega$, $V_{CC} = 2V$, $V_{BB} = 0.3V$, $R_L = 100K\Omega$

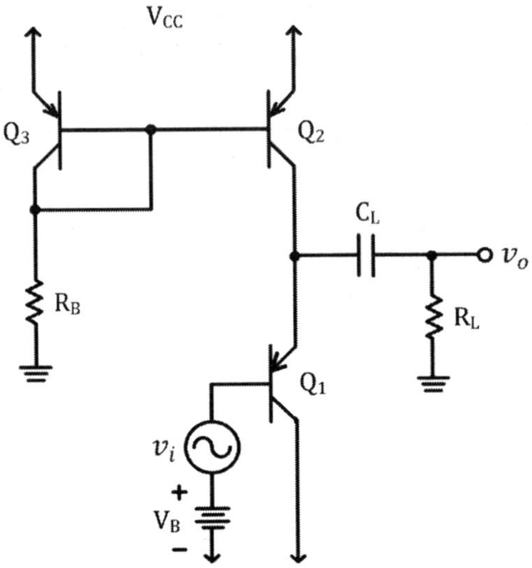

| 그림 p 7.11 |

7.1 그림 p 7.1에서 주어진 바이어스 폐회로에 키르히호프 전압 법칙을 적용시키면 다음 식과 같다.

$$V_{CC} = V_{EB1} + I_R R_B + V_{BE2} \text{ 또는 } 3\text{V} = 0.7\text{V} + I_R R_B + 0.7\text{V}$$

$$R_B = \frac{3V - 1.4V}{100\mu A} = 17K\Omega$$

7.2 그림 p 7.2의 주어진 전류미러 회로에서 Q1 및 Q2 모두 순방향 활성영역에서 동작하므로 $V_{BE1} = V_{BE2} = V_1 = 0.7V$ 이다. 따라서 오움법칙에 의해서

$$R_1 = \frac{V_{CC} - V_{BE1}}{I_1} = \frac{3V - 0.7V}{200\mu A} = 11.5K\Omega$$

$$R_2 = \frac{V_{CC} - V_2}{I_2} = \frac{3V - 1.5V}{100\mu A} = 15K\Omega \text{이다.}$$

전체 소모전력 (P_D)은

$$P_D = V_{CC}(I_1 + I_2) = 3\text{V} \times 0.4\text{mA} = 1.2\text{mW} \text{ 이다.}$$

7.3 그림 p 7.3의 주어진 위들러 전류미러 회로에서 Q1 및 Q2 모두 순방향 활성영역에서 동작하므로 $V_1 = V_{CC} - V_{EB1} = 3V - 0.7V = 2.3V$ 이다. 또한 오움법칙에 의해서

$$R_1 = \frac{V_1}{I_1} = \frac{2.3V}{200\mu A} = 11.5K\Omega$$

$$R_2 = \frac{V_{CC} - V_2}{I_2} = \frac{3V - 1.5V}{100\mu A} = 15K\Omega$$

$$R_E = \frac{V_T}{I_2} \ln \frac{I_1}{I_2} = \frac{25mV}{0.1mA} \ln 2 = 173.3\Omega$$

$$V_E = V_{CC} - I_2 R_E = 3\text{V} - 173.3\Omega \times 0.1\text{mA} = 3\text{V} - 17.3\text{mV} = 2.82\text{V} \text{ 이다.}$$

7.4 그림 p 7.4의 주어진 위들러 전류미러 회로에서 Q1 및 Q2 모두 순방향 활성영역에서 동작하므로 오움법칙에 의해서

$$R_1 = \frac{V_1}{I_{C1}} = \frac{1.5\,V}{300\mu A} = 5K\Omega\,,\; R_2 = \frac{V_2}{I_{C2}} = \frac{1.5\,V}{100\mu A} = 15K\Omega \text{ 이다.}$$

위들러 전류미러 회로내 폐회로에 키르히호프 전압법칙을 적용하면 다음과 같다.

$$\frac{V_T}{I_2}\ln\frac{I_{C1}}{I_{C2}} = I_{E2}R_{E2} - I_{E1}R_{E1}$$

또는

$$(25m\,V)(\ln 3) = R_{E2}(0.1mA) - (0.1K\Omega)(0.3mA) \text{ 이다.}$$

$$R_{E2} = \frac{(25m\,V)(\ln 3) + 30m\,V}{0.1mA} = 575\Omega$$

$$V_{E1} = R_{E1}I_{E1} = (0.1K\Omega)(0.3mA) = 30m\,V$$

$$V_{E2} = R_{E2}I_{E2} = (0.575K\Omega)(0.1mA) = 57.5m\,V$$

7.5 그림 p 7.5의 Q1 및 R_1의 폐회로에서 키르히호프 전압법칙을 적용하면 다음과 같다.

$$I_{C1} = \frac{2\,V - 0.7\,V}{10K\Omega} = 130\mu A\,,\; I_{C2} = 2I_{C1} = 260\mu A = I_{C3}$$

$$I_{C4} = \frac{1}{2}I_{C3} = I_{C5} = 130\mu A\,,\; I_{C6} = 2I_{C5} = 260\mu A,\; I_{C7} = 3I_{C5} = 390\mu A$$

$$V_1 = V_{CC} - R_2 I_{C6} = 2\,V - (1K\Omega)(0.26mA) = 1.74\,V$$

$$V_2 = V_{CC} - R_2 I_{C7} = 2\,V - (2K\Omega)(0.39mA) = 1.22\,V$$

전력소모는 $P_D = 2\,V(0.13mA)(9) = 2.34m\,W$ 이다.

모든 트랜지스터가 순방향 활성영역에서 동작하므로 오움법칙에 의해서

$$R_1 = \frac{V_1}{I_{C1}} = \frac{1.5\,V}{300\mu A} = 5K\Omega\,,\; R_2 = \frac{V_2}{I_{C2}} = \frac{1.5\,V}{100\mu A} = 15K\Omega \text{ 이다.}$$

7.6 $V_{CC} = 2\,V, \beta_{F1} = \beta_{F2} = \beta_{F3} = \beta_F = 100\,, R_1 = 1K\Omega\,, R_2 = 2K\Omega$

Q2의 컬렉터 단자에 키르히호프 전류법칙을 적용시키면

$$I_{E1} = I_{B2} + I_{B3} = \frac{2I_{C2}}{\beta_F} \text{ 와 } I_1 = I_{B1} + I_{C2} = \frac{I_{E1}}{1+\beta_{F1}} + I_{C2} \text{ 이다.}$$

따라서 $I_1 = \left[1 + \frac{2}{\beta_F(1+\beta_F)}\right] I_{C2} = \frac{2V - 1.4V}{1K\Omega} = 600\mu A \approx I_{C2} = I_{C3}$이다.

$V_1 = V_{BE1} + V_{BE2} = 1.4V,\ V_2 = 2V - (2K\Omega)(0.6mA) = 0.8V$이다.

7.7 주어진 회로에서 Q1, Q2의 베이스 단자와 접지 단자 까지 폐회로에서 키르히호프 전압법칙을 적용시켜서 Q1, Q2의 이미터 전류(I_{E1}, I_{E2})를 구할 수 있다.

$$1V = V_{BE1} + (0.1K\Omega)(2I_{E1}) \text{ 또는 } I_{E1} = I_{E2} = \frac{0.3V}{0.2K\Omega} = 1.5mA$$

따라서 $V_1 = V_2 = V_{CC} - R_1 I_{E1} = 3V - (0.5K\Omega)(1.5mA) = 1.25V$이다.

7.8 주어진 회로에서 Q4, Q5, R_1의 폐회로에서 키르히호프 전압법칙을 적용시켜서 I_R을 구할 수 있다.

$$I_R = \frac{V_{CC} - 2V_{BE}}{R_1} = \frac{2V - 1.4V}{10K\Omega} = 60\mu A = I_{C4} = I_{C3} = \frac{1}{2}I_{C1} = \frac{1}{2}I_{C2}$$

$V_3 = 1V + 0.7V = 1.7V,\ V_1 = V_2 = R_2 I_{C1} = 0.3V,\ V_4 = V_{CC} - V_{BE4} = 1.3V,\ V_5 = 0.7V$

전력소모(P_D)는 다음과 같다.

$$P_D = V_{CC}(I_{C3} + I_{C4}) = (2V)(120\mu A) = 240\mu W$$

7.9 그림 p 7.9 회로의 DC 동작점을 구하기 위해서 베이스-이미터 폐회로에서 테브닌 등가회로 및 키르히호프 전압법칙을 적용시키면 베이스 전류를 다음과 같이 구할 수 있다.

$$\frac{R_1}{R_1 + R_2} V_{CC} = (R_1 // R_2)(I_{B1}) + V_{BE1} + R_E[1 + \beta_F] I_{B1}$$

$$I_{B1} = \frac{1V - 0.7V}{50K\Omega + 101X50\Omega} = 5.5\mu A \ ,\ I_{C1} = I_{E1} = 550\mu A$$

따라서

$$R_C = \frac{V_{CC} - V_C}{I_{C1}} = \frac{2V - 1V}{550\mu A} = 1.8K\Omega,\ \ V_E = R_E I_{E1} = 27.5mV,$$

$$V_B = V_{BE1} + V_E = 0.7V + 27.5mV = 727.5mV,$$

$$P_D = V_{CC}\left[I_{C1} + \frac{V_{CC} - V_B}{R_2}\right] = 2V(545\mu A + 12.7\mu A) = 1.12mW \text{ 이다.}$$

소신호 회로해석을 위해서 소신호 모델 변수(g_{m1}, r_{o1})을 구하면 다음과 같다.

$$g_{m1} = \frac{I_{C1}}{V_T} = \frac{0.55mA}{25mV} = 22m/\Omega, r_{o1} = \frac{V_A}{I_{C1}} = \frac{100V}{0.55mA} = 182K\Omega, r_{\pi 1} = \frac{\beta_F}{g_{m1}} = 4.5K\Omega$$

전압이득(A_V), 입력저항(R_i), 출력저항(R_o)은 다음과 같다.

$$A_V = \frac{-g_{m1}}{1+g_{m1}R_E}[r_{o1}//R_C//R_L] = \frac{-22m/\Omega}{1+(22m/\Omega)(50\Omega)}(1.8K\Omega) = \frac{-22m/\Omega}{2.1}(1.75K\Omega) = -18.3$$

$$R_i = (R_1//R_2)//[r_{\pi 1} + (1+\beta_F)R_E] = 50K\Omega//(9.5K\Omega) = 8K\Omega$$

$$R_o = R_C//R_L//(g_{m1}r_{o1}R_E) = 1.8K\Omega//100K\Omega//200K\Omega = 1.8K\Omega$$

7.10 그림 p 7.10의 공통 베이스 증폭기 회로의 DC 동작점을 구하면 키르히호프 전압 법칙 및 오움법칙에 의해서 각 트랜지스터에 흐르는 컬렉터 전류는 $I_{C1} = I_{C2} = I_{C3} = I_{C4} = I_{C5} = \frac{V_{CC} - V_{BE}}{R_3} = \frac{3V - 0.7V}{23K\Omega} = 100\mu A$ 이다. 소신호 모델 변수는 $g_{m1} = \frac{I_{C1}}{V_T} = \frac{0.1mA}{25mV} = 4m/\Omega$, $r_{\pi 1} = \frac{\beta_F}{g_{m1}} = 2.5K\Omega$, $r_{o1} = \frac{V_A}{I_{C1}} = 1M\Omega$, 전력소모는 $P_D = V_{CC}(3I_{C1}) = 900\mu W$ 이다.

입력저항은 $\frac{1}{g_{m1}} = 250\Omega$, 출력저항은 $R_o \approx R_L = 100K\Omega$ 이다.

전압이득은 다음과 같다.

$$A_V = g_{m1}R_L = (4m/\Omega)(100K\Omega) = 400 = 52dB \ (=20\text{xlog}(400))$$

7.11 그림 p 7.11의 공통 컬렉터 증폭기 회로의 DC 동작점을 구하기 위해서 Q3-R_B의 폐 회로를 이용하면 $I_{C3} = \frac{2V - 0.7V}{1.3K\Omega} = 1mA = I_{C2} = I_{C1}$ 이다.

또한 $V_C = V_{EB1} + V_{BB} = 0.7V + 0.3V = 1.0V$ 이며 전력소모는 4mW가 된다. Q_1의 소신호 모델변수는 $g_{m1} = \frac{1mA}{25mV} = 40m/\Omega, r_{\pi 1} = \frac{\beta_F}{g_{m1}} = 2.5K\Omega, r_{o1} = \frac{V_A}{I_{C1}} = 100K\Omega$ 이다.

입력저항(R_i), 출력저항(R_o), 전압이득(A_V)은 다음과 같다.

$$R_i = r_{\pi 1} + (1+\beta_F)R_L = 2.5K\Omega + (101)(100K\Omega) = 10.1M\Omega$$

$$R_o = \frac{1}{g_{m1}} = 25\Omega, \ A_V \approx 1$$

부록 A

회로이론 기초

A.1 오움 법칙

A.2 키르기호프 전압 법칙

A.3 키르기호프 전류 법칙

A.4 테브닌(Thevenin) 정리

A.5 노턴(Norton) 정리

A.6 중첩 원리(Superposition theorem)

A.1 오움 법칙

반도체 전기소자를 포함한 모든 물질(도체, 반도체, 부도체)은 내부 저항(Z)을 가지고 있다. 그림 a.1과 같이 저항(Z, Resistance)을 가진 전기소자에 전압(V, Voltage)을 인가하면 전류(I, Current)가 흐르게 된다. 저항(Z), 전압(V), 전류(I) 사이의 상관관계는 (식 a.1)과 같은 오움 법칙(Ohm's law)에 의해서 결정된다.

$$V = I \times Z \qquad \text{(식 a.1)}$$

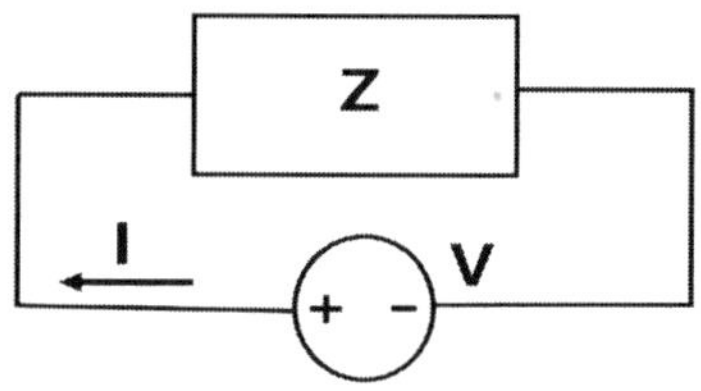

| 그림 a.1 | 오움법칙(V = I × Z)을 나타내는 회로도

즉, 일정한 전압을 인가하였을 때, 저항이 큰 전기소자에는 전류가 작게 흐르며, 저항이 작은 전기소자에는 전류가 크게 흐른다.

수동 전기소자에는 저항(R, Resistor), 커패시터(C, Capacitor), 코일(L, Inductor)가 있으며, 수동 전기소자에 주파수 f(Hz, Hertz)를 갖는 정현파 신호를 인가하면 각 수동 전기소자의 임피던스(Impedance), Z_R, Z_C, Z_L는 각주파수 $\omega(=2\pi f)$ (rad/sec)의 함수로 (식 a.2), 식 (식 a.3), (식 a.4)로 표시할 수 있다.

$$Z_R = R \qquad \text{(식 a.2)}$$

$$Z_C = \frac{1}{j\omega C} \qquad \text{(식 a.3)}$$

$$Z_L = j\omega L \qquad \text{(식 a.4)}$$

여기서 j 는 허수($\sqrt{-1}$)를 나타낸다. $f=0$인 전압신호는 직류(DC) 신호에 해당하며, $f \neq 0$인 전압신호는 교류 신호에 해당한다.

예제 a.1 그림 a.1에서 전압원(10V)와 저항(10KΩ)가 직렬 연결되어 있을 때, 저항에 흐르는 전류값을 구하라.

풀이

(식 a.1)에 따라서 저항에 흐르는 전류값(I)은 $I=\dfrac{V}{Z}=\dfrac{10\,V}{10K\Omega}=1mA$ 이다.

A.2 키르히호프 전압 법칙

키르히호프 전압 법칙(Kirchhoff's Voltage Law, KVL)에 의하면, 폐루프 회로(closed loop circuit)에 속한 소자에 의한 모든 전압 강하의 합은 0V이다. 그림 a.2에는 전압원(V)과 n개의 저항($Z_1, Z_2, Z_3, \dots, Z_n$)이 직렬 연결되어 있는 폐루프 회로이다. 폐루프 회로에 흐르는 전류(I)는 오움 법칙에 의해서 (식 a.5)와 같이 나타낼 수 있고, Z는 등가저항이다.

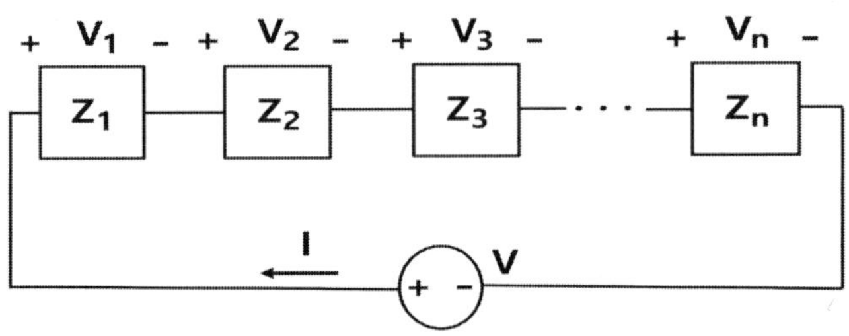

| 그림 a.2 | 직렬 연결 저항 회로도

$$I=\frac{V}{Z}=\frac{V}{Z_1+Z_2+Z_3+\dots+Z_n} \qquad \text{(식 a.5)}$$

또한 각 저항에 의해서 발생한 전압강하를 각각 $V_1, V_2, V_3, \dots, V_n$ 라고 하면, 오움법칙에 의해서 (식 a.6)와 같이 구할 수 있으며, 이것을 전압분배 법칙이라고 한다.

$$V_1=Z_1 I=\frac{Z_1 V}{Z_1+Z_2+Z_3+\dots+Z_n}=\frac{Z_1}{Z}V \qquad \text{(식 a.6)}$$

$$V_2=Z_2 I=\frac{Z_2 V}{Z_1+Z_2+Z_3+\dots+Z_n}=\frac{Z_2}{Z}V$$

$$V_3 = Z_1 I = \frac{Z_3 V}{Z_1 + Z_2 + Z_3 + \ldots + Z_n} = \frac{Z_3}{Z} V$$

....

$$V_n = Z_n I = \frac{Z_n V}{Z_1 + Z_2 + Z_3 + \ldots + Z_n} = \frac{Z_n}{Z} V$$

$$Z = Z_1 + Z_2 + Z_3 + \ldots + Z_n$$

(식 a.6)에 따르면 각 저항에 의한 전압강하는 저항값에 정비례한다는 것이다. 따라서 저항값이 큰 저항은 전압강하가 크며, 저항값이 작은 저항은 전압강하가 작다. 또한 직렬연결 회로에서 등가저항은 회로내 모든 저항의 합과 같다.

예제 a.2 그림 a.2에서 전압원(10V)와 저항 4개($1K\Omega$, $2K\Omega$, $3K\Omega$, $4K\Omega$)가 직렬 연결되어 있을 때, 각 저항에 걸리는 전압 값과 등가저항 값을 구하라.

풀이

(식 a.6)에 따라서 주어진 폐회로에 흐르는 전류값(I)은 1mA(= 10V/10KΩ) 이다. 전류값을 (식 a.7)에 대입하면 각 저항에 걸리는 전압을 식 (a.7)와 같이 구할 수 있다.

$$V_1 = (1mA)(1K\Omega) = 1V \qquad \text{(식 a.7)}$$

$$V_2 = (1mA)(2K\Omega) = 2V$$

$$V_3 = (1mA)(3K\Omega) = 3V$$

$$V_2 = (1mA)(4K\Omega) = 4V$$

등가저항값은 다음과 같다.

$$Z = 1K\Omega + 2K\Omega + 3K\Omega + 4K\Omega = 10K\Omega$$

A.3 키르히호프 전류 법칙

그림 a.3에는 독립 전압원(V)와 n개의 저항($Z_1, Z_2, Z_3, \cdots, Z_n$) 이 병렬 연결되어 있는 회로이다. 각 저항에 흐르는 전류($I_1, I_2, I_3, \cdots, I_n$)는 오옴 법칙에 의해서 (식 a.8)과 같이 나타낼 수 있다. 키르히호프 전류 법칙(Kirchhoff's Current Law, KCL)에 의하면, 고정된 단자를 중심으로 흘러들어오는 전류 양의 합과 흘러 나가는 전류 양의 합이 같으므로 (식 a.9)와 같이 표시할 수 있다.

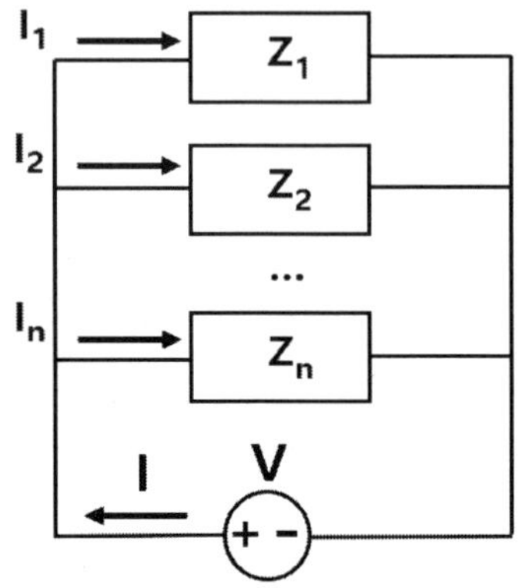

| 그림 a.3 | 병렬연결 회로도

$$I_1 = \frac{V}{Z_1} \tag{식 a.8}$$

$$I_2 = \frac{V}{Z_2}$$

$$I_3 = \frac{V}{Z_3}$$

$$\cdots$$

$$I_n = \frac{V}{Z_n}$$

$$I = I_1 + I_2 + I_3 + \bullet \bullet + I_n \tag{식 a.9}$$

(식 a.8)를 (식 a.9)에 대입해서 정리하면 (식 a.10)과 같다.

$$I = \frac{V}{Z} = I_1 + I_2 + \ \ldots + I_n = V\left[\frac{1}{Z_1} + \frac{1}{Z_2} + \ldots + \frac{1}{Z_n}\right] \tag{식 a.10}$$

따라서 그림 a.4 회로도에서 등가저항(Z)은 (식 a.11)과 같다.

$$\frac{1}{Z} = \frac{1}{Z_1} + \frac{1}{Z_2} + \ldots + \frac{1}{Z_n} \ \text{또는}\ Z = \frac{1}{\frac{1}{Z_1} + \frac{1}{Z_2} + \ldots + \frac{1}{Z_n}} \tag{a.11}$$

(식 a.10)에 따르면 각 저항에 흐르는 전류값은 저항값에 반비례하며 이것을 전류분배 법칙이라고 한다. (식 a.10)에 따라서 저항값이 큰 저항에는 작은 전류가 흐르며, 저항값이 작은 저항에는 큰 전류가 흐른다.

예제 a.3 그림 a.3에서 독립 전압원(10V)와 저항 4개(1KΩ, 1/2 KΩ, 1/3 KΩ, 1/4 KΩ)가 렬 연결되어 있을 때, 각 저항에 흐르는 전류 값과 등가저항 값을 구하라.

풀이

(식 a.11)에 따라서 각 저항에 흐르는 전류값은 아래와 같다.

$$I_1 = \frac{10\,V}{1K\Omega} = 10mA$$

$$I_2 = \frac{10\,V}{(1/2)K\Omega} = 20mA$$

$$I_3 = \frac{10\,V}{(1/3)K\Omega} = 30mA$$

$$I_4 = \frac{10\,V}{(1/4)K\Omega} = 40mA$$

그러므로 독립 전압원에서 흐르는 전류(I)는

$I = I_1 + I_2 + I_3 + I_4 = 10mA + 20mA + 30mA + 40mA = 100mA$이다.

(식 a.11)에 의한 등가저항은

$Z = \dfrac{1}{\dfrac{1}{1K\Omega} + \dfrac{1}{1/2K\Omega} + \dfrac{1}{1/3K\Omega} + \dfrac{1}{1/4K\Omega}} = 0.1K\Omega$이다.

A.4 테브닌(Thevenin) 정리

그림 a.4 기본 회로의 개방된 두 단자(a, b)에서 개방 전압(V_O)과 개방 저항(Z_O)을 측정했을 때, 그림 a.5 회로가 그림 a.4 회로의 등가회로로 표시하는 정리가 테브닌 정리이다. 개방 저항(Z_O)을 측정할 때, 기본 회로에 인가된 독립 전압원, 독립 전류원을 모두 제거한다. 독립 전압원을 제거할 경우, 독립 전압원의 + 극성과 − 극성을 연결시켜서 0V로 만들면 되며, 독립전류원의 경우 독립전류원의 두 단자를 개방시켜서 전류를 흐르지 않게 만든다. 그림 a.4 회로의 등가회로는 등가전압(V_{EQ})과 등가저항(Z_{EQ})의 직렬연결로 구성되며, 그림 a.4 회로(개방 전압(V_O)과 개방 저항(Z_O))과 그림 a.5 회로(등가전압(V_{EQ})과 등가저항(Z_{EQ}))의 관계는 (식 a.12)과 (식 a.13)로 표시된다.

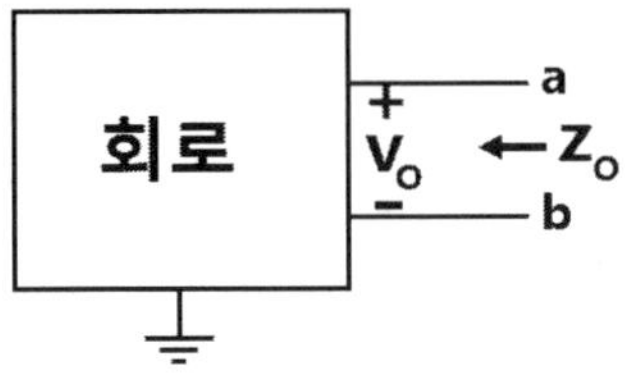

| 그림 a.4 | 기본회로

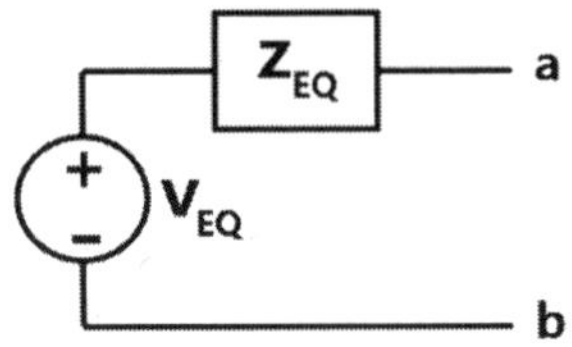

| 그림 a.5 | 테브닌 등가회로

$$V_o = V_{EQ} \quad \text{(식 a.12)}$$

$$Z_o = Z_{EQ} \quad \text{(식 a.13)}$$

예제 a.4

그림 a.6 회로에서 독립전압원(10V)와 저항 2개(R1 = 4KΩ, R2 = 1KΩ)가 직렬 연결되어 있을 때, a, b 단자에서 바라본 테브닌 등가회로(등가전압과 등가저항)를 구하라.

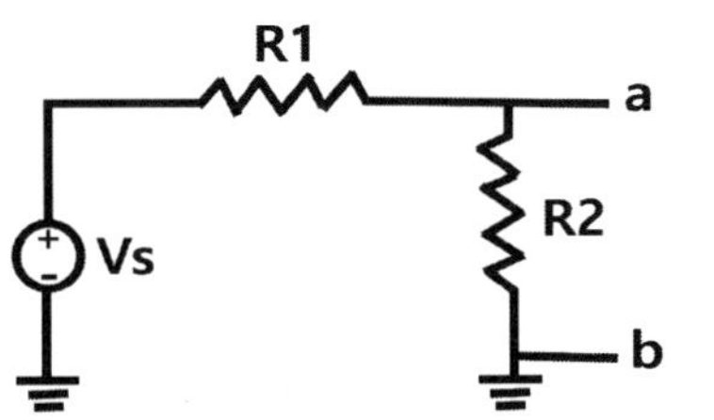

| 그림 a.6 | 직렬 저항 회로

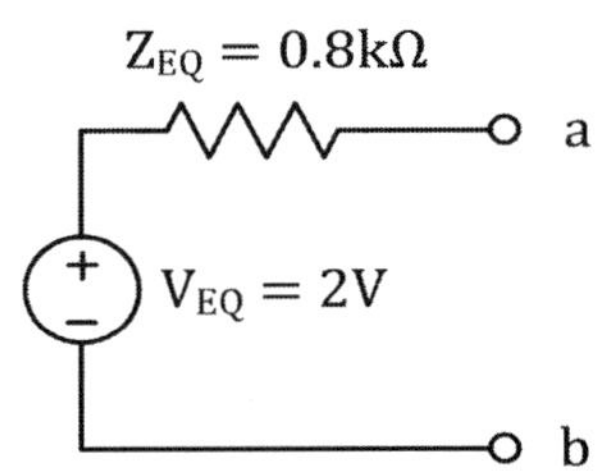

| 그림 a.7 | 직렬회로의 테브닌 등가회로

풀이

그림 a.6 회로에서 전압분배법칙을 적용하면 a, b 단자의 테브닌 등가전압, V_{EQ}는 (식 a.14)과 같다.

$$V_{EQ} = \frac{R_2}{R_1 + R_2} V_S = \frac{1K\Omega}{4K\Omega + 1K\Omega} 10\,V = 2\,V \quad \text{(식 a.14)}$$

테브닌 등가저항을 구하기 위해서 그림 a.6 회로내 독립전압원을 제거한다. 독립전압원을 제거하기 위해서 독립전압원의 +극성과 −극성 단자를 서로 연결해서 접지점에 붙인다. 독립전압원을 제거한 후 a, b 단자에서 바라보면 두 개 저항(R_1, R_2)이 병렬 연결되어서 보일 것이다. 따라서 a, b 단자에서 바라본 등가저항은 (식 a.15)와 같다.

$$R_{EQ} = R_1 // R_2 = \frac{(4K\Omega)(1K\Omega)}{4K\Omega + 1K\Omega} = 0.8K\Omega \qquad \text{(식 a.15)}$$

따라서 구하고자 하는 테브닌 등가회로는 그림 a.4.15와 같다.

A.5 노턴(Norton) 정리

그림 a.8 기본 회로의 개방된 두 단자(a, b)에서 개방 전압(V_O)과 개방 저항(Z_O)을 측정했을 때, 그림 a.9 회로가 그림 a.5.1 회로의 등가회로(개방 저항(Z_{EQ})와 단락 전류(I_{EQ}))로 표시하는 정리가 노턴 정리이다. a-b 단자를 단락시켜서 흐르는 전류가 단락전류(I_{EQ})이다. 기본 회로에서 등가 개방 저항(Z_O)을 구하는 방법은 테브닌 정리의 경우와 동일하다.

따라서 그림 a.9의 노턴 등가회로는 등가전류(I_{EQ})과 등가저항(Z_{EQ})의 병렬연결로 구성되며, 그림 a.8 회로(개방 전압(V_O)과 개방 저항(Z_O))과 그림 a.9 회로(등가전류(I_{EQ})과 등가저항(Z_{EQ}))의 관계는 (식 a.16)과 (식 a.17)로 표시된다.

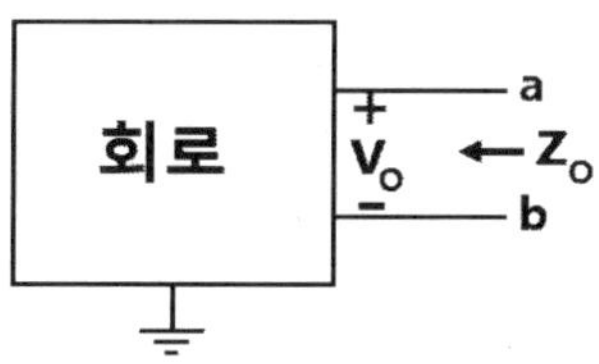

| 그림 a.8 | 기본 회로

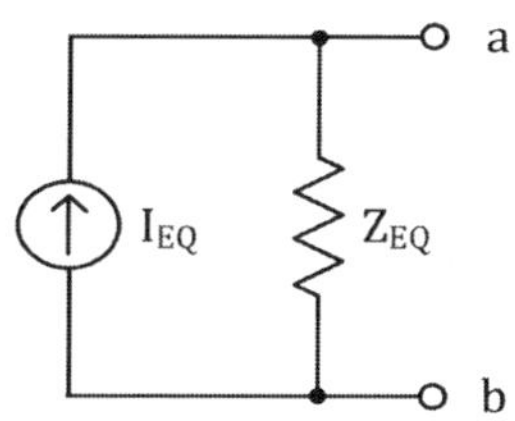

| 그림 a.9 | 노턴 등가회로

$$I_{EQ} = I_S = \frac{V_{EQ}}{Z_{EQ}} \qquad \text{(식 a.16)}$$

$$Z_o = Z_{EQ} \qquad \text{(식 a.17)}$$

따라서 테브닌 등가회로를 노턴 등가회로로 변환할 수 있고, 노턴 등가회로를 테브닌 등가회로로 변환할 수 있다.

예제 a.5 그림 a.9 회로의 노턴 등가회로(등가전류와 등가저항)를 구하라.

풀이

그림 a.9 회로에서 a, b 단자를 단락시킨 후, 등가전류(I_{EQ})를 구하면 (식 a.18)과 같다.

$$I_{EQ} = I_S = \frac{V_{EQ}}{Z_{EQ}} = \frac{2V}{0.8K\Omega} = 2.5mA \qquad (식\ a.18)$$

따라서 노턴 등가회로는 그림 a.10과 같다.

그러므로 테브닌 등가회로(그림 a.7)를 노턴 등가회로(그림 a.10)로 변환할 수 있으며, 노턴 등가회로(그림 a.10)을 테브닌 등가회로(그림 a.7)로 변환할 수 있다.

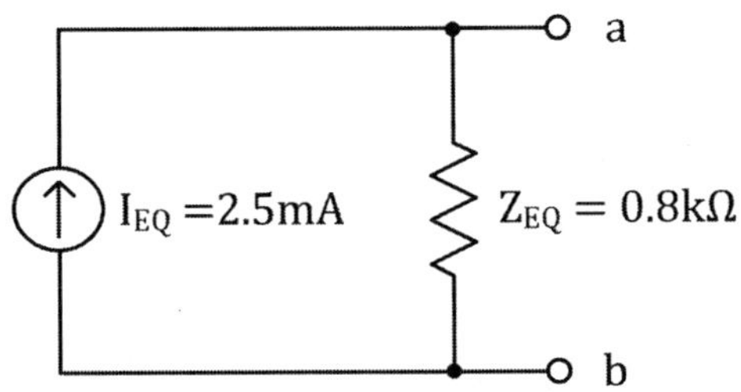

| 그림 a.10 | 그림 a.7의 노턴 등가회로

A.6 중첩 원리(Superposition theorem)

주어진 회로에 독립 전압원과 독립전류원 등 여러 개의 전원이 동시에 존재하고, 특정 회로 부분에 대한 전체 회로 응답을 구할 때, 전체 회로 응답은 각 독립 전압원 및 독립전류원에 의한 응답을 각각 구하고, 구해진 응답을 모두 합하는 원리이다. 예를 들어서 그림 a.11의 회로에서 독립 전압원 2개(V_1, V_2) 및 독립 전류원 1개(I_3)에 의해서 부하저항(Z_L)에 나타나는 회로응답(V_o)을 중첩 원리로 구하면 식 (a.19)와 같다.

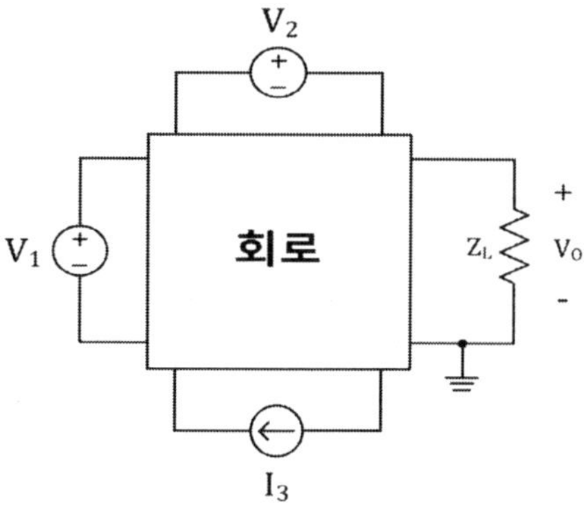

| 그림 a.11 | 중첩원리 적용가능 회로

$$V_o = V_o(V_1) + V_o(V_2) + V_o(I_3) \quad \text{식 (a.19)}$$

식 (a.19)는 3가지 응답($V_o(V_1)$, $V_o(V_2)$, $V_o(I_3)$)으로 구성되며, 첫째 항, $V_o(V_1)$의 응답을 구할 때, 다른 독립 전압원(V_2, I_3)을 제거하고 응답을 구한다. 둘째 항, $V_o(V_2)$의 응답을 구할 때, 다른 독립 전압원(V_1, I_3)을 제거하고 응답을 구하고, 셋째 항, $V_o(I_3)$의 응답을 구할 때, 다른 독립 전압원(V_1, V_2)을 제거하고 응답을 구한다.

예제 a.6 그림 a.12 회로에서 부하저항(R_4)에 나타난 전압을 구하라.
단, $V_1 = 2V, R_1 = R_3 = R_4 = 1K\Omega, R_2 = 2K\Omega, I_2 = 1mA, V_3 = 1V$로 가정한다.

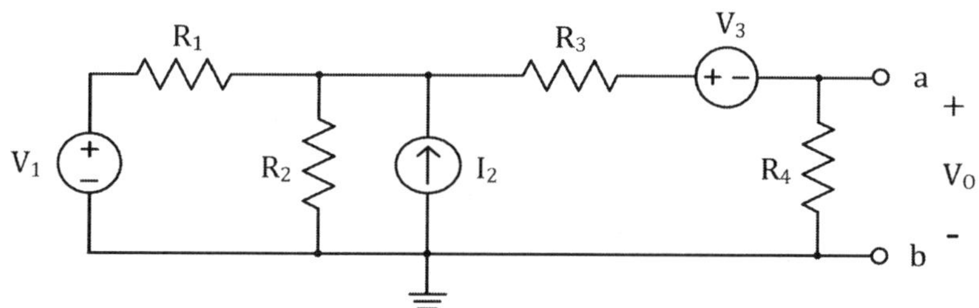

| 그림 a.12 | 3가지 독립 전원이 포함된 회로도

풀이

주어진 회로에는 3가지 독립 전원이 포함되므로 부하저항에 나타나는 출력 전압 응답(V_o)은 중첩 원리에 따라서 3가지 응답(V_{o1}, V_{o2}, V_{o3})을 각각 구한 후 (식 a.20)과 같이 더하면 된다.

$$V_o = V_{o1} + V_{o2} + V_{o3} \quad \text{(식 a.20)}$$

첫째, 독립 전압원, V_1에 의한 출력 전압 응답(V_{o1})을 구하기 위해서 다른 전원을 제거한 후 회로도를 재구성하면 그림 a.13과 같다.

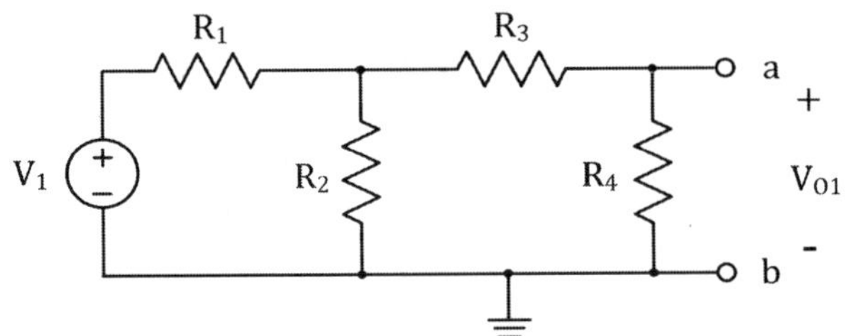

| 그림 a.13 | 독립 전압원 V_1을 포함한 회로도

그림 a.13을 살펴보면 저항 R_3, R_4가 직렬연결이므로 직렬연결 저항값은 2KΩ 이다. 직렬연결 저항 2KΩ과 저항 R_2가 병렬연결되므로 병렬연결 저항값은 1KΩ이 된다. 병렬연결 저항 1KΩ과 저항 R_1이 직렬연결이므로 직렬연결 저항값은 2KΩ이 된다. 따라서 독립 전압원에 의해서 흐르는 전류는 오움법칙에 의해서 1mA(= 2V/2KΩ) 이다. KCL에 의해서 저항 R_2와 저항 R_3, R_4에 흐르는 전류는 동일하게 0.5mA 이다. 그러므로 부하 저항 R_4에 의한 전압강하, V_{o1}는 식 (a.21)과 같다.

$$V_{o1} = I_4 R_4 = 0.5mA \times 1K\Omega = 0.5\,V \qquad \text{식 (a.21)}$$

둘째, 독립 전류원, I_2에 의한 출력 전압 응답(V_{o2})을 구하기 위해서 다른 전원을 제거한 후 회로도를 재구성하면 그림 a.14와 같다.

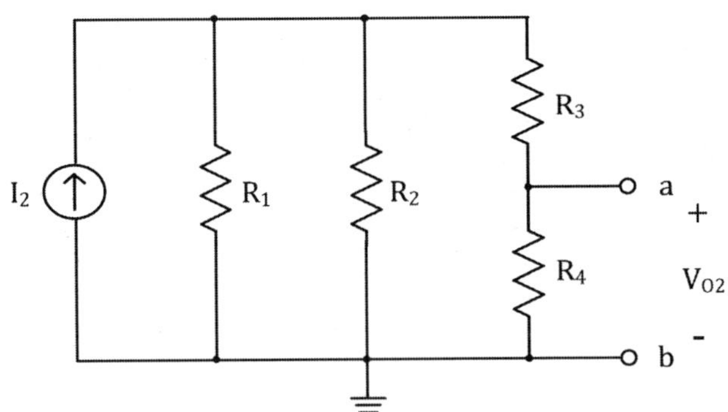

| 그림 a.14 | 독립 전류원 I_2을 포함한 회로도

각 저항에 흐르는 전류는 저항값에 반비례하므로 저항 R_4에 흐르는 전류 (I_4)는 (식 a.22)와 같다.

$$I_4 = \frac{\frac{1}{R_3+R_4}}{\frac{1}{R_1}+\frac{1}{R_2}+\frac{1}{R_3+R_4}} I_2 = \frac{1}{4} mA \qquad \text{(식 a.22)}$$

따라서 저항 R_4에 의한 전압강하(V_{o2})는 오옴법칙에 의해서 (식 a.23)과 같다.

$$V_{o2} = I_4 R_4 = 0.25\,V \qquad \text{(식 a.23)}$$

셋째, 독립 전압원 V_3에 의한 출력 전압 응답(V_{o3})을 구하기 위해서 다른 전원을 제거한 후 회로도를 재구성하면 그림 a.15와 같다.

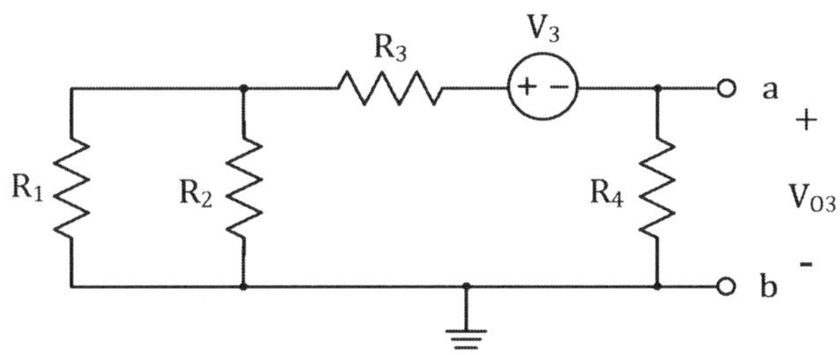

| 그림 a.15 | 독립 전압원 V_3를 포함한 회로도

저항 R_1, R_2는 병렬연결이고, 저항 R_3, R_4은 직렬연결이므로 저항R_4에 의한 전압강하(V_{o3})는 전압분배 법칙에 의해서 (식 a.24)와 같다.

$$V_{o3} = \frac{R_4}{R_1//R_2 + R_3 + R_4} V_3 = \frac{1K\Omega}{\frac{2}{3}K\Omega + 1K\Omega + 1K\Omega}(-1\,V) = -\frac{3}{8}V \qquad \text{(식 a.24)}$$

따라서 (식 a.21), (식 a.23), (식 a.24)의 값을 (식 a.20)에 대입하면 (식 a.25)와 같다.

$$V_o = V_{o1} + V_{o2} + V_{o3} = 0.5\,V + 0.25\,V - 0.375\,V = 0.375\,V \qquad \text{(식 a.25)}$$

본 예제는 부록 B에서 SPICE 모의실험 예제로 다루어진다.

부록 B

SPICE 사용법

SPICE 사용법

B.1 SPICE 모의실험 소프트웨어

SPICE(Simulation Program with Integrated Circuit Emphasis)는 집적회로의 성능을 모의실험하기 위해서 버클리 대학교(University of California, Berkely)에서 개발된 프로그램이다. 1960년대 Fortran 언어로 개발되었고, 80년대 C 언어로 변환되어서 사용되고 있으며, PSPICE, LT-SPICE, HSPICE 등 다양한 모의실험 소프트웨어가 여러 기관을 통해서 개발되어서 전 세계적으로 사용되어지고 있다. SPICE를 사용하기 위해서는 그림 b.1과 같이 사용자는 회로도를 넷리스트(netlist)로 작성하고, 작성된 넷리스트를 SPICE 프로그램에 입력시키면 프로그램내의 알고리즘이 작동하면서 모의실험 결과를 텍스트 또는 그래픽 (graphic) 정보로 제공한다.

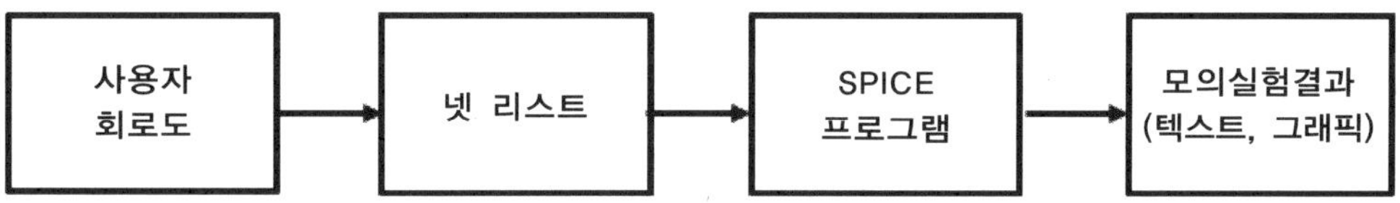

| 그림 b.1 | SPICE 프로그램 사용 절차도

SPICE 프로그램은 텍스트(text) 정보를 읽어 들여서 희소행렬(SPARCE) 매트릭스를 풀어서 모의실험 결과를 제공한다. 사용자의 편의성을 위해서 사용자가 회로도를 그래픽으로 표현하면, 그래픽을 텍스트 정보로 변환시키고, 텍스트 정보로 변환된 넷리스트 파일이 SPICE 프로그램에 입력되어서 모의실험 결과가 나온다. 따라서 사용자는 회로도 정보를 그래픽 또는 텍스트 넷리스트 파일로 SPICE에 제공하면 된다. SPICE 프로그램은 최종적으로 넷리스트 텍스트 파일을 입력으로 받아들이므로 본 부록에서는 넷리스트 텍스트 파일 작성법을 설명한다.

B.2 SPICE 모의실험 프로그램 내 숫자 크기 및 소자 표기법

B.2.1 숫자 크기

숫자 크기는 다음과 같이 약속한다.

- M은 밀리(mili) 크기로서 1E-3을 의미한다.
- U는 마이크로(micro) 크기로서 1E-6을 의미한다.

- N은 나노(nano) 크기로서 1E–9를 의미한다.
- P는 피코(pico) 크기로서 1E–12를 의미한다.
- F는 펨토(femto) 크기로서 1E–15를 의미한다.
- A는 아토(atto) 크기로서 1E–18을 의미한다.
- K는 킬로 크기로서 1E+3을 의미한다.
- MEG는 메가(mega) 크기로서 1E+6을 의미한다.
- G는 기가(giga) 크기로서 1E+9를 의미한다.
- T는 테라(tera) 크기로서 1E+12를 의미한다.

B.2.2 소자 표기법

전자회로에서 사용되는 수동소자(R, L, C)와 능동소자(D, M, Q) 표기법은 다음과 같다.

B.2.2.1 저항

저항은 R로 시작하며, R 문자 뒤에 알파베트 및 숫자의 조합으로 다수 저항을 구분하며, 저항 단자는 두 개 이므로 Rxxx 다음에 단자 번호 두 개를 나열한다.

▮ 예 ▮

저항 R1 10$K\Omega$이 A 단자와 B 단자에 연결되어 있는 경우

```
R1 A B 10K
```

B.2.2.2 커패시터

커패시터는 C로 시작하며, C 문자 뒤에 알파베트 및 숫자의 조합으로 다수 커패시터를 구분하며, 커패시터 단자는 두 개 이므로 Cxxx 다음에 단자 번호 두 개를 나열한다. 커패시터 단자에는 극성이 없다.

▮ 예 ▮

커패시터 C2 50pF이 C 단자와 D 단자에 연결되어 있는 경우

```
C2 C D 50P
```

B.2.2.3 인덕터

인덕터는 L로 시작하며, L 문자 뒤에 알파베트 및 숫자의 조합으로 다수 인덕터를 구분하며, 인덕터 단자는 두 개 이므로 Lxxx 다음에 단자 번호 두 개를 나열한다. 인덕터 단자에는 극성이 없다.

▌예▐

인덕터 L3 100μH이 E 단자와 F 단자에 연결되어 있는 경우

```
L3 E F 100U
```

B.2.2.4 다이오드

다이오드는 D로 시작하며, D 문자 뒤에 알파베트 및 숫자의 조합으로 다수 다이오드를 구분하며, 다이오드 단자는 두 개 이므로 Dxxx 다음에 단자 번호 두 개를 나열한다. 다이오드 단자에는 극성이 있으며, 첫째 단자가 애노드, 둘째 단자는 캐소드 단자이다. 다이오드의 전기적 특성은 모델 변수에 포함시킨다. 표 b.1에는 다이오드 모델 변수를 나타낸다.

| 표 b.1 |

모델 변수	전기적 의미	단위	기본값	전형적 값
IS	포화전류	A	1E−14	1E−15
RS	내부저항	Ω	0	10
N	발산계수	없음	1	1
TT	캐리어 전이시간	sec	0	1N
CJO	제로 바이어스 공핍 커패시터	F	0	1P
FC	순방향 커패시터 계수	없음	0.5	0.5
VJ	도통 전압	V	0.5	0.6
EG	에너지 갭	eV	1.11	1.11
XTI	포화전류 온도 지수	없음	3	3
KF	플리커 잡음 계수	없음	0	0
AF	플리커 잡음 지수	없음	0	0
BV	항복전압	V	무한대	100
IBV	항복전류	A	1E−10	1E−14
M	접합면 곡면계수	없음	0.5	0.5

▌예▐

애버랜치 다이오드 DA는 10 단자(애노드)와 20 단자(캐소드)에 연결되어 있고, 모델명은 DN이며, 모델변수에서 포화전류는 1E−15, 발산계수는 1, 도통전압은 0.6V, 항복전압은 1000V, 제로 바이어스 공핍 커패시터는 1PF, 내부저항은 5Ω, 캐리어 전이시간은 1n sec인 경우

```
DA 10 20 DN
.MODEL DN D(IS = 1F N = 1 VJ = 0.6 BV = 1000 CJO = 1P RS = 5 TT = 1N)
```

▌예▐

제너 다이오드 DA는 A 단자(애노드)와 C 단자(캐소드)에 연결되어 있고, 모델명은 DZ이며, 모델변수에서 포화전류는 10E-15, 발산계수는 1, 도통전압은 0.6V, 항복전압은 5V, 제로 바이어스 공핍 커패시터는 2PF, 내부저항은 10Ω, 캐리어 전이시간은 0.5n sec인 경우

```
DZ A C DZ
.MODEL DZ D(IS = 10F N = 1 VJ = 0.6 BV = 5 CJO = 2P RS = 10 TT = 0.5N)
```

B.2.2.5 MOSFET

MOSFET은 M으로 시작하며, M 문자 뒤에 알파베트 및 숫자의 조합으로 다수 MOSFET을 구분하며, MOSFET의 단자는 네 개 이므로 Mxxx 다음에 단자 번호 네 개를 나열한다. MOSFET의 단자 순서는 드레인, 게이트, 소스, 바디 단자이다. MOSFET의 전기적 특성은 모델 변수에 포함시킨다. 표 b.2에는 MOSFET의 모델 변수를 나타낸다. MOSFET은 모델 종류가 모두 4가지인데, 본 절에서 LEVEL 1에 국한해서 소개한다. 그 이외 LEVEL 2, 3, BSIM 모델은 단채널길이 효과를 고려한 모델이다.

| 표 b.2 |

모델 변수	전기적 의미	단위	기본값	전형적 값
LEVEL	모델 종류	없음	1	1
L	채널 길이	m	0	1U
W	채널 폭	m	1	1U
LD	수평 확산 길이	m	0	0.1U
WD	수평 확산 폭	m	0	0.1U
VTO	제로 바이어스 문턱전압	V	0	0.5
KP	상호컨덕턴스	A/V^2	0	100E-6
GAMMA	바디 문턱 변수	$\sqrt{V}$	0	0.3
LAMBDA	채널길이 변조 변수	1/V	0	0.01
PB	PN 접합 다이오드 도통 전압	V	0.6	0.6
KF	플리커 잡음 계수	없음	0	0
AF	플리커 잡음 지수	없음	0	0
RD	드레인 저항	Ω	0	0

RS	소스 저항	Ω	0	0
IS	포화 전류	A	1E−15	1E−15
CJ	제로 바이어스 공핍 커패시터 용량	F/m^2	0	0.1P
CJSW	주변 벽 공핍 커패시터 용량	F/m	0	
CGSO	게이트 소스 커패시터 용량	F/m	0	
CGDO	게이트 드레인 커패시터 용량	F/m	0	
CGBO	게이트 바디 커패시터 용량	F/m	0	
MJ	공핍 커패시터 곡면 계수	없음	0	0.5
MJSW	주변 벽 공핍 커패시터 곡면 계수	없음	0	0.5
TOX	산화박막층 두께	m	무한대	10N
NSUB	기판 도핑 농도	$1/cm^3$	0	1E13

▌예▐

N-채널 트랜지스터 M1은 A 단자(드레인), B 단자(게이트), C 단자(소스), D 단자(바디)에 연결되어 있고, 채널길이는 1U, 채널폭은 10U, 모델명은 NM이며, 모델변수에서 문턱 전압은 0.5V, 상호 컨덕턴스는 $100\mu A/V^2$, 채널길이 변조 상수는 0.01/V, 바디 문턱 변수는 $0.3/\sqrt{V}$, 도통전압은 0.6V, 수평 확산 길이는 0.01U인 경우

```
M1 A B C D NM W = 10U L = 1U
.MODEL NM NMOS(LEVEL = 1 VTO = 0.5 KP = 100U LD = 0.01U GAMMA = 0.3
LAMBDA = 0.01, PB = 0.6)
```

▌예▐

P-채널 트랜지스터 M1은 A 단자(드레인), B 단자(게이트), C 단자(소스), D 단자(바디)에 연결되어 있고, 채널길이는 1U, 채널폭은 20U, 모델명은 PM이며, 모델변수에서 문턱 전압은 −0.5V, 상호 컨덕턴스는 $40\mu A/V^2$, 채널길이 변조 상수는 0.02/V, 바디 문턱 변수는 $0.5/\sqrt{V}$, 도통전압은 0.6V, 수평 확산 길이는 0.01U인 경우

```
M1 A B C D PM W = 20U L = 1U
.MODEL PM PMOS(LEVEL = 1 VTO = −0.5 KP =4 0U LD = 0.01U GAMMA = 0.5
LAMBDA = 0.02, PB = 0.6)
```

B.2.2.6 바이폴라 트랜지스터

바이폴라 트랜지스터는 Q로 시작하며, Q 문자 뒤에 알파베트 및 숫자의 조합으로 다수 바이폴라 트랜지스터를 구분하며, 바이폴라 트랜지스터 단자는 세 개이므로 Qxxx 다음에 단자 번호 세 개를 나열한다. 바이폴라 트랜지스터 단자 순서는 컬렉터, 베이스, 이미터 단자이다. 바이폴라 트랜지스터의 전기적 특성은 모델 변수에 포함시킨다. 표 b.3에는 바이폴라 트랜지스터 모델 변수를 나타낸다.

| 표 b.3 |

모델 변수	전기적 의미	단위	기본값	전형적 값
IS	포화전류	A	1E−14	1E−15
BF	순방향 공통 이미터 전류이득	없음	100	100
VAF	순방향 어얼리 전압	V	무한대	100
IKF	순방향 코너 전류	A	무한대	10M
ISE	베이스 이미터 포화전류	A	0	1E−15
NE	베이스 이미터 발산 계수	없음	1	1
BR	역방향 공통 이미터 전류이득	없음	1	0.01
NR	역방향 전류 발산 계수	$\sqrt{V}$	0	0.3
VAR	역방향 어얼리 전압	V	무한대	100
IKR	역방향 코너 전류	A	무한대	10M
RB	베이스 저항	Ω	0	100
RE	이미터 저항	Ω	0	1
RC	컬렉터 저항	Ω	0	1000
CJE	베이스 이미터 제로 바이어스 공핍 커패시터 용량	F	0	5P
VJE	베이스 이미터 도통 전압	V	0.6	0.6
CJC	베이스 컬렉터 제로 바이어스 공핍 커패시터 용량	F	0	1P
TF	순방향 전이 시간	sec	0	1N
EG	에너지 갭	eV	1.11	1.11
XTB	순방향 베타 온도 계수	없음	0	0
XTI	포화전류 온도 계수	없음	3	3
KF	플리커 잡음 계수	없음	1	1
AF	플리커 잡음 지수	없음	1	1

▌예▐

NPN 트랜지스터 Q1은 A 단자(컬렉터), B 단자(베이스), C 단자(이미터)에 연결되어 있고, 모델명은 QNPN이며, 모델변수에서 순방향 베타는 100, 포화전류는 1E-15, 순방향 어얼리 전압은 100V, 도통전압은 0.6V인 경우

```
Q1 A B C QNPN
.MODEL QNPN NPN(IS = 1F BF = 100 VAF = 100 VJE = 0.6)
```

▌예▐

PNP 트랜지스터 Q2는 A 단자(컬렉터), B 단자(베이스), C 단자(이미터)에 연결되어 있고, 모델명은 QPNP이며, 모델변수에서 순방향 베타는 100, 포화전류는 1E-15, 순방향 어얼리 전압은 100V, 도통전압은 0.6V인 경우

```
Q2 A B C QPNP
.MODEL QPNP PNP(IS = 1F BF = 100 VAF = 100 VJE = 0.6)
```

B.3 모의실험 해석 종류 및 넷리스트 구성법

SPICE 모의실험 프로그램은 DC 해석(직류 동작점 해석), AC 해석(주파수 응답 해석), TRAN 해석(과도기 응답 해석), FOUR 해석(프리에 변환 해석), NOISE 해석(잡음 해석), MC 해석(몬테칼로 해석), TF 해석(전달함수 해석)을 수행할 수 있다. SPICE 모의실험 프로그램의 입력인 넷리스트 구성시 필요한 신호 파형, 부분회로(subckt), 넷리스트 구조, 독립전원과 종속전원 표기법을 포함하였다.

B.3.1 DC 해석

회로내 회로의 단자(node), 가지(branch)의 직류 전압, 직류 전류 값을 제공한다. DC 해석을 수행하기 위해서는 특히 DC 동작점 정보를 얻기 위해서는 넷리스트에서 다음과 같이 작성한다.

```
.OP
```

또는 특정 단자의 전압 정보(예: V(1)) 또는 특정 저항소자의 전류 정보 (예: I(R1))를 모의실험하기 위해서는 다음과 같이 작성한다.

```
.DC V(1), I(R1)
```

회로내에서 직류 전압원 또는 직류 전류원 크기를 가변시킬 때 다음과 같이 작성한다.

▌예▐

VS 전압원을 0V에서 5V까지 0.1V씩 증가시킨다.

```
.DC VS 0 5 0.1
```

▌예▐

VS 전압원을 0V에서 –5V까지 –0.1V씩 증가시킨다.

```
.DC VS 0 -5 -0.1
```

▌예▐

IS 전류원을 –1 mA에서 +10mA까지 0.05mA씩 증가시킨다.

```
.DC IS -1M 10M 0.05M
```

▌예▐

IS 전류원을 +10 mA에서 –10mA까지 –0.05mA씩 증가시킨다.

```
.DC IS 10M -10M -0.05M
```

회로내에서 전압원 다수 개를 가변시킬 때 다음과 같이 작성한다.

▌예▐

VS1 전압원을 0V에서 5V까지 0.1V씩 증가시키고, VS2 전압원을 1V에서 5V까지 0.5V씩 증가시킨다.

```
.DC VS1 0 5 0.1 VS2 1 5 0.5
```

회로내에서 전압원을 가변시키면서 전류원을 가변시킬 때 다음과 같이 작성한다.

▌예▐

VS1 전압원을 0V에서 5V까지 0.1V씩 증가시키고, IS1 전류원을 10uA에서 50uA까지 10uA씩 증가시킨다.

```
.DC VS1 0 5 0.1 IS1 10U 50U 10U
```

회로의 주변 환경온도를 가변시킬 때 다음과 같이 작성한다.

▌예▐

회로 주변 환경온도를 –55°에서 +120° 까지 1°씩 증가시킬 때 다음과 같이 작성한다.

```
.DC TEMP -55 120 1
```

B.3.2 AC 해석

회로내 독립 전압원의 주파수를 가변시켜서 회로의 크기 및 위상 주파수 응답(frequency analysis)을 제공한다. AC 해석을 수행하기 위해서는 넷리스트에서 다음과 같이 작성한다.

▌예▐

시작 주파수는 1Hz, 종료 주파수는 10GHz로 주파수를 가변시키되 주파수가 10배 증가할 때마다 20회 모의실험을 수행하는 것을 넷리스트를 다음과 같이 작성한다.

```
.AC DEC 20 1 10G
```

DEC 20에서 DEC는 DECADE(10배)를 의미하며, 주파수가 10배 증가하면 20회 모의실험을 수행하는 것을 의미한다.

▌예▐

시작 주파수는 1KHz, 종료 주파수는 100MHz로 주파수를 가변시키되 주파수가 10배 증가할 때마다 40회 모의실험을 수행하는 것을 넷리스트를 다음과 같이 작성한다.

```
.AC DEC 40 1K 100MEG
```

B.3.3 TRAN 해석

시간 공간에서 회로의 과도기 응답 해석(transient analysis)을 모의실험하기 위해서 다음과 같이 넷리스트를 작성한다.

```
.TRAN 0.1U 10M
```

여기서 0.1U, 10M 은 각각 증가 시간 및 종료시간을 의미한다. 즉, 0초부터 10 밀리 초까지 과도기 응답 모의실험을 수행하되 0.1 마이크로 초씩 증가시킨다.

B.3.4 FOUR 해석

주파수 공간에서 신호의 고조파 성분을 살펴보고 시스템의 선형성을 해석하는데 사용하는 해석 모의실험이다.

▌예▐

증폭기의 입력 신호 주파수 1KHz를 인가했을 때, 출력단자 VOUT에서 프리에 해석 결과를 통해서 출력신호의 고조파 성분을 살펴보기 위해서 다음과 같이 넷리스트를 작성할 수 있다.

```
.FOUR 1K VOUT
```

프리에 해석을 위한 명령어는 .FOUR 이며, 입력 신호 주파수는 1KHz 이고, 고조파 성분 분석 대상 단자는 VOUT 이다.

B.3.5 NOISE 해석

주파수 공간에서 신호의 잡음 성분을 살펴보고 시스템의 신호대 잡음비를 해석하는데 사용하는 해석 모의실험이다.

▌예▐

증폭기의 입력 소신호를 인가했을 때, 출력단자 VOUT에서 잡음 해석 결과를 통해서 출력신호의 잡음 성분을 살펴보기 위해서 다음과 같이 넷리스트를 작성할 수 있다.

```
.NOISE VOUT VIN
```

잡음 해석을 위한 명령어는 .NOISE 이며, 잡음 해석 대상 출력단자는 VOUT 이며, 입력신호는 VIN 단자이다.

B.3.6 MC 해석

반도체 회로 설계시 소자(저항, 커패시터, 인덕터, 다이오드, MOSFET, 바이폴라 트랜지스터 등)의 공정 변수 변화(process variation)에 대한 회로 성능 모의실험시 몬테칼로(Monte Carlo) 모의실험을 수행한다.

▌예▐

MOSFET, 증폭기의 입력 소신호를 인가했을 때, M1 트랜지스터의 DC 드레인 전류에 대한 몬테칼로 모의실험 수행 결과에 대한 넷리스트를 다음과 같이 작성할 수 있다.

```
.MC 100 DC ID(M1) YMAX LIST
```

몬테칼로 수행 명령어는 .MC 이며, 100은 100회 모의실험을 수행하는 숫자이다. DC ID(M1) YMAX LIST는 모의실험 변수로서 M1 트랜지스터의 직류 드레인 전류에 대해서 몬테칼로 모의실험을 수행하고, 모의실험 결과를 기록한다.

B.3.7 TF 해석

증폭기 회로 소신호 해석시 증폭기의 전압이득, 입력 저항 및 출력 저항을 모의실험 통해서 구할 수 있다.

▌예▐

증폭기의 3번 단자 출력 신호 V(3) 과 입력신호 VIN(지정된 변수 이름)에서 전압이득,

입력 저항 및 출력 저항을 구하기 위해서는 다음과 같이 작성할 수 있다.

```
.TF V(3) VIN
```

소신호 해석 수행 명령어는 .TF 이며, V(3) 증폭기의 출력단자, VIN은 SPICE내 지정된 입력 신호이다. .TF를 수행하면 증폭기의 전압이득, 입력 저항, 출력저항을 출력파일을 통해서 확인할 수 있다.

B.3.8 신호 파형

독립 전압원과 전류원의 신호 파형은 정현파(sinusoidal wave), 구형파(pulse wave), 구간 선형 파(piecewise linear wave)로 표현할 수 있으며, 이와 관련된 문법은 다음과 같다.

▌예▐

A, B 단자에 연결된 정현파 전압원 VS는 초기 오프셋 전압 10V, 크기 220V, 주파수 60Hz, 초기 지연시간 100초를 갖는 경우.

```
VS A B SIN(10 220 60 100)
```

▌예▐

A, B 단자에 연결된 구형파 전압원 VS는 초기 전압 0.1V, 신호크기 3V, 초기 지연시간 10ms, 펄스 상승시간 1ms, 펄스 하강시간 1ms, 3V가 유지되는 시간 0.5ms, 구형파 주기 시간 1 ms인 경우

```
VS A B PULSE(0.1 3 10M 1M 1M 0.5M 1M)
```

▌예▐

A, B 단자에 연결된 구간 선형 전압원 VS는 0s에서 0V, 1us에서 1V, 2us에서 0V, 0V, 3us에서 1V, 4us에서 0V, 5us에서 1V, 6us에서 0V인 삼각파인 경우

```
VS A B PWL(0 0 1U 1 2U 0 3U 1 4U 0 5U 1 6U 0)
```

B.3.9 부분 회로 구성(subckt)

동일한 회로를 반복해서 사용할 때, 부분 회로를 .SUBCKT로 구성해서 재사용하는 방법으로 이와 관련된 문법은 다음과 같다.

```
.SUBCKT A B C NAME
...
.ENDS NAME
X1 NAME 1 2 3
```

부분회로는 단자번호 및 부분회로 이름으로 구성되며, 부분회로 구성 마지막은 .ENDS NAME으로 마친다. 부분회로를 사용하는 경우 반드시 X를 사용하며, X 다음에는 부분회로 이름과 단자번호를 나열한다.

▌예▐

NOT 게이트터 회로를 부분 회로로 구성하고, 부분회로를 3회 사용해서 그림 b.1과 같이 고리 발진기를 구성하는 넷리스트는 다음과 같다.

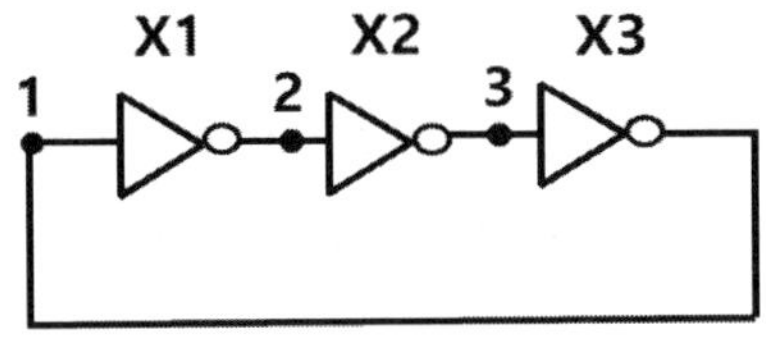

| 그림 b.1 | 3단 고리 발진기 회로도

```
RING OSCILLATOR
X1 1 2 10 0 INV
X2 2 3 10 0 INV
X3 3 1 10 0 INV
.SUBCKT INV 1 2 VDD VSS
M1 2 1 VSS VSS NCH W=10U L=1U
M2 2 1 VDD VDD PCH W=20U L=1U
.MODEL NCH NMOS(VTO=0.5 KP=100U LAMBDA=0.01)
.MODEL PCH PMOS(VTO=-0.5 KP=50U LAMBDA=0.01)
.ENDS INV
VDD 10 0 DC 3
.IC V(1)=0
.TRAN 0.1N 10N
.PROBE
.END
```

B.3.10 넷리스트 구조

SPICE 넷리스트 텍스트 순서는 다음과 같다.

첫 번째 줄은 회로도 넷리스트의 제목이 온다. 두 번째 줄부터 마지막 직전 줄까지는 순서 없이 회로도 문법을 작성하면 된다. 마지막 줄에서는 반드시 .END 문구로 종료해야 한다. .END 문구 이후 문장은 SPICE가 읽지 않는다.

B.3.10.1 모의실험을 위한 다이오드 회로도 넷리스트 작성 예제

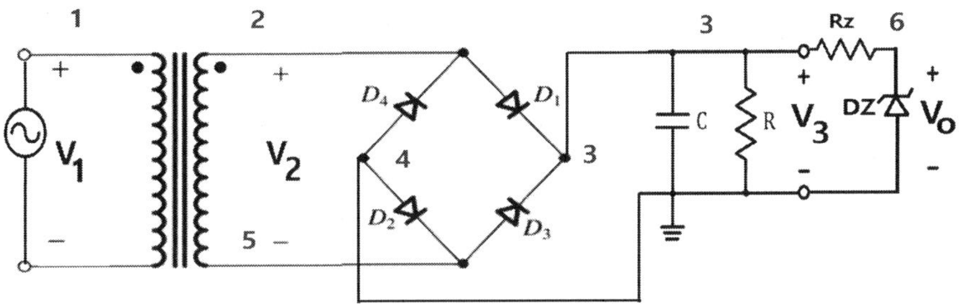


```
FULL WAVE RECTIFIER WITH REGULATOR
V1 1 0 SIN(0 300 60)
RS A 1 1
L1 A 0 1M
L2 2 5 85U
K1 L1 L2 0.999
D1 2 3 DN
D2 0 5 DN
D3 5 3 DN
D4 0 2 DN
R3 0 10K
RG 5 0 1G
C3 0 150U
V4 4 0 DC 0
RZ 6 3 10
DZ 0 6 DZ
.MODEL DN D(IS=1F VJ=0.6 CJO=1P BV=100 RS=5)
.MODEL DZ D(IS=1F VJ=0.6 CJO=1P BV=5 RS=5)
.TRAN 0.1M 100M
.PROBE
.END
```

B.3.10.2 모의실험을 위한 바이폴라 트랜지스터 증폭기 회로도 넷리스트 작성 예제

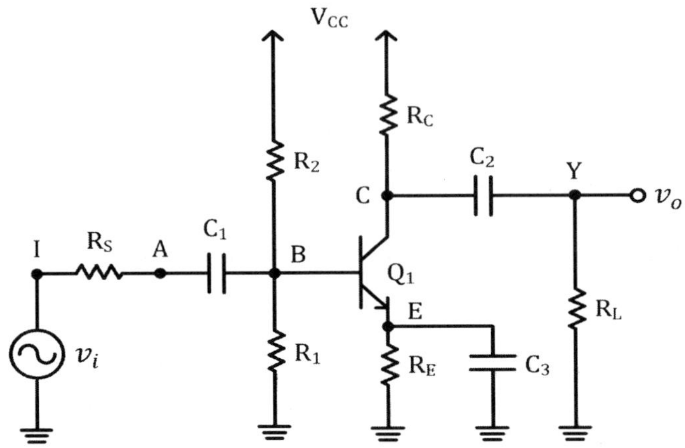


```
CE AMP
VIN I 0 SIN(0 1M 1K)
RS 1 A 10
C1 A B 10U
C2 C Y 10U
C3 E 0 10U
R1 B 0 1MEG
R2 B CC 1MEG
RC C1 CC 5K
RE E 0 50
RL Y 0 50K
VC C C1 DC 0
VCC CC 0 DC 5
Q1 C B E QN
.OP
.TF VC VIN
.MODEL QN NPN(IS = 1F BF = 100 VAF = 100 VJ = 0.6)
.TRAN 0.1M 10M
.PROBE
.END
```

B.3.10.3 모의실험을 위한 MOSFET 회로도 넷리스트 작성 예제

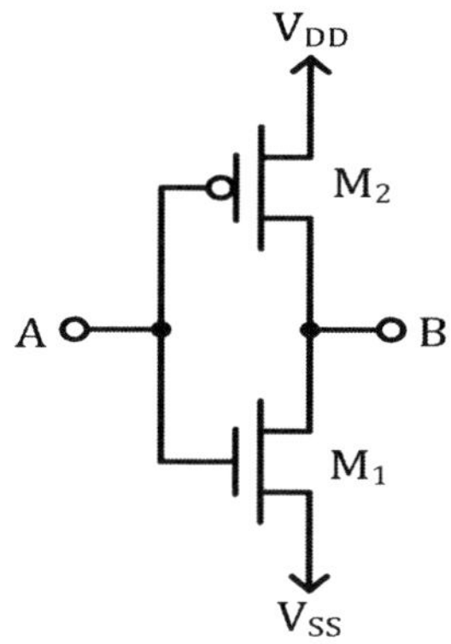


```
INVERTER
VDD 1 0 DC 3V
CL B 0 1P
M1 B A 0 0 NN W=10U L=1U
M2 B A 1 1 PP W=25U L=1U
VA A 0 PULSE(3 1U 0.1N 0.1N 0.5N 1N)
.MODEL NN NMOS(VTO=0.5 KP=100U LAMBDA=0.01 CGS0=100F CGDO=100F
CJO=100F GAMMA=0.1)
.MODEL PP PMOS(VTO=-0.5 KP=40U LAMBDA=0.01 CGS0=100F CGDO=100F
CJO=100F GAMMA=0.1)
.TRAN 0.1N 4N
.PROBE
.END
```

B.3.10.4 모의실험을 위한 수동소자 회로도 넷리스트 작성 예제

$V_1 = 2V,\ R_1 = R_3 = R_4 = 1K\Omega, R_2 = 2K\Omega, I_2 = 1mA,\ V_3 = 1V$

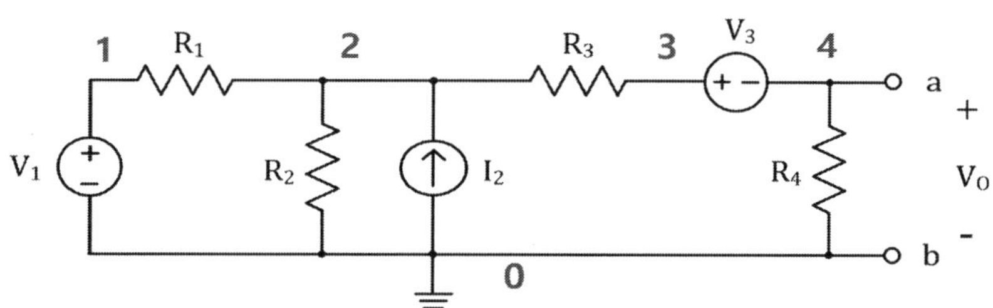

```
RESISTOR CKT WITH THREE SOURCES
V1 1 0 DC 2
R1 1 2 1K
R2 2 0 2K
R3 2 3 1K
R4 4 0 1K
I2 0 2 1M
V3 3 4 DC 1
.OP
.PROBE
.END
```

모의실험 결과

```
RESISTOR CKT WITH THREE SOURCES
 ****     SMALL SIGNAL BIAS SOLUTION      TEMPERATURE = 27.000 DEG C
******************************************************************************
NODE VOLTAGE NODE    VOLTAGE  NODE   VOLTAGE   NODE    VOLTAGE
(    1)  2.0000  (    2)    1.7500    (    3)   1.3750      (    4)    .3750

     VOLTAGE SOURCE CURRENTS
     NAME          CURRENT
     V1            -2.500E-04
     V3            3.750E-04
     TOTAL POWER DISSIPATION   1.25E-04   WATTS
```

B.3.11 독립 전압원 및 독립 전류원

독립 전압원은 V로 시작하며, +/- 극성이 있으므로 극성을 구분하여서 표시한다.

예를 들어서 그림 b.2 같은 직류 독립 전압원(VS)의 전압 크기가 3V 이며, +/- 극성 단자가 각각 1, 2번이면 다음과 같이 표시할 수 있다.

```
VS 1 2 DC 3
```

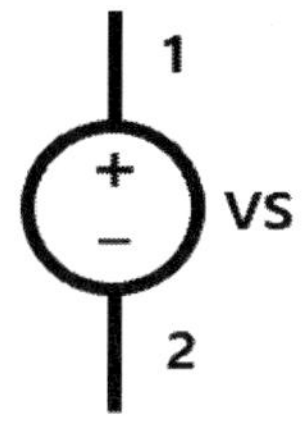

| 그림 b.2 | 독립 전압원 표기법

독립 전압원이 교류 전원이라면 AC를 사용하며, 주파수 응답에 필요한 .AC 옵션을 사용한다.

예를 들면 교류 독립 전압원(VA)의 전압 크기가 1V 이며, +/- 극성 단자가 각각 A, B번이면 다음과 같이 표시할 수 있다. 또한, 주파수를 1 Hz ~ 1 GHz 가변시키면서 주파수가 10배 증가할 때, 20회씩 모의실험 하는 명령어는 다음과 같다.

```
VA A B AC 100
.AC DEC 20 1 1G
```

독립 전류원은 I로 시작하며, +/- 극성이 있으므로 극성을 구분하여서 표시한다.

예를 들어서 그림 b.3와 같은 직류 독립 전류원(IS)의 전류 크기가 100UA 이며, +/- 극성 단자가 각각 1, 2번이면 다음과 같이 표시할 수 있다.

```
IS 1 2 DC 100U
```

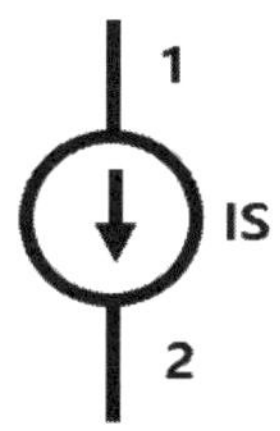

| 그림 b.3 | 독립 전류원 표기법

B.3.12 종속 전압원 및 종속 전류원

종속 전압원 및 종속 전류원은 자체 독립적으로 전압, 전류를 발생시키는 전원이 아니며, 외부 소자에 의존해서 전압 및 전류를 발생시키는 전원으로서 4가지 종속 전원이 있다. 4가지 종속 전원에는 VCVS, CCVS, VCCS, CCCS가 있고, 각각 구분해서 설명한다.

B.3.12.1 VCVS(Voltage Controlled Voltage Source) : 전압 제어 전압원

소자 표기법은 그림 b.4 내 $A_V v_i$와 같다.

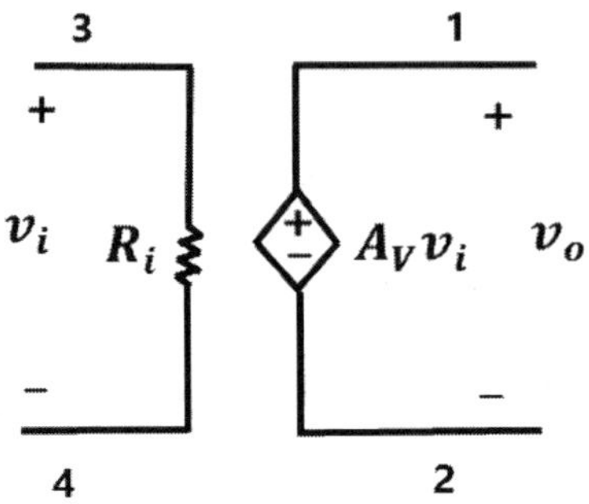

| 그림 b.4 | 전압 제어 전압원 회로

전압 제어 전압원(Exxx)을 사용한 그림 b.4의 SPICE 표기법은 다음과 같다.

```
E1 1 2 3 4 1E4
```

여기서 1, 2번 단자는 전압 제어 전압원의 +/− 극성 단자번호이며, 3, 4번 단자는 전압 제어 전압원을 제어하는 전압(E1)의 +/− 극성 단자 번호이다. 1E4는 전압이득(voltage gain)을 의미한다.

B.3.12.2 VCCS(Voltage Controlled Current Source) : 전압 제어 전류원

소자 표기법은 그림 b.5 내 $G_m v_i$와 같다.

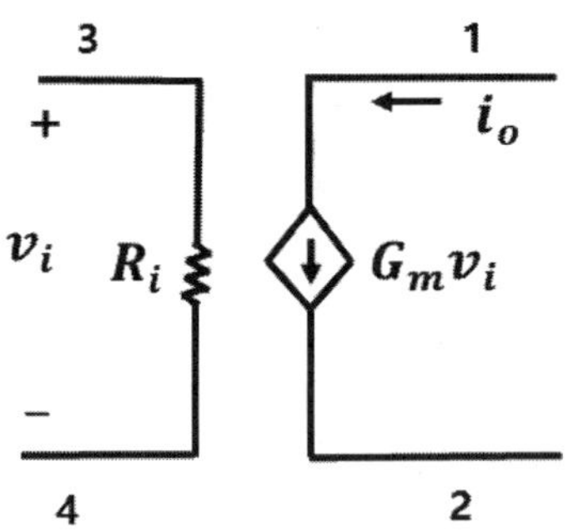

| 그림 b.5 | 전압 제어 전류원 회로

전압 제어 전류원(Gxxx)을 사용한 그림 b.5의 SPICE 표기법은 다음과 같다.

```
GM 1 2 3 4 1E-3
```

여기서 1, 2번 단자는 전압 제어 전류원의 +/− 극성 단자번호이며, 3, 4번 단자는 전압 제어 전류원(GM)을 제어하는 전압의 +/− 극성 단자 번호이다. 1E−3은 상호 컨덕턴스 (trans-conductance)를 의미한다.

B.3.12.3 CCVS(Current Controlled Voltage Source) : 전류 제어 전압원

소자 표기법은 그림 b.6 내 $R_m i_i$와 같다.

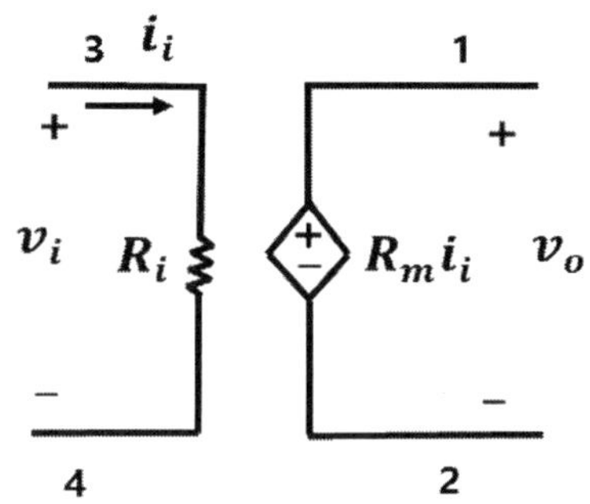

| 그림 b.6 | 전류 제어 전압원 회로

전류 제어 전압원(Hxxx) 을 사용한 그림 b.6의 SPICE 표기법은 다음과 같다.

```
H1 1 2 Vi 1E4
Vi 3 4 DC 1
```

여기서 1, 2번 단자는 전류 제어 전압원의 +/− 극성 단자번호이며, Vi는 전류 제어 전압원(H1)을 제어하는 전류의 전압원 이름이다. 1E4는 상호 저항(trans-impedance) 이득을 의미한다.

B.3.12.4 CCCS(Current Controlled Current Source) : 전류 제어 전류원

소자 표기법은 그림 b.7 내 $A_I i_i$와 같다.

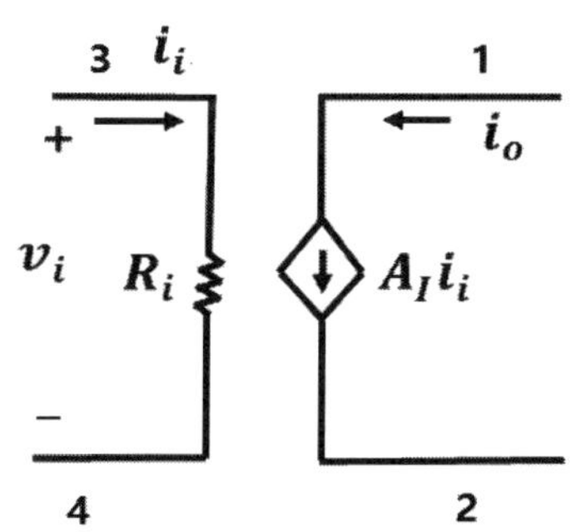

| 그림 b.7 | 전류 제어 전류원 회로

전류 제어 전류원(Fxxx)을 사용한 그림 b.7의 SPICE 표기법은 다음과 같다

```
FM 1 2 Vi 1E2
Vi 3 4 DC 1
```

여기서 1, 2번 단자는 전류 제어 전류원의 +/− 극성 단자번호이며, Vi는 전류 제어 전류원(FM)을 제어하는 전류의 전압원 이름이다. 1E2는 전류 이득(current gain)을 의미한다.

B.3.12.5 모의실험을 위한 VCVS 회로도 넷리스트 작성 예제

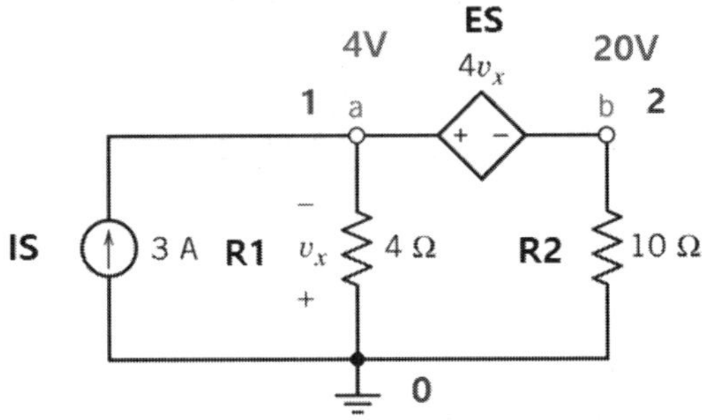


```
R circuit
R1 1 0 4
R2 2 0 10
IS 0 1 DC 0.1
ES 1 2 0 1 4
.OP
.PROBE
.END
```

B.3.12.6 모의실험을 위한 VCCS 회로도 넷리스트 작성 예제

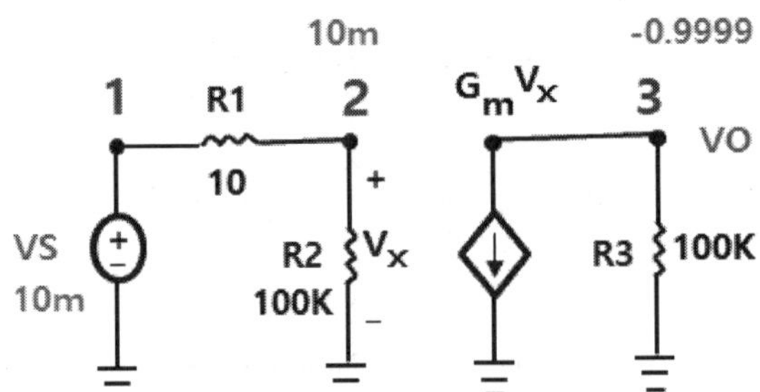

```
R CIRCUIT
R1 1 2 10
R2 2 0 100K
GS 3 0 2 0 1M
R3 3 0 100K
VS 1 0 DC 10M
*GS: VCCS
.TRAN 0.1M 5M
.OP
.PROBE
.END
```


B.3.12.7 모의실험을 위한 CCVS 회로도 넷리스트 작성 예제

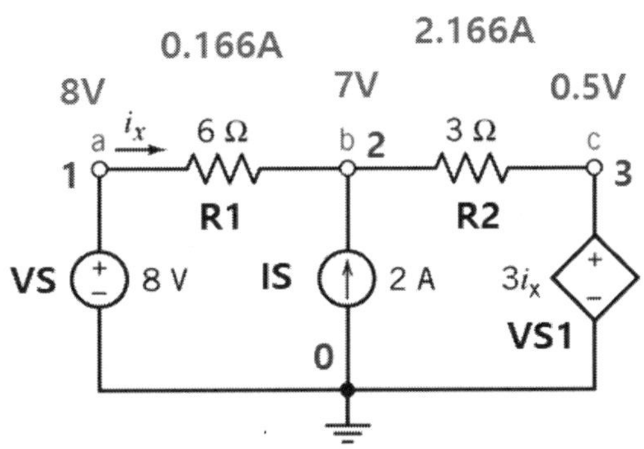


```
R circuit
R1 X 2 6
R2 2 3 3
I1 0 2 DC 2
VS1 1 X DC 0.0
VS 1 0 DC 8.0
HS 3 0 VS1 3
*CCVS
.OP
.PROBE
.END
```

부록 C

반도체 기초 전자회로에서 사용되는 상수 표

반도체 기초 전자회로에서 사용되는 상수 표

변수	변수 값	단위
자유전자 전하량 (q)	1.6×10^{-19}	쿨롬 (Coulomb)
자유전자 질량	9.1×10^{-31}	kg
자유전자 에너지 (eV)	1.6×10^{-19}	J
볼츠만 상수 (K)	1.38×10^{-23}	$J/^\circ K$
자유공간 유전율 (ϵ_o)	8.854×10^{-12}	F/m
진성반도체 농도 (n_i)	1.5×10^{10}	$1/cm^3$
절대온도 (° K)	° K = ° C + 273	° K (켈빈 온도)
실리콘 에너지 밴드 갭 (EG)	1.2	eV
열전압 ($V_T = \dfrac{KT}{q}$)	25	mV (@ 섭씨 20°)
플랑크 상수 (h)	6.6×10^{-34}	J·s
빛의 속도 (c)	3×10^8	m/s
광자 파장 (λ)	1.24	μm
실리콘 (Si) 유전상수	$11.7\epsilon_o$	F/m
실리콘 산화층(SiO_2) 유전상수	$3.9\epsilon_o$	F/m
질화규소(Si_3N_4) 유전상수	$16\epsilon_o$	F/m